"十四五"时期国家重点出版物出版专项规划项目

浙江昆虫志

第六卷

鞘翅目（II）

任国栋 主编

科学出版社

北京

内 容 简 介

本卷对浙江省鞘翅目多食亚目的9个总科（花甲总科、吉丁甲总科、丸甲总科、叩甲总科、长蠹总科、郭公甲总科、扁甲总科、瓢甲总科、拟步甲总科）进行了简要总结。对38科263属588种的主要识别特征分别做了简要介绍，包括30个浙江省的新记录种和2个中国新记录种，列出了各种的主要文献引证及地理分布等，编制了各级分类阶元的识别检索表。文后附中名索引和学名索引及成虫整体照片。对于国内缺乏中文名称或名称使用不妥的种类，主要根据其词义拟定了新的名称，同时修订了一些物种的不正确名称。

本书可为农、林、牧业及检验检疫、植物保护、生物多样性与资源保护利用等相关部门，以及大、中专院校相关专业师生与科研人员和昆虫爱好者提供参考。

图书在版编目（CIP）数据

浙江昆虫志. 第六卷, 鞘翅目. Ⅱ / 任国栋主编. —北京：科学出版社，2023.6
"十四五"时期国家重点出版物出版专项规划项目
国家出版基金项目
ISBN 978-7-03-072341-3

Ⅰ. ①浙⋯ Ⅱ. ①任⋯ Ⅲ. ①昆虫志—浙江 ②鞘翅目—昆虫志—浙江 Ⅳ. ①Q968.225.5 ②Q969.480.8

中国版本图书馆 CIP 数据核字（2022）第 087070 号

责任编辑：李 悦 赵小林 / 责任校对：严 娜
责任印制：肖 兴 / 封面设计：北京蓝正合融广告有限公司

科学出版社 出版
北京东黄城根北街16号
邮政编码：100717
http://www.sciencep.com

中国科学院印刷厂 印刷
科学出版社发行 各地新华书店经销

*

2023年6月第 一 版　开本：889×1194　1/16
2023年6月第一次印刷　印张：25 1/2　插页：16
字数：853 000
定价：498.00元
（如有印装质量问题，我社负责调换）

《浙江昆虫志》领导小组

主　　　任　胡　侠（2018年12月起任）
　　　　　　林云举（2014年11月至2018年12月在任）
副 主 任　吴　鸿　杨幼平　王章明　陆献峰
委　　　员　（以姓氏笔画为序）
　　　　　　王　翔　叶晓林　江　波　吾中良　何志华
　　　　　　汪奎宏　周子贵　赵岳平　洪　流　章滨森
顾　　　问　尹文英（中国科学院院士）
　　　　　　印象初（中国科学院院士）
　　　　　　康　乐（中国科学院院士）
　　　　　　何俊华（浙江大学教授、博士生导师）
组 织 单 位　浙江省森林病虫害防治总站
　　　　　　浙江农林大学
　　　　　　浙江省林学会

《浙江昆虫志》编辑委员会

总 主 编　吴　鸿　杨星科　陈学新
副总主编　（以姓氏笔画为序）
　　　　　卜文俊　王　敏　任国栋　花保祯　杜予州　李后魂　李利珍
　　　　　杨　定　张雅林　韩红香　薛万琦　魏美才
执行总主编　（以姓氏笔画为序）
　　　　　王义平　洪　流　徐华潮　章滨森
编　　委　（以姓氏笔画为序）
　　　　　卜文俊　万　霞　王　星　王　敏　王义平　王吉锐　王青云
　　　　　王宗庆　王厚帅　王淑霞　王新华　牛耕耘　石福明　叶文晶
　　　　　田明义　白　明　白兴龙　冯纪年　朱桂寿　乔格侠　任　立
　　　　　任国栋　刘立伟　刘国卿　刘星月　齐　鑫　江世宏　池树友
　　　　　孙长海　花保祯　杜　晶　杜予州　杜喜翠　李　强　李后魂
　　　　　李利珍　李君健　李泽建　杨　定　杨星科　杨淑贞　肖　晖
　　　　　吴　鸿　吴　琼　余水生　余建平　余晓霞　余著成　张　琴
　　　　　张苏炯　张春田　张爱环　张润志　张雅林　张道川　陈　卓
　　　　　陈卫平　陈开超　陈学新　武春生　范骁凌　林　坚　林美英
　　　　　林晓龙　季必浩　金　沙　郑英茂　赵明水　郝　博　郝淑莲
　　　　　侯　鹏　俞叶飞　姜　楠　洪　流　姚　刚　贺位忠　秦　玫
　　　　　贾凤龙　钱海源　徐　骏　徐华潮　栾云霞　高大海　郭　瑞
　　　　　唐　璞　黄思遥　黄俊浩　戚慕杰　彩万志　梁红斌　韩红香
　　　　　韩辉林　程　瑞　程樟峰　鲁　专　路园园　薛大勇　薛万琦
　　　　　魏美才

《浙江昆虫志 第六卷 鞘翅目（Ⅱ）》编写人员

主　编　任国栋

副主编　江世宏　白兴龙

作者及参加编写单位（按研究类群排序）

花甲总科

　　　　金振宇（长江大学）

　　　　白兴龙（河北大学）

吉丁甲总科

　　　　石爱民　魏中华（西华师范大学）

丸甲总科

　丸甲科

　　　　黄正中　杨星科（中国科学院动物研究所）

　溪泥甲科、扁泥甲科、真泥甲科

　　　　白兴龙　任国栋（河北大学）

叩甲总科

　粗角叩甲科

　　　　孟子烨　阮用颖　江世宏（深圳职业技术学院）

　叩甲科

　　　　江世宏　阮用颖　陈晓琴（深圳职业技术学院）

　花萤科

　　　　杨玉霞　席华聪（河北大学）

杨星科（中国科学院动物研究所）

长蠹总科

任国栋　白兴龙（河北大学）

郭公甲总科

白兴龙　任国栋（河北大学）

扁甲总科

蜡斑甲科

潘　昭　胡子渊　任国栋（河北大学）

大蕈甲科

大蕈甲亚科

李　静（河北农业大学）

任国栋（河北大学）

拟叩甲亚科

黄正中　杨星科（中国科学院动物研究所）

露尾甲科

陈潇潇　刘梅柯　陈　莹　赵萌娇

惠孜嫣　黄　敏（西北农林科技大学）

隐食甲科、锯谷盗科、扁谷盗科

白兴龙　任国栋（河北大学）

瓢甲总科

穴甲科

李文静　任国栋（河北大学）

薪甲科

任玲玲　黄　敏（西北农林科技大学）

伪瓢甲科
> 常凌小（北京自然博物馆）
> 任国栋（河北大学）

瓢甲科
> 王兴民（华南农业大学）

拟步甲总科

小蕈甲科
> 白兴龙　任国栋（河北大学）

大花蚤科
> 潘　昭　任国栋（河北大学）

花蚤科
> 白兴龙　任国栋（河北大学）

拟步甲科
> 任国栋　白兴龙（河北大学）

> 高伪叶甲族、莱甲族、垫甲族
>> 魏中华（西华师范大学）
>> 任国栋（河北大学）

> 伪叶甲族
>> 周　勇　陈　斌（重庆师范大学）

> 烁甲族
>> 董赛红　任国栋（河北大学）

> 齿甲族
>> 刘杉杉　任国栋（河北大学）

> 朽木甲族、栉甲族
>> 李翌旭　任国栋（河北大学）

树甲族

  苑彩霞（延安大学）

拟天牛科

  田　颖（宁夏回族自治区林业和草原局）

  任国栋（河北大学）

芫菁科、三栉牛科、赤翅甲科

  潘　昭　任国栋（河北大学）

蚁形甲科

  巴义彬　任国栋（河北大学）

木甲科

  任国栋　牛一平（河北大学）

脊甲科

  白兴龙　任国栋（河北大学）

《浙江昆虫志》序一

　　浙江省地处亚热带，气候宜人，集山水海洋之地利，生物资源极为丰富，已知的昆虫种类就有 1 万多种。浙江省昆虫资源的研究历来受到国内外关注，长期以来大批昆虫学分类工作者对浙江省进行了广泛的资源调查，积累了丰富的原始资料。因此，系统地研究这一地域的昆虫区系，其意义与价值不言而喻。吴鸿教授及其团队曾多次负责对浙江天目山等各重点生态地区的昆虫资源种类的详细调查，编撰了一些专著，这些广泛、系统而深入的调查为浙江省昆虫资源的调查与整合提供了翔实的基础信息。在此基础上，为了进一步摸清浙江省的昆虫种类、分布与为害情况，2016 年由浙江省林业有害生物防治检疫局（现浙江省森林病虫害防治总站）和浙江省林学会发起，委托浙江农林大学实施，先后邀请全国几十家科研院所，300 多位昆虫分类专家学者在浙江省内开展昆虫资源的野外补充调查与标本采集、鉴定，并且系统编写《浙江昆虫志》。

　　历时六年，在国内最优秀昆虫分类专家学者的共同努力下，《浙江昆虫志》即将按类群分卷出版面世，这是一套较为系统和完整的昆虫资源志书，包含了昆虫纲所有主要类群，更为可贵的是，《浙江昆虫志》参照《中国动物志》的编写规格，有较高的学术价值，同时该志对动物资源保护、持续利用、有害生物控制和濒危物种保护均具有现实意义，对浙江地区的生物多样性保护、研究及昆虫学事业的发展具有重要推动作用。

　　《浙江昆虫志》的问世，体现了项目主持者和组织者的勤奋敬业，彰显了我国昆虫学家的执着与追求、努力与奋进的优良品质，展示了最新的科研成果。《浙江昆虫志》的出版将为浙江省昆虫区系的深入研究奠定良好基础。浙江地区还有一些类群有待广大昆虫研究者继续努力工作，也希望越来越多的同仁能在国家和地方相关部门的支持下开展昆虫志的编写工作，这不但对生物多样性研究具有重大贡献，也将造福我们的子孙后代。

印象初
河北大学生命科学学院
中国科学院院士
2022 年 1 月 18 日

《浙江昆虫志》序二

  浙江地处中国东南沿海，地形自西南向东北倾斜，大致可分为浙北平原、浙西中山丘陵、浙东丘陵、中部金衢盆地、浙南山地、东南沿海平原及海滨岛屿6个地形区。浙江复杂的生态环境成就了极高的生物多样性。关于浙江的生物资源、区系组成、分布格局等，植物和大型动物都有较为系统的研究，如20世纪80年代《浙江植物志》和《浙江动物志》陆续问世，但是无脊椎动物的研究却较为零散。90年代末至今，浙江省先后对天目山、百山祖、清凉峰等重点生态地区的昆虫资源种类进行了广泛、系统的科学考察和研究，先后出版《天目山昆虫》《华东百山祖昆虫》《浙江清凉峰昆虫》等专著。1983年、2003年和2015年，由浙江省林业厅部署，浙江省还进行过三次林业有害生物普查。但历史上，浙江省一直没有对全省范围的昆虫资源进行系统整理，也没有建立统一的物种信息系统。

  2016年，浙江省林业有害生物防治检疫局（现浙江省森林病虫害防治总站）和浙江省林学会发起，委托浙江农林大学组织实施，联合中国科学院、南开大学、浙江大学、西北农林科技大学、中国农业大学、中南林业科技大学、河北大学、华南农业大学、扬州大学、浙江自然博物馆等单位共同合作，开始展开对浙江省昆虫资源的实质性调查和编纂工作。六年来，在全国三百多位专家学者的共同努力下，编纂工作顺利完成。《浙江昆虫志》参照《中国动物志》编写，系统、全面地介绍了不同阶元的鉴别特征，提供了各类群的检索表，并附形态特征图。全书各卷册分别由该领域知名专家编写，有力地保证了《浙江昆虫志》的质量和水平，使这套志书具有很高的科学价值和应用价值。

  昆虫是自然界中最繁盛的动物类群，种类多、数量大、分布广、适应性强，与人们的生产生活关系复杂而密切，既有害虫也有大量有益昆虫，是生态系统中重要的组成部分。《浙江昆虫志》不仅有助于人们全面了解浙江省丰富的昆虫资源，还可供农、林、牧、畜、渔、生物学、环境保护和生物多样性保护等工作者参考使用，可为昆虫资源保护、持续利用和有害生物控制提供理论依据。该丛书的出版将对保护森林资源、促进森林健康和生态系统的保护起到重要作用，并且对浙江省设立"生态红线"和"物种红线"的研究与监测，以及创建"两美浙江"等具有重要意义。

  《浙江昆虫志》必将以它丰富的科学资料和广泛的应用价值为我国的动物学文献宝库增添新的宝藏。

康乐
中国科学院动物研究所
中国科学院院士
2022年1月30日

《浙江昆虫志》前言

生物多样性是人类赖以生存和发展的重要基础，是地球生命所需要的物质、能量和生存条件的根本保障。中国是生物多样性最为丰富的国家之一，也同样面临着生物多样性不断丧失的严峻问题。生物多样性的丧失，直接威胁到人类的食品、健康、环境和安全等。国家高度重视生物多样性的保护，下大力气改善生态环境，改变生物资源的利用方式，促进生物多样性研究的不断深入。

浙江区域是我国华东地区一道重要的生态屏障，和谐稳定的自然生态系统为长三角地区经济快速发展提供了有力保障。浙江省地处中国东南沿海长江三角洲南翼，东临东海，南接福建，西与江西、安徽相连，北与上海、江苏接壤，位于北纬27°02′～31°11′，东经118°01′～123°10′，陆地面积10.55万km^2，森林面积608.12万hm^2，森林覆盖率为61.17%（按省同口径计算，含一般灌木），森林生态系统多样性较好，森林植被类型、森林类型、乔木林龄组类型较丰富。湿地生态系统中湿地植物和植被、湿地野生动物均相当丰富。目前浙江省建有数量众多、类型丰富、功能多样的各级各类自然保护地。有1处国家公园体制试点区（钱江源国家公园）、311处省级及以上自然保护地，其中27处自然保护区、128处森林公园、59处风景名胜区、67处湿地公园、15处地质公园、15处海洋公园（海洋特别保护区），自然保护地总面积1.4万km^2，占全省陆域的13.3%。

浙江素有"东南植物宝库"之称，是中国植物物种多样性最丰富的省份之一，有高等植物6100余种，在中东南植物区系中占有重要的地位；珍稀濒危植物众多，其中国家一级重点保护野生植物11种，国家二级重点保护野生植物104种；浙江特有种超过200种，如百山祖冷杉、普陀鹅耳枥、天目铁木等物种。陆生野生脊椎动物有790种，约占全国总数的27%，列入浙江省级以上重点保护野生动物373种，其中国家一级重点保护动物54种，国家二级保护动物138种，像中华凤头燕鸥、华南梅花鹿、黑麂等都是以浙江为主要分布区的珍稀濒危野生动物。

昆虫是现今陆生动物中最为繁盛的一个类群，约占动物界已知种类的3/4，是生物多样性的重要组成部分，在生态系统中占有独特而重要的地位，与人类具有密切而复杂的关系，为世界创造了巨大精神和物质财富，如家喻户晓的家蚕、蜜蜂和冬虫夏草等资源昆虫。

浙江集山水海洋之地利，地理位置优越，地形复杂多样，气候温和湿润，加之第四纪以来未受冰川的严重影响，森林覆盖率高，造就了丰富多样的生境类型，保存着大量珍稀生物物种，这种有利的自然条件给昆虫的生息繁衍提供了便利。昆虫种类复杂多样，资源极为丰富，珍稀物种荟萃。

浙江昆虫研究由来已久，早在北魏郦道元所著《水经注》中，就有浙江天目山的山川、霜木情况的记载。明代医药学家李时珍在编撰《本草纲目》时，曾到天目山实地考察采集，书中收有产于天目山的养生之药数百种，其中不乏有昆虫药。明代《西天目祖山志》生殖篇虫族中有山蚕、蚱蜢、蟋蟀、蛱蝶、蜻蜓、蝉等昆虫的明确记载。由此可见，自古以来，浙江的昆虫就已引起人们的广泛关注。

20 世纪 40 年代之前，法国人郑璧尔（Octave Piel，1876～1945）（曾任上海震旦博物馆馆长）曾分别赴浙江四明山和舟山进行昆虫标本的采集，于 1916 年、1926 年、1929 年、1935 年、1936 年及 1937 年又多次到浙江天目山和莫干山采集，其中，1935～1937 年的采集规模大、类群广。他采集的标本数量大、影响深远，依据他所采标本就有相关 24 篇文章在学术期刊上发表，其中 80 种的模式标本产于天目山。

浙江是中国现代昆虫学研究的发源地之一。1924 年浙江昆虫局成立，曾多次派人赴浙江各地采集昆虫标本，国内昆虫学家也纷纷来浙采集，如胡经甫、祝汝佐、柳支英、程淦藩等，这些采集的昆虫标本现保存于中国科学院动物研究所、中国科学院上海昆虫博物馆（原中国科学院上海昆虫研究所）及浙江大学。据此有不少研究论文发表，其中包括大量新种。同时，浙江省昆虫局创办了《昆虫与植病》和《浙江省昆虫局年刊》等。《昆虫与植病》是我国第一份中文昆虫期刊，共出版 100 多期。

20 世纪 80 年代末至今，浙江省开展了一系列昆虫分类区系研究，特别是 1983 年和 2003 年分别进行了林业有害生物普查，分别鉴定出林业昆虫 1585 种和 2139 种。陈其瑚主编的《浙江植物病虫志 昆虫篇》（第一集 1990 年，第二集 1993 年）共记述 26 目 5106 种（包括蜱螨目），并将浙江全省划分成 6 个昆虫地理区。1993 年童雪松主编的《浙江蝶类志》记述鳞翅目蝶类 11 科 340 种。2001 年方志刚主编的《浙江昆虫名录》收录六足类 4 纲 30 目 447 科 9563 种。2015 年宋立主编的《浙江白蚁》记述白蚁 4 科 17 属 62 种。2019 年李泽建等在《浙江天目山蝴蝶图鉴》中记述蝴蝶 5 科 123 属 247 种。2020 年李泽建等在《百山祖国家公园蝴蝶图鉴 第Ⅰ卷》中记述蝴蝶 5 科 140 属 283 种。

中国科学院上海昆虫研究所尹文英院士曾于 1987 年主持国家自然科学基金重点项目"亚热带森林土壤动物区系及其在森林生态平衡中的作用"，在天目山采得昆虫纲标本 3.7 万余号，鉴定出 12 目 123 种，并于 1992 年编撰了《中国亚热带土壤动物》一书，该项目研究成果曾获中国科学院自然科学奖二等奖。

浙江大学（原浙江农业大学）何俊华和陈学新教授团队在我国著名寄生蜂分类学家祝汝佐教授（1900～1981）所奠定的文献资料与研究标本的坚实基础上，开展了农林业害虫寄生性天敌昆虫资源的深入系统分类研究，取得丰硕成果，撰写专著 20 余册，如《中国经济昆虫志 第五十一册 膜翅目 姬蜂科》《中国动物志 昆虫纲 第十八卷 膜翅目 茧蜂科（一）》《中国动物志 昆虫纲 第二十九卷 膜翅目 螯蜂科》《中国动物志 昆虫纲 第三十七卷 膜翅目 茧蜂科（二）》《中国动物志 昆虫纲 第五十六卷 膜翅目 细蜂总科（一）》等。2004 年何俊华教授又联合相关专家编著了《浙江蜂类志》，共记录浙江蜂类 59 科 631 属 1687 种，其中模式产地在浙江的就有 437 种。

浙江农林大学（原浙江林学院）吴鸿教授团队先后对浙江各重点生态地区的昆虫资源进行了广泛、系统的科学考察和研究，联合全国有关科研院所的昆虫分类学家，吴鸿教授作为主编或者参编者先后编撰了《浙江古田山昆虫和大型真菌》《华东百山祖昆虫》《龙王山昆虫》《天目山昆虫》《浙江乌岩岭昆虫及其森林健康评价》《浙江凤阳山昆虫》《浙江清凉峰昆虫》《浙江九龙山昆虫》等图书，书中发表了众多的新属、新种、中国新记录科、新记录属和新记录种。2014～2020 年吴鸿教授作为总主编之一还编撰了《天目山动物志》（共 11 卷），其中记述六足类动物 32 目 388 科 5000 余种。上述科学考察以及本次《浙江昆虫志》编撰项目为浙江当地和全国培养了一批昆虫分类学人才并积累了 100 万号昆虫标本。

通过上述大型有组织的昆虫科学考察，不仅查清了浙江省重要保护区内的昆虫种类资源，而且为全国积累了珍贵的昆虫标本。这些标本、专著及考察成果对于浙江省乃至全国昆虫类群的系统研究具有重要意义，不仅推动了浙江地区昆虫多样性的研究，也让更多的人认识到生物多样性的重要性。然而，前期科学考察的采集和研究的广度和深度都不能反映整个浙江地区的昆虫全貌。

昆虫多样性的保护、研究、管理和监测等许多工作都需要有翔实的物种信息作为基础。昆虫分类鉴定往往是一项逐渐接近真理（正确物种）的工作，有时甚至需要多次更正才能找到真正的归属。过去的一些观测仪器和研究手段的限制，导致部分属种鉴定有误，现代电子光学显微成像技术及 DNA 条形码分子鉴定技术极大推动了昆虫物种的更精准鉴定，此次《浙江昆虫志》对过去一些长期误鉴的属种和疑难属种进行了系统订正。

为了全面系统地了解浙江省昆虫种类的组成、发生情况、分布规律，为了益虫开发利用和有害昆虫的防控，以及为生物多样性研究和持续利用提供科学依据，2016 年 7 月 "浙江省昆虫资源调查、信息管理与编撰"项目正式开始实施，该项目由浙江省林业有害生物防治检疫局（现浙江省森林病虫害防治总站）和浙江省林学会发起，委托浙江农林大学组织，联合全国相关昆虫分类专家合作。《浙江昆虫志》编委会组织全国 30 余家单位 300 余位昆虫分类学者共同编写，共分 16 卷：第一卷由杜予州教授主编，包含原尾纲、弹尾纲、双尾纲，以及昆虫纲的石蛃目、衣鱼目、蜉蝣目、蜻蜓目、襀翅目、等翅目、蜚蠊目、螳螂目、蛸虫目、直翅目和革翅目；第二卷由花保祯教授主编，包括昆虫纲啮虫目、缨翅目、广翅目、蛇蛉目、脉翅目、长翅目和毛翅目；第三卷由张雅林教授主编，包含昆虫纲半翅目同翅亚目；第四卷由卜文俊和刘国卿教授主编，包含昆虫纲半翅目异翅亚目；第五卷由李利珍教授和白明研究员主编，包含昆虫纲鞘翅目原鞘亚目、藻食亚目、肉食亚目、牙甲总科、阎甲总科、隐翅虫总科、金龟总科、沼甲总科；第六卷由任国栋教授主编，包含昆虫纲鞘翅目花甲总科、吉丁甲总科、丸甲总科、叩甲总科、长蠹总科、郭公甲总科、扁甲总科、瓢甲总科、拟步甲总科；第七卷由杨星科研究员主编，包含昆虫纲鞘翅目叶甲总科和象甲总科；第八卷由吴鸿和杨定教授主编，包含昆虫纲双翅目长角亚目；第九卷由杨定和姚刚教授主编，包含昆虫纲双翅目短角亚目虻总科、水虻总科、食虫虻总科、舞虻总科、蚤蝇总科、蚜蝇总科、眼蝇总科、实蝇总科、小粪蝇总科、缟蝇总科、沼蝇总科、鸟蝇总科、水蝇总科、突眼蝇总科和禾蝇总科；第十卷由薛万琦和张春田教授主编，包含昆虫纲双翅目短角亚目蝇总科、狂蝇总科；第十一卷由李后魂教授主编，包含昆虫纲鳞翅目小蛾类；第十二卷由韩红香副研究员和姜楠博士主编，包含昆虫纲鳞翅目大蛾类；第十三卷由王敏和范骁凌教授主编，包含昆虫纲鳞翅目蝶类；第十四卷由魏美才教授主编，包含昆虫纲膜翅目"广腰亚目"；第十五卷由陈学新和王义平教授主编、第十六卷由陈学新教授主编，这两卷内容为昆虫纲膜翅目细腰亚目。16 卷共记述浙江省六足类 1 万余种，各卷所收录物种的截止时间为 2021 年 12 月。

《浙江昆虫志》各卷主编由昆虫各类群权威顶级分类专家担任，他们是各单位的学科带头人或国家杰出青年科学基金获得者、973 计划首席专家和各专业学会的理事长和副理事长等，他们中有不少人都参与了《中国动物志》的编写工作，从而有力地保证了《浙江昆虫志》整套 16 卷学术内容的高水平和高质量，反映了我国昆虫分类学者对昆虫分类区系研究的最新成果。《浙江昆虫志》是迄今为止对浙江省昆虫种类资源最为完整的科学记载，体现了国际一流水平，16 卷《浙江昆虫志》汇集了上万张图片，除黑白特征图外，还有大量成虫整体或局部特征彩色照片，这些图片精美、细致，能充分、直观地展示物种的分类形态鉴别特征。

浙江省林业局对《浙江昆虫志》的编撰出版一直给予关注，在其领导与支持下获得浙江省财政厅的经费资助。在科学考察过程中得到了浙江省各市、县（市、区）林业部门的大力支持和帮助，特别是浙江天目山国家级自然保护区管理局、浙江清凉峰国家级自然保护区管理局、宁波四明山国家森林公园、钱江源国家公园、浙江仙霞岭省级自然保护区管理局、浙江九龙山国家级自然保护区管理局、景宁望东垟高山湿地自然保护区管理局和舟山市自然资源和规划局也给予了大力协助。同时也感谢国家出版基金和科学出版社的资助与支持，保证了 16 卷《浙江昆虫志》的顺利出版。

中国科学院印象初院士和康乐院士欣然为本志作序。借此付梓之际，我们谨向以上单位和个人，以及在本项目执行过程中给予关怀、鼓励、支持、指导、帮助和做出贡献的同志表示衷心的感谢！

限于资料和编研时间等多方面因素，书中难免有不足之处，恳盼各位同行和专家及读者不吝赐教。

《浙江昆虫志》编辑委员会
2022 年 3 月

《浙江昆虫志》编写说明

本志收录的种类原则上是浙江省内各个自然保护区和舟山群岛野外采集获得的昆虫种类。昆虫纲的分类系统参考袁锋等 2006 年编著的《昆虫分类学》第二版。其中，广义的昆虫纲已提升为六足总纲 Hexapoda，分为原尾纲 Protura、弹尾纲 Collembola、双尾纲 Diplura 和昆虫纲 Insecta。目前，狭义的昆虫纲仅包含无翅亚纲的石蛃目 Microcoryphia 和衣鱼目 Zygentoma 以及有翅亚纲。本志采用六足总纲的分类系统。考虑到编写的系统性、完整性和连续性，各卷所包含类群如下：第一卷包含原尾纲、弹尾纲、双尾纲，以及昆虫纲的石蛃目、衣鱼目、蜉蝣目、蜻蜓目、襀翅目、等翅目、蜚蠊目、螳螂目、蛸虫目、直翅目和革翅目；第二卷包含昆虫纲的啮虫目、缨翅目、广翅目、蛇蛉目、脉翅目、长翅目和毛翅目；第三卷包含昆虫纲的半翅目同翅亚目；第四卷包含昆虫纲的半翅目异翅亚目；第五卷、第六卷和第七卷包含昆虫纲的鞘翅目；第八卷、第九卷和第十卷包含昆虫纲的双翅目；第十一卷、第十二卷和第十三卷包含昆虫纲的鳞翅目；第十四卷、第十五卷和第十六卷包含昆虫纲的膜翅目。

由于篇幅限制，本志所涉昆虫物种均仅提供原始引证，部分物种同时提供了最新的引证信息。为了物种鉴定的快速化和便捷化，所有包括 2 个以上分类阶元的目、科、亚科、属，以及物种均依据形态特征编写了对应的分类检索表。本志关于浙江省内分布情况的记录，除了之前有记录但是分布记录不详且本次调查未采到标本的种类外，所有种类都尽可能反映其详细的分布信息。限于篇幅，浙江省内的分布信息以地级市、市辖区、县级市、县、自治县为单位按顺序编写，如浙江（安吉、临安）；由于四明山国家级自然保护区地跨多个市（县），因此，该地的分布信息保留为四明山。对于省外分布地则只写到省份、自治区、直辖市和特区等名称，参照《中国动物志》的编写规则，按顺序排列。对于国外分布地则只写到国家或地区名称，各个国家名称参照国际惯例按顺序排列，以逗号隔开。浙江省分布地名称和行政区划资料截至 2020 年，具体如下。

湖州：吴兴、南浔、德清、长兴、安吉

嘉兴：南湖、秀洲、嘉善、海盐、海宁、平湖、桐乡

杭州：上城、下城、江干、拱墅、西湖、滨江、萧山、余杭、富阳、临安、桐庐、淳安、建德

绍兴：越城、柯桥、上虞、新昌、诸暨、嵊州

宁波：海曙、江北、北仑、镇海、鄞州、奉化、象山、宁海、余姚、慈溪

舟山：定海、普陀、岱山、嵊泗

金华：婺城、金东、武义、浦江、磐安、兰溪、义乌、东阳、永康

台州：椒江、黄岩、路桥、三门、天台、仙居、温岭、临海、玉环

衢州：柯城、衢江、常山、开化、龙游、江山

丽水：莲都、青田、缙云、遂昌、松阳、云和、庆元、景宁、龙泉

温州：鹿城、龙湾、瓯海、洞头、永嘉、平阳、苍南、文成、泰顺、瑞安、乐清

目 录

第一章 花甲总科 Dascilloidea ·· 1
  一、花甲科 Dascillidae ·· 1
    1. 花甲属 *Dascillus* Latreille, 1797 ··· 1

第二章 吉丁甲总科 Buprestoidea ·· 3
  二、吉丁甲科 Buprestidae ··· 3
    2. 窄吉丁属 *Agrilus* Curtis, 1825 ·· 4
    3. 脊吉丁属 *Chalcophora* Dejean, 1833 ·· 6
    4. 星吉丁属 *Chrysobothris* Eschscholtz, 1829 ·· 7
    5. 纹吉丁属 *Coraebus* Gory et Laporte, 1839 ··· 8
    6. 角吉丁属 *Habroloma* Thomson, 1864 ··· 12
    7. 斑吉丁属 *Lamprodila* Motschulsky, 1860 ·· 14
    8. 缘吉丁属 *Meliboeus* Deyrolle, 1864 ··· 15
    9. 花斑吉丁属 *Ptosima* Dejean, 1833 ··· 16
    10. 弓胫吉丁属 *Toxoscelus* Deyrolle, 1864 ·· 16
    11. 潜吉丁属 *Trachys* Fabricius, 1801 ·· 16

第三章 丸甲总科 Byrrhoidea ··· 21
  三、丸甲科 Byrrhidae ·· 21
    12. 素丸甲属 *Simplocaria* Stephens, 1829 ··· 21
  四、溪泥甲科 Elmidae ·· 23
    13. 狭溪泥甲属 *Stenelmis* Dufour, 1835 ··· 23
  五、扁泥甲科 Psephenidae ··· 28
    14. 肖扁泥甲属 *Psephenoides* Gahan, 1914 ·· 28
  六、真泥甲科（=掣爪泥甲科）Eulichadidae ·· 29
    15. 真泥甲属 *Eulichas* Jacobson, 1913 ··· 29

第四章 叩甲总科 Elateroidea ··· 31
  七、粗角叩甲科 Throscidae ··· 31
    16. 粗角叩甲属 *Trixagus* Kugelann, 1794 ··· 31
  八、叩甲科 Elateridae ··· 33
    （一）尖鞘叩甲亚科 Oxynopterinae ·· 33
      17. 丽叩甲属 *Campsosternus* Latreille, 1834 ·· 34
      18. 愈胸叩甲属 *Ceropectus* Fleutiaux, 1927 ··· 34
      19. 梳角叩甲属 *Pectocera* Hope, 1842 ·· 35
    （二）槽缝叩甲亚科 Agrypninae ··· 36
      20. 绵叩甲属 *Adelocera* Latreille, 1829 ·· 37
      21. 贫脊叩甲属 *Aeoloderma* Fleutiaux, 1928 ·· 37
      22. 槽缝叩甲属 *Agrypnus* Eschscholtz, 1829 ·· 38
      23. 单叶叩甲属 *Conoderus* Eschscholtz, 1829 ·· 41
      24. 斑叩甲属 *Cryptalaus* Ôhira, 1967 ·· 42
      25. 四叶叩甲属 *Sinelater* Laurent, 1967 ··· 43
      26. 猛叩甲属 *Tetrigus* Candèze, 1857 ·· 43
    （三）齿胸叩甲亚科 Dendrometrinae ··· 44
      27. 灿叩甲属 *Actenicerus* Kiesenwetter, 1858 ·· 44

28. 材叩甲属 *Cidnopus* Thomson, 1859 ··46
29. 驴胸叩甲属 *Corymbitodes* Buysson, 1904 ··46
30. 扁额叩甲属 *Dima* Charpentier, 1825 ··47
31. 瘤盾叩甲属 *Gnathodicrus* Fleutiaux, 1934 ··47
32. 直缝叩甲属 *Hemicrepidius* Germar, 1839···48
33. 梗叩甲属 *Limoniscus* Reitter, 1905 ··49
34. 薄叩甲属 *Penia* Laporte, 1836··49
35. 方胸叩甲属 *Senodonia* Laporte, 1836 ··50
（四）叩甲亚科 Elaterinae···50
36. 尖须叩甲属 *Agonischius* Candèze, 1863 ··51
37. 锥尾叩甲属 *Agriotes* Eschscholtz, 1829···52
38. 长胸叩甲属 *Aphanobius* Eschscholtz, 1829 ··54
39. 异脊叩甲属 *Ectamenogonus* Buysson, 1893···54
40. 筒叩甲属 *Ectinus* Eschscholtz, 1829 ··55
41. 平尾叩甲属 *Gamepenthes* Fleutiaux, 1928 ··55
42. 尖额叩甲属 *Glyphonyx* Candèze, 1863 ···56
43. 双脊叩甲属 *Ludioschema* Reitter, 1891 ··56
44. 刻角叩甲属 *Mulsanteus* Gozis, 1875 ···59
45. 波缝叩甲属 *Neopsephus* Kishii, 1990 ··59
46. 行体叩甲属 *Nipponoelater* Kishii, 1985 ··60
47. 短沟叩甲属 *Podeonius* Kiesenwetter, 1858···60
48. 根叩甲属 *Procraerus* Reitter, 1905···61
49. 截额叩甲属 *Silesis* Candèze, 1863 ··62
50. 短叶叩甲属 *Tinecus* Fleutiaux, 1940···63
51. 短角叩甲属 *Vuilletus* Fleutiaux, 1940 ···63
52. 土叩甲属 *Xanthopenthes* Fleutiaux, 1928 ···64
（五）梳爪叩甲亚科 Melanotinae···64
53. 梳爪叩甲属 *Melanotus* Eschscholtz, 1829 ···65
54. 弓背叩甲属 *Priopus* Laporte, 1840 ··72
（六）球胸叩甲亚科 Hemiopinae···73
55. 球胸叩甲属 *Hemiops* Laporte, 1836 ··73
（七）线角叩甲亚科 Pleonominae···74
56. 线角叩甲属 *Pleonomus* Ménétriés, 1849 ···74
（八）小叩甲亚科 Negastriinae···74
57. 微叩甲属 *Quasimus* Gozis, 1886 ···75
（九）心盾叩甲亚科 Cardiophorinae···75
58. 心跗叩甲属 *Cardiotarsus* Lacordaire, 1857 ··75
59. 珠叩甲属 *Paracardiophorus* Schwarz, 1895···76
九、花萤科 Cantharidae···78
60. 异花萤属 *Lycocerus* Gorham, 1889 ··78
61. 拟齿爪花萤属 *Pseudopodabrus* Pic, 1906 ··85
62. 狭胸花萤属 *Stenothemus* Bourgeois, 1907 ···85
63. 圆胸花萤属 *Prothemus* Champion, 1926 ··85
64. 丝角花萤属 *Rhagonycha* Eschscholtz, 1830 ··88
65. 台湾花萤属 *Taiwanocantharis* Wittmer, 1984 ··90
66. 异角花萤属 *Cephalomalthinus* Pic, 1921 ··90

67. 丽花萤属 *Themus* Motschulsky, 1857 ··· 95

第五章　长蠹总科 Bostrichoidea ··· 103

十、皮蠹科 Dermestidae ··· 103

68. 圆皮蠹属 *Anthrenus* Geoffroy, 1762 ··· 104
69. 毛皮蠹属 *Attagenus* Latreille, 1802 ·· 105
70. 皮蠹属 *Dermestes* Linnaeus, 1758 ··· 106
71. 球棒皮蠹属 *Orphinus* Motschulsky, 1858 ·· 108
72. 异皮蠹属 *Thaumaglossa* Redtenbacher, 1867 ·· 108
73. 怪皮蠹属 *Trinodes* Dejean, 1821 ·· 109
74. 斑皮蠹属 *Trogoderma* Dejean, 1821 ·· 109

十一、长蠹科 Bostrichidae ··· 111

75. 竹蠹属 *Bostrychopsis* Lesne, 1899 ·· 111
76. 竹长蠹属 *Dinoderus* Stephens, 1830 ·· 112
77. 异翅长蠹属 *Heterobostrychus* Lesne, 1899 ·· 112
78. 齿粉蠹属 *Lyctoxylon* Reitter, 1879 ··· 113
79. 粉蠹属 *Lyctus* Fabricius, 1792 ·· 113
80. 毛粉蠹属 *Minthea* Pascoe, 1866 ·· 115
81. 谷蠹属 *Rhyzopertha* Stephens, 1830 ··· 116
82. 长蠹属 *Xylopsocus* Lesne, 1901 ·· 116

十二、蛛甲科 Ptinidae ·· 118

83. 驼蛛甲属 *Cyphoniptus* Belles, 1992 ·· 118
84. 裸蛛甲属 *Gibbium* Scopoli, 1777 ·· 119
85. 窃蛛甲属 *Lasioderma* Stephens, 1835 ·· 119
86. 莫蛛甲属 *Mezioniptus* Pic, 1944 ··· 120
87. 褐蛛甲属 *Pseudeurostus* Heyden, 1906 ·· 120
88. 毛窃蠹属 *Ptilineurus* Reitter, 1901 ··· 121
89. 蛛甲属 *Ptinus* Linnaeus, 1767 ·· 121
90. 窃蠹属 *Stegobium* Motschulsky, 1860 ·· 122

第六章　郭公甲总科 Cleroidea ··· 123

十三、小花甲科 Byturidae ··· 123

91. 小花甲属 *Byturus* Latreille, 1797 ·· 123

十四、冠甲科 Lophocateridae ··· 125

92. 冠甲属 *Lophocateres* Olliff, 1883 ·· 125

十五、谷盗科 Trogossitidae ··· 126

93. 大谷盗属 *Tenebroides* Piller *et* Mitterpacher, 1783 ····································· 126

十六、菌郭公甲科 Thanerocleridae ··· 127

94. 菌郭公甲属 *Thaneroclerus* Lefebvre, 1838 ··· 127

十七、郭公甲科 Cleridae ··· 128

95. 丽郭公甲属 *Callimerus* Gorham, 1876 ··· 128
96. 郭公甲属 *Clerus* Geoffroy, 1762 ··· 129
97. 短鞘郭公甲属 *Emmepus* Motschulsky, 1845 ·· 130
98. 尸郭公甲属 *Necrobia* Olivier, 1795 ·· 130
99. 新叶郭公甲属 *Neohydnus* Gorham, 1892 ··· 131
100. 奥郭公甲属 *Opilo* Latreille, 1802 ··· 132
101. 皮郭公甲属 *Pieleus* Pic, 1940 ·· 132
102. 类筒郭公甲属 *Teneroides* Gahan, 1910 ·· 133

103. 类猛郭公甲属 *Tilloidea* Laporte, 1832 ······ 133
104. 猛郭公甲属 *Tillus* Olivier, 1790 ······ 133
105. 毛郭公甲属 *Trichodes* Herbst, 1792 ······ 134
106. 番郭公甲属 *Xenorthrius* Gorham, 1892 ······ 134

第七章　扁甲总科 Cucujoidea ······ 136

十八、蜡斑甲科 Helotidae ······ 136
107. 蜡斑甲属 *Helota* MacLeay, 1825 ······ 136
108. 新蜡斑甲属 *Neohelota* Ohta, 1929 ······ 137

十九、大蕈甲科 Erotylidae ······ 140
（一）大蕈甲亚科 Erotylinae ······ 140
109. 玉蕈甲属 *Amblyopus* Locardaire, 1842 ······ 140
110. 沟蕈甲属 *Aulacochilus* Chevrolat, 1836 ······ 141
111. 窄蕈甲属 *Dacne* Latreille, 1796 ······ 142
112. 艾蕈甲属 *Episcapha* Dejean, 1836 ······ 142
113. 莫蕈甲属 *Megalodacne* Crotch, 1873 ······ 144
114. 新蕈甲属 *Neotriplax* Lewis, 1887 ······ 144
115. 宽蕈甲属 *Tritoma* Fabricius, 1775 ······ 145

（二）拟叩甲亚科 Languriinae ······ 145
116. 安拟叩甲属 *Anadastus* Gorham, 1887 ······ 146
117. 新拟叩甲属 *Caenolanguria* Gorham, 1887 ······ 146
118. 粗拟叩甲属 *Pachylanguria* Crotch, 1876 ······ 147
119. 毒拟叩甲属 *Paederolanguria* Mader, 1939 ······ 148
120. 特拟叩甲属 *Tetraphala* Sturm, 1843 ······ 148

二十、露尾甲科 Nitidulidae ······ 151
（一）长鞘露尾甲亚科 Epuraeinae ······ 151
121. 长鞘露尾甲属 *Epuraea* Erichson, 1843 ······ 152

（二）谷露尾甲亚科 Carpophilinae ······ 154
122. 谷露尾甲属 *Carpophilus* Stephens, 1830 ······ 154
123. 尾露尾甲属 *Urophorus* Murray, 1864 ······ 157

（三）双须露尾甲亚科 Amphicrossinae ······ 158
124. 双须露尾甲属 *Amphicrossus* Erichson, 1843 ······ 158

（四）访花露尾甲亚科 Meligethinae ······ 158
125. 唇形露尾甲属 *Lamiogethes* Audisio et Cline, 2009 ······ 159
126. 菜花露尾甲属 *Meligethes* Stephens, 1830 ······ 159

（五）露尾甲亚科 Nitidulinae ······ 162
127. 方露尾甲属 *Cychramus* Kugelann, 1794 ······ 163
128. 露尾甲属 *Nitidula* Fabricius, 1775 ······ 164
129. 窝胸露尾甲属 *Omosita* Erichson, 1843 ······ 165
130. 异圆露尾甲属 *Xenostrongylus* Wollaston, 1854 ······ 166

（六）隐唇露尾甲亚科 Cryptarchinae ······ 166
131. 合唇露尾甲属 *Glischrochilus* Reitter, 1873 ······ 167

二十一、隐食甲科 Cryptophagidae ······ 168
132. 星隐食甲属 *Atomaria* Stephens, 1829 ······ 168
133. 隐食甲属 *Cryptophagus* Herbst, 1792 ······ 169
134. 埃隐食甲属 *Henoticus* Thomson, 1868 ······ 171
135. 小隐食甲属 *Micrambe* Thomson, 1863 ······ 171

二十二、锯谷盗科 Silvanidae ··· 172
- 136. 米扁甲属 *Ahasverus* Gozis, 1881 ··· 172
- 137. 隐锯谷盗属 *Cryptamorpha* Wollaston, 1854 ··· 173
- 138. 单锯谷盗属 *Monanus* Sharp, 1879 ··· 173
- 139. 锯谷盗属 *Oryzaephilus* Ganglbauer, 1899 ··· 174

二十三、扁谷盗科 Laemophloeidae ··· 175
- 140. 隐扁谷盗属 *Cryptolestes* Ganglbauer, 1899 ··· 175

第八章 瓢甲总科 Coccinelloidea ··· 177

二十四、穴甲科 Bothrideridae ··· 177
- 141. 绒穴甲属 *Dastarcus* Walker, 1858 ··· 177

二十五、薪甲科 Latridiidae ··· 179
- 142. 缩颈薪甲属 *Cartodere* Thomson, 1859 ··· 179
- 143. 光鞘薪甲属 *Corticaria* Marsham, 1802 ··· 180
- 144. 小薪甲属 *Dienerella* Reitter, 1911 ··· 181
- 145. 脊薪甲属 *Enicmus* Thomson, 1859 ··· 181
- 146. 长转薪甲属 *Eufallia* Muttkowski, 1910 ··· 183
- 147. 薪甲属 *Latridius* Herbst, 1793 ··· 183
- 148. 东方薪甲属 *Migneauxia* Jacquelin du Val, 1859 ··· 184

二十六、伪瓢甲科 Endomychidae ··· 185
- 149. 弯伪瓢虫属 *Ancylopus* Costa, 1854 ··· 185
- 150. 球伪瓢虫属 *Bolbomorphus* Gorham, 1887 ··· 186
- 151. 尹伪瓢虫属 *Indalmus* Gerstaecker, 1858 ··· 187
- 152. 华伪瓢虫属 *Sinocymbachus* Strohecker *et* Chûjô, 1970 ··· 188

二十七、瓢甲科 Coccinellidae ··· 192
- 153. 刀角瓢虫属 *Serangium* Blackburn, 1889 ··· 193
- 154. 隐势瓢虫属 *Cryptogonus* Mulsant, 1850 ··· 193
- 155. 盔唇瓢虫属 *Chilocorus* Leach, 1815 ··· 194
- 156. 光瓢虫属 *Xanthocorus* Miyatake, 1970 ··· 197
- 157. 大丽瓢虫属 *Adalia* Mulsant, 1846 ··· 198
- 158. 裸瓢虫属 *Calvia* Mulsant, 1846 ··· 199
- 159. 瓢虫属 *Coccinella* Linnaeus, 1758 ··· 200
- 160. 黄菌瓢虫属 *Halyzia* Mulsant, 1846 ··· 201
- 161. 和谐瓢虫属 *Harmonia* Mulsant, 1850 ··· 201
- 162. 长足瓢虫属 *Hippodamia* Chevrolat, 1837 ··· 203
- 163. 素菌瓢虫属 *Illeis* Mulsant, 1850 ··· 203
- 164. 盘瓢虫属 *Lemnia* Mulsant, 1850 ··· 204
- 165. 宽柄月瓢虫属 *Cheilomenes* Dejean, 1836 ··· 205
- 166. 兼食瓢虫属 *Micraspis* Chevrolat, 1837 ··· 206
- 167. 小巧瓢虫属 *Oenopia* Mulsant, 1850 ··· 206
- 168. 龟纹瓢虫属 *Propylea* Mulsant, 1846 ··· 207
- 169. 褐菌瓢虫属 *Vibidia* Mulsant, 1846 ··· 207
- 170. 食植瓢虫属 *Epilachna* Chevrolat, 1837 ··· 208
- 171. 裂臀瓢虫属 *Henosepilachna* Li *et* Cook, 1961 ··· 210
- 172. 显盾瓢虫属 *Hyperaspis* Redtenbacher, 1843 ··· 211
- 173. 短角瓢虫属 *Novius* Mulsant, 1846 ··· 212
- 174. 广盾瓢虫属 *Platynaspis* Redtenbacher, 1843 ··· 213

175. 彩瓢虫属 *Plotina* Lewis, 1896 ······ 214
176. 基瓢虫属 *Diomus* Mulsant, 1850 ······ 215
177. 小毛瓢虫属 *Scymnus* Kugelann, 1794 ······ 216
178. 刺叶食螨瓢虫属 *Parastethorus* Pang et Mao, 1975 ······ 225
179. 食螨瓢虫属 *Stethorus* Weise, 1885 ······ 225
180. 小艳瓢虫属 *Sticholotis* Crotch, 1874 ······ 226
181. 寡节瓢虫属 *Telsimia* Casey, 1899 ······ 227

第九章 拟步甲总科 Tenebrionoidea ······ 229

二十八、小蕈甲科 Mycetophagidae ······ 230
182. 小蕈甲属 *Mycetophagus* Fabricius, 1792 ······ 230
183. 疹小蕈甲属 *Typhaea* Stephens, 1829 ······ 231

二十九、大花蚤科 Ripiphoridae ······ 232
184. 凸顶花蚤属 *Macrosiagon* Hentz, 1830 ······ 232

三十、花蚤科 Mordellidae ······ 234
185. 亚花蚤属 *Asiatolida* Shiyake, 2000 ······ 234
186. 肖小花蚤属 *Falsomordellina* Nomura, 1966 ······ 235
187. 肖姬花蚤属 *Falsomordellistena* Ermisch, 1941 ······ 235
188. 带花蚤属 *Glipa* LeConte, 1857 ······ 236
189. 宽须花蚤属 *Glipostenoda* Ermisch, 1950 ······ 237
190. 星花蚤属 *Hoshihananomia* Kôno, 1935 ······ 238
191. 克花蚤属 *Klapperichimorda* Ermisch, 1968 ······ 238
192. 小花蚤属 *Mordellina* Schilsky, 1908 ······ 238
193. 异须花蚤属 *Pseudotolida* Ermisch, 1950 ······ 239

三十一、拟步甲科 Tenebrionidae ······ 240
（一）伪叶甲亚科 Lagriinae ······ 240
194. 艾垫甲属 *Anaedus* Blanchard, 1842 ······ 241
195. 莱甲属 *Laena* Dejean, 1821 ······ 243
196. 异伪叶甲属 *Anisostira* Borchmann, 1915 ······ 245
197. 宽膜伪叶甲属 *Arthromacra* Kirby, 1837 ······ 246
198. 刻胸伪叶甲属 *Aulonogria* Borchmann, 1929 ······ 246
199. 沟伪叶甲属 *Bothynogria* Borchmann, 1915 ······ 247
200. 角伪叶甲属 *Cerogria* Borchmann, 1909 ······ 247
201. 绿伪叶甲属 *Chlorophila* Semenov, 1891 ······ 250
202. 外伪叶甲属 *Exostira* Borchmann, 1925 ······ 250
203. 伪叶甲属 *Lagria* Fabricius, 1775 ······ 251
204. 大伪叶甲属 *Macrolagria* Lewis, 1895 ······ 252
205. 辛伪叶甲属 *Xenocerogria* Merkl, 2007 ······ 252
206. 垫甲属 *Luprops* Hope, 1833 ······ 253

（二）拟步甲亚科 Tenebrioninae ······ 255
207. 粉甲属 *Alphitobius* Stephens, 1829 ······ 255
208. 烁甲属 *Amarygmus* Dalman, 1823 ······ 257
209. 近沟烁甲属 *Eumolparamarygmus* Bremer, 2006 ······ 258
210. 邻烁甲属 *Plesiophthalmus* Motschulsky, 1858 ······ 258
211. 帕粉甲属 *Palorus* Mulsant, 1854 ······ 261
212. 拟步甲属 *Tenebrio* Linnaeus, 1758 ······ 263
213. 长头谷盗属 *Latheticus* Waterhouse, 1880 ······ 264

214. 拟粉甲属 *Tribolium* MacLeay, 1825 ············· 264
215. 齿甲属 *Uloma* Dejean, 1821 ············· 265
（三）琵甲亚科 Blaptinae ············· 267
216. 琵甲属 *Blaps* Fabricius, 1775 ············· 268
217. 土甲属 *Gonocephalum* Solier, 1834 ············· 269
218. 异土甲属 *Heterotarsus* Latreille, 1829 ············· 273
219. 毛土甲属 *Mesomorphus* Miedel, 1880 ············· 273
220. 沙土甲属 *Opatrum* Fabricius, 1775 ············· 274
（四）朽木甲亚科 Alleculinae ············· 274
221. 朽木甲属 *Allecula* Fabricius, 1801 ············· 275
222. 污朽木甲属 *Borboresthes* Fairmaire, 1897 ············· 276
223. 异朽木甲属 *Isomira* Mulsant, 1856 ············· 276
224. 瓣朽木甲属 *Pseudohymenalia* Novák, 2008 ············· 277
225. 枥甲属 *Cteniopinus* Seidlitz, 1896 ············· 277
（五）菌甲亚科 Diaperinae ············· 278
226. 卵隐甲属 *Ellipsodes* Wollaston, 1854 ············· 279
227. 粉菌甲属 *Alphitophagus* Stephens, 1832 ············· 280
228. 彩菌甲属 *Ceropria* Laporte *et* Brullé, 1831 ············· 280
229. 菌甲属 *Diaperis* Geoffroy, 1762 ············· 281
230. 宽菌甲属 *Platydema* Laporte *et* Brullé, 1831 ············· 281
231. 艾舌甲属 *Ades* Guérin-Méneville, 1857 ············· 282
232. 亮舌甲属 *Crypsis* Waterhouse, 1877 ············· 283
233. 斑舌甲属 *Derispia* Lewis, 1894 ············· 284
234. 角舌甲属 *Derispiola* Kaszab, 1946 ············· 284
235. 基菌甲属 *Basanus* Lacordaire, 1859 ············· 285
（六）树甲亚科 Stenochiinae ············· 285
236. 类轴甲属 *Euhemicera* Ando, 1996 ············· 286
237. 彩轴甲属 *Falsocamaria* Pic, 1917 ············· 287
238. 闽轴甲属 *Foochounus* Pic, 1921 ············· 288
239. 壑轴甲属 *Hexarhopalus* Fairmaire, 1891 ············· 289
240. 迴轴甲属 *Plamius* Fairmaire, 1896 ············· 289
241. 宽轴甲属 *Platycrepis* Lacordaire, 1859 ············· 290
242. 大轴甲属 *Promethis* Pascoe, 1869 ············· 290
243. 泰轴甲属 *Taichius* Ando, 1996 ············· 292
244. 树甲属 *Strongylium* Kirby, 1819 ············· 293
245. 优树甲属 *Uenostrongylium* Masumoto, 1999 ············· 294
三十二、拟天牛科 Oedemeridae ············· 296
246. 埃拟天牛属 *Eobia* Semenov, 1894 ············· 296
247. 拟天牛属 *Oedemera* Olivier, 1789 ············· 296
三十三、芫菁科 Meloidae ············· 298
248. 柔芫菁属 *Apalus* Fabricius, 1775 ············· 298
249. 齿爪芫菁属 *Denierella* Kaszab, 1952 ············· 299
250. 豆芫菁属 *Epicauta* Dejean, 1834 ············· 300
251. 沟芫菁属 *Hycleus* Latreille, 1817 ············· 306
252. 绿芫菁属 *Lytta* Fabricius, 1775 ············· 309
253. 短翅芫菁属 *Meloe* Linnaeus, 1758 ············· 311

  254. 黄带芫菁属 *Zonitoschema* Péringuey, 1909 ·················· 314
三十四、三栉牛科 Trictenotomidae ·················· 317
  255. 三栉牛属 *Trictenotoma* Gray, 1832 ·················· 317
三十五、赤翅甲科 Pyrochroidae ·················· 319
  256. 伪赤翅甲属 *Pseudopyrochroa* Pic, 1906 ·················· 319
三十六、蚁形甲科 Anthicidae ·················· 320
  257. 蚁形甲属 *Anthicus* Paykull, 1798 ·················· 320
  258. 棒颈蚁形甲属 *Clavicomus* Pic, 1894 ·················· 320
  259. 欧蚁形甲属 *Omonadus* Mulsant *et* Rey, 1866 ·················· 321
  260. 长蚁形甲属 *Macratria* Newman, 1838 ·················· 322
  261. 长跗蚁形甲属 *Mecynotarsus* LaFerté-Sénectère, 1849 ·················· 322
三十七、木甲科 Aderidae ·················· 324
  262. 木甲属 *Aderus* Stephens, 1829 ·················· 324
三十八、脊甲科 Ischaliidae ·················· 325
  263. 脊甲属 *Ischalia* Pascoe, 1860 ·················· 325
主要参考文献 ·················· 326
中名索引 ·················· 365
学名索引 ·················· 374
图版

第一章 花甲总科 Dascilloidea

主要特征：花甲科和羽角甲科的成虫在口器类型、前中胸的联锁机制、翅脉与翅的折叠方式和雄性外生殖器上有共同之处。羽角甲科的幼虫有别于花甲科，其腹侧口器愈合、双气门和无下颚磨区等特征更类似于叩甲类幼虫。

该总科分为2科，分别是花甲科Dascillidae和羽角甲科Rhipiceridae。世界已知180余种，中国记录2科5属52种，浙江分布1科1属3种。

一、花甲科 Dascillidae

主要特征：体小至大型，略扁至强烈隆起，背面光滑或被毛，部分种类具毛斑。头近方形，略扁；复眼完整，通常大而强烈突出。触角11节，丝状、锯齿状或梳状，不着生在头部瘤状突起上。前胸背板横宽，中部或基部最宽；盘区无成对的基凹。鞘翅长，两侧近平行；翅面刻点无规则，或形成12条刻点行或沟；无小盾片刻点沟。后翅通常较发达。腹部通常可见5节腹板，前2节常愈合。胫节端部常扩展变宽，有时细长；前、中、后足胫节均有端距；跗式5-5-5，第I–IV跗节大多膜质且膨大成瓣状，爪间突消失或隐藏；爪简单。

该科世界已知2亚科9属87种，主要分布于澳大利亚和北半球的森林地区，非洲、中亚及南美洲的温带区域也有少数种类。中国记录1亚科4属47种，浙江分布1属3种。

1. 花甲属 *Dascillus* Latreille, 1797

Dascillus Latreille, 1797: 43. Type species: *Chrysomela cervina* Linnaeus, 1758.
Atopa Paykull, 1799: 116. Type species: *Chrysomela cervina* Linnaeus, 1758.

主要特征：体细长，轻度隆起且体表着生大量卧状短刚毛。上颚臼齿不明显，臼叶膜质。触角多为丝状。前胸背板梯形，两侧窄而侧缘光滑。鞘翅多数具不规则刻点，刻点间区平坦，其上密生刚毛但仅少数种类构成块状斑纹。前、中足的腿节与胫节几乎等长，后足的腿节明显或稍短于胫节。第5节腹板端部形状雌雄各异。雌性产卵器部分退化且骨化不完全，缺乏生殖刺突。

分布：古北区、东洋区、新北区。世界已知约40种，中国记录32种，浙江分布3种。

分种检索表

1. 鞘翅单色，或有不明显的纵向暗淡区域 ································· 齐花甲 *D. congruus*
- 鞘翅有明显的横条纹，或具斑纹 ··· 2
2. 雄性触角向后伸达鞘翅中部；腹部腹板两侧有无毛的斑点 ················· 斑花甲 *D. maculosus*
- 雄性触角向后近达鞘翅端部；腹部腹板两侧没有无毛的斑点 ················· 雪纹花甲 *D. nivipictus*

(1) 齐花甲 *Dascillus congruus* Pascoe, 1860（图版 I-1）

Dascillus congruus Pascoe, 1860: 44; Fairmaire, 1886: 333.
Dascillus fortunei Pic, 1913a: 166.
Dascillus perroudi Pic, 1939: 4.
Dascillus klapperichi Pic, 1955: 25.
Dascillus taiwanus Nakane, 1995: 24.

主要特征：体长 9.3–12.9 mm。头、触角、前胸背板、小盾片、鞘翅和腹部黑色或棕黑色，足棕黑色或棕色；背面密被紧贴身体的短毛；头、前胸背板和鞘翅具均一的黄色或棕色毛，腹部具黄色密毛。雄性触角向后伸达鞘翅中部，雌性仅达前胸背板基部。前胸背板横宽，基部稍前最宽，两侧从近中部向前比向后更强烈收缩；前角钝角形；盘区较强烈隆起；刻点粗密。小盾片后缘后突。鞘翅较强烈隆起。腹部腹板两侧有无毛的斑点，雌性第 V 腹板端部宽圆。

分布：浙江（德清、临安、舟山）、安徽、江西、湖南、福建、台湾、广东。

(2) 斑花甲 *Dascillus maculosus* Fairmaire, 1889（图版 I-2）

Dascillus maculosus Fairmaire, 1889: 35.

主要特征：体长 9.9–12.5 mm。头及前胸背板黑色或棕黑色，触角、小盾片、鞘翅和腹部棕黑色，足棕色；背面密被紧贴身体的短毛；头、前胸和鞘翅具棕色和黄色毛，其在翅上形成模糊的淡斑，腹面密生黄色短毛。触角向后伸达鞘翅中部。前胸背板横宽，基部稍前最宽，两侧从近中部向前比向后更强烈收缩；前角钝角形；盘区较强烈隆起；刻点粗密。小盾片后缘明显后突。鞘翅较强烈隆起。腹部腹板两侧有无毛的斑点；雄性第 V 腹板端部截断，雌性宽圆。

分布：浙江（临安）、河南、湖北、湖南、重庆、四川、贵州、云南、西藏。

(3) 雪纹花甲 *Dascillus nivipictus* (Fairmaire, 1904)（图版 I-3）

Pseudolichas nivipictus Fairmaire, 1904: 86.
Pseudolichas nivipictus var. *suturella* Fairmaire, 1904: 87.
Pseudolichas suturellus Pic, 1908: 54.
Pseudolichas suturellus var. *obliterata* Pic, 1908: 55.
Pseudolichas nivipictus var. *ochraceus* Pic, 1913b: 172.
Pseudolichas suturellus var. *cambodgensis* Pic, 1914: 2.
Pseudolichas ruficornis Pic, 1914: 2.
Dascillus nivipictus: Jin, Ślipiński & Pang, 2013: 574.

主要特征：体长 7.8–10.7 mm。头、触角、前胸背板、小盾片、鞘翅和腹部黑色或棕黑色，足棕黑色或棕色；头、前胸背板和鞘翅的毛形成黑色和白色的图案，鞘翅的毛形成不明显的淡斑，腹部具发白的或黄色密毛。触角长，向后伸达鞘翅中部至端部。前胸背板横宽，前角略突。小盾片后缘后突。雄性腹部第 V 腹板端部截断，雌性宽圆。

分布：浙江（龙泉）、湖北、江西、湖南、贵州、云南；越南，老挝，柬埔寨。

第二章 吉丁甲总科 Buprestoidea

主要特征：体小至中型，少数大型；成虫常具强烈金属光泽。头较小，下口式，嵌入前胸，深及眼缘。触角短，多为锯齿状，多数11节，少数10节或12节。前胸背板后角钝圆，不呈刺状突出。前胸腹板突发达，端部紧密嵌入中胸腹板的凹窝，无叩器且不能自由活动；后胸前侧片宽或窄；后胸腹板具横缝。鞘翅发达，覆盖腹部，盘区具刻点列或纵脊。腹部可见腹板第Ⅰ或Ⅱ节愈合或不愈合，可见腹板为4–6节。跗式5–5–5，第Ⅳ跗节端部呈双叶状或单叶状。

该总科共包含2科：吉丁甲科Buprestidae和裂足吉丁甲科Schizopodidae，世界广布（裂足吉丁甲科仅分布于北美洲），世界已知523属，中国记录1科69属，浙江分布1科10属48种。

二、吉丁甲科 Buprestidae

主要特征：体小至中型，少数大型；成虫常具强烈金属光泽。头较小，下口式，嵌入前胸，深及眼缘。触角短，多为锯齿状，少数栉状，多数11节，少数10节。前胸背板后角圆，不呈刺状突出。前胸腹板突端部嵌入中胸腹窝；前、中胸连接紧密，不能活动；后胸前侧片较窄；后胸腹板具横缝。腹部可见腹板4节或5节。前足基节窝开放；前足基节近球形，中足基节较平，圆形，后足基节横阔，呈片状；前、中足转节显著，后足转节小；跗式5–5–5，第Ⅳ跗节端部单叶状。

该科世界已知14 600余种，世界广布。中国记录960余种，浙江分布48种。

分属检索表

1. 触角窝间的距离大于复眼间距离的1/2；中胸前侧片外缘接近鞘翅缘折 ··· 2
- 触角窝间的距离等于或小于复眼间距离的1/2；中胸前侧片外缘不超过中足基节与鞘翅缘折间的2/3 ··········· 5
2. 雄性外生殖器端部不具刚毛 ··· 花斑吉丁属 *Ptosima*
- 雄性外生殖器端部具刚毛 ··· 3
3. 触角上的感器多集中在触角侧面的凹窝中 ·· 星吉丁属 *Chrysobothris*
- 触角上的感器多分散于锯齿节各节的上、下表面 ··· 4
4. 鞘翅翅面具规则纵脊、各种形状刻点及刻纹，常具各种紫黑色斑块或斑点 ······························ 斑吉丁属 *Lamprodila*
- 鞘翅翅面具较粗雕状脊纹，脊隆处光滑发亮 ··· 脊吉丁属 *Chalcophora*
5. 触角前2节不膨大；爪双裂或基部内侧具齿 ··· 6
- 触角前2节膨大；爪简单，内侧无齿 ··· 9
6. 前足和中足腿节内侧具1列刺，胫节强烈弯曲 ··· 弓胫吉丁属 *Toxoscelus*
- 前足和中足腿节内侧无刺，胫节较直 ·· 7
7. 后足基跗节短；触角从第Ⅴ或Ⅵ节开始锯齿状 ·· 缘吉丁属 *Meliboeus*
- 后足基跗节明显比其他跗节长；触角从第Ⅳ或Ⅴ节开始锯齿状 ·· 8
8. 前胸背板侧缘光滑，基部近侧缘有纵脊；小盾片三角形，多数盘区具横脊 ·································· 窄吉丁属 *Agrilus*
- 前胸背板侧缘细齿状，基部近侧缘有纵脊或无；小盾片近心形或五边形，盘区无横脊 ··················· 纹吉丁属 *Coraebus*
9. 体呈倒三角形；鞘翅近侧缘具1条纵脊 ··· 角吉丁属 *Habroloma*
- 体呈卵圆或长卵圆形；鞘翅表面无纵脊 ··· 潜吉丁属 *Trachys*

2. 窄吉丁属 *Agrilus* Curtis, 1825

Agrilus Dahl, 1823: 19 (invalid).
Agrilus Curtis, 1825: 67. Type species: *Buprestis viridis* Linnaeus, 1758.
Agrilus Dejean, 1833: 81 (unavailable name).
Euryotes Dejean, 1836: 92 (unavailable name).
Agrylus Solier, 1849: 505. Type species: *Agrilus frontalis* Waterhouse, 1887.
Paradomozphus Waterhouse, 1887: 183. Type species: *Paradomozphus albicollis* Waterhouse, 1887.
Samboides Kerremans, 1900: 16. Type species: *Samboides viridana* Kerremans, 1900.
Callichitones Obenberger, 1931: 181. Type species: *Callichitones semenovi* Obenberger, 1931.
Therysambus Descarpentries *et* Villiers, 1967b: 1007. Type species: *Sambus apicalis* Bourgoin, 1923.
Agrilus (*Wallaceilus*) Holyński, 2003: 16. Type species: *Agrilus scutellaris* Deyrolle, 1864.

主要特征：体小至中型，窄长，近圆筒形；多黑褐色，少数具金属光泽。前胸背板基部二曲状，侧缘各具 2 条隆脊。小盾片三角形，具横脊。鞘翅细长，翅端弧状或平截具刺。后足基跗节长于之后 2 节长度之和；爪双裂或基部具齿。

分布：世界广布。世界已知 2700 余种（亚种），中国记录 305 种，浙江分布 8 种。

分种检索表

1. 小盾片凹，表面无横脊 ··· 泡桐窄吉丁 *A. cyaneoniger*
- 小盾片不凹，表面有横脊 ··· 2
2. 鞘翅翅顶外侧呈角状 ··· 蓝鞘窄吉丁 *A. plasoni*
- 鞘翅翅顶外侧不呈角状 ··· 3
3. 鞘翅无绒毛形成的斑纹 ··· 4
- 鞘翅有绒毛形成的斑纹 ··· 5
4. 前胸背板端部突然变窄；前胸腹板突近端部侧缘不呈角状 ·· 细绒窄吉丁 *A. pilosovittatus*
- 前胸背板不突然变窄；前胸腹板突近端部侧缘呈角状 ·· 楔尾窄吉丁 *A. pusillesculptus*
5. 鞘翅后部有 2 条横向斑纹 ·· 柑橘窄吉丁 *A. auriventris*
- 鞘翅近翅缝有纵向的宽条纹 ··· 6
6. 鞘翅的纵向条纹从基部延伸至翅顶 ·· 合欢窄吉丁 *A. subrobustus*
- 鞘翅的纵向条纹从基部延伸至中部 ··· 7
7. 阳茎侧突近端部呈角状突，中茎端部尖 ·· 浙江窄吉丁 *A. chekiangensis*
- 阳茎侧突近端部无角状突，显著变窄，中茎端部圆钝 ·· 紫罗兰窄吉丁 *A. pterostigma*

（4）柑橘窄吉丁 *Agrilus auriventris* Saunders, 1873

Agrilus auriventris Saunders, 1873: 517.

主要特征：体古铜色。前胸背板前缘弯曲，中叶前突；后缘三曲状；背面中部具 2 个呈前后排列的较大的凹。鞘翅基半部近翅缝处前后排列着 2 条绒毛斑；端半部具 2 条白色绒毛形成的毛斑，1 条短且较平直，另 1 条波状；近外缘前后也排列着 2 个绒毛斑。

分布：浙江、湖北、江西、湖南、福建、广东、广西、四川；日本。

（5）浙江窄吉丁 *Agrilus chekiangensis* Gebhardt, 1929（图版 I-4）

Agrilus chekiangensis Gebhardt, 1929b: 33.
Agrilus semivittatus Tôyama, 1985: 44.

主要特征：体墨绿色，复眼黑色。头顶隆突，额宽，中纵凹不明显，布致密皱纹、深褐色短绒毛及明显的粗糙刻点。前胸背板盘区隆起，后侧缘凹，布密集的细小皱纹。鞘翅侧缘前半部近两侧平行，近翅端约 1/3 处明显膨大，为鞘翅最宽处，随后渐向顶端变细，翅端圆弧状；背面布粗糙刻点，前半部被银白色绒毛。

分布：浙江（缙云）、陕西、江西、湖南、福建、四川、云南；日本。

（6）柏桐窄吉丁 *Agrilus cyaneoniger* Saunders, 1873

Agrilus cyaneoniger Saunders, 1873: 515.
Agrilus melanopterus Solsky, 1875: 277.
Agrilus cyaneoniger Thomson, 1879: 71.
Agrilus impressfrons Kiesenwetter, 1879: 254.
Agrilus cupreoviridis Lewis, 1893: 332.
Agrilus jamesi Jacobson, 1913: 798.
Agrilus marquardti Obenberger, 1914a: 41, 47.
Agrilus ataman Obenberger, 1924b: 35.
Agrilus mikado Obenberger, 1924b: 35.

主要特征：体黑色，具蓝色光泽。头顶较平，具纵行皱纹，额区"十"字状凹。前胸背板前缘光滑，侧缘前部着生白色绒毛；背面有 4 个凹窝，中部前后排列 2 个较大凹窝，侧缘各具 1 个较小凹窝。小盾片三角形凹陷，中间凹。鞘翅近端部 2/3 处最宽，翅端弧状，具规则细齿；背面基部三角形凹陷，被粗刻点。

分布：浙江、吉林、内蒙古、河北、山西、陕西、江西、海南、四川、贵州、云南；俄罗斯，朝鲜，日本，印度，越南。

（7）细绒窄吉丁 *Agrilus pilosovittatus* Saunders, 1873（图版 I-5）

Agrilus pilosovittatus Saunders, 1873: 515.
Agrilus zemani Obenberger, 1925: 34.
Agrilus pusillpubis Gebhardt, 1929b: 24.

主要特征：头和前胸背板黑褐色，泛铜色光泽；鞘翅褐色，泛蓝绿色光泽；身体腹面褐色，光亮。头部背面正中具 1 条明显的细沟，其他区域布密集皱纹。前胸背板前缘双曲状，侧缘斜弧形；盘区略隆，后端具 1 凹窝，两侧凹。鞘翅两侧近中部弧凹，近端部 1/3 处略膨大；整个翅面布满白色短绒毛，中央部位及后面的绒毛明显比较密集。身体腹面被白色短绒毛。

分布：浙江（岱山）、江苏、江西、湖南；日本，美国。

（8）蓝鞘窄吉丁 *Agrilus plasoni* Obenberger, 1917（图版 I-6）

Agrilus plasoni Obenberger, 1917b: 212.
Agrilus jeanvoinei Descarpentries *et* Villiers, 1963: 54.

主要特征：头、前胸背板紫色，鞘翅蓝绿色，复眼黄褐色。头短，头顶平，额面宽，中纵凹宽，整个头部布满致密的横皱纹。前胸背板横宽；前缘中央略突。小盾片前面略呈方形，后面中央向后延，呈三角形，具明显横脊。鞘翅中前部近于两侧平行，后面尖削，翅顶斜截，靠外缘具 1 大刺突；背面近翅端 4/5 靠翅缝处具一片稀疏的灰白色绒毛。身体腹面密被灰白色短绒毛。

分布：浙江（缙云）、陕西、江西、湖南、福建、云南；不丹，越南，老挝。

（9）紫罗兰窄吉丁 *Agrilus pterostigma* Obenberger, 1927（图版 I-7）

Agrilus pterostigma Obenberger, 1927: 17.

主要特征：体墨绿色，复眼黑色。中纵凹不明显，头顶隆突，布深褐色短绒毛和密集皱纹。前胸背板前缘中部稍突，呈二曲状；背面盘区隆起，侧缘凹。鞘翅侧缘中部附近略凹，近端部 2/5 处膨大，为鞘翅最宽处，随后渐向顶端变细，翅端圆弧状；背面基半部和近翅端 1/4 着生银白色绒毛。

分布：浙江（岱山）。

（10）楔尾窄吉丁 *Agrilus pusillesculptus* Obenberger, 1940（图版 I-8）

Agrilus pusillesculptus Obenberger, 1940: 177.

主要特征：体墨绿色，复眼黑色，头褐色；泛铜色光泽，着生淡黄色绒毛。头短；中纵凹浅，不明显；布密集的横皱纹。触角第III–XI节稍呈锯齿状，着生银白色绒毛。前胸背板前缘中央略突；背面盘区隆起，两侧近前缘凹。小盾片前部近方形，后面中央尖锐后延。鞘翅近翅端约 2/5 处附近明显膨大，为鞘翅最宽处，翅端圆弧状；背面被银白色短绒毛和粗糙刻点。身体腹面着生银白色绒毛。

分布：浙江（遂昌）、陕西。

（11）合欢窄吉丁 *Agrilus subrobustus* Saunders, 1873（图版 I-9）

Agrilus subrobustus Saunders, 1873: 516.
Agrilus sorocinus Kerremans, 1914: 106.
Agrilus kumamotoensis Obenberger, 1935: 170.
Agrilus albizziae Kurosawa, 1963: 101.
Agrilus boisreymondi Alexeev *et* Bily, 1980: 603.
Agrilus kumamotoi Tôyama, 1987: 316.
Agrilus kurosawus Bellamy, 1998: 95.

主要特征：体楔形；铜绿色或橄榄色，具金属光泽。中纵凹不明显；头部背面密被白色绒毛，额区及唇基绒毛相对密集且长。前胸背板近方或宽稍大于长；前缘中部略前突，侧缘弧弯，后缘二曲状；盘区隆起，具刻点和密集横皱纹。鞘翅侧缘基半部近两侧平行，近端部 1/3 处膨大，后半部具细齿，翅端圆弧状；背面被粗糙刻点和银白色短绒毛。

分布：浙江（岱山）、陕西、安徽、湖北、湖南、福建、台湾、四川、贵州、云南；朝鲜半岛，日本，美国。

3. 脊吉丁属 *Chalcophora* Dejean, 1833

Chalcophora Dejean, 1833: 77. Type species: *Buprestis mariana* Linnaeus, 1758.
Buprestis (*Chalcophora*): Laporte & Gory, 1836: 7.
Anaglyptes Gistel, 1848: 128. Type species: *Anaglyptes merianus* Gistel, 1848.

主要特征：体大型，长而扁；颜色多暗褐色或黑铜色。触角粗，自第IV节起锯齿状，感觉孔散布于各节两面。前胸背板及鞘翅布很粗的雕状脊纹，隆起处光滑发亮，低凹处被灰色绒毛。鞘翅侧缘常具齿。后足基跗节长于第II节；爪简单，无齿。

分布：世界广布。世界已知35种（亚种），中国记录7种（亚种），浙江分布1亚种。

（12）日本脊吉丁中国亚种 *Chalcophora japonica chinensis* Schaufuss, 1879

Chalcophora japonica chinensis Schaufuss, 1879: 480.

主要特征：体长纺锤形；金铜色，复眼褐色。头顶与复眼之间凹。前胸背板中部具黑色粗中脊和黑色纵隆起；后缘中部弧形，具隆起的饰边。鞘翅背面具黑色纵肋，侧缘黑色纵隆起与缘折平行；侧缘具齿。

分布：浙江、河南、江苏、安徽、湖北、江西、湖南、福建、广东、香港、广西、四川。

4. 星吉丁属 *Chrysobothris* Eschscholtz, 1829

Buprestis (*Chrysobothris*) Eschscholtz, 1829: 9. Type species: *Buprestis chrysostigma* Linnaeus, 1758.
Chrysobothris Eschscholtz: Solier, 1833: 310.

主要特征：体长 7.0–15.0 mm。体呈长卵圆形；大多数铜褐色或黑褐色，少数为铜绿色或蓝绿色。头部短；触角锯齿状，第III节较长。前胸背板后缘双弧状，盘区大多具横脊。小盾片三角形，较小。鞘翅表面具凹斑，多数具纵脊，少数无，基部明显宽于前胸背板，侧缘后半部具齿，端部呈细齿状。前足腿节中部内侧具三角形齿。

分布：世界广布。世界已知700余种，中国记录30种，浙江分布2种。

（13）桔星吉丁 *Chrysobothris mandarina* Théry, 1940

Chrysobothris mandarina Théry, 1940: 151.

主要特征：体长 8.0–12.0 mm。体呈长椭圆形；体黑褐色，具古铜色金属光泽。额中部梯形低凹，后部具粗横脊。前胸背板横阔，后缘双弧状，两侧弧凹较深；盘区隆突，中线后半部具1条短纵脊。前胸腹板突端部中间具短突起，突起端部具1簇致密灰色绒毛。小盾片三角形，表面光滑略内凹。每鞘翅纵向排列3个金绿色凹斑，每翅可见3条弱纵脊。第V腹板中部有1条较弱纵脊。

分布：浙江、江西、湖南。

（14）粗孔星吉丁 *Chrysobothris succedanea* Saunders, 1873

Chrysobothris succedanea Saunders, 1873: 512.

主要特征：体长 8.0–9.0 mm。体呈椭圆形；体紫褐色，具金属光泽。额中部近六边形低凹，后部具2横脊。前胸背板横阔，后缘双弧状，两侧弧凹较深；盘区略隆突，中央区域布致密横皱纹。前胸腹板突端部中间具三角形短突起。小盾片较小，三角形，中部内凹。每鞘翅有3个纵向排列的金绿色大凹斑和4条纵脊。第V腹板中部有1条较弱纵脊。

分布：浙江、黑龙江、吉林、辽宁、山东、河南、甘肃、青海、湖北、江西、湖南、福建、香港、广西、四川。

5. 纹吉丁属 *Coraebus* Gory *et* Laporte, 1839

Coraebus Gory *et* Laporte, 1839: 1. Type species: *Buprestis undatus* Fabricius, 1775.
Coroebus Agassiz, 1846: 100 (unjustified emendation).
Coraegrilus Fairmaire, 1889: 32. Type species: *Coraegrilus amplithorax* Fairmaire, 1889.
Negreia Cobos, 1962: 27. Type species: *Negreia niveosparsa* Cobos, 1962.

主要特征：体中等大小，长卵形；通常具鲜艳色泽；鞘翅具绒毛形成的各种斑纹。触角较长，从第Ⅳ节（少数种类从第Ⅴ节）开始锯齿状。前胸背板通常横宽，形状多样，侧缘呈细齿状弧突。前胸腹前叶窄，侧视平，不隆突。小盾片近心形或五边形。鞘翅翅端圆、平截或具向后突出的刺。各足跗节通常较长，后足基跗节明显长于其他跗节；爪双裂或基部具齿。

分布：古北区、东洋区。世界已知230余种（亚种），中国记录118种，浙江分布16种。

分种检索表

1. 鞘翅翅顶有刺	2
- 鞘翅翅顶无刺	8
2. 鞘翅底色显著二色，前半部蓝色，后半部有近黑色三角形斑纹	拟三角纹吉丁 *C. ephippiatus*
- 鞘翅底色单色，前半部和后半部颜色一致，无黑色三角形斑纹	3
3. 前胸背板无肩前脊	4
- 前胸背板有肩前脊	5
4. 鞘翅端部有2条不中断的绒毛斑纹	蓝绿纹吉丁 *C. amabilis*
- 鞘翅端部有2条中断的绒毛斑纹	断点纹吉丁 *C. frater*
5. 前胸背板有3条纵向白色斑纹	拟窄纹吉丁 *C. acutus*
- 前胸背板无3条纵向白色斑纹	6
6. 鞘翅基部有规则绒毛斑纹	黄胸圆纹吉丁 *C. sauteri*
- 鞘翅基部无绒毛斑纹	7
7. 鞘翅基部与前胸背板等宽；腹面蓝色；小盾片近三角形	铜胸纹吉丁 *C. cloueti*
- 鞘翅基部显著宽于前胸背板；腹面铜绿色；小盾片近五边形	窄纹吉丁 *C. quadriundulatus*
8. 鞘翅翅顶弧凹	小纹吉丁 *C. diminutus*
- 鞘翅翅顶不凹	9
9. 鞘翅表面有纵肋	郝氏纹吉丁 *C. hauseri*
- 鞘翅表面无纵肋	10
10. 鞘翅中部有近三角形的白色毛斑	蓝色纹吉丁 *C. cavifrons*
- 鞘翅中部无近三角形的白色毛斑	11
11. 前胸背板有肩前脊	12
- 前胸背板无肩前脊	13
12. 鞘翅端部具3条横向白毛斑纹；中、后足胫节端部内侧有细齿	代纹吉丁 *C. vicarius*
- 鞘翅端部具2条横向黄毛斑纹；中、后足胫节端部内侧无细齿	清纹吉丁 *C. intemeratus*
13. 前胸背板与鞘翅的颜色显著不同	14
- 前胸背板与鞘翅同色或模糊的二色	15
14. 前胸背板黄铜色具红色光泽；鞘翅蓝色	突顶纹吉丁 *C. violaceipennis*
- 前胸背板黄色；鞘翅黑色	黑翅纹吉丁 *C. hoscheki*
15. 头顶中纵凹深；前胸背板基部无纵凹；鞘翅端部具紫色光泽	拟苹果纹吉丁 *C. lepidulus*
- 头顶中纵凹浅；前胸背板基部有纵凹；鞘翅端部无紫色光泽	梨树纹吉丁 *C. rusticanus*

(15) 拟窄纹吉丁 *Coraebus acutus* Thomson, 1879（图版 I-10）

Coraebus acutus Thomson, 1879: 54.
Coraebus quadrispinosus Fairmaire, 1891: ccvii.
Coraebus bedeli Théry, 1895: cxiii.
Coraebus chinensis Kerremans, 1895: 214.

主要特征：体蓝色。头顶具中纵凹。前胸背板中部或中部稍后最宽；侧缘具稀疏钝齿；背面中部之前稍隆突，基部具 V 形凹陷。鞘翅近端部 1/3 处最宽；侧缘基半部稍内凹，翅端由内至外侧倾并内凹，两侧各具 1 枚长的大刺，内侧大刺的内缘具 1 枚较小的刺，有时两大刺外侧具规则或不规则的小齿；背面不具绒毛或具很稀疏的绒毛和粗糙刻点，基部凹窝大而浅，端半部具白色横绒斑 2 条，第 1 条弯曲，第 2 条稍弯，基部及翅缝另具少量零星毛斑。

分布：浙江（开化）、河南、陕西、宁夏、甘肃、上海、安徽、湖北、江西、湖南、福建、广东、广西、四川、贵州、云南；越南。

(16) 蓝绿纹吉丁 *Coraebus amabilis* Kerremans, 1895

Coraebus amabilis Kerremans, 1895: 216.

主要特征：体蓝色，具金属光泽，有的具明显的绿色光泽。鞘翅基部与前胸背板基部近等宽；外侧端半部具细齿；背面近端部 1/3 处具 2 条白色绒毛构成的斑纹；翅端具刺，外侧刺大而明显，内侧刺较小，在内侧刺内侧具 1 更小的刺。

分布：浙江、陕西、湖南、海南、四川、云南；印度，尼泊尔。

(17) 蓝色纹吉丁 *Coraebus cavifrons* Descarpentries *et* Villiers, 1967

Coraebus cavifrons Descarpentries *et* Villiers, 1967a: 482.

主要特征：体短而粗壮，蓝色，具金属光泽。鞘翅近端部 1/3 处明显膨阔，为鞘翅最宽处；鞘翅基部近于与前胸背板基部等宽；翅端圆，彼此相接，无刺，具规则的细齿；背面基部具凹坑，被较密集的白色绒毛。

分布：浙江、福建、广东、海南、广西、重庆、四川；越南。

(18) 铜胸纹吉丁 *Coraebus cloueti* Théry, 1895

Coraebus cloueti Théry, 1895: 112.
Coraebus dollei Théry, 1895: 114.
Coraebus aeneicollis Kerremans, 1895: 216.
Coraebus staudingeri Obenberger, 1914c: 135.
Coraebus kerremansi Obenberger, 1916: 265.
Coraebus tonkinensis Bourgoin, 1924: 179.
Coraebus szechuanensis Obenberger, 1934b: 25.
Coraebus heyrovskyi Obenberger, 1934c: 110.
Coraebus tatsienluus Obenberger, 1934c: 110.
Coraebus mushaensis Miwa *et* Chûjô, 1935: 277.

主要特征：前胸背板无肩前隆脊，背面两侧及后缘凹，侧缘弧突，基部二曲状。小盾片近三角形，末端甚尖。鞘翅侧缘于基部之后略内弧凹，近端部 1/3 处最宽，翅端略平截，两侧各具 1 枚短而尖的刺，背面近翅端 1/3 部分具白色绒斑 2 条，第 1 条呈 N 字形，第 2 条微弯。

分布：浙江、山西、山东、河南、陕西、甘肃、江苏、上海、安徽、湖北、江西、湖南、福建、台湾、广西、四川、贵州、云南、西藏；越南。

（19）小纹吉丁 *Coraebus diminutus* Gebhardt, 1929（图版 I-11）

Coraebus diminutus Gebhardt, 1929b: 31.
Coraebus grafi Obenberger, 1934d: 43.

主要特征：体中型。头顶具中纵凹；两侧具小瘤突，光滑。前胸背板中部或近基部 1/3 处最宽，自最宽处向前缘强烈收窄；背面密被白色和金黄色绒毛，基部具 V 形凹陷。鞘翅背面近翅端具 2 条窄绒毛斑，近翅端的 1 条直，不延伸至翅端，第 2 条波曲状，其他部位具不规则的毛斑；翅端圆，中部深凹，凹陷两侧具不规则的小齿。

分布：浙江（岱山、开化、遂昌）、山西、陕西、江苏、上海、湖北、江西、湖南、福建、台湾、广东、广西、四川、贵州、云南；日本，越南，老挝，泰国。

（20）拟三角纹吉丁 *Coraebus ephippiatus* Théry, 1938

Coraebus ephippiatus Théry, 1938: 176.

主要特征：体长卵形。触角短，向后达到前胸背板基部。前胸背板横宽，宽是长的 1.6 倍，近基部 1/3 处最宽；背面基部凹；前缘浅弧凹，侧缘近直。鞘翅长是宽的 2.2 倍，基部与前胸背板基部近等宽；翅端浅凹，内外侧各有 1 明显或不太明显的刺。

分布：浙江（开化）、河南、上海、安徽、江西、湖南、福建、台湾、广西、贵州、云南。

（21）断点纹吉丁 *Coraebus frater* Bourgoin, 1925（图版 I-12）

Coraebus frater Bourgoin, 1925: 112.

主要特征：体中型；金绿色至蓝色，部分种类具红铜色光泽。头顶具中纵凹，光滑。前胸背板近中部最宽，向前缘强烈收狭，背面具长绒毛。鞘翅基部与前胸背板基部近等宽；背面绒毛稀疏；近翅端具 2 条窄绒毛斑，近翅端的 1 条近直，不延伸至翅端，另 1 条波曲状；翅端外侧具 1 尖而长的大刺，近翅缝处刺较小。

分布：浙江（缙云）、江西；老挝。

（22）郝氏纹吉丁 *Coraebus hauseri* Obenberger, 1930

Coraebus hauseri Obenberger, 1930a: 107.

主要特征：体长卵形；蓝色或绿色。前胸背板近基部最宽；背面隆起，基部凹陷。鞘翅基部与前胸背板基部近等宽；翅肩处最宽，向后至近端部约 1/3 处微弱收窄，近端部 1/3 处较急速地变窄；翅端圆，无刺。

分布：浙江；老挝。

（23）黑翅纹吉丁 *Coraebus hoscheki* Gebhardt, 1929

Coraebus hoscheki Gebhardt, 1929b: 31.

主要特征：体长卵形。前胸背板近中部最宽，背面隆起。鞘翅基部稍宽于前胸背板基部；背面基部有凹，由白色绒毛形成复杂纹饰，后面纹饰较前面纹饰清晰，近端部 1/3 处的 2 条近 N 字形纹饰最清晰。

分布：浙江、湖北、江西、湖南、云南；尼泊尔，泰国。

（24）清纹吉丁 *Coraebus intemeratus* Obenberger, 1940

Coraebus intemeratus Obenberger, 1940: 171.
Coraebus bourgoini Descarpentries *et* Villiers, 1967a: 484.

主要特征：体长卵形；前胸背板金铜色，鞘翅紫色，具蓝色光泽。前胸背板近中部最宽。鞘翅基部与前胸背板基部近等宽；背面具黄色绒毛形成的纹饰，基半部纹饰模糊，近端部具 2 条较清晰的纹饰，前面 1 条近 N 字形，后 1 条近直。

分布：浙江、云南；越南。

（25）拟苹果纹吉丁 *Coraebus lepidulus* Obenberger, 1940

Coraebus lepidulus Obenberger, 1940: 170.

主要特征：体黑色。前胸背板前缘略突，后缘二曲状；背面稍隆，被较小刻点。鞘翅背面稍隆，被稠密的较小刻点；近端部 1/3 处具 2 条毛斑，第 1 条呈 N 字形，第 2 条近 V 字形。

分布：浙江、江西。

（26）窄纹吉丁 *Coraebus quadriundulatus* Motschulsky, 1866

Coraebus quadriundulatus Motschulsky, 1866: 165.
Coraebus nipponicola Obenberger, 1914c: 135.
Coraebus obscurus Peng, 1991: 36.

主要特征：前胸背板背面中部之前隆突，侧缘具后突的规则圆齿。鞘翅近端部 1/3 处最宽，侧缘于基部之后至最宽处弧凹；翅端略平截，两侧各具 1 枚大刺，外侧刺较长，内侧大刺沿翅缝方向另具 2–3 枚小刺；背面基部凹窝大而深，端半部具白色绒斑 2 条，第 1 条明显双曲状弯曲，第 2 条近双曲状，稍弯。

分布：浙江、陕西、甘肃、湖北、江西、湖南、福建、四川、贵州、云南、西藏；日本，印度。

（27）梨树纹吉丁 *Coraebus rusticanus* Lewis, 1893

Coraebus rusticanus Lewis, 1893: 331.
Coraebus kamikochianus Kano, 1929: 96.

主要特征：头部和前胸背板金色或青铜色，鞘翅黑色。头部额区具宽阔的纵凹，纵凹中间具窄纵脊，两侧突起。触角第 I 节近圆柱形，长约为第 II 节的 2 倍；第 II 节粗壮，与第 III 节近等长；第 III 节细；

第Ⅳ–Ⅺ节近等长，宽略大于长。前胸背板宽约为长的 1.8 倍，近基部 1/3 处最宽；中部隆突，近后角处明显凹陷，凹陷沿侧缘向前延伸至近前角。小盾片近三角形，宽大于长，边缘脊状隆起，背面具细密皱纹。鞘翅长约为宽的 2.2 倍，近端部 1/3 处最宽；肩前隆脊不明显，肩角突出；翅端圆弧形，彼此相接，具规则细齿。

分布：浙江；日本。

（28）黄胸圆纹吉丁 *Coraebus sauteri* Kerremans, 1912

Coraebus sauteri Kerremans, 1912: 205.
Coraebus auricomus Bourgoin, 1922: 23.
Coraebus delicates komareki Obenberger, 1934a: 42.
Coraebus guangxiensis Peng, 1998: 14.

主要特征：前胸背板横宽，中前部隆突，侧缘具规则的细缘齿，无肩前隆脊。鞘翅基部凹窝较浅，侧缘中前部两侧近平行，近端部 1/3 处略扩展之后向端部渐狭；翅端近平截，两侧各具 1 枚大刺，内侧大刺沿翅缝方向另具若干小刺；基部凹窝具 1 纵列毛斑，中部具 1 近圆圈形的白色绒毛斑，绒毛斑的内侧靠近翅缝处另具 1 圆点状毛斑，后半部具 2 条白色横绒毛斑，第 1 条 N 字形，第 2 条略平直。

分布：浙江、山西、河南、陕西、甘肃、安徽、湖北、江西、湖南、福建、台湾、广东、广西、四川、重庆、贵州、云南、西藏；印度，尼泊尔。

（29）代纹吉丁 *Coraebus vicarius* Kubáň, 1995

Coraebus vicarius Kubáň, 1995: 100.

主要特征：体背面蓝紫色。触角与前胸背板等长，自第Ⅳ节开始强烈扩展，第Ⅳ–Ⅵ节锯齿状，第Ⅶ–Ⅺ节叶状，末节端部直截。鞘翅肩角和端部 1/2 处紫色光泽更加明显，翅面具黄色绒毛形成的纹饰。中、后足胫节具齿。

分布：浙江、云南；越南。

（30）突顶纹吉丁 *Coraebus violaceipennis* Saunders, 1866

Coraebus violaceipennis Saunders, 1866: 313.
Coraebus quadraticollis Fairmaire, 1895: 174.

主要特征：前胸背板铜红色，鞘翅蓝色，不具任何毛斑。头部额区中央深凹，密被灰白色绒毛。触角第Ⅰ、Ⅱ节粗壮，第Ⅳ–Ⅺ节锯齿状。前胸背板横宽，中前部隆突。鞘翅中部之前弧凹，翅端向翅缝处斜截，近翅缝处明显突出，齿小且密。足细长，后足胫节具排刺，内缘端半部具齿。

分布：浙江、甘肃、湖北、江西、福建、贵州、云南；印度，尼泊尔。

6. 角吉丁属 *Habroloma* Thomson, 1864

Habroloma Thomson, 1864: 42. Type species: *Buprestis nana* Paykull, 1799.

主要特征：体长 2.0–4.0 mm；倒三角形。头短，横宽，正中纵向宽凹，颅中沟明显；两复眼内缘延扩，呈刀脊状，复眼内侧具很强的脊边。触角前 2 节膨大；Ⅲ–Ⅵ节小，圆形；Ⅶ–Ⅺ节锯齿状。前胸背板横宽，宽为长的 3–4 倍；两侧具不同程度的凹陷；前缘窄于基部；基部双曲状或者三曲状。前胸腹板突平坦或隆突，末端膨大。小盾片圆三角形、叶尖状或亚三角形。鞘翅两侧各具 1 条完整的纵脊纹；翅肩明显或不明显隆突；鞘翅近翅端外缘具细齿。后胸腹板前缘凹弧状，两侧具敞边，较窄或稍宽。

分布：世界广布。世界已知 288 种（亚种），中国记录 35 种（亚种），浙江分布 4 种（亚种）。

分种检索表

1. 鞘翅有三角形绒毛斑 ·· 奇特角吉丁三角斑亚种 *H. eximium eupoetum*
- 鞘翅无三角形绒毛斑 ··· 2
2. 鞘翅青紫色 ·· 蓝翅角吉丁 *H. lewisii*
- 鞘翅黑棕色 ··· 3
3. 前胸背板于中部后显著变窄；后胸腹板突中部有稀疏大刻点 ·· 榉角吉丁 *H. subbicorne*
- 前胸背板从基部至端部逐渐变窄；后胸腹板突中部有光滑无刻点区域 ······························· 青铜角吉丁 *H. nixilla*

（31）奇特角吉丁三角斑亚种 *Habroloma eximium eupoetum* (Obenberger, 1929)（图版 II-1）

Trachys eximium eupoetum Obenberger, 1929a: 61.

Habroloma eximium eupoetum: Kurosawa, 1976: 132.

主要特征：体深褐色，具有金属光泽，覆盖着非常浓密的棕红色、淡黄色和白色短柔毛。前胸背板近基部 1/3 处最宽；后角尖锐后突。小盾片三角形。鞘翅长是宽的 1.5 倍，从基部至中部近直缩，然后再向顶部更强烈地弧缩；鞘翅基部棕红色绒毛呈倒三角形分布，从鞘翅基部小盾片到翅肩，然后从缝合线上延伸至鞘翅 1/2 处；近翅端 1/7 覆盖有近椭圆形浓密的棕红色短绒毛。

分布：浙江（开化）、台湾；日本。

（32）蓝翅角吉丁 *Habroloma lewisii* (Saunders, 1873)（图版 II-2）

Trachys lewisii Saunders, 1873: 519.

Habroloma lewisii: Chûjô & Kurosawa, 1950: 15.

主要特征：体楔形；头和前胸背板青铜色，有时带有紫色光泽，鞘翅青紫色，身体腹面、腿、触角为黑色。头部复眼之间 V 字形宽阔深凹；触角窝上方没有凹窝。触角短且连接紧凑，第Ⅲ节比第Ⅳ节略长。前胸背板横宽，基部之前最宽。鞘翅基部最宽，与前胸背板基部近等宽；背面纹饰由半倒伏的黑色、褐色和黄白色绒毛组成，排列如下：不明显的黑色绒毛分布在紫罗兰色部分和看起来裸露的黑色部分；褐色或黄白色绒毛沿翅缝从小盾片后方到翅顶；白色绒毛形成两条白色条纹，前 1 条狭窄，从翅缝褐带的外侧延伸到鞘翅基部。

分布：浙江（杭州）、湖南、福建、海南、四川、云南；日本。

（33）青铜角吉丁 *Habroloma nixilla* (Obenberger, 1929)

Trachys nixilla Obenberger, 1929a: 67.

Trachys sinna Obenberger, 1937a: 35.

Habroloma nixilla: Obenberger, 1937b: 1424.

主要特征：身体扁平，粗壮，近卵圆形，身体后部圆；背面黑棕色，具青铜色光泽，有时部分带有蓝色金属光泽；腹面、足和触角黑色，具明显的紫铜色光泽或整体暗紫铜色。头部两复眼之间深凹，复眼内侧边缘呈刀脊状。触角短且连接紧凑，第Ⅲ节与第Ⅳ节等长。前胸背板基部最宽，比鞘翅基部略窄；侧缘自前角向基部弧缩；前角尖锐且突出，端部钝。鞘翅基部最宽；翅肩不凸出，背面基部翅肩内侧明显横向凹陷；饰纹由半倒伏白色、褐色和黑棕色绒毛组成。

分布：浙江、台湾；日本。

（34）榉角吉丁 *Habroloma subbicorne* (Motschulsky, 1860)

Brachys subbicorne Motschulsky, 1860: 8.
Trachys elegantulum Saunders, 1873: 520.
Trachys ronino Obenberger, 1918: 32.
Habroloma subbicorne: Obenberger, 1929a: 93.
Trachys suensoni Gebhardt, 1929a: 102.
Trachys formaneki Obenberger, 1930a: 112.

主要特征：头部、前胸背板及鞘翅基部具铜紫色斑；鞘翅背面被黄棕色短绒毛，基半部间有不明显的白色绒毛横斑数条，端半部具 2 条由白色绒毛形成的弯曲的明显横斑。头部具宽纵凹。前胸背板基部三曲状。鞘翅基半部两侧近于平行，端半部向翅端变窄，侧缘具明显且稀疏的细齿。

分布：浙江、湖北、台湾、四川、云南；日本。

7. 斑吉丁属 *Lamprodila* Motschulsky, 1860

Lampra Dejean, 1833: 78. Type species: *Buprestis rutilans* Fabricius, 1777.
Lamprodila Motschulsky, 1860: 11. Type species: *Buprestis rutilans* Fabricius, 1777.

主要特征：体长 5.0–20.0 mm。体中小型；大多数金绿色或蓝绿色，少数为红色。头部短；触角从第Ⅳ节起呈锯齿状。前胸背板和鞘翅侧缘有或无金色至铜红色光泽；前胸背板后缘双弧状，表面具纵斑或块斑。小盾片近心形或梯形。鞘翅表面具规则纵脊和各种形状的紫黑色至黑色斑点或斑块，侧缘中后部具齿，翅顶截形或弧形。

分布：古北区、东洋区、澳洲区。世界已知 110 种，中国记录 35 种，浙江分布 1 种。

（35）金缘斑吉丁 *Lamprodila* (*Lamprodila*) *limbata* (Gebler, 1832)

Buprestis limbata Gebler, 1832: 41.
Lampra semenoviella Obenberger, 1952: 368.
Lamprodila limbate: Kubáň, 2006: 350.

主要特征：体长 11.8–19.0 mm。体金绿色，具金属光泽；前胸背板侧缘中后部及鞘翅侧缘呈红铜色；每鞘翅具 7 条近平行的紫黑色不连续纵向带纹；额具金色至铜红色倒 V 形光滑隆脊。头顶正中具细纵沟；复眼外凸。前胸背板中部隆起，有 3 条光滑黑色纵带。小盾片近五边形，端部突出，基中部凹。腹部密布均匀毛刻点，直径明显小于背面；第Ⅴ节可见腹板后缘中部弧凹。

分布：浙江、黑龙江、吉林、辽宁、内蒙古、河北、山西、河南、陕西、宁夏、甘肃、青海、新疆、江苏、湖北、江西。

8. 缘吉丁属 *Meliboeus* Deyrolle, 1864

Meliboeus Deyrolle, 1864: 132. Type species: *Buprestis aeneicollis* Villers, 1789.

Meliboeoides Théry, 1942: 41, 120. Type species: *Buprestis amethystinus* Olivier, 1790.

Meliboeus (*Melixes*) Schaefer, 1950: 334, 341. Type species: *Coraebus aeratus* Mulsant et Rey, 1863.

Meliboeus (*Meliboeoides*) Schaefer, 1950: 336. Type species: *Buprestis aeneicollis* Villers, 1789.

主要特征：体小至中型；背面隆突。部分种类头顶有中纵凹。触角自第 V 或 VI 节起锯齿状。前胸背板中央均匀隆突，侧缘光滑，不具肩前隆脊；盘区中部有平行排列的刻点和刻纹。前胸腹板突楔状，在前足基节间强烈凸出。小盾片三角形，后端尖。鞘翅光滑，不具绒毛斑；翅端圆，细齿状，不具刺；臀板具中纵脊，有时向后延伸成大刺。腿节和胫节略弯；爪附齿式。

分布：古北区。世界已知 287 种，中国记录 37 种，浙江分布 3 种。

分种检索表

1. 头部和胸部与鞘翅颜色不一致；头部具浅中纵凹 ·· 柑橘缘吉丁 *M. mandarina*
- 头部和胸部与鞘翅颜色一致；头部平坦，无中纵凹 ··· 2
2. 前胸背板后缘中叶略凹；小盾片前部平；臀板中突两侧具不规则齿突 ············· 中华缘吉丁 *M. chinensis*
- 前胸背板后缘中叶平截；小盾片前部前倾；臀板中突两侧各具 1 短粗齿 ············· 温氏缘吉丁 *M. wenigi*

（36）中华缘吉丁 *Meliboeus chinensis* Obenberger, 1927

Meliboeus chinensis Obenberger, 1927: 19.

Meliboeus tscherskii Alexeev, 1979: 125.

主要特征：体长卵形；黑色，稍有光泽。前胸背板近中部或中部之后最宽；前缘稍凹，后缘中叶略凹；背面隆起，侧缘略凹；前角锐角形，后角略钝角形。鞘翅基部稍宽于前胸背板基部；侧缘中部稍前弧凹；翅端稍圆。

分布：浙江、黑龙江、吉林；俄罗斯，朝鲜。

（37）柑橘缘吉丁 *Meliboeus mandarina* Obenberger, 1927

Meliboeus mandarina Obenberger, 1927: 19.

Nalanda mandarina: Kurosawa, 1957: 185.

主要特征：前胸背板和头部铜红色或铜绿色，鞘翅黑色、铜色至紫红色，翅端铜色或紫红色。后足基节侧面膨大，伸出鞘翅边缘，背面观可见 1 明显的齿。

分布：浙江、山东、上海、安徽、江西、福建、广西、四川、贵州。

（38）温氏缘吉丁 *Meliboeus wenigi* Obenberger, 1927

Meliboeus wenigi Obenberger, 1927: 19.

主要特征：体长卵形，背面较隆突；头和前胸背板黑色。头顶不是特别隆突，前缘不超出复眼前缘；复眼不突出。前胸背板盘区隆起，布刻点和刻纹。

分布：浙江；韩国。

9. 花斑吉丁属 *Ptosima* Dejean, 1833

Ptosima Dejean, 1833: 79. Type species: *Buprestis novemmaculata* Fabricius, 1775.

主要特征：体长筒形。触角较短，第Ⅳ–Ⅺ节呈锯齿状。前胸背板中前部隆突，基部平截。小盾片非常小。鞘翅基部最宽，向端部渐窄；背面光滑，具刻点行和色斑。跗节较长；爪基部具齿。

分布：古北区、东洋区。世界已知 11 种，中国记录 3 种，浙江分布 1 种。

（39）四黄花斑吉丁 *Ptosima chinensis* Marseul, 1867

Ptosima chinensis Marseul, 1867: 54.
Ptosima elegans Nonfried, 1895: 301.

主要特征：体亮黑色；头近与身体垂直。前胸背板中前部隆起，前缘弯曲，中间大部分向前突，后缘平直。鞘翅前 2/3 近于两侧平行，随后渐窄；背面具刻点行，末端具横向黄色斑纹。

分布：浙江、北京、河北、山西、河南、陕西、甘肃、江苏、上海、湖北、江西、湖南、福建、台湾、广东、广西、贵州、云南；朝鲜半岛，日本。

10. 弓胫吉丁属 *Toxoscelus* Deyrolle, 1864

Toxoscelus Deyrolle, 1864: 127. Type species: *Toxoscelus undatus* Deyrolle, 1864.

主要特征：头顶于两复眼间突出；中纵凹明显，延伸至额区，与额上的横凹交叉，形成"十"字形凹陷，部分种类额区具瘤突；额唇基沟窄，通常窄于触角窝直径。触角自第Ⅴ节起锯齿状。前胸背板横宽；盘区不平，部分种类具瘤突；前缘弧突，侧缘光滑，向外突出，具肩前隆脊，后缘二曲状，中叶后突。鞘翅较前胸背板基部宽，背面具不清晰绒毛斑。前足和中足腿节内侧具 1 列刺，胫节强烈弯曲；爪双裂或附齿式。

分布：东洋区。世界已知 40 种，中国记录 12 种，浙江分布 1 种。

（40）柑橘弓胫吉丁 *Toxoscelus mandarinus* (Obenberger, 1917)

Cryptodactylus mandarinus Obenberger, 1917a: 52.
Toxoscelus mandarinus: Obenberger, 1924a: 103.

主要特征：触角第Ⅵ–Ⅺ节宽大于长。前胸背板近心形，中部或中部之后最宽，后 1/3 向基部逐渐收缩；盘区隆起，侧缘明显凹。小盾片三角形，长远大于宽，向后尖锐突出。鞘翅中部之后最宽，侧缘中部之前弧凹，而后明显膨胀。中足胫节粗壮，呈弓形弯曲。

分布：浙江、山东。

11. 潜吉丁属 *Trachys* Fabricius, 1801

Trachys Fabricius, 1801: 218. Type species: *Buprestis minuta* Linnaeus, 1758.
Phytotera Gistel, 1856: 366. Type species: *Buprestis minuta* Linnaeus, 1758.

主要特征：体小型，卵圆或长卵圆形，略扁。头部宽阔，中纵凹浅或深；复眼大。触角短，第Ⅶ–Ⅺ节锯齿状。前胸背板横阔，前缘弧凹，后缘二曲状或三曲状。前胸腹板突宽阔且短，末端膨大或收缩。后胸腹板前缘弧凹。小盾片小，三角形、点状、心形等。鞘翅宽阔，翅顶弧形；翅肩明显或不明显凸；鞘翅表面无侧隆脊。足细长，腿节较粗；胫节细长，较直或略弯曲；跗节很短，具2爪，带有爪垫。

分布：古北区、东洋区。世界已知642种（亚种），中国记录52种，浙江分布11种。

分种检索表

1. 鞘翅具直立毛簇 ··· 黑泽潜吉丁 *T. kurosawai*
 - 鞘翅无直立毛簇 ··· 2
2. 鞘翅的横向绒毛斑非常宽 ··· 块斑潜吉丁 *T. variolaris*
 - 鞘翅的横向绒毛斑细 ··· 3
3. 鞘翅基部至中部有比较清晰的绒毛斑纹 ··· 4
 - 鞘翅基部至中部无或有模糊不清的绒毛斑纹 ··· 7
4. 鞘翅基部于小盾片后有近圆形斑纹 ··· 5
 - 鞘翅基部于小盾片后无圆形斑纹 ··· 6
5. 圆形斑纹为闭合的圆形；上唇前缘拱形 ·· 构树潜吉丁 *T. broussonetiae*
 - 圆形斑纹为侧面不闭合圆形；上唇后缘平直 ·· 托里潜吉丁 *T. toringoi*
6. 触角第Ⅱ节与第Ⅲ节近等长；上唇后缘显著窄突；前胸腹板突近基部不收窄 ················· 楔形潜吉丁 *T. cuneiferus*
 - 触角第Ⅱ节显著长于第Ⅲ节；上唇后缘宽突；前胸腹板突近基部显著收窄 ················· 莎氏潜吉丁 *T. saundersi*
7. 鞘翅端部有3条横向绒毛斑纹，第2条略宽 ·· 大斑潜吉丁 *T. dilaticeps*
 - 鞘翅端部有2条横向绒毛斑纹 ··· 8
8. 沿翅缝分布有规则排列的绒毛 ··· 莱氏潜吉丁 *T. reitteri*
 - 沿翅缝无规则排列的绒毛 ··· 9
9. 鞘翅端部的2条横向斑纹沿翅缝相互连接 ·· 堇菜潜吉丁 *T. violae*
 - 鞘翅端部的2条横向斑纹不沿翅缝相互连接 ··· 10
10. 复眼内缘显著凸；头顶几乎光裸；鞘翅有灰色绒毛 ·· 柳树潜吉丁 *T. minutus*
 - 复眼内缘不凸；头顶有略密集的浅黄色绒毛；鞘翅有白色绒毛 ·· 双纹潜吉丁 *T. duplofasciatus*

（41）构树潜吉丁 *Trachys broussonetiae* Kurosawa, 1985（图版 II-3）

Trachys broussonetiae Kurosawa, 1985: 167.

主要特征：体黑色，带有铜色光泽；下颚须和跗节褐色。触角短，第Ⅱ节明显长于第Ⅲ节，第Ⅶ–Ⅹ节强烈锯齿状。前胸背板前缘弧凹，中部平直；侧缘自端部向基部弧形变宽；后缘二曲状，中叶三角形强烈后突。鞘翅侧缘基半部近两侧近平行或不平行，不平行者近基部1/5处明显弧凹；自基部或中部向翅端弧形收缩；背面基部具明显横凹；被密集深刻点和浓密的银白色绒毛及少量褐色绒毛，后半部具银白色绒毛形成的3条横向波纹。

分布：浙江（开化、缙云、遂昌、平阳）、湖南、台湾、广东、重庆、四川；日本。

（42）楔形潜吉丁 *Trachys cuneiferus* Kurosawa, 1959（图版 II-4）

Trachys cuneiferus Kurosawa, 1959: 215.

主要特征：体黑色，楔形；头部和前胸背板具绿色光泽，鞘翅具蓝色光泽。触角第Ⅱ节与第Ⅲ节近等长。前胸背板基部最宽；背面具浓密黄色绒毛、不规则粗糙刻点和鳞片状刻纹。鞘翅翅肩最宽；侧缘沿直线向翅端收窄，中后部有锯齿；背面具稀疏刻点及银白色和黑色绒毛，4条横纹中前基半部具2条不明显短横纹，端半部 2 条近平行，第 4 条较短。

分布：浙江（杭州）、广西；日本。

（43）大斑潜吉丁 *Trachys dilaticeps* Gebhardt, 1929（图版 II-5）

Trachys dilaticeps Gebhardt, 1929a: 103.

主要特征：体卵圆形，黑色；复眼黄色，触角略带铜色光泽，下颚须和第 I–IV 跗节褐色。前胸背板基部最宽；侧缘弱弧形向后渐宽；后缘中叶略突出。鞘翅近基部最宽；背面基部横向浅凹，后部由绒毛形成 3 条横向波纹状纹饰：第 1、3 条为白色绒毛形成的波纹，特别细；第 2 条为黄色绒毛形成的波纹，较宽；3 条波纹紧密排列。

分布：浙江、福建、台湾、海南；日本，越南。

（44）双纹潜吉丁 *Trachys duplofasciatus* Gebhardt, 1929（图版 II-6）

Trachys duplofasciatus Gebhardt, 1929a: 101.

主要特征：体长卵圆形；黑色，带有铜色光泽；下颚须为褐色。触角较长，第 II 节明显长于第 III 节。前胸背板前缘浅弧凹；侧缘弱弧形向后变宽。鞘翅侧缘自翅肩之后至中部近两侧平行；中部之后具稀疏细齿，翅尾无锯齿；背面基部和中前部由白色绒毛形成的不规则波纹；端半部具 2 条白色绒毛形成的不清晰波纹，2 条波纹近平行。

分布：浙江。

（45）黑泽潜吉丁 *Trachys kurosawai* Bellamy, 2004

Trachys kurosawai Bellamy, 2004: 157 [RN].
Trachys mirabilis Kurosawa, 1954: 82 [HN].

主要特征：♂体长卵圆形；黑色，第 I–IV 跗节褐色。触角长，第 II 节椭圆形，与第 III 节等长，明显长于第 IV 节。前胸背板基部最宽，前缘浅弧凹；侧缘近弧形自端部向基部缓缓加宽；后缘三曲状，中部弧形后突。鞘翅中部最宽；背面基部具 T 形凹；绒毛形成毛簇和斑纹：由直立黑色绒毛形成 2 个毛簇，第 1 个圆形直立毛簇靠近小盾片，第 2 个横向分布的直立毛簇位于鞘翅端部前；银白色绒毛分散在基部凹坑；中部具 1 条 Z 字形倾斜斑纹；端半部具 2 条相互平行的波纹。

分布：浙江、安徽、台湾、云南。

（46）柳树潜吉丁 *Trachys minutus* (Linnaeus, 1758)（图版 II-7）

Buprestis minutus Linnaeus, 1758: 410.
Trachys minutus: Fabricius, 1801: 218.
Trachys supraviolaceus Thomson, 1864: 41.
Trachys mandjuricus Obenberger, 1917b: 218.
Trachys reflexformis Obenberger, 1918: 46.

主要特征：体长卵圆形，翅尾略尖。触角长，第 III 节与第 IV 节近等长，约是第 II 节长的 2/3。前胸背板基部最宽；前缘浅弧凹，中部一段略向前突出；侧缘弱弧形自端部向基部缓缓变宽；后缘三曲状，中叶窄，三角形强烈后突。鞘翅基部具三角形凹陷，翅缝后部隆起；背面具稀疏灰色绒毛形成的纹饰：基部凹陷处具不规则绒毛斑；中部稍前有 1 个断开的波纹；近端部具 2 条明显波纹，第 1 条较第 2 条弯曲。

分布：浙江（开化、遂昌）、陕西、湖南；俄罗斯，蒙古，朝鲜，韩国，日本，欧洲。

（47）莱氏潜吉丁 *Trachys reitteri* Obenberger, 1930（图版 II-8）

Trachys reitteri Obenberger, 1930a: 114.
Trachys falcatae Kurosawa, 1959: 223.

主要特征：体黑色，具强烈铜色光泽；下颚须及第 I–IV 跗节褐色。触角长，每节具 1 根细长绒毛；第 II 节近球形。前胸背板前缘深弧凹；侧缘近直线自前缘向基部变宽；后缘中叶三角形后突。鞘翅侧缘自翅肩之后至中部两侧近平行，近端部 1/3 向翅尾明显收窄；背面基部浅三角形凹陷，布横皱纹；具灰色稀疏绒毛形成的纹饰：近基部有 1 条波纹；近中部有 1 条横向波纹；近端部 1/3 有 2 条由浓密绒毛形成的较明显的横向条纹。

分布：浙江（杭州、遂昌）、山东、四川、西藏；朝鲜，日本。

（48）莎氏潜吉丁 *Trachys saundersi* Lewis, 1893

Trachys saundersi Lewis, 1893: 337.
Trachys obscuripennis Obenberger, 1923: 65.
Trachys mariola Obenberger, 1929a: 74.
Trachys yunnanus Obenberger, 1929b: 11.
Trachys jakovlevi Obenberger, 1929c: 126.
Trachys vimmeri Obenberger, 1930a: 113.
Trachys opsigonus Obenberger, 1937c: 43.

主要特征：体长卵圆形，黑色；头部和前胸背板具铜黄色或铜绿色金属光泽，有的具紫色或褐色光泽；鞘翅具紫色光泽；下颚须和第 I–IV 跗节黑褐色。触角第 II 节球形，明显长于第 III 节。前胸背板前缘浅弧凹，中部一段略突；后缘三曲状，中叶具略扩阔的后突。鞘翅侧缘自翅肩之后至中部之前近两侧平行，中部弱弧凹，之后向翅端弧形收窄；中后部具齿；鞘翅背面基部具深横凹；斑纹由银灰色绒毛形成：基部斑纹不规则，中部稍前具 2 条波纹，它们在翅缝处几乎连接；端半部 2 条波纹近平行。

分布：浙江、上海、湖北、江西、湖南、福建、台湾、四川、云南；日本。

（49）托里潜吉丁 *Trachys toringoi* Kurosawa, 1951（图版 II-9）

Trachys toringoi Kurosawa, 1951: 73.

主要特征：体楔形，黑色；跗节褐色，头部具铜色光泽，鞘翅和腿节具紫色光泽。触角较短，第 II 节粗大，第 III 节稍长于第 IV 节。前胸背板基部最宽；前缘浅弧凹；后缘三曲状，中叶宽三角形后突。鞘翅侧缘中后部具细齿，翅顶无锯齿；背面纹饰由银白色或灰色绒毛形成：近基部具小斑点，后半部具 2 条清晰波纹。

分布：浙江（开化）、湖南、四川；日本。

（50）块斑潜吉丁 *Trachys variolaris* Saunders, 1873（图版 II-10）

Trachys variolaris Saunders, 1873: 521.
Trachys clavicomis Obenberger, 1919: 144.

主要特征：体长卵圆形；黑色，具铜色金属光泽；鞘翅具紫色金属光泽；身体腹面具强烈铜色金属光泽；腿节略带红紫色金属光泽。触角短，第Ⅱ节与第Ⅲ节等长，明显长于第Ⅳ节。前胸背板前缘浅弧凹；后缘三曲状，中叶略突出。鞘翅基部最宽；侧缘基半部近两侧平行，中部稍弧凹，近翅端略膨胀，近端部 2/3 具细齿；背面具金黄色和白色绒毛构成的复杂纹饰：约基部 1/3 处，靠近翅缝有 2 个由黄色绒毛形成的斑点；1 条由褐色绒毛构成的倾斜宽波纹从翅缝前部延伸至侧缘中部；中部有 1 条由金黄色绒毛组成的宽波纹；端部由褐色、白色绒毛组成 1 条宽波纹。

分布：浙江（开化）、山东、河南、湖南、福建、台湾、云南；日本。

(51) 堇菜潜吉丁 *Trachys violae* Kurosawa, 1959

Trachys violae Kurosawa, 1959: 209.

主要特征：体黑色，带有铜色光泽；头部背面具稀疏黄灰色绒毛。上唇前缘深弧凹。前胸背板基部最宽；前缘弧凹，宽度是基部之半；侧缘倾斜，中部靠后处略弯曲；后缘三曲状；盘区中部三角形凸出，被稀疏的浅黄色绒毛。鞘翅基部具浅横凹，翅肩略凸出；背面粗糙，具不规则刻点和稀疏黄灰色绒毛，后部 1/3 处和翅端处具横向波纹，这 2 条波纹沿翅缝相互连接，且混有少量白色绒毛。

分布：浙江；日本。

第三章 丸甲总科 Byrrhoidea

主要特征：体中小型或微小型；体形多拱圆，或卵圆形或细长；体常黑褐色；体表通常被毛。头部具明显的额唇基沟；触角 11 节，形态多样，棒状、丝状（或极短粗）或栉状。前胸腹板突发达，可伸至中足基节间。

该总科中国记录 10 科，浙江分布 4 科 4 属 18 种。

分科检索表

1. 体通常卵圆形至长卵圆形；腿节有凹槽，可容纳胫节 ·· 丸甲科 Byrrhidae
- 体通常长卵圆形或细长；腿节无凹槽 ·· 2
2. 体表具刻点或细纤毛；触角丝状或球杆状；前胸背板常隆起；前足基前转片不外露 ············· 溪泥甲科 Elmidae
- 体表具密毛；触角栉状或丝状；前胸背板无隆起；前足基前转片外露 ··· 3
3. 体小型，卵圆形；鞘翅被密毛，无纹饰；后胸腹板横沟发达；幼虫扁片状 ····················· 扁泥甲科 Psephenidae
- 体中型，细长似叩甲；鞘翅被密毛，具纹饰；后胸腹板横沟退化或缺失，具有发达的爪间突；幼虫细长 ···············
··· 真泥甲科 Eulichadidae

三、丸甲科 Byrrhidae

主要特征：体长 1.0–15.0 mm。体卵圆形至长卵圆形，拱曲；体色多为暗灰黑色，部分种类具绿色或铜色金属光泽；体表光滑或具竖直毛簇、刚毛，或密被短毛。头部不完全隐藏于前胸背板之下；下口式；唇基退化，额唇基沟缺失或不完整；上唇灵活，顶端微凹；复眼卵圆形。触角 11 节，棒状。前胸背板拱凸，侧缘强烈隆凸，后缘多平滑。小盾片较小，卵圆形或近似三角形。鞘翅拱凸，表面具刻点及由刻点组成的纵沟；翅面被毛，或斑驳或呈纹饰状。腹部可见 5 节，腹节线明显。前足基节窝开放；胫节扁平，稍膨大；跗节通常 5-5-5；爪简单。

该科世界已知约 40 属 450 种，中国记录 9 属 110 种左右，浙江分布 1 属 1 种。

12. 素丸甲属 *Simplocaria* Stephens, 1829

Simplocaria Stephens, 1829: 9. Type species: *Byrrhus semistriata* Fabricius, 1794.
Trinaria Mulsant et Rey, 1869: 159 (nec Mulsant, 1852). Type species: *Simplocaria carpathica* Hampe, 1853.

主要特征：体小型，椭圆形，较拱凸；体色一般为黑色或深褐色，略带光泽；常被黄色或淡黄色鬃毛。头部被毛稀疏；唇基边缘清晰。触角较短，末端 3–5 节膨大，柄节、梗节较粗大。前胸背板梯形，具刻点且被毛。鞘翅具光泽，被长毛，具明显的纵沟，纵沟间隙具刻点。足颜色往往较淡；胫节较细，不宽于腿节，显得细长。

分布：古北区、东洋区。中国记录 9 种，浙江分布 1 种。

（52）毛素丸甲 *Simplocaria* (*Simplocaria*) *hispidula* Fairmaire, 1886

Simplocaria hispidula Fairmaire, 1886: 319.

Simplocaria apicalis Pic, 1935: 3.

Simplocaria bicolor Pic, 1935: 3.

主要特征：体长 3.2–4.3 mm，宽 1.9–2.1 mm。体表具铜绿色金属光泽，腹面深褐色；触角、口器橘黄色，腿节红棕色；体表具黄色倒伏毛，触角具金色短鬃毛。头部具强刻点，刻点间距小于或等于刻点直径。触角 11 节；柄节强烈膨大；梗节非常短；第III节长，约等于柄节和梗节长度之和；第IV、V节细长；第VI节短棒状；第VII–X节渐增宽；第XI节基部与第X节等宽，顶端渐尖。前胸背板具强刻点，刻点间距通常小于其直径，刻点间隙几乎无皱褶且具光泽。前胸腹板具刻点，略具横向皱褶。鞘翅具完整的缝线和 5 条明显扁平且不超过鞘翅长 1/3 的短基纹；条带精细，部分不显著，间隙平坦；鞘翅刻点细密，间隙几乎无皱；翅肩发达。

分布：浙江（嘉兴）、上海、江西、湖南、福建、广西、四川；韩国，日本。

四、溪泥甲科 Elmidae

主要特征：体长 0.8–11.0 mm。体黑褐色至亮黄色；体表具刻点或颗粒状突起并伴有细纤毛；有些种类具斑或纹。触角 11 节，丝状或球杆状。前胸背板隆起，具中纵沟或亚侧脊或平隆；前胸腹板突发达。小盾片心形。鞘翅通常有 8 个刻点行，有时在第 II 行间和第 V 行间基部亦有刻点行。腹部可见腹板 5 节。足长，胫节有时具毛簇；跗式 5-5-5，第 V 节长约为前 4 节之和，个别稍短。雄性外生殖器阳基不对称。

该科世界已知 2 亚科 147 属约 1500 种，世界广布。中国记录 1 亚科 21 属 114 种，浙江分布 1 属 13 种。

13. 狭溪泥甲属 *Stenelmis* Dufour, 1835

Stenelmis Dufour, 1835: 158. Type species: *Limnius canaliculatus* Gyllenhal, 1808.

主要特征：体狭长，两侧略平行。下颚须 4 节，下唇须 3 节。触角丝状，11 节，第 I 节最长。前胸背板窄于鞘翅，中线部位通常有槽，或有 1 较大的圆坑状印，极少数无；前胸背板侧缘常隆起形成亚侧脊。鞘翅具刻点，第Ⅵ行间总有隆起的脊；基部突起较宽，两侧平行或向后变窄，端宽圆或稍前伸或有缺口。后翅膜质，翅脉极度退化。腹部第 V 腹板端部有 1 小的裂纹。足细长，胫节内侧无毛垫；跗节 5 节，短于胫节，末节等于或稍短于前 4 节之和；爪大。

分布：世界广布。世界已知约 180 种，中国记录 56 种，浙江分布 13 种。

分种检索表

1. 第 V 跗节腹面端部中央绝不向前伸出；爪具强壮基齿 ·· 2
- 第 V 跗节腹面端部中央稍向前伸或强烈伸出形成腹突；爪基齿很弱或无基齿 ·· 3
2. 前胸背板基部最宽；鞘翅第 II 行间有 10 个刻点组成的附加刻点行，第Ⅲ行间基部 1/4 隆起 ······· 开化溪泥甲 *S. kaihuana*
- 前胸背板基部 1/3 处最宽；鞘翅第 II 行间有 4 个刻点组成的附加刻点行，第Ⅲ行间基部至中部隆起 ···················
  ··· 无洼溪泥甲 *S. indepressa*
3. 鞘翅第 V 刻点行端部无分支或有 1–4 个刻点的分支 ··· 4
- 鞘翅第 V 刻点行端部有 6 个刻点以上的分支 ·· 8
4. 鞘翅第 V 刻点行端部有 1–4 个刻点的分支 ··· 土黄溪泥甲 *S. lutea*
- 鞘翅第 V 刻点行端部无分支 ··· 5
5. 前胸背板中纵沟的基半部较窄，端半部扩大超过小盾片的宽度 ····························· 高山溪泥甲 *S. montana*
- 前胸背板中纵沟的宽度不超过小盾片的宽度 ··· 6
6. 雄性外生殖器阳茎端部膨大 ··· 腹突溪泥甲 *S. venticarinata*
- 雄性外生殖器阳茎两侧近平行 ··· 7
7. 唇基前缘钝圆；前胸背板中部最宽 ·· 东南溪泥甲 *S. euronotana*
- 唇基前缘直；前胸背板基部 1/3 处最宽 ·· 古田山溪泥甲 *S. gutianshana*
8. 鞘翅第 II 行间有附加刻点行 ··· 狭沟溪泥甲 *S. angustisulcata*
- 鞘翅第 II 行间无附加刻点行 ··· 9
9. 小盾片中央具纵脊或突起 ··· 盾脊溪泥甲 *S. scutellicarinata*
- 小盾片平，无脊和突起 ··· 10

10. 前胸背板亚侧脊 1/3 处完全间断 ··· 中华溪泥甲 *S. sinica*
- 前胸背板亚侧脊连续或基部 1/3 处有极微弱的浅刻 ·· 11
11. 体长小于 3.0 mm；距基部 1/3 处到基部的中纵沟中央有 1 纵向突起 ··················· 沟脊溪泥甲 *S. sulcaticarinata*
- 体长大于 3.5 mm；中纵沟无突起 ··· 12
12. 前胸腹板前缘不加厚，前胸腹板突端部具深刻 ·· 端刻溪泥甲 *S. insufficiens*
- 前胸腹板前缘加厚，前胸腹板突端部圆，无刻 ··· 厚缘溪泥甲 *S. grossimarginata*

（53）狭沟溪泥甲 *Stenelmis angustisulcata* Zhang *et* Yang, 1995

Stenelmis angustisulcata Zhang *et* Yang, 1995: 103.

主要特征：体长 3.4 mm。唇基前缘直，基部中央隆起；额印宽浅，延伸至头顶；触角后近复眼两侧有较宽的深纵沟。前胸背板中部最宽，亚侧脊几乎从基部到端部，基部 1/3 处有浅刻；中纵沟从基部到端部 1/4 处。小盾片心形，表面光滑。鞘翅第 II 行间有 4 个刻点的附加刻点行，第 V 行间基部也有附加刻点行；第 V 刻点行端部有附加分支，分支点在第 III、IV 刻点行汇合点上的第 III 个刻点处；第 III 行间基部隆起；亚侧脊延伸至相对于第 III 腹板末端。前胸腹板中部有 2 横槽。雄性第 I 腹板中央有凹，两侧有脊；雌性第 I 腹板中央凹的中部具纵隆，两侧有脊；第 IV 腹板后角稍向后伸出。雄性后足转节有 1 脊状突，后足胫节有 1 列齿；第 V 跗节腹面端部中央向前伸出；爪无基齿。

分布：浙江（开化）。

（54）东南溪泥甲 *Stenelmis euronotana* Yang *et* Zhang, 1995

Stenelmis euronotana Yang *et* Zhang in Zhang & Yang, 1995: 102 (in key), 104 (in list); Zhang, Yang & Li, 1995: 229 (in list); Yang & Zhang, 2002: 814 (first formal description); Zhang & Yang, 2003: 277 (second formal description).

主要特征：体长 2.8 mm。唇基前缘钝圆，基部中央微隆；额印不明显；触角后近复眼两侧各有纵沟。前胸背板中部最宽，亚侧脊几乎从基部到端部，距基部 2/5 处有浅刻；中纵沟基部 2 个刻点间形成 1 平台，端部延伸至前胸背板端部 1/5 处，宽为小盾片的 2/3。小盾片长约等于宽。鞘翅第 III 行间基部微隆；无任何附加刻点行；亚侧脊延伸至第 III 腹板后缘。腹部第 I 腹板中部有凹，凹中部稍隆，两侧脊明显；第 II 腹板中部有 1 突起。第 V 跗节腹面端部中央向前伸出；爪无基齿。

分布：浙江（开化、庆元）、福建、广西。

（55）厚缘溪泥甲 *Stenelmis grossimarginata* Yang *et* Zhang, 1995

Stenelmis grossimarginata Yang *et* Zhang in Zhang & Yang, 1995: 102 (in key), 105 (in list); Zhang, Yang & Li, 1995: 229 [230] (formal description, authorship: Zhang & Yang).

主要特征：体长 3.6 mm。唇基中央基部稍隆，前角略前伸；额印宽浅。前胸背板基部 1/3 处最宽，中部具约为颗粒直径 2 倍大的具毛刻点，亚侧脊几乎从基部到端部，基部 1/3 处有浅刻；中纵沟由基部至端部 2/5 处；基部 2 个刻点较浅，间距约与小盾片等宽。小盾片长大于宽。鞘翅无基部附加刻点行，第 III、IV 刻点行端部汇合，汇合点在第 V 刻点行加分支点下第 II、III 个刻点处；行间颗粒较前胸背板的小；亚侧脊延伸至第 IV 腹板中部。第 I 腹板中部的凹较深，两侧脊明显。雄性后足转节内侧后缘有脊状突，后足胫节中部有泡状突；第 V 跗节腹面端部中央向前伸出；爪无基齿。

分布：浙江（开化、庆元）、福建。

(56) 古田山溪泥甲 *Stenelmis gutianshana* Zhang *et* Yang, 1995

Stenelmis gutianshana Zhang *et* Yang, 1995: 104.

主要特征：体长 2.4 mm。唇基前缘直；额印不明显；触角后近复眼两侧各有 1 不明显纵沟。前胸背板基部 1/3 处最宽，亚侧脊几乎从基部到端部，基部 1/3 处有浅刻；中纵沟从基部 2 个刻点间的平台前开始到端部 1/7 处，向端部渐窄；表面有细密的颗粒及毛，后角锐角形。鞘翅无任何附加的刻点行及分支；第Ⅲ行间基部几乎平；亚侧脊延伸至相对于第Ⅲ腹板末端。前胸腹板无横槽或横向折痕。第Ⅰ腹板中央有凹，两侧具脊，第Ⅳ腹板后角向后伸出；雄性第Ⅱ腹板中央微凹，凹中央有瘤状隆起。雄性后足胫节内侧具 1 列齿；爪无基齿。

分布：浙江（开化）。

(57) 无洼溪泥甲 *Stenelmis indepressa* Yang *et* Zhang, 1995

Stenelmis indepresa Yang *et* Zhang in Zhang & Yang, 1995: 103 (in key), 105 (in list); Yang & Zhang, 2002: 821 (formal description, *indepressa*).

主要特征：体长 3.6–3.8 mm。唇基与头部完全分开，唇基前缘直；额印宽浅但不明显。前胸背板基部 1/3 处最宽，前角尖，亚侧脊由基部延伸至端部 1/3 处；中纵沟由基部延伸至端部 1/5 处，中纵沟基部两侧各有 1 深刻点，间距与小盾片等宽。小盾片长大于宽，无光泽。鞘翅两侧近平行，第Ⅱ行间有 4 个刻点组成的附加刻点行，第Ⅲ行间基部的隆起延伸至鞘翅的一半；第Ⅲ、Ⅳ刻点行在距端部 1/5 处汇合，汇合在相对于第Ⅴ刻点行分支下的第Ⅲ、Ⅳ个刻点之间；亚侧脊延伸至相对于第Ⅳ腹板末端。第Ⅰ腹板中部浅凹，两侧有脊，第Ⅰ–Ⅲ腹板后缘中部浅凹。雄性后足基节有 1 突起，端部有 1 毛簇，胫节内侧有 1 列齿状突起；爪有基齿。

分布：浙江（开化）、福建。

(58) 端刻溪泥甲 *Stenelmis insufficiens* Jäch *et* Kodada, 2006

Stenelmis insufficiens Jäch *et* Kodada in Jäch, Kodada & Ciampor, 2006: 439 [RN].
Stenelmis sinuata Zhang *et* Yang, 1995: 107 [HN].

主要特征：体长 3.8 mm。前胸背板基部 1/3 处最宽，亚侧脊几乎从基部到端部，基部 1/3 处有浅刻；中纵沟从基部到端部 1/6 处，近平行，约为小盾片宽的 2/3。小盾片心形。鞘翅第Ⅱ、Ⅴ行间基部无附加刻点行，第Ⅲ行间基部隆起较弱；第Ⅴ刻点行端部有附加分支，分支点在第Ⅲ、Ⅳ刻点行汇合点上的第Ⅵ个刻点处；亚侧脊延伸至相对于第Ⅲ腹板末端。前胸腹板中部有折痕，雌性的折痕中部间断。腹部第Ⅰ腹板中部有凹。雄性后足胫节具 1 列齿；第Ⅴ跗节腹面端部中央向前伸出；爪无基齿。

分布：浙江（开化）。

(59) 开化溪泥甲 *Stenelmis kaihuana* Zhang *et* Yang, 1995

Stenelmis kaihuana Zhang *et* Yang, 1995: 105.

主要特征：体长 3.6–3.8 mm。唇基前缘直，基部中央不隆起；额印不明显；触角后近复眼两侧各有 1 浅纵沟。前胸背板基部最宽，中纵沟从基部到端部 1/4 处；亚侧脊基部 1/3 处完全间断，雄性的前半部为球形隆起，不与前角后侧缘向中部的脊相接；雌性的基半部正常，端半部完全与中纵沟两侧的脊相接成隆起。鞘翅第Ⅱ、Ⅴ行间基部有附加刻点行，第Ⅱ行间有 10 个刻点的附加刻点行；第Ⅴ刻点行端部有附加分支，分支点在第Ⅲ、Ⅳ刻点行分支点下的第Ⅸ个刻点处；第Ⅲ行间基部 1/4 隆起；亚侧脊延伸至相对于第Ⅳ腹板后缘。前胸腹板无槽无脊。第Ⅴ跗节腹面端部中央不伸出，爪有基齿。

分布：浙江（开化）、重庆。

（60）土黄溪泥甲 *Stenelmis lutea* Zhang, Su *et* Yang, 2003

Stenelmis lutea Zhang, Su *et* Yang, 2003: 107.

主要特征：体长 2.3–2.4 mm。唇基前端直，基部中央平；额印不明显。前胸背板基部最宽，亚侧脊几乎从基部到端部，基部 1/3 处有浅刻；中纵沟前宽后渐窄，呈锥形，端部较深，基部渐浅，从基部 2 个刻点间平隆前开始到端部 1/3。鞘翅第Ⅱ、Ⅴ行间无附加刻点行，第Ⅲ行间基部稍隆或近平；第Ⅴ刻点行端部分支少于 4 个刻点。雌性前胸腹板中央具横向折痕。腹部第Ⅰ腹板中央具较浅而平的凹，两侧具脊；第Ⅳ腹板后角向后伸出。雄性中足胫节内侧具较稀疏的小齿列，后足胫节内侧具较密的小齿列；爪无基齿。

分布：浙江、福建、广西。

（61）高山溪泥甲 *Stenelmis montana* Yang *et* Zhang, 1995

Stenelmis montana Yang *et* Zhang in Zhang & Yang, 1995: 102 (in key), 106 (in list); Zhang, Su & Yang, 2003: 108 (formal description).

主要特征：体长 2.5 mm。唇基前缘直；额印宽三角形，三角点较深。前胸背板基部 1/3 处最宽，亚侧脊几乎从基部到端部，基部 2/5 处有浅刻；中纵沟从基部到端部 1/4 处；基部刻点间距与小盾片等宽。小盾片长大于宽。鞘翅无任何附加刻点行。腹部第Ⅰ腹板中部浅凹，两侧脊明显。第Ⅴ跗节腹面端部中央向前伸出；爪无基齿。

分布：浙江（临安、开化）、福建、广西。

（62）盾脊溪泥甲 *Stenelmis scutellicarinata* Zhang *et* Yang, 1995

Stenelmis scutellicarinata Zhang *et* Yang, 1995: 106.

主要特征：体长 4.3 mm。唇基前缘直，基部中央稍隆；额印宽浅；触角后近复眼有不明显纵沟。前胸背板基部最宽，亚侧脊几乎从基部到端部，基部 1/3 处有浅刻；中纵沟从基部到端部 1/5 处，宽约为小盾片的 1/2。小盾片心形，前半部中央有脊状突起。鞘翅第Ⅱ行间无附加刻点行，第Ⅴ行间基部有附加刻点行；第Ⅴ刻点行端部有分支，分支点在第Ⅲ、Ⅳ刻点行汇合上的第Ⅴ个刻点处；第Ⅲ行间基部强烈隆起；亚侧脊延伸至相对于第Ⅲ腹板末端。前胸腹板中部有弱横槽，横槽前缘两侧有凹。腹部第Ⅰ腹板中部有凹，两侧具脊；第Ⅳ腹板后角向后伸出。第Ⅴ跗节腹面端部中央向前伸出；爪无基齿。

分布：浙江（开化）。

（63）中华溪泥甲 *Stenelmis sinica* Yang *et* Zhang, 1995

Stenelmis sinica Yang *et* Zhang in Zhang & Yang, 1995: 102 (in key), 107 (in list); Zhang, Yang & Li, 1995: 229 (in list); Yang & Zhang, 2002: 815 (formal description).

主要特征：体长 3.2 mm。唇基前缘直，基部微隆，前角向前伸；额印宽浅。前胸背板基部 1/3 处最宽，亚侧脊从基部到端部 1/7 处，距基部 1/3 处完全间断，距端部 2/5 处变窄，向边缘倾斜；中纵沟从基部到端部 1/5 处，近平行；基部两侧刻点间距较小盾片稍宽。小盾片椭圆形，长大于宽，表面具颗粒。鞘翅第Ⅲ行间基部稍隆；第Ⅲ、Ⅳ刻点行端部汇合，汇合在相对于第Ⅴ刻点行分支下的第Ⅴ、Ⅵ个刻点处；亚侧脊延伸至相对于第Ⅳ腹板后缘。第Ⅰ腹板中央深凹，两侧脊纵截第Ⅰ腹板。雄性后足转节内侧后缘有1斜的脊状突，胫节中部内侧有1脊状突；第Ⅴ跗节腹面端部中央向前伸出；爪无基齿。

分布：浙江（开化、庆元）、甘肃、安徽、湖北、湖南、福建、四川、贵州。

（64）沟脊溪泥甲 *Stenelmis sulcaticarinata* Zhang et Yang, 1995

Stenelmis sulcaticarinata Zhang et Yang, 1995: 102 (in key), 109 (in list); Zhang, Yang & Li, 1995: 229 (in list); Yang & Zhang, 2002: 816 (formal description).

主要特征：体长 2.8 mm。唇基中央基部稍隆，前角略前伸；额印宽浅。前胸背板基部 1/3 处最宽，中部有约为颗粒直径 2 倍大的具毛刻点，亚侧脊几乎从基部到端部，距基部 1/3 处有浅刻；中纵沟与小盾片等宽，由基部延伸到端部 2/5 处；距基部 1/3 处到基部的中纵沟中央有 1 纵向突起，基部 2 刻点间距与小盾片等宽。小盾片长大于宽。鞘翅无基部附加刻点行；第Ⅲ、Ⅳ刻点行在端部汇合，汇合在相对于第Ⅴ刻点行分支下的第Ⅳ个刻点处；亚侧脊延伸至相对于第Ⅲ腹板后缘。第Ⅰ腹板中部较深凹，侧脊明显。雄性后足转节有斜的脊状突，后足胫节内侧有刺状突。

分布：浙江（开化、庆元）、福建。

（65）腹突溪泥甲 *Stenelmis venticarinata* Zhang et Yang, 1995

Stenelmis venticarinata Zhang et Yang, 1995: 102 (in key), 109 (in list); Zhang & Yang, 2003: 276 (formal description).

主要特征：体长 2.7 mm。唇基前缘直，基部中央及与之相接的额隆起；额印为 1 浅的圆凹；触角后近复眼处具较小的刻点。前胸背板基部 1/3 处最宽，亚侧脊从基部到端部，基部 1/3 处有浅刻；中纵沟从基部 2 刻点间区域前到端部 1/6 处，端部渐窄。鞘翅无任何附加刻点行及分支；第Ⅲ行间基部稍隆；亚侧脊伸至相对于第Ⅳ腹板中央。雄性前胸腹板中央具浅横槽，雌性前胸腹板中央具弱平隆的脊。腹部第Ⅰ腹板中央较深凹，雌雄无差别；雄性第Ⅱ腹板中央有 1 脊状隆起，雌性平。雄性中、后足胫节内侧具 1 列小齿，中足胫节的齿小于后足胫节，雌性正常；爪无基齿。

分布：浙江（开化）、福建、广西、贵州。

五、扁泥甲科 Psephenidae

主要特征：体长 1.5–6.0 mm。体卵圆形；黑色或黑褐色；体背密布短毛。头下弯，下颚须第 II 节长，端节扁宽。触角细长，线状、锯齿状或栉状等。前胸背板基部宽，端部窄。前胸腹板突发达，伸于中足基节间。腹部一般可见腹板 5 节。前足基节横形，基前转片明显存在；胫节无端距；第 III 跗节双叶状，第 IV 节小，第 V 节长于前 3 节之和。

该科世界已知 5 亚科 37 属约 300 种，中国记录 4 亚科 13 属约 60 种，浙江分布 1 亚科 1 属 2 种。

14. 肖扁泥甲属 *Psephenoides* Gahan, 1914

Psephenoides Gahan, 1914: 189. Type species: *Psephenoides immsi* Gahan, 1914.

主要特征：雌雄触角异型，雄性为极发达的栉状，雌性多为短小的锯齿状或其他类型。鞘翅较短，内缘凹而左右不能靠拢。

分布：古北区、东洋区。世界已知 7 种，中国记录 3 种，浙江分布 2 种。

（66）清溪肖扁泥甲 *Psephenoides fluviatilis* Yang, 1995

Psephenoides fluviatilis Yang, 1995a: 111.

主要特征：体长约 2.0 mm。头褐色，复眼黑色，触角褐色且密布环纹；前胸背板与鞘翅黄褐色，密被绒毛；足黄褐色。头短宽，复眼很大，眼间距为复眼直径的 2.3 倍。触角很发达，约与身体等长；基部 2 节简单，第 III–X 节端部各具 1 细长分支；末节伸长，稍长于第 X 节分支。前胸背板短而横宽，宽于头部；两侧圆突，后缘中部弧凹。小盾片较大，近三角形。鞘翅甚宽于前胸，中缝内凹而左右不靠拢，翅端部钝圆。腹部短于鞘翅。胫节细长；第 V 跗节最长，第 I 节稍短，余节均短小；爪发达。

分布：浙江（开化）。

（67）亚黑肖扁泥甲 *Psephenoides subopacus* (Pic, 1954)

Micreubrianax subopacus Pic, 1954: 64.
Psephenoides wuhongi Yang, 1995b: 231.
Psephenoides subopacus: Jäch, Kodada & Ciampor, 2006: 452.

主要特征：体长约 3.0 mm。体黄褐色，密被短毛。头横宽，复眼侧生，相互远离。触角发达，栉状，约与身体等长；第 III–X 节端部各具 1 细长分支；末节伸长，稍短于第 X 节分支。前胸背板横宽，向前渐窄而呈梯形。鞘翅较柔软，内缘中部以后内凹。腹部可见背板 8 节，端部 4 节完全外露；可见腹板 5 节，窄于背板。足细长；跗节 5 节，基部 4 节短小，末节约与前 3 节之和等长；爪较大。

分布：浙江（庆元）、福建、台湾；日本，印度，尼泊尔。

六、真泥甲科（=掣爪泥甲科）Eulichadidae

主要特征：体长 10.0–38.0 mm，雌性常大于雄性。体通常长形，梭状，背腹侧略扁；体色浅棕色至黑色；身体被颜色单一的倒伏毛，或形成卵形、带状或斑点状的色斑。额唇基沟缺失；复眼大，几乎半球形，小眼面细。触角 11 节；第 III–X 节伸长，弱或强烈锯齿状，强烈扁平；雌性通常较短。前胸背板侧缘饰边完整且锐利，后缘波状且具齿，前、后角尖。鞘翅完整，端部窄圆，翅缝端部通常有小刺；翅面最多具 20 个小刻点列。后翅发达。腹部可见腹板 5 节，第 I–III 节愈合。前足基节窝后方宽阔地开放；中足基节窝外侧开放；跗式 5-5-5，第 I–IV 跗节下侧具短毛刷，第 V 跗节几乎与前 4 节之和等长。

该科世界已知 2 属 43 种，中国记录 1 属 10 种，浙江分布 1 属 2 种。

15. 真泥甲属 *Eulichas* Jacobson, 1913

Eulichas Jacobson, 1913: 727. Type species: *Lichas funebris* Westwood, 1853.

主要特征：体长 14.0–38.0 mm，雌性常大于雄性。体通常长形，梭状，类似叩甲；棕红色到深棕色或黑色；身体大部分被倒伏毛，通常二色。额具浅凹；无单眼和额唇基沟；复眼大，半球形，小眼面细。触角 11 节；第 III–X 节扁，明显锯齿状；雌性通常较少特化，更加细短。前胸背板横宽、梯形，前缘和侧缘饰边明显；盘区隆或背腹侧略扁且具 2 个浅圆凹。鞘翅伸长，两侧有饰边，端缘圆，翅缝端部通常有小刺；翅面具 9–12 刻点行。后翅发达。中、后胸愈合；腹部可见腹板 5 节，第 I–III 节愈合，但被明显的缝分开。第 V 跗节几乎与前 4 节之和等长；所有跗节（主要是第 I–IV 节）下侧具短毛刷；爪强壮，等长。

分布：东洋区。世界已知 42 种，中国记录 10 种，浙江分布 2 种。

（68）杜氏真泥甲 *Eulichas* (*Eulichas*) *dudgeoni* Jäch, 1995

Eulichas dudgeoni Jäch, 1995: 372.

主要特征：体长 20.0–31.0 mm。体长形，梭状；棕红色至棕褐色；具均匀的淡黄色或灰色倒伏毛，或在鞘翅形成毛斑。头部具分布不均匀的稀疏较大具毛刻点。触角细长；末节弱棒状，长大于宽的 3.6–4.5 倍，腹侧光滑。前胸背板梯形，两侧几乎规则地变圆，罕见近中部有非常不明显的钝齿；盘区有 2 个浅圆凹及较粗的稀疏具毛刻点，向两侧略粗密。鞘翅有许多纵向排列的较大具毛刻点，列间刻点非常小。体腹侧具细刻点，中间稀疏而两侧较大较密；腹部末节腹板两侧几乎向端部规则变圆。

分布：浙江（临安、温州）、华北、上海、湖北、江西、福建、广东、香港、广西、四川。

（69）葬真泥甲 *Eulichas* (*Eulichas*) *funebris* (Westwood, 1853)

Lichas funebris Westwood, 1853: 238.
Lichas davidis Deyrolle *et* Fairmaire, 1878: 111.
Eulichas funebris: Jacobson, 1913: 727.
Eulichas impressicollis Pic, 1939: 2.

主要特征：体长 20.0–28.0 mm。体长形，梭状；棕黑色；淡黄色倒伏毛在前胸背板、鞘翅和腹部腹板上形成典型的卵圆形淡色毛纹。头部具分布不均匀的具毛大刻点；额刻点稀疏；头顶刻点有点小而密。触角强壮；末节长是宽的 1.9–2.3 倍，腹侧光滑，有许多小结节。前胸背板横宽，两侧基半部几乎规则地变圆，端半部斜直；背面隆，盘区具较大的具毛刻点，向两侧渐粗密。鞘翅有许多纵向排列的具毛大刻点，列间刻点非常小。体腹侧具几乎均匀的稠密细刻点；腹部末节腹板端部之前呈不明显波状。

分布：浙江、江苏、福建、广东、香港、广西。

第四章 叩甲总科 Elateroidea

主要特征：上颚缺乏臼齿。大多前胸腹板向后变尖，伸入中胸腹板中间的腹窝，可前后活动，组成"叩头"关节，少数不能活动；后胸腹板无横缝。腹部可见腹板 5–10 节。前足基节小、球形；后足基节横宽。跗式 5-5-5，简单或部分跗节双叶状。

该总科世界已知 17 科，原花萤总科亦包含在内，中国记录 11 科，浙江分布 3 科 52 属 133 种。

分科检索表

1. 前胸腹板突不发达；腹部可见腹板 8–10 节 ··· 花萤科 Cantharidae
- 前胸腹板突发达；腹部可见腹板 5 节，少数 6 节 ··· 2
2. 触角窝紧靠复眼；触角端部 3 节正常；前胸腹板突末端尖狭；中足基节靠近；后足基节片向外侧变狭 ·························
 ··· 叩甲科 Elateridae
- 触角窝不紧靠复眼；触角端部 3 节膨大；前胸腹板突末端宽扁；中足基节远离；后足基节片内、外侧等宽 ·················
 ·· 粗角叩甲科 Throscidae

七、粗角叩甲科 Throscidae

主要特征：体长 1.5–4.3 mm。体楔形，中等隆凸；深色；具叩头结构，前胸无法强烈弯曲；密布柔毛。头向下弯折；上唇至少部分可见；上颚宽、短；额无中纵沟或中纵线。触角 11 节，不超过鞘翅中部，棒状或锯齿状；末端 3 节发达。前胸背板后缘最宽，弯曲或具浅裂；盘区无脊，无中纵沟或中纵线；后角中等发达或发达。前胸腹板突完整，末端宽扁。小盾片发达。鞘翅至少具 5 条刻点纹，中缝无联锁；腹部末端不露出或露出 1 节。腹部腹板 5 节。中足基节窝侧向开放；后足基节片中等发达。

该科世界已知 250 余种，中国记录 2 种，浙江分布 1 属 1 种。

16. 粗角叩甲属 *Trixagus* Kugelann, 1794

Trixagus Kugelann, 1794: 534. Type species: *Elater dermestoides* Linnaeus, 1767.

Throscus Latreille, 1796: 42. Type species: *Elater dermestoides* Linnaeus, 1767.

主要特征：体长 2.0–4.0 mm。体扁平或中等隆凸；深红棕色至黑色；具刻点。额上具 1 对隆脊，延伸至唇基下缘；上唇明显；上颚镰刀状。触角 11 节，末端 3 节粗壮。前胸背板梯形，后缘最宽；后角尖，不外扩。前胸腹板具 1 对近平行隆脊。鞘翅末端完整。小盾片发达。腹部腹板 5 节，第Ⅵ节背板轻度硬化。第Ⅳ跗节双瓣状，其余各节简单。阳茎中叶长于侧叶。

分布：世界广布。世界已知 250 种，中国记录 2 种，浙江分布 1 种。

（70）中国粗角叩甲 *Trixagus chinensis* (Cobos, 1966)（图 4-1）

Throscus chinensis Cobos, 1966a: 345.

Trixagus chinensis: Leseigneur, 2007: 88.

主要特征：♂体长 2.4 mm。体强壮，近楔形，长为宽的 2.4 倍，前胸背板近基部最宽；体红棕色，略有光泽；体表稍被灰白色倾斜短柔毛；背面可见鞘翅距基部 1/3 处至末端具绒毛，呈毛刷状。额前拱，具两条平行的纵向脊；复眼大。触角棒状，末端第Ⅰ、Ⅲ节等长，第Ⅱ节横形。前胸背板最宽处是中长的 1.75 倍；侧边前 2/3 强烈收窄，后 1/3 近乎平直，微收缩；后角较钝；后缘无基部凹陷；盘区稍隆凸，刻点大而浅。鞘翅长为宽的 2 倍，基部最宽，向后逐渐收狭。阳茎长为宽的 5 倍；侧叶楔形，末端尖锐。

分布：浙江（德清）。

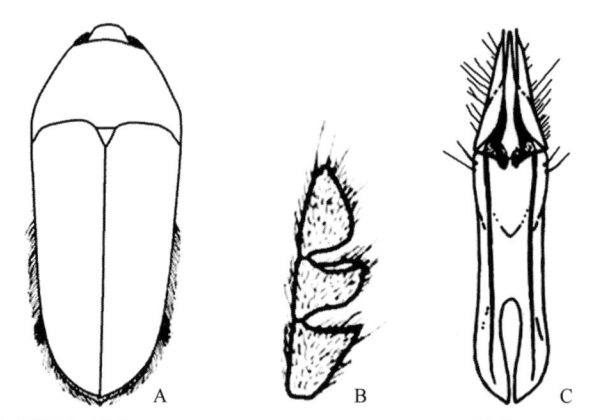

图 4-1 中国粗角叩甲 *Trixagus chinensis* (Cobos, 1966)（仿自 Cobos，1966a）
A. 整体背面观；B. 触角末端 3 节；C. 雄性外生殖器背面观

八、叩甲科 Elateridae

主要特征：体小到大型。触角一般11节，个别12节；锯齿状，少数栉齿状、丝状或念珠状，着生于额缘下方，靠近复眼处。前胸后角尖锐而突出。前胸腹板突向后变尖形成腹后突，中胸腹板中央凹入形成腹窝，二者组成"叩头"关节，可做"叩头"运动。腹部可见腹板一般5节，很少6节。足较短，后足基节横阔，呈片状；跗节5节，少数下方具膜状叶片；爪镰刀状，少数栉齿状或具基齿或2裂，爪间有着生刚毛的爪间突。雄性外生殖器三瓣式。幼虫金针虫形，多生活在土壤中、朽木内、树皮下。

该科世界已知400余属12 000余种，世界广布。中国记录1500余种，浙江分布9亚科43属97种，其中中国新记录1种，浙江新记录12种。

分亚科检索表

1. 中足基节窝向中胸后侧片开放，外侧未被中胸腹板和后胸腹板包围；如外侧被中胸腹板和后胸腹板包围，则前胸腹侧缝深陷形成触角槽 ··· 2
- 中足基节窝向中胸后侧片关闭，外侧被中胸腹板和后胸腹板包围；前胸腹侧缝不形成触角槽，或仅前端略下陷形成开掘状 ··· 8
2. 中、后胸腹板在中足基节窝间完全愈合，分界缝弱或不明显或完全缺乏；如分界缝明显，则雄性触角扇状，且从第Ⅲ节起具长的叶片；体一般大型，极少中小型 ··· **尖鞘叩甲亚科 Oxynopterinae**
- 中、后胸腹板在中足基节窝间具明显的分界缝；如雄性触角扇状，则从第Ⅳ节起具长的叶片；体一般中小型，极少大型 ······ 3
3. 爪基部具1-3根刚毛；如爪基部无刚毛，则体被鳞片状扁毛 ··· **槽缝叩甲亚科 Agrypninae**
- 爪基部无刚毛；体被绒毛 ··· 4
4. 头壳扁平，口器前伸 ·· **齿胸叩甲亚科 Dendrometrinae**
- 头壳卵形，背面前部凸，下弯，口器向前倾斜或下伸 ·· 5
5. 前胸腹板叶存在，前端弓拱 ·· 6
- 前胸腹板叶缺乏，前端截形 ·· 7
6. 爪简单；如爪梳状，则额脊向前腹面突出，呈V形或U形，接触上唇 ··· **叩甲亚科 Elaterinae**
- 爪梳状；额脊完全，弓拱 ·· **梳爪叩甲亚科 Melanotinae**
7. 体背凸；前胸背板球凸；雄性触角不太长，11节，锯齿状，向后仅超过鞘翅基部 ············ **球胸叩甲亚科 Hemiopinae**
- 体扁平；前胸背板非球凸；雄性触角相当长，12节，丝状，向后近达鞘翅末端 ················ **线角叩甲亚科 Pleonominae**
8. 前胸背板后缘无基沟；前胸腹板突狭长，非截形；小盾片不呈心形 ······································· **小叩甲亚科 Negastriinae**
- 前胸背板后缘具基沟；前胸腹板突短，截形；小盾片多呈心形 ··· **心盾叩甲亚科 Cardiophorinae**

（一）尖鞘叩甲亚科 Oxynopterinae

主要特征：体一般大型，极少中小型。头倾斜，口器斜伸；额中央深凹。触角扇状或锯齿状。前胸背板平宽，侧缘饰边明显加厚，后角背面隆起。小盾片盾形，绝不呈心形。前胸腹前叶拱出，呈弓形；前胸腹板突长；中、后胸腹板在中足基节间的分界缝明显或不明显；中足基节窝外侧向中胸前胸片和后侧片开放，不被中、后胸腹板包围。鞘翅端部尖锐。跗节简单，无叶片；爪简单，基部无刚毛。

该亚科世界已知3属，中国记录3属，浙江分布3属。

分属检索表

1. 雌、雄触角均为锯齿状 ··· **丽叩甲属 Campsosternus**
- 雄性触角扇状，雌性锯齿状 ··· 2

2. 中、后胸腹板在中足基节窝间完全愈合，分界缝不明显 ··· 愈胸叩甲属 *Ceropectus*
- 中、后胸腹板在中足基节窝间不愈合，分界缝明显存在 ··· 梳角叩甲属 *Pectocera*

17. 丽叩甲属 *Campsosternus* Latreille, 1834

Campsosternus Latreille, 1834: 141. Type species: *Elater fulgens* Olivier, 1790 (= *Elater auratus* Drury, 1773).

主要特征：触角锯齿状，第Ⅰ节弯曲，第Ⅱ节极小，第Ⅲ、Ⅳ节约等长，末节两侧近端部微弱收缩，似有1假节。前胸背板大多长宽相等，从基部向前渐狭；后角突出，一般分叉，端部下弯。鞘翅多自中部向后渐狭变尖，侧缘上卷成"天沟"状，端部多呈刺状或齿状。前胸腹板腹前叶向前弓拱，腹后突端部内弯；中、后胸腹板在中足基节间愈合，但有分界痕迹。足较长，跗节和爪简单。

分布：东洋区。世界已知81种，中国记录19种，浙江分布2种。

（71）丽叩甲 *Campsosternus auratus* (Drury, 1773)（图版 II-11）

Elater auratus Drury, 1773: 65.
Elater fulgens Olivier, 1790: 12.
Campsosternus auratus: Westwood, 1837: pl. 35, fig. 3.
Campsosternus auratus var. *niger* Fleutiaux, 1918: 200.

主要特征：体长椭圆形，极光亮；艳丽，蓝绿色；前胸背板和鞘翅周缘具有金色和紫铜色闪光；触角和跗节黑色，爪暗栗色。头宽，额向前呈三角形凹陷，两侧高凸，凹陷内刻点粗密，向后渐疏。触角短而扁平，向后可伸达前胸背板基部，不超过后角；第Ⅰ节向外端变粗，略弯曲，第Ⅱ节极短。前胸背板基部最宽，中长和基宽相等，两侧从基部向前渐狭。雄性外生殖器强壮，中叶和侧叶基部均粗壮；中叶略长于侧叶，端部突然收狭；侧叶端部齿钩状，顶端和钩突均尖，外缘直，无刚毛。

分布：浙江（临安、定海、岱山、江山）、河南、上海、湖北、江西、湖南、福建、台湾、广东、海南、香港、广西、重庆、四川、贵州、云南；日本，越南，老挝，柬埔寨。

（72）朱肩丽叩甲 *Campsosternus gemma* Candèze, 1857（图版 II-12）

Campsosternus gemma Candèze, 1857: 344.

主要特征：体光亮；前胸背板中央和周缘及后角、前胸侧板周缘、前胸腹板、中后胸腹板及腹部中央、足均为金蓝色；鞘翅金绿色，有铜色闪光；前胸背板两侧（不包括周缘和后角）、前胸侧板（不包括周缘）、腹部两侧及最后两节节间膜均为朱红色。触角向后不达前胸后角端部。前胸背板宽明显大于长，后角宽，边缘隆起，端部下弯，不分叉。雄性外生殖器强壮，中叶和侧叶基部均粗壮；中叶略长于侧叶，端部突然收狭；侧叶端部齿钩状，顶端和钩突均尖，外缘略弧弯，无刚毛。

分布：浙江（临安、庆元）、江苏、上海、安徽、湖北、江西、湖南、福建、广东、重庆、四川、贵州。

18. 愈胸叩甲属 *Ceropectus* Fleutiaux, 1927

Ceropectus Fleutiaux, 1927: 117. Type species: *Pectocera messi* Candèze, 1874.

主要特征：体狭长形。雄性触角扇状，12节，第Ⅲ节起各节具1狭长叶片；雌性触角锯齿状，11

节。前胸背板梯形，后角等宽于鞘翅。鞘翅两侧平行，向后变狭，缝角狭尖；表面具明显刻点或刻点条纹。前胸腹前叶大，向前拱出，腹后突长，不太倾斜，腹侧缝细；中胸腹窝侧缘向前分叉，后部水平；中、后胸腹板在中足基节间完全愈合；后基片从内向外逐渐变狭。跗节和爪简单。

分布：东洋区。世界已知 2 种，中国记录 1 种，浙江分布 1 种。

（73）愈胸叩甲 *Ceropectus messi* (Candèze, 1874) 浙江新记录

Pectocera messi Candèze, 1874: 207.
Oxynopeterus messi: Schwarz, 1906: 55.
Ceropectus messi: Fleutiaux, 1927: 118.

主要特征：体黑色，鞘翅黄色，腹面和足黑色；全身密被白色或黄色绒毛，在前胸背板和鞘翅上形成不规则毛斑。雄性触角扇状，第Ⅰ节粗，第Ⅱ节短，以后各节渐长，外侧着生细长叶片；雌性触角较短，从第Ⅲ节开始锯齿状。前胸背板长和基宽相等，向前逐渐变狭；前角拱出，呈浑圆形，后角钝，分叉；表面不太凸，刻点细，仅在两侧明显。雄性外生殖器瘦狭；中叶明显长于侧叶，两侧直，向后逐渐收狭；侧叶两侧直，端部齿钩状，瘦长，顶端和钩突均尖，无刚毛。

分布：浙江（庆元）、湖北、福建、广东、香港、广西；越南。

19. 梳角叩甲属 *Pectocera* Hope, 1842

Pectocera Hope, 1842: 79. Type species: *Pectocera cantori* Hope, 1842.

主要特征：体大，狭长形。触角 11 节；雄性扇状，第Ⅲ节起侧生 1 长的叶片；雌性锯齿状。前胸背板梯形（♂）或近四方形（♀），狭于鞘翅。前胸腹侧缝细，前端向两侧分开；腹前叶短，腹后突长，向后倾斜；中胸腹板倾斜，腹窝侧缘前部向两侧分开。鞘翅两侧平行至中部后，然后向后变狭；雄性端部较狭尖，缝角刺状。腹部向后明显变狭，端部狭圆（♂）或浑圆（♀）。后足基节片外方狭，内方扩大。

分布：古北区、东洋区。世界已知 43 种，中国记录 12 种，浙江分布 3 种。

分种检索表

1. 触角末节端部一侧缢缩，形成假节；触节第Ⅲ节的叶片是节长的 3 倍 ·················· 越南梳角叩甲 *P. tonkinensis*
- 触角末节端部侧缘无缢缩，无假节；触节第Ⅲ节的叶片是节长的 3.8–4 倍 ·· 2
2. 头中央凹掘浅；雄性外生殖器侧叶端部钩齿外缘近钩突弧凹，钩突翘 ·············· 江西梳角叩甲 *P. jiangxiana*
- 头中央凹掘深；雄性外生殖器侧叶端部钩齿外缘近钩突直，不弧凹，钩突不翘 ············· 木棉梳角叩甲 *P. fortunei*

（74）木棉梳角叩甲 *Pectocera fortunei* Candèze, 1873（图版 III-1）

Pectocera fortunei Candèze, 1873: 6.

主要特征：体赤褐色；全身密被灰白色绒毛，密集处在鞘翅上形成灰白色斑纹，腹面绒毛更密更长。头呈三角形凹掘，相当深；触角基上方隆起，刻点粗。雄性触角扇状，第Ⅲ–Ⅹ节各着生 1 狭长叶片，第Ⅲ节叶片长度是节长的 3.8 倍；末节狭片状，近端部侧缘无缢缩，无假节。前胸背板中央纵向隆凸，两侧低凹，有明显的中纵沟；表面刻点明显，前部较粗，中后部细弱，大小不等；后角锐尖，端部稍转向外方。雄性外生殖器中叶长于侧叶；中叶从基部向端部渐狭；侧叶端部齿钩状，钩突下端外缘直。

(75) 江西梳角叩甲 *Pectocera jiangxiana* Kishii et Jiang, 1994 浙江新记录

Pectocera jiangxiana Kishii et Jiang, 1994: 96.

主要特征：体栗褐色；全身被灰白色绒毛，密集处在前胸背板和鞘翅上形成若干毛斑。头"凸"字形，中央从基部开始向前凹掘。雄性触角第Ⅲ–Ⅹ节具有狭长叶片，第Ⅲ节叶片是节长的4倍；末节狭片状，近端部两侧无缢缩，无假节。前胸背板梯形，宽大于长，中间纵向隆起，有宽浅的纵中凹；两侧低垂，中部前有明显的圆形凹窝；侧缘直，凸边有不太均匀的细齿痕，后缘呈细齿状边；前角不太突出，后角略伸向外方，无脊。雄性外生殖器侧叶齿钩状，外缘部分呈细齿状边，近钩突弧凹，钩突翘。

分布：浙江（磐安、遂昌、泰顺）、江西、广西。

(76) 越南梳角叩甲 *Pectocera tonkinensis* Fleutiaux, 1918

Pectocera tonkinensis Fleutiaux, 1918: 202.

主要特征：体栗褐色；全身被白色绒毛，背面不太均匀，密生处形成一些毛斑。头中央向前呈三角形低凹，额脊中部完全缺乏，触角基上方高隆。雄性触角第Ⅲ–Ⅹ节各着生1狭条形叶片，第Ⅲ节叶片长度是节长的3倍；末节狭片状，近端部一侧缢缩成假节，端部钝。前胸背板梯形，两侧直，从后向前逐渐变狭，侧缘呈细齿状边；背面中央隆起，有宽的中纵低凹，中部最为明显；两侧低垂，中部形成凹窝；前角突出，后角尖，略转向外方。雄性外生殖器侧叶端部齿钩状，外缘直，部分呈细齿状边。

分布：浙江（德清、临安）、重庆、四川、云南；越南，老挝。

（二）槽缝叩甲亚科 Agrypninae

主要特征：体大多中小型，少数大型；被鳞片状扁毛或绒毛。头通常卵圆形，口器向下。触角锯齿状或扇状。前胸腹板叶向前突出，呈弧形，前胸腹板突长；中、后胸腹板在中足基节窝间具明显的分界缝；中足基节窝外侧向中胸前、后侧片开放，或被中、后胸腹板包围。小盾片盾形，绝不呈心形。跗节简单或具有叶片；爪简单，基部具1–3根刚毛，很少无刚毛。

该亚科世界已知130属430余种，浙江记录7属15种。

分属检索表

1. 前胸腹侧缝深陷形成触角槽，触角可收放其中 ··· 2
- 前胸腹侧缝简单，或仅前端开掘，不收放触角 ·· 3
2. 中足基节窝不向中胸后侧片开放 ··· 槽缝叩甲属 *Agrypnus*
- 中足基节窝向中胸后侧片开放 ·· 绵叩甲属 *Adelocera*
3. 体被鳞片状扁毛；如体被绒毛，则触角扇状；跗节简单 ·· 4
- 体被绒毛；触角锯齿状；如触角扇状，则第Ⅰ–Ⅳ跗节具有叶片 ··· 5
4. 体被鳞片状扁毛；触角锯齿状 ·· 斑叩甲属 *Cryptalaus*
- 体被绒毛；触角栉齿状 ·· 猛叩甲属 *Tetrigus*
5. 雄性触角扇状；第Ⅰ–Ⅳ跗节具有叶片 ·· 四叶叩甲属 *Sinelater*
- 雄性触角锯齿状；仅第Ⅳ跗节宽阔或具有叶片 ··· 6
6. 触角第Ⅳ节长于Ⅱ、Ⅲ节之和 ·· 单叶叩甲属 *Conoderus*
- 触角第Ⅳ节短于第Ⅱ、Ⅲ节之和 ··· 贫脊叩甲属 *Aeoloderma*

20. 绵叩甲属 *Adelocera* Latreille, 1829

Adelocera Latreille, 1829: 451. Type species: *Elater ovalis* Germar, 1824.
Pericus Candèze, 1857: 167. Type species: *Pericus nitidus* Candèze, 1857.
Brachylacon Motschulsky, 1858: 60. Type species: *Brachylacon microcephalus* Motschulsky, 1858.
Trachylacon Motschulsky, 1858: 61. Type species: *Trachylacon fulvicollis* Motschulsky, 1858.
Prolacon Fleutiaux, 1934: 179. Type species: *Prolacon alluaudi* Fleutiaux, 1934.
Aganolacon Ôhira, 1967a: 55. Type species: *Brachylacon (Aganolacon) shirozui* Ôhira, 1967.

主要特征：体中小型；被鳞片状扁毛。触角从第Ⅳ节起锯齿状；第Ⅱ、Ⅲ节短小，近等长，每节均小于第Ⅳ节及其后各节。前胸腹面的触角槽深，其长度不超过前胸腹侧缝的前半部。小盾片表面无纵脊。中足基节窝向中胸后侧片开放，但向前侧片关闭。前胸侧板和后胸腹板具跗节槽，前胸侧板上的跗节槽与触角槽平行；后胸腹板上的跗节槽末端指向侧边，假如延长，可在侧边 3/4 处伸出。

分布：古北区、东洋区。世界已知 95 种，中国记录 10 种，浙江分布 1 种。

(77) 格氏绵叩甲 *Adelocera gressitti* (Ôhira, 1972)

Brachylacon (*Aganlacon*) *gressitti* Ôhira, 1972: 3.
Adelocera gressitti: Hayek, 1979: 189.

主要特征：体略光亮，栗褐色；头和前胸背板略暗，触角（除第Ⅰ节外）和足棕黄色；背面有细小的金黄色鳞片状的横卧扁毛。触角短，向后未达前胸背板后角；第Ⅱ节小，近球形；第Ⅲ节小于第Ⅱ节，近圆柱形；第Ⅳ–Ⅹ节显著锯齿状。前胸背板梯形，宽略大于长，后角处最宽；两侧缘后部近平行，中部圆拱，向前角逐渐变窄；小盾片前方的后缘区具块状隆起；后角小，端部呈直角，表面有 1 浅脊。前胸前侧片有 1 不明显斜沟，容纳前足跗节；后胸腹板两侧各有 1 沟，容纳中足跗节。

分布：浙江（庆元）、台湾。

21. 贫脊叩甲属 *Aeoloderma* Fleutiaux, 1928

Aeoloderma Fleutiaux, 1928: 135. Type species: *Elater crucifer* Rossi, 1790.

主要特征：体小，近圆筒形。触角第Ⅱ节宽于第Ⅲ节，第Ⅱ、Ⅲ节长度之和长于第Ⅳ节，第Ⅳ–Ⅹ节呈弱锯齿状。前胸背板刻点大小多少有些不相等；后角一般无脊或有 1 条不明显的脊。前胸腹侧缝关闭。鞘翅端部正常。第Ⅳ跗节端部具有狭长的叶片；爪基部具有刚毛。

分布：古北区、东洋区。世界已知 17 种，中国记录 5 种，浙江分布 1 种。

(78) 萨氏贫脊叩甲 *Aeoloderma savioi* Fleutiaux, 1936（图版 III-2）浙江新记录

Aeoloderma savioi Fleutiaux, 1936a: 16.

主要特征：体红褐色；头、小盾片、后胸腹板及腹部黑色；前胸背板具黑色纵中带，后缘黑色；鞘翅基部包括小盾片形成 1 黑色的前宽后狭的三角形盾状斑，在中缝处延伸至中部，近端部 1/3 处具 M 形黑色斑块，中央沿中缝延伸至翅端，两侧到达翅缘。触角第Ⅱ、Ⅲ节近等长，但均短于以后各节；末节菱形，

近端部突然缢缩成假节。前胸背板长略大于宽或长宽近等，两侧微弱弧拱，前部逐渐收狭，近后角处微弱波状；表面刻点密且规则，盘区刻点强烈；后角尖，略分叉，几乎指向后方，表面无脊。

分布：浙江、黑龙江、江苏、上海；蒙古。

22. 槽缝叩甲属 *Agrypnus* Eschscholtz, 1829

Agrypnus Eschscholtz, 1829: 32. Type species: *Elater murinus* Linnaeus, 1758.

Mecynocanthus Hope, 1837: 53. Type species: *Mecynocanthus unicolor* Hope, 1837.

Archontas Gozis, 1886: 23. Type species: *Elater murinus* Linnaeus, 1758.

Pseudolacon Blackburn, 1890: 89. Type species: *Pseudolacon rufus* Blackburn, 1890.

Homeolacon Blackburn, 1890: 90. Type species: *Homeolacon gracilis* Blackburn, 1890.

Centrostethus Schwarz, 1898: 14. Type species: *Elater* (*Conoderus*) *cuspidatus* Klug, 1833.

Compsolacon Reitter, 1905: 6. Type species: *Elater crenicollis* Ménétriés, 1832.

Paralacon Reitter, 1905: 6. Type species: *Elater cinnamomeus* Candèze, 1874.

Neolacon Miwa, 1929a: 234. Type species: *Neolacon formosanus* Miwa, 1929.

Colaulon Arnett, 1952: 116. Type species: *Elater rectangularis* Say, 1825.

Cryptolacon Nakane et Kishii, 1955a: 1. Type species: *Cryptolacon miyamotoi* Nakane et Kishii, 1955.

Sabikikorius Nakane et Kishii, 1955a: 3. Type species: *Lacon fuliginosus* Candèze, 1857.

Sagojyo Kishii, 1964: 30. Type species: *Colaulon yuppe* Kishii, 1964.

Archontoides Cobos, 1966b: 651. Type species: *Archontoides pretoriensis* Cobos, 1966.

Pyrganus Golbach, 1968: 198. Type species: *Lacon tuspanensis* Candèze, 1857.

主要特征：体多中型；全身或局部被鳞片状扁毛；前胸腹侧缝深凹形成触角槽，触角收藏其中；有时前胸侧板存在跗节槽，不与触角槽平行；有时后胸腹板存在跗节槽，指向后胸腹板后侧角。触角第Ⅱ、Ⅲ节小，近相等，均小于第Ⅳ节和以后各节。前胸背板前角后不狭缩，侧缘脊状。小盾片无纵脊。中足基节窝被中、后胸腹板包围，不与中胸前侧片和后侧片接触。跗节腹面无叶片。

分布：世界广布。世界已知 302 种，中国记录 61 种，浙江分布 8 种。

分种检索表

1. 前胸侧板和后胸腹板具有明显的跗节槽 ··· 2
- 前胸侧板和后胸腹板无跗节槽 ·· 4
2. 体狭长，体长大于 15.0 mm；前胸背板长大于宽，具微弱中纵沟 ··························· 竖毛槽缝叩甲 *A. setiger*
- 体宽扁，体长小于 11.5 mm；前胸背板宽大于长，无中纵沟 ··· 3
3. 鞘翅上分散有红色星斑；体较小，体长 7.0–8.0 mm ··· 红星槽缝叩甲 *A. tostus*
- 鞘翅上无红色星斑；体略大，体长 10.5–11.5 mm ·· 山槽缝叩甲 *A. montanus*
4. 前胸背板有 2 个横瘤 ··· 5
- 前胸背板无任何横瘤 ··· 7
5. 前胸背板后角有 1 条短脊 ·· 双瘤槽缝叩甲 *A. bipapulatus*
- 前胸背板后角无任何脊 ··· 6
6. 体黑褐色，毛斑白色；体长 15.0 mm ··· 二疣槽缝叩甲 *A. binodulus*
- 体暗棕色，毛斑黄色；体长 18.0–19.0 mm ··· 东方槽缝叩甲 *A. orientalis*
7. 前胸背板有中纵沟；体较大，瘦狭；鞘翅从基部 1/4 处开始向后显著变狭，端部狭尖；体长 14.5–17.0 mm ·· 尖尾槽缝叩甲 *A. acuminipennis*

- 前胸背板无中纵沟；体较小，宽扁；鞘翅从端部 1/4 处开始向后弧形收狭，端部圆拱；体长 7.0–10.0 mm ················
·· 暗色槽缝叩甲 *A. musculus*

（79）尖尾槽缝叩甲 *Agrypnus acuminipennis* (Fairmaire, 1878)（图版 III-3）浙江新记录

Lacon acuminipennis Fairmaire, 1878: 109.

Adelocera acuminipennis: Fleutiaux, 1926: 96.

Agrypnus acuminipennis: Hayek, 1973: 120.

主要特征：体狭尖，暗栗色；触角暗红褐色，腹面、足与背面同色；被毛茶色且鳞片状，腹面被均匀且更密的灰黄褐色毛。前胸背板长宽近等，侧缘整个长度为微弱的细齿状边，前缘中部平凹；背面沿纵中线有 1 条不太深的宽凹，凹底前部有 1 条明显的纵脊；前角明显突出，分叉，端部钝；后角突出，明显转向外方，近侧缘有微弱的脊。前胸侧板和后胸腹板无跗节槽。跗节和爪简单。雄性外生殖器中叶长于侧叶；中叶两侧平行，近端部收狭；侧叶端部齿钩状，两侧近钩突呈弯拐状。

分布：浙江（临安）、湖北、江西、广西、重庆、四川、贵州、云南；印度，越南，老挝。

（80）二疣槽缝叩甲 *Agrypnus binodulus* (Motschulsky, 1861)（图版 III-4）浙江新记录

Lacon binodulus Motschulsky, 1861: 8.

Adelocera binodulus: Fleutiaux, 1932: 72.

Lacon albomaculatus Miwa, 1934: 68.

Agrypnus binodulus: Ôhira, 1954: 4.

主要特征：体狭长，黑色至黑褐色；触角及足的胫节和跗节显红色；被褐色和白色鳞片状扁毛，白色扁毛密集处形成大小不等的白斑散布在身体背面。头横宽，中央具三角形低凹，表面具刻点。前胸背板近方形，中部具 2 个光裸的横瘤；后角短钝，分叉。小盾片五边形，长宽近等，基缘直，两侧向后渐宽至端部 1/3 处，然后收狭成角状突出。鞘翅两侧基部 1/5 平行，向后明显膨扩至 2/5 处后再向端部弧弯逐渐收狭。跗节和爪简单。雄性外生殖器中叶长于侧叶；侧叶端部鸟喙状，顶端圆形突出，钩突短尖。

分布：浙江（临安）、江西；俄罗斯（远东），朝鲜，日本。

（81）双瘤槽缝叩甲 *Agrypnus bipapulatus* (Candèze, 1865)（图版 III-5）

Lacon bipapulatus Candèze, 1865: 11.

Agrypnus bipapulatus: Ôhira, 1966: 216.

主要特征：体狭长，褐色至红褐色；密被茶褐色和灰白色鳞片状扁毛，形成一些模糊的云状斑，在鞘翅上尤其明显。前胸背板宽大于长，表面不太凸，中部有 2 个横瘤；两侧从中部开始向前呈弧形微弱弯曲收狭，在后角前方强烈收狭，侧缘光滑，不为齿状边；前角向前突出；后角宽大，向两侧分叉，端部明显截形，靠近外缘有 1 条短脊。鞘翅自肩部向后略呈直线变宽至 1/4 处，然后向后呈弧形逐渐变狭，端部完全。跗节和爪简单。雄性外生殖器中叶长于侧叶；侧叶端部鸟喙状，顶端突出，钩突短，不太尖。

分布：浙江（临安、庆元）、黑龙江、吉林、辽宁、内蒙古、山西、河南、陕西、甘肃、江苏、湖北、江西、福建、台湾、广西、重庆、四川、贵州、云南；日本，印度。

（82）山槽缝叩甲 *Agrypnus montanus* (Miwa, 1929)（图版 III-6）

Lacon montanus Miwa, 1929a: 229.

Agrypnus montanus: Hayek, 1979: 228.

主要特征：体红褐色，相当暗；腹面、足与背面同色，触角黄褐色；被较均匀的鳞片状黄白色短毛。前胸扁平；前胸背板宽明显大于长，基部最宽，两侧向前极微弱地变狭，向后微弱波状；侧缘为细齿状边；前缘向后呈宽平凹状，前角拱出；背面均匀凸，刻点密且均匀，中部刻点更粗、略稀；后角短钝。鞘翅两侧似平行，自中部向后变狭，端部拱出。前胸侧板和后胸腹板具有深的跗节槽。雄性外生殖器中叶长于和粗于侧叶；侧叶端部齿钩状，齿突尖，钩突弯向基部，外缘直。

分布：浙江（江山、庆元）、湖北、江西、台湾、重庆、四川。

（83）暗色槽缝叩甲 *Agrypnus musculus* (Candèze, 1857)（图版 III-7）

Lacon musculus Candèze, 1857: 141.

Colaulon (*Cryptolacon*) *musculus*: Chûjô, 1959: 4.

Agrypnus musculus: Hayek, 1973: 187.

主要特征：体卵圆形；黑褐色；被毛黄白色，鳞片状。前胸背板前角突出，前缘"凹"形；表面无横瘤，无中纵沟或纵中线；后角宽短，端部明显截形，表面无脊；后缘脊状，无基沟。鞘翅两侧向后渐宽，从端部 1/4 处开始向后弧形收狭，端部圆拱；肩部侧缘细齿状边。前胸侧板无跗节槽，但有跗节槽痕，后缘有容纳腿节的斜槽；腹侧缝前部 2/3 深凹，呈槽状，后 1/3 完全关闭；后胸腹板无跗节槽。跗节和爪简单。雄性外生殖器中叶长于侧叶；侧叶端部三角形齿钩状，齿突相当尖，钩突指向外方，外缘直。

分布：浙江（临安、磐安、开化、景宁）、陕西、甘肃、江苏、湖北、江西、福建、广东、海南、香港、四川；日本。

（84）东方槽缝叩甲 *Agrypnus orientalis* Hope, 1843

Agrypnus orientalis Hope, 1843: 63.

主要特征：体暗棕色，触角橙色但基部 1 节色暗，足红棕色；体被黄色鳞片状扁毛，密集处形成毛斑。头横阔，背面凸凹不平，中央纵向凹掘；额脊向前弓拱，中央低垂。前胸背板宽明显大于长，两侧弧拱，近后角处明显波状，前角钝；背面凸，刻点密，盘区中部有 2 个光裸的横瘤；后角短，分叉，端部截形。鞘翅基部两侧直，平行，向后明显变宽，到端部 1/3 处弧弯收狭，端部完全。前胸侧板和后胸腹板上均无跗节槽。足短缩；跗节和爪简单。

分布：浙江（舟山、庆元、景宁）。

（85）竖毛槽缝叩甲 *Agrypnus setiger* (Bates, 1866)（图版 III-8）

Lacon setiger Bates, 1866: 348.

Agrypnus setiger: Hayek, 1973: 211.

主要特征：体狭长，栗褐色，略光亮；触角红棕色，但基部 1 节或几节色深近黑褐色；卧伏的鳞片状长毛灰黄色，背面较密，腹面较稀；鞘翅上密布有另 1 种棕黑色竖状毛。头顶中央凹，两侧高凸，被深而粗的刻点。触角第Ⅱ、Ⅲ节长度之和远小于第Ⅳ节。前胸背板长大于宽，背面凸，刻点筛孔状，中央具微弱纵沟纹；侧缘波状，具凸边；前缘中部深凹；后角向外突出。鞘翅两侧基部几乎平行，向后直线形极微弱渐宽，略膨扩至基部 1/3 处向后弧形收狭至端部。前胸侧板、后胸腹板具收纳跗节的跗节槽。

分布：浙江、福建、台湾、广东、云南；日本，越南，老挝。

(86) 红星槽缝叩甲 *Agrypnus tostus* (Candèze, 1857) 浙江新记录

Lacon tostus Candèze, 1857: 129.
Adelocera tostus: Fleutiaux, 1926: 98.
Agrypnus tostus: Hayek, 1973: 222.

主要特征：体小，宽扁，黑褐色，略光亮；鞘翅上散布有一些红色小斑；鳞片毛小，黄褐色。前胸背板宽大于长；侧缘为细齿状边；前缘向后凹入，前角突出；表面无瘤突；后角宽短，转向外方，顶端截形，无脊。鞘翅基部略狭，自基部向中部明显扩宽，然后向端部弧弯变狭，端部向中缝处凹入，略斜截。前胸侧板和后胸腹板具有明显的跗节槽。跗节第Ⅰ节长，其长度略为后 3 节之和。雄性外生殖器瘦长，中叶与侧叶等长；侧叶两侧直，端部膨大，呈齿钩状，顶突略尖，钩突短，尖，指向外方，外缘弧形。

分布：浙江（舟山、开化）、江西、福建、台湾、香港、西藏；印度，泰国，马来西亚，印度尼西亚。

23. 单叶叩甲属 *Conoderus* Eschscholtz, 1829

Conoderus Eschscholtz, 1829: 31. Type species: *Conoderus fuscofasciatus* Eschscholtz, 1829.
Monocrepidius Eschscholtz, 1829: 31. Type species: *Monocrepidius pallipes* Eschscholtz, 1829.
Silene Broun, 1893: 1135. Type species: *Silene brunnea* Broun, 1829.

主要特征：体小至中型。触角细长，向后伸过前胸后角；第Ⅱ、Ⅲ节小，其长度之和短于第Ⅳ节；第Ⅳ–Ⅹ节弱锯齿状；末节近端部两侧缢缩，似有假节。前胸背板刻点大小均匀；后角发达，具 1 条脊，无基沟。鞘翅端部完全或平截。前胸腹板突略直；前胸腹侧缝直线形，前端关闭；中胸腹窝宽，后端开放于后胸，侧缘后端不汇合；后足基节片内侧强烈膨阔。跗节第Ⅰ–Ⅲ节简单，第Ⅳ节具有膜质叶片。

分布：古北区、东洋区。世界已知 72 种，中国记录 5 种，浙江分布 1 种。

(87) 红角单叶叩甲 *Conoderus crocopus* (Hope, 1843)

Ludius crocopus Hope, 1843: 63.
Conoderus crocopus: Schenkling, 1925: 111.

主要特征：体长 14.7 mm，宽 4.2 mm。体黑褐色，触角同色。前胸后角非常尖锐，砖红色。鞘翅具刻点沟纹，沟纹中具小刻点。

分布：浙江（舟山）。

该种模式采自浙江舟山，未检视到标本，仅根据原文描述。

24. 斑叩甲属 *Cryptalaus* Ôhira, 1967

Cryptalaus Ôhira, 1967b: 97. Type species: *Alaus puturidus* Ôhira, 1967 (nec Candèze, 1857) (= *Alaus larvatus* Candèze, 1874).
Paracalais Neboiss, 1967: 261. Type species: *Alaus suboculatus* Candèze, 1857.

主要特征：体多大型，壮硕，背面凸；密被有卧伏的白色、黑色等颜色的鳞片状扁毛，其间夹杂有竖立的不均匀分布的黑色长毛。额脊完全，略突出。触角锯齿状，11节，第III节约为第II节的2倍长。鞘翅顶端圆形或截形。前胸腹侧缝前部呈沟状；中、后胸腹板在中足基节间不愈合，由明显的分界缝将其分开。跗节和爪简单。

分布：古北区、东洋区。世界已知38种，中国记录11种，浙江分布2种。

（88）霉纹斑叩甲 *Cryptalaus berus* (Candèze, 1865)（图版III-9）

Alaus berus Candèze, 1865: 15.
Alaus (*Cryptalaus*) *berus berus*: Ôhira, 1967b: 98.
Paracalais berus berus: Ôhira, 1969: 90.
Cryptalaus berus: Ôhira, 1990a: 21.

主要特征：体椭圆形，灰黑色；触角黑色；被有浅灰色、灰白色、黑色的鳞片状扁毛，混杂形成了大量小斑，白色斑尤其明显，腹面和足也覆盖有灰色鳞片状扁毛。前胸背板长大于宽，两侧拱出，呈弧形，近基部收狭，呈波状，前端弧弯；背面中部纵隆，两侧低凹，基部低垂；表面有不均匀的刻点；后角扁，明显向两侧分叉，具明显长脊。鞘翅等宽于前胸，两侧基半部平行，自中部向后弧弯渐狭；端部完全。雄性外生殖器中叶略长于和粗于侧叶；侧叶端部膨大，呈齿钩状，相当狭长，顶端尖，钩突钝，外缘明显弧形。

分布：浙江（临安）、江西、湖南、福建、台湾、广东、海南、广西、四川、云南；朝鲜，日本，孟加拉国，越南，老挝，泰国。

（89）眼纹斑叩甲 *Cryptalaus larvatus* (Candèze, 1874)（图版III-10）

Alaus larvatus Candèze, 1874: 141.
Paracalais larvatus: Ôhira, 1976: 32.
Paracalais larvatus larvatus: Ôhira, 1977: 6.
Cryptalaus larvatus larvatus: Kishii, 1993a: 16.

主要特征：体狭长，近长方形；体灰褐色，密被鳞片状短毛；前胸背板中线两侧各有1个黑色眼点；鞘翅中部外侧各有1个近于长方形的黑褐色斑块，近端部有2条不明显的深灰褐色横带；腿节近端部也具有1个黑色斑块。前胸背板中部有中纵脊，近前缘和后半部消失，后端有1不明显的短横脊，在小盾片正前方有1隆突；后角长尖，中间具1条锐脊。鞘翅端部明显截形。雄性外生殖器中叶细，略长于侧叶；侧叶端部膨大，呈齿钩状，长，顶端尖，钩突尖，弯向基部，内缘直，外缘略波状。

分布：浙江（开化、庆元）、陕西、江苏、上海、江西、湖南、福建、台湾、广东、海南、广西、重庆、四川、云南；日本，孟加拉国，越南，老挝，印度尼西亚。

25. 四叶叩甲属 *Sinelater* Laurent, 1967

Sinelater Laurent, 1967: 94. Type species: *Tetralobus perroti* Fleutiaux, 1941.

主要特征：体极大型，宽厚，被细绒毛。触角短，不超过前胸背板基部，11 节，第 II、III 节相当小；雄性从第 IV 节开始各节侧生 1 宽的叶片；雌性简单锯齿状。前胸短，两侧在前部拱出，后角强壮，无脊。鞘翅长而宽。前胸腹侧缝前端完全开放；后胸腹板大，前侧片宽，后侧片明显。腹部末端雄性呈弓形突出，雌性浑圆形。跗节第 I–IV 节具宽大叶片，并具跗垫。雄性外生殖器侧叶端部钩突状，不为匙形。

分布：东洋区。世界已知 1 种，中国记录 1 种，浙江分布 1 种。

（90）巨四叶叩甲 *Sinelater perroti* (Fleutiaux, 1940)（图版 III-11）

Tetralobus perroti Fleutiaux, 1940a: 107.
Sinelater perroti: Costa, Vanin & Casari-Chen, 1994: 129.

主要特征：体黑色，略光亮；触角橘红色，足黑色，跗节叶片橘红色；被棕色细毛，在中胸腹板两侧略长而密。前胸背板中宽明显大于中长，近前角处明显狭弯；背面不太凸，向两侧和向后逐渐低垂，后缘中部两侧低扁；后角厚实，背面隆起，端部下弯，无脊。鞘翅长，从中部开始向后渐狭，端部完全。前胸腹板突具有明显的中纵沟。雄性外生殖器中叶略短于侧叶，基部均粗；中叶呈保龄球瓶状；侧叶端部钩突状，相当长尖，内缘近端部略内凹，外缘几乎直，近端部略弧弯，钩突指向体中部。

分布：浙江（开化、庆元）、湖北、江西、湖南、福建、广东、海南、广西、四川、贵州；越南。

26. 猛叩甲属 *Tetrigus* Candèze, 1857

Tetrigus Candèze, 1857: 254. Type species: *Tetrigus parallelus* Candèze, 1857.

主要特征：体大型，壮硕。口器下伸，唇基向上和额交接，呈直角；额脊完全。触角较短，11 节，栉齿状；第 II、III 节小，近球形；以后各节基部侧生 1 狭长叶片；末节长，近端部两侧凹缘。前胸背板凸，两侧明显倾斜。鞘翅长，端部尖。前胸腹侧缝极微弱低凹。足细长；后足基节片内方略宽于外方，后缘波状；跗节和爪简单。

分布：古北区、东洋区。世界已知 17 种，中国记录 5 种，浙江分布 1 种。

（91）莱氏猛叩甲 *Tetrigus lewisi* Candèze, 1873（图版 III-12）

Tetrigus lewisi Candèze, 1873: 6.
Tetrigus grandis Lewis, 1879: 155.

主要特征：体狭长，黑褐色；触角和足栗褐色；被毛黄褐色。前胸背板宽大于长，基部最宽，两侧直，向前变狭；背面前部高凸，向后逐渐倾斜，密被刻点；后角长尖，指向后方，有明显的隆脊，呈对角线走向。小盾片狭长，椭圆形。鞘翅狭长，略等宽于前胸基部；两侧平行，从端部 1/3 处开始向后变狭，端部呈齿状突出，左右鞘翅不相切合。雄性外生殖器中叶略长于侧叶，略等粗；侧叶端部齿突短，顶端突出，钩突长尖，指向外方，内缘直，外缘弧凹。雌性体型较雄性大许多。

分布：浙江（富阳）、辽宁、北京、河北、山西、山东、河南、陕西、甘肃、新疆、江苏、上海、湖北、湖南、福建、台湾、广东、广西、云南；朝鲜，日本，越南，老挝。

（三）齿胸叩甲亚科 Dendrometrinae

主要特征：头扁平，口器前伸；额脊完全或中间退化。触角锯齿状，极少扇状。小盾片形状多样，但绝不呈心形。前胸腹前叶通常向前拱，呈弓形，有时截形；中足基节窝向中胸前侧片和后侧片开放；中、后胸腹板在中足基节间有明显的分界缝。跗节简单或具有膜质叶片；爪简单，基部无刚毛。

该亚科世界已知10族，浙江分布9属。

分属检索表

1. 额脊完全，额槽中部存在 ·· 2
- 额脊中间退化，额槽中部无，仅两侧存在 ·· 4
2. 前胸背板后缘近后角具基沟；第Ⅱ、Ⅲ跗节端部膨大，具有叶片 ········ 直缝叩甲属 *Hemicrepidius*
- 前胸背板后缘简单，近后角无基沟；跗节简单 ·· 3
3. 额脊中部完全，额槽宽 ··· 梗叩甲属 *Limoniscus*
- 额脊中部模糊或拱出，额槽狭 ··· 材叩甲属 *Cidnopus*
4. 至少有2个跗节具有叶片 ··· 5
- 跗节简单 ·· 7
5. 后足基节片从内向外逐渐变狭；第Ⅱ-Ⅳ跗节具有叶片 ································· 方胸叩甲属 *Senodonia*
- 后足基节片外侧2/3突然变狭，几乎无；第Ⅱ、Ⅲ跗节具有叶片 ··· 6
6. 前胸背板在后角处最宽 ··· 薄叩甲属 *Penia*
- 前胸背板在中部最宽 ·· 扁额叩甲属 *Dima*
7. 触角从第Ⅳ节起锯齿状；小盾片具中纵脊 ··· 瘤盾叩甲属 *Gnathodicrus*
- 触角从第Ⅲ节起锯齿状；小盾片无中纵脊 ·· 8
8. 前胸背板刻点大，密集，相互连接，中纵沟宽，相当明显 ··················· 驴胸叩甲属 *Corymbitodes*
- 前胸背板刻点细，稀疏，相互分离，至少盘区如此，中纵沟细弱，有些无 ··········· 灿叩甲属 *Actenicerus*

27. 灿叩甲属 *Actenicerus* Kiesenwetter, 1858

Actenicerus Kiesenwetter, 1858: 285. Type species: *Elater tessellatus* sensu Germar, 1843 (= *Elater siaelandicus* Müller, 1764, nec *Elater tessellatus* Linnaeus, 1758).

Malloea Arnett, 1955: 600. Type species: *Elater siaelandicus* Müller, 1764.

Acnitecerus Gurjeva, 1989: 74, 78.

主要特征：体中至大型，狭长，相当弯曲或近圆筒形；一般具有铜色或绿色光泽；许多种类在前胸背板中域和鞘翅上有由2种或3种颜色的毛形成的一些规则或不规则毛斑。额脊在触角窝上方明显；额槽缺乏。触角第Ⅲ-Ⅹ节锯齿状，第Ⅳ-Ⅹ节很少锯齿状。前胸背板中域一般具中纵凹，但有些种类缺乏；后角发达，具有1条脊；基沟小，明显。雄性外生殖器侧叶具明显的端侧突。

分布：世界广布。世界已知45种，中国记录23种，浙江分布4种。

分种检索表

1. 体具强烈的铜色金属光泽 ··· 2
- 体不具铜色金属光泽，仅具黑色或绿色金属光泽 ·· 3

2. 鞘翅上被灰白色 1 种毛，密集处形成多行横带 ·· 斑鞘灿叩甲 *A. maculipennis*
- 鞘翅上被灰白色和黑色两种毛，前者密集处形成许多霜斑 ·························· 霜斑灿叩甲 *A. pruinosus*
3. 雄性触角较长，向后明显超过前胸后角；前胸背板和鞘翅具黑色金属光泽，头和前胸后角不具紫色光泽 ············
·· 福建灿叩甲 *A. fujianensis*
- 雄性触角较短，向后不达前胸后角；前胸背板和鞘翅具绿色金属光泽，头和前胸后角具紫色光泽 ·······················
·· 九龙山灿叩甲 *A. jiulongshanensis*

（92）福建灿叩甲 *Actenicerus fujianensis* Schimmel *et* Tarnawski, 2015

Actenicerus fujianensis Schimmel *et* Tarnawski, 2015: 25, 67, 84.

主要特征：体黑色，背面具明显的黑色金属光泽；绒毛金黄色，短密且下弯，在鞘翅上有长而亮的绒毛形成 5 个毛斑。触角 11 节，第Ⅲ节起锯齿状；第Ⅱ节近球形；第Ⅲ节三角形，略短于第Ⅳ节和以后各节；第Ⅳ-Ⅹ节近三角形，端齿尖，端宽逐节递减；末节近卵形，近端部收缩；雄性较长，向后明显超过前胸背板后角。前胸背板长钟形，长显胜于宽；表面具浅的中纵沟，基部明显；后角明显分叉，端部尖锐，具 1 条脊。雄性外生殖器中叶短于侧叶，中叶端部针状；侧叶端部膨大，呈鸟头状，顶部突出，呈半圆形，钩突基宽端尖，指向外方。

分布：浙江（景宁、泰顺）、江西、福建。

（93）九龙山灿叩甲 *Actenicerus jiulongshanensis* Schimmel *et* Tarnawski, 2015

Actenicerus jiulongshanensis Schimmel *et* Tarnawski, 2015: 32, 69, 85.

主要特征：体黑色，背面具明显的绿色金属光泽，头和前胸背板后角具紫色光泽；绒毛金黄色，短密且下弯，在鞘翅上有长而亮的绒毛形成 5 个毛斑。触角第Ⅲ节起锯齿状；第Ⅱ节近球形；第Ⅲ节三角形，略长于第Ⅳ节和以后各节；第Ⅳ-Ⅹ节近三角形，端宽逐节递减；雄性较短，向后不达前胸背板后角。前胸背板长钟形，表面具浅的中纵沟，基部明显；后角明显分叉，端部尖锐，具 1 条脊。雄性外生殖器中叶等长于侧叶，中叶端部针状；侧叶端部膨大，呈鸟头状，顶部突出，呈半圆形，但似在鸟头的额部和后头更为拱出，钩突基宽端尖，略指向体中部。

分布：浙江（磐安、遂昌、庆元、景宁）。

（94）斑鞘灿叩甲 *Actenicerus maculipennis* (Schwarz, 1902)（图版 IV-1）

Ludius maculipennis Schwarz, 1902a: 289.
Actenicerus maculipennis: Schenkling, 1927: 368, 378.

主要特征：体狭长，尾端尖，铜绿色；鞘翅青铜色，具强烈金属光泽；触角棕黑色，腹面和足有时暗棕色，前胸背板有时蓝色；被毛灰白色，较稀，密集处在鞘翅上形成一些横形毛斑。触角雄性较长，向后伸达前胸背板后角，强锯齿状；雌性较短，细弱，向后超过前胸背板中部。前胸背板长大于宽，两侧中部弧拱，前端收狭；后部具明显中纵沟；后角长，向外叉开，背面具脊，锐利。雄性外生殖器中叶长于侧叶，基部近等粗；中叶向端部明显变狭；侧叶端部齿钩状，顶端呈齿状突出，钩突短，略指向体中部。

分布：浙江（临安、庆元）、安徽、湖北、江西、湖南、福建、台湾、广东、广西、四川、云南；越南，柬埔寨。

（95）霜斑灿叩甲 *Actenicerus pruinosus* (Motschulsky, 1861)（图版 IV-2）

Corymbites pruinosus Motschulsky, 1861: 9.
Corymbites (*Actenicerus*) *prunosus*: Matsumura, 1906: 108.
Actenicerus pruinosus: Nakane & Kishii, 1955b: 14.

主要特征：体狭长，尾端略阔；青铜色，略带绿色或紫色光泽；触角黑色或棕黑色；前胸背板被毛灰白色，较密，较长；鞘翅被灰、黑两种毛，黑色毛较短，灰色毛较长，分布不均，密集处形成霜状毛斑。触角短，向后达前胸背板基部；雄性较长，明显锯齿状；雌性较短，弱锯齿状。前胸背板长大于宽；盘区隆凸，近后角处突然下降，后角处平；后角向外伸，背面具锐脊。雄性外生殖器中叶略长于侧叶，近基部开始明显变狭；侧叶基部粗，端部呈鸟头状，颈部宽圆，明显弯向外方，致使钩突较为外伸。

分布：浙江（临安）、黑龙江、吉林、北京、河北、湖北；俄罗斯，朝鲜，韩国，日本。

28. 材叩甲属 *Cidnopus* Thomson, 1859

Cidnopus Thomson, 1859: 106. Type species: *Elater nigripes* Gyllenhal, 1808 (= *Elater pilosus* Leske, 1785).

主要特征：体中等大，圆筒形。头扁平；额前脊完整，有时中部模糊或拱出；口器前口式。触角较长，向后端部 1–2 节超过前胸后角，第IV节起弱锯齿状。前胸背板两侧不向外膨扩，后角三角形，具 1 条脊。前胸腹侧缝前端双重，其凹用来接纳触角基部。跗节各节长度渐短，简单；爪简单。

分布：古北区、东洋区。世界已知 22 种，中国记录 3 种，浙江新记录 1 种。

（96）湖北材叩甲 *Cidnopus hubeiensis* Kishii *et* Jiang, 1996（图版 IV-3）浙江新记录

Cidnopus hubeiensis Kishii *et* Jiang, 1996a: 131.

主要特征：体暗褐色，前胸背板边缘和后角、鞘翅缘折、前胸侧板、腹部、足红色；绒毛长而细密，银白色。触角短于头和前胸之和；第 I 节前中部膨大，呈筒状；第 II 节近锥形；第III节长三角形；第IV–IX节锯齿状。前胸背板中长略大于中宽，背面圆凸，无中线和低凹，两侧明显弧拱；后角短，略呈三角形，伸向后方，端部平截，近侧缘具有短的锐脊；后缘无基沟。鞘翅两侧向后平行至中部后，向后弧形变狭，端部完全，缝角不突出。腹侧缝直，前端呈沟状，宽，双重脊。

分布：浙江（庆元）、湖北。

29. 驴胸叩甲属 *Corymbitodes* Buysson, 1904

Corymbitodes Buysson, 1904: 58. Type species: *Corymbitodes longicollis* Buysson, 1904 (= *Corymbites christophi* Kiesenwetter, 1879).
Metactenicerus Miwa, 1934: 37. Type species: *Corymbites gratus* Lewis, 1894.

主要特征：体小，狭长，近圆筒形；有时具黄铜色光泽。额前缘中部前突，中部中断，额槽仅近触角窝处可见。触角第III–X节锯齿状。前胸背板狭，具有 1 条宽的中纵凹；后角分叉，无脊；基沟明显小，有时似痕迹。前胸腹侧缝基部似双重脊，直，前部单条。雄性外生殖器侧叶端部简单。

分布：古北区、东洋区。世界已知 38 种，中国记录 23 种，浙江分布 1 种。

（97）美艳驴胸叩甲 *Corymbitodes gratus* (Lewis, 1894)（图版 IV-4）

Corymbites (*Paranomus*) *gratus* Lewis, 1894: 262.
Corymbitodes gratus var. *koikei* Kishii et Ôhira, 1956: 73, 81.
Corymbitodes gratus var. *tenuithorax* Kishii et Ôhira, 1956: 73, 81.

主要特征：体瘦狭，暗褐色，略有铜色光泽；触角暗褐色，足红色。头平，刻点密，筛孔状；额脊光滑，中部缺乏。触角第 II 节小，近球形；第 III 节最长；第 III–X 节锯齿状；末节长于前 1 节，近端部缢缩成假节。前胸背板狭长，刻点同头部，具宽的纵中凹；后角转向外方，端部雄尖雌钝，无脊，基沟不明显。小盾片舌形，端部低。鞘翅略宽于前胸背板，具刻点条纹，条纹中有横脊；条纹间隙基部凸，多横纹。后足基节片后缘弧形，由内向外逐渐变狭，内端齿突状。跗节第 I–IV 节逐节变小；爪简单。

分布：浙江（临安）、吉林、江西、重庆、四川；俄罗斯（远东），日本。

30. 扁额叩甲属 *Dima* Charpentier, 1825

Dima Charpentier, 1825: 191. Type species: *Dima elateroides* Charpentier, 1825.
Celox Schaufuss, 1863: 201. Type species: *Celox dima* Schaufuss, 1863.

主要特征：头扁平，额前脊缺失，额与上唇融合；口器前口式。触角细长，向后端部几节超过前胸后角，第 IV 节起弱锯齿状或近丝状。前胸背板中部最宽，背面不太凸，后角具长脊，与侧缘平行，伸达前缘，以致侧缘似双边。前胸腹侧缝关闭；中足基节窝靠近中胸前侧片和后侧片；后足基节片内侧 1/3 宽阔，外侧突然收狭，几乎完全缺乏。跗节第 III、IV 节具叶片。

分布：古北区、东洋区。世界已知 66 种，中国记录 10 种，浙江分布 1 种。

（98）天目山扁额叩甲 *Dima tianmuensis* Qiu et Kundrata, 2018（图版 IV-5）

Dima tianmuensis Qiu et Kundrata in Qiu, Sormova, Ruan & Kundrata, 2018: 442.

主要特征：体葫芦形，褐色；鞘翅侧缘及中缝黄色，鞘翅第 V 条纹、第 VI 条纹、有时基部及前胸背板侧缘淡褐色；被毛黄色。额三角形凹陷。触角向后略超过鞘翅之半；第 I 节粗大，球根状，第 II 节最短，圆柱形，端部稍膨大，第 III–X 节近长圆柱形。前胸背板宽大于长，基部 3/5 处最宽，两侧弧拱；后角短，略分叉。前胸腹侧缝直，斜向；前胸腹板突短，侧观端部尖；中胸腹窝长，浅。雄性外生殖器中叶长于并相当粗于侧叶；中叶从基部向端部明显变狭，端部突出；侧叶相当细，向端部变细变狭，端部弯钩状，指向外侧。

分布：浙江（安吉、临安）。

31. 瘤盾叩甲属 *Gnathodicrus* Fleutiaux, 1934

Gnathodicrus Fleutiaux, 1934: 183. Type species: *Gnathodicrus francki* Fleutiaux, 1934.

主要特征：体狭长，凸。头低凹，额脊中部缺乏。触角短，从第 IV 节开始弱锯齿状；第 III 节长于第 II 节，形状相同，但短于第 IV 节。前胸背板长大于宽，基部中央有瘤突；后角尖，与鞘翅肩部分开。小盾片竖立或倾斜，沿中线隆起，呈脊状。鞘翅狭长，向后收狭。前胸腹侧缝直，浅沟状；后胸前侧片向后变狭；后足基节片逐渐向内变宽。足细；跗节长，简单；爪简单。

分布：东洋区。世界已知 19 种，中国记录 17 种，浙江分布 1 种。

（99）直角瘤盾叩甲 *Gnathodicrus perpendicularis* (Fleutiaux, 1918)（图版 IV-6）

Corymbites perpendicularis Fleutiaux, 1918: 248.

Gnathodicrus perpendicularis: Fleutiaux, 1936b: 281.

主要特征：体黑色，光亮；被毛灰黄色，不太密。触角自第Ⅳ节起锯齿状；第Ⅱ节近圆球形，第Ⅲ节略长于第Ⅱ节，第Ⅱ、Ⅲ节长之和约等于第Ⅳ-Ⅶ节各节，余节向端渐长渐狭。前胸背板长大于宽，侧缘从基向前弯向腹面，背面观不见；背面相当凸，刻点粗密，尤以两侧为甚，后部中央具纵沟；后缘中央正对小盾片前方向后突出；后角短，表面平，靠外侧缘具1短的纵脊。雄性外生殖器中叶长于并细于侧叶，端部突然变尖；侧叶基部相当粗，端部齿钩状，但短，端缘略弧形，钩突中等大，略指向体中部。

分布：浙江（安吉、临安、开化）、云南；越南，柬埔寨。

32. 直缝叩甲属 *Hemicrepidius* Germar, 1839

Asaphes Kirby, 1837: 146 (homonym of *Asaphes* Walker, 1834, Hymenoptera). Type species: *Pedetes* (*Asaphes*) *ruficornis* Kirby, 1837 (= *Elater memnomius* Herbst, 1806).

Hemicrepidius Germar, 1839: 212. Type species: *Hemicrepidius thomasi* Germar, 1839 (= *Hemicrepidius memnonius* Herbst, 1806).

Pseudathous Méquignon, 1930: 95. Type species: *Elater hirtus* Herbst, 1784.

主要特征：体中型，狭长，近筒形，少数宽胖。额前缘完全，少数中部开掘，额槽中部相当狭。触角第Ⅱ节小，第Ⅲ-Ⅹ节锯齿状，少数第Ⅳ-Ⅹ节锯齿状。前胸背板后角具单脊或无，基沟小，明显。小盾片简单或具有明显的中纵隆。前胸腹侧缝狭，直，似双重脊，前端关闭；前胸侧板后缘膨扩。跗节第Ⅱ、Ⅲ节端部明显膨大，具叶片，有时在部分种的大标本中，第Ⅰ节端部也膨大。

分布：古北区、东洋区。世界已知62种，中国记录10种，浙江分布2种（亚种）。

（100）红角直缝叩甲三色亚种 *Hemicrepidius rufangulus tricolor* Kishii et Jiang, 1996（图版 IV-7）

Hemicrepidius (*Hemicrepidius*) *rufangulus tricolor* Kishii et Jiang, 1996a: 142.

主要特征：体长形，不狭；头、触角、前胸背板中央及四缘、小盾片黑色；前胸背板两侧红色，不反光；鞘翅及缘折金绿色，有铜色闪光，相当光亮；腹部第Ⅰ节两侧和后缘、第Ⅱ-Ⅳ节两侧及末节栗褐色；被毛金黄色。触角向后超过前胸后角许多；第Ⅳ-Ⅹ节锯齿状。前胸背板长明显大于宽；有光滑的中纵线；后角短，三角形，表面有1条与侧缘平行的锐脊；后缘基沟相当短，明显，呈齿刻状。雄性外生殖器中叶细，略长于侧叶；侧叶粗，端部钩突状，短，顶端不尖，端缘直，钩突尖，指向外方。

分布：浙江（临安）、重庆。

（101）暗色直缝叩甲 *Hemicrepidius subopacus* Kishii et Jiang, 1996（图版 IV-8）

Hemicrepidius (*Hemicrepidius*) *subopacus* Kishii et Jiang, 1996a: 148.

主要特征：体狭长，茶褐色；被毛细长而软，在头部和前胸背板上密且卧伏，在鞘翅上稀且竖立，但近侧缘密。触角向后末端3节超过前胸背板后角；第Ⅰ节粗，端部膨大；第Ⅱ节小，近倒锥形，第Ⅲ节倒锥形，长于第Ⅱ节；第Ⅳ-Ⅹ节各节狭长，三角形，呈弱锯齿状。前胸背板长锥形，两侧直，从后向前渐狭；前角突出，后角相当宽短，三角形，表面无脊；后缘有基沟，相当短，齿刻状。雄性外生殖器中叶细，长于侧叶，端部尖；侧叶粗，端部钩突状，短，顶端不尖，端缘略内波，钩突指向外方。

分布：浙江（临安）、江西。

33. 梗叩甲属 *Limoniscus* Reitter, 1905

Limoniscus Reitter, 1905: 14. Type species: *Elater violaceus* Müller, 1821.

主要特征：体狭扁，中小型。头前部低凹，前缘向内明显弧凹，接触上唇，几乎愈合；额脊仅触角窝上方存在，额脊中部完全，额槽宽。触角粗短，第Ⅱ、Ⅲ节小，等长，之和等长于第Ⅳ节。前胸背板狭，长大于宽；后角短尖，略分叉，靠近侧缘具 1 条长脊；基沟不明显。鞘翅表面有纵向沟纹。前胸腹侧缝前端完全关闭。跗节和爪简单。

分布：古北区、东洋区。世界已知 28 种，中国记录 7 种，浙江分布 1 种。

（102）浙江梗叩甲 *Limoniscus zhejiangensis* Schimmel, 2015

Limoniscus zhejiangensis Schimmel, 2015a: 290.

主要特征：体狭长，黑色；鞘翅黄色，中缝和侧缘沟纹黑色；足棕褐色，触角黑色；绒毛银白色或棕褐色。头向前渐弯，基部具 1 浅凹。触角粗短，11 节，向后仅伸达前胸背板后角端部；第Ⅱ、Ⅲ节倒锥形；从第Ⅳ节起锯齿状，多节近梯形，长度和端宽相等。前胸背板梯形，长显胜于宽，具有向前渐浅的中纵沟；背面凸，卵形刻点密，脐状，其间隙皱纹状，近基部中沟两侧有 1 瘤突；后角直，端部钝，具 1 短脊。腹面密布刻点和绒毛。足细长；跗节简单，逐节减短；爪简单。雄未知。

分布：浙江（磐安）。

34. 薄叩甲属 *Penia* Laporte, 1836

Penia Laporte, 1836: 11. Type species: *Elater eschscholtzi* Hope, 1831.

主要特征：体宽扁，被长绒毛。额宽大于长，扁平或略弯，不太倾斜。触角向后超过鞘翅中部；第Ⅰ节粗，弓形；第Ⅱ节倒锥形，短；以后各节加长；末节具假节。前胸横形；后角正常，或向后伸过鞘翅基部，近侧缘具细脊。小盾片短，前面截形，向后渐尖。前胸腹板突向内弯曲，腹侧缝直线状；中胸腹窝宽，侧缘相当倾斜；后足基节片内侧明显扩大，外侧狭条状。足长；第Ⅲ、Ⅳ跗节具叶片。

分布：东洋区。世界已知 111 种，中国记录 21 种，浙江分布 2 种。

（103）长毛薄叩甲 *Penia comosa* (Schimmel, 1993)

Dima comosa Schimmel, 1993: 246.
Penia comosa: Schimmel, 1996: 167.

主要特征：体光亮，双色：即头、前胸背板及触角和足栗色，鞘翅黄色；被毛金黄色，相当长，毛茸茸。额纵向深凹，深凹两侧终止于触角上方。触角向后有 6 节超过前胸背板后角；第Ⅱ节只有第Ⅲ节长之半，不达以后各节的长之半。前胸背板基部低凹，呈平面；后角处凹入；后角具基沟齿痕，后角脊靠近侧缘，侧缘生有大多指向外方的长毛。鞘翅端部圆形。雄性外生殖器细弱；中叶相当突出，略有总长的 1/4 超过侧叶，端部膨大，呈菱形；侧叶内缘直，外缘端部弧膨，但不呈齿状，顶端突出。

分布：浙江（临安）。

(104) 浙江薄叩甲 *Penia zhejiangensis* Schimmel, 2015

Penia zhejiangensis Schimmel, 2015b: 372.

主要特征：体橙红色；鞘翅除侧缘和中缝及肩胛外栗黑色，触角黑色，但第Ⅰ节暗红色，足、下颚须橙红色；被毛金黄色。触角第Ⅱ节小，明显短于第Ⅲ节，第Ⅱ、Ⅲ节之和长于以后各节；末节两侧近平行、椭圆形、纤细、近端部缢缩。前胸背板钟形，宽明显大于长，最宽处位于后角处；侧缘明显膨出，近基部收狭；背面中部平坦，无中纵沟；刻点圆、极细小、简单，间距不一；后角转向两侧，端部平截。雄性外生殖器细弱；中叶长于侧叶，向端部明显变狭变尖；侧叶细，向端部渐尖。

分布：浙江（开化）。

35. 方胸叩甲属 *Senodonia* Laporte, 1836

Senodonia Laporte, 1836: 12. Type species: *Senodonia quadricollis* Laporte, 1836.
Allotrius Laporte, 1840: 234. Type species: *Allotrius quadricollis* Laporte, 1836.
Hemiolimerus Candèze, 1863: 225. Type species: *Hemiolimerus emodi* Candèze, 1863.
Orientis Vats et Kashyap, 1992: 252. Type species: *Orientis montanus* Vats et Kashyap, 1992.

主要特征：额横扩，四方形，相当倾斜，表面凹。触角短；第Ⅰ节相当粗，弓形；第Ⅱ节小，锥形；第Ⅲ节同样形态，略长；其他节三角形，锯齿状；末节具有1假节。前胸长方形，前角相当发达。小盾片平，倾斜。鞘翅长，平行。前胸腹前叶发达，腹后突微弱弯曲，腹侧缝分叉；中胸腹窝侧缘不太拱，向后倾斜和开掘。后足基节片从内向外逐渐变狭。跗节第Ⅱ–Ⅳ节有长且宽的叶片。

分布：东洋区。世界已知21种，中国记录4种，浙江分布1种。

(105) 方胸叩甲 *Senodonia quadricollis* (Laporte, 1836) （图版Ⅳ-9）

Semiotus (*Senodonia*) *quadricollis* Laporte, 1836: 12.
Senodonia quadricollis var. *sinensis* Jagemann, 1943: 100.

主要特征：体暗栗褐色，略有铜色金属光泽；触角和足与身体同色；密被卧伏的黄白色绒毛，密集处在鞘翅上形成一些横形毛斑。触角第Ⅲ节约为第Ⅱ节长度的2倍，均为狭锥形。前胸背板方形，侧缘双重脊；前角相当突出；有1条明显的中纵沟；后角尖，略分叉，表面无脊，无基沟。前胸腹侧缝简单，单条脊，斜，前端关闭，但内侧均有纵凹。后足基节片从内向外逐渐变狭，变尖。雄性外生殖器中叶长于侧叶；中叶端部明显变细变尖；侧叶端部齿钩状，内缘、外缘均略呈弧形，顶端突出，钩突指向体中部。

分布：浙江（临安）、广东、贵州；越南，老挝，柬埔寨，印度尼西亚。

（四）叩甲亚科 Elaterinae

主要特征：头卵圆形，口器下伸，额脊有变化。触角锯齿状，极少近丝状。小盾片有变化，但绝不呈心形。前胸腹前叶通常向前弓拱；中足基节窝向中胸前、后侧片开放；中、后胸腹板在中足基节间有1条明显的分界缝。跗节简单，或具膜质叶片；爪简单，或具基齿，或呈梳状，但基部无刚毛。

该亚科世界已知12族，浙江分布17属。

分属检索表

1. 爪梳状 ·· 2
- 爪简单 ·· 3

2.	额脊V形	尖额叩甲属 *Glyphonyx*
-	额脊U形	截额叩甲属 *Silesis*
3.	额脊完整；额槽通常宽且完整	4
-	额脊中间缺乏，或向前下方突出并与上唇相连；额槽中间缺乏，仅左右在触角窝附近可见	9
4.	至少有1个跗节腹面具有叶片	5
-	跗节简单（弓额叩甲族 Megapenthini）	6
5.	跗节第Ⅱ、Ⅲ节腹面具有膜质叶片（蔓叩甲族 Dicrepidiini）	波缝叩甲属 *Neopsephus*
-	跗节仅第Ⅲ节腹面具有膜质叶片（突叶叩甲族 Physorhinini）	短沟叩甲属 *Podeonius*
6.	前胸后角背面具双脊	7
-	前胸后角背面具单脊	8
7.	触角从第Ⅲ节起锯齿状	土叩甲属 *Xanthopenthes*
-	触角从第Ⅳ节起锯齿状	异脊叩甲属 *Ectamenogonus*
8.	前胸腹板突近端部向内凹陷，并形成齿突	平尾叩甲属 *Gamepenthes*
-	前胸腹板突端部简单，平滑而无齿突	根叩甲属 *Procraerus*
9.	前胸腹侧缝前端沟状（锥尾叩甲族 Agriotini）	10
-	前胸腹侧缝前端关闭（叩甲族 Elaterini）	12
10.	额脊不与唇基缘相连；触角第Ⅱ节略长或明显长于第Ⅲ节，第Ⅲ节不太小于第Ⅳ节	锥尾叩甲属 *Agriotes*
-	额脊与唇基缘相连；当触角第Ⅱ节近等长或短于第Ⅲ节，或第Ⅲ节明显小于第Ⅳ节时，少数不相连	11
11.	雄性外生殖器中叶明显长于侧叶，侧叶端部无齿	短叶叩甲属 *Tinecus*
-	雄性外生殖器中叶等长或略长于侧叶，侧叶端部具齿	筒叩甲属 *Ectinus*
12.	体型较大，体长大于21.0 mm，相当瘦狭，长宽比至少4.2倍以上；前胸背板狭长，两侧近平行	长胸叩甲属 *Aphanobius*
-	体型较小，体长小于21.0 mm，如体长大于21.0 mm，则较为宽胖，长宽比不达4倍；前胸背板短宽，两侧向前明显变狭	
		13
13.	后足基节片后缘不突出成齿状	尖须叩甲属 *Agonischius*
-	后足基节片后缘突出成齿状	14
14.	前胸背板近后角具基沟	双脊叩甲属 *Ludioschema*
-	前胸背板近后角无基沟	15
15.	前胸腹板突端部无齿	刻角叩甲属 *Mulsanteus*
-	前胸腹板突端部或近端部具齿	16
16.	前胸腹板突齿突在端部上方	短角叩甲属 *Vuilletus*
-	前胸腹板突齿突在端部之前	行体叩甲属 *Nipponoelater*

36. 尖须叩甲属 *Agonischius* Candèze, 1863

Agonischius Candèze, 1863: 407. Type species: *Agonischius pectoralis* Candèze, 1863.
Agriotides Schwarz, 1907: 273. Type species: *Agonischius mutabilis* Schwarz, 1898.

主要特征：体多彩色，通常有金属光泽。雄性触角伸达或超过前胸后角端部，雌性较短；第Ⅱ节小，第Ⅲ节等于或长于第Ⅱ节，从第Ⅳ节起强锯齿状，末节卵形或圆形。前胸背板长大于宽，后角处最宽；背面凸，基部中间略凹；后角尖，不具脊或仅具脊痕迹；基沟缺失。鞘翅等宽或略宽于前胸背板，端部完全。前胸腹侧缝前端关闭。后足基节片窄，多少线形或里面稍扩，其后缘中部无齿。跗节简单。

分布：古北区、东洋区。世界已知139种，中国记录5种，浙江分布1种。

（106）四纹尖须叩甲 *Agonischius quadrilineatus* (Hope, 1843)

Ludius quadrilineatus Hope, 1843: 63.

Agonischius quadrilineatus: Candèze, 1863: 423.

主要特征：体长 8.0–9.5 mm，宽 2.0–2.6 mm。体黑色和栗黄色双色，有铜色光泽；头部、前胸背板、小盾片、触角及腹面黑色；腹部颜色略淡，各节两边锈色；鞘翅栗黄色，内侧和外侧形成 4 条黑色纵带；足锈黄色；被毛黄褐色。前胸背板长略大于宽，仅前端稍收窄；背面略凸，刻点密；后角细长，略分叉，具退化的双脊痕迹。小盾片盾状。鞘翅等宽于前胸，是其长度的 2.5 倍，两侧平行超过中部；表面具刻点条纹，条纹间隙平，刻点不明显。

分布：浙江（舟山）。

37. 锥尾叩甲属 *Agriotes* Eschscholtz, 1829

Agriotes Eschscholtz, 1829: 34. Type species: *Elater sputator* Linnaeus, 1758.

Cataphagus Stephens, 1830: 247. Type species: *Elater lineatus* Linnaeus, 1767.

Lepidotus Gistel, 1834: 12. Type species: *Elater sputator* Linnaeus, 1758.

Pedetes Kirby, 1837: 145. Type species: *Elater obscurus* Linnaeus, 1758.

Fructuarius Gistel, 1848: 11 [unjustified RN].

Agriodrastus Reitter, 1911: 222. Type species: *Elater pallidulus* Illiger, 1807.

主要特征：头相当狭，强烈嵌入前胸；额凸，相当倾斜，额脊向前斜伸，但不达唇基。触角细，中等长，向后略达前胸后角或略短（♂），或明显短（♀）；第 I 节圆筒形，第 II、III 节短，第 IV–X 节各节相似，弱锯齿状，末节向端部渐狭，无假节。前胸近圆筒形，至少前部如此，侧缘脊一般完全，向下弯曲达到复眼下缘，很少中部不完全，后缘大多具有基沟。

分布：世界广布。世界已知 242 种，中国记录 55 种，浙江分布 4 种。

分种检索表

1. 鞘翅 2 色，中缝、侧缘及端部黑褐色，纵中区栗黄色 ·············· 暗胸锥尾叩甲 *A. obscuricollis*
- 鞘翅 1 种颜色 ··· 2
2. 体较小，体长小于 6.2 mm ·· 短体锥尾叩甲 *A. breviusculus*
- 体较大，体长大于 8.0 mm ·· 3
3. 后足基节片外侧之半逐渐向外变狭 ··· 细胸叩头虫 *A. subvittatus*
- 后足基节片外侧之半前后缘平行 ·· 茶锥尾叩甲 *A. sericatus*

（107）短体锥尾叩甲 *Agriotes breviusculus* (Candèze, 1863)（图版 IV-10）

Agonischius breviusculus Candèze, 1863: 426.

Silesis tonkinensis Fleutiaux, 1894: 690.

Silesis tonkinensis var. *colonus* Fleutiaux, 1894: 690.

Agonischius nodieri Fleutiaux, 1918: 265.

Agriotides formosanus Miwa, 1928: 46.

Agriotes pallidiangulus Miwa, 1928: 46.

Agriotes breviusculus: Platia, 2007: 9.

主要特征：体色有从黑色至红锈色的变化，但通常头和前胸背板颜色较深，前胸后角呈颜色较浅的黄锈色，触角基部 3 节和足锈色；绒毛密，黄色。额凸起，额脊不达前缘，刻点深，简单，刻点间距极短。触角短，不伸达前胸后角。前胸背板宽略胜于长，中间和后角处最宽，背面强烈凸起，基部倾斜部位无中纵凹；两侧从基部到中间近平行，然后极收窄，向前渐狭。雌性较雄性背面更凸，交配囊有近长方形、圆形、卵形的大小相连的骨片 3 块，前 2 块上有均匀分布的骨刺。

分布：浙江（舟山、庆元）、江西、台湾、广东、香港、重庆、贵州、云南、西藏；越南，老挝。

（108）暗胸锥尾叩甲 *Agriotes obscuricollis* (Jiang, 1999)（图版 IV-11）

Dalopius obscuricollis Jiang in Jiang & Wang, 1999: 126.
Agriotes obscuricollis: Platia, 2009: 45.

主要特征：体小，弓形，栗黄色；头、前胸背板前部中央、小盾片、鞘翅中缝、腹面（除前胸外）暗褐色至黑色；被毛黄白色，细弱、密、均匀。额前缘突出接触上唇，平截；额脊中部缺乏，两侧在触角基上方存在；额槽中间缺乏，仅两侧存在。触角向后伸达前胸背板后角基部。前胸背板相当凸，后部向后逐渐倾斜。雄性外生殖器中叶长于侧叶；中叶向端部收狭突出，不尖；侧叶端部外侧无齿突，仅向外弧拱。雌性交配囊具有球形和卵圆形的骨片 2 块，其上均匀分布有齿状骨点。

分布：浙江（临安）、湖北、湖南。

（109）茶锥尾叩甲 *Agriotes sericatus* Schwarz, 1891（图版 IV-12）

Agriotes sericatus Schwarz, 1891: 113.

主要特征：体狭，茶褐色，略显栗色；头、前胸背板、小盾片颜色更暗；背、腹两面被毛灰白色，相当密且均匀。额脊缺乏，仅在触角基上方存在；额槽中间无，仅两侧存在。前胸背板无中纵沟，但后部有由于毛向两侧斜生而形成的中纵线；后角长，伸向后方，背面有 1 条锐脊；后缘基沟狭，不太长。雄性外生殖器中叶相当粗，明显长于侧叶，端部明显突出，不尖；侧叶端部呈齿状，小，顶端尖，齿突短，指向外方。雌性交配囊具半圆形、近肾形和指状的骨片 3 块，其上均匀分布小的齿状骨刺。

分布：浙江、东北、北京、河北、山东、河南、陕西、甘肃、江苏、安徽、湖南、福建；俄罗斯（远东），蒙古，朝鲜。

（110）细胸叩头虫 *Agriotes subvittatus* Motschulsky, 1859（图版 V-1）

Agriotes subvittatus Motschulsky, 1859: 490.
Agriotes ogurae Lewis, 1894: 313.
Agriotes rubidicinctus Buysson, 1905: 16.
Agriotes fuscicollis Miwa, 1928: 44.

主要特征：体狭；鞘翅、触角、足茶褐色；被毛黄白色，有金属光泽。额脊中间缺乏，两侧仅在触角基上方存在。前胸背板宽明显大于长；两侧前中部最宽，圆拱，向前、向后呈弧形变狭；后角尖，略分叉，表面有 1 条锐脊。鞘翅两侧平行。腹侧缝直，前端深沟状；前胸侧板后缘波状，中央膨扩；后胸侧片狭片状，两侧平行。雄性外生殖器中叶长于侧叶，中部弧膨，端部明显收狭；侧叶端部齿状，顶端突出，但不尖，齿突指向外方。雌性交配囊具长囊形、肾形和半圆形的骨片 3 块，其上有均匀分布的骨刺。

分布：浙江（安吉）、黑龙江、吉林、辽宁、内蒙古、北京、天津、河北、山西、山东、河南、陕西、宁夏、甘肃、青海、新疆、江苏、安徽、湖北、福建、广西、四川；俄罗斯（西伯利亚、远东），朝鲜，日本。

38. 长胸叩甲属 *Aphanobius* Eschscholtz, 1829

Aphanobius Eschscholtz, 1829: 33. Type species: *Aphanobius longicollis* Eschscholtz, 1829.

主要特征：体狭长；被绒毛。额四方形，两侧略内凹，微弱凸边；前缘拱出，中间重叠在上唇基部之上。触角从第Ⅳ节开始强烈锯齿状；第Ⅱ、Ⅲ节小，一般相等；末节有假节。前胸长；后角尖，背面具强脊。鞘翅狭长，端部平截或凹缘。前胸腹前叶短；腹后突直；腹侧缝细，不低凹，由后向前明显向两侧分叉。后足基节片向后突出成齿状。跗节细，腹面聚集绒毛；第Ⅰ–Ⅳ节长度逐节变小。

分布：东洋区。世界已知 18 种，中国记录 1 种，浙江分布 1 种。

（111）迷形长胸叩甲 *Aphanobius alaomorphus* Candèze, 1863（图版 V-2）

Aphanobius alaomorphus Candèze, 1863: 319.

主要特征：体极狭长，暗栗色；触角和足同体色；被毛黄褐色，细密，均匀整齐。额大，两侧向内微凹，向前、向后扩宽。前胸背板长约为宽的 1.5 倍；两侧直，几乎平行，前端略收狭；基部中央有 1 个三角形低凹，其后有 1 个突起；后角长尖，分叉，有强烈的脊。小盾片平，长椭圆形，倾斜，密被筛孔状刻点。鞘翅狭长，略宽于前胸；两侧平行至中部后逐渐向后收狭，端部斜切。雄性外生殖器中叶超过侧叶，端部显著收狭变尖；侧叶端部鸟头状，小，顶端圆拱，钩突尖。

分布：浙江（临安、遂昌）、河南、江苏、江西、湖南、福建、云南；印度，缅甸，柬埔寨，马来西亚。

39. 异脊叩甲属 *Ectamenogonus* Buysson, 1893

Ectamenogonus Buysson, 1893: 314. Type species: *Ludius montandoni* Buysson, 1889.
Penthelater Ôhira, 1970a: 9. Type species: *Ludius plebejus* Candèze, 1873.
Rhodopenthes Gurjeva, 1973: 450. Type species: *Ludius plebejus* Candèze, 1873.

主要特征：体中型，较阔，略光亮。额脊向前斜伸，与唇基分离；额槽中间明显窄，向两侧分叉。触角不太长，向后刚达或略超过前胸后角；第Ⅱ节短，锥形；第Ⅲ节长三角形或棍棒状，约长于第Ⅱ节的 1.5 倍，短于第Ⅳ节；第Ⅳ–Ⅹ节弱锯齿状。前胸背板后角具双脊，外脊通常模糊，基沟不明显。前胸腹侧缝阔，双重脊，前端明显呈沟状。后基片发达，后缘中部多少呈角状。足粗壮；跗节和爪简单。

分布：古北区、东洋区。世界已知 21 种，中国记录 6 种，浙江分布 1 种。

（112）赤足异脊叩甲 *Ectamenogonus luteipes* (Hope, 1843)

Ludius luteipes Hope, 1843: 63.
Ectamenogonus luteipes: Schimmel, 1999: 179.

主要特征：体黑色，略具光泽；触角褐色，但基部锈红色，足砖红色；被毛灰黄色，相当长，卧伏。额凸，前方渐尖。触角锯齿状。前胸背板宽略大于长，两侧从后向前逐渐变狭，前方 1/4 收狭更强；背面极凸，刻点简单，中域稀，两侧密；后角尖，指向后方，具双脊。鞘翅等宽于前胸，至少长于前胸 2 倍，两侧中间近平行，端部完全；表面具浅的刻点条纹，刻条间隙平，具颗粒。雄性外生殖器中叶几乎长过侧叶的 2/3，近端部突然收狭后再渐收狭，顶端尖出；侧叶相当短小，向端部逐渐变狭，顶端截形。

分布：浙江（舟山）。

40. 筒叩甲属 *Ectinus* Eschscholtz, 1829

Ectinus Eschscholtz, 1829: 34. Type species: *Elater aterrimus* Linnaeus, 1761.
Eumenus Gistel, 1834: 12. Type species: *Elater aterrimus* Linnaeus, 1761.

主要特征：额脊完全与唇基愈合，很少不愈合。触角第IV-X节多少有点锯齿状；第II节和第III节近相等，或前者更长；第IV节略长于第III节。前胸背板侧缘脊一般完全，但有时中部中断；后角脊明显，锐利。鞘翅端部完全。前胸腹侧缝宽，具双脊，一般直，或前端向外侧弯曲，前端 1/3 的长度呈宽的浅沟状；中胸腹窝后部宽，其后端与中胸腹板后缘的距离明显短。跗节简单。

分布：古北区、东洋区。世界已知 46 种，中国记录 29 种，浙江分布 1 种。

（113）棘胸筒叩甲 *Ectinus sericeus* (Candèze, 1878)（图版 V-3）

Agriotes sericeus Candèze, 1878a: 49.
Ectinus sericeus: Lewis, 1879: 157.

主要特征：体狭，黑色，略光亮；鞘翅、触角、足黄棕色或栗褐色；绒毛细密，黄色。触角端部接近前胸后角（♂），或有 1 节或 1 节多的距离（♀）。前胸背板长大于宽；表面刻点强烈，密集，近单眼状，基部斜坡上有 1 条浅的中纵凹；后角分叉，有锐脊。前胸腹缝直，向前变宽，前端 1/4 呈浅沟状。雄性外生殖器中叶宽短，显著超过侧叶，向端部显著变狭，端部突出；侧叶端部齿状，较小，顶端突出，钩突尖，略指向外方。雌较雄略大，交配囊具有 2 个对称的囊状骨片，表面密布短而尖的骨刺。

分布：浙江（安吉）、吉林、辽宁、北京、河北、山东、河南、湖北、湖南、福建、重庆、四川、贵州；俄罗斯（远东），朝鲜，日本。

41. 平尾叩甲属 *Gamepenthes* Fleutiaux, 1928

Gamepenthes Fleutiaux, 1928: 150. Type species: *Megapenthes octomaculatus* Schwarz, 1898.

主要特征：体长椭圆形，两侧向后相当变狭。触角短；第II节小，圆球状；第III节近三角形，短于以后各节；第IV-X节扁平，锯齿状。前胸背板长大于宽，背面凸。鞘翅狭于前胸，从基部开始向后明显变狭，端部平截。后足基节片前、后缘近平行，外端较后胸前侧片宽很多。跗节细长。

分布：古北区、东洋区。世界已知 34 种，中国记录 13 种，浙江分布 1 种。

（114）变色平尾叩甲 *Gamepenthes versipellis* (Lewis, 1894)（图版 V-4）

Megapenthes versipellis Lewis, 1894: 47.
Gamepenthes versipellis var. *shirozui* Kishii, 1958: 29.
Gamepenthes versipellis: Ôhira, 1970b: 22.

主要特征：体色靓丽；头、小盾片和腹面黑色，触角淡黄色或暗棕色；前胸背板棕色或黑色；鞘翅黑色，具淡黄色斑：基部 1/3 处为 1 长形斑（不包括中缝 2 刻点行），端部 1/3 为 1 圆形小斑。触角向后伸至前胸背板后缘。前胸背板长略大于宽；后角尖锐，表面中央具锐脊。鞘翅基部狭于前胸背板后角，端末斜切；中缝附近刻点沟纹深，其间隙平。后足基节片宽，内外宽度约相等。足细弱；跗节简单。雄性外生殖器侧叶端部三角形，钩齿状，端缘微弱弧凹，顶突呈角状突出，钩突呈指状突出，指向外方。

分布：浙江（临安、庆元）、湖北、江西、福建；俄罗斯，日本，老挝。

42. 尖额叩甲属 *Glyphonyx* Candèze, 1863

Glyphonyx Candèze, 1863: 451. Type species: *Glyphonyx gundlachii* Candèze, 1863.

主要特征：额向前渐尖；额脊从触角窝上方向前斜伸至中部，左右相连成 V 形。前胸背板方形，侧缘呈脊状，前端弯向腹面。鞘翅不太长，端部完全。前胸腹板宽，腹前叶短；腹后突基部厚实，向后几乎呈直形；腹侧缝直，前端具有宽沟；中胸腹窝宽，侧缘隆起，后部水平。后足基节片狭，向内不太扩宽，略呈齿状。足细长；跗节第Ⅳ节膨大，腹面具有叶片，第Ⅴ节短；爪明显梳状。

分布：古北区、东洋区。世界已知 148 种，中国记录 36 种，浙江分布 1 种。

（115）阿里山尖额叩甲 *Glyphonyx arisanus* Miwa, 1931（图版 V-5）

Glyphonyx arisanus Miwa, 1931c: 206.

主要特征：体黑色，光亮；触角和足栗红色；被毛细，灰白色。额脊凸边，V 字形；额槽向后渐宽。触角丝状（♂）或弱锯齿状（♀），向后伸过前胸背板后角。前胸背板凸，刻点细而均匀；后角尖，向后伸，具有 1 条明显的脊；基沟不明显。小盾片近椭圆形，平，刻点极其细弱和稀疏。足第Ⅳ跗节腹面突出；爪有梳齿。雄性外生殖器中叶长过侧叶，向端部逐渐变狭，顶突突出；侧叶端部两侧明显弧膨，顶端收狭突出，无钩突。雌性交配囊骨片近月牙形，边缘具 1 列指突，其他部位具细弱骨点。

分布：浙江（临安、磐安、开化、庆元）、台湾。

43. 双脊叩甲属 *Ludioschema* Reitter, 1891

Ludioschema Reitter, 1891: 238. Type species: *Ludioschema emerichi* Reitter, 1891.
Chiagosnius Fleutiaux, 1940b: 136. Type species: *Elater obscuripes* Gyllenhal, 1817.

主要特征：体中型，圆筒形，两侧平行，色暗。额向前下方弯曲，额前缘直，不和上唇愈合。触角长，第Ⅱ节最短，球状，第Ⅲ–Ⅹ节锯齿状。前胸后角背面具双脊；后缘基沟短，明显。前胸腹侧缝宽，双条脊。跗节和爪简单。

分布：古北区、东洋区。世界已知 56 种，中国记录 21 种，浙江分布 6 种。

分种检索表

1. 前胸背板双色 ··· 2
- 前胸背板单色 ··· 4
2. 前胸背板黄红色或栗褐色，纵中央和两侧黑色 ······························· 暗带双脊叩甲 *L. vittiger*
- 前胸背板漆黑色或深蓝色，两侧全部或之半或仅后角红色 ·· 3
3. 体深蓝色，整个腹面红色 ·· 蓝色双脊叩甲 *L. cyaneum*

- 体漆黑色，腹面仅前胸侧板红色 ··· 黑背双脊叩甲 *L. dorsalis*
4. 鞘翅双色，中缝及外侧黑色，中区有 1 条棕黄至棕红色纵带 ································· 沟胸双脊叩甲 *L. sulcicollis*
- 鞘翅单色，整体多黑色 ·· 5
5. 体具强烈青铜色光泽；腹部红色；前胸背板中纵沟短，仅后部存在 ·························· 铜色双脊叩甲 *L. metallicum*
- 体无明显青铜色光泽；腹部多黑色；前胸背板中纵沟长，几达前缘 ·························· 暗足双脊叩甲 *L. obscuripes*

（116）蓝色双脊叩甲 *Ludioschema cyaneum* (Candèze, 1863)（图版 V-6）

Agonischius cyaneus Candèze, 1863: 418.
Chiagosnius cyaneus: Fleutiaux, 1940b: 147.
Ludioschema cyaneum: Cate, 2007: 44, 132.

主要特征：体深蓝色，具紫色光泽；前胸背板后角及侧边红色，小盾片、触角及足黑色，腿节红色，腹面红色，前胸腹板具蓝色光泽；被毛褐色，短而稀；小盾片、鞘翅中缝边缘及前胸腹板被毛黄色。额脊中间缺乏，仅两侧存在。触角向后接近前胸后角端部。前胸背板长大于宽，近前端 1/4 向内弧弯收狭；后部中央呈沟槽状；后角长尖，略分叉，几乎指向后方，表面具双脊，后缘具明显基沟。鞘翅略宽于前胸，几乎等宽。雄性外生殖器中叶超过侧叶，二者均向端部逐渐变狭，端部截形。

分布：浙江（舟山）；越南。

（117）黑背双脊叩甲 *Ludioschema dorsalis* (Candèze, 1878)（图版 V-7）浙江新记录

Agonischius dorsalis Candèze, 1878a: 50.
Chiagosnius dorsalis: Fleutiaux, 1940b: 142.
Ludioschema dorsalis: Cate, 2007: 44.

主要特征：体漆黑色，光亮；前胸背板两侧全部或中部至后角、前胸侧片及足红色，跗节棕黑色，触角黑色；被毛黑色；前胸背板红色区域被毛棕色，小盾片后缘、鞘翅中缝被毛灰白色。触角向后不达或刚达前胸后角端部。前胸背板中宽略大于中长，前端隆凸，后部具中纵沟，两侧基部略狭，波状；后角分叉，具 2 条脊。鞘翅等宽于前胸背板，两侧向后极微弱变狭几乎平行，至端部 1/3 后逐渐弧弯变狭，端部完全；表面刻点沟纹深，刻点间具横隔；沟纹间隙平，但基部凸，具细弱刻点。

分布：浙江（遂昌）、福建、广东、海南、香港、广西、重庆、云南；越南。

（118）铜色双脊叩甲 *Ludioschema metallicum* (Candèze, 1893)（图版 V-8）

Agonischius metallicus Candèze, 1893: 62.
Chiagosnius metallicus: Wang, 1993: 275.
Ludioschema metallicum: Cate, 2007: 132.

主要特征：体狭长，黑色，光亮，具强烈青铜色金属光泽；触角黑色，腹部和足红色；背面被毛金黄色，腹部被毛灰白色。触角较细，第 II 节短，第 III–X 节呈弱锯齿状。前胸背板长略大于宽，两侧几乎直，近距形；背面前部隆凸，中部后倾斜，后部中央低凹，具中纵沟；表面刻点密和强烈；后角长尖，分叉，具双脊。小盾片狭长，端尖，凹陷于两鞘翅肩部之间，表面有刻点。鞘翅略宽于前胸背板，表面具刻点条纹；条纹间隙凸，基部更显著，其间隙具细刻点，略呈横皱状。后足基节片外侧相当狭。

分布：浙江（临安）、福建；印度，尼泊尔。

（119）暗足双脊叩甲 *Ludioschema obscuripes* (Gyllenhal, 1817)（图版 V-9）

Elater obscuripes Gyllenhal, 1817: 131.
Ludius cashmirense Kollar, 1844: 507.
Agonischius obscuripes: Candèze, 1863: 410.
Chiagosnius obscuripes var. *ferrugineum* Fleutiaux, 1918: 262.
Chiagosnius obscuripes var. *brunneum* Miwa, 1928: 48.
Chiagosnius obscuripes var. *candezellus* Miwa, 1928: 48.
Chiagosnius obscuripes: Fleutiaux, 1940b: 144.
Ludioschema obscuripes: Platia & Gudenzi, 1998: 61.

主要特征：体狭长，通常背腹呈暗褐至黑色，有时腹面呈棕黄至棕红色；触角黑色或棕黑色。触角向后伸达前胸背板后角；自第Ⅲ节起为锯齿状，第Ⅲ节为第Ⅱ节长的 2–2.5 倍。前胸背板长明显大于宽，背面相当凸，具明显中纵沟；两侧缘在中部之前下弯，伸达复眼下缘；后角长尖，背面具 2 条纵脊。小盾片长，端部尖。鞘翅狭长，明显向端部收狭。跗节基部 4 节向端部逐节变短。雄性外生殖器中叶超过侧叶；中叶端部突然变狭，端部呈指状突出；侧叶端部两侧平行，端缘弧拱。

分布：浙江（安吉、宁波、开化）、内蒙古、河北、陕西、甘肃、江苏、安徽、湖北、江西、湖南、福建、台湾、广东、香港、广西、重庆、四川、云南、西藏；俄罗斯，朝鲜，日本，印度，越南。

（120）沟胸双脊叩甲 *Ludioschema sulcicollis* (Candèze, 1878)（图版 V-10）

Agonischius sulcicollis Candèze, 1878a: 50.
Chiagosnius sulcicollis: Fleutiaux, 1940b: 145.
Ludioschema sulcicollis: Cate, 2007: 132.

主要特征：体狭，光亮；头、前胸背板、小盾片、鞘翅中缝及外侧黑色，鞘翅中区有 1 条棕黄至棕红色纵带，触角棕黑色；被毛灰白色，较密。额前缘略呈弧形凹切。触角细短，向后伸刚抵前胸背板后缘；第Ⅱ节小，圆球形；第Ⅲ节细长，约为第Ⅱ节长的 2 倍。前胸背板长大于宽，中央具纵沟；后角尖，背面具双脊。鞘翅基部较前胸略狭，从中部向后明显变狭。前胸腹侧缝向外弯曲。雄性外生殖器中叶超过侧叶，向端部逐渐收狭，侧叶端部截形，两侧近平行。

分布：浙江（长兴、舟山、开化）、江苏、上海、江西、海南、广西、重庆；越南，老挝，泰国。

（121）暗带双脊叩甲 *Ludioschema vittiger* (Heyden, 1887)（图版 V-11）浙江新记录

Agonischius vittiger Heyden, 1887: 267.
Chiagosnius vittiger vittiger: Ôhira, 1978: 3.
Ludioschema vittiger: Suzuki, 1999: 178.

主要特征：体狭，黄红色或栗褐色；前胸背板中央和两侧及鞘翅两侧成为黑色纵带，前胸背板中央的黑色纵带相当宽，鞘翅两侧的黑色纵带占 5–8 条纹间距；鞘翅被黄色或灰色细绒毛。额脊缺乏。触角向后伸达或超过前胸后角端部；第Ⅲ节为第Ⅱ节长的 2 倍以上；第Ⅳ–Ⅹ节三角形，锯齿状；末节卵圆形。前胸背板长大于宽；中后部具深的纵中沟；后角长尖，略分叉，具双脊。鞘翅两侧平行，近端部 1/3 向后逐渐变狭；表面具明显刻点条纹，条纹中具刻点和横隔。腹面刻点密集。

分布：浙江（遂昌）、辽宁、甘肃、湖北、福建、广西、重庆；朝鲜，日本。

44. 刻角叩甲属 *Mulsanteus* Gozis, 1875

Trichophorus Mulsant et Godart, 1853: 181 (homonym of *Trichophorus* Serville, 1834, Cerambycidae). Type species: *Trichophorus guillebelli* Mulsant et Godart, 1853.

Mulsanteus Gozis, 1875: 50. Type species: *Trichophorus guillebelli* Mulsant et Godart, 1853.

Neotrichophorus Jacobson, 1913: 742. Type species: *Trichophorus guillebelli* Mulsant et Godart, 1853.

Nairus Iablokoff-Khnzorian, 1974: 52. Type species: *Nairus dux* Iablokoff-Khnzonan, 1974.

主要特征：体中型，狭长，壮硕。额脊完全，中部与唇基连接；额槽中部无。触角狭长；第Ⅳ–Ⅹ节锯齿状，通常具纵中隆；第Ⅱ、Ⅲ节短，其长度之和短于第Ⅳ节。前胸腹侧缝宽，似双重脊，前端明显低凹，但不呈沟状，也不完全呈开掘状。跗节和爪简单。

分布：古北区、东洋区。世界已知69种，中国记录13种，浙江分布1种。

（122）福建刻角叩甲 *Mulsanteus fujianensis* Schimmel et Tarnawski, 2011

Mulsanteus fujianensis Schimmel et Tarnawski, 2011: 568.

主要特征：体楔形，略光亮；栗褐色，足和触角颜色略淡；被毛淡黄色，在前胸背板上指向基部和两侧，在鞘翅上指向端部；前胸背板后角具有1簇较长而突出的刚毛。额从中部向前渐狭，前缘完全。触角细长，从第Ⅳ节开始锯齿状，向后伸最后两节超过前胸背板后角。前胸背板钟形，中长略大于后部宽度，表面无任何沟和低凹痕迹；后角略分叉，具有1条明显的隆脊，端部截形。鞘翅楔形。雄性外生殖器中叶明显瘦狭，两侧近平行，端部狭尖，明显长过侧叶；侧叶端部三角形，钩突状，具长的端毛。

分布：浙江（临安）、福建。

45. 波缝叩甲属 *Neopsephus* Kishii, 1990

Neopsephus Kishii, 1990: 12. Type species: *Neopsephus takasago* Kishii, 1990.

主要特征：额前缘向前拱出，呈圆形，额槽宽。触角丝状，第Ⅱ、Ⅲ节小，第Ⅲ节略长于第Ⅱ节，二者之长略短于第Ⅳ节。前胸背板宽；后缘直，中间具1对小突起，近后角有1明显缺口；后角尖，不分叉，但基部侧缘略膨大。前胸腹侧缝宽，前端宽沟状，后端在前足基节窝前明显波状。中胸腹板窝深、菱形、中间凹。后基片窄，近基部略宽。跗节第Ⅱ、Ⅲ节腹端具发达叶片；爪简单，无基毛。

分布：古北区、东洋区。世界已知7种，中国记录5种，浙江分布2种。

（123）草鱼塘波缝叩甲 *Neopsephus caoyutangensis* Schimmel, 2015

Neopsephus caoyutangensis Schimmel, 2015a: 293.

主要特征：体纺锤形，栗色；触角、足及前胸背板基部红色；绒毛黄色，斜生。额脊两侧在触角基上方隆凸，前端具缘。触角向后端部2节超过前胸背板后角。前胸背板近梯形，无中纵沟；后角端部尖。鞘翅近楔形，基部等宽于前胸背板后角。腹面具明显刻点；前胸腹板突明显隆凸，端部叉状；中胸腹窝侧缘向体轴逐渐凹陷，整体倾斜。中足基节在基部1/3处隆凸，向端部两侧变窄。跗节至爪长度递减，第Ⅰ节长于后3节之和，第Ⅱ、Ⅲ节腹面具发达的梯形叶片，其叶片第Ⅲ节略长于第Ⅱ节。

分布：浙江（景宁）。

（124）浙江波缝叩甲 Neopsephus zhejiangensis Schimmel, 2015

Neopsephus zhejiangensis Schimmel, 2015a: 293.

主要特征：体纺锤形，红棕色；触角、足及前胸背板基部黄色；绒毛黄色。额脊两侧在触角基上方隆凸，前端具缘。触角向后端部3节超过前胸背板后角；第Ⅱ节近球形。前胸背板近梯形，中线长度明显短于后角处宽度，两侧明显弧拱，侧缘从基部至中部可见；背面中度隆凸，无中纵沟；后角指向后方，端部尖。鞘翅近楔形，基部等宽于前胸背板后角，两侧近端部弧弯变狭，肩部拱突，小盾片处略凹陷。雄性外生殖器中叶显著超过侧叶，端部尖；侧叶端部三角形，顶角长而突出，钩突短，指向外方。

分布：浙江（景宁）、江西。

46. 行体叩甲属 Nipponoelater Kishii, 1985

Nipponoelater Kishii, 1985: 23. Type species: Ludius sieboldi Candèze, 1873.

主要特征：体狭长，两侧近平行。额脊中部缺乏，两侧前伸和上唇愈合，额槽中部无。前胸腹侧缝宽，双重，向前明显分歧，前端在前胸腹板与前胸侧板间具有1条裂缝；前胸侧板内侧沿前胸腹侧缝具有1条连续的明显的狭槽；前胸腹板突腹面近中部具有1个明显的缺口。

分布：古北区、东洋区。世界已知10种，中国记录7种，浙江分布1种。

（125）行体叩甲 Nipponoelater sieboldi (Candèze, 1873)（图版 V-12）

Ludius sieboldi Candèze, 1873: 27.

Aphanobius unicolor Fleutiaux, 1900: 357.

Elater sieboldi: Ôhira, 1954: 9.

Elater (Nipponoelater) sieboldi: Kishii, 1987: 169.

Orthostethus sieboldi sieboldi: Ôhira, 1997: 37.

Nipponoelater sieboldi sieboldi: Kishii, 1998: 3.

主要特征：体狭长，灰黑色；足和触角基部暗褐色；被毛金黄色。额脊略呈梯形。触角第Ⅱ节小，第Ⅲ节略长，均略为倒锥形，第Ⅱ、Ⅲ节之和短于第Ⅳ节。前胸后角尖，分叉，表面有1条明显的脊，略呈对角线走向。前胸腹侧缝宽，缝底光滑无毛；后足基节片向内有点突然膨大，再向内有1个圆形凹缺，因此形成了1个宽齿，左右后基片接近。腹部末节长，圆锥形。第Ⅰ跗节略等于后两节之和，第Ⅱ、Ⅲ节等长。雄性外生殖器中叶长过侧叶，向端部变狭；侧叶端部变狭无齿突。

分布：浙江（临安）、河北、河南、甘肃、江西、福建、广东、广西、四川；俄罗斯（远东），朝鲜，日本。

47. 短沟叩甲属 Podeonius Kiesenwetter, 1858

Podeonius Kiesenwetter, 1858: 229. Type species: Elater acuticornis Germar, 1824.

Akitsu Kishii, 1985: 22. Type species: Anchastus mus Lewis, 1894.

主要特征：体椭圆形，肥硕，具光泽。额脊完全，前缘弓拱。触角狭长，第Ⅱ节球状，最小，第Ⅲ–Ⅹ

节锯齿状，各节无中纵隆。前胸后角明显具双脊；近后角附近有基沟痕迹。前胸腹侧缝双重，前端 1/5–1/4 长度沟状。后足基节片内侧扩宽，呈齿突状。跗节第Ⅲ节末端具叶片。

分布：古北区、东洋区。世界已知 117 种，中国记录 10 种，浙江分布 1 种。

（126）卡氏短沟叩甲 *Podeonius castelnaui* (Candèze, 1878)（图版 VI-1）

Anchastus castelnaui Candèze, 1878a: 24.

Akitsu castelnaui: Suzuki, 1999: 169.

Podeonius castelnaui: Platia & Schimmel, 2007: 68.

主要特征：体椭圆形，栗褐色；被毛棕色。额脊完全，额槽浅宽。触角向后超过前胸后角端部；末节狭长，顶端突出，无假节。前胸背板宽大于长，基部最宽，向前弧弯变狭，后缘正对小盾片前方圆凹；后角长尖，微弱分叉，表面有 2 条锐脊；后缘无基沟。腹侧缝宽浅，双重脊，前端开掘，呈沟状。后基片内侧相当宽大，向外强烈变狭。跗节第Ⅰ节长于后 3 节之和，第Ⅲ节有相当长的叶片，第Ⅳ节相当小；爪简单，无刚毛。雄性外生殖器中叶略长过侧叶；中叶向端部显著收狭；侧叶端部无钩突，端缘平截。

分布：浙江（安吉、开化）、台湾、广东；日本，印度，缅甸，越南，老挝，泰国，新加坡，印度尼西亚。

48. 根叩甲属 *Procraerus* Reitter, 1905

Procraerus Reitter, 1905: 11. Type species: *Megapenthes tibialis* Lacordaire, 1835.

主要特征：体狭长。额脊向前斜伸，前缘弧形，低垂；额槽中间窄。触角细长，第Ⅱ、Ⅲ节小，等长或第Ⅲ节略长；第Ⅳ–Ⅹ节锯齿状，各节简单，无中纵隆。前胸背板长大于宽，侧缘前端弯向复眼下方；表面刻点筛孔状，大而密；后角长尖，具单脊。鞘翅向后变狭，端部完全或横截。前胸腹侧缝完全关闭。后足基节片向外明显变狭。足小；跗节简单，细；爪简单，镰刀状。

分布：古北区、东洋区。世界已知 184 种，中国记录 9 种，浙江分布 2 种。

（127）黄带根叩甲 *Procraerus ligatus* (Candèze, 1878)（图版 VI-2）

Melanoxanthus ligatus Candèze, 1878b: 124.

Megapenthes ligatus var. *bivittatus* Fleutiaux, 1928: 165.

Megapenthes ligatus var. *subcinereus* Fleutiaux, 1928: 165.

Procraerus ligatus: Fleutiaux, 1947: 395.

主要特征：体狭长，黑色；鞘翅基部黄色，左右鞘翅从基部向后分别发出 1 条黄色纵中带；触角和足赤褐色。全身密被有黄褐色绒毛。额前缘完全；额槽狭，中部消失。触角向后伸过前胸后角；第Ⅳ-Ⅹ节锯齿状；末节狭长形，无假节。前胸背板长大于宽，基部最宽，向前逐渐变狭；背面不太凸，基部有浅的中纵沟；后角尖，分叉，背面有 1 条明显的脊。鞘翅向后逐渐变狭。雄性外生殖器中叶长过侧叶，端部收狭突出；侧叶端部长三角形，钩齿状，内缘直，外缘几乎直，略弧，顶突尖，钩突短，内弯。

分布：浙江（舟山）、湖北、江西、福建、广东、香港、广西；日本，缅甸，越南，印度尼西亚。

(128) 中华根叩甲 *Procraerus sinensis* Schimmel, 1999

Procraerus sinensis Schimmel, 1999: 135.

主要特征：体狭长，黑色；鞘翅基部黄色，左右鞘翅从基部向后分别发出 1 条黄色纵中带；触角和足赤黄色；被毛黄色。触角细长，末端 1.5 节超过前胸背板后角；第 II、III 节小。前胸背板长大于宽，两侧近平行；背面平，但基部凸，并具短的中沟；后角粗短，分叉，具 1 条短脊，在侧缘附近伸至基部 1/5。鞘翅宽于前胸，端部不平截。雄性外生殖器中叶长过侧叶，端部膨阔，末端收狭后呈细的指状突出；侧叶端部呈斧形，内缘弧弯，外缘明显弧膨，顶突、钩突均尖，顶突指向中叶，钩突指向下方。

分布：浙江、河北、江西、广东、广西。

49. 截额叩甲属 *Silesis* Candèze, 1863

Silesis Candèze, 1863: 458. Type species: *Silesis hilaris* Candèze, 1863.
Okinawana Kishii, 1976: 54. Type species: *Silesis hatayamai* Kishii, 1975.
Parasilesis Ôhira, 1990b: 75. Type species: *Silesis musculus* Candèze, 1873.

主要特征：额脊前伸终止于唇基，在中部左右不相连接。触角细长，第 II、III 节形状、大小相似，以后各节三角形。前胸背板略呈正方形，侧缘脊状，前端弯向腹面；基沟相当长。前胸腹板短宽，腹前叶弧拱，腹后突略弯曲，腹侧缝前端沟状；中胸腹窝侧缘隆起，向前叉开，后部水平。后足基节片向内略扩宽。足细；跗节第 IV 节具有叶片；爪明显梳状。

分布：古北区、东洋区。世界已知 172 种，中国记录 30 种，浙江分布 2 种。

(129) 越北截额叩甲 *Silesis florentini* Fleutiaux, 1894

Silesis florentini Fleutiaux, 1894: 690.

主要特征：体栗红色；触角栗褐色；足栗红色，略显栗黄色；绒毛栗灰色。额前缘平截，额槽仅两侧存在。触角向后伸达前胸后角端部（♂）或基部（♀）；第 II、III 节筒状，等长，2 节之和略长于第 IV 节。前胸背板长宽相等；两侧平行，前端内弯；后角长尖，伸向后方，背面具长脊，紧靠侧缘；基沟长，直。雄性外生殖器中叶略长过侧叶，相当细，向端部渐狭渐尖；侧叶显著宽于中叶，端部简单，无钩突，端缘斜向弧弯。雌性交配囊骨片呈鼠体状，边缘具 1 列指状突起，其他部位具均匀成列骨点。

分布：浙江（临安）、山东、台湾；越南。

(130) 红足截额叩甲 *Silesis rufipes* Candèze, 1896（图版 VI-3）

Silesis rufipes Candèze, 1896: 79.

主要特征：体漆黑色，光亮；触角和足红黄色；被毛黄白色，细密。额脊向前斜伸，前缘平截；额槽中部相当狭，两侧略宽；侧缘凸边，后缘弧弯。触角向后伸达或超过前胸背板后角端部；第 1 节粗，筒形，弓弯；第 2、3 节近筒形，端部略粗，等长。前胸背板长宽相等；后角三角形，端尖，有 1 条明显的脊；后缘基沟明显。鞘翅两侧向后逐渐变狭，端部完全。腹侧缝宽浅，双重脊，前端微弱开掘。爪明显梳齿状。雄性外生殖器相当短粗，中叶长过侧叶；中叶呈保龄瓶状向端部显著收狭，侧叶端部平截。

分布：浙江（临安、开化）、湖北、湖南、重庆、四川；印度。

50. 短叶叩甲属 *Tinecus* Fleutiaux, 1940

Tinecus Fleutiaux, 1940b: 124. Type species: *Agrotes gratiosus* Fleutiaux, 1940.

主要特征：体狭长。头凸，触角上方的额脊伸达前缘。触角弱锯齿状，近丝状；雄性超过前胸后角端部，雌性较短。前胸背板长极大于宽，侧缘完整，后角具单脊。鞘翅长，向后渐狭；条纹中的刻点后端消失。前胸腹侧缝前方呈沟状；后胸后侧片窄于鞘翅缘折。后基片窄，向外变狭，内缘波状。足细长；跗节简单。

分布：东洋区。世界已知8种，中国记录1种，浙江分布1种。

（131）苗条短叶叩甲 *Tinecus agilis* Platia, 2007 浙江新记录

Tinecus agilis Platia, 2007: 34.

主要特征：体狭长，暗黑色；触角基部2–3节、前胸背板前缘1窄区、腹部、足黄锈红色；绒毛黄褐色。触角向后伸达前胸背板后角端部。前胸背板长大于宽，后角处最宽，在基坡上有1较浅的中纵沟；后角长，尖，端部内敛，表面有1条明显的脊沿侧缘伸至中部。鞘翅等宽于前胸背板基部，两侧从基部至端部逐渐收狭。雄性外生殖器中叶粗，超出侧叶很多，向端部渐宽，端部突然呈角状收狭而突出。雌性交配囊具长茄形和近锥形的2块骨片，其上均匀分布有骨点，锥形骨片中部骨化弱，无骨点。

分布：浙江（开化）、湖北。

51. 短角叩甲属 *Vuilletus* Fleutiaux, 1940

Vuilletus Fleutiaux, 1940b: 122. Type species: *Agonischius altus* Candèze, 1889.
Metaricus Nakane et Kishii, 1958: 295. Type species: *Sericosomus viridus* Lewis, 1894.

主要特征：体中型，狭长，纺锤形，筒状，具有明亮的金属光泽。口器向前斜伸；额脊前伸，但不和上唇愈合。触角短，第Ⅳ–Ⅹ节明显锯齿状。前胸背板后侧角具有1条明显的脊。前胸腹侧缝狭，双重脊，直或略弯。跗节和爪简单。

分布：古北区、东洋区。世界已知20种，中国记录15种，浙江分布1种。

（132）坡氏短角叩甲 *Vuilletus potanini* Gurjeva, 1972

Vuilletus potanini Gurjeva, 1972: 306.

主要特征：体暗绿色，有青铜色、铜色或蓝色金属光泽；腹部完全或部分铁锈色，触角黑色，但基部2–3节黄色，足黄色；被毛黄色。触角向后刚达前胸背板基部。前胸背板宽大于长，后角处最宽，后角前不呈波状；后角长，尖，不分叉，有1显著指向中部的脊。鞘翅等宽于前胸背板基部，两侧从基部向中部近平行，之后逐渐收狭。前胸腹板中部后有横向凹陷。雄性外生殖器中叶长过侧叶，端部更粗，两侧平行，顶端平截；侧叶端部变细变尖，外缘弧弯。雌性近似雄性，但体更凸，触角更短。

分布：浙江（庆元、景宁）、四川、贵州；日本。

52. 土叩甲属 *Xanthopenthes* Fleutiaux, 1928

Xanthopenthes Fleutiaux, 1928: 162, 166. Type species: *Megapenthes birmanicus* Candèze, 1888.
Xanthelater Miwa, 1931a: 259. Type species: *Elater* (*Ectamenogonus*) *granulipennis* Miwa, 1929.

主要特征：体长方形或狭长形。额脊完全，前缘凸边。触角扁平，向后伸达体长之半（♂）或不达前胸基部（♀）；从第Ⅲ节起锯齿状，第Ⅱ节小，第Ⅲ节略短或等长于第Ⅳ节。前胸背板侧缘完全，后角具双脊。鞘翅长形，左右鞘翅端部联合拱出。前胸腹侧缝关闭或微弱双条。后足基节片向内膨大，呈齿状，向外显著变狭。跗节简单；爪镰刀状。

分布：古北区、东洋区。世界已知 103 种，中国记录 13 种，浙江分布 2 种。

（133）粒翅土叩甲 *Xanthopenthes granulipennis* (Miwa, 1929)（图版 Ⅵ-4）

Elater (*Ectamenogonus*) *granulipennis* Miwa, 1929b: 489.
Megapenthes granulipennis: Miwa, 1931b: 89.
Xanthelater granulipennis: Miwa, 1931a: 259.
Xanthopenthes granulipennis: Nakane & Kishii, 1955a: 7.

主要特征：体狭长，棕黄色，不光亮；触角和足砖红色；被毛黄褐色。头凸，刻点粗密；额脊完全，半圆形。触角细长，雄性向后约有末 3 节超过前胸后角；第Ⅱ节近球状；第Ⅲ节长于第Ⅱ节 2 倍以上，与第Ⅳ节约等长；第Ⅲ–Ⅹ节三角形，各节具中纵脊；末节倒长卵形，无假节。前胸背板基部最宽，向前微弱变狭；侧缘弯曲向下至复眼下缘；后角尖，具双脊。鞘翅近端部 1/3 处开始变狭，端部完全。雄性外生殖器中叶长过侧叶，向端部膨阔，末端显著收狭变尖；侧叶细，向端部逐渐收狭变尖，无钩突。

分布：浙江（余姚、开化）、陕西、甘肃、江苏、湖北、江西、福建、台湾、广东、重庆、四川、贵州；日本。

（134）粗体土叩甲 *Xanthopenthes robustus* (Miwa, 1929)

Elater (*Ectamenogonus*) *robustus* Miwa, 1929b: 490.
Megapenthes robustus: Miwa, 1931b: 89.
Xanthopenthes robustus: Nakane & Kishii, 1955a: 7.

主要特征：体黑褐色，略显暗栗色；触角红色，足黄色；被毛黄白色。额脊前缘弧拱，中部凹陷。触角向后伸达前胸后角基部。前胸背板长大于宽，近长方形，基部最宽；两侧直，向前微弱渐狭；前角不突出；后部具中纵沟；后角尖，伸向后方，有 2 条明显的锐脊；后缘有极微弱的基沟齿刻痕。鞘翅略宽于前胸，不太长，两侧平行，近端部 1/3 处向后明显变狭，端部完全；腹侧缝狭缝状，前端关闭。雄性外生殖器中叶长过侧叶，两侧缘直，近平行，末端显著收狭变尖；侧叶细，向端部逐渐收狭变尖，无钩突。

分布：浙江（安吉、开化、庆元、景宁）、湖北、湖南、台湾、贵州。

（五）梳爪叩甲亚科 Melanotinae

主要特征：头卵圆形，倾斜，口器下伸；额脊完全，弓拱。触角锯齿状。小盾片有变化，但绝不呈心形。前胸腹前叶向前弓拱；中足基节窝向中胸后侧片开放，但向前侧片关闭；中、后胸腹板在中足基节间有 1 条明显的分界缝。跗节简单，无叶片；爪明显梳状，基部无刚毛。

该亚科浙江分布 2 属。

53. 梳爪叩甲属 *Melanotus* Eschscholtz, 1829

Melanotus Eschscholtz, 1829: 32. Type species: *Elater fulvipes* Herbst, 1806 (= *Melanotus villosus* Geoffrey, 1785).
Perimecus Dillwyn, 1829: 32. Type species: *Elater fulvipes* Herbst, 1806 (= *Melanotus villosus* Geoffrey, 1785).
Cratonychus Dejean, 1833: 87. Type species: *Elater obscurus* sensu Olivier, 1790.
Xanthus Gistel, 1834: 11. Type species: *Elater niger* Fabricius, 1792 (= *Melanotus punctolineatus* Pelerin, 1829).
Dodecactenus Candèze, 1889: 36. Type species: *Dodecactenus staudingeri* Candèze, 1889.
Cremnostethus Schwarz, 1901: 197. Type species: *Cremnostethus nigricollis* Schwarz, 1901.
Tenalomus Fleutiaux, 1933: 214. Type species: *Melanotus* (*Tenalomus*) *fulvipennis* Fleutiaux, 1933.
Kensakulus Chûjô et Ôhira, 1965: 24. Type species: *Melanotus invectitius* Candèze, 1865.
Natomelus Dolin, 1979: 71. Type species: *Natomelus arcanus* Dolin, 1979.

主要特征：体多中型，极少小，背面凸，狭长，两侧平行或纺锤形。头向前倾斜，额脊完全，弓拱，不接触唇基。触角从第Ⅳ节起锯齿状。前胸后角通常具单脊；基沟长且宽。前胸腹侧缝宽，似双重，略弯曲，前端呈浅而宽的沟状；前胸腹板突长，水平至垂直弯曲。后足基节片从基部到端部收窄。跗节简单；爪梳齿状。

分布：世界广布。世界已知 464 种，中国记录 273 种，浙江分布 23 种。

分种检索表

1. 前胸腹板突水平；中胸腹窝前端突然倾斜（楔形叩甲亚属 *Spheniscosomus*） ································· 2
- 前胸腹板突内弯；中胸腹窝前端逐渐倾斜（梳爪叩甲亚属 *Melanotus*） ································· 3
2. 前胸背板两侧从中部向前强烈收狭；雄性外生殖器中叶细，侧叶端部简单 ············ 硕梳爪叩甲 *M. (S.) ingens*
- 前胸背板两侧从中部向前逐渐收狭；雄性外生殖器中叶粗，侧叶端部钩突状 ············ 筛胸梳爪叩甲 *M. (S.) cribricollis*
3. 雄性外生殖器侧叶简单，端部不呈钩突状 ································· 4
- 雄性外生殖器侧叶端部钩突状 ································· 6
4. 体瘦狭，狭长形，小于 15.0 mm；前胸背板长宽近等，从中部向前收狭 ············ 寿梳爪叩甲 *M. (M.) annosus*
- 体宽扁，纺锤形，大于 20.0 mm；前胸背板宽大于长，从基部向前收狭 ································· 5
5. 触角较长，雄性向后超过前胸背板后角近 2 节；前胸腹板突在前足基节窝后逐渐向内弯曲 ···· 伟梳爪叩甲 *M. (M.) regalis*
- 触角较短，雄性向后超过前胸背板后角约 0.5 节；前胸腹板突在前足基节窝后突然向内弯曲 ·······································
 ································· 拟伟梳爪叩甲 *M. (M.) pseudoregalis*
6. 前胸腹板突在前足基节窝后急剧向内弯曲 ································· 7
- 前胸腹板突在前足基节窝后逐渐向内弯曲 ································· 20
7. 体背面双色，即前胸背板橘红色，鞘翅黑色 ············ 福州梳爪叩甲 *M. (M.) jucundus*
- 体背面单色 ································· 8
8. 腹部完全锈红色，体黑色 ································· 9
- 腹部不为锈红色，如腹部显红色，则体同色 ································· 10
9. 体较大，体长 16.0–18.0 mm；触角铁锈色；前胸背板刻点粗，强烈脐状 ············ 中华梳爪叩甲 *M. (M.) sinensis*
- 体较小，体长 11.0–15.0 mm；触角黑色；前胸背板刻点弱，微弱脐状，至少基部如此 ······ 朱腹梳爪叩甲 *M. (M.) ventralis*
10. 额低凹，前缘凸边 ································· 拉氏梳爪叩甲 *M. (M.) lameyi*
- 额扁平或略凸，如低凹，则前缘简单 ································· 11
11. 触角第Ⅲ节约等长于第Ⅱ节，球形，长等于宽 ············ 长鞘梳爪叩甲 *M. (M.) excelsus*

- 触角第III节长于第II节，近锥形，长大于宽	12
12. 前胸背板刻点间隙多少粗糙，稍具光泽	萨氏梳爪叩甲 *M. (M.) savioi*
- 前胸背板刻点间隙不粗糙，光滑且具光泽	13
13. 鞘翅基部刻点沟纹明显深	14
- 鞘翅基部刻点沟纹不深，较浅	15
14. 前胸背板两侧刻点密，强烈，愈合成皱状	栗腹梳爪叩甲 *M. (M.) nuceus*
- 前胸背板两侧刻点稀，细，不愈合或很少愈合	暗胸梳爪叩甲 *M. (M.) opaculus*
15. 雄性触角较长，向后至少1节超过前胸后端部	16
- 雄性触角较短，向后到达或略超过前胸后角端部	18
16. 雄性触角向后超过前胸后角 2.5–3 节	黔梳爪叩甲 *M. (M.) marchandi*
- 雄性触角向后超过前胸后角 1–1.5 节	17
17. 前胸背板两侧向外明显弓拱，向前急剧变狭，向后近后角处微弱波状	筛头梳爪叩甲 *M. (M.) legatus*
- 前胸背板两侧向外微弱弧拱，向前逐渐变狭，向后近后角处直，不呈波状	脉鞘梳爪叩甲 *M. (M.) venalis*
18. 前胸背板刻点粗密，相互连接，其间隙呈蠕虫状，后端部向下弯曲	旋毛梳爪叩甲 *M. (M.) propexus*
- 前胸背板刻点细且稀，相互不连接，具短而平滑的间隙，至少中域如此，后角端部直，不向下弯	19
19. 前胸背板两侧微弱弧拱，从基部向前逐渐收狭，表面无中纵脊痕迹	米氏梳爪叩甲 *M. (M.) melli*
- 前胸背板两侧明显弧拱，从中部向明显收狭，表面具中纵脊痕迹	施瓦茨梳爪叩甲 *M. (M.) schwarzi*
20. 触角第 II、III 节之和短于或等于第 IV 节	21
- 触角第 II、III 节之和长于第 IV 节	22
21. 全身被毛稀且短，白色或淡黄色；额平，略凸	川贵梳爪叩甲 *M. (M.) vignai*
- 全身被毛密且长，金黄色；额前中部低凹	宁波梳爪叩甲 *M. (M.) mutilatus*
22. 额前缘近直形（不为明显的弧形，仅稍凹陷），凸边	杭州梳爪叩甲 *M. (M.) pichoni*
- 额前缘弧形，简单，不为凸边	湘浙梳爪叩甲 *M. (M.) kolthoffi*

（135）寿梳爪叩甲 *Melanotus (Melanotus) annosus* Candèze, 1865

Melanotus annosus Candèze, 1865: 48.

主要特征：体狭长，黑色，光亮；触角和足红色；被灰色密毛。额凸，密被强烈刻点。触角第III节长度在第II节和第IV节之间。前胸背板基宽与中长近等，两侧自基部平行至中部后向前弧形收狭；背面凸，具宽浅的中纵沟；表面刻点中间稀，两侧密，脐状，后部几乎无刻点；后角不太分叉，端部向内弯曲，表面具短脊；基沟斜。鞘翅等宽于前胸背板，两侧平行至中部后向端部渐狭。雄性外生殖器中叶长于并粗于侧叶，两侧平行，端部显著收狭突出；侧叶端部内缘直，外缘向内弧弯，顶端尖，无钩突。

分布：浙江、吉林；朝鲜，韩国，日本。

（136）长鞘梳爪叩甲 *Melanotus (Melanotus) excelsus* Platia *et* Schimmel, 2001（图版 VI-5）浙江新记录

Melanotus (Melanotus) excelsus Platia *et* Schimmel, 2001: 197.

主要特征：体狭长，黑色；触角和足栗色；全身密被灰白色绒毛。额脊完全；额槽宽阔。触角向后端部 2.5 节超过前胸后角端部。前胸宽大于长；后角尖，伸向后方，有 1 条明显的脊；基侧沟短，宽浅。鞘翅等宽于前胸，从端部 1/3 处开始向后微弱地变狭，端部完全。前胸腹侧缝宽，向后逐渐变浅。雄性外生殖器中叶长于侧叶许多，从基部向端部逐渐变狭，近端部弧膨，顶端显著收狭变尖；侧叶从基部向端部逐渐变狭，近端部似颈，端部钩突状，顶端呈角状突出，端缘略呈弧形，钩突短，指向内方，具毛簇。

分布：浙江（临安）、云南。

（137）福州梳爪叩甲 *Melanotus* (*Melanotus*) *jucundus* **Platia *et* Schimmel, 2001**　浙江新记录

Melanotus (*Melanotus*) *jucundus* Platia *et* Schimmel, 2001: 216.

主要特征：体双色；头、触角、小盾片、鞘翅和前胸腹板黑色，前胸背板（除后角端部和 1 极窄的基缘黑色外）、前胸侧板、腹面和足橘红色；被毛细，黄色。额扁平。触角向后略超过前胸后角；第Ⅱ、Ⅲ节小，近等长。前胸背板基部具中纵沟；后角不分叉，指向后方，表面具短脊；基沟明显。鞘翅等宽于前胸背板；两侧基部 2/3 近平行，其后逐渐变狭。雄性外生殖器中叶细，略长于侧叶，近端部膨大，端部显著收狭变尖；侧叶粗，端部钩突状，顶端角状突出，端缘弧形，钩突短，弯向内方，具毛簇。

分布：浙江（景宁）、福建。

（138）湘浙梳爪叩甲 *Melanotus* (*Melanotus*) *kolthoffi* **Platia *et* Schimmel, 2001**

Melanotus (*Melanotus*) *kolthoffi* Platia *et* Schimmel, 2001: 219.

主要特征：体黑褐色，略显锈色；被毛粗且稀，黄色。额扁平。触角向后不超过前胸后角，约有 1 节距离；第Ⅱ节圆筒形，长略大于宽，第Ⅲ节近圆锥形，二者之和远长于第Ⅳ节；第Ⅳ–Ⅹ节三角形，各节长大于宽；末节长椭圆形。前胸背板宽 1.2 倍于长；后角短，横截，具 1 条与侧边平行的长脊。鞘翅从基部向端部逐渐收狭。前胸腹板突在基节后不突然弯曲。雄性外生殖器中叶长于并粗于侧叶，端部显著弧弯收狭突出，侧叶外缘双波状，端部略呈斧形，顶端角状突出，端缘弧形，钩突短，弯向内方。

分布：浙江（临安）、湖南。

（139）拉氏梳爪叩甲 *Melanotus* (*Melanotus*) *lameyi* **Fleutiaux, 1918**（图版 Ⅵ-6）

Melanotus lameyi Fleutiaux, 1918: 238.

主要特征：体狭长，栗褐色；触角、足及腹面同体色；被毛黄色。触角向后伸达前胸后角端部（♂）或基部（♀）；末节长，瘦狭，端尖，假节不明显。前胸背板长大于宽，向前变狭；后缘基沟短，明显；后角尖，靠近侧缘有 1 条明显的脊。鞘翅从后部 1/3 处开始向后变狭，端部拱出。前胸腹侧缝宽深，后段和侧板同一水平。雄性外生殖器中叶长于且宽于侧叶，其中段宽度为侧叶 2 倍多，端部显著收狭变尖；侧叶端部钩突状，具毛簇，顶端向内弧弯，呈角状突出，端缘弧形，钩突短，内弯。

分布：浙江（安吉、临安、庆元）、河南、陕西、湖北、福建、台湾、广东、广西、重庆、四川、贵州；缅甸，越南。

（140）筛头梳爪叩甲 *Melanotus* (*Melanotus*) *legatus* **Candèze, 1860**（图版 Ⅵ-7）

Melanotus legatus Candèze, 1860: 323.
Melanotus laticollis Motschulsky, 1861: 9.

主要特征：体扁平，黑褐色，相当光亮；触角和足红褐色；被毛棕黄色，略密且细。额略凸，被筛孔状刻点；额脊完全，额槽宽阔。雄性触角相当长，向后超过前胸后角端部；末节最长，端部缢缩成假节。前胸背板扁平，宽略大于长；后角宽扁，伸向后方，有 1 条与侧缘平行的长脊；后缘基沟斜，相当明显。鞘翅略等宽于前胸，从基部开始向后变狭，端部完全。前胸腹侧缝宽。雄性外生殖器中叶从基部向端部逐渐变狭，端部显著变尖；侧叶端部钩突状，顶突长尖，内弯，端缘弧形，钩突短钝，下弯。

分布：浙江（临安、庆元）、东北、华北、山东、甘肃、江苏、上海、江西、福建、广东、广西、云南；俄罗斯（远东），朝鲜，韩国，日本。

（141）黔梳爪叩甲 *Melanotus* (*Melanotus*) *marchandi* Platia *et* Schimmel, 2001（图版 VI-8）

Melanotus (*Melanotus*) *marchandi* Platia *et* Schimmel, 2001: 227.

主要特征：体暗铁锈色；被毛密，黄色。触角约有 3 节超过前胸背板后角；末节椭圆形。前胸背板宽是长的 1.4–1.5 倍；基部具有隐约的中纵沟；后角具有 1 条平行于侧缘的长脊。鞘翅两侧近平行至中部后略为收狭。雄性外生殖器中叶长于侧叶，端部显著收狭变尖；侧叶端部三角形，钩齿状、顶突尖，端缘略弧，钩突短，略内弯。雌性体更凸；触角更短，仅端部 1 节超过前胸背板后角；交配囊骨片肠道状，上有 1 列相当长的横向骨刺。

分布：浙江（临安）、湖南、福建、香港、贵州。

（142）米氏梳爪叩甲 *Melanotus* (*Melanotus*) *melli* Platia *et* Schimmel, 2001（图版 VI-9）

Melanotus (*Melanotus*) *melli* Platia *et* Schimmel, 2001: 229.

主要特征：体纺锤形，暗栗褐色；全身密被相当细的棕褐色绒毛。雄性触角向后末节超过前胸后角端部，末节狭长，假节不明显，端部锥形；雌性触角较短，向后不达前胸后角端部。前胸背板宽略大于长；后角有 1 条明显的脊；后缘基侧沟宽，明显，向前逐渐变浅。小盾片长方形，分散有小刻点。鞘翅两侧平行，从后 1/3 处开始向后逐渐变狭。前胸腹侧缝宽，后半部变得十分浅。雄性外生殖器中叶粗，长于侧叶，端部突收狭中央尖出；侧叶端部三角形，钩齿状，较短，顶突齿状，端缘弧形，钩突短，内弯。

分布：浙江（德清、杭州、宁波）、江苏、安徽、江西、广西、贵州。

（143）宁波梳爪叩甲 *Melanotus* (*Melanotus*) *mutilatus* Platia *et* Schimmel, 2001

Melanotus (*Melanotus*) *mutilatus* Platia *et* Schimmel, 2001: 231.

主要特征：体狭长，栗褐色；触角、足红褐色；全身密被金黄色长毛。额区前中部低凹；额前缘弧拱，额脊完全、光洁。前胸背板长大于宽，侧缘基部几乎直；后角中等大小，背面具 1 条明显的长脊；后缘基沟深，向前变浅。小盾片长舌形，密被小刻点。鞘翅等宽于前胸，其长度为前胸长度的近 3 倍；两侧前半部几乎平行，从中部向后逐渐变狭，端部收狭，浑圆。雄性外生殖器中叶末端尖，端部超过侧叶端部；侧叶外侧缘内弯，呈弧形，端部钩齿状，具毛簇，顶突齿状，端缘向外呈弧形膨出，钩突短，内弯。

分布：浙江（宁波、遂昌）。

（144）栗腹梳爪叩甲 *Melanotus* (*Melanotus*) *nuceus* Candèze, 1882（图版 VI-10）

Melanotus nuceus Candèze, 1882: 89.

主要特征：体狭长，栗褐色；触角、足及腹面红褐色；被灰色密长毛，略显栗色。额前缘弧拱；额脊完全，额槽宽深。触角向后末节超过前胸后角。前胸背板长大于宽，两侧向前逐渐变狭，侧缘几乎直，近前角处内弯；后角中等大，指向后方，表面有 1 条与侧缘平行的长脊；后缘基沟宽，向前变浅。鞘翅等宽于前胸，从基部向后逐渐变狭，端部完全。前胸腹侧缝双重，深。雄性外生殖器中叶长于侧叶，端部显著收狭变尖；侧叶端部略呈喇叭形，顶突和钩突均为齿状突出，端缘弧形，钩突短，内弯。

分布：浙江（临安）、江西、湖南、广东、四川、云南；朝鲜，越南。

（145）暗胸梳爪叩甲 *Melanotus* (*Melanotus*) *opaculus* Platia, 2013

Melanotus (*Melanotus*) *opaculus* Platia, 2013: 199.

主要特征：体完全黑褐色或棕褐色，有些个体部分区域呈现不规则锈红色，极少完全暗锈红色；被毛黄色。触角伸达或微超过前胸背板后角端部；末节长于前1节，近长椭圆形。前胸背板宽1.3倍于长，最宽处在后角端部之间；后角不分叉或略分叉，有1隆脊近平行于侧缘。鞘翅两侧从基部至端部逐渐均匀收狭。雄性外生殖器中叶略长于侧叶，向端部渐狭，端部圆拱，侧叶端部钩突状，顶端长尖，内弯，端缘弧形，钩突相当短，内弯。雌性近似雄性，但触角较短；交配囊骨片肠道状，上具相当长的骨刺。

分布：浙江（遂昌）、福建、广东、海南、广西、四川、贵州、西藏。

（146）杭州梳爪叩甲 *Melanotus* (*Melanotus*) *pichoni* Platia *et* Schimmel, 2001

Melanotus (*Melanotus*) *pichoni* Platia *et* Schimmel, 2001: 238.

主要特征：体褐锈色；被毛黄色。额扁平，近前缘稍凹陷。触角不超过前胸后角，第Ⅱ节长等于宽，第Ⅲ节近圆锥形，近2倍长于第Ⅱ节。前胸背板宽1.1倍于长，两侧弧形，仅从中部向前强烈收狭，向后在后角前波状；中纵沟微弱；后角具1平行于侧缘的脊。鞘翅约3倍于前胸背板长度和2.6倍于其宽度，两侧近平行至中部。雄性外生殖器中叶粗于且略长于侧叶，端部圆拱，囊状物突出，呈指状；侧叶端部长三角形，内缘直，端缘略弧，顶端呈长齿状突出，钩突短钝，指向外方。雌性触角较雄性略短。

分布：浙江（杭州）、湖北、江西、福建、广西。

（147）旋毛梳爪叩甲 *Melanotus* (*Melanotus*) *propexus* Candèze, 1860（图版Ⅵ-11）

Melanotus propexus Candèze, 1860: 326.

主要特征：体粗壮，暗棕至黑色；触角和足深棕红色，光亮；被毛棕灰色。触角向后超过前胸背板后角；第Ⅱ节短，近球形；第Ⅲ节长于第Ⅱ节；第Ⅳ节略长于第Ⅱ、Ⅲ节长度之和。前胸背板长宽近等，后角长，背面具1条脊；后缘基侧沟深宽。小盾片长宽近等，端末略圆。鞘翅基部约与前胸背板等阔，逐渐向端部收狭。雄性外生殖器中叶长于侧叶；侧叶端部齿钩状，瘦长，顶突和钩突均尖，内缘内凹，端缘略弧，钩突明显内弯。雌性交配囊上具有梯形、方形和尖三角形的3块骨片，其上卧伏有长的骨刺。

分布：浙江、华北、江苏、湖北；朝鲜，韩国。

（148）拟伟梳爪叩甲 *Melanotus* (*Melanotus*) *pseudoregalis* Platia *et* Schimmel, 2001（图版Ⅵ-12）

Melanotus (*Melanotus*) *pseudoregalis* Platia *et* Schimmel, 2001: 247.

主要特征：体扁，纺锤形，黑褐色；前胸背板后部、小盾片、鞘翅及腹面（除前胸腹板外）呈暗栗色底色，触角栗褐色；全身被棕黄色毛。触角向后伸达前胸背板基部，不超过后角；末节狭，假节不太明显。前胸宽扁，宽大于长；后角宽扁，表面有1条和侧缘平行的脊；后缘基沟宽斜，明显。鞘翅基部和前胸等宽，向后逐渐变狭，其长度是前胸长度的2.8倍，端部完全。前胸腹侧缝宽深。雄性外生殖器中叶略长于侧叶，两侧略平行，端部呈角状收狭；侧叶端部钝形膨大成梯形或半圆形，钩突不明显。

分布：浙江（安吉、临安）、安徽、湖北、江西、福建、广东、广西、重庆、四川。

(149) 伟梳爪叩甲 *Melanotus* (*Melanotus*) *regalis* Candèze, 1860（图版 VII-1）

Melanotus regalis Candèze, 1860: 325.

主要特征：体大型，宽扁，棕褐色；触角同体色，足栗红色；被毛灰色。额略平，刻点粗。触角锯齿状，第Ⅲ节长度在第Ⅱ节和第Ⅳ节之间。前胸宽大于长；后角宽，表面平，后角脊靠近侧缘；后缘基侧沟宽斜。鞘翅基部略宽于前胸，从基部 1/3 处向后弯曲变狭直至端部，缝角呈短尖状；表面具规则的刻点沟纹，基部深凹，向后直至端部变得越来越浅；沟纹间隙基部凸，向后渐平。雄性外生殖器中叶粗，长于侧叶，端部显著收狭，呈三角形；侧叶端部略膨大成新月形，无齿突。该种在本属中体型最大。

分布：浙江、东北、江苏、上海、湖北、江西、湖南、福建、台湾、广东、海南、广西、重庆、四川、贵州；千岛群岛，朝鲜，日本，缅甸，越南，老挝，柬埔寨。

(150) 萨氏梳爪叩甲 *Melanotus* (*Melanotus*) *savioi* Platia *et* Schimmel, 2001

Melanotus (*Melanotus*) *savioi* Platia *et* Schimmel, 2001: 253.

主要特征：体褐色至褐锈色；被毛黄色。额扁平。触角超过前胸后角 1 节；第Ⅲ节长于第Ⅱ节不足 2 倍，二者之和长于第Ⅳ节；第Ⅳ–Ⅹ节三角形，各节长大于宽；末节长椭圆形。前胸背板 1.3 倍长于宽；两侧向前 1/3 强收窄，向后在后角前波状；具光滑的中纵线痕迹；后角具长脊，与侧缘近平行。小盾片近矩形。鞘翅仅略窄于前胸背板；两侧从基部到端部缓慢收狭。雄性外生殖器中叶略长于侧叶，向端部渐狭渐尖；侧叶端部钩齿状，内缘端缘略弧，具毛簇，顶突尖突，钩突略内弯。雌性背面更凸。

分布：浙江（杭州）、江苏、上海、江西、福建、海南、四川、云南。

(151) 施瓦茨梳爪叩甲 *Melanotus* (*Melanotus*) *schwarzi* Platia *et* Schimmel, 2001

Melanotus (*Melanotus*) *schwarzi* Platia *et* Schimmel, 2001: 255.

主要特征：体完全褐锈色；被毛黄色。触角不伸达前胸后角，距端部约 0.5 节距离；第Ⅱ节长等于宽，第Ⅲ节近圆锥形，长于第Ⅱ节 2 倍，二者之和长于第Ⅳ节。前胸背板宽 1.3 倍于长；中央具中纵脊痕迹，基部稍凹陷；后角脊近平行于侧缘。鞘翅两侧稍弧拱。雄性外生殖器中叶长于侧叶，端部显著变尖；侧叶端部膨大，内缘弧弯，端缘弧拱，具毛簇，顶突内弯略尖，钩突不明显。雌性较雄性背面更凸，触角更短，交配囊呈肠道状，其上横卧有长的骨刺。

分布：浙江（庆元）。

(152) 中华梳爪叩甲 *Melanotus* (*Melanotus*) *sinensis* Platia *et* Schimmel, 2001

Melanotus (*Melanotus*) *sinensis* Platia *et* Schimmel, 2001: 259.

主要特征：体黑色；触角、前胸背板后角、足和腹部铁锈色；被毛金黄色。触角几乎到达前胸背板后角；第Ⅱ、Ⅲ节小，二者之和明显短于第Ⅳ节；第Ⅳ–Ⅹ节三角形。前胸背板宽略大于长，两侧从中部向前明显收狭，后角前波状；基部具微弱中纵凹；后角尖长，有 1 条靠近侧缘的弱脊。鞘翅两侧从基部微弱膨扩至中部后收狭至端部。雄性外生殖器中叶长于侧叶，端部圆拱，末端具指状突；侧叶端部齿状，具毛簇，端缘直拐，顶突尖，钩突短，内弯。雌性较雄性触角更短，前胸背板两侧更弧拱。

分布：浙江（临安）、江苏、广东。

（153）脉鞘梳爪叩甲 *Melanotus* (*Melanotus*) *venalis* Candèze, 1860（图版 VII-2）

Melanotus venalis Candèze, 1860: 323.

主要特征：体纺锤形，栗褐色；触角、足栗色，前胸侧板、腹末黑色，略显栗色；被毛棕黄色。额脊完全；额槽宽深。触角第Ⅰ节粗；第Ⅱ节小，球形，第Ⅲ节倒锥形，二者之和等长于第Ⅳ节。前胸背板锥形，长宽近等；后角伸向后方，背面有1条锐脊，占侧缘的1/3，并与侧缘平行；后缘基沟明显，较长，沟状。鞘翅从中部开始向后逐渐变狭，端部完全，无尖突。腹侧缝直，裂缝状。雄性外生殖器中叶长于侧叶，端部显著收狭变尖；侧叶端部钩齿状，内缘直，端缘直拐，顶突角状尖出，钩突粗短，内弯。

分布：浙江（安吉、杭州、舟山、开化、庆元）、内蒙古、甘肃、江西、湖南、云南。

（154）朱腹梳爪叩甲 *Melanotus* (*Melanotus*) *ventralis* Candèze, 1860（图版 VII-3）

Melanotus ventralis Candèze, 1860: 324.

主要特征：体舟形，黑色，略光亮；触角黑色；被毛灰白色。触角长，向后末节超过前胸背板后角端部；末节向端部变尖，有锥状的假节。前胸背板长大于宽；两侧前部向前明显变狭；后角伸向后方，有1条明显的脊，呈对角线走向；后缘基侧沟斜。鞘翅等宽于前胸，前中部两侧平行，近端部1/3处开始明显变狭，端部完全。前胸腹侧缝宽深，后端浅，沿基节窝弯曲。雄性外生殖器中叶长于侧叶，从基部向端部逐渐变宽，然后变尖；侧叶从基部向端部逐渐变狭，端部明显钩状，钩端指向外侧，有1毛簇。

分布：浙江（临安、宁波、舟山）、内蒙古、河南、江苏、上海、安徽、江西、福建、四川。

（155）川贵梳爪叩甲 *Melanotus* (*Melanotus*) *vignai* Platia *et* Schimmel, 2001

Melanotus (*Melanotus*) *vignai* Platia *et* Schimmel, 2001: 277.

主要特征：体栗色至黑色；触角、足铁锈色；被稀疏短毛，白色或淡黄色。触角到达（♂）或不达（♀）前胸背板后角；第Ⅱ、Ⅲ节小，球形，之和短于（♂）或等长于（♀）第Ⅳ节；第Ⅳ-Ⅹ节三角形，长大于宽；末节椭圆形。前胸背板长大于宽；基部具有中纵沟痕迹；后角粗，具有与侧缘近平行的脊。鞘翅2.7-3倍于前胸背板的长度，2.2-2.3倍于前胸背板的宽度；两侧从基部向端部微弱地均匀收狭。前胸腹板突基部不急剧弯曲。雄性外生殖器中叶长于侧叶；侧叶端部齿状。

分布：浙江（临安）、四川、贵州。

（156）筛胸梳爪叩甲 *Melanotus* (*Spheniscosomus*) *cribricollis* (Faldermann, 1835)（图版 VII-4）

Ludius cribricollis Faldermann, 1835: 361.
Melanotus restrictus Candèze, 1865: 47.
Spheniscosomus cribricolli: Schenkling, 1927: 269.
Melanotus (*Spheniscosomus*) *cribricolli*: Kishii, 1993b: 92.

主要特征：体纺锤形，黑色；触角、足、腹面黑色，有时胫节和跗节红褐色；被毛灰白色。触角短粗，向后不达或略达前胸基部；第Ⅱ、Ⅲ节倒锥形，第Ⅲ节长于第Ⅱ节，但明显短于第Ⅳ节；第Ⅳ-Ⅹ节三角形，锯齿状，端齿钝；末节向后显为膨大，近端部收缩成假节，突出。前胸背板长，侧缘长明显大于基宽，基部最宽，两侧从基部向前略弧弯逐渐变狭，向后近后角处微弱波入；后缘基沟明显，直；后角长，伸向后方，具1条锐脊。鞘翅等宽于前胸，两侧平行，近端部1/3处向后略弧弯收狭，端部完全。

分布：浙江（临安、宁波）、辽宁、内蒙古、北京、河北、山西、山东、陕西、甘肃、江苏、上海、湖北、江西、福建、台湾、广东、广西、四川、贵州、云南；朝鲜，韩国，日本。

（157）硕梳爪叩甲 *Melanotus* (*Spheniscosomus*) *ingens* Platia *et* Schimmel, 2001

Melanotus (*Spheniscosomus*) *ingens* Platia *et* Schimmel, 2001: 286.

主要特征：体黑色；触角和足暗铁锈色；被毛稀而粗，黄色至黄褐色。触角不达前胸背板后角；第Ⅱ节长宽相等，第Ⅲ节近锥形，是第Ⅱ节的2倍长，二者之和略长于第Ⅳ节。前胸背板宽是长的1.1倍，两侧弧拱，从中部向前强烈收狭，后角处明显波状；背面凸，基部隐约可见中纵沟；后角短，截形，后角脊弱而长，完全与侧缘平行。鞘翅略窄于前胸背板，两侧从基部向端部逐渐收狭。前胸腹板突后部不弯曲；中胸腹板水平，前端突然倾斜。雄性外生殖器中叶略长于侧叶；侧叶简单，端部尖。

分布：浙江（临安）、安徽、江西。

54. 弓背叩甲属 *Priopus* Laporte, 1840

Priopus Laporte, 1840: 251. Type species: *Priopus frontalis* Laporte, 1840.
Diploconus Candèze, 1860: 290 (nec Haeckl, 1860, Protozoa). Type species: *Diploconus peregrinus* Candèze, 1860. Replaced by *Neodiploconus* Hyslop, 1921.
Thaumastiellus Schwarz, 1902b: 335. Type species: *Thaumastiellus bioculatus* Schwarz, 1902.
Neodiploconus Hyslop, 1921: 658. Type species: *Diploconus peregrinus* Candèze, 1860.
Ploconides Fleutiaux, 1933: 208. Type species: *Diploconus spiloderus* Candèze, 1865.
Pulchronotus Fleutiaux, 1933: 208. Type species: *Diploconus ornatus* Candèze, 1891.

主要特征：体中型，狭长，背面弯曲弓凸，光亮。额脊完全，额槽宽深。触角短，锯齿状，具纵脊；第Ⅱ节小，球形；第Ⅲ节等长或略长于第Ⅱ节；第Ⅳ–Ⅹ节三角形；末节长，似有假节。前胸后角明显具双脊，外脊狭长；基沟完全缺乏。前胸腹板长；腹前叶大；腹后突直；腹侧缝直或略弯曲，细，前端无沟，完整关闭。后足基节片内侧齿状。跗节第Ⅰ–Ⅳ节逐渐变小；爪强烈梳状。

分布：古北区、东洋区。世界已知190种，中国记录22种，浙江分布1种。

（158）刺角弓背叩甲 *Priopus angulatus* (Candèze, 1860)（图版Ⅶ-5）

Diploconus angulatus Candèze, 1860: 297.
Neodiploconus angulatus: Schenkling, 1927: 265.
Priopus angulatus: Hayek, 1990: 80.

主要特征：体狭长，赤褐色；触角和足赤红色，腹面与背面同色；被毛金黄色。触角向后伸达前胸背板后角中部；第Ⅲ节形状相似于第Ⅱ节，较第Ⅳ节短；从第Ⅳ节开始锯齿状。前胸背板长明显大于宽，向前明显变狭，前角有点突然下垂；侧缘波状，前缘平滑；背面不太凸，中部略有1条不明显的中线，近后缘有2个低凹；后角长尖，分叉，上有2条锐脊，内脊略短。鞘翅略宽于前胸，长度为前胸长度的2.5倍多，两侧平行至中部后变狭，端部缘角浑圆形。前胸侧板后端有容纳前足腿节的横凹。

分布：浙江（安吉、临安、开化、景宁）、河南、陕西、甘肃、江苏、湖北、江西、湖南、福建、台湾、广东、海南、香港、重庆、四川、贵州、云南；越南，老挝，泰国，柬埔寨，马来西亚，新加坡。

（六）球胸叩甲亚科 Hemiopinae

主要特征：额脊中间缺乏，仅触角窝上方存在。触角长，锯齿状或栉齿状，向后伸过鞘翅基部。前胸两侧通常弧拱，背面多凸起成球面状。小盾片多样，但绝不呈心形。前胸腹前叶截形，暴露下唇；前胸腹侧缝直，开掘，双条；中足基节窝向中胸前、后侧片开放；中、后胸腹板在中足基节间有1条明显的分界缝；中足基节较接近；后胸腹板略向前突出。跗节简单；爪简单，基部无刚毛。

该亚科世界已知4属，浙江分布1属。

55. 球胸叩甲属 *Hemiops* Laporte, 1836

Oxysternus Latreille, 1834: 164 (homonym of *Oxysternus* Godet, 1833, Histeridae). Type species: *Elater crassus* Gyllenhal, 1817.
Hemiops Laporte, 1836: 15. Type species: *Hemiops flava* Laporte, 1836.

主要特征：触角长，向后伸过鞘翅肩胛；末节长纺锤形，近端部缢缩成假节。前胸小，背面相当凸，呈球面形，后部倾斜；后角不太突出；后缘具基沟或基沟痕。鞘翅长且宽，近平行，后部2/3略扩。前胸腹板短宽，腹前叶无，腹后突短而相当尖，腹侧缝相当开掘；中胸腹窝小而深，三角形，侧缘不凸边，倾斜，分叉呈V字形。后足基节片外端狭，内端相当膨大，转节着生处的外侧几乎呈齿状。

分布：东洋区。世界已知20种，中国记录7种，浙江分布2种。

（159）球胸叩甲 *Hemiops flava* Laporte, 1836（图版 VII-6）

Hemiops flava Laporte, 1836: 15.
Hemiops plana Laporte, 1840: 254.
Hemiops lutea Germar, 1843: 52.

主要特征：体狭长，黄色，光亮；触角（除基部1节或2节黄色外）黑色，足黄色，跗节黑色，有时中、后足基部2节黄色；被毛黄色。触角向后超过鞘翅肩胛；第Ⅰ节粗，圆筒状；第Ⅱ节短小，近球形；第Ⅲ节细，长锥形，为第Ⅱ节长的2–3倍；末节长纺锤形，近端部缢缩。前胸背板长宽近等，基部1/4处陡然向后倾斜，基缘两侧1/3处各有基沟凹刻，向前形成1条短的纵脊，基缘中央正对小盾片向内略呈方形凹切；后角短，略向外叉开，背面无脊。鞘翅明显宽于前胸。跗节腹面密被垫状细毛。

分布：浙江、湖南、台湾、广东、海南、云南；印度，尼泊尔，孟加拉国，缅甸，老挝，泰国，柬埔寨，菲律宾，印度尼西亚。

（160）黑足球胸叩甲 *Hemiops germari* Cate, 2007（图版 VII-7）

Hemiops nigripes Germar, 1843: 52 (homonym of *Hemiops nigripes* Laporte, 1838).
Hemiops germari Cate, 2007: 45, 186.

主要特征：体狭长，棕黄色；鞘翅色略淡，触角、足（除基节和转节外）及小盾片漆黑色；被毛黄色。触角向后超过鞘翅肩胛；第Ⅱ节圆球形，第Ⅲ节细长，至少为第Ⅱ节长度的3倍。前胸背板短阔，强烈高凸成球形，背面观不见侧缘，后部具1条纵中凹纹，基缘两侧1/4处的基沟成为1条短的纵脊，中部正对小盾片处具1长方形凹缺，凹缺内具3齿状突起；两侧弧拱，近后角处收狭成波状；后角小，分叉。小盾片长舌状，基缘中央凹缺。鞘翅明显宽于前胸，狭长。跗节腹面有垫状毛。

分布：浙江（临安）、江苏、湖北、江西、湖南、福建、广东、海南、广西、四川、云南、西藏；越南，马来西亚，印度尼西亚。

（七）线角叩甲亚科 Pleonominae

主要特征：额脊中间无，仅触角窝上方存在。触角锯齿状（♀）或丝状（♂）；雄性相当长，向后常超过体长之半。前胸背板近方形（♂）或钟形（♀），背面凸。小盾片盾形，绝不呈心形。前胸腹前叶截形，暴露下唇；前胸腹侧缝直，单条，关闭；中足基节窝向中胸前、后侧片开放，或仅向前侧片关闭；左、右中足基节靠近；后胸腹板向前凸出；中、后胸腹板有 1 条明显的分界缝。跗节和爪简单。

该亚科中国记录 1 属，浙江分布 1 属。

56. 线角叩甲属 *Pleonomus* Ménétriés, 1849

Serropalpus Faldermann, 1835: 414 (homonym of *Serropalpus* Hellenius, 1786, Melandryidae). Type species: *Serropalpus spincollis* Faldermann, 1835.

Pleonomus Ménétriés, 1849: 48. Type species: *Pleonomus tereticollis* Ménétriés, 1849.

Ictis Candèze, 1863: 240. Type species: *Ictis sinensis* Candèze, 1863.

主要特征：性二型明显：雄瘦狭，雌宽胖。雄：体圆筒形，似筒天牛。复眼球状突出。触角 12 节，细长，线状；第Ⅱ节小，球形；第Ⅲ节后各节相当细长，近圆筒形。前胸背板近方形，长宽近等；后角分叉，具单脊。鞘翅狭长，侧缘具凸边。足细长；跗节长于胫节；爪简单。雌：体宽扁；触角 11 节，锯齿状；前胸背板近钟形。

分布：古北区、东洋区。世界已知 6 种，中国记录 2 种，浙江分布 1 种。

（161）沟叩头虫 *Pleonomus canaliculatus* (Faldermann, 1835)（图版 VII-8）

Cratonychus canaliculatus Faldermann, 1835: 362.

Serropalpus spincollis Faldermann, 1835: 414.

Ictis sinensis Candèze, 1863: 240.

Athous acutidens Fairmaire, 1878: 110.

Pleonomus canaliculatus: Schenkling, 1927: 505.

主要特征：性二型明显：雄瘦狭，雌宽胖。雄：体圆柱形，狭长，栗色，显紫色；被毛黄色。触角 12 节，向后伸达鞘翅近端部 1/4；第Ⅰ节粗，向后弓弯膨扩；第Ⅱ节短小，近球形；第Ⅲ节后各节渐细。前胸小，背板近方形，长略大于宽；两侧缘直，向后略扩，近后角微弱波状；背面凸，具刻点，表面具细的中纵沟；后角尖长且直，相当分叉，表面 1 条短的细脊。小盾片盾形。鞘翅明显宽于前胸，相当长，其长约为前胸长的 5 倍；两侧从基部平行至端部 1/4 后向端部逐渐收狭，端部完全。

分布：浙江、黑龙江、吉林、辽宁、内蒙古、河北、山西、山东、河南、陕西、甘肃、青海、江苏、安徽、湖北、湖南、福建、广西、重庆、贵州；蒙古。

（八）小叩甲亚科 Negastriinae

主要特征：体小至微小型，椭圆形或纺锤形。头扁平；额脊完全，向前呈圆形扩大，在触角窝上方相当隆起。触角锯齿状或弱锯齿状。前胸前角一般向前突出；后角短宽，有 1 条明显的脊；后缘基沟完全缺乏。腹侧缝前端向外弯，单条、双条或 3 条脊，前端沟状或关闭。中足基节窝向中胸前、后侧片关闭，外侧被中胸腹板和后胸腹板包围；中足基节间的中、后胸腹板有 1 条明显的分界缝。

该亚科浙江分布 1 属。

57. 微叩甲属 *Quasimus* Gozis, 1886

Quasimus Gozis, 1886: 22. Type species: *Elater minutissimus* Germar, 1822.

主要特征：体微小，纺锤形或长椭圆形。额脊完全；额槽相当宽，中间浅。触角一般短，第Ⅳ–Ⅹ节弱锯齿状或似念珠状；第Ⅱ节粗于和长于第Ⅲ节。前胸背板凸成球面状；后角发达，具有 1 条长脊。小盾片一般呈半圆形，具 1 明显的环状脊或低凹。鞘翅光滑。前胸腹侧缝宽，似三重脊，前端明显沟状；后胸腹板在中足基节窝后具明显的脊。跗节第Ⅳ节端部膨大。该属是叩甲科中体型最小的属之一。

分布：古北区、东洋区。世界已知 129 种，中国记录 21 种，浙江分布 1 种。

（162）沙县微叩甲 *Quasimus shaxianensis* Jiang, 1999（图版 VII-9）

Quasimus shaxianensis Jiang in Jiang & Wang, 1999: 156.

主要特征：体微小，长椭圆形；全身密被银白色细绒毛。触角向后长过后角；第Ⅰ节粗大，第Ⅱ节略长于第Ⅲ节，倒长锥形，以后各节基部向端部强烈膨大似念珠形，末节菱形。前胸宽略大于长，两侧拱出成圆形，向前向后变狭；后角尖，指向后方，背面有 1 条长脊，沿侧缘前伸几乎接近前缘。鞘翅略宽于前胸，侧缘基部明显内弯曲，向后逐渐变狭，左右鞘翅在端部合并成浑圆形。腹侧缝内弯成弧形，2 条脊，在基部重合，前端明显沟状，向后变浅。后足基节片基部膨大，呈叶状，向外强烈变狭变尖。

分布：浙江（余姚、庆元）、福建、重庆、四川、云南。

（九）心盾叩甲亚科 Cardiophorinae

主要特征：额脊完全，额槽宽深。触角较长，第Ⅲ–Ⅹ节锯齿状。前胸背板后角短阔，末端横截或钝尖，通常无脊，有时具 1 条模糊的脊；基沟明显，宽长而浅；下侧缝通常前端不完整或全部缺失，极少完整。小盾片通常心形，极少盾形或长方形。前胸腹侧缝简单，直，前方关闭，有时似双重；中足基节窝向中胸前、后侧片关闭；中胸后侧片小；中、后胸腹板在中足基节间有 1 条明显的分界缝。

该亚科世界已知 6 属，浙江分布 2 属。

58. 心跗叩甲属 *Cardiotarsus* Lacordaire, 1857

Cardiotarsus Lacordaire, 1857: 192. Type species: *Cardiotarsus capensis* Lacordaire, 1857.

主要特征：触角向后超过前胸基部；第Ⅲ节长于第Ⅱ节，而短于以后各节。前胸背板侧缘脊前部消失，下侧面无下侧缝。鞘翅宽于前胸基部。跗节第Ⅳ节膨大，呈心形，端部中央向内深凹，第Ⅴ节着生在深凹中，接近第Ⅲ节；爪简单。

分布：古北区、东洋区。世界已知 32 种，中国记录 11 种，浙江分布 3 种。

分种检索表

1. 鞘翅肩部有黄斑 ·· 黄肩心跗叩甲 *C. humeralis*

- 鞘翅肩部无黄斑 ··· 2
2. 鞘翅长，其长度是前胸背板长度的 3 倍以上 ·· **长翅心跗叩甲 C. longipennis**
- 鞘翅不太长，其长度不达前胸背板长度的 2.5 倍 ··· **黄足心跗叩甲 C. pallidipes**

（163）黄肩心跗叩甲 Cardiotarsus humeralis Miwa, 1930（图版 VII-10）

Cardiotarsus humeralis Miwa, 1930a: 6.

主要特征：头及前胸背板黑色，光亮；鞘翅及身体腹面棕黑色；鞘翅肩部从第Ⅳ间隙开始几乎至侧缘黄色；触角黑褐色，基部第Ⅰ节略显棕色；足淡黄色；全身被黄色绒毛。头扁平，刻点细而明显，前部有 1 对凹窝；额脊完全。触角细长，弱锯齿状，几近线状，向后端部 2 节超过前胸后角端部；第Ⅱ节最小，第Ⅲ节略长于第Ⅱ节，以后各节向后逐节变细变长。前胸背板凸；两侧拱出，呈弓形；后角短钝，向后伸；基沟短，明显。鞘翅宽于前胸，两侧向后渐狭；表面具明显而规则的刻点沟纹。

分布：浙江（临安、庆元）、福建、台湾。

（164）长翅心跗叩甲 Cardiotarsus longipennis Schwarz, 1902 中国新记录

Cardiotarsus longipennis Schwarz, 1902a: 261.

主要特征：体暗褐色；腹面黑色，密被细刻点；鞘翅缘折、腹部两侧及末端暗褐红色；触角褐色；足暗褐红色；被毛灰黄色。触角向后至少端部 2 节超过前胸背板后角；第Ⅰ节粗，圆筒形；第Ⅱ节短，短于第Ⅲ节。前胸背板长宽近等，两侧向前向后收狭，基部 1/3 收狭明显；基沟细，但明显；下侧缝消失。鞘翅宽于前胸背板，两侧向后微扩至中部，之后呈圆形膨扩收狭。前胸腹侧缝单条，前端关闭。后足基节片近基部阔，向端部变狭。跗节第Ⅳ节膨大，呈心形，第Ⅴ节嵌入其中，接近第Ⅲ节。

分布：浙江（临安、庆元）；喜马拉雅南麓。

（165）黄足心跗叩甲 Cardiotarsus pallidipes Miwa, 1930（图版 VII-11）

Cardiotarsus pallidipes Miwa, 1930a: 5.

主要特征：体黑色，光亮；触角褐色；密被黄色绒毛。额脊完全，向前弓拱，在复眼前明显呈角状。触角细长，弱锯齿状，几近丝状，向后端部 2 节超过前胸后角端部；第Ⅱ节最短，第Ⅲ节略长于第Ⅱ节，以后各节逐节变细变长，直至末节。前胸背板凸，密被相当微弱的细刻点；两侧外拱，从中部向两端逐渐变狭；后角短宽，伸向后方；基沟短，明显可见。小盾片标准心形，前缘中部向后深凹。鞘翅宽于前胸背板，表面具明显的刻点沟纹；沟纹间隙凸，基部更凸，具细弱不匀的刻点。爪简单。

分布：浙江（临安）、台湾、贵州。

59. 珠叩甲属 Paracardiophorus Schwarz, 1895

Paracardiophorus Schwarz, 1895: 40. Type species: *Cardiophorus musculus* Erichson, 1840.

主要特征：前胸背板侧缘脊明显，至少后半部如此；基侧沟短，无下侧缝。小盾片标准心形。前胸腹板狭，两侧平行。后足基节片向外渐尖，向内明显扩宽。跗节和爪简单。

分布：世界广布。世界已知 48 种，中国记录 11 种，浙江分布 2 种。

(166) 棉珠叩甲 *Paracardiophorus devastans* (Matsumura, 1910)（图版 VII-12）

Cardiophorus devastans Matsumura, 1910: 38.
Paracardiophorus devastans: Miwa, 1930b: 92.

主要特征：体黑色；触角、足黑色，腿节基部和端部、胫节端部黄褐色；被毛灰色，腹面毛银白色。触角短，向后不超过前胸背板后角端部；第Ⅰ节粗，圆筒形，第Ⅱ节最短，第Ⅲ–Ⅹ节近圆筒形，末节近菱形。前胸背板宽略大于长，近圆形，光亮，背面凸成球面状；两侧圆拱，向前向后弧弯收狭，侧缘脊不太长，向前仅伸过前胸的 1/2；基沟直，明显；后角短，不分叉。鞘翅宽于前胸背板。前胸腹侧缝单条，前端关闭；腹前叶弓拱。后足基节片基部近平行，过 1/2 处后强烈收狭。爪简单，不具齿。

分布：浙江、江苏、台湾。

(167) 微铜珠叩甲 *Paracardiophorus sequens* (Candèze, 1873)（图版 VIII-1）

Cardiophorus sequens Candèze, 1873: 16.
Paracardiophorus sequens: Schwarz, 1895: 40.
Cardiophorus subaeneus Fleutiaux, 1902: 20.

主要特征：体椭圆形，黑色，略光亮；触角和足黑色；密被灰白色细毛。头顶略凸，前缘弧拱，额脊完全，刻点细密。触角向后不达前胸后角端部；第Ⅱ节小，倒锥形，其长度不达第Ⅲ节之半；以后各节三角形，向后逐节变细；末节端部突然缢缩后突出，似有假节。前胸背板长宽近等，中域相当隆凸，具粗细两种刻点；两侧弧拱，近后角处向内弧凹，侧缘脊细长，从基部向前伸达近前角；后角短，靠外侧具 1 脊纹；基沟斜。鞘翅基部宽，逐渐向端部收狭，其长度不达其基宽的 2 倍。

分布：浙江（德清、临安、舟山）、北京、山西、山东、陕西、湖北、福建、台湾、四川；朝鲜，日本。

九、花萤科 Cantharidae

主要特征：体扁而软。头部大部分外露；上唇膜质，完全被唇基覆盖。触角 11 节，多为丝状，有的锯齿状或栉状。腹部可见腹板 7 或 8 节；第 I–VIII 节可见背板两侧各具 1 个腺孔。中足基节相近；跗式 5-5-5。

该科世界已知 5 亚科 173 属 6000 余种，世界广布。中国记录 4 亚科 41 属 700 余种，浙江分布 8 属 35 种。

分属检索表

1. 两性跗爪双齿状 ··· 2
- 两性跗爪不同上 ··· 4
2. 雄性头部背面具凹陷 ·· 拟齿爪花萤属 *Pseudopodabrus*
- 雄性头部正常 ··· 3
3. 前胸背板长大于宽或约相等 ·· 异角花萤属 *Cephalomalthinus*
- 前胸背板宽大于长 ··· 丝角花萤属 *Rhagonycha*
4. 前胸背板近圆形 ··· 圆胸花萤属 *Prothemus*
- 前胸背板近方形或矩形 ··· 5
5. 雄性外生殖器阳基侧突两侧背板愈合 ··· 6
- 雄性外生殖器阳基侧突两侧背板分离 ··· 7
6. 两性跗爪单齿状 ··· 丽花萤属 *Themus*
- 两性跗爪具附齿或雌性单齿状 ··· 台湾花萤属 *Taiwanocantharis*
7. 两性跗爪单齿状；前胸背板前角宽圆，后角圆或尖锐突起 ······································· 狭胸花萤属 *Stenothemus*
- 两性或雌性跗爪具基齿或单齿状；前胸背板前、后角近方形 ································· 异花萤属 *Lycocerus*

60. 异花萤属 *Lycocerus* Gorham, 1889

Lycocerus Gorham, 1889: 108. Type species: *Lycocerus serricornis* Gorham, 1889 (= *Omalysus macullicollis* Hope, 1831).
Athemus Lewis, 1895: 110. Type species: *Telephorus suturellus* Motschulsky, 1860.
Athemellus Wittmer, 1972a: 123. Type species: *Athemellus maculithorax* Wittmer, 1972.
Mikadocantharis Wittmer et Magis, 1978: 133. Type species: *Cantharis japonica* Kiesenwetter, 1874.
Athemus (*Andrathemus*) Wittmer, 1978: 155. Type species: *Athemus* (*Andrathemus*) *purpurascens* Wittmer, 1978.
Athemus (*Isathemus*) Wittmer, 1995: 185. Type species: *Athemus pallidulus* Wittmer, 1995.

主要特征：体小至中型，黑色、橙黄色或蓝绿色，具金属光泽。触角丝状，雄性中央节具光滑细纵浅沟，雌性则无。前胸背板近方形，两侧平行或向后稍变宽。两性跗爪均单齿状或前、中外侧爪各具 1 个基齿；或雄性单齿状，雌性前、中外侧爪或与内侧爪各具 1 个基齿。

分布：古北区、东洋区。世界已知约 350 种，中国记录 173 种，浙江分布 9 种（亚种）。

分种检索表

1. 鞘翅蓝色或绿色，具金属光泽 ··· 2
- 鞘翅黑色或棕黄色，不具金属光泽 ··· 3
2. 体大型，长于 13.0 mm；前胸背板中央具黑斑 ······················· 亮丽异花萤福建亚种 *L. metallescens fukienensis*

| - 体小型，最长 6.0 mm；前胸背板无黑斑 ··· 派氏异花萤 *L. pieli*
| 3. 鞘翅棕黄色 ··· 4
| - 鞘翅黑色 ·· 5
| 4. 前胸背板棕黄色 ··· 东方异花萤 *L. orientalis*
| - 前胸背板棕色，盘区中央具黑斑 ··· 糙胸异花萤 *L. rugulicollis*
| 5. 前胸背板红褐色，密被灰色长毛 ··· 红胸异花萤 *L. atropygidialis*
| - 前胸背板毛被不同上 ··· 6
| 6. 体大型，粗壮，长于 13.0 mm ··· 费氏异花萤 *L. fairmairei*
| - 体中小型，细狭，短于 11.5 mm ··· 7
| 7. 腿节端部和跗节黑色 ··· 黑环异花萤 *L. nigroannulatus*
| - 足完全橙色 ··· 8
| 8. 头和前胸背板黑色 ··· 沃氏异花萤 *L. walteri*
| - 头和前胸背板橙色 ··· 天目山异花萤 *L. tienmushanus*

（168）红胸异花萤 *Lycocerus atropygidialis* (Pic, 1937)

Cantharis perroudi var. *atropygidialis* Pic, 1937a: 143.
Lycocerus atropygidialis: Y. Yang & X. Yang, 2014: 527.

主要特征：体长 9.0–11.0 mm，宽 2.0–3.0 mm。体黑色；前胸背板红褐色，前、后缘稍加深。头部近圆形，复眼较大，两眼间距宽于前胸背板前缘。触角近丝状，向后延伸至鞘翅基部 1/3 处。前胸背板近矩形，宽明显大于长，近基部最宽；前缘弧形，后缘近平直；前角圆钝，后角近直角；盘区后半部两侧稍隆起。鞘翅长约为前胸背板的 4 倍，长约为肩部宽的 3.5 倍，肩部明显宽于前胸背板后缘；外缘近似平行，近内缘可见 2 条较清晰的纵脉。足细长；跗爪均单齿状。雄性目前未知。

分布：浙江（临安）。

（169）亮丽异花萤福建亚种 *Lycocerus metallescens fukienensis* (Wittmer, 1954)（图 4-2: A-C）

Themus metallescens fukienensis Wittmer, 1954a: 109.
Lycocerus metallescens fukienensis: Kazantsev & Brancucci, 2007: 251.

主要特征：体长 13.0–16.0 mm，宽 3.0–4.0 mm。头、触角黑色，口器、触角基部 2 节、前胸背板、足橙黄色，前胸背板中央具 1 黑斑，鞘翅绿色，具金属光泽。头近方形，复眼大，两眼间距稍宽于前胸背板前缘。触角丝状，长至鞘翅 3/4 处；雄性第Ⅳ–Ⅺ节各具 1 光滑细纵沟。前胸背板近方形，两侧向后稍变宽。鞘翅两侧平行，长为肩部宽的 3.3 倍，为前胸背板长的 5 倍。雄性外生殖器：阳基侧突腹面突端圆，稍相向弯曲；背板稍长于腹面突，端缘近平直；中茎侧突略短于背板，端尖，与背板外侧角相对；中茎端部具突。

分布：浙江（临安）、安徽、湖北、福建。

（170）黑环异花萤 *Lycocerus nigroannulatus* (Pic, 1922)（图 4-2: D-F）

Cantharis nigroannulata Pic, 1922: 30.
Athemus nigroannulatus: Wittmer, 1954b: 279.
Lycocerus nigroannulatus: Kazantsev & Brancucci, 2007: 252.

主要特征：体长 9.0–10.0 mm，宽 2.0–2.5 mm。头、口器、前胸背板、足橙色，触角黑色，基部 2

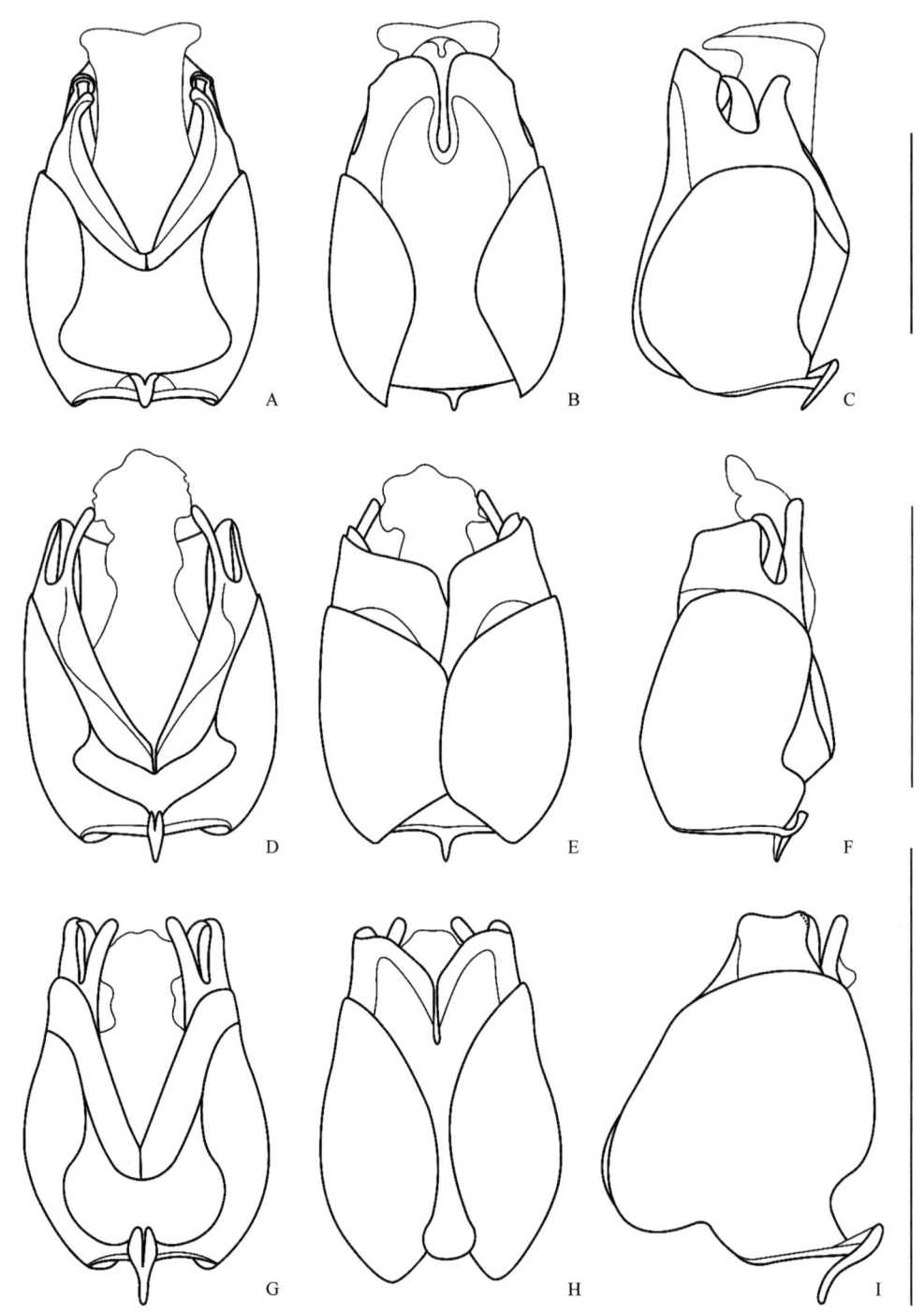

图 4-2 亮丽异花萤福建亚种等的雄性外生殖器

A、D、G. 腹面观;B、E、H. 背面观;C、F、I. 侧面观。A-C. 亮丽异花萤福建亚种 *Lycocerus metallescens fukienensis* (Wittmer, 1954);D-F. 黑环异花萤 *Lycocerus nigroannulatus* (Pic, 1922);G-I. 派氏异花萤 *Lycocerus pieli* (Pic, 1937)。比例尺:1 mm

节橙色，鞘翅、腿节端部和跗节黑色。头近方形，复眼大，两眼间距与前胸背板前缘约等宽。雄性触角第Ⅳ-Ⅹ节各具1光滑细纵沟，长达鞘翅端部1/3处。前胸背板近矩形，宽大于长，两侧近平行；前角稍圆钝，后角近直角。鞘翅两侧近平行，长约为肩部宽的2.6倍，为前胸背板长的5.2倍。雄性外生殖器：阳基侧突腹面突细狭，稍相向弯曲；背板短于腹突；中茎侧突与背板约等长，端尖，与背板外侧角相对。

分布：浙江（湖州、宁波、舟山）、江西。

（171）派氏异花萤 *Lycocerus pieli* (Pic, 1937)（图 4-2: G-I）

Athemus pieli Pic, 1937b: 171.

Lycocerus pieli: Kazantsev & Brancucci, 2007: 253.

主要特征：体长 5.5–6.0 mm，宽 1.0–1.5 mm。头黑色，口器橙色，触角黑色，基部2节橙色，前胸背板黑色，鞘翅蓝色，具金属光泽，足橙色。头近方形，复眼大，两眼间距略宽于前胸背板前缘。触角线状，雄性第Ⅲ-Ⅺ节各具1光滑细纵沟或圆点，长达鞘翅的1/2处。前胸背板近矩形，两侧缘近平行；前角钝圆，后角近垂直。鞘翅两侧近平行，长约为肩部宽的3倍，为前胸背板长的4.5倍。雄性外生殖器：阳基侧突腹面突较直，端圆，稍相向弯曲；背板与腹面突约等长；中茎侧突与背板近似等长，端部变狭与背板外侧角相对。

分布：浙江（德清、临安）、福建。

（172）费氏异花萤 *Lycocerus fairmairei* Y. Yang *et* X. Yang, 2013（图 4-3: A-C）

Telephorus dimidiaticrus Fairmaire, 1889: 41 [HN].

Lycocerus fairmairei Y. Yang *et* X. Yang in Yang, Kopetz & Yang, 2013: 11 [RN].

主要特征：体长 13.0–16.0 mm，宽 3.5–4.0 mm。头、口器红棕色，触角黑色，柄节红棕色，前胸背板红棕色，鞘翅黑色，足黑色，基节、转节和腿节基部红棕色。头部近方形，复眼大，两眼间距与前胸背板前缘约等长。雄性触角第Ⅴ-Ⅺ节各具1光滑细纵沟，长达鞘翅端部1/3处。前胸背板近矩形，两侧缘近平行；前角钝圆，后角近垂直。鞘翅两侧向后稍变狭，长约为肩部宽的2.5倍，为前胸背板长的5倍。雄性外生殖器：阳基侧突腹面突细直；背板与腹突约等长，端缘近平直，内表面近侧顶部具1脊，与中茎侧突端部相对；中茎侧突与背板近似等长，端部收窄成勾状，向背外侧弯曲，与背板内端脊相对；中茎端部具突。

分布：浙江（金华、丽水）、福建、贵州。

（173）天目山异花萤 *Lycocerus tienmushanus* (Wittmer, 1995)（图 4-3: D-F）

Athemus (*Isathemus*) *tienmushanus* Wittmer, 1995: 239.

Lycocerus tienmushanus: Kasantsev & Brancucci, 2007: 254.

主要特征：体长 7.0–10.0 mm，宽 1.5–2.2 mm。头橙色，上颚深棕色，触角黑色，基部2节橙色，前胸背板橙色，鞘翅黑色，足橙色。头近方形，复眼较大，两眼间距稍宽于前胸背板前缘。雄性触角第Ⅲ-Ⅺ节各具1光滑细纵沟，长达鞘翅端部1/3处。前胸背板近矩形，长大于宽，两侧缘近平行；前角钝圆，后角近垂直。鞘翅两侧近平行，长约为肩部宽的3倍，为前胸背板长的3.8倍。雄性外生殖器：阳基侧突腹面突端圆，稍相向弯曲；背板较腹突稍短，端缘具缺刻，内表面近外侧角处具横脊；中茎侧突与背板近似等长，端尖，与背板横脊相对。

分布：浙江（临安）、安徽、福建。

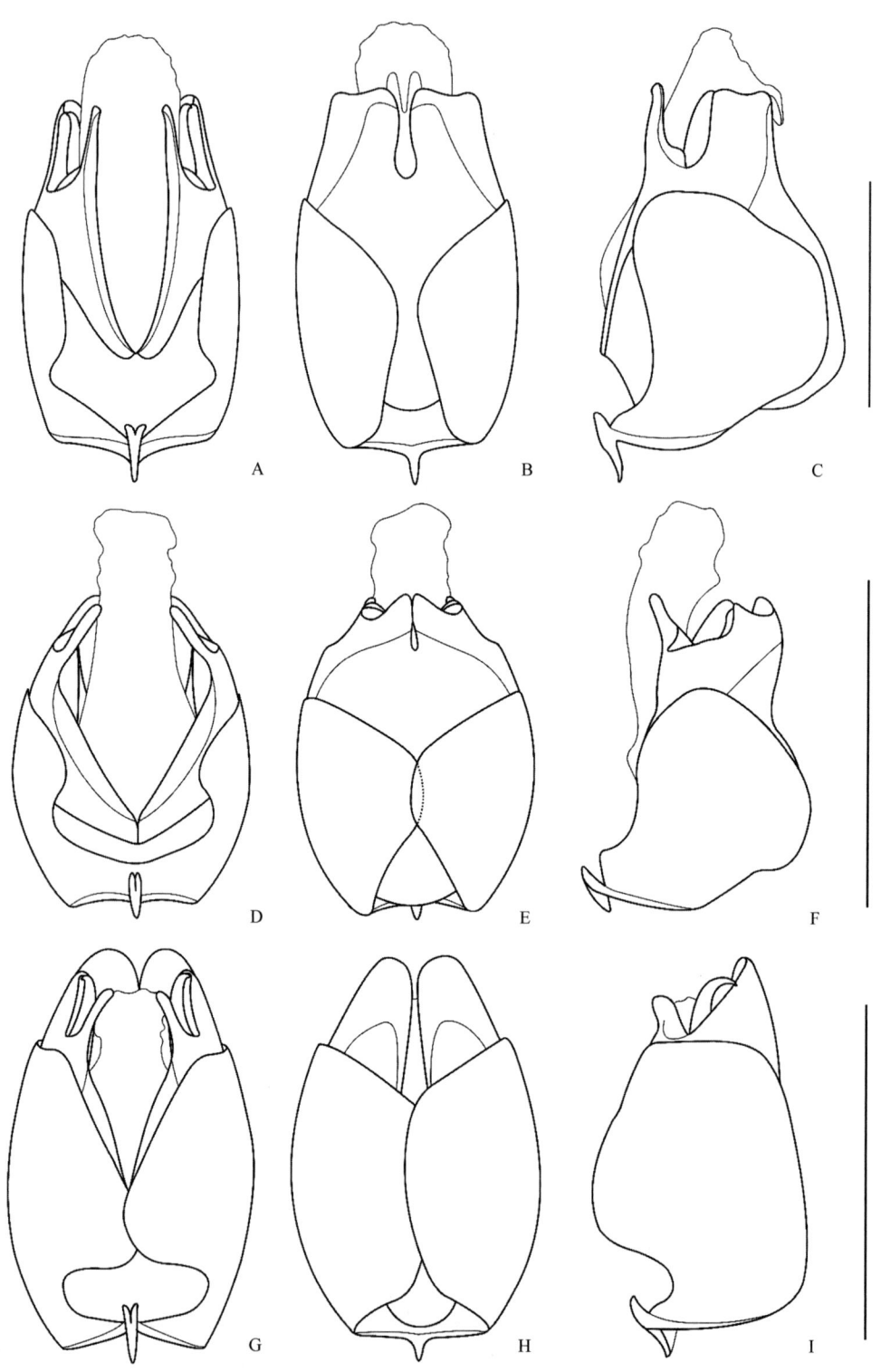

图 4-3 费氏异花萤等的雄性外生殖器

A、D、G. 腹面观；B、E、H. 背面观；C、F、I. 侧面观。A-C. 费氏异花萤 *Lycocerus fairmairei* Y. Yang *et* X. Yang, 2013；D-F. 天目山异花萤 *Lycocerus tienmushanus* (Wittmer, 1995)；G-I. 沃氏异花萤 *Lycocerus walteri* (Švihla, 2004)。比例尺：1 mm

（174）沃氏异花萤 *Lycocerus walteri* (Švihla, 2004)（图 4-3: G-I）

Athemus testaceipes Pic, 1937b: 171.
Athemus (*Athemus*) *walteri* Švihla, 2004: 183 [RN].
Lycocerus walteri: Kazantsev & Brancucci, 2007: 254.

主要特征：体长 8.5–10.0 mm，宽 2.0–2.5 mm。头、前胸背板、鞘翅黑色，口器橙色，触角黑色，基部 2 节橙色，足橙色，腿节端部和跗节黑色。头近方形，复眼大，两眼间距与前胸背板前缘约等长。雄性触角第Ⅳ–Ⅺ节各具 1 光滑细纵沟，长达鞘翅 1/2 处。前胸背板近方形，长宽约等，两侧微弧；前角钝圆，后角近垂直。鞘翅两侧近平行，长约为肩部宽的 3 倍，为前胸背板长的 4 倍。雄性外生殖器：阳基侧突腹面突端圆，两侧稍相向弯曲；背板长于腹面突，端缘圆，内表面外缘近端部具 1 横脊，与中茎侧突端部相对；中茎侧突略短于背板，长于腹突，端尖。

分布：浙江（临安）、江西。

（175）东方异花萤 *Lycocerus orientalis* (Gorham, 1889)（图 4-4: A-C）

Telephorus orientalis Gorham, 1889: 105.
Telephorus bigibbulus Fairmaire, 1900: 627.
Cantharis orientalis: Jacobson, 1911: 677.
Cantharis orientalis var. *subrufohumeralis* Pic, 1921a: 4.
Athemus (*Athemus*) *orientalis*: Wittmer, 1972b: 107.
Lycocerus orientalis: Kazantsev & Brancucci, 2007: 252.

主要特征：体长 14.0–16.0 mm，宽 3.5–4.0 mm。体棕黄色，触角黑色，基部 2 节棕黄色。头部近方形，两眼间距略大于前胸背板前缘。触角丝状，雄性第Ⅳ–Ⅺ节各具 1 光滑细纵沟或椭圆刻点，长达鞘翅端部 1/3 处。前胸背板近方形，两侧向后稍变宽；前角近直角，后角钝圆。鞘翅两侧近平行，长约为肩部宽的 4 倍，为前胸背板长的 5.6 倍。雄性外生殖器：阳基侧突腹面突端圆，稍相向弯曲；背板明显长于腹突，内表面中央具 1 横脊，与中茎侧突端部相对；中茎侧突约为背板长的 1/2，略长于腹突，端尖，向背外侧弯曲；中茎端部具突。

分布：浙江（平湖、临安、景宁）、山东、江西、福建、广西、四川。

（176）糙胸异花萤 *Lycocerus rugulicollis* (Fairmaire, 1886)

Telephorus rugulicollis Fairmaire, 1886: 340.
Telephorus bartoni Gorham, 1889: 106.
Athemus rugulicollis: Jacobson, 1911: 675.
Lycocerus rugulicollis: Kazantsev & Brancucci, 2007: 253.

主要特征：体长 12.5–15.0 mm，宽 3.0–4.0 mm。头棕色，背面中央具黑斑，口器黑色，触角棕色，基部 2 节黑色，前胸背板棕色，盘区中央具 1–2 个黑斑，鞘翅棕色，足黑色。头部近方形，两眼间距与前胸背板的前缘约等长。触角丝状，雄性第Ⅳ–Ⅺ节各具 1 较长光滑细纵沟，长达鞘翅端部 1/3 处。前胸背板近方形，前缘弧形，两侧缘平行，后缘近平直；前角钝圆，后角近垂直；盘区后部两侧隆起。鞘翅两侧近平行，长约为肩部宽的 2.75 倍，为前胸背板长的 4.4 倍，宽为前胸背板后缘的 1.6 倍。

分布：浙江（湖州、杭州、宁波、金华）、江苏、湖北、江西、湖南、福建、广西。

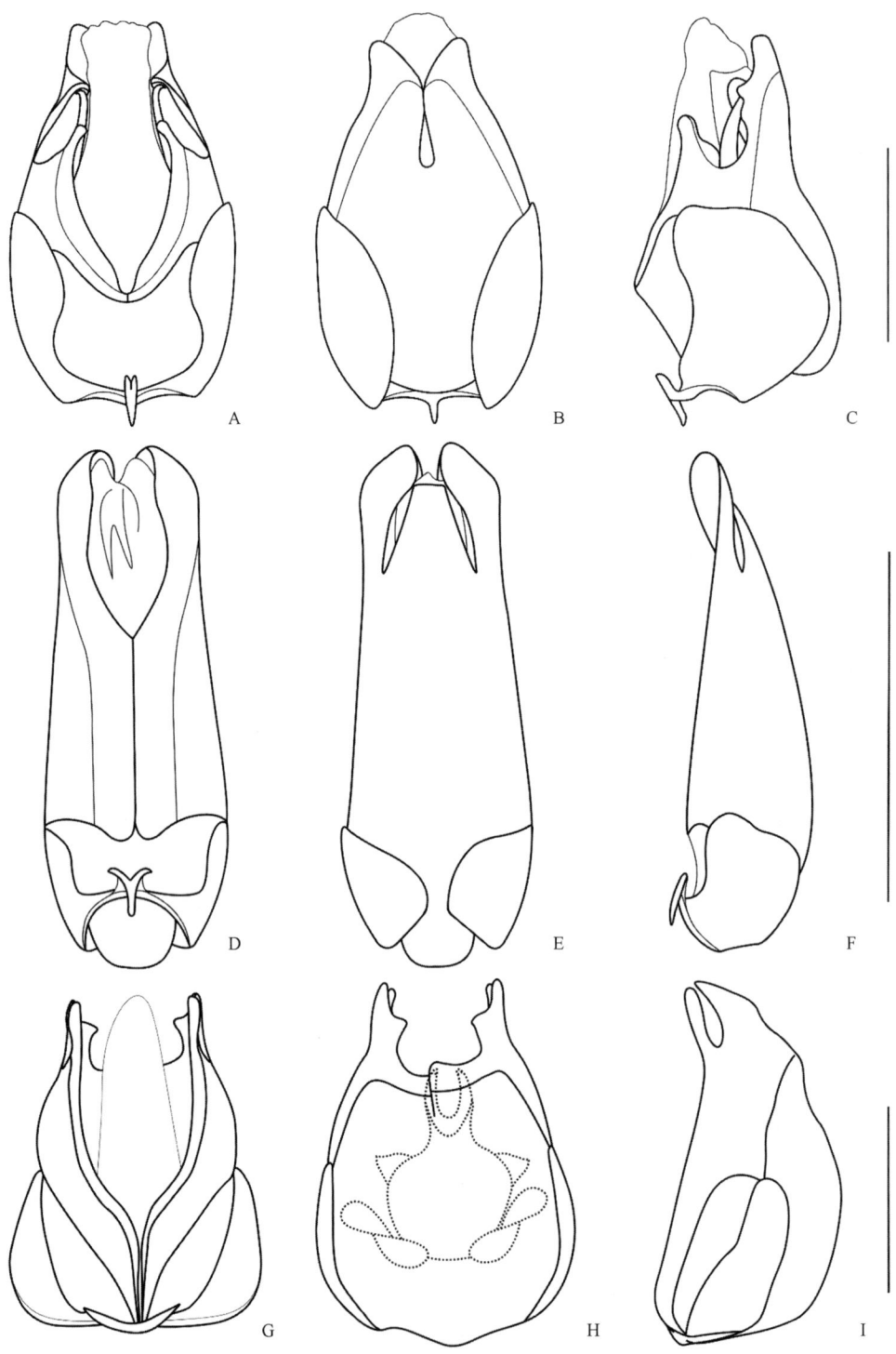

图 4-4 东方异花萤等的雄性外生殖器

A、D、G. 腹面观；B、E、H. 背面观；C、F、I. 侧面观。A-C. 东方异花萤 *Lycocerus orientalis* (Gorham, 1889); D-F. 凹头拟齿爪花萤 *Pseudopodabrus impressiceps* Pic, 1906; G-I. 福建狭胸花萤 *Stenothemus fukiensis* Wittmer, 1974。比例尺：1 mm

61. 拟齿爪花萤属 *Pseudopodabrus* Pic, 1906

Pseudopodabrus Pic, 1906: 81. Type species: *Pseudopodabrus impressiceps* Pic, 1906.

主要特征：体小型，黑色。雄性头部背面具凹陷，雌性则无。触角丝状。前胸背板近方形。两性跗爪均双齿状。雄性外生殖器中茎侧突缺失。

分布：东洋区。世界已知17种，中国记录10种，浙江分布1种。

（177）凹头拟齿爪花萤 *Pseudopodabrus impressiceps* Pic, 1906（图 4-4: D-F）

Pseudopodabrus impressiceps Pic, 1906: 81.

主要特征：体长 7.0–7.5mm，宽 1.5–2.0 mm。体黑色，前胸背板棕红色。头部近方形，向后明显变窄，雄性背面两侧各具1近椭圆形深窝，后头具1横向元宝状深窝，中央具1对相连浅窝；复眼较大，两眼间距宽于前胸背板前缘。触角雄性第III–XI节近基部各具1光滑圆点。前胸背板长明显大于宽，前缘突出成弓形，两侧向后稍变宽，后缘微凸；前角钝圆，后角近垂直。鞘翅两侧近平行，长约为肩部宽的4倍，为前胸背板长的6倍。雄性外生殖器：阳基侧突狭长，腹面突宽扁，内侧部分向腹面稍弯，末端圆；背板发达，略短于腹面突。

分布：浙江（杭州）。

62. 狭胸花萤属 *Stenothemus* Bourgeois, 1907

Stenothemus Bourgeois, 1907: 292. Type species: *Themus harmandi* Bourgeois, 1902.

主要特征：体小至中型，多数棕黄色，混杂深棕色斑，或黑色、棕黄色。触角丝状，雄性中央节多具光滑细纵浅沟。前胸背板近方形，后角稍突起，或横向椭圆形；后角尖锐，明显突起。两性跗爪均单齿状。

分布：古北区、东洋区。世界已知58种，中国记录34种，浙江分布1种。

（178）福建狭胸花萤 *Stenothemus fukiensis* Wittmer, 1974（图 4-4: G-I）

Stenothemus fukiensis Wittmer, 1974: 60.

主要特征：体长 18.0–20.0 mm，宽 3.0–3.5 mm。头黄色，复眼后方两侧深褐色，口器、前胸背板黄色，触角黑色，盘区中央具棕斑，鞘翅黑色，近基部黄色，足黑色。头近方形，复眼明显隆起，两眼间距稍宽于前胸背板前缘。触角延伸至鞘翅基部2/3处。前胸背板长约为宽的1.3倍，两侧向后变狭；前角钝圆，后角近直角。鞘翅两侧向后稍变宽，长约为肩部宽的2.5倍，约为前胸背板长的4倍。雄性外生殖器：阳基侧突腹面突细狭且直；背板与腹面突约等长，端部明显变狭，内侧缘近中央具尖锐突起；中茎侧突端部分离，位于中茎背面，与背板约等长。

分布：浙江（丽水）、福建。

63. 圆胸花萤属 *Prothemus* Champion, 1926

Prothemus Champion, 1926: 195. Type species: *Prothemus neglectus* Champion, 1926.

主要特征：体中型，黑色、棕黄色或棕红色。触角丝状，雄性中央节具光滑细纵浅沟，雌性则无。前胸背板近圆形。雄性所有或前、中外侧爪各具1个圆形基片，雌性则均为单齿状。

分布：古北区、东洋区。世界已知50种，中国记录38种，浙江分布5种。

分种检索表

1. 鞘翅棕红色 ··· 2
- 鞘翅黑色或棕黄色 ··· 3
2. 足深棕色 ·· 紫翅圆胸花萤 *P. purpureipennis*
- 足棕黄色，跗节黑色 ·· 血红圆胸花萤 *P. sanguinosus*
3. 鞘翅棕黄色 ·· 中华圆胸花萤 *P. chinensis*
- 鞘翅黑色 ··· 4
4. 鞘翅侧缘淡黄色 ·· 淡缘圆胸花萤 *P. limbolarius*
- 鞘翅完全黑色 ··· 九江圆胸花萤 *P. kiukianganus*

（179）紫翅圆胸花萤 *Prothemus purpureipennis* (Gorham, 1889)（图 4-5: A-C）

Telephorus purpureipennis Gorham, 1889: 107.
Prothemus purpureipennis: Wittmer, 1954a: 110.

主要特征：体长 14.0–15.5 mm，宽 3.5–4.5 mm。头和口器黑色，触角黑色；前胸背板棕色，中央黑色；鞘翅棕红色，足深棕色。头近圆形，两眼间距略狭于前胸背板前缘。雄性触角第Ⅳ–Ⅺ节各具1光滑小纵沟。前胸背板近圆形；前角宽圆，后角钝圆。鞘翅两侧向后稍变宽，长约为肩部宽的3倍，为前胸背板长的4倍。雄性外生殖器：阳基侧突腹面突细狭且直；背板退化，明显短于腹突，端缘中央具圆缺刻；中茎侧突发达，与背板约等长，分居中茎两侧，末端向背面弯曲。

分布：浙江（丽水）。

（180）中华圆胸花萤 *Prothemus chinensis* Wittmer, 1987（图 4-5: D-F）

Prothemus chinensis Wittmer, 1987: 75.

主要特征：体长 15.0–17.0 mm，宽 4.0–4.5 mm。体棕黄色；触角黑色，第Ⅰ节棕黄色；跗节黑色。头近圆形，两眼间距稍狭于前胸背板前缘。雄性触角第Ⅲ–Ⅺ节外侧缘各具1光滑小纵沟。前胸背板近圆形，前缘圆，侧缘弧圆；前角宽圆，后角钝圆。鞘翅两侧缘向后稍变宽，长约为肩部宽的3倍，为前胸背板长的4.6倍。雄性外生殖器：阳基侧突腹面突细狭，背板侧干近基部具1狭长平直突起，两侧相向弯曲；背板端缘近平直；中茎侧突发达，稍长于背板，分居中茎背侧，末端向背面弯曲。

分布：浙江（衢州、丽水）。

（181）九江圆胸花萤 *Prothemus kiukianganus* (Gorham, 1889)（图 4-5: G-I）

Telephorus kiukianganus Gorham, 1889: 107.
Prothemus kiukianganus: Wittmer, 1954a: 110.

主要特征：体长 9.5–11.0 mm，宽 2.0–2.5 mm。头、口器黑色；触角黑色，前2节棕黄色；前胸背板棕黄色，盘区具1纵黑斑；鞘翅黑色；足棕黄色，胫节、跗节黑色。头近圆形，两眼间距与前胸背板前缘约

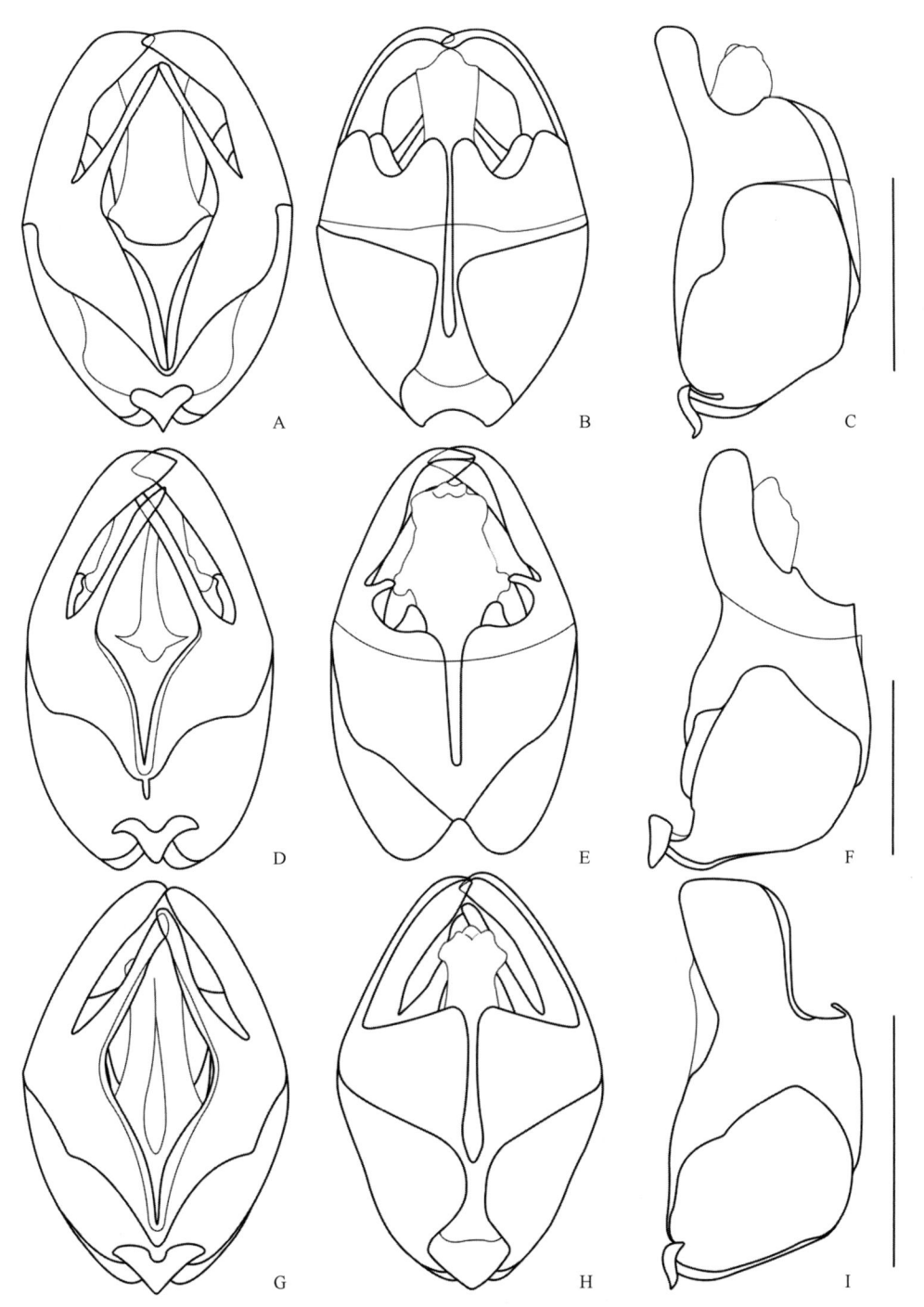

第四章 叩甲总科 Elateroidea 九、花萤科 Cantharidae · 87 ·

图 4-5 紫翅圆胸花萤等的雄性外生殖器

A、D、G. 腹面观；B、E、H. 背面观；C、F、I. 侧面观。A-C. 紫翅圆胸花萤 *Prothemus purpureipennis* (Gorham, 1889)；D-F. 中华圆胸花萤 *Prothemus chinensis* Wittmer, 1987；G-I. 九江圆胸花萤 *Prothemus kiukianganus* (Gorham, 1889)。比例尺：1 mm

等宽。雄性触角第Ⅲ–Ⅺ节各具 1 光滑细纵沟或圆点。前胸背板近圆形，前缘、前角与两侧缘相连为 1 平滑圆弧；后缘近平直，后角钝圆。鞘翅两侧近似平行，长约为肩部宽的 3.5 倍，为前胸背板长的 4 倍。雄性外生殖器：阳基侧突腹面突细狭且直；背板退化，明显短于腹突，端缘平直；中茎侧突略短于背板，末端尖锐，分居中茎两侧。

分布：浙江（杭州、金华）。

（182）淡缘圆胸花萤 *Prothemus limbolarius* (Fairmaire, 1900)（图 4-6: A-C）

Telephorus limbolarius Fairmaire, 1900: 628.
Cantharis limbolarius var. *fainanensis* Pic, 1916: 4.
Prothemus limbolarius: Wittmer, 1954b: 280.

主要特征：体长 9.0–10.5 mm，宽 2.0–2.5 mm。体棕色，上颚深棕色；触角黑色，柄节棕色；鞘翅黑色，两侧缘棕色；跗节黑色。头近圆形，两眼间距略狭于前胸背板前缘。雄性触角第Ⅳ–Ⅺ节外侧缘近中央各具 1 光滑细纵沟或圆点。前胸背板近椭圆形，前缘、前角与两侧缘连接成 1 平滑圆弧；后缘近平直，后角钝圆。鞘翅两侧近平行，长约为肩部宽的 3.2 倍，为前胸背板长的 4 倍。雄性外生殖器：阳基侧突腹面突细狭且直，背板侧干端部变宽且相向弯曲，末端尖锐；背板退化，明显短于腹突，内角宽圆；中茎侧突发达，分居中茎两侧，与背板约等长。

分布：浙江（金华、丽水）。

（183）血红圆胸花萤 *Prothemus sanguinosus* (Fairmaire, 1900)

Telephorus purpureipennis var. *sanguinosus* Fairmaire, 1900: 629.
Prothemus purpureipennis var. *sanguinosus*: Wittmer, 1954a: 110.
Prothemus sanguinosus: Wittmer, 1987: 78.

主要特征：体长 12.0 mm，宽 4.0 mm。体棕色，触角黑色，前胸背板盘区中央黑色，鞘翅红棕色，跗节黑色。头近圆形，两眼间距略狭于前胸背板前缘。触角第Ⅱ节最短，长宽约等，第Ⅳ节最长，第Ⅴ–Ⅸ节和第Ⅺ节约等长，略短于第Ⅳ节，第Ⅹ节略短于第Ⅸ节。前胸背板近圆形，前缘、前角与两侧缘连接成 1 平滑圆弧；后缘近平直，后角钝圆；盘区后部隆起。鞘翅两侧向后稍变宽，长约为肩部宽的 2.5 倍，为前胸背板长的 5 倍，宽为前胸背板后缘的 1.6 倍。

分布：浙江（丽水）。

64. 丝角花萤属 *Rhagonycha* Eschscholtz, 1830

Rhagonycha Eschscholtz, 1830: 64. Type species: *Cantharis fulva* Scopoli, 1763.
Nastonycha Motschulsky, 1853: 77. Type species: *Nastonycha brachypter* Motschulsky, 1853.
Pseudocratosilis Moscardini *et* Sassi, 1970: 192. Type species: *Pygidia graeca* Pic, 1901 (= *Rhagonycha corcyrea* Pic, 1901).

主要特征：体小型，黑色、棕色或橙黄色。触角简单丝状。前胸背板横向，宽明显大于长，两侧平行或向后稍变宽。两性所有跗爪双齿状。

分布：古北区、东洋区、新北区。世界已知约 300 种，中国记录 30 种，浙江分布 1 种。

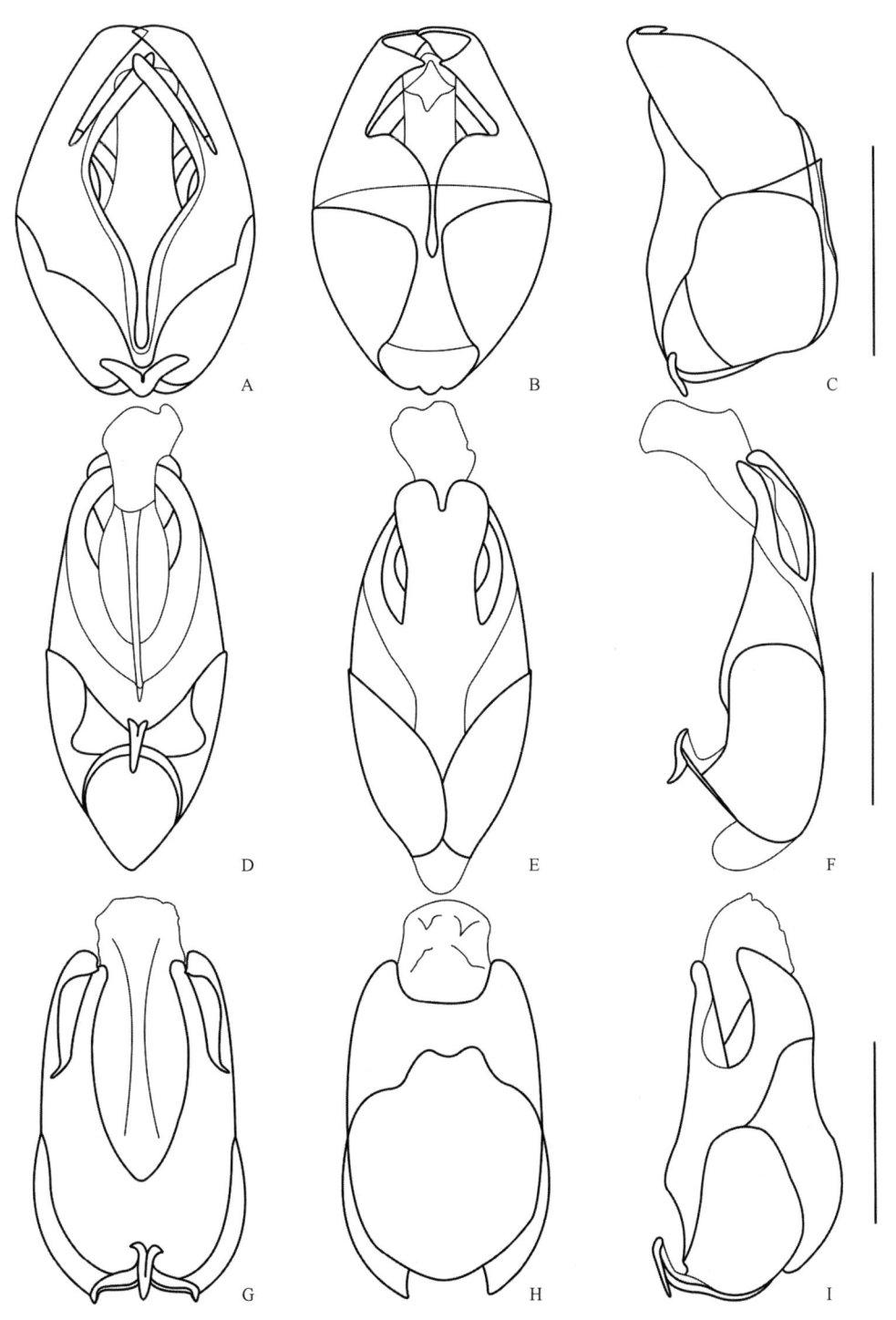

图 4-6 淡缘圆胸花萤等的雄性外生殖器

A、D、G. 腹面观；B、E、H. 背面观；C、F、I. 侧面观。A-C. 淡缘圆胸花萤 *Prothemus limbolarius* (Fairmaire, 1900)；D-F. 黑斑丝角花萤 *Rhagonycha* (*Rhagonycha*) *nigroimpressa* (Pic, 1922)；G-I. 佐藤台湾花萤 *Taiwanocantharis satoi* (Wittmer, 1997)。比例尺：1 mm

（184）黑斑丝角花萤 *Rhagonycha* (*Rhagonycha*) *nigroimpressa* (Pic, 1922)（图 4-6: D-F）

Cantharis nigroimpressa Pic, 1922: 31.
Rhagonycha limbatipennis Wittmer, 1956: 303.
Rhagonycha nigroimpressa: Wittmer, 1997a: 332.

主要特征：体长 7.0–7.5 mm，宽 1.5–2.0 mm。头部黑色，上颚深棕色，下唇须和下颚须棕色；触角黑色，第 I–III 节棕色；前胸背板棕红色，中央具 1 黑纵斑；鞘翅黑色；足棕色，跗节稍具黑色。头近圆形，两眼间距与前胸背板前缘近约宽，复眼稍隆起。触角第 II 节最短，长宽约等，第 V 节最长，第 VI–XI 节约等长。前胸背板近矩形；前角钝圆，后角垂直。鞘翅两侧向后稍变宽，长约为肩部宽的 2.8 倍，为前胸背板长的 4 倍。雄性外生殖器：阳基侧突腹面突宽扁，相向弯曲；背板与腹突约等长，较腹突间距窄，端缘中央具 1 较浅缺刻。

分布：浙江（杭州）、福建、广西、四川、贵州。

65. 台湾花萤属 *Taiwanocantharis* Wittmer, 1984

Cantharis (*Taiwanocantharis*) Wittmer, 1984: 147. Type species: *Cantharis* (*Taiwanocantharis*) *tripunctata* Wittmer, 1984.
Taiwanocantharis: Švihla, 2011: 4.

主要特征：体小型至中型；鞘翅蓝绿色，具金属光泽。触角丝状，雄性中央节具光滑细纵沟，雌性简单。前胸背板近方形或横向椭圆形；后角稍突起。雄性所有或前、中足外侧爪各具 1 小三角形基片，雌性与雄性相同或单齿状。

分布：东洋区。世界已知 16 种，中国记录 7 种，浙江分布 1 种。

（185）佐藤台湾花萤 *Taiwanocantharis satoi* (Wittmer, 1997)（图 4-6: G-I）

Cantharis satoi Wittmer, 1997b: 37.
Taiwanocantharis satoi: Švihla, 2011: 5.

主要特征：体长 13.0–15.0 mm，宽 3.0–3.5 mm。体黑色；前胸背板橙黄色，中央具大黑斑；鞘翅绿色，具金属光泽。头近圆形，两侧向后稍变狭，两眼间距稍狭于前胸背板前缘。雄性触角第 IV–XI 节外侧缘各具 1 光滑细小纵沟或圆点。前胸背板近矩形，两侧缘稍弯曲；前角钝圆，后近垂直。鞘翅两侧近平行，长约为肩部宽的 3.3 倍，为前胸背板长的 5 倍。雄性外生殖器：阳基侧突腹面突近棒状，稍相向弯曲；背板与腹突约等长，端缘中央具 1 宽圆缺刻，两侧角腹面呈宽钩状；中茎侧突两侧分离，与背板约等长。

分布：浙江（丽水）。

66. 异角花萤属 *Cephalomalthinus* Pic, 1921

Cephalomalthinus Pic, 1921c: 5. Type species: *Cephalomalthinus ocularis* Pic, 1921.
Fissocantharis Pic, 1921b: 27. Type species: *Fissocantharis opapa* Pic, 1921.
Fissocantharis Pic, 1927: 2. Type species: *Fissopodabrus gracilpes* Pic, 1927.
Kandyosilis Pic, 1929a: 70. Type species: *Kandyosilis bryanti* Pic, 1929.
Rhagonycha (*Harmonycha*) Wittmer, 1938: 302. Type species: *Rhagonycha sulccicornis* Pic, 1939.
Javaesilis Pic, 1955: 7. Type species: *Javaesilis specialicornis* Pic, 1955.

Stenopodabrus Nakane, 1992: 78. Type species: *Rhagonycha longipes* Wittmer, 1953.

主要特征：体小型，黑色、橙黄色或金属蓝绿色。触角丝状，多数种类雄性中央节形状高度变异，雌性简单。前胸背板近方形，长大于宽或约相等，两侧向后稍变宽。两性所有跗爪双齿状。

分布：古北区、东洋区。世界已知150种，中国记录77种，浙江分布7种。

分种检索表

1. 鞘翅棕红色，盘区纵肋发达，明显 ··· 2
- 鞘翅黑色，盘区纵肋不明显 ·· 3
2. 前胸背板后角尖锐；雄性触角第Ⅳ–Ⅺ节外侧缘具深纵沟 ··· 尖胸异角花萤 *C. acuticollis*
- 前胸背板后角钝方；雄性触角第Ⅶ–Ⅸ节背面具凹窝 ·· 派氏异角花萤 *C. pieli*
3. 触角丝状，雄性中央节形状无变异 ··· 4
- 雄性触角中央节形状存在不同变异 ··· 5
4. 头完全黄色，前胸背板黑色 ··· 黄头异角花萤 *C. pallidiceps*
- 头大部分黑色，前胸背板黄色，盘区中央具黑斑 ··· 斑胸异角花萤 *C. maculicollis*
5. 头黑色，雄性触角第Ⅲ–Ⅷ节和第Ⅸ节端部稍扁平加宽，宽三角形，各节外侧缘各具1细长棱，第Ⅺ节近基部较宽，刀状 ·· ·· 狭异角花萤 *C. angusta*
- 头黄色，雄性触角形状不同上 ··· 6
6. 雄性触角第Ⅲ–Ⅶ节端部急剧加宽，外侧角具明显的圆形突起，第Ⅷ节稍短于第Ⅶ节，内顶角明显突起，外表面光秃，外缘呈脊状，第Ⅸ节加长加宽，两侧近平行，长约是宽的2倍，背面外侧具椭圆凹，光秃状 ·· ··· 九圆异角花萤 *C. novemoblonga*
- 雄性触角第Ⅳ–Ⅷ节端部明显加宽，外侧角宽圆 ··· 斧状异角花萤 *C. securiclata*

（186）尖胸异角花萤 *Cephalomalthinus acuticollis* **(Y. Yang *et* X. Yang, 2014)**（图4-7: A-C）

Fissocantharis acuticollis Y. Yang *et* X. Yang in Yang, Su & Yang, 2014: 53.

Cephalomalthinus acuticollis: Fanti, 2019: 28.

主要特征：体长9.0–11.0 mm，宽2.3–3.0 mm。体黑色，唇基和口器深棕色，前胸背板和鞘翅黄棕色。头近方形，复眼向后渐变窄，背面有1明显的中纵线，两侧在触角窝后方各有1小横沟；复眼中度隆起，两眼间距与前胸背板前缘约等长。雄性触角第Ⅳ–Ⅺ节各具1较深纵沟，长至鞘翅端部1/3处。前胸背板近梯形，宽明显大于长；基部最宽，稍具饰缘，中央具不明显缺刻；前角钝直，后角三角形。鞘翅长约为宽的2.5倍，是前胸背板长的4倍；外缘向后稍变宽，纵肋发达。雄性外生殖器：阳基侧突的腹面突向内弯曲，顶点较圆，内侧缘有1三角形突起；阳基侧突背板与腹突等长，端缘中部具明显圆凹。

分布：浙江（泰顺）。

（187）狭异角花萤 *Cephalomalthinus angusta* **(Fairmaire, 1900)**（图4-7: D-F）

Podabrus angustus Fairmaire, 1900: 624.

Podabrus flavofacialis Pic, 1926: 29.

Podabrus denticornis Wittmer, 1951: 96.

Micropodabrus angustus: Wittmer, 1988: 344.

Fissocantharis angusta: Yang, Brancucci & Yang, 2009: 49.

Cephalomalthinus angusta: Fanti, 2019: 28.

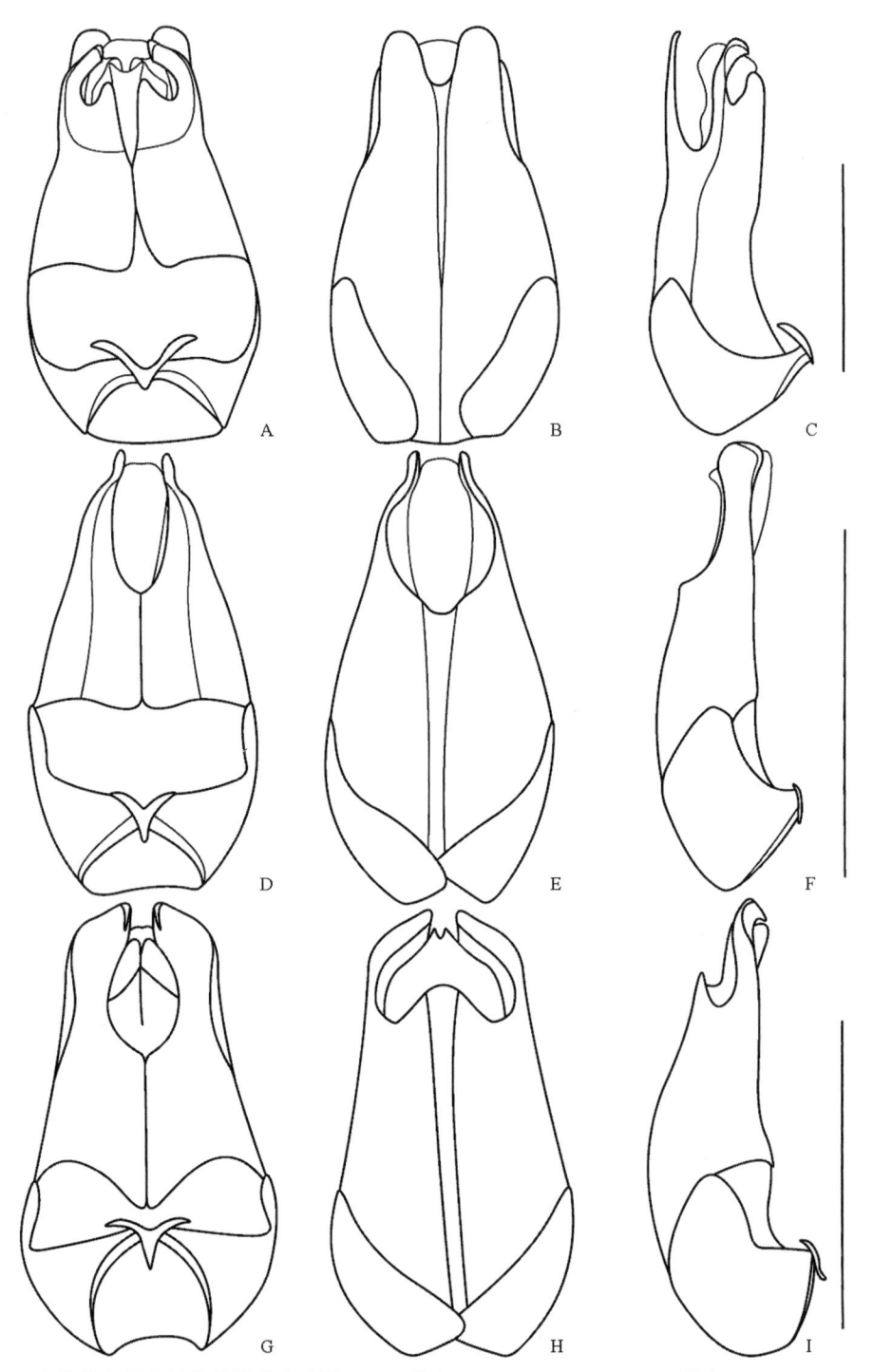

图 4-7 尖胸异角花萤等的雄性外生殖器（A-C 引自 Yang et al., 2014；G-I 引自 Yang et al., 2015）
A、D、G. 腹面观；B、E、H. 背面观；C、F、I. 侧面观。A-C. 尖胸异角花萤 *Cephalomalthinus acuticollis* (Y. Yang et X. Yang, 2014)；D-F. 狭异角花萤 *Cephalomalthinus angusta* (Fairmaire, 1900)；G-I. 九圆异角花萤 *Cephalomalthinus novemoblonga* (Y. Yang et X. Yang, 2015)。比例尺：1 mm

主要特征：体长 6.8–7.3 mm，宽 1.3–1.8 mm。头黑色，唇基黄色，上颚端部深棕色；触角黑色，第 I–II 节腹面黄色；前胸背板黄色，小盾片和鞘翅黑色；足黑色，基节、转节和腿节基部黄色。头近方形，复眼中度隆起，两眼间距明显宽于前胸背板前缘。雄性触角近丝状，长达鞘翅中部；各节均具 1 细长棱，末节刀状。前胸背板长大于宽，两侧向后稍变宽，近基部最宽；前角宽圆，后角钝直。鞘翅两侧近平行，长约为肩部宽的 4.3 倍，约为前胸背板的 5 倍。雄性外生殖器：阳基侧突腹面端部明显变窄，两侧稍弯曲；阳基侧突背板明显退化，端缘中央稍具缺刻。

分布：浙江（临安）、福建、广西。

（188）九圆异角花萤 *Cephalomalthinus novemoblonga* (Y. Yang *et* X. Yang, 2015)（图 4-7: G-I）

Fissocantharis novemoblonga Y. Yang *et* X. Yang in Yang, Li & Yang, 2015: 371.
Cephalomalthinus novemoblonga: Fanti, 2019: 28.

主要特征：体长 7.0–9.0 mm，宽 1.2–1.7 mm。头和口器橙色，下颚须和下唇须稍具黑色，上颚端部深棕色；触角橙色，第 X–XI 节稍具黑色；前胸黄色，鞘翅黑色；足橙色，跗节稍具黑色。头近方形，两侧向后渐变窄；复眼稍隆起，两眼间距明显宽于前胸背板前缘。触角延伸至鞘翅中部，第 III–VII 节端部急剧变宽，外侧角具明显的圆形突起。前胸背板长约为宽的 1.1 倍；前角较圆，后角近垂直。鞘翅两侧近平行，长约为肩部宽的 3.3 倍，约为前胸背板长的 4.1 倍。雄性外生殖器：阳基侧突腹面突端部急剧变窄，腹面观顶端具钩；背板是腹面突长的 1/3，端部明显变窄，端缘窄圆。

分布：浙江（湖州、杭州）、安徽。

（189）派氏异角花萤 *Cephalomalthinus pieli* (Pic, 1937)（图 4-8: A-C）

Lycocerus pieli Pic, 1937b: 172.
Micropodabrus pieli: Wittmer, 1997a: 312.
Fissocantharis pieli: Yang, Brancucci & Yang, 2009: 49.
Cephalomalthinus pieli: Fanti, 2019: 28.

主要特征：体长 10.0–12.0 mm，宽 2.0–2.5 mm。体黑色，唇基和上颚浅棕色；前胸背板红色，中纵沟稍具黑色；鞘翅红色。头近方形，向后渐变窄，背面具 1 明显中纵线；复眼中度隆起，两眼间距稍宽于前胸背板前缘。雄性触角长达鞘翅端部 1/3，第 III–VIII 节端部明显变宽，雄性第 III–VIII 节各具 1 细纵沟，第 VI–VIII 节背面各具 1 近椭圆形深窝。前胸背板长稍大于宽；前角较宽圆，后角钝直；盘区具 1 明显中纵沟。鞘翅两侧近平行，长约为肩部宽的 3.5 倍，为前胸背板长的 4.5 倍，具明显纵肋。雄性外生殖器：阳基侧突腹面突明显变窄，末端较圆；背板较发达，长约为腹面突的 1/2，宽为后者外缘距离的 2/3，基部两侧向上稍变宽。

分布：浙江（临安、龙泉）、陕西、福建。

（190）黄头异角花萤 *Cephalomalthinus pallidiceps* (Pic, 1911)

Rhagonycha pallidiceps Pic, 1911: 271.
Micropodabrus pallidiceps: Wittmer, 1988: 353.
Fissocantharis pallidiceps: Yang, Brancucci & Yang, 2009: 49.
Cephalomalthinus pallidiceps: Fanti, 2019: 28.

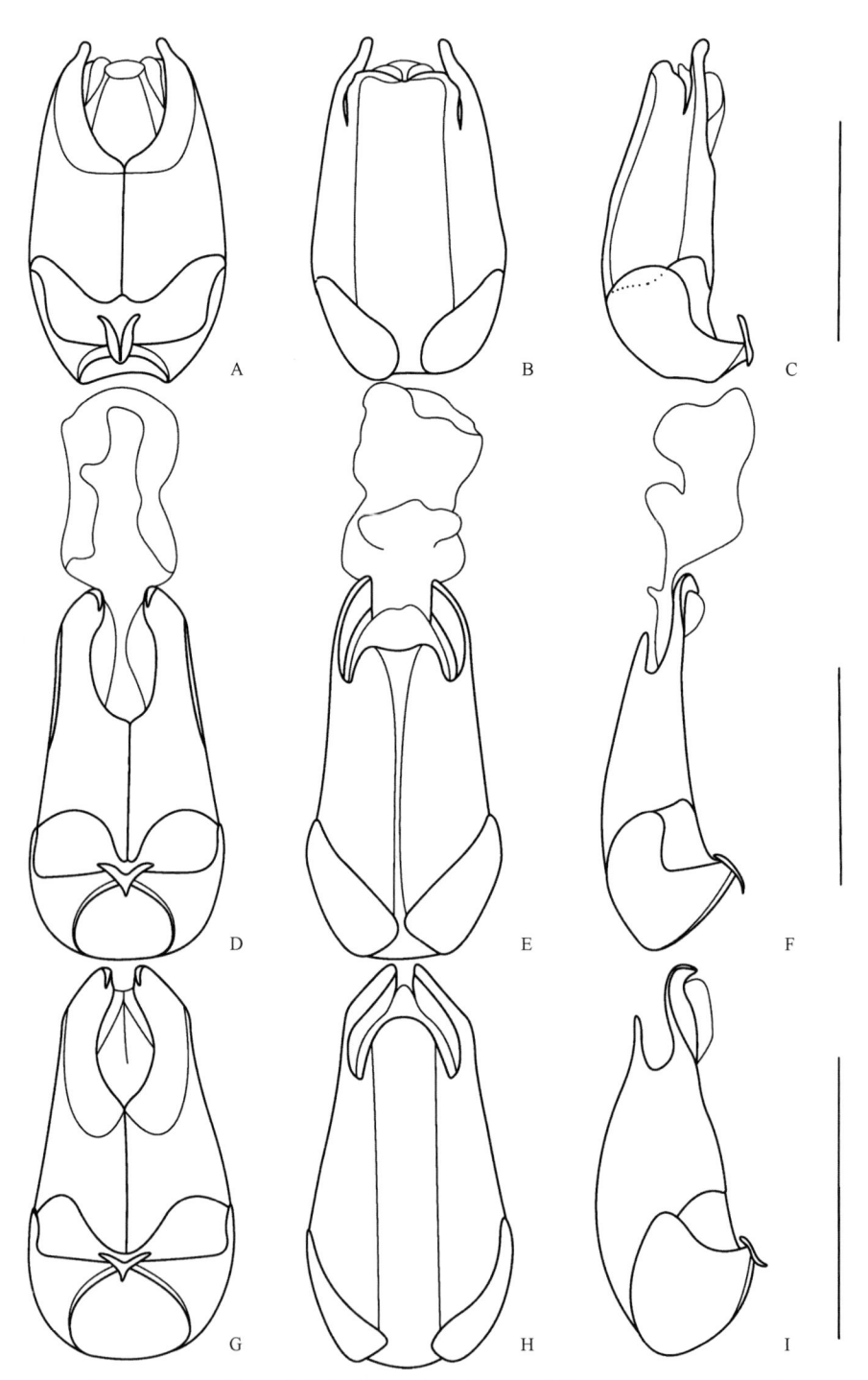

图 4-8 派氏异角花萤等的雄性外生殖器（D-I 均引自 Yang et al., 2018）

A、D、G. 腹面观；B、E、H. 背面观；C、F、I. 侧面观。A-C. 派氏异角花萤 *Cephalomalthinus pieli* (Pic, 1937)；D-F. 斧状异角花萤 *Cephalomalthinus securiclata* (Y. Yang et X. Yang, 2018)；G-I. 斑胸异角花萤 *Cephalomalthinus maculicollis* (Y. Yang et X. Yang, 2018)。比例尺：1 mm

主要特征：体长 7.2–8.0 mm，宽 1.5–1.8 mm。头黄色，口器黄色，上颚端部深棕色；触角黑色，第 I–III 节腹面黄色；前胸背板、小盾片和鞘翅黑色；足黄色，基节、胫节端部和跗节黑色。头近方形，复眼较小，两眼间距稍狭于前胸背板前缘。触角简单丝状，长达鞘翅基部 1/3 处；第 V–VIII 节约等长，末节明显长于次末节，端部较尖。前胸背板长稍大于宽，两侧向后稍变宽，近端部最宽；前角宽圆，后角垂直；盘区后部两侧稍隆起。鞘翅两侧近平行，长约为肩部宽的 3.5 倍，为前胸背板长的 4 倍。

分布：浙江（临安）、江苏、江西。

（191）斧状异角花萤 *Cephalomalthinus securiclata* (Y. Yang *et* X. Yang, 2018)（图 4-8: D-F）

Fissocantharis securiclata Y. Yang *et* X. Yang in Yang, Qi & Yang, 2018: 101.
Cephalomalthinus securiclata: Fanti, 2019: 28.

主要特征：体长 9.0–12.0 mm，宽 1.8–2.3 mm。头深棕色，复眼至唇基端部黄色，口器黄色，上颚端部深棕色；触角黄色，末 2 节黑色；前胸背板、鞘翅黑色；足黄色，跗节黑色。头近方形，两侧向后渐变窄；复眼中度隆起，两眼间距明显宽于前胸背板前缘。雄性触角长达鞘翅中部，第 IV–VIII 节端部变宽，内侧缘向外隆起，外侧角较宽圆。前胸背板长稍大于宽，两侧向后稍变宽；前角较宽圆，后角近垂直。鞘翅两侧近平行，长约为肩部宽的 3 倍，约为前胸背板长的 4 倍。雄性外生殖器：阳基侧突腹面突端部稍变窄，腹面观顶端具钩；背板长为腹面突的 1/3，端缘中央具 1 倒三角形的缺刻，侧顶角宽圆。

分布：浙江（杭州、临安）、安徽。

（192）斑胸异角花萤 *Cephalomalthinus maculicollis* (Y. Yang *et* X. Yang, 2018)（图 4-8: G-I）

Fissocantharis maculicollis Y. Yang *et* X. Yang in Yang, Qi & Yang, 2018: 105.
Cephalomalthinus maculicollis: Fanti, 2019: 28.

主要特征：体长 6.0–12.0 mm，宽 1.5–2.0 mm。头、小盾片、鞘翅黑色；唇基、口器、触角黄色，上颚端部深棕色；前胸背板黄色，盘区中央具 1 大棕斑；足黄色。头近方形，两侧向后明显变窄；复眼明显隆起，两眼间距明显宽于前胸背板前缘。触角丝状，雄性长达鞘翅端部 1/3 处。前胸背板长约为宽的 1.2 倍，两侧向后稍变宽；前角宽圆，后角近直角。鞘翅两侧近平行，长约为肩部宽的 4 倍，为前胸背板长的 5.3 倍。雄性外生殖器：阳基侧突腹面突端部明显变窄，呈钩状；与阳基侧突连接的背板长约是腹面突的 1/3，两侧向端部斜变窄，端缘较窄圆。

分布：浙江（杭州、丽水）。

67. 丽花萤属 *Themus* Motschulsky, 1857

Themus Motschulsky, 1857: 27. Type species: *Themus cyanipennis* Motschulsky, 1857.

主要特征：体中型至大型，蓝绿色或青紫色，具金属光泽。触角丝状，第 II 节长于第 III 节，多数种类雄性中央节具光滑细纵浅沟。前胸背板矩形，两侧平行或向前或向后稍变宽。两性所有跗爪均单齿状。

分布：古北区、东洋区。世界已知 220 余种，中国记录 123 种，浙江分布 10 种（亚种）。

分种检索表

1. 前胸背板完全棕红或黄色，不具黑斑 ··· 2

- 前胸背板黄色，盘区中央具黑斑	6
2. 鞘翅盘区基部和端部光亮，无刻点或皱褶	3
- 鞘翅盘区表被不同上	5
3. 体较小，短于 15.0 mm；鞘翅绿色；雄性外生殖器中茎侧突愈合	拉瑞氏丽花萤 *T. (Te.) larrygrayi*
- 体较大，长于 15.0 mm；鞘翅青或紫色；雄性外生殖器中茎侧突两侧分离	4
4. 前胸背板宽稍大于长；后足胫节基部橙色，端部黑色	青丽花萤 *T. (Te.) coelestis*
- 前胸背板宽明显大于长；后足胫节蓝黑色	糙翅丽花萤 *T. (Te.) impressipennis*
5. 体较大，长 20.5–22.0 mm；鞘翅暗紫色；足黑色	黑足丽花萤 *T. (Th.) atripes*
- 体较小，长 11.0–14.0 mm；鞘翅绿色；足橙黄色	洼胸丽花萤 *T. (Th.) foveicollis*
6. 雄性外生殖器腹面突向背面弯曲	7
- 雄性外生殖器腹面突向腹面或内侧弯曲	8
7. 腹板两侧各具 1 黑斑	名丽花萤指名亚种 *T. (Th.) nobilis nobilis*
- 腹板完全黄色	名丽花萤瑞特氏亚种 *T. (Th.) nobilis reitteri*
8. 雄性阳基侧突腹面突末端向内侧弯曲成钩状	华丽花萤 *T. (Th.) regalis*
- 雄性阳基侧突腹面突末端非钩状	9
9. 前胸背板宽明显大于长	里奇丽花萤 *T. (Th.) leechianus*
- 前胸背板长宽约等	挂墩丽花萤 *T. (Th.) kuatunensis*

（193）青丽花萤 *Themus (Telephorops) coelestis* (Gorham, 1889)（图 4-9: A-C）

Telephorus coelestis Gorham, 1889: 104.

Themus coelestis: Jacobson, 1911: 675.

Themus rugosus Pic, 1929b: 8.

Themus (Telephorops) coelestis: Wittmer, 1983: 197.

Themus violetipennis Wang et Yang, 1992: 265.

主要特征：体长 15.0–21.0 mm，宽 3.0–6.0 mm。头橙色，触角橙色或黑色，前胸背板橙色，鞘翅金属蓝或青色；足橙色，腿节、胫节端部和跗节黑色；体腹面橙色。头圆形，复眼稍隆起，两眼间距稍宽于前胸背板的前缘。触角丝状，长达鞘翅 1/3 处，雄性第Ⅵ–Ⅺ节外侧缘近端部各具 1 条光滑细纵沟。前胸背板宽稍大于长，近基部最宽，后缘具饰缘，两侧向后稍变宽；前、后角近直角。鞘翅两侧向后变狭，长约为宽的 2.5 倍，为前胸背板长的 3.5 倍。雄性外生殖器：腹侧阳基侧突腹面突细长棒状，顶端膨大；背板明显短于腹突，中央具 1 大三角形缺刻，顶缘两侧稍向内折，顶端变窄但宽于腹突间距；中茎侧突变扁分居中茎背侧两侧。

分布：浙江（临安、庆元、龙泉）、天津、河北、河南、陕西、安徽、湖北、江西、湖南、广东、广西、重庆、贵州、云南。

（194）糙翅丽花萤 *Themus (Telephorops) impressipennis* (Fairmaire, 1886)（图 4-9: D-F）

Telephorops impressipennis Fairmaire, 1886: 339.

Telephorops violaceipennis Gorham, 1889: 105.

Themus impressipennis: Bourgeois, 1891: 139.

Themus (Telephorops) impressipennis: Wittmer, 1983: 199.

主要特征：体长 19.0–25.0 mm，宽 5.0–7.0 mm。头棕红色，触角黑色，前胸背板棕红色；鞘翅蓝紫色，具强金属光泽；足大部分蓝黑色，具弱金属光泽，基节和转节及腿节基部棕红色。头圆形，复眼明显隆起，两

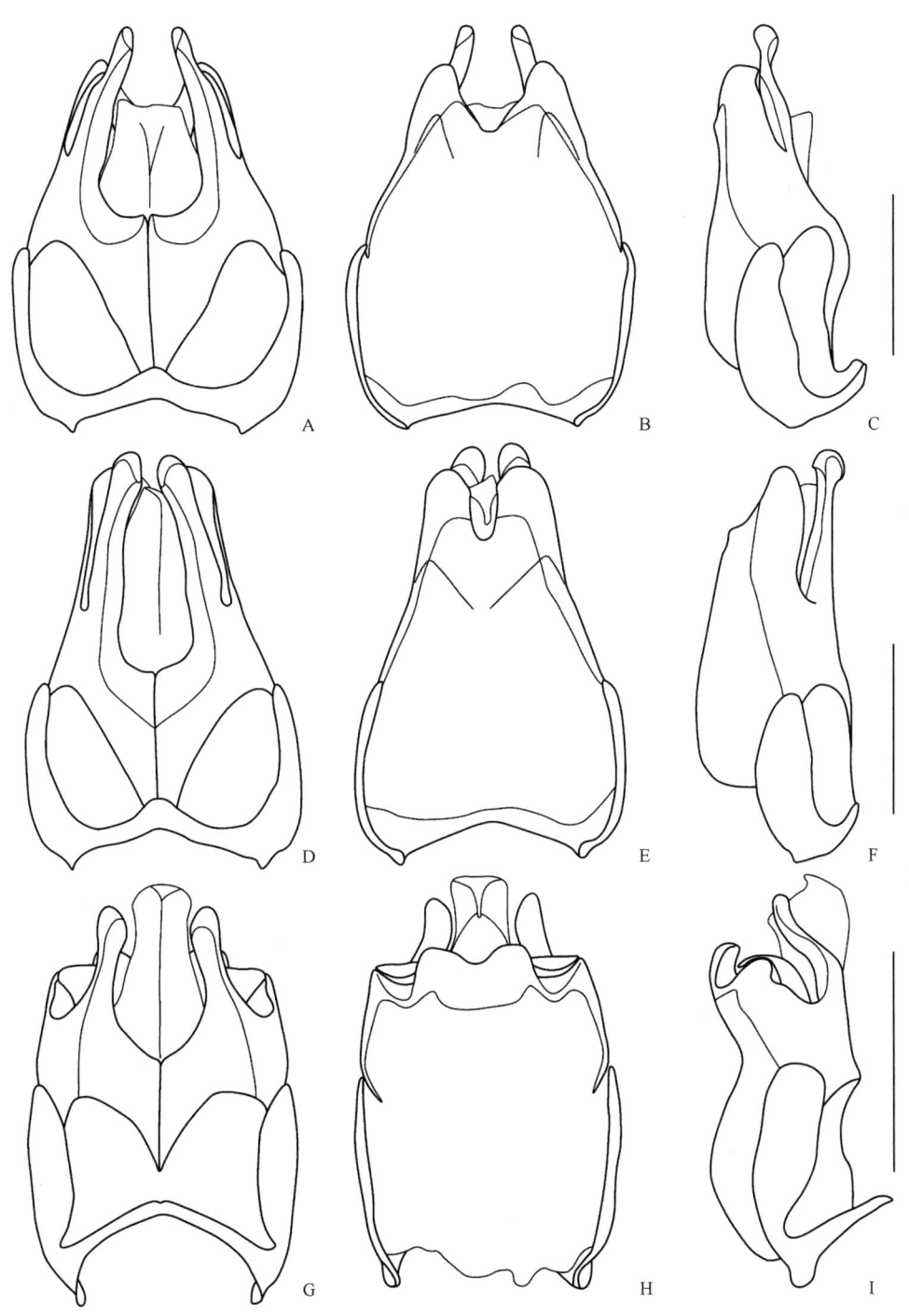

第四章 叩甲总科 Elateroidea 九、花萤科 Cantharidae · 97 ·

图 4-9 青丽花萤等的雄性外生殖器

A、D、G. 腹面观；B、E、H. 背面观；C、F、I. 侧面观。A-C. 青丽花萤 *Themus* (*Telephorops*) *coelestis* (Gorham, 1889)；D-F. 糙翅丽花萤 *Themus* (*Telephorops*) *impressipennis* (Fairmaire, 1886)；G-I. 拉瑞氏丽花萤 *Themus* (*Telephorops*) *larrygrayi* Wittmer, 1982。比例尺：1 mm

眼间距稍狭于前胸背板前缘。触角丝状，长达鞘翅1/3处，雄性第V–X节外侧缘各具1条光滑细纵沟。前胸背板宽明显大于长，前缘稍向后弯，两侧向后平直变宽；前角变圆，后角钝直。鞘翅两侧向后稍变狭，长约为宽的2.5倍，为前胸背板长的3.5倍。雄性外生殖器：腹侧阳基侧突腹面突稍变宽，端部略呈勾状；背板略短于腹突，顶端逐渐变窄但宽于腹突间距，中央呈深缺刻；中茎侧突宽扁分居中茎背侧两侧，顶端呈三角形。

分布：浙江（临安、龙泉）、北京、天津、河南、陕西、安徽、湖北、江西、湖南、广西、重庆、四川、贵州、云南。

（195）拉瑞氏丽花萤 Themus (Telephorops) larrygrayi Wittmer, 1982（图4-9: G-I）

Themus (Themus) larrygrayi Wittmer, 1982b: 29.
Themus (Telephorops) larrygrayi: Švihla, 2008: 187.

主要特征：体长12.0–15.0 mm，宽3.5–4.5 mm。头橙色，口器黄色；触角第I–IV节黄色，其后逐渐加深至黑色；前胸背板黄色，中央颜色加深；鞘翅金属绿色；足黑色，基节、转节、腿节黄色。头圆形，复眼明显隆起，两眼间距稍宽于前胸背板前缘。触角长达鞘翅中部，雄性第V–X节近中央内侧缘各具1细长纵沟。前胸背板宽明显大于长，后缘双曲具饰缘；前角钝圆，后角近直角。鞘翅两侧近平行，长约为宽的2.5倍，为前胸背板的3.5倍。雄性外生殖器：腹侧阳基侧突腹面突棒状，顶端变粗，稍向腹侧弯曲；背板明显短于腹突，顶缘中央中度弧形缺刻，中央缺刻两侧各具1深弧形缺刻；中茎侧突扁平板状，向背侧弯曲。

分布：浙江（庆元）、江西、福建。

（196）里奇丽花萤 Themus (Themus) leechianus (Gorham, 1889)（图4-10: A-C）

Telephorus leechianus Gorham, 1889: 104.
Telephorus leechianus var. aeneipennis Gorham, 1889: 104.
Telephorus hemixanthus Fairmaire, 1900: 626.
Themus leechianus: Jacobson, 1911: 675.

主要特征：体长15.5–19.5 mm，宽3.5–5.5mm。头金属深蓝色，唇基橙色，口器橙色，触角深棕色；前胸背板黄色，中央具1大黑斑；鞘翅金属蓝绿色；足橙黄色，腿节端部黑色。头近圆形，复眼中度隆起，两眼间距宽于前胸背板前缘。触角丝状，约达鞘翅2/3处，雄性第V–X节各具1小纵沟。前胸背板矩形，宽明显大于长；各角近直角。鞘翅两侧向后稍变狭，长约为宽的3倍，为前胸背板长的5倍。雄性外生殖器：腹侧阳基侧突腹面突稍扁，中央各具1纵沟；与阳基侧突相连的背板略短于腹突，顶缘中央具1宽圆缺刻，顶端变窄，较腹突间距狭；中茎侧突分居中茎背侧，与背板近等长，顶角尖，与背板侧顶角相对。

分布：浙江（临安、龙泉）、江西、福建。

（197）名丽花萤指名亚种 Themus (Themus) nobilis nobilis (Gorham, 1889)（图4-10: D-F）

Telephorus nobilis Gorham, 1889: 103.
Telephorus confusus Fairmaire, 1900: 625.
Telephorus fraternus Fairmaire, 1900: 626.
Cantharis nobilis: Pic, 1906: 89.
Cantharis generosa Pic, 1906: 89.
Themus (Themus) nobilis: Jacobson, 1911: 675.
Cantharis reductenotata Pic, 1922: 31.

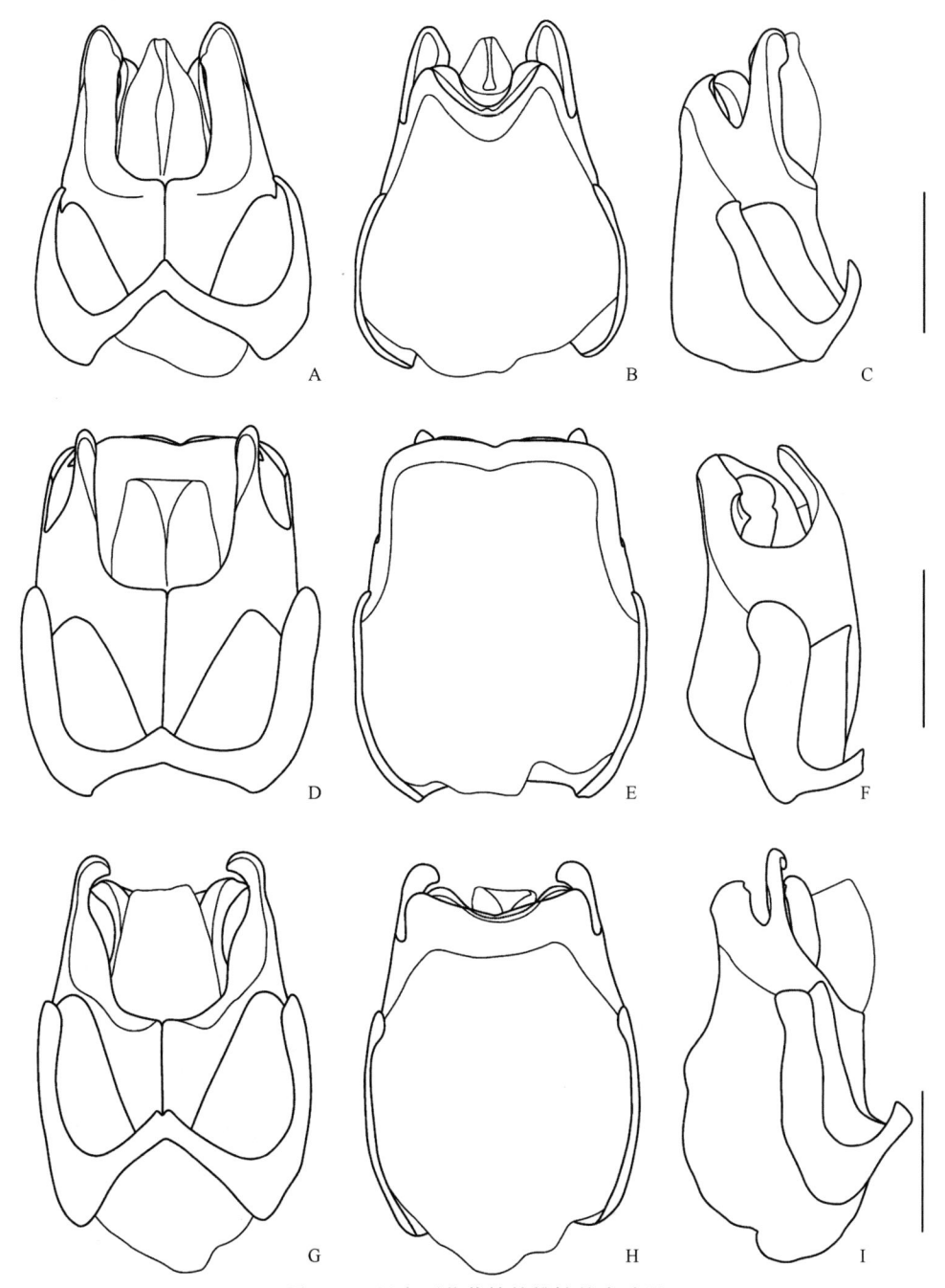

图 4-10 里奇丽花萤等的雄性外生殖器

A、D、G. 腹面观；B、E、H. 背面观；C、F、I. 侧面观。A-C. 里奇丽花萤 *Themus* (*Themus*) *leechianus* (Gorham, 1889)；D-F. 名丽花萤指名亚种 *Themus* (*Themus*) *nobilis nobilis* (Gorham, 1889)；G-I. 华丽花萤 *Themus* (*Themus*) *regalis* (Gorham, 1889)。比例尺：1 mm

主要特征：体长 17.0–21.5 mm，宽 4.5–5.5 mm。头金属深蓝色，口器橙色，触角深褐色；前胸黄色，盘区中央具黑斑；鞘翅金属蓝绿色，足金属黑色；腹部黄色，两侧各具 1 小圆黑斑。头近圆形，复眼中度隆起，两眼间距狭于前胸背板前缘。触角丝状，约达鞘翅中部，雄性第 V–X 节各具 1 小纵沟。前胸背板近矩形，宽明显大于长，两侧近平行；各角近直角。鞘翅两侧向后稍变狭，长约为宽的 2.5 倍，约为前胸背板长的 4 倍。雄性外生殖器：腹侧阳基侧突腹面突棒状，向背侧弯曲；与阳基侧突相连背板与腹突近等长，顶缘近平，中央具 1 小缺刻，顶端稍宽于腹突间距；中茎侧突愈合成宽板状，与背板近等长，两侧向腹侧折，中部突起具 1 角。

分布：浙江（临安）、湖北、江西、湖南、福建、广西、贵州。

（198）名丽花萤瑞特氏亚种 *Themus* (*Themus*) *nobilis reitteri* Hicker, 1960

Themus reitteri Hicker, 1960: 78.
Themus (*Themus*) *nobilis reitteri*: Wittmer, 1983: 203.

主要特征：体长 17.0–21.5 mm，宽 4.5–5.5 mm。头金属深蓝色，口器、触角橙色；前胸黄色，中央具黑斑；鞘翅金属蓝绿色；足橙红色，腿节端部黑色；腹部黄色，两侧各具 1 小圆黑斑。头近圆形，复眼中度隆起，两眼间距狭于前胸背板前缘。触角丝状，约达鞘翅中部，雄性第 V–X 节各具 1 小纵沟。前胸背板近矩形，宽明显大于长，两侧近平行；前缘稍向前突，后缘近平；各角近直角。鞘翅均匀粗糙，密被较粗大刻点，两侧向后稍变狭，长约为宽的 2.4 倍，约为前胸背板长的 4 倍。

分布：浙江（临安）、安徽、福建。

（199）华丽花萤 *Themus* (*Themus*) *regalis* (Gorham, 1889)（图 4-10: G-I）

Telephorus regalis Gorham, 1889: 103.
Telephorus imperialis Gorham, 1889: 102.
Cantharis imperator Pic, 1906: 81.
Themus regalis: Jacobson, 1911: 675.

主要特征：体大型，长 17.0–24.0 mm，宽 4.5–7.0 mm。头金属蓝色；触角基部 2 节背面深蓝色，腹面黄色，具弱金属光泽，第 III–VI 节和第 XI 节黑色，第 VII–X 节黄色；前胸背板黄色，中央具 1 黑斑；鞘翅金属蓝色，足金属蓝黑色；腹部黑色，端缘和两侧缘黄色。头圆形，复眼中度隆起，两眼间距稍狭于前胸背板。触角丝状，长达鞘翅中部，雄性第 V–X 节各具 1 细长纵沟。前胸背板矩形，宽明显大于长，基部最宽。鞘翅两侧向后稍变狭，长约为宽的 3 倍，为前胸背板长的 5 倍。雄性外生殖器：腹侧阳基侧突腹面突中部变细，顶角尖细，相向弯曲；背板明显短于腹突，顶缘中央稍向内凹；中茎侧突分居中茎背侧，腹侧各具 1 隆起纵棱，顶角向外弯曲。

分布：浙江（龙泉）、天津、山西、陕西、甘肃、江苏、湖北、江西、海南、广西、重庆、四川、贵州、云南；越南。

（200）黑足丽花萤 *Themus* (*Themus*) *atripes* Pic, 1937（图 4-11: A-C）

Themus (*Themus*) *atripes* Pic, 1937b: 170.

主要特征：体长 20.5–22.0 mm，宽 5.0–6.0 mm。头、口器、触角黑色，前胸黄色，鞘翅金属紫色，腹部、足黑色。头近圆形，复眼中度隆起，两眼间距稍狭于前胸背板前缘。触角丝状，长达鞘翅中部，雄性第 IV–X 节各具 1 细长纵沟。前胸背板近矩形，宽明显大于长，两侧缘中部稍内凹；各角近直角。鞘翅两侧近平行，长约为宽的 3 倍，为前胸背板长的 4.8 倍。雄性外生殖器：腹侧阳基侧突腹面突宽短；背板明显变窄，短于腹突，顶缘近平直，两侧角圆，腹侧具 1 隆起横脊；中茎侧突宽板状，略短于背板，两侧角突出，向背侧弯曲。

分布：浙江（临安）、福建。

（201）洼胸丽花萤 *Themus* (*Themus*) *foveicollis* (Fairmaire, 1900)（图 4-11: D-F）

Telephorus foveicollis Fairmaire, 1900: 628.
Cantharis foveicollis: Jacobson, 1911: 679.
Themus testaceithorax Pic, 1938: 155.
Themus (*Themus*) *foveicollis*: Wittmer, 1972b: 121.

主要特征：体长 11.0–14.0 mm，宽 3.0–4.0 mm。头金属深蓝色，稍具光泽；唇基两侧黄色，口器黄色，前胸背板盘区颜色稍加深；触角深棕色，第 I–III 节橙色；鞘翅金属绿色，稍具光泽；足橙黄色，跗节黑色；腹部黑色。头圆形，复眼稍隆起，两眼间距稍狭于前胸背板前缘。雄性触角长达鞘翅 2/5 处，各具 1 细短光滑纵沟。前胸背板宽稍大于长，基部最宽；各角近直角。鞘翅两侧向后明显变狭，长约为宽的 2.5 倍，约为前胸背板长的 4 倍。雄性外生殖器：腹侧阳基侧突腹面突细长，稍向外侧弯曲；背板明显短于腹突，顶缘近平，侧顶角突出向腹侧弯曲；中茎侧突宽，分居中茎两侧，略短于背板，外侧顶角圆，内侧顶角尖。

分布：浙江（龙泉）、福建、广东、广西、四川。

（202）挂墩丽花萤 *Themus* (*Themus*) *kuatunensis* Wittmer, 1983（图 4-11: G-I）

Themus (*Themus*) *kuatunensis* Wittmer, 1983: 209.

主要特征：体长 15.5–18.5 mm，宽 3.5–5.0 mm。头金属深蓝色，唇基橙色，口器橙色，触角深棕色；前胸背板黄色，中央具 1 大黑斑；鞘翅金属蓝绿色；足深棕色，腿节、胫节基部和背侧黑色。头近圆形，复眼中度隆起，两眼间距狭于前胸背板前缘。触角丝状，约达鞘翅中部，雄性第 V–X 各具 1 小纵沟。前胸背板近方形，长宽约等；各角近直角。鞘翅两侧向后稍变狭，长约为宽的 2.7 倍，约为前胸背板长的 4 倍。雄性外生殖器：腹侧阳基侧突腹面突稍扁，顶端变细；背板明显短于腹突，顶缘近水平，稍狭于腹突间距；中茎侧突位于中茎背侧，愈合成宽板状，稍长于背板，顶缘中央具 1 宽缺刻，缺刻两侧突起向背侧弯曲。

分布：浙江（安吉、临安）、安徽、湖北、江西、福建。

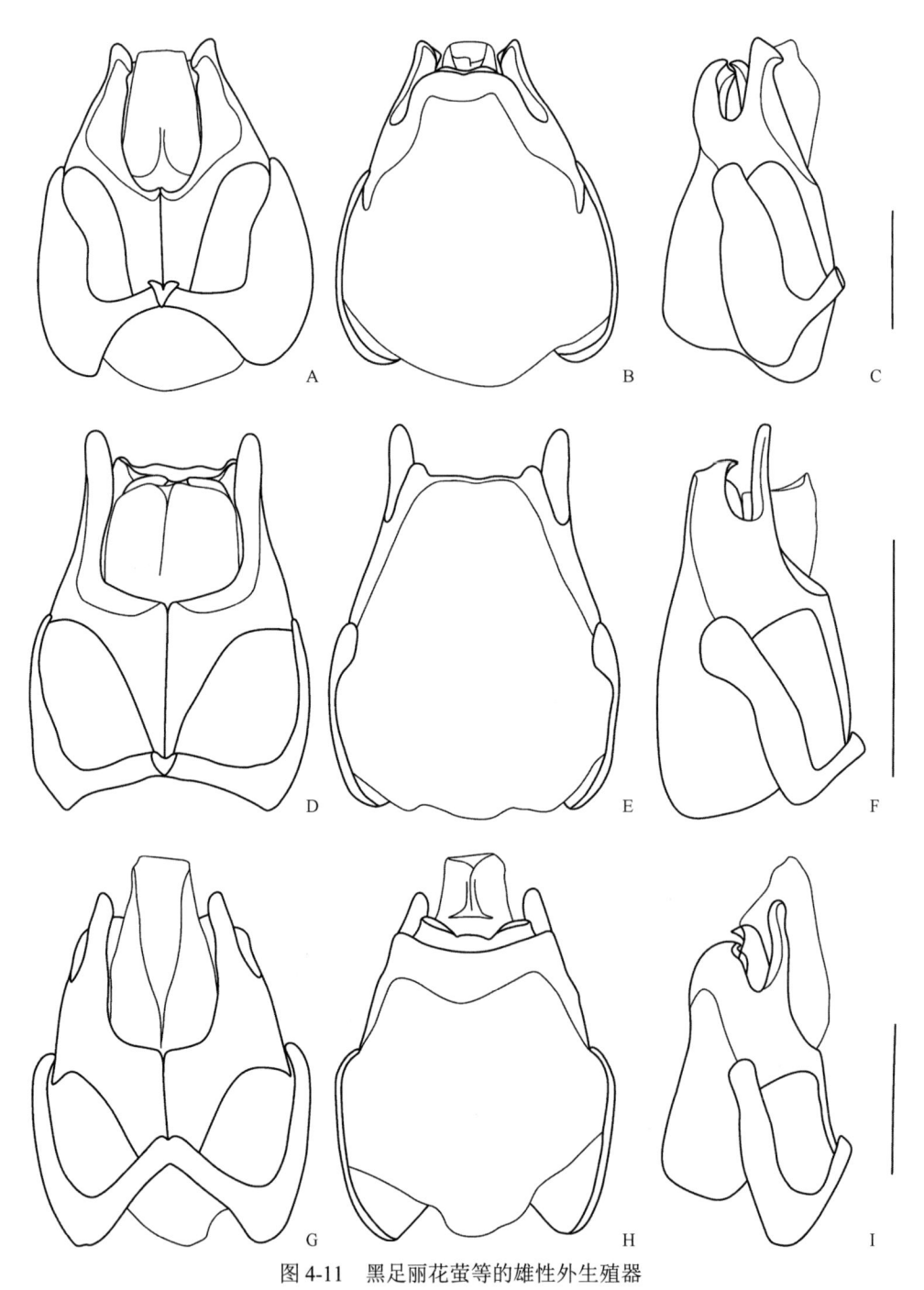

图 4-11 黑足丽花萤等的雄性外生殖器

A、D、G. 腹面观；B、E、H. 背面观；C、F、I. 侧面观。A-C. 黑足丽花萤 *Themus* (*Themus*) *atripes* Pic, 1937；D-F. 洼胸丽花萤 *Themus* (*Themus*) *foveicollis* (Fairmaire, 1900)；G-I. 挂墩丽花萤 *Themus* (*Themus*) *kuatunensis* Wittmer, 1983。比例尺：1 mm

第五章 长蠹总科 Bostrichoidea

主要特征：体小至中型，长形或椭圆形；体表多被绒毛，部分种类具花斑。头小，可下弯，具中纵沟。前胸背板端部大多隆起成帽状，不盖及头部。触角形式多样，端部 3–5 节多膨大成棒状。鞘翅强烈隆突。足较细长，跗式 5-5-5。

该总科世界已知 4 科 410 属约 5000 种，中国记录 4 科 78 属约 240 种，浙江分布 3 科 23 属 36 种。

分科检索表

1. 后足基节一般无容纳腿节的沟槽 ·· **皮蠹科 Dermestidae**
- 后足基节下侧形成沟槽，容纳腿节 ··· 2
2. 头及前胸背板明显窄于鞘翅；触角丝状或念珠状；鞘翅圆形，隆起 ··································· **蛛甲科 Ptinidae**
- 头及前胸背板与鞘翅近等宽；触角端部棒状；鞘翅狭长，端部具刺突 ···························· **长蠹科 Bostrichidae**

十、皮蠹科 Dermestidae

主要特征：体小型，卵圆形或长卵形，暗色，密生鳞片与毛，多形成不同毛色的斑纹。复眼大，除皮蠹属 *Dermestes* 外，有 1 个单眼。触角短，11 节或 10 节，棒状或球杆状，休止时常收纳在前胸背板前部腹面两侧的触角窝内。后翅发达，适于飞翔。腹部可见腹板 5 节。足短，腿节腹面具凹沟以纳胫节；胫节常具刺；跗式 5-5-5。

该科世界已知 6 亚科 62 属约 1500 种（含化石 7 属 44 种），世界广布。中国记录 5 亚科 15 属约 110 种，浙江分布 4 亚科 7 属 16 种。

分属检索表

1. 额无单眼；触角 11 节，端部 3 节扩大成棒状；中胸腹板无容纳前胸腹板突的凹沟 ············· **皮蠹属 *Dermestes***
- 额有单眼；触角 4–11 节，端部 1–9 节扩大成棒状，或端部数节丝状；中胸腹板有时具容纳前胸腹板突的凹沟 ·········· 2
2. 触角端部数节丝状；腹部可见腹板 7 节（♂）或 8 节（♀）；雌性无翅，幼虫状 ··················· **怪皮蠹属 *Trinodes***
- 触角端部 1–9 节扩大成棒状；腹部可见腹板 5 节；雌、雄均有翅 ··· 3
3. 体背、腹面密被鳞片 ··· **圆皮蠹属 *Anthrenus***
- 体背、腹面被毛，无鳞片 ··· 4
4. 后足跗节第 I 节远短于第 II 节 ··· **毛皮蠹属 *Attagenus***
- 后足跗节第 I 节等于或长于第 II 节 ··· 5
5. 雄性触角端部 3–9 节棒状 ··· **斑皮蠹属 *Trogoderma***
- 雄性触角端部 1–2 节棒状 ·· 6
6. 触角仅端部 1 节棒状，雄性强烈扩大成长三角形，雌性圆形或棒状 ···················· **异皮蠹属 *Thaumaglossa***
- 触角端部 1–2 节呈球杆状 ··· **球棒皮蠹属 *Orphinus***

68. 圆皮蠹属 *Anthrenus* Geoffroy, 1762

Anthrenus Geoffroy, 1762: 113. Type species: *Dermestes scrophulariae* Linnaeus, 1758.

主要特征：体卵圆形，极少长形，背面明显隆起，通体密被鳞片。头具中单眼。触角 4–11 节，棒状部 1–3 节；触角窝边缘锋利，由前方明显可见。鞘翅缘折极窄，仅在近基部处略明显。后胸后侧片不明显。腹部可见腹板 5 节，第 V 腹板中部具近截形的宽深凹。

分布：世界广布。世界已知约 250 种，中国记录 20 种，浙江分布 3 种。

分种检索表

1. 复眼内缘不凹入 ··· 小圆皮蠹 *A. (N.) verbasci*
- 复眼内缘凹入 ·· 2
2. 鞘翅基半部有 1 条极宽的 H 形白色鳞片带 ·· 日本白带圆皮蠹 *A. (A.) nipponensis*
- 鞘翅基半部沿翅缝有 1 "欠" 字形白色鳞片斑；每翅基部 2 个白色鳞片斑，向后有 3 条中断的白色鳞片横带 ···············
 ··· 红圆皮蠹 *A. (A.) picturatus hintoni*

（203）红圆皮蠹 *Anthrenus (Anthrenops) picturatus hintoni* Mroczkowski, 1952（图版 VIII-2）

Anthrenus picturatus hintoni Mroczkowski, 1952: 29.

主要特征：体长 2.9–3.5 mm，宽 1.8–2.2 mm。体卵圆形，背面隆起；红褐色至黑色，有光泽，足和触角淡褐色。头部具中单眼；复眼内缘深凹。触角 11 节，触角棒 3 节；触角窝宽，卵形。体背被黄色、白色及黑色鳞片，白色鳞片分布如下：前胸背板两侧有大斑；每翅基部 2 斑，向后有 3 条中断的带；鞘翅基半部沿翅缝有 1 "欠" 字形斑。腹面被白色鳞片，金黄色鳞片斑分布于后胸腹板前侧片、第 II–V 腹板的前角及第 V 腹板中央。

分布：浙江、辽宁、内蒙古、北京、河北、山东、河南、陕西、宁夏、甘肃、青海、新疆、江苏、安徽、江西、湖南、福建、台湾、广西、四川；俄罗斯，蒙古。

经济意义：幼虫为害动物标本及药材、皮毛、毛织品等，成虫取食多种花卉植物的花器。

（204）日本白带圆皮蠹 *Anthrenus (Anthrenus) nipponensis* Kalík *et* Ohbayashi, 1985

Anthrenus nipponensis Kalík *et* Ohbayashi, 1985: 77.

主要特征：体长 2.3–4.1 mm。体卵圆形，表皮赤褐至黑色，背面被白色、黄色及暗褐色鳞片，鞘翅基半部有 1 条极宽的 H 形白色鳞片带。复眼内缘深凹。触角 11 节，触角棒 3 节；末节长约为第 IX、X 节的总长，第 X 节长等于或稍长于第 IX 节；触角窝深陷，界线分明，其长度为侧缘的 1/4。

分布：浙江、黑龙江、辽宁、内蒙古、河北、山东、河南、陕西、新疆、四川；俄罗斯，朝鲜，日本。

经济意义：幼虫多栖息于居民区附近的鸟巢内，为害角蛋白含量丰富的物质。成虫取食花粉和花蜜。

（205）小圆皮蠹 *Anthrenus (Nathrenus) verbasci* (Linnaeus, 1767)（图版 VIII-3）

Byrrhus verbasci Linnaeus, 1767: 568.
Anthrenus verbasci: Gmelin, 1790: 1614.

主要特征：体长 1.7–3.8 mm，宽 1.1–2.3 mm。体卵圆形，前胸侧缘及后缘中央有白色鳞片斑，鞘翅有 3

条由黄色及白色鳞片形成的波状横带。鳞片呈长三角形，端部钝。复眼内缘不凹入。触角 11 节，触角棒 3 节；触角窝深而界限分明，触角窝的长度约为侧缘的 1/2。

分布：浙江（湖州、舟山）、黑龙江、辽宁、内蒙古、河北、山东、河南、陕西、宁夏、甘肃、青海、新疆、江苏、安徽、湖北、江西、湖南、广东、广西、四川、贵州、云南；世界广布。

经济意义：严重为害蚕丝、动物性药材、动物标本、毛及羽毛制品、谷物及种子等。

69. 毛皮蠹属 *Attagenus* Latreille, 1802

Attagenus Latreille, 1802: 121. Type species: *Dermestes pellio* Linnaeus, 1758.

主要特征：体形多数为椭圆形，少数为卵圆形，背面隆起，全体被毛。头部具中单眼。触角 11 节，极少数 10 节，端部 3 节棒状。鞘翅缘折平展，位于基半部。前胸侧板无明显触角窝。中胸腹板中区有 1 条由浅至深的凹沟，此沟不伸达腹板后缘。后足跗节第Ⅰ节之长等于或短于第Ⅱ节长之半。

分布：世界广布。世界已知约 200 种，中国记录 21 种，浙江分布 2 种（亚种）。

（206）黑毛皮蠹日本亚种 *Attagenus* (*Attagenus*) *unicolor japonicus* Reitter, 1877（图版 VIII-4）

Attagenus japonicus Reitter, 1877: 375.
Attagenus amurensis Pic, 1942: 7.
Attagenus amurensis Pic, 1943: 11 [HN].
Attagenus unicolor japonicus: Mroczkowski, 1975: 69.

主要特征：体长 2.8–5.0 mm，宽 1.5–2.5 mm。体椭圆形，暗褐色至黑色；中单眼赤褐色，复眼黑色；触角及足淡褐色，触角端节近黑色；背面密布暗褐色毛，前胸背板周缘及鞘翅基部着生黄色毛；腹面被黄褐色毛，腹末着生暗褐色毛。复眼间距约为复眼直径的 2 倍。触角 11 节，雄性末节长于第Ⅸ、Ⅹ节之和的 3–4 倍，雌性末节略长于第Ⅸ、Ⅹ节长之和。前胸背板基部中叶宽，向后突出，端部微圆至近直。

分布：浙江（湖州、嘉兴、杭州）、河南、宁夏、湖北、台湾、全国广布；俄罗斯，蒙古，朝鲜，日本，欧洲，北美洲。

经济意义：幼虫为害干肉、皮毛、动物性中药材，成虫取食花粉和花蜜。

（207）黑毛皮蠹指名亚种 *Attagenus* (*Attagenus*) *unicolor unicolor* (Brahm, 1790)（图版 VIII-5）

Dermestes unicolor Brahm, 1790: 144.
Dermestes piceus Olivier, 1790a: 10 [HN].
Attagenus unicolor: Mroczkowski, 1968: 93.

主要特征：体长 3.0–5.0 mm。体椭圆形；黑褐色或黑色，密生细毛。头扁圆，密布小刻点。复眼较大，突出，黑色。触角 11 节，雄性末端扩大如牛角状，雌性末节圆锥形。

分布：浙江（杭州）、河北、宁夏、台湾、贵州、中国西部；俄罗斯，朝鲜，韩国，日本，土库曼斯坦，吉尔吉斯斯坦，乌兹别克斯坦，塔吉克斯坦，哈萨克斯坦，巴基斯坦，印度，尼泊尔，伊拉克，土耳其，叙利亚，约旦，以色列，沙特阿拉伯，也门，阿曼，黎巴嫩，塞浦路斯，阿富汗，欧洲，北美洲，澳大利亚，埃及（西奈），非洲，南美洲。

经济意义：为害毛丝织品衣物、皮毛、羽毛、奶粉、动物性中药材、粮食、面粉、油料及豆类等。

70. 皮蠹属 *Dermestes* Linnaeus, 1758

Dermestes Linnaeus, 1758: 342. Type species: *Dermestes lardarius* Linnaeus, 1758.

主要特征：体椭圆形或长椭圆形，两侧近平行，背面隆起且被密毛。复眼大，无单眼。触角11节，端部3节明显扩大成棒状。前胸腹板突短，端部被前足基节掩盖。中胸腹板无中凹沟。鞘翅缘折发达，基半部较宽。后足基节横形，有容纳腿节的沟槽。中、后足跗节第Ⅰ节长为第Ⅱ节长之半。

分布：世界广布。世界已知约90种，中国记录18种，浙江分布6种（亚种）。

分种检索表

1. 腹部腹面疏被淡黄褐色毛，表皮不完全被遮盖 ·· 2
- 腹部腹面密被白色毛，表皮完全被遮盖 ·· 3
2. 鞘翅基部由红褐色毛形成1宽横带，每翅的横带上有4黑斑 ······················· 红带皮蠹 *D. (D.) vorax*
- 鞘翅多为黑色毛夹杂少量淡黄色毛 ··· 钩纹皮蠹 *D. (D.) ater*
3. 前胸背板两侧及前缘由白色毛形成1较宽大的环状带 ·· 4
- 前胸背板几乎由锈黄色毛形成1完整的大斑 ·· 5
4. 鞘翅内缘末端向后突出成1细刺，外缘末端边缘细锯齿状；腹部第Ⅴ腹板除两前侧角有黑色毛斑外，还有1纵贯中区的黑色毛斑 ··· 白腹皮蠹 *D. (D.) maculatus*
- 鞘翅内缘末端不向后突出成刺状，外缘末端边缘不呈细锯齿状；腹部第Ⅴ腹板中区的黑色毛斑仅位于端半部 ··· 拟白腹皮蠹 *D. (D.) frischii*
5. 鞘翅除基部1/4着生黄褐色毛外，其余部分由白色毛形成若干条无规则横波状斑纹；腹部第Ⅴ腹板近基部有2很短的白色毛带 ··· 波纹皮蠹 *D. (D.) undulatus*
- 鞘翅无不规则的横波状白色毛斑；腹部第Ⅴ腹板中区有1形状不定的白色毛斑 ··· 赤毛皮蠹指名亚种 *D. (D.) tessellatocollis tessellatocollis*

（208）钩纹皮蠹 *Dermestes (Dermestes) ater* DeGeer, 1774（图版 VIII-6）

Dermestes ater DeGeer, 1774: 223.
Dermestes chinensis Motschulsky, 1866: 168.

主要特征：体长7.0–9.0 mm。体背暗褐色至黑色，腹面暗红褐色；体背毛较长，黄褐色至暗褐色，鞘翅多为黑色毛夹杂少量淡黄色毛，腹部被淡黄色毛并散布暗褐色毛斑。头部无中单眼。前胸背板基部1/3处最宽，两侧浅凹入。鞘翅刻点不明显，无明显纵脊和沟。腹部各腹板的侧陷线完整，第Ⅰ腹板的侧陷线基部向内明显弯曲，终止于后足基节侧缘。雄性第Ⅲ、第Ⅳ腹板近中间有凹窝，由此发出直立的毛束。

分布：浙江（湖州、杭州、宁波）、宁夏、香港、澳门；俄罗斯，蒙古，朝鲜，韩国，日本，土库曼斯坦，吉尔吉斯斯坦，乌兹别克斯坦，塔吉克斯坦，哈萨克斯坦，巴基斯坦，印度，尼泊尔，伊朗，伊拉克，叙利亚，约旦，以色列，沙特阿拉伯，也门，阿曼，黎巴嫩，塞浦路斯，阿富汗，欧洲，北美洲，澳大利亚，埃及（西奈），非洲，南美洲。

经济意义：为害动物性药材、皮毛、干鱼及水产品等。

(209) 红带皮蠹 *Dermestes* (*Dermestes*) *vorax* **Motschulsky, 1860**

Dermestes vorax Motschulsky, 1860: 123.

主要特征：体长 7.0–9.0 mm。表皮黑色。前胸背板着生单一黑色毛，周缘无淡色毛斑。鞘翅基部由红褐色毛形成 1 宽横带，每鞘翅的横带上有 4 个黑斑。雄性腹部第Ⅲ、第Ⅳ腹板近中央各有 1 直立毛束。

分布：浙江、黑龙江、吉林、辽宁、内蒙古、河北、山东、甘肃、新疆、广西等地；俄罗斯，朝鲜，韩国，日本。

经济意义：为害皮张、中药材和家庭储藏品，也是养蚕业的害虫之一。

(210) 拟白腹皮蠹 *Dermestes* (*Dermestinus*) *frischii* **Kugelann, 1792**（图版 VIII-7）

Dermestes frischii Kugelann, 1792: 478.

主要特征：体长 6.0–10.0 mm。表皮黑色或暗褐色。前胸背板中区着生黑色、黄褐色及白色毛，两侧及前缘着生大量白色或淡黄色毛，形成淡色宽毛带；两侧淡色毛带的基部各有 1 卵圆形黑斑，使淡色带的基部呈叉状。鞘翅以黑色毛为主，夹杂白色及黄褐色毛；后端角无尖刺。腹部各腹板的两前侧角各有 1 黑斑，第 V 腹板端部中央还有 1 个横形大黑斑。雄性仅第Ⅳ节腹板中央稍后有 1 圆形凹窝，由此发出 1 直立毛束。

分布：浙江（湖州、嘉兴、杭州、宁波）、黑龙江、吉林、辽宁、内蒙古、北京、河北、山西、山东、陕西、宁夏、甘肃、青海、新疆、湖南、福建、四川、云南等地；前苏联，中亚，伊朗，阿富汗，欧洲，北美洲，澳大利亚，非洲，南美洲。

经济意义：严重为害皮张、鱼类加工品、蚕丝和药材，偶尔也为害家庭储藏品。

(211) 白腹皮蠹 *Dermestes* (*Dermestinus*) *maculatus* **DeGeer, 1774**（图版 VIII-8）

Dermestes maculatus DeGeer, 1774: 223.

主要特征：体长 5.5–9.5 mm。表皮赤褐色至黑色，背面密被黄褐色、白色及黑色毛。前胸背板两侧及前缘着生大量白色毛。鞘翅边缘在端角之前的一段有多数微齿，端角向后延伸成 1 细刺。腹部大部分着生白色毛，第 I–Ⅳ腹板每前侧角有 1 黑色毛斑；第 V 腹板大部被黑色毛，每侧有 1 条白色毛带；雄性仅腹部第Ⅳ腹板中央有 1 凹窝，由此发出 1 直立毛束。

分布：浙江（湖州、嘉兴、杭州、宁波、金华、温州）及中国各地；世界广布。

经济意义：为害动物性储藏品，为制革业和养蚕业的重要害虫。还为害多种肉类及鱼类加工品、动物性药材、动物标本及家庭储藏品。老熟幼虫有开凿蛹室习性。

(212) 赤毛皮蠹指名亚种 *Dermestes* (*Dermestinus*) *tessellatocollis tessellatocollis* **Motschulsky, 1860**（图版 VIII-9）

Dermestes tessellatocollis Motschulsky, 1860: 124.

主要特征：体长 7.0–8.0 mm。体赤褐色至暗褐色。头部无中单眼，着生暗褐色毛夹杂少量黑色毛。前胸背板有成束的赤、黑及少量白色毛。小盾片着生黑色毛，侧缘毛色变淡。鞘翅密布黑色毛，夹杂少量淡黄色毛及白色毛。前胸腹板被黑或褐色毛；中胸腹板大部被黑色毛，仅中足基节间后半部、中足基节前角及中胸前侧片基部着生白色及淡褐色毛；后胸腹板大部被白色毛，仅前侧片侧缘中部及前角有小黑毛斑。腹部第 I–V 腹板侧角各有 1 黑色毛斑，第 V 腹板末还有 1 V 形黑色毛斑；雄性第Ⅲ、第Ⅳ腹板近中央各有 1 凹窝，由此发出 1 直立毛束。

分布：浙江（杭州、宁波、金华、温州）、黑龙江、吉林、内蒙古、北京、河北、山西、山东、河南、陕西、宁夏、甘肃、青海、新疆、江苏、湖南、福建、广西、贵州、云南、西藏；俄罗斯，朝鲜，日本。

经济意义：为害皮毛、干鱼、中药材、粮食、油饼、花生。

（213）波纹皮蠹 *Dermestes* (*Dermestinus*) *undulatus* Brahm, 1790（图版 VIII-10）

Dermestes undulatus Brahm, 1790: 114.

主要特征：体长 5.5–7.5 mm。体黑色，触角暗褐色，有时鞘翅肩部、胫节及跗节也为暗褐色。头部的暗褐色及黄褐色毛形成不规则的毛斑，夹杂少数白色小毛斑。前胸背板有较大的暗褐色毛斑及少数白色毛斑。小盾片密布黄色毛。鞘翅被黑色毛，散布大量不规则的白色波状毛斑；基部着生浓密的黄褐色毛，有时在肩部后方形成淡色毛斑。腹部密布白色及暗褐色毛，第 II–IV 腹板两侧基部有 1 黑色毛斑；第 V 腹板大部着生黑色毛，仅在前缘有 2 白色短毛带；雄性第 III、第 IV 腹板近中央各有 1 凹窝，由此发出 1 直立毛束。

分布：浙江（杭州）、吉林、内蒙古、河北、河南、宁夏、甘肃、青海、新疆、广西、西藏；土库曼斯坦，吉尔吉斯斯坦，乌兹别克斯坦，塔吉克斯坦，哈萨克斯坦，巴基斯坦，伊朗，土耳其，塞浦路斯，欧洲，南美洲。

经济意义：为害皮毛、土特产、干鱼、中药材、肉类及其制品。

71. 球棒皮蠹属 *Orphinus* Motschulsky, 1858

Orphinus Motschulsky, 1858: 48. Type species: *Orphinus haemorrhoidalis* Motschulsky, 1858.

主要特征：体长形，强烈隆起。体表被细毛，无鳞片。头部有单眼。触角端部 1–2 节呈球杆状，雄性球杆部圆形或长圆形。前胸背板无隆脊。腹部可见腹板 5 节，第 V 腹板端部无凹。前足基节不大，端部没有相接；后足基节平行或变窄；后足第 I 跗节等于或长于第 II 节；爪简单。

分布：世界广布。世界已知约 90 种，中国记录 12 种，浙江分布 1 种。

（214）暗褐球棒皮蠹 *Orphinus* (*Orphinus*) *fulvipes* (Guérin-Méneville, 1838)

Globicornis fulvipes Guérin-Méneville, 1838: 138.
Orphinus fulvipes: Hinton, 1945: 368.

主要特征：体长 1.7–3.5 mm，宽 1.0–1.9 mm。体宽卵圆形，表皮暗褐色至黑色，被暗褐色毛，无淡色斑纹。触角黄褐色，10–11 节，末 2 节膨大形成扁圆形的触角棒，末节长为其前一节的 8 倍（♂）或 3 倍（♀）。

分布：浙江、广东、广西、四川、贵州、云南；世界广布。

经济意义：为害动物性药材及昆虫标本等。

72. 异皮蠹属 *Thaumaglossa* Redtenbacher, 1867

Thaumaglossa Redtenbacher, 1867: 43. Type species: *Thaumaglossa rufocapillata* Redtenbacher, 1867.

主要特征：体卵圆形。触角 11 节，棒状部仅端部 1 节，雄性强烈扩大成长三角形，雌性圆形或棒状。前胸腹板小，横宽；前胸腹板突长，末端圆钝。中胸腹板长而宽。后胸腹板极小，三角形。鞘翅短，常具淡色毛形成的横带。足细而短。前足基节近筒状，倾斜，左右略相接；中足基节小，圆锥形，左右分离；后足基节大，表面明显凹陷成槽。

分布：世界广布。世界已知约 55 种，中国记录 7 种，浙江分布 1 种。

（215）远东螵蛸皮蠹 *Thaumaglossa rufocapillata* Redtenbacher, 1867

Thaumaglossa rufocapillata Redtenbacher, 1867: 44.

主要特征：体长 3.0–4.5 mm，宽 2.5–3.5 mm。体宽卵圆形，表皮褐色至黑色。前胸背板着生大量黄褐色毛；鞘翅着生大量黑色毛，基部着生黄褐色毛，有 2 条波状的灰白色横毛带。触角 11 节，触角棒 1 节；雄性触角末节长三角形，长于其余 10 节之和，雌性触角末节膨大成圆形。

分布：浙江（定海）、黑龙江、辽宁、河北、山西、山东、河南、陕西、新疆、江苏、湖南、福建、台湾、香港、广西、四川、云南；朝鲜，韩国，日本，印度，尼泊尔，越南，老挝，泰国，菲律宾，马来西亚，印度尼西亚，欧洲，非洲。

经济意义：该虫属于中药材害虫，主要为害螳螂卵块（螵蛸）。

73. 怪皮蠹属 *Trinodes* Dejean, 1821

Trinodes Dejean, 1821: 47. Type species: *Nitidula hirta* Fabricius, 1781.
Trinodus Gistel, 1856: 363. Type species: *Nitidula hirta* Fabricius, 1781.

主要特征：雄性身体狭长，两侧近平行；雌性椭圆形，幼虫状。头部具 3 个中单眼。雄性鞘翅柔软，后翅多退化；雌性无翅，前背褶缘无触角窝。雄性前足基节左右相接，雌性互相分离；雄性后足跗节第 I 节长约为第 II 节长的 2 倍，雌性第 I 节稍长于第 II 节。

分布：世界广布。世界已知 15 种，中国记录 2 种，浙江分布 1 种。

（216）棕怪皮蠹 *Trinodes rufescens* Reitter, 1877

Trinodes rufescens Reitter, 1877: 376.

主要特征：体长 1.9–2.5 mm，宽 1.2–1.5 mm。体宽卵圆形，背面显著隆起，密被暗褐色直立的毛。触角 11 节，端部 3 节棒状；雄性触角末节长为第Ⅸ、Ⅹ节长之和的 2 倍，雌性稍大于第Ⅸ、Ⅹ节长之和。前胸背板两侧略直，向端部渐变窄，两侧近侧缘处各有 1 条纵脊，自后缘向前伸达端部 2/3 处。

分布：浙江、台湾、广东、四川；韩国，日本。

经济意义：幼虫为害动物性干制品，可穿透蚕茧取食蚕蛹，在仓库及羽毛内也有发现。

74. 斑皮蠹属 *Trogoderma* Dejean, 1821

Trogoderma Dejean, 1821: 46. Type species: *Anthrenus elongatulus* Fabricius, 1801.

主要特征：体卵圆形，背面稍隆，密被绒毛，常形成淡色毛斑或毛带；褐色至黑色，鞘翅常有淡褐色的亚基带、亚中带及亚端带；亚基带多呈环状，有些种类在亚基带和亚中带之间以中线相连接。头部有中单眼。触角 11 节，极少数 9–10 节，多为棒状，雄性 3–9 节棒状，雌性 3–5 节棒状；少数为近锯齿状、梯形或扇形；触角窝较深，边缘界线分明，后缘止于后侧隆线。中胸腹板被宽而深的中纵沟分为两部分。后足第I跗节长于第II节。

分布：世界广布。世界已知约150种，中国记录9种，浙江分布2种。

（217）红斑皮蠹 *Trogoderma variabile* Ballion, 1878（图版 VIII-11）

Trogoderma variabile Ballion, 1878: 277.

主要特征：体长2.2–4.4 mm，宽1.2–2.3 mm。体两侧近平行；头及前胸背板黑色，鞘翅褐色至暗褐色，翅面有赤褐色至褐色的亚基带、亚中带和亚端带，亚中带和亚端带波状；体被黑色、黄褐色及白色毛，前胸背板毛暗色或黄褐色，夹杂少量白毛，鞘翅毛暗褐色，仅在淡色花斑上着生淡黄色毛和白色毛。头部具中单眼；复眼内缘不凹入。触角11节，稀见9–10节；雄性触角棒7–8节，雌性4节。

分布：浙江（宁波）、黑龙江、辽宁、内蒙古、河北、山西、河南、陕西、宁夏、湖南、广东、四川、贵州；高加索地区，蒙古，韩国，日本，土库曼斯坦，乌兹别克斯坦，塔吉克斯坦，哈萨克斯坦，越南，伊朗，伊拉克，沙特阿拉伯，阿富汗，欧洲，北美洲，澳大利亚，非洲，南美洲。

经济意义：幼虫严重为害多种仓储谷物及其制品、家庭储藏物及蚕丝、毛皮、中药材、动物干制标本。目前，本种是斑皮蠹属害虫中在国内分布最广、危害最甚的种类。

（218）花斑皮蠹 *Trogoderma varium* (Matsumura *et* Yokoyama, 1928)（图版 VIII-12）

Megatoma varius Matsumura *et* Yokoyama, 1928: 51.
Trogoderma varium: Hinton, 1945: 381.
Trogoderma laticorne Chao *et* Lee, 1966: 247.

主要特征：体长2.0–3.5 mm，宽1.1–1.9 mm。头及前胸背板黑色，鞘翅暗褐色并有淡色花斑，鞘翅上的淡色毛形成较清晰的毛带，有时亚中带及亚端带较退化；触角11节，粗棒状，棒状部6节（♂）或5节（♀）。雄性第X腹节背板端缘强烈隆起使整个背片呈三角形。

分布：浙江（嘉兴）、宁夏、湖南、四川；朝鲜，韩国，日本。

经济意义：为害仓储物及其制品、蚕丝、中药材及动物制品。

十一、长蠹科 Bostrichidae

主要特征：体小至大型，长圆筒形，浅褐至深褐色。前胸背板风帽状，完全将头部遮盖住。触角短，8–10 节，末端 3 节棒状。前胸背板前半部有小齿和棘状突起。鞘翅末端急剧向下倾斜，周缘具棘状和角状突起。腹部可见腹板 5 节，第 I 节长。足短，跗节 5 节，第 I 节很小。

该科世界已知 8 亚科 89 属约 600 种，世界广布。中国记录 5 亚科 22 属 39 种，浙江分布 3 亚科 8 属 12 种。

分属检索表

1. 复眼着生在复眼前方 ··· 2
- 复眼不着生在复眼前方 ··· 6
2. 后足跗节短于胫节；前胸背板前方圆形或尖隆，稀少平截 ··· 3
- 后足跗节长于或等于胫节；前胸背板前方平截或凹缘 ··· 4
3. 触角第 II 节与第 I 节近等长；前胸背板中区后半部具扁平颗粒瘤；小盾片方形；鞘翅上的毛弯曲 ····· **谷蠹属 *Rhyzopertha***
- 触角第 II 节短于第 I 节；前胸背板中区后半部具刻点；小盾片横宽；鞘翅上的毛直立 ················ **竹长蠹属 *Dinoderus***
4. 腹部的基节间突呈薄片状 ·· **长蠹属 *Xylopsocus***
- 腹部的基节间突呈 T 形或三角形 ·· 5
5. 前胸背板在前缘之后无横凹陷 ·· **竹蠹属 *Bostrychopsis***
- 前胸背板在前缘之后有横凹陷 ·· **异翅长蠹属 *Heterobostrychus***
6. 体背面着生细刚毛；触角第 X 节向端部显著加宽，末节卵圆形，端部尖 ······································ **粉蠹属 *Lyctus***
- 体背面着生鳞片状毛；触角末 2 节圆筒状，末节端部平截 ··· 7
7. 体背面的鳞片状毛短而窄，不形成毛列；触角索节着生刚毛，第 X 节长远大于宽 ·············· **齿粉蠹属 *Lyctoxylon***
- 体背面的鳞片状毛长而宽，在鞘翅上形成明显的毛列；触角索节着生鳞片，第 X 节长约等于宽 ······· **毛粉蠹属 *Minthea***

75. 竹蠹属 *Bostrychopsis* Lesne, 1899

Bostrychopsis Lesne, 1899: 444. Type species: *Bostrichus cephalotes* Olivier, 1795.

主要特征：额唇基沟从左到右横向深凹。额中部刻点非常细密，刻点具指向腹侧的相互平行的灰黄色短毛，所有短毛非常紧凑地排成 1 条浓密的毛带。前胸背板近前缘处无宽横凹，前角不突出。

分布：世界广布。古北区已知 5 种，中国记录 1 种，浙江分布 1 种。

（219）大竹蠹 *Bostrychopsis parallela* (Lesne, 1895)

Bostrychus parallela Lesne, 1895: 174.
Bostrychopsis affinis Lesne, 1899: 536.
Bostrychopsis parallela: Vrydagh, 1960: 13.

主要特征：体长 12.0–14.0 mm，宽 3.2–3.5 mm。体长圆筒形，黑褐色，具光泽。头的额区有 1 中横沟，背面密布纵隆线；触角 10 节，棒 3 节，第 I、第 II 棒节呈三角形，末节长形，向端部缢缩，末端近截形。前胸背板前缘中部凹入，前缘角前伸且上弯成钩状，两侧缘各有等距离的 4 个齿；背面前半部瘤区的齿突微弱，两侧倒生鱼鳞状齿突呈同心圆排列，后半部密布小颗瘤。鞘翅肩角明显，两侧缘近平行；鞘翅斜面由翅后 1/3 处开始急剧下斜，斜面宽阔，其上方两侧缘各有 2 个明显的脊突。

分布：浙江、湖北、湖南、台湾、广东、海南、香港、四川、云南；东洋区。

经济意义：为害竹制品及其原材料，在被害物内蛀道穿孔，还为害某些中药材。

76. 竹长蠹属 *Dinoderus* Stephens, 1830

Dinoderus Stephens, 1830: 352. Type species: *Dinoderus ocellaris* Stephens, 1830.

主要特征：触角第 II 节明显短于第 I 节。前胸背板近基部通常有 2 个圆凹。小盾片横方形。鞘翅端部均匀地变圆。

分布：世界广布。古北区已知 7 种，中国记录 6 种，浙江分布 2 种。

（220）日本竹长蠹 *Dinoderus* (*Dinoderastes*) *japonicus* Lesne, 1895

Dinoderus japonicus Lesne, 1895: 170.
Dinoderus pubicollis van Dyke, 1923: 45.

主要特征：体长 2.8–3.8 mm。外形与竹长蠹 *D. minutus* 十分相似，本种的主要区别特征在于：触角 11 节；前胸背板近后缘中央无明显凹窝；第 I 跗节明显长于第 II 节。

分布：浙江、江苏、江西、湖南、福建、台湾、广东、广西、四川、贵州、云南；日本，欧洲，新北区，澳洲区。

经济意义：成虫和幼虫蛀食刚竹、毛竹和苦竹的竹材及竹制品，对刚竹为害最严重。此外，也偶尔发现于中药材库。

（221）竹长蠹 *Dinoderus* (*Dinoderus*) *minutus* (Fabricius, 1775)

Apate minutus Fabricius, 1775: 54.
Dinoderus (*Dinoderus*) *minutus*: Borowski, 2007: 326.

主要特征：体长 2.5–3.5 mm，宽 1.0–1.5 mm。体短圆筒状，红褐色至黑褐色。头弯向下方，由背方不可见；触角 10 节，末 3 节宽短，三角形。前胸背板显著隆起，前缘有 8–10 个小齿突，端半部有数列倒生的鱼鳞状小齿作同心圆排列，基半部密布小刻点，近后缘中央有 1 对较深的卵形凹窝。小盾片横宽。鞘翅刻点成行。第 I 跗节约等长或短于第 II 节。

分布：浙江、内蒙古、河北、山东、河南、陕西、江苏、湖北、江西、湖南、福建、台湾、广东、海南、广西、四川、贵州、云南；日本，叙利亚，塞浦路斯，欧洲，非洲，世界广布。

经济意义：幼虫严重为害多种竹材、竹制品及竹建筑物。成虫为害木材及薯干、稻谷、中药材等多种植物性储藏品。器材侵害严重时内部往往大部分变成粉末，仅外观仍然完好。

77. 异翅长蠹属 *Heterobostrychus* Lesne, 1899

Heterobostrychus Lesne, 1899: 443. Type species: *Bostrichus aequalis* Waterhouse, 1884.

主要特征：额唇基沟不深凹或至多仅在中部 1/3 横凹，有时更短。额中部具较稀疏的稍粗刻点，刻点具毛，但不形成浓密的毛带。前胸背板近前缘处有 1 宽横凹，前角钩状或齿状突出。

分布：世界广布。古北区已知3种，中国记录3种，浙江分布1种。

（222）二突异翅长蠹 *Heterobostrychus hamatipennis* (Lesne, 1895)

Bostrychus hamatipennis Lesne, 1895: 173.
Heterobostrychus hamatipennis: Borowski, 2007: 322.

主要特征：体长8.0–15.0 mm。外形与双钩异翅长蠹 *H. aequalis* 相似，区别在于：鞘翅斜面上仅有1对钩形突，雄性的钩形突较长而内弯，雌性的钩形突较短而仅稍内弯。

分布：浙江、辽宁、山东、河南、上海、湖北、江西、福建、台湾、广东、广西、四川、云南；日本，印度，不丹，欧洲，东洋区，旧热带区。

经济意义：为害木材、竹材及其制品。

78. 齿粉蠹属 *Lyctoxylon* Reitter, 1879

Lyctoxylon Reitter, 1879: 196. Type species: *Minthea dentata* Pascoe, 1866.

主要特征：触角末端2节强烈扩大并延伸成近圆筒形，长远大于宽，末端稍窄于前节。头部两侧各具3个瘤状齿突。前胸背板两侧缘具较多刚毛。鞘翅具小刻点及无规则纵列的毛。前足胫节向端部强烈扩大，具1钩状端距。

分布：世界广布。中国记录1种，浙江分布1种。

（223）齿粉蠹 *Lyctoxylon dentatum* (Pascoe, 1866)

Minthea dentata Pascoe, 1866b: 141.
Lyctoxylon dentatum: Borowski, 2007: 326.

主要特征：体长1.5–2.5 mm。体红褐色，密生淡黄色鳞片状毛。头的上颚端部不分裂；触角节上着生细毛，末2节膨大成长圆筒状，其中第X节长远大于宽，且比末节宽，末节端部近截形。前胸背板近方形，长宽略等，侧缘密生等距离的鳞片状毛，中区有1个明显的卵圆形凹窝。鞘翅长为两翅合宽的2倍，约与前胸等宽，上面的鳞片状毛不形成毛列。

分布：浙江（杭州、嵊州、宁波）、广东、广西、四川、贵州、云南；日本，欧洲，东洋区，新北区，旧热带区，新热带区，澳洲区。

经济意义：为害竹器、家具及中药材。

79. 粉蠹属 *Lyctus* Fabricius, 1792

Lyctus Fabricius, 1792: 502. Type species: *Lyctus canaliculatus* Fabricius, 1792 (= *Dermestes linearis* Goeze, 1777).

主要特征：体细长，两侧平行，背面略微隆，密被细毛。触角11节，棒状部2节；第X节向端部显著加宽，末节卵形。前胸背板近方形，前角圆钝或尖，后角锐；背面微隆，但往往平坦，中央常具形状不一的纵沟或凹陷。前胸腹板突发达，形状因种而异。小盾片极小，方形或梯形，有时圆形。鞘翅长，两侧平行，末端圆形；背面微隆，密生小刻点和细毛，通常排成纵列。前足基节窝后方封闭。各足腿节略膨大成棍棒状，大多数种类各足腿节近等大，但有些种类前足腿节特别强大；胫节和跗节均细长。

分布：世界广布。古北区已知 15 种，中国记录 4 种，浙江分布 4 种。

分种检索表

1. 前足腿节与中、后足腿节等宽；前胸背板明显窄于鞘翅基部 ·· 2
- 前足腿节显宽于中、后足腿节；前胸背板约与鞘翅基部等宽 ·· 3
2. 鞘翅行间的刚毛形成明显的毛列；前胸背板颜色均一，中央有 1 明显凹窝 ············ **栎粉蠹 *L. (L.) linearis***
- 鞘翅行间的刚毛不形成明显毛列；前胸背板后 2/3 及鞘翅缝周围黑褐色，前胸背板平坦或不明显凹入 ·············
·· **中华粉蠹 *L. (L.) sinensis***
3. 头部沿唇基后缘线深凹；雌性腹部第Ⅳ腹板后缘无缘毛 ·································· **褐粉蠹 *L. (X.) brunneus***
- 头部沿唇基后缘线浅凹；雌性腹部第Ⅳ腹板后缘密生缘毛 ················· **非洲粉蠹 *L. (X.) africanus africanus***

（224）栎粉蠹 *Lyctus* (*Lyctus*) *linearis* (Goeze, 1777)

Dermestes linearis Goeze, 1777: 148.
Lyctus (*Lyctus*) *linearis*: Borowski, 2007: 327.

主要特征：体长 2.0–5.5 mm。体黄褐色至暗赤褐色，被黄色细毛。前胸背板长大于宽，侧缘锯齿状，背面中区有 1 纵长凹陷。鞘翅明显宽于前胸，上面的刻点行深，刻点大而浅，行间的毛倒向后方，形成明显的毛列，每鞘翅有黄色毛 11 纵列。

分布：浙江、内蒙古、北京、山东、河南、新疆、江苏、安徽、云南；俄罗斯，日本，欧洲，北美洲。

经济意义：为害伐倒的阔叶树，主要为害栎树，在我国对刺槐木材为害也较重。此外，还为害壳斗科和杨柳科木材家具等器材。

（225）中华粉蠹 *Lyctus* (*Lyctus*) *sinensis* Lesne, 1911（图版 IX-1）

Lyctus sinensis Lesne, 1911: 48.

主要特征：体长 2.8–5.3 mm。体黄褐色略带红色，无光泽，身体细长。触角 11 节，末 2 节膨大形成触角棒，其中末节宽大，向端部紧缩。前胸背板长明显大于宽，中间有 1 光滑而不明显的沟纵贯全长。鞘翅宽于前胸背板，在近翅缝处行间的毛排列混乱，不形成毛列。前胸背板后 2/3 及鞘翅基部色暗，此暗色区沿鞘翅缝两侧向后伸达翅末端。

分布：浙江（嵊州、宁波、衢州、常山）、辽宁、内蒙古、河北、山西、宁夏、青海、江苏、安徽、福建、四川、贵州、云南；朝鲜，日本。

经济意义：为害干燥的木材、建筑材、家具、竹器及中药材等。

（226）非洲粉蠹 *Lyctus* (*Xylotrogus*) *africanus africanus* Lesne, 1907

Lyctus africanus africanus Lesne, 1907: 302.
Lyctus politus Kraus, 1911: 118.

主要特征：体长 2.5–4.0 mm。体红褐色至暗褐色，鞘翅除基部之外比前胸背板色淡。触角 11 节，触角棒 2 节，末节卵圆形，末端紧缩。前胸背板方形，长宽几相等，在近前缘处最宽，背面中央有 1 卵圆形浅凹陷。鞘翅约与前胸背板等宽，两侧平行，长约为宽的 2 倍，靠近鞘翅的外缘区刻点行及毛列均明显。雌性腹部第Ⅳ腹板后缘着生大量黄色毛。

分布：浙江（金华）、广东、广西、四川、云南；日本，叙利亚，以色列，欧洲，北非，东洋区，旧热带区。

经济意义：为害木材及竹材等。

（227）褐粉蠹 *Lyctus* (*Xylotrogus*) *brunneus* (Stephens, 1830)（图版 IX-2）

Xylotrogus brunneus Stephens, 1830: 117.
Lyctus glycyrrhizae Chevrolat in Guérin-Méneville, 1844: 191.
Lyctus disputans Walker, 1858: 206.
Lyctus retractus Walker, 1858: 206.
Lyctus rugulosus Montrouzier, 1861: 266.
Lyctus jatrophae Wollaston, 1867: 112.
Lyctus costatus Blackburn, 1888: 265.
Lyctus carolinae Casey, 1891: 13.
Lyctus (*Xylotrogus*) *brunneus*: Borowski, 2007: 327.

主要特征：体长 2.2–5.0 mm。体黄褐色、赤褐色至暗褐色；鞘翅色稍淡，通常发红。触角 11 节，棒状部 2 节，末节卵形。前胸背板宽大于长，前端与鞘翅基部近等宽，前侧角圆而明显；中区有 1 浅而宽的 Y 形凹，有时非常不明显。鞘翅长为宽 2.3 倍，边区刻点清晰，形成不规则的行。前足腿节明显较中、后足腿节粗。

分布：浙江（湖州、德清、长兴、安吉）、河北、山西、安徽、湖南、台湾、广东、广西、四川、贵州、云南；朝鲜半岛，日本，乌兹别克斯坦，欧洲，非洲，世界广布。

经济意义：为害干燥的木材、建筑材、家具、竹器及中药材等。

80. 毛粉蠹属 *Minthea* Pascoe, 1866

Minthea Pascoe, 1866a: 97. Type species: *Minthea squamigera* Pascoe, 1866.

主要特征：体长形，两侧略平行，末端圆形；背面微隆，被鳞片状毛。额中央微隆，触角基部上方具叶片状突起。触角 11 节，稍短粗，棒状部 2 节；末节两侧平行，呈正方形或长方形，远比前节长。前胸背板侧缘着生很多的具鳞毛小齿突。鞘翅两侧平行，末端圆形；表面微隆，具若干鳞毛纵列，行间具小刻点纵列，有的被疏密的各种微毛。前足基节近圆形，基节窝后方封闭。

分布：世界广布。古北区已知 4 种，中国记录 1 种，浙江分布 1 种。

（228）鳞毛粉蠹 *Minthea rugicollis* (Walker, 1858)

Ditoma rugicollis Walker, 1858: 206.
Minthea similata Pascoe, 1866b: 141.
Lyctopholis foveicollis Reitter, 1879: 199.
Eulachus hispida Blackburn in Blackburn & Sharp, 1885: 141.
Minthea rugicollis: Borowski, 2007: 328.

主要特征：体长 2.0–3.5 mm。体赤褐色至暗褐色，背面着生直立的端部膨扩的鳞片状毛。触角 11 节，触角棒 2 节，第 X 节长宽略等，末节端部近截形，索节上着生鳞片状毛。上颚端部 2 分裂。前胸背板近方形，近端部处最宽，前角稍圆，中央有 1 个长卵圆形凹窝。鞘翅略宽于前胸，两侧平行，每鞘翅有鳞片状毛 6 纵列。

分布：浙江（青田、温州）、江西、湖南、福建、台湾、广东、广西、四川、贵州、云南；日本，欧洲，世界广布。

经济意义：多发生于芳香植物木材内，对精制木料也造成严重危害。有时也为害植物根部，曾发现于多种中药材内。

81. 谷蠹属 *Rhyzopertha* Stephens, 1830

Rhyzopertha Stephens, 1830: 354. Type species: *Synodendron pusillum* Fabricius, 1798 (= *Synodendron dominicum* Fabricius, 1792).

主要特征：触角第Ⅱ节约与第Ⅰ节等长。前胸背板近基部无凹。小盾片几乎呈正方形。鞘翅端部非均匀地变圆，顶端稍微形成角。

分布：世界广布。古北区已知 1 种，中国记录 1 种，浙江分布 1 种。

（229）谷蠹 *Rhyzopertha dominica* (Fabricius, 1792)（图版 IX-3）

Synodendron dominica Fabricius, 1792: 359.
Synodendron pusillum Fabricius, 1798: 156.
Ptinus fissicornis Marsham, 1802: 82.
Ptinus piceus Marsham, 1802: 88.
Apate rufa Hope, 1845: 17.
Apate frumentaria Nördlinger, 1855: 238.
Bostrichus moderata Walker, 1859: 260.
Rhyzopertha dominica: Borowski, 2007: 326.

主要特征：体长 2.0–3.0 mm。体长圆筒状，赤褐至暗褐色，略有光泽。触角 10 节，第Ⅰ、第Ⅱ节几等长；触角棒短，3 节，棒节近三角形。前胸背板遮盖头部，前半部有成排的鱼鳞状短齿作同心圆排列，后半部具扁平小颗瘤。小盾片方形。鞘翅颇长，两侧平行且包围腹侧；刻点成行，着生半直立的黄色弯曲的短毛。

分布：浙江、黑龙江、内蒙古、河北、山西、山东、河南、陕西、甘肃、青海、江苏、安徽、湖北、江西、湖南、福建、台湾、广东、香港、广西、四川、贵州、云南；日本，伊拉克，叙利亚，也门，塞浦路斯，欧洲，北非，世界广布。

经济意义：热带和亚热带地区的重要储粮害虫，主要为害谷物，还为害豆类、块茎、块根、中药材及图书、档案等。

82. 长蠹属 *Xylopsocus* Lesne, 1901

Xylopsocus Lesne, 1901: 479. Type species: *Apate capucinus* Fabricius, 1781.

主要特征：触角棒状部的前 2 节长宽近等。雌性额区无直立密毛。前胸背板基部沿两侧缘有明显的脊状突，在后角处急剧弯曲并沿基部稍微延长。

分布：世界广布。中国记录 2 种，浙江分布 1 种。

(230) 椰长蠹 *Xylopsocus capucinus* (Fabricius, 1781)

Apate capucinus Fabricius, 1781: 62.
Bostrichus eremitus Olivier, 1790b: 110.
Apate marginata Fabricius, 1801: 382.
Enneadesmus nicobaricus Redtenbacher, 1868: 114.
Xylopsocus capucinus: Borowski, 2007: 325.

主要特征：体长 9.0–14.0 mm，宽 3.5–4.6 mm。体圆筒状，两侧近平行。表皮黑色，通常鞘翅及腹部末 4 个腹板红色或红褐色。头部由背方不可见；触角 10 节，触角棒 3 节，扁平。前胸背板前缘近截形，前缘角的齿突不呈钩状，前半部两侧的齿突大而稀，中央凹陷部及后半部的齿突小而密。鞘翅刻点圆形，翅端无斜面，无胝。

分布：浙江、内蒙古、天津、新疆、湖南、台湾、四川；日本，印度，东洋区，新北区，旧热带区，新热带区，澳洲区。

经济意义：幼虫多在栎属的木质部内发育，为害木材。在中药材甘草和鸡血藤内也曾发现。

十二、蛛甲科 Ptinidae

主要特征：体长 0.9–10.5 mm。体长形、圆柱形至椭圆形、球状，强烈凸起，稀扁平；体棕褐色、褐色或黑色。头及前胸背板较鞘翅明显窄，头弯曲，插入前胸。触角着生于复眼前方，丝状、锯齿状、果胶状或扇形，11 节，向后伸达鞘翅中部；雄性端部 3 节变为丝状，其基部相互接近。前胸宽椭圆形到近方形，无侧缘线，显窄于鞘翅。鞘翅圆隆，翅端盖及腹部末端。腹部可见腹板 5 个，稀见 3 个或 4 个者。足细长，腿节外露于体侧，端部膨大；前足基节窝后方开放，基节球形，前、中足基节左右相连；后足腿节端部膨大，胫节弯曲；跗式 5-5-5。

该科世界已知 13 亚科约 259 属 2900 种，世界广布，以温带种类丰富。中国记录 10 亚科 41 属约 85 种，浙江分布 5 亚科 8 属 8 种。

分种检索表

1. 触角位于复眼前方 ··· 2
- 触角不在复眼前方 ··· 4
2. 雄性触角栉齿状，除基部 2–3 节及末节外，每节各向一侧伸出 1 长侧突 ························· 大理窃蠹 *P. marmoratus*
- 雄性触角非上述形状 ·· 3
3. 触角末 3 节显著膨大 ··· 药材甲 *S. paniceum*
- 触角末 3 节不显著膨大 ·· 烟草甲 *L. serricorne*
4. 前胸背板和鞘翅无毛 ·· 裸蛛甲 *G. psylloides*
- 前胸背板和鞘翅有毛 ··· 5
5. 鞘翅无刻点 ·· 西北蛛甲 *M. impressicollis*
- 鞘翅有刻点，并形成刻点行 ·· 6
6. 小盾片小，不明显；后足转节伸达鞘翅外缘 ··· 褐蛛甲 *P. hilleri*
- 小盾片大而明显；后足转节不达鞘翅外缘 ··· 7
7. 雌雄鞘翅同形；鞘翅无白色毛斑 ··· 沟胸蛛甲 *C. sulcithorax*
- 雌雄鞘翅异形；每鞘翅近基部和端部各有 1 白色毛斑 ··· 日本蛛甲 *P. japonicus*

83. 驼蛛甲属 *Cyphoniptus* Belles, 1992

Cyphoniptus Belles, 1992: 257. Type species: *Ptinus sulcithorax* Pic, 1899.

主要特征：全身被毛，鞘翅不形成毛斑。前胸背板中纵沟深，两侧有毛垫。鞘翅刻点大而深，并形成刻点行。后足转节不达鞘翅外缘。

分布：古北区。世界已知 1 种，中国记录 1 种，浙江分布 1 种。

（231）沟胸蛛甲 *Cyphoniptus sulcithorax* (Pic, 1899)

Ptinus sulcithorax Pic, 1899: 28.
Ptinus thibetanus Pic, 1916: 5.
Cyphoniptus sulcithorax: Borowski & Zahradník, 2007: 330.

主要特征：体长 2.5–3.3 mm。体卵圆形，表皮暗红褐色，有光泽，全身着生黄褐色毛。前胸背板后部缢缩；中纵沟深，两侧有金黄色毛垫，毛垫的形状呈"┤├"形。鞘翅愈合，后翅退化；鞘翅刻点大而深，椭圆形，在中区的每行间有 1 列近直立的毛及多数倒伏状短毛；毛前密后稀，不遮盖体表。

分布：浙江、山西、河南、陕西、广西、四川、贵州、云南、西藏；印度，不丹。

经济意义：为害多种农副产品及中药材等，发现于粮食加工厂、榨油厂、酿造厂、药材库及土特产仓库。

84. 裸蛛甲属 *Gibbium* Scopoli, 1777

Gibbium Scopoli, 1777: 505. Type species: *Ptinus scotias* Fabricius, 1781 (= *Scotias psylloides* Czenpinski, 1778).

主要特征：前胸背板及鞘翅光滑或近于光滑。后足转节极长，几乎与前足或中足腿节等长。雄性后胸腹板中央具 1 直立毛簇的大刻点。

分布：世界广布。古北区已知 3 种，中国记录 2 种，浙江分布 1 种。

（232）裸蛛甲 *Gibbium psylloides* (Czenpinski, 1778)（图版 IX-4）

Scotias psylloides Czenpinski, 1778: 51.
Gibbium psylloides: Borowski & Zahradník, 2007: 329.

主要特征：体长 2.0–3.0 mm。体背隆起或呈弧形；红棕色或红褐色，有光泽；前胸背板和鞘翅光裸，其余部分密生黄褐色细毛。头小且向下；复眼较大；触角 11 节，长丝状，基部位于复眼之间的端部，左右靠近。前胸背板短小。两鞘翅互相愈合且与身体相愈合，延伸而包围腹面两侧，看起来近球形；无后翅。足细长，腿节端部膨大。

分布：浙江（杭州、宁波）、河北、河南、宁夏、湖北、江西、湖南、福建、台湾、广西、四川、贵州；俄罗斯，韩国，日本，伊朗，伊拉克，土耳其，叙利亚，以色列，沙特阿拉伯，黎巴嫩，塞浦路斯，欧洲，非洲。

经济意义：为害米、面、麦麸、面包、腐烂动植物标本、羊毛织品等。

85. 窃蛛甲属 *Lasioderma* Stephens, 1835

Lasioderma Stephens, 1835: 417. Type species: *Ptilinus testaceum* Duftschmid, 1825 (= *Ptinus serricorne* Fabricius, 1792).

主要特征：头部有深凹。后胸腹板前方突然倾斜，斜面明显从后方至中足基节窝且后缘可能有脊。鞘翅刻点模糊，不形成刻点行。

分布：世界广布。古北区已知约 60 种，中国记录 1 种，浙江分布 1 种。

（233）烟草甲 *Lasioderma serricorne* (Fabricius, 1792)

Ptinus serricorne Fabricius, 1792: 241.
Lasioderma serricorne: Borowski & Zahradník, 2007: 358.

主要特征：体长 2.0–6.0 mm。体卵圆形，红褐色至深栗色，密被淡色倒伏毛。头隐于前胸背板之下；复眼大，黑褐色。触角 11 节，淡黄色，末端 3 节扁阔三角形，第Ⅳ–Ⅹ节锯齿状。前胸背板半圆形，由背方不可见，基部与鞘翅等宽。鞘翅散布小刻点，刻点不成行。前足胫节在端部之前强烈扩展；后足跗节短，第Ⅰ跗节长于第Ⅱ跗节 2–3 倍。

分布：浙江（杭州、金华、丽水、青田、温州）、黑龙江、吉林、辽宁、北京、河北、河南、江苏、安徽、湖北、江西、湖南、福建、台湾、广东、海南、香港、广西、贵州；俄罗斯，蒙古，韩国，日本，中亚，印度，不丹，尼泊尔，欧洲，东洋区，新北区，旧热带区，新热带区，澳洲区。

生物学：该虫在浙江 1 年发生 2–3 代，卵期 6–10 天。以老熟幼虫在烟草、中药材碎屑或包装物上做半透明的薄茧越冬，5 月上、中旬为化蛹盛期。卵散产于烟草皱褶及中肋处，也可产于纸烟或雪茄烟的两端，或产于中药材碎屑、缝隙及容器壁等处。雌性寿命 31 天，一生产卵 103–126 粒。卵期 7.3 天，幼虫孵化不久即蛀入烟叶中肋及成品烟或中药材等内。幼虫期 45 天，5 龄，喜黑暗，有群集性。完成 1 代共需 29.1 天。

经济意义：严重为害储藏的烟叶及其加工品，也为害可可豆、豆类、谷物、面粉、食品、中药材、干果、丝织品、动物性储藏品、动植物标本及图书、档案等。

86. 莫蛛甲属 *Mezioniptus* Pic, 1944

Mezioniptus Pic, 1944: 5. Type species: *Mezioniptus impressicollis* Pic, 1944.

主要特征：全身被鳞片及毛，鞘翅的毛不形成毛斑。前胸背板基部有毛垫，毛垫之间有深的中纵沟。鞘翅光滑，无刻点。

分布：古北区。世界已知 2 种，中国记录 1 种，浙江分布 1 种。

（234）西北蛛甲 *Mezioniptus impressicollis* Pic, 1944（图版 IX-5）

Mezioniptus impressicollis Pic, 1944: 5.

主要特征：体长 2.4–2.7 mm。体宽卵形，红棕色，发亮，全身着生倒伏的黄色鳞片及近直立的长毛。前胸背板基半部中央两侧有成对的黄色纵向毛垫，毛垫之间有深的中纵沟；两侧向后缢缩。小盾片小，不明显。鞘翅光亮，无刻点，疏生黄色半直立的长毛及倒伏的鳞片状毛。

分布：浙江、内蒙古、宁夏、甘肃、青海、新疆、江苏、江西。

经济意义：在粮仓内偶有发现。

87. 褐蛛甲属 *Pseudeurostus* Heyden, 1906

Eurostus Mulsant et Rey, 1868: 49 [HN]. Type species: *Ptinus frigidus* Boieldieu, 1854.
Pseudeurostus Heyden in Heyden, Reitter & Weise, 1906: 424 [RN]. Type species: *Ptinus frigidus* Boieldieu, 1854.
Niptinus Yang, 1980: 26 [HN]. Type species: *Niptus hilleri* Reitter, 1877.

主要特征：复眼小，近于扁平，扁桃体状，不占据后颊全部且不扩展到后颊下面。前胸背板无毛垫。小盾片短小，横形。鞘翅短，卵圆形，肩胛缺如。后足转节超过鞘翅边缘。

分布：古北区、新北区。古北区已知 6 种，中国记录 1 种，浙江分布 1 种。

（235）褐蛛甲 *Pseudeurostus hilleri* (Reitter, 1877)（图版 IX-6）

Niptus hilleri Reitter, 1877: 378.
Pseudeurostus hilleri: Borowski & Zahradník, 2007: 333.

主要特征：体长 1.9–2.8 mm，宽 1.0–1.6 mm。体卵圆形。表皮暗红褐色，有光泽，被黄褐色毛。前胸背板无毛垫，两侧圆弧形，在后半部缢缩。小盾片小，不明显，几乎呈竖直状。鞘翅肩胛不明显，毛稀疏，每行间及行纹内各有 1 列近直立的毛。后足转节可向后伸达鞘翅外缘。

分布：浙江（湖州、金华、衢州）、黑龙江、吉林、辽宁、内蒙古、河北、山西、山东、河南、陕西、宁夏、甘肃、青海、江苏、安徽、湖北、江西、湖南、福建、广东、四川、贵州；俄罗斯，韩国，日本，欧洲，新北区。

经济意义：为害储藏的谷物、食品等。

88. 毛窃蠹属 *Ptilineurus* Reitter, 1901

Ptilineurus Reitter, 1901: 24. Type species: *Ptilinus marmoratus* Reitter, 1877.

主要特征：前胸背板基部两侧明显缢缩。腹部末节腹板超出鞘翅端部，裸露且垂直。静止时，头不明显反射，下颚须相距中胸腹板甚远。

分布：世界广布。中国记录 2 种，浙江分布 1 种。

（236）大理窃蠹 *Ptilineurus marmoratus* (Reitter, 1877)

Ptilinus marmoratus Reitter, 1877: 379.
Ptilineurus marmoratus: Borowski & Zahradník, 2007: 348.

主要特征：体长 2.2–5.0 mm。体椭圆形，两侧近平行；背面密被暗褐色、灰黄色至灰白色毛，腹面密被灰白毛。头小，由背面不可见。触角基部 2 节及末节前半部褐色，其余节较暗；雄性触角第Ⅲ–Ⅺ节栉齿状，雌性锯齿状。前胸背板短，略呈三角形；两侧稍圆，向前缘明显缢缩，后缘两侧深凹；背面明显隆起，中区有暗褐色毛，周缘多为灰黄色至灰白色毛。小盾片宽大于长，被灰黄色毛。鞘翅稍宽于前胸，略呈圆筒状，近小盾片处有前伸的瘤状突；每鞘翅有 5 条纵隆脊；翅上大部被暗褐色毛，灰黄色或灰白色毛主要集中于翅基部、中部和端部，形成不规则的淡色毛斑。

分布：浙江（杭州）、黑龙江、吉林、辽宁、内蒙古、河北、山西、山东、河南、陕西、江苏、安徽、湖北、江西、湖南、台湾、广东、广西、四川、贵州、云南；日本，欧洲，新北区。

经济意义：为害中药材、木薯、硬纸壳、麻绳、布匹、木器、书籍、档案等多种储藏物。

89. 蛛甲属 *Ptinus* Linnaeus, 1767

Ptinus Linnaeus, 1767: 537. Type species: *Cerambyx fur* Linnaeus, 1758.

主要特征：复眼大，卵圆形，强烈突出，尤其是雌性占据后颊的全部。前胸背板有的具毛垫或星状毛撮。鞘翅两性明显异形：雄性两侧近平行，雌性呈卵形。后胸腹板极长，远长于腹部第Ⅱ腹板。腹部第Ⅲ腹板长大于第Ⅳ腹板长的 2 倍。

分布：世界广布。古北区已知约 110 种，中国记录 7 种，浙江分布 1 种。

（237）日本蛛甲 *Ptinus japonicus* Reitter, 1877（图版 Ⅸ-7）

Ptinus japonicus Reitter, 1877: 377.

主要特征：体长 3.4–4.8 mm，宽 1.2–2.0 mm。体细长，两侧平行；褐色。头小，被前胸背板掩盖；上唇圆，前缘近于直；复眼黑色，圆形；触角丝状，11节，位于复眼之间。前胸背板小，中央隆起；两侧自基部1/4至中部各具1隆起的黄褐色毛垫，毛垫前有1明显高宽的隆起。小盾片大，半圆形，密生白色和黄褐色毛。鞘翅肩角明显，近基部及末端各1白毛斑；雄性鞘翅长椭圆形，雌性卵形。足细长，腿节末端膨大，后足胫节弯曲；跗式5-5-5，第Ⅰ节最长，第Ⅳ节最短。

分布：浙江（宁波）、内蒙古、河北、山西、河南、宁夏、甘肃、江苏、安徽、湖北、江西、湖南、广西、四川、全国广布；俄罗斯，蒙古，朝鲜，韩国，日本，印度，欧洲。

经济意义：为害面粉、高粱、谷子、小麦、玉米、干枣、干鱼、干肉、皮毛、丝毛织品、药材、药草、动物标本。

90. 窃蠹属 *Stegobium* Motschulsky, 1860

Stegobium Motschulsky, 1860: 154. Type species: *Dermestes paniceus* Linnaeus, 1758.

主要特征：触角末3节长度之和远远长于其前面5节之和。前胸腹板突V形。鞘翅刻点行上的刻点长形且纵向间隔紧密。

分布：世界广布。古北区已知1种，中国记录1种，浙江分布1种。

（238）药材甲 *Stegobium paniceum* (Linnaeus, 1758)（图版 IX-8）

Dermestes paniceum Linnaeus, 1758: 357.
Stegobium paniceum: Borowski & Zahradník, 2007: 343.

主要特征：体长2.5–3.0 mm。体长椭圆形，棕色至红褐色。头生在前胸下面，由背面不可见。前胸背板高凸，帽状。复眼大，黑褐色。触角11节，非锯齿状，末端3节扁平，呈三角形。鞘翅刻点明显，凹坑排列成纵行；翅上有纵列细毛。

分布：浙江（杭州、金华）、黑龙江、吉林、辽宁、内蒙古、北京、天津、河北、山西、山东、河南、陕西、宁夏、甘肃、青海、新疆、江苏、上海、安徽、湖北、江西、湖南、福建、台湾、广东、海南、香港、澳门、广西、四川、贵州、云南、西藏；俄罗斯，日本，中亚，印度，尼泊尔，欧洲，东洋区，新北区，旧热带区，新热带区，澳洲区。

经济意义：该虫是世界性的储藏物害虫，食性相当复杂，主要为害谷物、油料、薯干和药材等储藏物品，也为害图书、档案等物品。

第六章　郭公甲总科 Cleroidea

主要特征：成虫和幼虫无上颚臼齿。幼虫有基部上颚突（臼叶），臼叶常具 1 根有梗的刚毛。触角的肌肉来源于脑的颗粒体、存在两侧平行的外咽片可能是幼虫额外的衍征。典型的郭公甲独有的特征为：成虫的前足基节在前胸腹板突之下突出，跗式 5-5-5 且跗节通常双叶状；幼虫仅有 1 根前跗节毛。

该总科世界已知 18 科（圆谷盗科 Rentoniidae、小花甲科 Byturidae、毛蕈甲科 Biphyllidae、棒拟花萤科 Phloiophilidae、热萤科 Acanthocnemidae、原盾谷盗科 Protopeltidae、盾谷盗科 Peltidae、冠甲科 Lophocateridae、谷盗科 Trogossitidae、茵谷盗科 Thymalidae、长酪甲科 Phycosecidae、细花萤科 Prionoceridae、毛花萤科 Mauroniscidae、毛拟花萤科 Rhadalidae、拟花萤科 Melyridae、毛谷盗科 Chaetosomatidae、菌郭公甲科 Thanerocleridae、郭公甲科 Cleridae）（Gimmel et al., 2019），超过 1 万种，浙江分布 5 科 16 属 21 种。

分科检索表

1. 前足基节在前胸腹突之下突出 ··· 2
- 前足基节不在前胸腹突之下突出 ··· 3
2. 各足跗节几乎总是至少第 III 节强烈叶状 ··· 郭公甲科 Cleridae
- 中、后足跗节不或仅轻微的叶状 ··· 菌郭公甲科 Thanerocleridae
3. 第 II 和第 III 跗节强烈叶状 ·· 小花甲科 Byturidae
- 跗节不明显叶状 ·· 4
4. 前足基节窝外侧宽阔地关闭；前背折缘的后足基节突与前胸腹突重叠或联锁 ············· 谷盗科 Trogossitidae
- 前足基节窝外侧通常至少很窄地开放；前背折缘的后足基节突很少能够刚好到达基节间突 ········ 冠甲科 Lophocateridae

十三、小花甲科 Byturidae

主要特征：体长 2.0–10.0 mm。体略微扁平到中等突起，背、腹面被毛，通常为棕色至棕黑色，常伴有较深的黄斑。复眼隆突。触角 11 节，端部 3 节明显棒状，或虚弱扩展或无棒状部。前胸背板近基部最宽，后缘直或宽广地向后，有时基半部有 1 对浅凹。小盾片发达，通常梯形或横宽。鞘翅盖及腹端，翅面刻点不清晰且非常微小。腹部可见腹板 5 节，第 I 和 II 节近等长。跗式 5-5-5；第 II 和 III 节有宽的腹叶；中足跗节至少 1 节有腹叶；个别属的雄性后足跗节具长须或毛；爪具齿或 2 裂，或简单。

该科世界已知 2 亚科 7 属 16 种，广泛分布于全北区和东南亚，少数种类分布于新热带区。中国记录 1 亚科 2 属 5 种，浙江分布 1 属 1 种。

91. 小花甲属 *Byturus* Latreille, 1797

Byturus Latreille, 1797: 69. Type species: *Dermestes tomentosus* DeGeer, 1774.

主要特征：复眼大，腹侧的眼间距短于 3 个单眼的横向宽度之和。下颚须第 IV 节长于第 III 节 1.5 倍。雄性前足胫节端部 1/3 或 1/4 有突出的齿或膨胀。前足的爪不 2 裂。

分布：世界广布。世界已知 5 种，中国记录 3 种，浙江分布 1 种。

（239）邻小花甲 *Byturus affinis* Reitter, 1874

Byturus affinis Reitter, 1874: 525.

主要特征：长卵形，背面隆起；无斑，单色或二色，头和前胸背板的颜色较深。头下弯，从复眼基部到后部插入前胸；复眼中等大小，黑色，卵圆形。前胸背板横宽，盘区中等隆突，两侧变扁；前缘直，前角圆形；两侧弓形，非波状，中部之后最宽，边缘有不均匀的细齿；后角宽圆形。鞘翅有和前胸背板一样的具细刚毛刻点，有时形成刻点行，有时刻点模糊，无刻点行痕迹。雄性前足胫节弓形，端部扩展，端部 1/3 处最宽，有 1 齿或结节。

分布：浙江、黑龙江、江苏、湖北、福建、台湾、广西；俄罗斯，蒙古，韩国，日本。

十四、冠甲科 Lophocateridae

主要特征：前足基节窝内侧开放、外侧关闭，前足基节稍横宽且基转片隐藏，前胸背板前缘截断但前角不前突，后胸腹板不长于腹部第I腹节，后胸前侧片非常宽，宽之和约与后胸腹板等宽，触角8节且棒状部1节，身体被毛，胫节无端距，无后翅；或前足基节窝内、外侧均开放，前足基节强烈横宽且基转片完全外露，前背折缘的后足基节突刚好到达基节间突，触角棒状部稍不对称；或前足基节窝内侧关闭，前足基节强烈横宽且基转片或多或少隐藏，前胸背板两侧横向延展，触角8节且棒状部1节。

该科世界已知约17属120种，中国记录1属1种，浙江分布1属1种。

92. 冠甲属 *Lophocateres* Olliff, 1883

Lophocateres Olliff, 1883: 180. Type species: *Lophocateres nanus* Olliff, 1883 (= *Lophocateres pusillus* Klug, 1833).

主要特征：体长2.5–4.0 mm。体扁平，鞘翅无毛。额唇基沟宽凹；额无纵沟及凹；复眼大，侧生。触角11节，棒状部稍不对称，无感器。前胸背板横宽。鞘翅背面有明显的脊和规则刻点，缘折中等宽。有后翅。前足基节窝内、外侧开放，中足基节窝开放；端距钩状；爪无齿。

分布：古北区、东洋区、新热带区。世界已知3种，中国记录1种，浙江分布1种。

（240）暹逻冠甲 *Lophocateres pusillus* Klug, 1833

Lophocateres pusillus Klug, 1833: 71.

主要特征：体长2.6–3.2 mm。体长椭圆形，背面扁平，铁锈褐色。触角11节，第I节大且呈卵圆形，第II节着生于第I节侧方，末3节形成触角棒。前胸背板扁平，两侧略平行；前缘凹入，前角前突；前胸与鞘翅间有1短的连索。鞘翅约与前胸等宽，两侧平行；每翅有7条纵脊，脊间有深而密的两行刻点。跗式5-5-5，第I跗节甚小，似为4节。

分布：浙江（杭州、宁波）、河南、江苏、湖北、江西、福建、台湾、广东、广西、四川、贵州、云南；韩国，印度，以色列，欧洲，北非。

十五、谷盗科 Trogossitidae

主要特征：前足基节稍横宽，基转片隐藏；或前足基节强烈横宽，基转片完全外露。前足基节窝外侧宽阔地关闭。前足基节窝内侧关闭，后胸腹板明显长于腹部第 I 节腹板，后胸前侧片长大于宽，触角 9 节且棒状部 2 节；或前足基节窝内侧开放，后足基节的前背折缘突与前胸腹板突重叠或联锁，触角 7–11 节且棒状部 1–3 节。

该科世界已知 4 亚科 28 属约 450 种，中国记录 3 亚科 9 属 18 种，浙江分布 1 属 1 种。

93. 大谷盗属 *Tenebroides* Piller *et* Mitterpacher, 1783

Tenebroides Piller *et* Mitterpacher, 1783: 87. Type species: *Tenebrio mauritanicus* Linnaeus, 1758.

主要特征：体长 3.5–12.0 mm。上唇明显可见；额唇基沟缺如；额无纵沟及凹；复眼扁平。触角 11 节，棒状部不对称，有感器。前胸背板心形，长约等于宽，基部变窄。鞘翅相当扁平，端部 1/3 处最宽；翅面无长毛和脊，仅有规则的细刻点；缘折中等宽。有后翅。前足基节窝外侧关闭、内侧开放，中足基节窝开放；所有胫节外缘有 2–4 个刺；端距钩状；跗式 5-5-5；爪无齿。

分布：世界广布。世界已知约 145 种，中国记录 1 种，浙江分布 1 种。

（241）大谷盗 *Tenebroides mauritanicus* (Linnaeus, 1758)（图版 IX-9）

Tenebrio mauritanicus Linnaeus, 1758: 417.
Tenebroides mauritanicus: Kolibáč, 2007: 365.

主要特征：体长 6.5–10.0 mm。体长椭圆形，扁平；黑色，有光泽。头三角形，前伸，与前胸背板近于等长；颚发达，外露；上唇前缘和前胸前缘各具 1 列黄褐色毛；触角棍棒状，11 节。前胸背板宽大于长，与鞘翅最宽处约等宽；前角突出，端缘凹入，侧缘在中部之后向内收缩，基部与鞘翅衔接处呈颈状。小盾片小，半圆形。鞘翅长约为宽的 2 倍，末端圆；盘上有 7 条纵刻行，行间宽阔并各具 2 行细小刻点。前足基节窝外侧关闭；跗式 5-5-5，第 I 跗节小，隐于胫节端部凹陷之内。

分布：浙江（全省）、内蒙古、河南、陕西、宁夏、江苏、安徽、湖北、江西、福建、台湾、广东、香港、澳门、广西、四川、贵州；俄罗斯，朝鲜，日本，欧洲，旧热带区，新热带区，澳洲区。

十六、菌郭公甲科 Thanerocleridae

主要特征：额具凹陷，头部背面具纵褶，上颚基齿尖。前胸腹板内突汇聚；前、中足基节窝通常关闭。前足第 I–IV 跗节宽且紧密叠合；中、后足跗节细，第 V 节细长。阳基无阳基柄。

该科世界已知 2 亚科（Zenodosinae、菌郭公甲亚科 Thaneroclerinae）10 属，世界广布。中国记录 1 亚科 3 属 5 种，浙江分布 1 属 1 种。

94. 菌郭公甲属 *Thaneroclerus* Lefebvre, 1838

Thaneroclerus Lefebvre, 1838: 13. Type species: *Clerus buquet* Lefebvre, 1835.

主要特征：头背面具纵向褶皱，额具凹陷；复眼平，不突出。触角 11 节。前胸背板具 3 个或以下凹陷。前足基节窝关闭，中足基节窝多少关闭。鞘翅基部 1/3 略凹。前足第 IV 跗节明显小于第 III 跗节。

分布：世界广布。世界已知 5 种，中国记录 1 种，浙江分布 1 种。

（242）暗褐菌郭公甲 *Thaneroclerus buquet* (Lefebvre, 1835)

Clerus buquet Lefebvre, 1835: 577.
Clerus dermestoides Klug, 1842: 310.
Thaneroclerus girodi Chevrolat, 1880: 31.
Metademius tabacci Matsumura, 1935: 234.
Thaneroclerus buquet: Corporaal, 1938: 349.

主要特征：体长 6.5–7.0 mm。体红褐色，前胸背板中央具凹沟。其余特征见属征。
分布：浙江、辽宁、内蒙古、北京、河南、上海、湖南、福建、台湾、广东、广西、四川、云南；俄罗斯，日本，印度，越南，沙特阿拉伯，欧洲，北非。

十七、郭公甲科 Cleridae

主要特征：体长 3.0–50.0 mm。大多数种类长圆柱形，有些种类窄长、宽卵形或扁平；体橙、红、黄、绿、蓝诸色，色泽鲜艳；大多数明显具毛，偶具毛束。头大，三角形或长形；复眼完整，扁平至突出，前缘凹。触角 4–11 节，丝状、锤状、锯齿状、栉状或梳状。前胸背板横宽至长形。鞘翅无明显的侧缘饰边。后翅大多有，少数无。腹部可见腹板 6 个，偶 5 个；第 I–III 腹板愈合。跗式 5-5-5，第 I–IV 节多为双叶状。

该科世界已知 5 亚科（猛郭公甲亚科 Tillinae、隐跗郭公甲亚科 Korynetinae、Epiclininae、叶郭公甲亚科 Hydnocerinae、郭公甲亚科 Clerinae）约 200 属 3500 种，世界广布。中国记录 4 亚科 30 属 180 多种，浙江分布 4 亚科 12 属 17 种。

分属检索表

1. 第 IV 跗节非常小，隐藏于第 III 跗节内（隐跗郭公甲亚科 Korynetinae） ······ 2
- 第 IV 跗节几乎与第 III 跗节等长 ······ 3
2. 触角端部 3 节棒状 ······ 尸郭公甲属 *Necrobia*
- 触角宽三角形，或从第 III 节至末节的末端短 ······ 类筒郭公甲属 *Teneroides*
3. 上唇大，前缘常无凹；复眼常大而突出；触角相对较短（叶郭公甲亚科 Hydnocerinae） ······ 4
- 上唇不是很大，前缘中部常深凹；复眼不是很大也不突出；触角长 ······ 6
4. 触角 11 节，棒状部 3 节；前胸背板中部两侧无凹；第 I 跗节长，背面观不被第 II 节遮盖 ······ 丽郭公甲属 *Callimerus*
- 触角 10 节，棒状部 1 节；前胸背板中部两侧有凹；第 I 跗节短，背面观被第 II 节遮盖 ······ 5
5. 鞘翅仅遮盖腹部第 I 节或第 I–II 节 ······ 短鞘郭公甲属 *Emmepus*
- 鞘翅通常完全遮盖腹部 ······ 新叶郭公甲属 *Neohydnus*
6. 前足基节窝内、外侧关闭；爪常多齿，有或无细齿（猛郭公甲亚科 Tillinae） ······ 7
- 前足基节窝内侧绝不关闭，外侧通常开放；爪一般非多齿，但常有 1 个发达的基齿（郭公甲亚科 Clerinae） ······ 8
7. 鞘翅两侧近平行；前胸仅基部强烈缢缩 ······ 类猛郭公甲属 *Tilloidea*
- 鞘翅后缘扩大；前胸基部和端部轻微缢缩 ······ 猛郭公甲属 *Tillus*
8. 小眼面细；外咽缝外扩或略汇聚，若汇聚则胫节端距式 2-2-2 ······ 9
- 小眼面粗；外咽缝平行或略汇聚，若汇聚则胫节端距式 1-2-2 ······ 10
9. 外咽缝外扩；触角末 3 节形成松散的棒状部；胫节端距式 1-2-2；前足第 I–IV 跗节具跗垫；爪具附齿 ······ 郭公甲属 *Clerus*
- 外咽缝略汇聚；触角末 3 节形成紧凑的棒状部；胫节端距式 2-2-2；前足仅第 II–IV 跗节具跗垫；爪简单 ······ 毛郭公甲属 *Trichodes*
10. 下颚须末节斧状；爪无基齿 ······ 奥郭公甲属 *Opilo*
- 下颚须末节筒状；爪有基齿 ······ 11
11. 鞘翅刻点清晰，形成 10 纵列 ······ 番郭公甲属 *Xenorthrius*
- 鞘翅刻点模糊，不形成纵列 ······ 皮郭公甲属 *Pieleus*

95. 丽郭公甲属 *Callimerus* Gorham, 1876

Callimerus Gorham, 1876: 64. Type species: *Xylobius dulcis* Westwood, 1852.

主要特征：上唇前缘常完整；复眼近于完整，相对于其他类群更位于头侧面，眼刻浅。触角 11 节，棒状部 3 节。前胸背板中部两侧无凹。前足基节窝开放；第 I 跗节长，背面观不被第 II 节遮盖。

分布：东洋区。世界已知约 110 种，中国记录约 20 种，浙江分布 2 种。

（243）柯氏丽郭公甲 *Callimerus koenigi* Pic, 1954

Callimerus koenigi Pic, 1954a: 58.
Callimerus subattenuatus Pic, 1954a: 59.
Stenocallimerus taiwanus Miyatake, 1965: 159.

主要特征：鞘翅均匀散布白色鳞毛。雄性末节背、腹板紧密连接，高度特化：末节背板膨大形成左右 2 个半球；末节腹板骨化部分棱形，后缘有 2 个长叉。

分布：浙江（临安）、福建、台湾、广西；日本。

（244）马氏丽郭公甲 *Callimerus maderi* Corporaal, 1939

Callimerus maderi Corporaal, 1939: 189.

主要特征：鞘翅基部 1/4 处内侧、端部 1/3 处外侧和最末端各有 1 白色鳞斑。足黄色，前、中足腿节端半部外侧和胫节外侧、后足腿节端半部内外侧和胫节外侧黑色。雄性末节背板长宽近相等。

分布：浙江（安吉、临安）、江西、湖南、广东、广西。

96. 郭公甲属 *Clerus* Geoffroy, 1762

Clerus Geoffroy, 1762: 34. Type species: *Clerus mutillarius* Fabricius, 1775.

主要特征：触角逐渐变宽，端节无穴状感器。各足胫节背、腹面均无纵脊；中、后足跗节至少第 III 和 IV 节具明显跗垫。雄性中茎片仅中肋骨化，边缘膜质、无齿。

分布：古北区、东洋区、旧热带区。世界已知约 20 种，中国记录 9 种，浙江分布 3 种。

分种检索表

1. 腹部黑色 ··· 克氏郭公甲 *C. klapperichi*
- 腹部红色 ·· 2
2. 头顶具金黄色伏毛 ·· 中华郭公甲 *C. sinae*
- 头顶无金黄色伏毛 ··· 普通郭公甲 *C. dealbatus*

（245）普通郭公甲 *Clerus dealbatus* (Kraatz, 1879)

Pseudoclerops dealbatus Kraatz, 1879: 128.
Clerus dealbatus: Reitter, 1894: 14.

主要特征：头顶无金黄色毛丛；前胸背板无金黄色毛环；鞘翅亚端部中缝处无纵毛纹；腹部红色。中足第 I 跗节无跗垫，第 II 节有微弱的跗垫。

分布：浙江（临安、开化、龙泉、泰顺）、黑龙江、吉林、辽宁、内蒙古、北京、河北、山西、山东、陕西、江苏、上海、福建、广东、四川、贵州、云南、西藏；俄罗斯，朝鲜，韩国，东洋区。

(246) 克氏郭公甲 *Clerus klapperichi* (Pic, 1954)

Pseudoclerops klapperichi Pic, 1954b: 61.
Clerus klapperichi: Löbl, Rolčík, Kolibáč & Gerstmeier, 2007: 372.

主要特征：前胸背板前缘有 1 条金黄色密毛形成的横纹；鞘翅中部的黄色波纹在中缝处连续不中断，波纹向后突出。前胸于前横沟后外扩。各足胫节背、腹面无纵脊。

分布：浙江（安吉、临安、开化、庆元、龙泉、泰顺）、福建、广东、广西、贵州。

(247) 中华郭公甲 *Clerus sinae* (Chapin, 1927)

Pseudoclerops sinae Chapin, 1927: 20.
Pseudoclerops sinensis Pic, 1931: 7.
Clerus sinae: Corporaal, 1950: 168.

主要特征：头部和前胸背板黑色，无金属光泽；鞘翅具红黄黑 3 种颜色，斑纹明显；腹部红色。头顶有 1 丛金黄色伏毛，额中央无明显纵脊。前胸背板通常在前横沟的后方向外扩展。中胸前侧片红色，后胸前侧片几乎布满粗大刻点。中足第 I–IV 跗节和后足第 III–IV 跗节具明显跗垫。

分布：浙江（开化、庆元、龙泉）、上海、湖南、福建、广东。

97. 短鞘郭公甲属 *Emmepus* Motschulsky, 1845

Emmepus Motschulsky, 1845: 41. Type species: *Emmepus arundinis* Motschulsky, 1845.
Sinobaenus Winkler, 1978: 247. Type species: *Sinobaenus sedlaceki* Winkler, 1978.

主要特征：触角 10 节，棒状部 1 节。前胸背板通常宽大于长，中部两侧各有 1 个或 2 个凹。鞘翅仅遮盖腹部第 I 节或第 I–II 节。跗节第 I 节短，背面观被第 II 节遮盖。

分布：古北区、东洋区、旧热带区。世界已知约 10 种，中国记录 3 种，浙江分布 1 种。

(248) 宽短鞘郭公甲 *Emmepus latior* (Pic, 1940)

Neohydnus latior Pic, 1940: 7.

主要特征：前胸背板宽大于长。鞘翅大部分黑色，仅基部淡黄色。阳基侧突端部向外侧扩张。

分布：浙江（临安）。

98. 尸郭公甲属 *Necrobia* Olivier, 1795

Necrobia Olivier, 1795: no 76 bis 4. Type species: *Dermestes violaceus* Linnaeus, 1758.

主要特征：外咽缝内聚。触角末 3 节棒状，第 IX、X 节长为宽的 2 倍。前胸背板侧后缘圆或有 1 较弱的尖角，前背折缘后部在前胸背板后左右相接。鞘翅刻点成行，刻点间距大于或等于刻点直径。第 I 跗节由背面可见；爪具齿。

分布：世界广布。世界已知约 10 种，中国记录 3 种，浙江分布 2 种。

（249）赤颈尸郭公甲 *Necrobia ruficollis* (Fabricius, 1775)

Dermestes ruficollis Fabricius, 1775: 57.
Necrobia ruficollis: Latreille, 1804: 157.

主要特征：头、触角青蓝色；前胸背板、鞘翅基部 1/4 红色，鞘翅端部 3/4 青蓝色；足红色。前胸背板侧后缘稍尖。鞘翅刻点清晰，刻点行间距是刻点直径的 3 倍。

分布：浙江、黑龙江、辽宁、山东、陕西、甘肃、新疆、江苏、上海、安徽、湖北、江西、湖南、福建、台湾、广东、海南、广西、重庆、四川、贵州、云南；韩国，日本，欧洲，北非，东洋区，世界广布。

（250）赤足尸郭公甲 *Necrobia rufipes* (DeGeer, 1775)（图版 IX-10）

Clerus rufipes DeGeer, 1775: 165.
Necrobia rufipes: Löbl, Rolčík, Kolibáč & Gerstmeier, 2007: 382.

主要特征：体长 5.0–7.0 mm。体卵形；深蓝色，有蓝绿色光泽。头、前胸和鞘翅刻点密。头长，向下伸；复眼黑色，突出。触角 11 节，第 I–VI 节红褐色，第 VII–XI 节蓝绿色，第 IX–XI 节膨大成锤状，顶端平截而弱凹。头部和前胸背板有淡色粗长毛，周缘的长毛黑褐色。前胸背板前缘直，侧缘和基部圆弧形，后面稍宽；背面隆起，基部边在中部弱上翘。鞘翅隆起，后 2/3 处最宽，前缘平直或弱凹，肩部近于直角形；盘上密布微毛和椭圆形小刻点，每翅各有 5 行纵刻点，此刻点在后半部和外侧不明显。腹端部在鞘翅外，黑褐色，有平伏的浅色毛。足红褐色。

分布：浙江、黑龙江、内蒙古、山西、山东、陕西、宁夏、甘肃、新疆、上海、安徽、湖北、江西、湖南、福建、广东、海南、广西、四川、贵州、云南；俄罗斯，蒙古，韩国，日本，塔吉克斯坦，印度，伊朗，土耳其，沙特阿拉伯，欧洲，北非，世界广布。

99. 新叶郭公甲属 *Neohydnus* Gorham, 1892

Neohydnus Gorham, 1892: 742. Type species: *Neohydnus despectus* Gorham, 1892.

主要特征：上唇前缘常完整；复眼近于完整，相对于其他类群更位于头侧面，眼刻浅。触角 10 节，棒状部 1 节。前胸背板中部两侧各具 1 个或 2 个凹。前足基节窝开放；第 I 跗节短，背面观被第 II 节遮盖。

分布：东洋区。世界已知约 40 种，中国记录 7 种，浙江分布 1 种。

（251）中华新叶郭公甲 *Neohydnus sinensis* Pic, 1954

Neohydnus sinensis Pic, 1954b: 62.
Sinobaenus sedlaceki Winkler, 1978: 247.

主要特征：头和前胸背板黑色；鞘翅黄色，最末端呈泡状突起，亚端部黑色；至少后足腿节和胫节明显黑黄相间。前胸背板刻点清晰，鞘翅刻点较浅。

分布：浙江（安吉、临安）、江西、湖南、福建、广东。

100. 奥郭公甲属 *Opilo* Latreille, 1802

Opilo Latreille, 1802: 111. Type species: *Attelabus mollis* Linnaeus, 1758.

主要特征：体黄褐色，具深色斑纹。外咽缝略汇聚；下颚须末节斧状；小眼面粗。胫节大多有纵脊；胫节端距式 1-2-2；跗节跗垫式 3-3-3；爪无基齿。

分布：世界广布。世界已知约 80 种，中国记录约 20 种，浙江分布 2 种。

（252）黄斑奥郭公甲 *Opilo luteonotatus* Pic, 1926

Opilo luteonotatus Pic, 1926: 7.

主要特征：鞘翅淡黄色，具肩胛，基部中缝处的黑斑与基部 1/3 处的黑纹相连，第 I–IV 刻点行不达中部，第 V–VI 刻点行刚好超过中部。

分布：浙江（临安）、北京、山西、河南、新疆、江西。

（253）黄翅奥郭公甲 *Opilo testaceipennis* Pic, 1927

Opilo testaceipennis Pic, 1927: 1.

主要特征：鞘翅淡黄色，具肩胛，中缝处无深色斑，中部和后部各有 1 对三角形状的黑斑，有的个体黑斑不明显，刻点行不达端部。阳茎背片短于腹片。

分布：浙江（舟山）、上海、福建。

101. 皮郭公甲属 *Pieleus* Pic, 1940

Pieleus Pic, 1940: 4. Type species: *Orthrius irregularis* Pic, 1940.

主要特征：外咽缝平行；下颚须末节筒状；小眼面粗。鞘翅刻点不成行。胫节无纵脊；胫节端距式 1-2-2；跗节跗垫式 4-4-4；爪具基齿。

分布：东洋区。世界已知 1 种，中国记录 1 种，浙江分布 1 种。

（254）无序皮郭公甲 *Pieleus irregularis* (Pic, 1940)

Orthrius irregularis Pic, 1940: 4.
Pieleus irregularis: Corporaal in Hinks, 1950: 123.

主要特征：体长约 9.0 mm。通体黄褐色。上唇前缘中部凹；下唇须末节斧状；下颚须末节筒状，端部圆钝；外咽缝两侧平行；复眼大而突出，小眼面粗。触角细长，11 节，逐渐变宽，向后伸达前胸背板后缘。前胸长大于宽，略宽于头；基部和端部缢缩，前横沟明显。鞘翅宽于头部，刻点模糊，不形成刻点行。前足基节窝开放；各足胫节背、腹面均无纵脊；胫节端距式 1-2-2；跗式 5-5-5；第 I 跗节特别小，被第 II 节遮盖，由背面不可见；第 I–IV 跗节均具明显分叶的跗垫，跗垫式 4-4-4；爪具基齿。

分布：浙江（安吉、临安）、云南。

102. 类筒郭公甲属 *Teneroides* Gahan, 1910

Teneroides Gahan, 1910: 69. Type species: *Teneroides tavoyanus* Gahan, 1910.

主要特征：体长圆筒形。触角宽三角形，或从第Ⅲ节至末节的末端短。复眼细粒状，适度微缺；下颚须末节圆筒形，端部截断；上颚须末节圆筒形。

分布：东洋区。中国记录 1 种，浙江分布 1 种。

（255）斑胸类筒郭公甲 *Teneroides maculicollis* (Lewis, 1892)

Tenerus maculicollis Lewis, 1892: 189.
Tenerus higonius Lewis, 1892: 189.
Teneroides maculicollis: Iga, 1950: 32.

主要特征：头橙色；前胸背板橙色，有时具黑斑；鞘翅深蓝色。雄性触角自第Ⅲ节起明显锯齿状，腹部端部 2 节腹板具坑状浅凹；雌性触角自第Ⅳ节起明显锯齿状，鞘翅无纵脊。

分布：浙江（临安）、河南、陕西、江西、湖南、台湾；韩国，日本。

103. 类猛郭公甲属 *Tilloidea* Laporte, 1832

Tilloidea Laporte, 1832: 398. Type species: *Clerus unifasciatus* Fabricius, 1787.

主要特征：上唇可见；唇基前缘无齿；下唇须末节斧状；外咽片向头孔延长；头后区不延长。前胸背板长大于宽，两侧近平行，仅基部强烈缢缩，前横沟后不强烈隆起。鞘翅两侧近平行。中足胫节端部外侧无小刺；爪具 3 齿，基齿和外齿间有 1 附齿。

分布：古北区、东洋区。世界已知约 10 种，中国记录 2 种，浙江分布 1 种。

（256）条斑类猛郭公甲 *Tilloidea notata* (Klug, 1842)

Tillus notata Klug, 1842: 276.
Tilloidea notata: Gerstmeier & Kuff, 1992: 65.

主要特征：头黑色。前胸背板黑色或红色。鞘翅基部 1/3 红色，端部 2/3 黑色；红色与黑色交接处有 1 条黄色斜纹，前端位于翅侧缘，后端位于翅中缝；端部 1/3 处有 1 条黄色斜纹，末端有 1 黄斑；刻点沟到达翅端 1/3。腹部黑色。

分布：浙江、内蒙古、河北、山东、河南、宁夏、江苏、湖北、福建、台湾、广东、广西、四川、云南；朝鲜，日本，印度，东洋区。

104. 猛郭公甲属 *Tillus* Olivier, 1790

Tillus Olivier, 1790: 3. Type species: *Chrysomela elongata* Linnaeus, 1758.
Cylinder Voet, 1796: 78. Type species: *Cylinder coeruleus* Voet, 1796.
Thanasimomorpha Blackburn, 1891: 304. Type species: *Tillus bipartitus* Blanchard, 1853.

主要特征：体长 7.0–10.0 mm。头部短圆，复眼中等大小，不特别突出。触角第Ⅰ节粗，第Ⅱ–Ⅲ节短，

第Ⅳ-Ⅹ节三角形，末节卵圆形。前胸与头部等宽，筒状，两侧平行，基部 1/3 和端部 1/3 轻微缢缩。前足基节窝关闭。小盾片梯形。鞘翅宽于前胸，具 10 列清晰的刻点列。各足胫节均无纵脊，端部外侧均无齿突或小刺，端部内侧均有 2 距；跗式 5-5-5，各足第Ⅰ-Ⅳ跗节均具明显跗垫；前足第Ⅰ-Ⅳ节明显叶状，末节细长；中、后足第Ⅰ节长，第Ⅱ节近于叶状，第Ⅲ-Ⅳ节明显叶状，末节细长；爪具明显 3 齿，基齿和外齿间还有 1 附齿。

分布：世界广布。古北区已知 10 种，中国记录 1 种，浙江分布 1 种。

（257）光洁猛郭公甲 *Tillus nitidus* (Schenkling, 1916)

Gastrocentrum nitidum Schenkling, 1916: 117.

主要特征：体背面淡黄色至深褐色；鞘翅无斑纹；足多为黑色，有时黄色。体色多变，通常鞘翅的颜色较前胸的深，前胸和鞘翅的颜色较头部的深。爪三齿氏。

分布：浙江（安吉、临安）、河南、陕西、甘肃、安徽、台湾、海南、四川、贵州。

105. 毛郭公甲属 *Trichodes* Herbst, 1792

Trichodes Herbst, 1792: 154. Type species: *Attelabus apiarius* Linnaeus, 1758.

主要特征：下颚须末节筒状；外咽缝略汇聚；小眼面细。触角末 3 节形成较为紧凑的棒状部。各足胫节背、腹面均有纵脊；胫节端距式 2-2-2；跗节跗垫式 3-3-3；爪无基齿。

分布：世界广布。世界已知约 90 种，中国记录 4 种，浙江分布 1 种。

（258）中华毛郭公甲 *Trichodes sinae* Chevrolat, 1874（图版 Ⅸ-11）

Trichodes sinae Chevrolat, 1874: 303.
Trichodes thibetanus Kraatz, 1894: 122.
Trichodes pekinensis Pic, 1895: 88 [RN].

主要特征：体长 10.0–18.0 mm。体深蓝色，具光泽，密布长毛。头黑色，复眼赤褐色；触角赤褐色，末端深褐色；鞘翅横带红色至黄色；足蓝色。头宽短，向下倾。触角丝状，向后伸达前胸中部；末端数节粗大如棍棒，末节尖端向内伸似桃形。前胸背板前缘与头几乎等宽，基部收缩似颈，窄于鞘翅。鞘翅狭长，具 3 条红色或黄色横斑。

分布：浙江（临安）、黑龙江、吉林、辽宁、内蒙古、北京、天津、河北、山西、山东、河南、陕西、宁夏、甘肃、青海、新疆、江苏、上海、安徽、湖北、江西、湖南、福建、广东、广西、重庆、四川、贵州、云南、西藏；俄罗斯，蒙古，韩国。

106. 番郭公甲属 *Xenorthrius* Gorham, 1892

Xenorthrius Gorham, 1892: 733. Type species: *Xenorthrius mouhoti* Gorham, 1892.

主要特征：体色多为黄褐色至黑褐色，并具深色斑纹。下颚须末节筒状；外咽缝平行；小眼面粗。胫节有或无纵脊；胫节端距式 1-2-2；跗节跗垫式 4-4-4；爪具基齿。

分布：东洋区。世界已知约 50 种，中国记录约 20 种，浙江分布 1 种。

(259) 皮氏番郭公甲 *Xenorthrius pieli* (Pic, 1936)

Orthrius pieli Pic, 1936: 15.

Xenorthrius pieli: Gerstmeier & Eberle, 2010: 69.

主要特征：体色均一黄色至红褐色，无斑纹。前胸背板具纵脊；中胸前侧片刻点稀疏。后足胫节背、腹面无纵脊。阳基侧突开口较宽。

分布：浙江（临安）、江西、福建、广东、海南。

第七章 扁甲总科 Cucujoidea

主要特征：多数成虫的前足基节窝内侧开放；雌性腹部第Ⅷ节背片由背面被第Ⅶ节隐藏，雄性第Ⅹ节背片（载肛突）完全膜质化；雌性跗式5-5-5，雄性跗式5-5-5或5-5-4，稀见4-4-4。多数幼虫的额臂竖琴状，多数种类的上颚内侧有很发达的臼，多数具下颚关节区，多数具舌悬环，前跗节毛2根。

该总科原来已知36科，超过1.9万种。据Robertson等（2015）对该总科的系统发育研究，将原隶属于该总科的若干类群独立出去，组成瓢甲总科Coccinelloidea。

目前，该总科世界已知25科（花扁甲科Boganiidae、伪隐食甲科Hobartiidae、蜡斑甲科Helotidae、原扁甲科Protocucujidae、姬蕈甲科Sphindidae、大蕈甲科Erotylidae、球棒甲科Monotomidae、微扁甲科Smicripidae、拟露尾甲科Kateretidae、露尾甲科Nitidulidae、隐食甲科Cryptophagidae、菌食甲科Agapythidae、扁坚甲科Priasilphidae、皮扁甲科Phloeostichidae、锯谷盗科Silvanidae、扁甲科Cucujidae、澳扁甲科Myraboliidae、圆蕈甲科Cyclaxyridae、凹颚甲科Cavognathidae、隐颚扁甲科Passandridae、姬花甲科Phalacridae、扁谷盗科Laemophloeidae、方头甲科Cybocephalidae、塔甲科Tasmosalpingidae、拉扁甲科Lamingtoniidae）。浙江分布6科34属63种。由于该总科的类群存在表型异质性，暂时无法根据形态特征编制分科检索表。

十八、蜡斑甲科 Helotidae

主要特征：体长6.0–16.0 mm，为宽的2.3–3.1倍；体扁平，两侧近平行；体背光滑无毛，通常具金属光泽，偶双色；腹面有时被长毛或毛簇。头长约等于或略长于宽，于复眼后收狭；无额唇基沟；触角窝背面不可见。触角11节，末3节扁平，膨大成连接紧密的棒状节。前胸背板长为宽的0.8–0.9倍，基部最宽，约与鞘翅等宽，侧缘不展宽，后角尖锐。鞘翅长为前胸背板的2.1–3.2倍，每翅通常具2近圆形蜡斑（滑蜡斑甲属 *Metahelota* 除外）。前胸腹板突完整，扁平，向后渐宽并于顶端骤宽，覆盖中胸腹板；前足基节窝近圆形，闭式。腹部可见腹板5节。足细长，胫节端距2枚，跗式5-5-5，缺跗垫，第Ⅳ跗节不短于第Ⅲ跗节，第Ⅴ跗节长于前4节之和；爪简单，爪间突发达。

世界已知5属80余种，中国记录3属32种，浙江分布2属3种，其中浙江新记录1种。

分种检索表

1. 体型较大，体长通常大于10.0 mm；前胸背板具明显凸起的不规则粗糙刻点；鞘翅具瘤状突；头部长大于宽，前缘弧突；触角棒状部分长约为宽的1.5倍（蜡斑甲属 *Helota*）··科氏蜡斑甲 *H. kolbei*
- 体型较小，体长通常小于10.0 mm；前胸背板较光滑，匀被细刻点，无瘤突；鞘翅无瘤突；头部长等于宽，前缘平截；触角棒状部分长约为宽的2倍（新蜡斑甲属 *Neohelota*）·· 2
2. 胫节完全青铜色，与前胸背板同色 ·· 四点新蜡斑甲 *N. cereopunctata*
- 胫节基部青铜色，端部棕黄色 ·· 伦纳新蜡斑甲 *N. renati*

107. 蜡斑甲属 *Helota* MacLeay, 1825

Helota MacLeay, 1825: 42. Type species: *Helota vigorsii* MacLeay, 1825.

主要特征：体长通常大于10.0 mm；体暗色，光泽弱或无。头部长大于宽，前缘弧突；触角棒状部分长约为宽的 1.5 倍。前胸背板和鞘翅表面刻点粗糙，具光滑的瘤突，瘤突之间几乎无刻点。前胸背板后缘强烈双曲状弯曲。每鞘翅具 2 卵圆形斑，分别位于中部之前和之后；雌性鞘翅末端尖锐，雄性钝圆。雄性前足胫节形状与雌性相似，极少略弯曲，但端部具 1 簇长毛。雄性外生殖器具弱骨化的叉状骨片；内囊骨化程度较弱。

分布：古北区、东洋区。世界已知 23 种，中国记录 11 种，浙江分布 1 种。

（260）科氏蜡斑甲 *Helota kolbei* Ritsema, 1889（图 7-1）

Helota kolbei Ritsema, 1889: 103.

Helota bowringi Dohrn Ritsema, 1915: 129 (nomen nudum).

Helota davidii Deyolle Ritsema, 1915: 129 (nomen nudum).

主要特征：雄性体长 10.7–12.5 mm。触角红棕色，背面青铜色；每鞘翅 2 黄色圆斑，位于第Ⅲ和第Ⅵ刻点行间；体腹紫铜色；足红棕色，腿节、胫节、转节和爪的两端黑色。头部背面密布不规则刻点。前胸背板长宽比 0.79–0.82，近梯形，侧缘具齿，背面具光滑瘤突，其间匀布刺突；鞘翅长宽比 2.04–2.07，每鞘翅刻点行 10 条，行间凸起（除刻点行Ⅰ和Ⅱ、Ⅱ和Ⅲ、Ⅳ和Ⅴ及Ⅵ和Ⅶ之间）；顶端钝圆。前足胫节略弯，内缘于近端部凹陷，内缘端部被成列的毛。雌性体长 15.4–16.6 mm，前足胫节内缘无凹，鞘翅末端窄且尖，内缘于近端微凹。

分布：浙江、山东、江西、广东、四川。

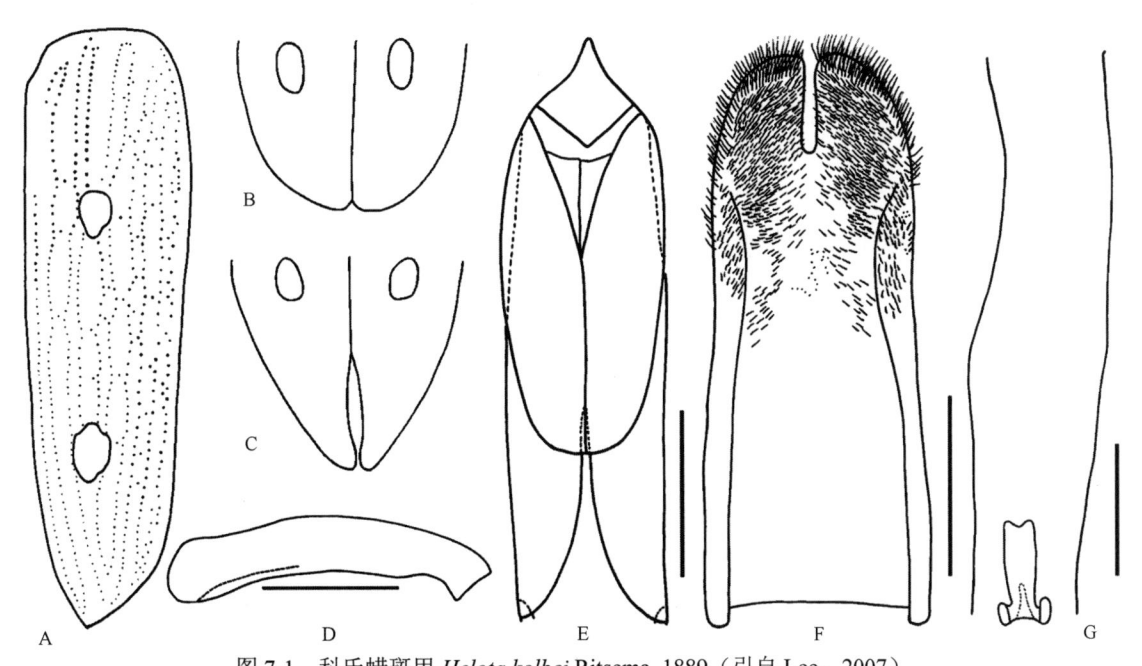

图 7-1 科氏蜡斑甲 *Helota kolbei* Ritsema, 1889（引自 Lee，2007）
A. 右鞘翅；B. 鞘翅端部, ♂；C. 鞘翅端部, ♀；D. 前足胫节, ♂；E. 中茎；F. 阳基侧突；G. 内囊。比例尺：1 mm

108. 新蜡斑甲属 *Neohelota* Ohta, 1929

Neohelota Ohta, 1929: 68. Type species: *Neohelota tumaaka* Ohta, 1929 (= *Helota helleri* Ritsema, 1911).

主要特征：体长通常小于 10.0 mm。体背暗色，具青铜色金属光泽；体腹通常黄棕色。头长略短于或约等于宽，前缘平截；触角棒状部分长约为宽的 2 倍。前胸背板刻点细小且规则；后缘双曲形弯曲。鞘翅具完整且规则的刻点行；每翅具 2 卵圆形斑，分别位于近端部 1/3 和近基部 1/3 处。雄性前足胫节通常弯曲，近端部常沿内缘扩展。雄性外生殖器具骨化的叉状骨片；内囊骨化程度较高。

分布：古北区、东洋区。世界已知 42 种，中国记录 20 种，浙江分布 2 种。

（261）四点新蜡斑甲 *Neohelota cereopunctata* (Lewis, 1881)（图 7-2；图版 IX-12）浙江新记录

Helota cereo-punctata Lewis, 1881: 255.

Helota yezoana Kôno, 1939: 158.

Neohelota ceropunctata (sic): Kirejtshuk, 2000: 28.

Neohelota lini Lee *et* Satô, 2006: 537.

主要特征：雄性体长 7.7–8.4 mm。体背青铜色；上颚、前胸背板大部和鞘翅金属绿色，前胸背板前侧缘棕黄色；触角黄棕色，柄节具暗色斑，端部色深；每鞘翅 2 卵圆黄斑，分别位于第Ⅳ和Ⅶ刻点行及第Ⅲ和Ⅶ刻点行间；头部腹面端部、前胸腹板前缘、前胸前侧片侧缘及后胸前侧片基部淡黄色，鞘翅缘折金属绿色；胫节棕黄色，腿节端部 1/3 金属绿色，跗节和爪深棕色。头部背面密布不规则刻点。前胸背板长宽比 0.67–0.72，侧缘直，弱锯齿状，盘区密布不规则刻点。鞘翅长宽比 1.94–2.06，基部最宽，顶端卵圆，具 1 微齿；鞘翅刻点行间光滑。前足胫节弯曲，内缘下侧近端部 1/3 处凹陷。雌性体形略长，前足胫节较直，鞘翅顶端较窄。

分布：浙江（安吉）、台湾、四川、贵州、云南；日本。

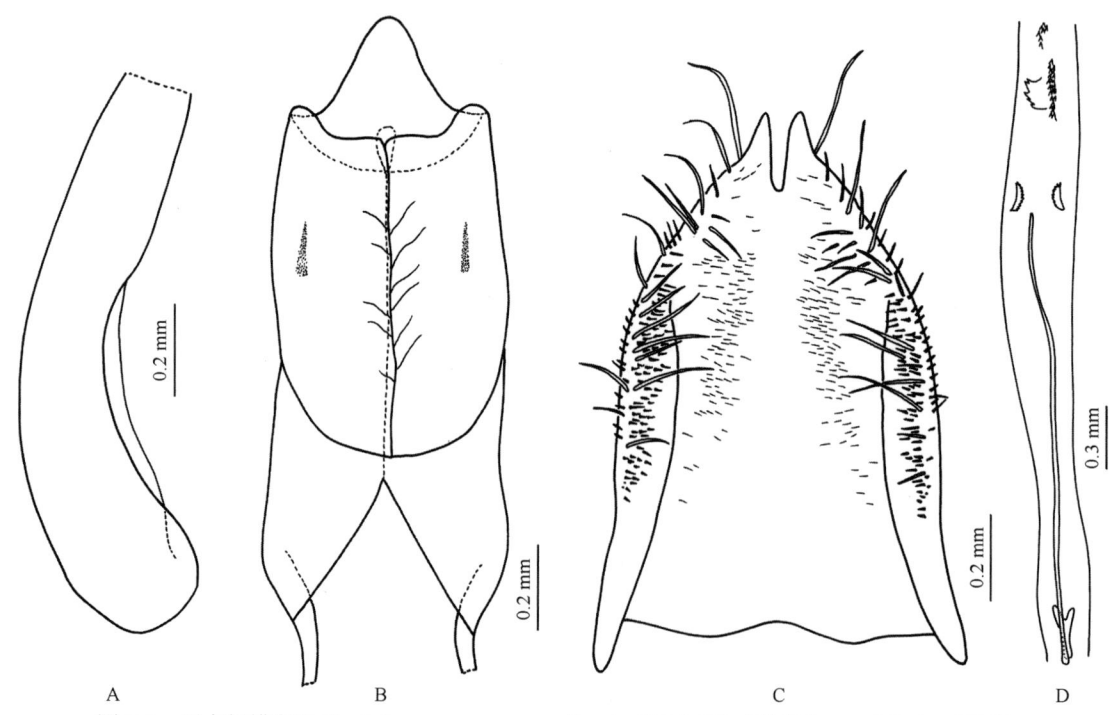

图 7-2　四点新蜡斑甲 *Neohelota cereopunctata* (Lewis, 1881) (♂)（引自 Lee and Satô，2006）
A. 前足胫节；B. 中茎；C. 阳基侧突；D. 内囊

（262）伦纳新蜡斑甲 *Neohelota renati* (Ritsema, 1905)（图 7-3；图版 X-1）

Helota renati Ritsema, 1905: 123.

Helota moutonii Ritsema, 1905: 129.

Neohelota renati: Kirejtshuk, 2000: 30.

主要特征：雄性体长 9.8–10.2 mm。体背青铜色，体腹淡黄色；触角及前胸背板前侧缘棕黄色；每鞘

翅 2 卵圆黄斑，分别位于第Ⅳ、Ⅵ和第Ⅲ、Ⅵ刻点行间；头部金属绿色；足淡黄色，胫节近基部 1/3 及腿节近端部 1/3 金属绿色，跗节及爪暗棕色。头部背面密布不规则刻点。前胸背板近梯形，长宽比约 0.69，盘区密布细小刻点，侧缘具微齿。鞘翅长宽比 1.98–1.99，两侧近平行，顶端近卵圆形，具 1 微齿。前足胫节于近端部明显弯曲，内缘下侧近端部 1/3 处凹陷；中足及后足胫节直。雌性前足胫节不弯曲。

分布：浙江（临安）、湖北、四川、贵州、云南。

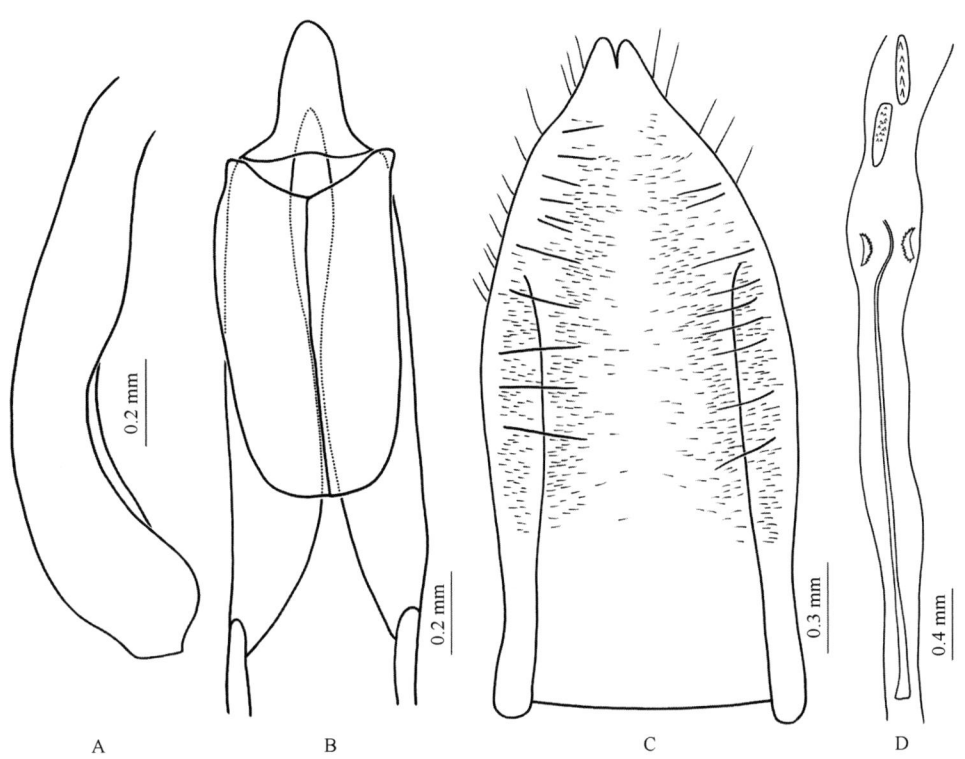

图 7-3　伦纳新蜡斑甲 *Neohelota renati* (Ritsema, 1905) (♂)（引自 Lee and Votruba，2013）
A. 前足胫节；B. 中茎；C. 阳基侧突；D. 内囊

十九、大蕈甲科 Erotylidae

主要特征：体卵圆至狭长，小至大型；常具斑纹和金属光泽；头部、前胸和腹板常有腺管。口器咀嚼式，上颚没有深凹或贮菌器，颊刺有或无，额唇基缝有或无；咽喉的上部有或深或浅的横线，头顶的线有或无；幕骨中棘缺失。触角11节，从背面观触角和身体的链接处可见或不可见，末端3–6节不同程度地扁平膨大成棒状。前胸外侧隆突发达，光滑，有锯齿，很少波状。前足基节窝闭合或开放；中、后胸腹板链接扁平，单突关节或双突关节相连。鞘翅刻点列有或无。腹部第Ⅰ、Ⅱ节等长。跗式5-5-5，下方具叶或无；第Ⅳ跗节通常隐藏在第Ⅲ跗节内。

该科世界已知约3500种，中国记录289种，浙江分布2亚科12属21种。

（一）大蕈甲亚科 Erotylinae

主要特征：上唇小，多呈半圆形；额唇基缝明显或缺失；上颚粗壮，端部双齿状；内颚叶端部有齿状或钩状突出或无；下颚须末节圆柱形或阔三角形。触角11节，端部3节、4节或5节膨大成扁平的棒节。前胸背板近方形或梯形，通常在四个角上各有1角孔。鞘翅通常具刻点列行，缘折明显。前足基节窝闭合；胫节端部通常扩大；跗式5-5-5。

世界已知约2500种，中国记录169种，浙江分布7属11种。

分属检索表

1. 额明显横宽；下颚须末节不横宽 ··· 2
- 额长大于或等于宽；下颚须末节横宽 ··· 4
2. 体型较小 ··· **窄蕈甲属 Dacne**
- 体型中到大型 ·· 3
3. 触角第Ⅲ节长于第Ⅳ节 ·· **莫蕈甲属 Megalodacne**
- 触角第Ⅲ节长度等于第Ⅳ节 ··· **艾蕈甲属 Episcapha**
4. 亚颏两边形成脊线 ·· **沟蕈甲属 Aulacochilus**
- 亚颏两边形成平叶 ··· 5
5. 复眼眼面粗糙 ·· **玉蕈甲属 Amblyopus**
- 复眼眼面细 ··· 6
6. 触角棒节扁平紧密 ·· **新蕈甲属 Neotriplax**
- 触角棒节不扁平紧密 ·· **宽蕈甲属 Tritoma**

109. 玉蕈甲属 *Amblyopus* Locardaire, 1842

Amblyopus Locardaire, 1842: 197. Type species: *Triplax vittuta* Olivier, 1807.

主要特征：体长卵形，足和触角短。复眼大，眼间距较窄，粗眼面；头部有长的音锉，位于头部后缘；亚颏两侧形成平叶；颏长大于宽，有长的波状中线；唇舌窄；下唇须较长，末节稍伸长；下颚无齿，外颚叶比内颚叶长；下颚须末节大，宽是长的2倍；下唇在端部伸长，有尖的2裂。触角第Ⅲ节长；棒节小，卵圆形，第Ⅹ、Ⅺ节比Ⅸ、Ⅹ节连接得紧密。前胸背板每角有1明显的角孔。前胸腹板短，基节后缘很宽；中胸腹板宽；后胸腹板和第Ⅰ腹节有基节线。胫节三角形；跗节基部3节渐宽，第Ⅳ节小。

分布：古北区、东洋区。世界已知41种，中国记录7种，浙江分布1种。

(263) 宽胫玉蕈甲 *Amblyopus plantibialis* Li et Ren, 2007（图版 X-2）

Amblyopus plantibialis Li et Ren, 2007: 547.

主要特征：体长卵形，背面非常隆起；每鞘翅有 2 个橘色斑。额唇基缝仅两侧有；头顶的刻点粗且疏。复眼大，眼面粗；下颚须末节三角形；下唇须柱形，端部平截；颏五边形，中间凹陷。触角短；端部 3 节膨大形成卵圆形棒节，被金毛。前胸背板宽是长的 1.5 倍，仅中间稍向前突，具饰边；侧缘弧形；基部中间呈弱叶状突出；前角和后角均有 1 明显的角孔。小盾片心形。鞘翅饰边完整，每鞘翅有 9 条刻点列。腹部刻点密集，被金色长毛。胫节为极宽的三角形，端部内侧具 2 齿。

分布：浙江（泰顺）。

110. 沟蕈甲属 *Aulacochilus* Chevrolat, 1836

Aulacochilus Chevrolat, 1836: 429. Type species: *Erotylus quadripustulotus* Fabricius, 1801.
Aulacocheilus Lacordaire, 1842: 245. Type species: *Erotylus javanus* Guérin-Méneville, 1841.

主要特征：体卵形或长卵形。复眼突出，眼面粗；头无音锉；唇基无明显的凹；亚颏两侧隆突；下颚须末节横宽；下唇须小，末节杯状，宽略大于长。触角短，棒节小，第 X、XI 节连接紧密。前胸腹板前宽，后 2 裂。中胸腹板短而宽；后胸腹板前、后缘直。跗节膨大，前 3 节逐渐增宽，第Ⅳ节小。

分布：世界广布。世界已知 84 种，中国记录 14 种，浙江分布 2 种。

(264) 月斑沟蕈甲 *Aulacochilus luniferus* Chevrolat, 1836（图版 X-3）

Aulacochilus luniferus Chevrolat, 1836: 429.

主要特征：体长卵形；黑色，每鞘翅有 1 红色或红棕色斑。唇基刻点较密；下颚须阔三角形，宽是长的 2 倍；颏三角形，亚颏近梯形。触角达到前胸背板中部，端部被白色短毛；第Ⅰ节粗大，第Ⅸ节近三角形，第 X 节新月形。前胸背板宽大于长的 2 倍，饰边宽；前缘直；基部中间宽叶状突出，仅两侧镶细边；每个角上均有 1 角孔。小盾片短舌状，镶细刻点。鞘翅刻点明显，行间具不规则细刻点和短刻线。前胸腹板中央宽三角形凸起，其端部宽凹，表面有细刻点，其余部分刻点粗密，甚至形成皱褶。腹部腹板镶刻点和金色短毛，末两节刻点较密。

分布：浙江（临安）、北京、河北、河南、广西、四川、云南、西藏；马来西亚，印度尼西亚。

(265) 细沟蕈甲 *Aulacochilus oblongus* Arrow, 1925（图版 X-4）

Aulacochilus oblongus Arrow, 1925: 84.

主要特征：体长卵形，隆起；蓝黑色，光泽强。唇基前缘直，基部两侧具小孔；额唇基缝完整，两侧各有 1 浅凹；下颚须末节横宽；复眼大。触角短，棒节被金色长毛和短毛。前胸背板前缘直，两侧具饰边；侧缘弱弧形，饰边明显；每角有 1 角孔。小盾片五边形。每鞘翅有 8 条刻点列。前胸腹板中间呈三角形隆升，前缘形成 1 个钝尖，后缘弱凹，被金色短毛，基节线明显，前端汇聚；后胸腹板具基节线，中间 4/5 向后具凹沟，刻点细密，被金色短毛。腹部第Ⅰ腹板基节线长达中后部，被金色毛。

分布：浙江（临安）、广东、广西、云南；印度，缅甸，越南，泰国，柬埔寨，斯里兰卡，马来西亚，印度尼西亚。

111. 窄蕈甲属 *Dacne* Latreille, 1796

Dacne Latreille, 1796: 12. Type species: *Ips humeralis* Fabricius, 1787 (= *Dermestes bipustulatus* Thunberg, 1781).
Engis Paykull, 1800: 349. Type species: *Ips humeralis* Fabricius, 1787.
Cnesophages Reitter, 1875: 42. Type species: *Cnesophages jekeli* Reitter, 1875.

主要特征：体小，长卵圆形；体色通常为红棕色或棕黑色，鞘翅多具红色或橙色的蕈纹。头部通常具密集刻点；下颚须4节，粗短，端节锥状；复眼发达，眼面相对光滑。触角11节，末端3节膨大，形成棒节。前胸背板梯形或圆弧形，宽大于长；表面刻点均匀、密集，与头部接近；大多种类前胸背板外缘具饰边，部分种类饰边加厚形成隆脊状结构。鞘翅通常不具有明显的刻点行。胫节端部稍加宽。

分布：世界广布。世界已知29种，中国记录6种，浙江分布1种。

(266) 二纹蕈甲 *Dacne picta* Crotch, 1873（图版 X-5）

Dacne picta Crotch, 1873: 188.

主要特征：体长椭圆形，体背隆起；体色常为红棕色，有光泽，复眼和鞘翅为黑色；前胸背板中间区域有1黑棕色斑，每鞘翅自肩角斜伸向中缝1/3处有1近长椭圆形橘色斑，左右翅斑形成倒"八"字形。唇基前缘缺刻明显，饰边完整，被稀疏刻点；下颚须末节圆柱形，向端部渐细；颏阔五边形；复眼小，近圆形。触角短，棒节呈不对称的三角形，被少量金色短毛。前胸背板宽是长的1.4倍，刻点粗疏；前角和后角钝圆。小盾片为宽五边形，刻点稀少。鞘翅饰边完整，刻点粗密。腹部刻点细密，被毛。腿节短粗；胫节端部内侧具2刺突。

分布：浙江、河南；俄罗斯（西伯利亚），日本。

112. 艾蕈甲属 *Episcapha* Dejean, 1836

Episcapha Dejean, 1836: 137. Type species: *Engis quadrimacula* Wiedemann, 1823.

主要特征：体卵圆形。上颚短，粗壮，端部2枚尖齿；下颚无齿；下颚须末节为长梭形；颏横宽；下唇须短，末节宽卵圆形；复眼大，眼面粗。触角Ⅲ–Ⅷ节等长，棒节长、紧密。前胸腹板在基节间变窄，后缘几乎直；中胸腹板长宽近相等；中、后足基节线缺失。跗节基部3节稍宽，第Ⅳ节小。

分布：世界广布。世界已知43种，中国记录19种，浙江分布4种（亚种）。

分种检索表

1. 体密被黑色毛 ··· 2
- 体光滑无毛，鞘翅色斑颜色浅 ··· 3
2. 翅斑边缘不清晰，有发散趋势 ··· 福周艾蕈甲窄型亚种 *E. fortunii consanguiea*
- 翅斑边缘清晰 ·· 格瑞艾蕈甲 *E. gorhami*
3. 小盾片舌形 ·· 黑色艾蕈甲 *E. lugubris*
- 小盾片宽五边形 ·· 北方艾蕈甲 *E. morawitzi*

（267）福周艾蕈甲窄型亚种 *Episcapha fortunii consanguiea* Crotch, 1876（图版 X-6）

Episcapha fortunii consanguiea Crotch, 1876: 408.

主要特征：体长卵圆形，背面稍隆起，黑色；每鞘翅具 2 色斑：第 I 斑位于肩后，条带状，前缘 2 齿，内侧齿达前缘，端部向左右扩展，在肩部形成 1 个开放的黑色点斑；第 II 斑后缘呈不规则波状，向前凹，前缘 4 齿，后缘 4–5 齿，光泽不强，被较浓的毛。唇基前缘具缺刻；下颚须末节柱形；颏横五边形；复眼大。触角长，第 IX 节三角形，第 X 节碗形，第 XI 节近球形。前胸背板宽是长的 1.3 倍，刻点细密；前角锐突，后角几乎直角。小盾片近心形，镶少量刻点。鞘翅刻点列不明显。前胸腹板两侧具刻点及褶皱，腹板突中间具纵向褶。

分布：浙江（杭州）、黑龙江、山东、上海、台湾；日本，印度。

（268）格瑞艾蕈甲 *Episcapha gorhami* Lewis, 1879（图版 X-7）

Episcapha gorhami Lewis, 1879: 465.

主要特征：体卵圆形，背面稍隆起；黑色，每鞘翅具 2 色斑；体被密毛。唇基前缘弱弧形，刻点密；下颚须末节柱形；颏宽五边形；复眼较大，眼面粗。触角长，向后超过前胸背板后缘。前胸背板宽是长的 1.4 倍，后角处最宽，被毛；前缘直，具窄饰边；侧缘渐弯，向前汇聚；前角锐突，后角几乎直角。小盾片近五边形，被少量刻点和毛。鞘翅饰边于第 I 斑后可见，翅面具均匀的刻点及直立的短毛。前胸腹板基节间有 2 个小孔；中胸腹板中间呈矩形凹。腹部每节两侧有 1 突起和 1 凹坑。

分布：浙江（临安）、云南；日本。

（269）黑色艾蕈甲 *Episcapha lugubris* Bedel, 1918（图版 X-8）

Episcapha lugubris Bedel, 1918: 119.

主要特征：体宽卵形，背面隆起，无毛；一般黑色，有光泽；每鞘翅有 2 橘色斑，基部斑较宽。颏横宽，近四边形；下颚须末节柱形，向端部渐窄，端部平截；复眼小。触角向后伸达前胸背板后缘。前胸背板宽是长的 1.3 倍，两侧刻点细密，中间区域的刻点较稀疏；前缘直，仅两侧具饰边；前角锐突，后角几乎直。小盾片舌形。鞘翅无刻点列，刻点细疏，刻线短。前胸腹板突端部弧凹，基节线缺失；中胸腹板两侧各有 1 不规则的浅凹，镶少量刻点；后胸腹板中间有 1 条纵向凹沟。足较短。

分布：浙江（临安）、四川、云南、西藏。

（270）北方艾蕈甲 *Episcapha morawitzi* (Solsky, 1871)（图版 X-9）

Megalodacne morawitzi Solsky, 1871: 266.
Episcapha morawitzi: Reitter, 1887: 4.

主要特征：体长卵形，背面隆起；黑色，体表无毛；每鞘翅有 2 红色斑。头部刻点细弱；唇基前缘稍凹，额唇基缝中部缺失；颏横宽，仅前缘具饰边；下颚须末节圆柱形，端部窄；复眼小。触角第 IX 节近三角形，第 X 节碗形，第 XI 节近球形。前胸背板宽是长的 1.4 倍，明显隆起，刻点细密，四角及中部各有 1 角孔。小盾片宽五边形，刻点少。鞘翅隆起，刻点细密，不形成刻点列。前胸腹板具褶皱，端部平截，基节线缺失；中胸腹板中间有近四边形的浅凹，镶少量刻点。腹部各节两侧各有 1 较光滑的浅凹，其余部分刻点细密。

分布：浙江（余姚）、河北、河南；俄罗斯，韩国，日本。

113. 莫蕈甲属 *Megalodacne* Crotch, 1873

Megalodacne Crotch, 1873: 352. Type species: *Ips fasciata* Fabricius, 1777.

主要特征：体中到大型，卵圆形或长卵圆形。唇基前缘凹陷；眼内侧有脊，脊内侧具凹沟，眼前缘无饰边；下颚须末节近圆柱形，基部细，端部直或斜截，很少为斧状。触角长且粗壮，第Ⅲ节远长于第Ⅱ或第Ⅳ节。前胸背板前缘窄，侧缘饰边宽；基部两侧具大刻点，余地刻点少。鞘翅长形，通常有2条具齿的红色或黄色斑。

分布：世界广布。世界已知47种，中国记录3种，浙江分布1种。

(271) 波鲁莫蕈甲 *Megalodacne bellula* Lewis, 1883（图版 X-10）

Megalodacne bellula Lewis, 1883: 139.

主要特征：体长卵形，较隆起，一般黑色有光泽；每鞘翅有2个红色斑：第Ⅰ斑占据肩角，斑内有1个大的黑色点斑；第Ⅱ斑横宽，位于鞘翅中部之后，前、后缘各有3或4齿。唇基前缘弧凹；额唇基缝中部缺；下颚须末节斧形；颏镶粗刻点，被细毛；复眼大，眼面较细。触角粗短，第Ⅸ节碗形，第Ⅹ节半圆形，第Ⅺ节五边形。前胸背板宽是长的1.4倍，刻点细疏；每角有1明显角孔。小盾片宽五边形。前胸腹板前缘中间形成1弱尖，两侧刻点密集；后缘凹陷，两侧各有1小孔，基节线短。腹部两侧刻点粗疏，中部刻点细。

分布：浙江（余姚）、河南、福建；日本。

114. 新蕈甲属 *Neotriplax* Lewis, 1887

Neotriplax Lewis, 1887: 60. Type species: *Neotriplax atrata* Lewis, 1887.

主要特征：体卵圆形，腿长，粗壮。头部无音锉；唇基较长，前缘平截；亚颏窄，稍前伸；唇舌窄，前缘几乎直；下唇须末节卵圆形；复眼小，眼面细，眼间距大。触角长，棒节3节，宽平，末节卵圆形，比之前的2节稍窄。前胸腹板后缘弧凹，基节线短；中、后足基节线长。胫节端部中空；跗节基部3节渐宽；雄性跗节比雌性宽。

分布：古北区、东洋区。世界已知7种，中国记录4种，浙江分布1种。

(272) 阿里新蕈甲 *Neotriplax arisana* Miwa, 1929（图版 X-11）

Neotriplax arisana Miwa, 1929: 124.

主要特征：体卵形，背面稍隆起，光滑有光泽，亮栗黄色；唇基、触角、眼和足黑色。唇基前缘稍凹；额唇基缝完整；头部刻点稀而不均；下颚须末节三角形；颏近五边形；复眼小，细眼面。触角棒节大，被灰色毛，第Ⅸ节梯形，第Ⅹ节新月形，第Ⅺ节近椭圆形。前胸背板宽是长的1.9倍；前角锐角，钝突，后角钝角。小盾片近半圆形。每鞘翅有8条刻点列，基部明显。前胸腹板前缘具饰边，两侧刻点粗大，中间呈三角形隆升，后缘凹具饰边。前足基节线短；中足基节线较长，刻点两侧粗疏；后足基节线长。腹部刻点密。

分布：浙江（临安）、北京、台湾、西藏。

115. 宽蕈甲属 *Tritoma* Fabricius, 1775

Tritoma Fabricius, 1775: 68. Type species: *Tritoma bipustulata* Fabricius, 1775.

主要特征：体卵形至长卵形，背部较隆起；体色丰富，很多种类体表具黑色斑点或橙色条带。头部小，刻点较密；唇基前缘凹或直，额唇基缝常不完整；内颚叶端部无钩状突出；下颚须末节横宽，三角形；颏五边形，中部凹；复眼较小，眼面细，眼间距宽。触角短，棒节小，节间连接松散。前胸腹板中部常有钟形或三角形隆凸，基节线长，且常长于前足基节窝前缘；中胸腹板横宽。足较短，腿节中部膨阔，内侧凹陷；胫节端部较基部宽；跗节前 3 节略变宽。

分布：世界广布。世界已知 173 种，中国记录 20 种，浙江分布 1 种。

（273）红折宽蕈甲 *Tritoma metasobrina* Chûjô, 1941（图版 X-12）

Tritoma metasobrina Chûjô, 1941: 91.

主要特征：体卵圆形，背面隆起，黑色；每鞘翅有 1 红色或橘色三齿斑，触角棒节端部黄棕色，头顶部有 1 红色点斑，有些种缺。头两侧隆起，刻点细密；唇基前缘稍凹，额唇基缝明显；下颚须末节三角形；复眼小，眼间区域宽。触角短，第Ⅸ节碗形，第Ⅹ节宽四边形，第Ⅺ节近短舌形。前胸背板宽是长的 1.6 倍；前角锐突，后角几乎直；每个角上均有 1 个角孔。小盾片五边形，刻点细。每鞘翅具 8 条刻点列。后胸腹板刻点被毛。腹部各节两侧各有 1 较光滑浅凹，余地镶细密刻点。

分布：浙江（临安）、河北、河南、陕西、甘肃、云南；日本。

（二）拟叩甲亚科 Languriinae

主要特征：体狭长，小至中型，常具金属光泽；头、前胸、鞘翅具粗细不一的刻点；除口器、足及腹末外，体表几乎光滑无毛。口器咀嚼式，上颚或有不对称；复眼正常大小，小眼面或粗大或精细，是分属特征之一。触角末端 3-6 节不同程度地扁平膨大成棒状。前胸背板拱凸；前足基节窝开放。小盾片三角形，末端或尖。鞘翅常具几列刻点，鞘翅末端或横截具不规则小齿，或圆。腹部刻点细腻，或具微毛；第Ⅰ节常具 1 对腹基节线，有时无。跗式 5-5-5，扁平宽大且腹面具密毛。

世界已知 62 属 800 余种，中国记录 2 族 21 属 108 种，浙江分布 5 属 10 种。

分属检索表

1. 复眼小眼面粗糙颗粒状 ··· 新拟叩甲属 *Caenolanguria*
- 复眼小眼面精细 ·· 2
2. 鞘翅缘折明显而完整 ·· 安拟叩甲属 *Anadastus*
- 鞘翅缘折不显著或不完整 ·· 3
3. 体粗壮；前胸腹板突深凹；鞘翅刻点成列，间隙亦具大小相似刻点，显得杂乱 ········ 粗拟叩甲属 *Pachylanguria*
- 体细长；前胸腹板突微凹；鞘翅刻点成列，间隙或具细刻点 ·· 4
4. 鞘翅末端平截 ·· 特拟叩甲属 *Tetraphala*
- 鞘翅末端尖锐突出 ·· 毒拟叩甲属 *Paederolanguria*

116. 安拟叩甲属 *Anadastus* Gorham, 1887

Anadastus Gorham, 1887: 362. Type species: *Languria cambodiae* Crotch, 1876.
Neolanguria Gorham, 1887: 361. Type species: *Trogosita filiformis* Fabricius, 1801.
Perilanguria Fowler, 1908: 19. Type species: *Langruia monticola* Fowler, 1885.
Stenodastus Gorham, 1887: 362. Type species: *Languria melanosterna* Harold, 1879.

主要特征：体小型，身体两侧平行或楔形；触角、足略粗壮。复眼大，小眼面精细。触角末端 3–5 节不对称膨大，呈棒状。前胸背板近方形，具基缘和明显的侧缘。鞘翅基部亦具缘，翅肩微隆起；鞘翅末端一般平截，微锯齿状，缝合线处常具棱，缝角和外角或尖锐突出。腹部基节有 1 对明显的基节线，从腹板突的顶端延伸出来，或平行或发散，有些种类中也会较短或缺失。跗式 5-5-5；爪通常简单。雌雄外形通常无明显差异，需要解剖外生殖器判断。

分布：世界广布。世界已知 268 种，中国记录 40 种，浙江分布 2 种。

（274）柬安拟叩甲 *Anadastus cambodiae* (Crotch, 1876)（图版 XI-1）

Languria cambodiae Crotch, 1876: 388.
Anadastus cambodiae: Gorham, 1896: 270.

主要特征：头部刻点细密，头顶具微毛；唇基横宽；复眼大。触角末端 5 节膨大，末节扁圆，第III节长于第IV节。前胸背板宽大于长，或近方形，最宽处在中央，刻点细密；两侧略拱曲，基部收狭；前角圆钝，后角尖锐，不延伸；基沟深，侧线很长。鞘翅翅肩等阔于前胸背板基部；刻点细，成列，间隙有细刻点；末端平截，缝角尖锐，外角钝。腹部刻点细而密，且具微毛；腹基节线长而平行，超过腹部第 I 节长度之半。

分布：浙江（杭州）、安徽、江西、福建、广东、海南、广西、贵州、云南；老挝。

（275）红首安拟叩甲 *Anadastus ruficeps* (Crotch, 1873)（图版 XI-2）

Languria ruficeps Crotch, 1873: 185.
Anadastus ruficeps: Fowler, 1908: 32.

主要特征：体细短；头、前胸、小盾片、足红色，鞘翅深蓝色具金属光泽。头部刻点粗密；唇基近方形，末端左侧短于右侧，端部平直；复眼粗颗粒，眼上沟不显著，无密毛。触角末端 4 节膨大，末节长，第III节约等于第IV节。前胸背板刻点细密，拱突近方形，最宽处在前胸中间；前角圆钝，后角尖锐，不延伸；基沟深而短。小盾片三角形，末端尖。鞘翅刻点细密，末端圆。

分布：浙江（临安、舟山）、江苏、上海、福建、江西、广西；日本。

117. 新拟叩甲属 *Caenolanguria* Gorham, 1887

Caenolanguria Gorham, 1887: 361. Type species: *Languria coarctata* Crotch, 1876.
Acrolanguria Kolbe in Kolbe & Prillwitz, 1897: 116. Type species: *Acrolanguria aeneonigra* Kolbe *et* Prillwitz, 1897.
Gurilana Heller, 1918: 31. Type species: *Gurilana ascedens* Heller, 1918.

主要特征：体狭长。唇基两侧并不对称；头部无音锉；颏横形；唇舌狭，具 2 叶；下唇须短，末节明显横截；上颚末端 2 裂明显具 2 齿；复眼大而突出，小眼面粗颗粒状。触角第 II 节通常短，而第 III–VII 节细长；棒状末端由末端 3–4 节组成（有时是 3–5 节），一般较窄且衔接不甚紧密。前胸背板两侧具边框，基部有着明显但是不甚发达的基沟。鞘翅长，基部不具缘，缘折显著，末端圆。腹部基节基线有或缺，有长有短。雌雄外形几乎相同，但是雌性前胸通常相对较短。

分布：东洋区、澳洲区。世界已知 60 种，中国记录 8 种，浙江分布 2 种。

(276) 尖角新拟叩甲 *Caenolanguria acutangula* Zia, 1934（图版 XI-3）

Caenolanguria acutangula Zia, 1934: 357.

主要特征：头和前胸背板深红色，鞘翅棕褐色，足黑色。头部刻点细密，头顶具微毛；触角窝边缘微隆凸；唇基横长，不对称，左侧短于右侧，被刻点和密毛。触角末端 4 节膨大，末节扁圆，第 III 节略长于第 IV 节。前胸背板宽大于长，最宽处在中央，刻点细密；两侧极为拱曲，基部收狭；前角尖锐而明显突出，后角尖圆，不延伸；基沟浅而短。小盾片五角形，末端或尖锐。鞘翅翅肩等阔于前胸背板基部；刻点细密，间隙具有细刻点列；末端圆。

分布：浙江（临安）、福建、云南。

(277) 红角新拟叩甲 *Caenolanguria ruficornis* Zia, 1934（图版 XI-4）

Caenolanguria ruficornis Zia, 1934: 356.

主要特征：头和鞘翅黑色，触角橙红色，前胸鲜红色，足红棕色。唇基长大于宽，左侧短于右侧，被刻点和毛。触角末端 4 节膨大，细长，衔接不紧密，末节长椭圆，第 III 节等长于第 IV 节。前胸背板宽大于长，最宽处在中央偏前，刻点细密；两侧拱曲，基部略收狭；前角圆钝，后角尖锐，不延伸；基沟深而短。小盾片五角形，与前胸颜色相同，末端钝。鞘翅翅肩等阔于前胸背板基部；刻点间隙无明显细刻点列；末端狭圆，近乎尖。具腹基节线。

分布：浙江（临安、舟山）、江苏、福建、广西、四川、贵州、云南。

118. 粗拟叩甲属 *Pachylanguria* Crotch, 1876

Pachylanguria Crotch, 1876: 377. Type species: *Languria paivai* Wollaston, 1859.

主要特征：触角短，11 节；第 II–VII 节短而粗大，其中第 III 节长于其他节；第 VIII–XI 节扁平膨大，紧密相接形成棒状，但第 VIII 节仅向一侧膨阔，明显窄于第 IX 节且不对称。唇基前部顶端微凹；复眼不突出，眼面精细。前胸背板一般宽大于长，两侧具缘且拱圆；前角钝圆不突出，后角尖锐略突出；基沟明显。前胸腹板突末端或微二叉状，两侧具凹槽。鞘翅翅肩阔于前胸背板基部，具基缘；表面具刻点列，刻点列间隙具细刻点；末端平截。足短；跗节膨大；爪节长。

分布：东洋区。世界已知 2 种，中国记录 2 种，浙江分布 1 种。

(278) 四斑粗拟叩甲 *Pachylanguria paivai* (Wollaston, 1859)（图版 XI-5）

Languria paivae Wollaston, 1859: 430.
Pachylanguria paivai: Zia, 1933: 20.

主要特征：头和足黑色；前胸背板鲜红色，端缘黑色；鞘翅深色，带蓝紫色金属光泽；前胸、中胸腹板和腹部均深色；后胸腹板中央具橘红色纹饰，无黑色斑点。前胸背板近前角处各具 1 黑斑，中部具 2 黑斑，基部具 4 黑斑，中间 2 黑斑基部或连接；前胸背板折缘中央各具 1 黑斑；后角腹面亦具 1 个黑斑。触角末端 4 节膨大，末节扁平横宽。腹基节线短而发散。

分布：浙江（安吉、临安）、江苏、福建、广西、贵州、云南。

119. 毒拟叩甲属 *Paederolanguria* Mader, 1939

Paederolanguria Mader, 1939: 44. Type species: *Paederolanguria holdhausi* Mader, 1939.

Sinolanguria Zia, 1959: 366. Type species: *Sinolanguria alternata* Zia, 1959.

主要特征：体细长；鞘翅无缘折，翅面或具起伏；鞘翅通常部分具有金属光泽，体色或拟态毒隐翅虫。复眼大，小眼面精细，无颗粒感。触角 11 节，细长，末端 3–5 节膨大不显著。前胸背板长大于宽，表面具细刻点。鞘翅具刻点列，翅面或具 4–5 道横凹痕，末端外角一般柱状突出。腹部第 I 节具基节线。足细长；跗节稍膨大，腹面密被细毛。雄性前足腿节腹面具细瘤突，雌性则无。

分布：东洋区。世界已知 12 种，中国记录 8 种，浙江分布 1 种。

（279）间色毒拟叩甲 *Paederolanguria holdhausi* Mader, 1939（图版 XI-6）

Paederolanguria holdhausi Mader, 1939: 44.

Sinolanguria alternata Zia, 1959: 366.

主要特征：头、小盾片、腹部末端 3 节紫黑色，或具金属光泽；鞘翅基部和端部具蓝紫色光泽，中间部分红色；触角基部褐色，其余部分棕黄色。头部刻点粗大，分布不均匀，往后极为稀疏；唇基方形，刻点细密。前胸背板长宽略等，两侧略拱圆，基部收狭；前角钝圆，后角尖锐。小盾片心形，表面或具微小刻点。鞘翅明显较前胸背板基部宽；翅面具 4 个横凹；末端外角延伸突出，缝角近直角，尖锐不突出。腹面光洁；基节线短而发散，不过腹部基节长度之半。

分布：浙江（安吉、临安）、河南。

120. 特拟叩甲属 *Tetraphala* Sturm, 1843

Tetraphala Chevrolat, 1836: 430 (nomen nudum).

Tetraphala Sturm, 1843: 306. Type species: *Languria splendens* Wiedemann, 1823.

Tetralanguria Crotch, 1876: 378. Type species: *Languria splendens* Wiedemann, 1823.

Tetralanguroides Fowler, 1886: 318. Type species: *Tetralanguroides fryi* Fowler, 1886.

Metabelus Gorham, 1887: 361. Type species: *Pachylanguria borrei* Fowler, 1886.

主要特征：体小至中型，细长；头和鞘翅通常具蓝绿色金属光泽，具刻点。额唇基沟显著；复眼大，眼面精细。触角短，末端 4–5 节膨阔成棒状。前胸腹板突长方形，两侧具凹槽，不深。鞘翅两侧平行，无明显缘折；末端或收狭平截，具粗糙锯齿。腹部第 I 节一般具有 1 对基节线。足细长；通常雄性腿节腹面具有细瘤突，雌性则无。

分布：古北区、东洋区。世界已知 23 种，中国记录 13 种，浙江分布 4 种

分种检索表

1. 触角末端明显 5 节棒状膨大；腹部黑色 ·· 五节特拟叩甲 *T. fryi*

- 触角末端明显 4 节棒状膨大；腹部不全黑色 ··· 2
2. 腹部可见节均具蓝色金属光泽 ··· 三斑特拟叩甲 *T. collaris*
- 非为上述 ·· 3
3. 腹部仅末节黑色，或具金属光泽 ·· 长特拟叩甲 *T. elongata*
- 腹部第 II–IV 节中央具黑斑，末节黑色 ··· 天目特拟叩甲 *T. tienmuensis*

（280）三斑特拟叩甲 *Tetraphala collaris* (Crotch, 1876)（图版 XI-7）

Pachylanguria collaris Crotch, 1876: 377.

Languria punctata Harold, 1879: 58.

Languria yunnana Fairmaire, 1887: 136.

Pachylanguria tripunctata Kraatz, 1899a: 347.

Tetraphala collaris: Leschen & Wegrzynowicz, 1998: 241.

主要特征：体形略粗；头和鞘翅具蓝色金属光泽，腹部亦具蓝色金属光泽；前胸红色或橙红色，前胸背板中央具 1 圆形黑斑；足、触角黑色。头部较前胸背板基部略窄，刻点细密。触角末端 4 节膨阔。前胸背板宽大于长，两侧拱圆；前角圆钝略突出，后角尖锐略延长；密被刻点；基缘黑色，具 2 个短基沟，近平行。鞘翅无缘折，基部略阔于前胸背板基部；表面具刻点列，刻点列间隙还有刻点，因此显得翅面刻点杂乱；末端平截或钝圆，无锯齿。

分布：浙江（安吉、临安）、黑龙江、陕西、甘肃、湖北、福建、台湾、广东、海南、广西、四川、贵州、云南；印度。

（281）长特拟叩甲 *Tetraphala elongata* (Fabricius, 1801)（图版 XI-8）

Trogosita elongata Fabricius, 1801: 152.

Languria tripunctata Wiedemann, 1823: 46.

Languria pyramidata MacLeay, 1825: 44.

Languria splendens Motschulsky, 1860: 242.

Languria micans Harold, 1875: 185.

Tetralanguria elongata: Crotch, 1876: 378.

Tetralanguria splendida Crotch, 1876: 378.

Tetralanguria cyanipennis Kraatz, 1899b: 218.

Tetralanguria crucicollis Kraatz, 1899a: 348.

Tetralanguria ruficollis Kraatz, 1899a: 348.

Tetralanguria triplagiata Kraatz, 1899a: 348.

Pachylanguria elongata: Arrow, 1925: 173.

Tetraphala elongata: Leschen & Wegrzynowicz, 1998: 241.

主要特征：头深色，触角、足黑色；前胸红色或橙黄色，或具黑斑；鞘翅具蓝色或绿色金属光泽。头部刻点粗密；复眼大，眼面精细。触角 11 节，末端 4 节扁平膨大；第Ⅶ节长大于宽，略膨大；第Ⅲ节长于第Ⅳ–Ⅵ节。前胸背板近方形，两侧略拱圆；前角略突出，后角尖锐。小盾片三角形，末端尖锐。鞘翅基部等阔于前胸背板基部，无缘折，两侧平行；末端收狭且平截，粗糙锯齿。腹面黄色，具 1 对腹基节线，不超过腹部第Ⅰ节长度之半。

分布：浙江（临安）、福建、广东、海南、广西、四川、贵州、云南；印度（含锡金），缅甸，马来西亚，印度尼西亚。

（282）五节特拟叩甲 *Tetraphala fryi* (Fowler, 1886)（图版 XI-9）

Tetralanguroides fryi Fowler, 1886: 319.
Tetraphala fryi: Leschen & Wegrzynowicz, 1998: 241.

主要特征：头和前胸背板红色；前胸背板中间具横向排列的 3 黑斑，或浓或淡；触角、足、腹面黑色；鞘翅棕褐色或黑色或具淡紫色金属光泽。触角末端 5 节膨大，各节衔接松散。前胸背板前窄后宽，最宽处在中央，基部收狭，刻点细密；前角圆钝突出，后角尖锐延伸；基沟深而短，发散。小盾片心形，末端钝。鞘翅无缘折，无基缘，翅肩等阔于前胸背板基部；刻点细，间隙有细刻点列；末端平截近圆，弱锯齿状。

分布：浙江（临安）、湖南、福建。

（283）天目特拟叩甲 *Tetraphala tienmuensis* (Zia, 1959)（图版 XI-10）

Tetralanguria tienmuensis Zia, 1959: 369.
Tetraphala tienmuensis: Leschen & Wegrzynowicz, 1998: 241.

主要特征：头、鞘翅具深蓝色金属光泽；触角黑褐色，或略带紫色金属光泽；前胸背板中央及两侧共具 3 个黑斑，中间的大于两侧；腹部红色，第 II–IV 节各具 1 对黑斑，末节黑色；足黑褐色。触角末端 4 节膨大成棒状。前胸背板近方形，两侧略拱圆，端部和基部两侧略收狭；前角延伸而突出。鞘翅两侧近平行；表面具刻点列，间隙还有细刻点；末端平截或近钝圆，有的种类具细锯齿状突，有的则无。腹部第 I 节具 1 对腹基节线，短而发散。

分布：浙江（临安）、福建。

二十、露尾甲科 Nitidulidae

主要特征：体长 0.9–15.0 mm。体型多变，身体狭窄至宽卵圆形，适度凸起或扁平，或近似半球形。头部可伸缩至前胸下，或多或少前口式。触角通常 11 节，末 3、4 节膨大成棒状；有时 10 节或少于 10 节，2 节呈棒状；通常具触角窝。前胸背板宽大于长。鞘翅宽大，常具条纹或刻痕；体表具刻点和短柔毛，柔毛稠密细小，有时完全退化。臀板外露或末端 2–3 节背板外露。前胸腹板在基节间隆起。基节横向分开，基节转片明显；跗节 5-5-5，跗节 I–III 裂片或更简单，第IV跗节最小。

该科世界已知约 350 属 4500 种，世界广布，浙江分布 11 属 22 种。

分属检索表

1. 鞘翅较短，露出腹末 2–3 节，臀板未被覆盖；体形伸长；未被覆盖的体节高度骨化（谷露尾甲亚科 Carpophilinae）······ 2
- 鞘翅完整或稍微缩短，至多露出臀板；体形或多或少卵形，很少伸长；所有的体节（除去臀板）大都膜质或轻微骨化 ····· 3
2. 体椭圆，质地较软；腹部暴露 2 节背板 ··· 谷露尾甲属 Carpophilus
- 体卵圆或椭圆，质地较坚硬；腹部暴露 3 节背板 ··· 尾露尾甲属 Urophorus
3. 上唇与额融合（隐唇露尾甲亚科 Cryptarchinae）··· 合唇露尾甲属 Glischrochilus
- 上唇自由，有时隐藏在额下 ·· 4
4. 中、后足胫节非常扁平，具 1 排刺；臀板基部具 1 对明显弧形凹陷，被前面的体节覆盖 ······························· 5
- 中、后足胫节不是非常扁平，具 2 排刺；臀板基部无明显弧形凹陷（或沿臀板后边缘具 8 个弧形凹陷，通常部分被体节覆盖）
  ··· 6
5. 前胸背板和鞘翅边缘宽扁；前胸背板后角稍尖锐至近直角，常向后突出 ······························· 菜花露尾甲属 Meligethes
- 前胸背板和鞘翅边缘窄平；前胸背板后角钝圆至圆，不向后突出（仿花露尾甲属亚科 Meligethinae）·····················
  ··· 唇形露尾甲属 Lamiogethes
6. 背部刻点通常分散，柔毛或多或少明显；身体伸长，如果卵形，则背部适度突出，前胸背板基部从不变宽；雄性肛片从平截的臀板顶端露出，或者下臀板顶端前具 1 个大的可移动叶片；阳茎基深凹形成两个叶 ······················· 7
- 背部刻点、软毛、前胸背板和体形多变；雄性肛片通常不从不平截的臀板顶端露出或轻微露出；下臀板无明显可移动的叶；阳茎基顶端无凹陷，或者浅凹（露尾甲亚科 Nitidulinae）·· 8
7. 身体广泛卵形，体型通常较大（至少 3.5 mm）；腹面扁平，非常或适度凸起；前胸背板和鞘翅边缘无长密集缘毛；雄性肛片未露出；下臀板顶端前具 1 个大的可移动的叶（双须露尾甲亚科 Amphicrossinae）······ 双须露尾甲属 Amphicrossus
- 身体通常伸长，很少大于 3.5 mm；背面、腹面适度凸起；前胸背板和鞘翅边缘无明显密集缘毛或具细小短缘毛；雄性肛片明显外露；下臀板顶端前无可移动的叶（长鞘露尾甲亚科 Epuraeinae）······························ 长鞘露尾甲属 Epuraea
8. 前胸背板基部具边缘，盖住鞘翅基部；头或多或少向下弯曲 ·· 9
- 前胸背板基部不具边缘；头总是水平 ·· 10
9. 体被单色柔毛；触角棒松散 ··· 方露尾甲属 Cychramus
- 体被多色柔毛；触角棒紧凑 ··· 异圆露尾甲属 Xenostrongylus
10. 鞘翅缝线明显；前胸背板盘区具 2 凹陷 ·· 窝胸露尾甲属 Omosita
- 鞘翅缝线缺失；前胸背板盘区无凹陷 ·· 露尾甲属 Nitidula

（一）长鞘露尾甲亚科 Epuraeinae

主要特征：体小型，体长 1.0–4.0 mm；大多数身体扁平或中度凸起，近卵圆形或长形。上唇自由，不与额融合。触角 11 节，端部 3–8 节膨大成触角棒。前胸背板较宽大，有明显的边缘。小盾片三角形或半圆形。鞘翅完整或仅臀板外露，鞘翅顶端平截或斜截；刻点扩散状分布，柔毛明显。中、后足胫节细长，外边缘具 2 层刺；跗式 5-5-5。雄性肛门骨片在臀板顶端外露。

世界已知约 450 种，中国记录 47 种，浙江分布 1 属 3 种。

121. 长鞘露尾甲属 *Epuraea* Erichson, 1843

Epuraea Erichson, 1843a: 207. Type species: *Nitidula silacea* Herbst, 1784.

主要特征：体色浅，体壁骨化不强烈。触角棒延长，较松散。前胸背板及鞘翅缘边平展；具有不太明显的刻点，表面呈微细网状，鞘翅缩短。前胸腹板突较窄，通常沿前足基节基部弯曲。大多数中足基节距较近，后足基节距中度分开；雌雄足部特征分化。两性外生殖器骨化弱。

分布：古北区、东洋区、新北区。世界已知约 328 种，中国记录 34 种，浙江分布 3 种。

分种检索表

1. 上唇前缘微凹；跗爪基部具明显凸起的齿 ·· 维氏露尾甲 *E. (M.) wittmeri*
- 上唇前缘深凹；跗爪基部无明显凸起的齿 ··· 2
2. 体宽卵圆形；头部凸起，头部背片伸达复眼边缘 ··· 棉露尾甲 *E. (H.) luteolus*
- 体长卵圆形；头部扁平，头部背片未伸达复眼边缘 ····································· 驿动露尾甲 *E. (H.) motschulskyi*

（284）棉露尾甲 *Epuraea (Haptoncus) luteolus* Erichson, 1843（图 7-4；图版 XI-11）

Haptoncus luteolus Erichson, 1843b: 272.
Haptoncus jloreola Sharp, 1890: 305.

主要特征：体长 1.9 mm。体宽卵圆形，中度凸起；黄褐色，体被细柔毛。头凸起，头部背片伸达复眼下方；上唇前缘深凹，颏三角形。前胸背板前缘深凹，后缘平直，侧缘弓形，基部稍窄，前、后角锐，侧缘明显展开。小盾片三角形，顶端尖。鞘翅长大于合宽，顶端斜截。臀板外露。前胸腹板突延长，顶端变宽，中足间距等于前足基节间距，后足基节间距最大。前足跗节膨大，中、后足跗节不膨大。阳茎基呈深 V 形凹陷，顶端及近顶端处内侧具绒毛。

分布：浙江（临安）、河南、安徽、湖北、江西、福建、台湾、广西、四川；法国，澳大利亚。

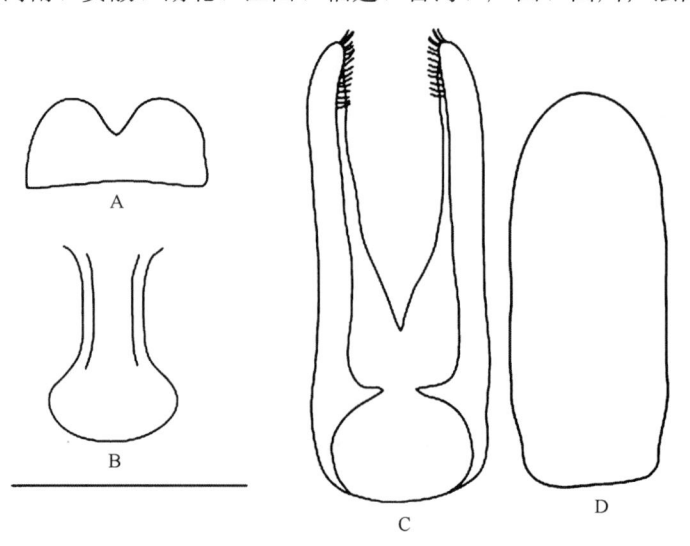

图 7-4 棉露尾甲 *Epuraea* (*Haptoncus*) *luteolus* Erichson, 1843（引自赵萌娇，2014）
A. 唇基；B. 前胸腹板突；C. 阳茎基腹面观；D. 阳茎中叶腹面观。比例尺：0.2 mm

(285) 驿动露尾甲 *Epuraea (Haptoncus) motschulskyi* Reitter, 1873（图 7-5；图版 XI-12）

Epuraea motschulskyi Reitter, 1873: 29.
Haptoncus rhombotelus Gillogly, 1982: 286.
Haptoncurina insularis Grouvelle, 1905: 319.

主要特征：体长 1.7 mm。体长卵圆形；棕色，被柔毛。头部凸起，头部背片未伸达复眼外边缘；上唇前缘深凹；下唇须末节长是宽的 3 倍，顶端稍变窄。触角较长，触角棒小于整个触角长度的 1/3。前胸背板宽是长的 2 倍，前缘近平直，基部平直；前角钝圆，后角稍尖锐；侧缘弧形，不展开，近基部 1/5 处最宽。鞘翅长于合宽，侧缘弧形，基部变窄，顶端平截，臀板完全外露。前胸腹板突延长，顶端变宽，平直。足简单，细长；前足胫节稍宽扁；中足基节间距窄，后足基节间距是中足基节间距的 3 倍。

分布：浙江、湖南、福建、台湾、四川；印度，马来西亚，澳大利亚。

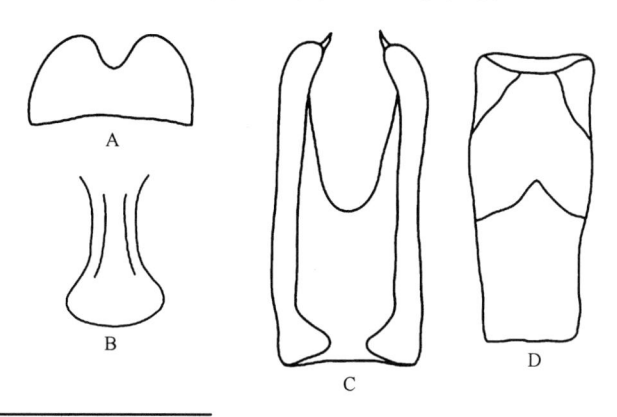

图 7-5　驿动露尾甲 *Epuraea (Haptoncus) motschulskyi* Reitter, 1873（引自赵萌娇，2014）
A. 唇基；B. 前胸腹板突；C. 阳茎基腹面观；D. 阳茎中叶腹面观。比例尺：0.2 mm

(286) 维氏露尾甲 *Epuraea (Micruria) wittmeri* Jelínek, 1978（图 7-6；图版 XII-1）

Epuraea (Micruria) wittmeri Jelínek, 1978: 190.
Epuraea (Micrurula) accurata Kirejtshuk, 1987: 69.

主要特征：体长 3.4 mm，宽 1.7 mm。体型较大，宽卵圆形，背部明显凸起；红棕色，鞘翅小盾片周围及顶端具黑色不规则斑纹；体被适当浓密柔毛。上唇前缘深凹；颏半圆形。前胸背板前缘微凹，侧缘

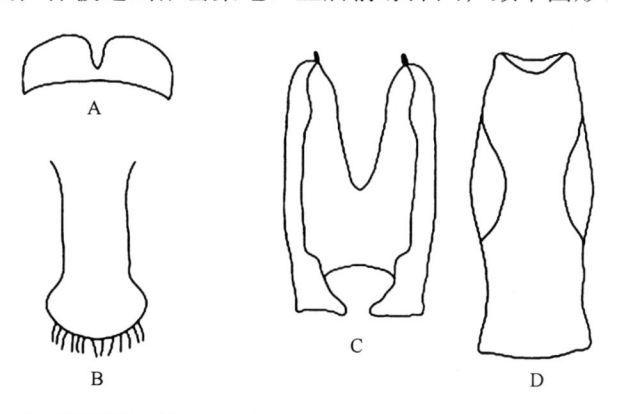

图 7-6　维氏露尾甲 *Epuraea (Micruria) wittmeri* Jelínek, 1978（引自赵萌娇，2014）
A. 唇基；B. 前胸腹板突；C. 阳茎基腹面观；D. 阳茎中叶腹面观。比例尺：0.2 mm

弧形，近基部达到最宽。小盾片三角形，顶角钝圆。鞘翅长于合宽，侧缘近平行，顶端平截。臀板及前面腹节外露。前胸腹板突延长，沿前足基节弯曲，顶端轻微加宽。所有跗节不膨大，跗爪基部具有明显凸起的齿。阳茎基较宽，顶端具短绒毛，阳茎干顶端稍窄。

分布：浙江（临安）、湖北、江西、福建；日本，印度，不丹。

（二）谷露尾甲亚科 Carpophilinae

主要特征：体中等大小，卵圆或椭圆形。头部略扁平，具些许细小体毛。前胸背板端部顶端微凹，近于呈直线，基部些许波状；前、后角钝圆。鞘翅无条纹，较光亮光滑，鞘翅顶端或多或少倾斜平截，鞘翅外顶角较圆。腹部2–3节暴露。

世界已知7属近400种，世界广布。中国记录3属25种，浙江分布2属7种。

122. 谷露尾甲属 *Carpophilus* Stephens, 1830

Carpophilus Stephens, 1830: 50. Type species: *Dermestes hemipterus* Linnaeus, 1758.

主要特征：体椭圆，或多或少扁平。前胸横向，顶端微凹，在多数种内与鞘翅同宽且后缘具二曲。小盾片较大。鞘翅不具有条纹，每个鞘翅或多或少从鞘翅缝开始向后倾斜平截，外顶角圆。前胸腹板突宽且后部较圆，到达中胸腹板。腹节暴露2节，第II、III节通常比第I、IV和V节短。雄性最末腹节具附加的圆形腹面肛片。

分布：世界广布。世界已知近300种，中国记录21种，浙江分布5种。

分种检索表

1. 中足基节窝后缘线自中部1/3与两基节窝之间的横线平行，而两侧端部向后弯，终于后胸前侧片中部或中部后方；腋区极大 ·· **大腋谷露尾甲 *C. (S.) marginellus***
- 中足基节窝后缘线自中部1/3与两基节窝之间的横线平行，两侧端部不后弯，终于后胸前侧片前部；腋区极小 ·········· 2
2. 中胸腹板无中纵隆脊及侧隆脊 ··· **脊胸谷露尾甲 *C. (M.) dimidiatus***
- 中胸腹板具中纵隆脊及侧隆脊 ··· 3
3. 鞘翅端部无明显斑点 ·· **隆胸谷露尾甲 *C. (C.) obsoletus***
- 鞘翅端部具明显淡黄色斑点 ··· 4
4. 鞘翅具有界限不明的较窄黄褐色条带；后足胫节端部较平行 ······················· **细胫谷露尾甲 *C. (C.) delkeskampi***
- 鞘翅具有明显界限的较宽黄褐色条带；后足胫节明显呈三角状 ······················· **黄斑谷露尾甲 *C. (C.) hemipterus***

（287）细胫谷露尾甲 *Carpophilus* (*Carpophilus*) *delkeskampi* Hisamatsu, 1963（图7-7；图版XII-2）

Carpophilus delkeskampi Hisamatsu, 1963: 60.

主要特征：体长2.0–4.0 mm。体倒卵形，两侧明显向外扩展；淡至暗栗褐色，极少黑色；密布细伏毛，光亮。触角11节，末3节锤状，第II节长于第III节。前胸背板宽大于长，侧缘弧形，基部显较端部宽。鞘翅基部与前胸背板基部近等宽，肩部和端部黄色至红黄色淡色斑不太明显，边缘界限较模糊，端部色斑外侧部分总是朝外侧后方逐渐缩小；有时雄性端斑较小且不明显，椭圆形至长卵形，位于翅缝两侧旁。臀板末端圆形（♂）或尖圆形（♀）。后足胫节细长，基半部弱扩，端半部近平行。

分布：浙江、中国广布；俄罗斯，日本，印度，非洲。

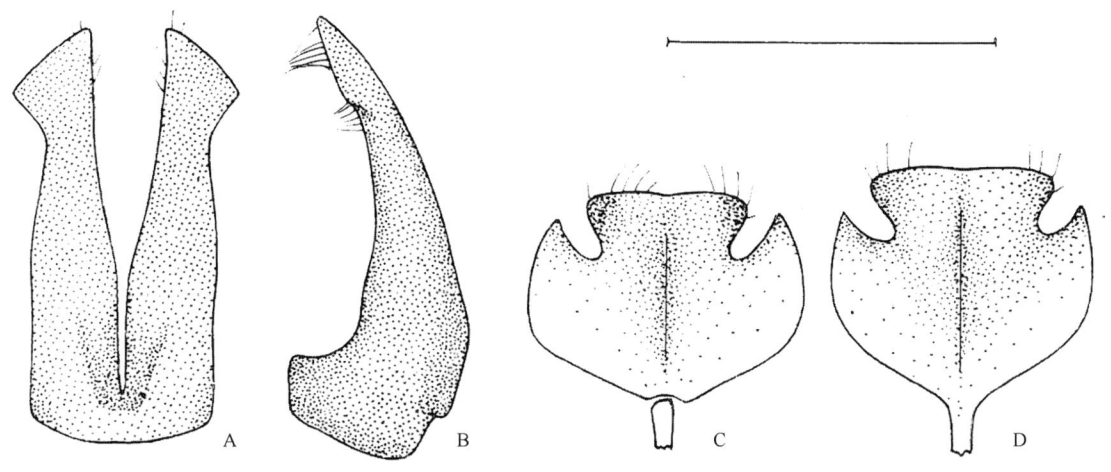

图 7-7 细胫谷露尾甲 *Carpophilus* (*Carpophilus*) *delkeskampi* Hisamatsu, 1963（仿自 Jelínek，1986）
A. 阳茎背面观；B. 阳茎侧面观；C, D. 第Ⅷ腹板。比例尺：0.3 mm

（288）黄斑谷露尾甲 ***Carpophilus* (*Carpophilus*) *hemipterus* (Linnaeus, 1758)**（图 7-8；图版 XII-3）

Dermestes hemipterus Linnaeus, 1758: 358.
Carpophilus (*Carpophilus*) *hemipterus*: Stephens, 1830: 50.

主要特征：体长 3.5 mm。体大，略扁平，黑褐色，鞘翅肩部及顶端各具 1 界限明显的黄褐色斑纹，散布细柔毛。触角等宽于头宽。前胸背板近四边形，端部明显收狭，于中后部达到最宽，前缘平截，后缘微波形，侧缘圆弧形，前角圆，后角钝，中央略隆起，近基部具两个明显浅凹。鞘翅长短于合宽，肩角不明显，顶端平截，鞘翅缝角钝。前胸腹板突细长，近顶端明显变宽。中胸腹板具中隆脊和侧隆脊。第Ⅱ、第Ⅲ腹板明显短于其他腹节。前、中足胫节明显三角形，后足胫节近端部膨大扁宽，呈三角状。臀板顶端平截。

分布：浙江、中国广布；日本，西亚地区，欧洲，非洲。

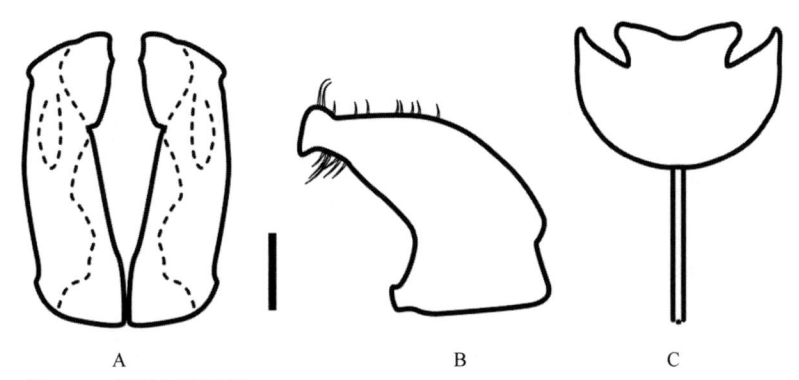

图 7-8 黄斑谷露尾甲 *Carpophilus* (*Carpophilus*) *hemipterus* (Linnaeus, 1758)
A. 阳茎背面观；B. 阳茎侧面观；C. 第Ⅷ腹板。比例尺：0.1 mm

（289）隆胸谷露尾甲 ***Carpophilus* (*Carpophilus*) *obsoletus* Erichson, 1843**（图 7-9；图版 XII-4）

Carpophilus (*Carpophilus*) *obsoletus* Erichson, 1843a: 259.

主要特征：体长 3.7 mm。体较大，略扁平；黑褐色，鞘翅肩部偶具红褐色斑，前胸腹板、中胸腹板及后胸腹板黑褐色，腹部足红棕色。头部宽大于长，扁平。前胸背板近四边形，宽稍长于长，于中部达到最宽，顶端平截，基部明显波状，侧边轻微下倾，前角圆，后角钝，中央略微隆起。小盾片近五边形，明显横向，顶端较圆。鞘翅基部等宽于前胸背板基部，长小于合宽，肩角明显隆起。前胸腹板突细长。中胸腹板具中隆脊及侧隆脊。腹部第Ⅱ、Ⅲ节长度明显短于其他节。前、中足胫节明显三角形。

分布：浙江、中国广布；日本，印度，西亚地区，欧洲，非洲。

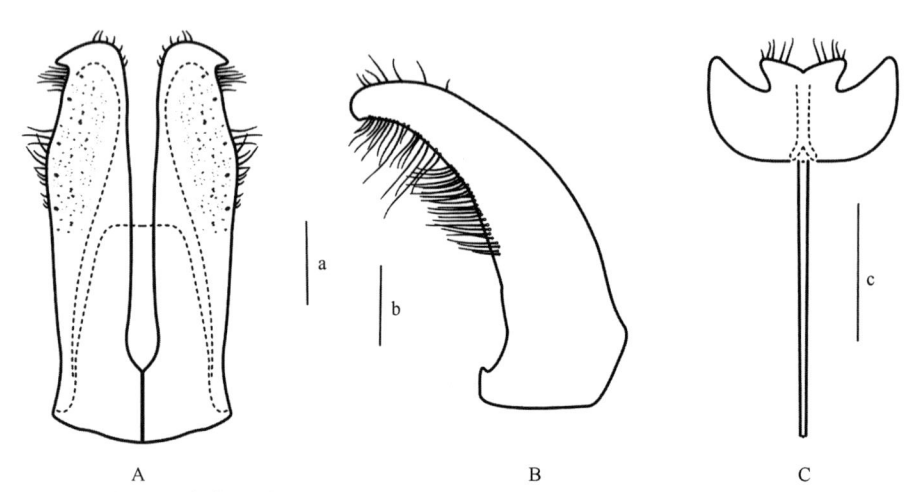

图 7-9　隆胸谷露尾甲 *Carpophilus* (*Carpophilus*) *obsoletus* Erichson, 1843
A. 阳茎背面观；B. 阳茎侧面观；C. 第Ⅷ腹板。比例尺：a = 0.1 mm，b = 0.1 mm，c = 0.2 mm

（290）脊胸谷露尾甲 *Carpophilus* (*Mythorax*) *dimidiatus* (Fabricius, 1792)

Nitidula dimidiatus Fabricius, 1792: 261.

Carpophilus (*Mythorax*) *dimidiatus*: Murray, 1864: 379.

主要特征：体长 3.0–3.5 mm。触角梗节短于第Ⅰ鞭节。前胸背板具明显较大的刻点，刻点间光滑发亮。鞘翅具不太清晰的黄褐色宽条带，自肩部斜行至鞘翅缝顶端，呈 V 形。后足胫节不明显膨大成长三角状。

分布：浙江、中国广布；日本，西亚地区，欧洲，非洲。

（291）大腋谷露尾甲 *Carpophilus* (*Semocarpolus*) *marginellus* Motschulsky, 1858（图 7-10；图版 XII-5）

Carpophilus marginellus Motschulsky, 1858: 40.

Carpophilus nitens Fall, 1910: 125.

Carpophilus (*Semocarpolus*) *marginellus*: Kirejtshuk, 2008: 113.

主要特征：体长 3.2 mm。体较扁平，褐色，前胸背板前缘及侧缘、腹面和足红棕色；体表近于无毛。前胸背板近四边形；端部些许收敛，前缘微凹，前角钝圆，后缘近直线，后角钝，中央明显扁平，散布着少量细短的金色柔毛。小盾片近五边形。鞘翅合宽大于长，基部近于等宽于前胸背板基部，于中后部达到最宽；肩角略突；端部轻微倾斜近直线平截，外角圆，鞘翅角钝圆；刻点较大且稠密，间隙略微粗糙，微网孔状，两侧散布少量不明显细短柔毛。前胸腹板中度隆起；前胸腹板突较平坦，顶端明显突出。中后胸腹板具中隆脊和侧隆脊。腹节第Ⅱ、Ⅲ节长度明显短于其余各体节。

分布：浙江、山东、湖北、江西、福建、台湾、香港、广西、四川、云南；韩国，日本，印度，尼泊尔，欧洲。

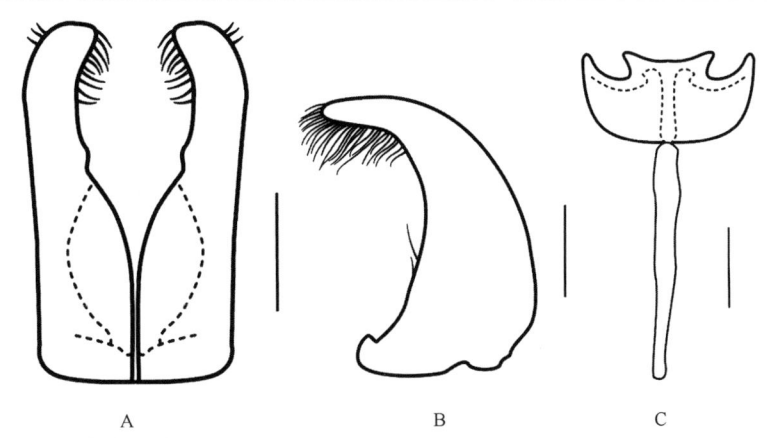

图 7-10　大腋谷露尾甲 *Carpophilus* (*Semocarpolus*) *marginellus* Motschulsky, 1858
A. 阳茎背面观；B. 阳茎侧面观；C. 第Ⅷ腹板。比例尺：0.1 mm

123. 尾露尾甲属 *Urophorus* Murray, 1864

Urophorus Murray, 1864: 342. Type species: *Ips rubripennis* Heer, 1841.

主要特征：体卵圆或椭圆形，较粗壮，腹节暴露 3 节，鞘翅中等长度，体光亮，近于无毛，质地坚硬。

分布：世界广布。世界已知 2 亚属 20 种，中国记录 4 种，浙江分布 2 种。

（292）暗彩尾露尾甲 *Urophorus adumbratus* (Murray, 1864)（图版 XII-6）

Carpophilus adumbratus Murray, 1864: 344.
Urophorus (*Anophorus*) *adumbratus*: Kirejtshuk, 1990: 87.

主要特征：体长 4.3 mm。体略扁平；黄棕色至红砖色，前胸背板中部有不规则红褐色的中纵斑，鞘翅肩角有明显红褐色肩斑，沿鞘翅缝具细窄的红褐色条带；无体毛。上唇前缘深凹。前胸背板近方形，前缘微凹，后缘近直线，侧缘于端部达到最宽；刻点稀疏且浅。小盾片近五边形，顶端圆。鞘翅长宽相当，基部略宽于前胸背板基部；肩角明显，较圆；端部倾斜平截，外顶角圆；刻点分布较均匀。前胸腹板隆起；前胸腹板突光滑，顶端平截。后胸腹板盘区光滑，靠近两侧较粗糙。下臀板中央有明显横向的近圆形凹陷。

分布：浙江、福建、台湾、贵州；印度，菲律宾，马来西亚，印度尼西亚。

（293）隆肩尾露尾甲 *Urophorus humeralis* (Fabricius, 1798)（图 7-11；图版 XII-7）

Nitidula humeralis Fabricius, 1798: 74.
Urophorus (*Anophorus*) *humeralis* Kirejtshuk, 1990: 87.

主要特征：体长 4.5 mm。体椭圆形，略隆起；沥青至暗褐色，鞘翅肩部具模糊橘黄色斑块，有时延伸至鞘翅中央。头宽大于长，复眼较突出。前胸背板近方形，侧缘在前 1/3 处突然均匀变宽，宽度为基部宽度的 2 倍，靠近后角处有 1 略扁平浅凹，前角圆，后角钝，中央略隆起。小盾片近五边形。鞘翅基部与前胸背板基部同宽，肩角明显突出。前胸腹板突均匀向横向平截顶端变宽。第Ⅳ腹节后缘中部各有 1 束直立刚毛。雄性下臀板中央有 1 粗糙近圆形略纵向伸长的、后缘中部明显光滑突出的凹陷。

分布：浙江、陕西、福建、台湾、广东、广西、四川、云南；日本，西亚地区，欧洲，非洲。

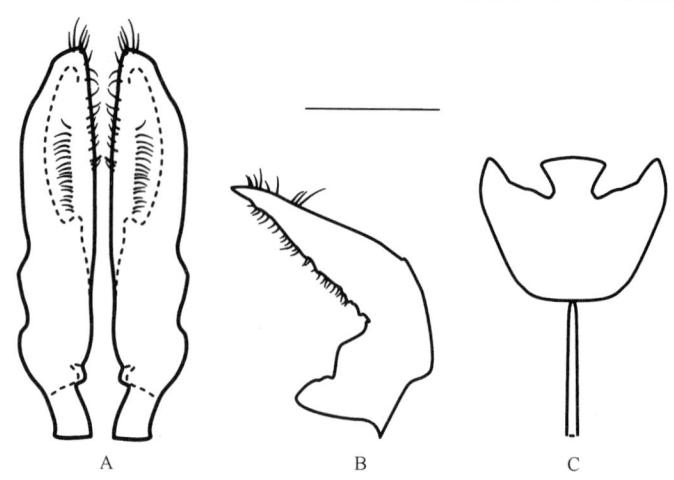

图 7-11　隆肩尾露尾甲 *Urophorus humeralis* (Fabricius, 1798)
A. 阳茎背面观；B. 阳茎侧面观；C. 第Ⅷ腹板。比例尺：0.2 mm

（三）双须露尾甲亚科 Amphicrossinae

主要特征：体宽卵圆形，体型较大（至少 3.5 mm），腹面扁平，背面均匀适当隆起；前胸背板和鞘翅具密集长缘毛；雄性肛门片不外露，下臀板近顶端具 1 个大的可移动的叶。

世界广布，中国记录 1 属 3 种，浙江分布 1 属 1 种。

124. 双须露尾甲属 *Amphicrossus* Erichson, 1843

Amphicrossus Erichson, 1843b: 346. Type species: *Nitidula ciliata* Olivier, 1811.
Cametis Motschulsky, 1863: 440. Type species: *Cametis picea* Motschulsky, 1863.
Lobostoma Fairmaire, 1892: 90. Type species: *Lobostoma picea* Fairmaire, 1892 (= *Amphicrossus accidentus* Kirejtshuk, 1997).
Rhacostoma Berg, 1898: 18. Type species: *Lobostoma picea* Fairmaire, 1892 (= *Amphicrossus accidentus* Kirejtshuk, 1997).
Nitidopecten Reichensperger, 1913: 199. Type species: *Nitidopecten comes* Reichensperger, 1913 (= *Amphicrossus parallelus* Grouvelle, 1912).

主要特征：体表具柔毛。上唇 2 裂；上颚顶端具 2 齿。前胸腹板突顶端具隆突，近龙骨状；中胸腹板凸起。中足胫节无刺；前足跗节膨大，中足胫节亚膨大，后足跗节简单。

分布：古北区、东洋区。中国记录 3 种，浙江分布 1 种。

（294）日本双须露尾甲 *Amphicrossus japonicus* Reitter, 1873

Amphicrossus japonicus Reitter, 1873: 100.
Amphicrossus nigrinus Bollow, 1941: 235.
Amphicrossus korschefskyi Bollow, 1941: 236.

主要特征：体长 4.0–5.0 mm。体短卵形，身体凸起，浅棕红色，背部具退化的黑色微小稠密刻点，细小的灰色柔毛。鞘翅具稀疏驼色柔毛排成纵列。

分布：浙江、台湾；俄罗斯，韩国，日本，印度。

（四）访花露尾甲亚科 Meligethinae

主要特征：体小型，体长 1.0–5.5 mm。鞘翅完整或短，部分臀板未被遮盖。上唇自由，不与额相融合，有时隐藏在额前部。中、后足胫节强烈扁平，外缘着生刚毛或显著的毛。末节腹板基部有 1 对非常宽的弧形凹陷，通常部分被遮盖。

世界已知 700 余种，世界广布。中国记录 87 种，浙江分布 2 属 6 种。

125. 唇形露尾甲属 *Lamiogethes* Audisio *et* Cline, 2009

Lamiogethes Audisio *et* Cline in Audisio et al., 2009: 422. Type species: *Nitidula atrata* Oliver, 1790.

主要特征：头部背侧的围眼沟明显不完整。腹面触角窝的末端突然倾斜变深，并且明显宽于中间部位。前胸背板几乎不凸起，后角几乎都是直角或者稍微向后。前足胫节通常长且细。在腹部末节腹面两侧近基部位置有大的、十分明显的半圆形拱形凹陷。

分布：世界广布。世界已知 100 余种，中国记录 35 种，浙江分布 1 种。

（295）斧胫唇形露尾甲 *Lamiogethes difficilis* (Heer, 1841)（图 7-12；图版 XII-8）

Nitidula difficilis Heer, 1841: 403.
Lamiogethes difficilis Audisio, Cline, de Biase et al., 2009: 426.

主要特征：体长 2.1–2.4 mm。体红棕至棕黑色，头和前胸背板泛蓝绿色光泽，触角橙棕色，触角棒棕黑色，足橙棕至棕黑色；背部柔毛银至金色，较短。唇基前缘中部明显弯曲。前胸背板刻点小且深，点间大于点径，点间表皮细微网状。鞘翅上刻点较大且浅，刻点间约等于点径，刻点间表皮粗糙。雄性后胸腹板后半部分具 1 个深宽的长纵刻痕，刻痕两侧具 2 个大刺突，极为钝突，雌性不明显。前足胫节外缘端部 1/2 处具 4–5 个大尖突齿。雄性阳茎基端部 U 形浅裂，阳茎中叶近端部 1/5 均匀收狭至末端尖突。雌性产卵器小，端部钝圆突出。

分布：浙江、陕西、新疆；俄罗斯，欧洲。

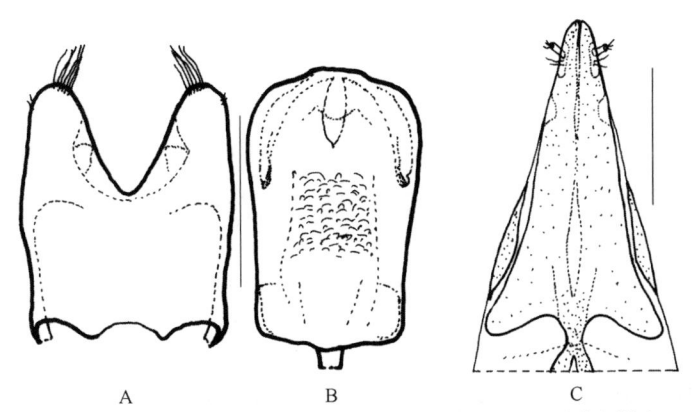

图 7-12 斧胫唇形露尾甲 *Lamiogethes difficilis* (Heer, 1841)（引自刘梅柯，2019）
A. 阳茎基腹面观；B. 阳茎中叶腹面观；C. 产卵器。比例尺：1 mm

126. 菜花露尾甲属 *Meligethes* Stephens, 1830

Meligethes Stephens, 1830: 30. Type species: *Nitidula atrata* Oliver, 1790.

主要特征：头部背侧的围眼沟完全消失；复眼侧后方有 1 个椭圆形或近圆形的凹陷。腹面触角窝的末端突然倾斜变深，并且明显宽于中间部位。前胸背板几乎不凸起，后角几乎都是直角或者稍微向后。前足胫节通常长且细。在腹部末节腹面两侧近基部位置有大的、十分明显的半圆形拱形凹陷。

分布：古北区、东洋区。世界已知 2 亚属 62 种，中国记录 2 亚属 52 种，浙江分布 2 亚属 5 种。

分种检索表

1. 跗爪基部无齿 ·· 堇菜花露尾甲 *M. (M.) violaceus*
- 跗爪基部具齿 ··· 2
2. 体双色，前胸背板和鞘翅颜色明显不一 ··· 3
- 体色相对单一，前胸背板和鞘翅颜色较一致 ··· 4
3. 跗爪基部具尖锐齿 ·· 胸菜花露尾甲 *M. (O.) pectoralis*
- 跗爪基部具细小钝圆齿 ·· 黄颈菜花露尾甲 *M. (O.) flavicollis*
4. 产卵器顶端突出 ··· 瓦氏菜花露尾甲 *M. (O.) wagneri*
- 产卵器呈现 1 个长而深的 U 形深裂 ·· 白木菜花露尾甲 *M. (O.) shirakii*

（296）堇菜花露尾甲 *Meligethes (Meligethes) violaceus* Reitter, 1873（图 7-13；图版 XII-9）

Meligethes violaceus Reitter, 1873: 71.

主要特征：体卵圆形；深褐色，具蓝绿色光泽，触角棒褐色；体表覆盖金黄色柔毛。头部刻点稠密，刻点间表面光滑；唇基前缘变宽，顶端微凹。前胸背板前缘弓形。小盾片半圆形。鞘翅长小于合宽。前足胫节近三角形，外侧边缘细圆齿状，中、后足胫节明显宽于前足。阳茎基和中叶（阳茎干）骨化程度较弱，阳茎基具宽的 V 形切除；阳茎中叶长方形，向顶端略变宽，端部中间突起且具顶端微凹。

分布：浙江（安吉、临安、景宁）、陕西、安徽、湖北、江西、福建、四川、贵州、云南；俄罗斯，日本。

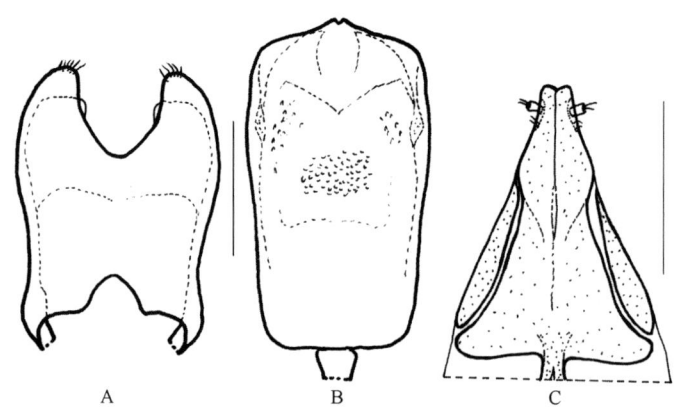

图 7-13 堇菜花露尾甲 *Meligethes (Meligethes) violaceus* Reitter, 1873（引自刘梅柯，2019）
A. 阳茎基腹面观；B. 阳茎中叶腹面观；C. 产卵器。比例尺：1 mm

（297）黄颈菜花露尾甲 *Meligethes (Odonthogethes) flavicollis* Reitter, 1873（图 7-14；图版 XII-10）

Meligethes flavicollis Reitter, 1873: 76.
Meligethes (Odonthogethes) flavicollis: Audisio, Sabatelli & Jelínek, 2015: 24.

主要特征：体长 2.2–3.0 mm，宽 1.3–1.7 mm。体双色，头和前胸背板橙棕色，鞘翅深黑色，偶有蓝色光泽；背部柔毛银色，较长。唇基前缘平截或近平截。前胸背板后角近直角，稍钝，不向后突出。鞘翅较长，鞘翅末端圆形或近平截。臀板末端圆且简单，无钝角也无尖突。雄性阳茎基端部 V 形浅裂；阳基侧突末端凹陷内缘无尖角或钝突；阳茎中叶相对较长，匙状，末端平截；阳茎外缘的感觉毛缺失。

分布：浙江（景宁）、河南、江西、台湾、重庆；俄罗斯，韩国，日本。

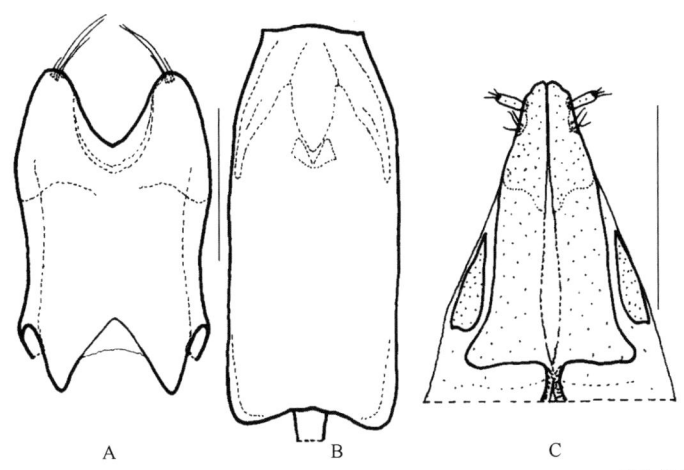

图 7-14 黄颈菜花露尾甲 *Meligethes* (*Odonthogethes*) *flavicollis* Reitter, 1873（引自刘梅柯, 2019）
A. 阳茎基腹面观；B. 阳茎中叶腹面观；C. 产卵器。比例尺：1 mm

（298）胸菜花露尾甲 *Meligethes* (*Odonthogethes*) *pectoralis* **Rebmann, 1956**（图 7-15；图版 XII-11）

Meligethes pectoralis Rebmann, 1956: 47.
Meligethes (*Odonthogethes*) *pectoralis*: Audisio, Sabatelli & Jelínek, 2015: 89.

主要特征：体长 2.5–3.2 mm。体双色，头和前胸背板橙棕色，鞘翅棕黑至黑色，偶有蓝色光泽；背部柔毛较短，银色。唇基前缘平截或近平截。触角较短，触角棒较小。前胸背板后角近直角，稍钝，不向后突出。鞘翅较长，鞘翅末端圆形或近平截。臀板末端圆且简单，无钝角也无尖突。雄性阳茎基端部 V 形深裂；阳基侧突末端凹陷内缘无尖角或钝突；阳茎中叶相对较短，最宽处近端部，匙状，末端窄截；阳茎外缘感觉毛缺失。雌性产卵器相当长，生殖茎突末端较钝突，两生殖茎突基部结合处明显倒 V 形。

分布：浙江（安吉、景宁）、湖北、福建、台湾、贵州；日本。

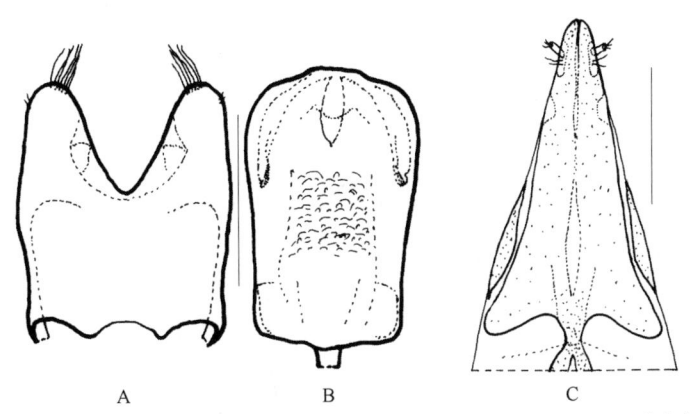

图 7-15 胸菜花露尾甲 *Meligethes* (*Odonthogethes*) *pectoralis* Rebmann, 1956（引自刘梅柯, 2019）
A. 阳茎基腹面观；B. 阳茎中叶腹面观；C. 产卵器。比例尺：1 mm

（299）白木菜花露尾甲 *Meligethes* (*Odonthogethes*) *shirakii* **Hisamatsu, 1956**（图 7-16；图版 XII-12）

Meligethes shirakii Hisamatsu, 1956: 168.
Meligethes (*Odonthogethes*) *shirakii*: Audisio, Sabatelli & Jelínek, 2015: 98.

主要特征：体长 2.6–3.3 mm。体单色，浅棕，橘黄至淡黄色；背部柔毛较长，部分覆盖鞘翅，银至金色。唇基前缘平截或近平截。触角较短，触角棒较小。前胸背板后角近直角，稍钝，不向后突出。鞘翅长；

鞘翅末端圆形或近平截。臀板末端圆且简单，无钝角也无尖突。雄性阳茎基端部 V 形深裂；阳基侧突末端凹陷内缘无尖角或钝突；阳茎中叶相对较长，匙状，末端平截；阳茎外缘感觉毛缺失。雌性产卵器长，生殖茎突末端深 U 形，两生殖茎突基部结合处近乎水平或稍显倒 V 形。

分布：浙江（钱江）、台湾、贵州；日本。

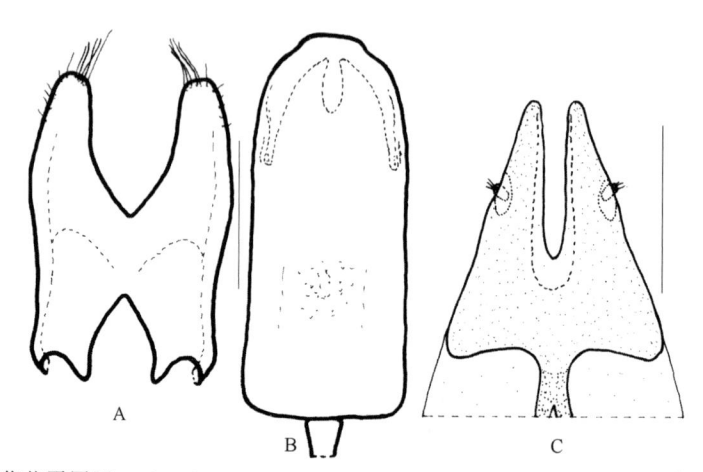

图 7-16　白木菜花露尾甲 Meligethes (Odonthogethes) shirakii Hisamatsu, 1956（引自刘梅柯，2019）
A. 阳茎基腹面观；B. 阳茎中叶腹面观；C. 产卵器。比例尺：1 mm

（300）瓦氏菜花露尾甲 Meligethes (Odonthogethes) wagneri Rebmann, 1956（图 7-17；图版 XIII-1）

Meligethes wagneri Rebmann, 1956: 45.

Meligethes (Odonthogethes) wagneri: Audisio, Sabatelli & Jelínek, 2015: 26.

主要特征：体长 2.2–3.5 mm。体黄棕至棕黑色，前胸背板侧缘颜色较浅，浅黄棕色；背部柔毛较短，银至金色。唇基前缘平截或近平截。触角较短，触角棒较小。前胸背板后角稍钝，不向后突出。鞘翅较长，鞘翅末端圆形。臀板末端圆且简单，无钝角也无尖突。雄性阳茎基端部 U 形浅裂；阳基侧突末端凹陷内缘无尖角或钝突；阳茎中叶相对较短，端部均匀收狭至末端圆突；阳茎外缘感觉毛缺失。雌性产卵器相当长，生殖茎突末端尖突，两生殖茎突基部结合处近乎水平。

分布：浙江（杭州）、陕西、福建、台湾。

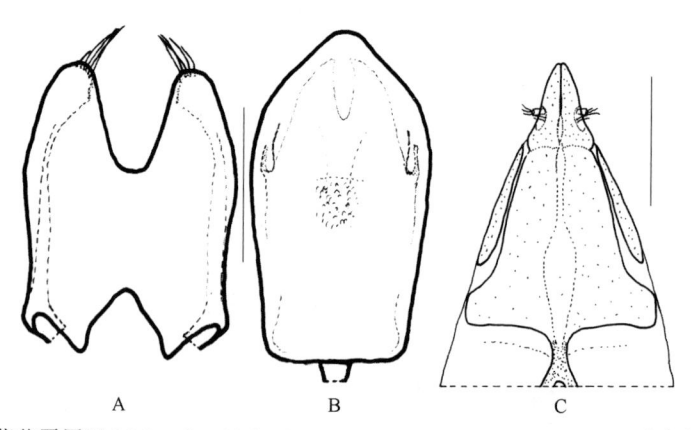

图 7-17　瓦氏菜花露尾甲 Meligethes (Odonthogethes) wagneri Rebmann, 1956（引自刘梅柯，2019）
A. 阳茎基腹面观；B. 阳茎中叶腹面观；C. 产卵器。比例尺：1 mm

（五）露尾甲亚科 Nitidulinae

主要特征：体型大小多变，宽卵圆形，通常大于 1.0 mm。触角明显棒状，触角沟短，后端轻微收敛；

上唇自由；下唇须末端较短；背部具清晰刻点；中、后足胫节外边缘具有两排刺，跗节 5-5-5；臀板顶端不平截，基部无较宽的弧形凹陷；雄性肛骨片未露出或轻微露出。

世界已知约 1000 种，中国记录 72 种，浙江分布 4 属 4 种。

127. 方露尾甲属 *Cychramus* Kugelann, 1794

Cychramus Kugelann, 1794: 543. Type species: *Strongylus quadripunctatus* Herbst, 1792.
Campta Stephens, 1830: 44. Type species: *Sphaeridium luteum* Fabricius, 1787.
Aethinopsis Grouvelle, 1908: 315. Type species: *Aethinopsis antennata* Grouvelle, 1908.

主要特征：体型中等，背部中度隆起，背覆密柔毛；在体色、刻点、头部结构及前足胫节形状上具有明显的性二型。上唇轻微顶端微凹；上颚顶端简单。触角沟短，后端收敛。小盾片小。前胸腹板顶端在基节后垂直，不伸长。中胸腹板窄而倾斜，非龙骨状。后胸腹板顶端在基节间不突起。中足基节分开较窄；跗节膨大，相等。

分布：古北区。世界已知 13 种，中国记录 3 种，浙江分布 1 种。

（301）黄方露尾甲 *Cychramus luteus* (Fabricius, 1787)（图 7-18；图版 XIII-2）

Sphaeridium luteus Fabricius, 1787: 378.
Cychramus luteus: Kirejtshuk, 1984: 191.

主要特征：体长 3.6–6.1 mm。体卵圆形，棕黄色，体被金黄色斜倚的稠密长柔毛，刻点大而粗糙。触角短于头宽，触角棒 3 节，顶端对称；触角沟短而汇聚。前胸背板近梯形，前缘近平截，顶角钝圆；后缘轻微波浪状，后缘角极其突出。小盾片小，近似三角形，顶端圆。鞘翅具侧毛缘，侧缘近平行，长等于或稍微长于宽，肩角钝圆。臀板顶端平截，外露。前胸腹板无龙骨状凸起，前胸腹板突两侧平行，顶端在基节间稍微伸长。足粗壮，所有跗节均膨大，相等；后足基节分开较宽。

分布：浙江（杭州、临安）、陕西、甘肃、四川、云南；俄罗斯，蒙古，日本，西亚地区，欧洲。

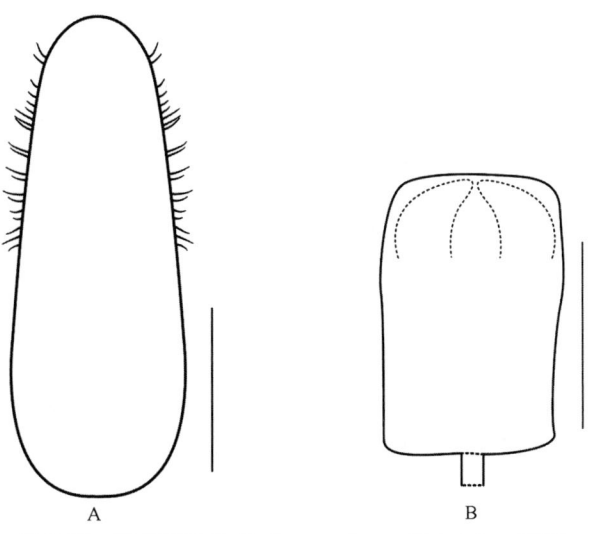

图 7-18 黄方露尾甲 *Cychramus luteus* (Fabricius, 1787)
A. 阳茎基背面观；B. 阳茎中叶背面观。比例尺：0.2 mm

128. 露尾甲属 *Nitidula* Fabricius, 1775

Nitidula Fabricius, 1775: 77. Type species: *Silpha bipustulata* Linnaeus, 1761.
Theridiosmum Gistel, 1856: 235. Type species: *Silpha bipustulata* Linnaeus, 1761.

主要特征：身体中等宽，背部轻微隆起；体色较深，常具明显的黄色或者红色斑纹。触角沟强烈收敛；下颚须较细长，末端 1 节最长，顶端亚急性尖；上颚顶端钝圆，无 2 齿。前胸背板盘区无凹陷，具侧毛缘。鞘翅刻点不排成规律的纵列，臀板外露。前胸腹板顶端膨大，不伸长。跗节第Ⅲ节轻微顶端微凹。

分布：古北区、新北区、新热带区。世界已知 45 种，中国记录 3 种，浙江分布 1 种。

（302）四纹露尾甲 *Nitidula carnaria* (Schaller, 1783)（图 7-19；图版 XIII-3）

Silpha carnaria Schaller, 1783: 257.
Nitidula carnaria: Normand, 1949: 74.

主要特征：体长 1.6–3.5 mm。体稍宽，两侧近平行，背面稍隆；密布黄褐色细伏毛，前胸背板侧缘及鞘翅侧缘密生梳状毛；暗红褐色至近黑色，具弱光泽。触角基部数节及足色淡并带红色；鞘翅基部 1/4 有 2 椭圆形或不规则的淡色斑，中部后方有 2 大型淡色斑，每侧常有 3 个颇小的淡色斑。上唇前缘中部弧形宽凹。触角第Ⅱ节短，第Ⅲ节等于或稍长于第Ⅳ和Ⅴ节之和。前胸背板近基部 2/5 处最宽，中部无凹陷；两侧具明显的亚侧沟，常自近基部弧形伸达端部 1/3；侧缘均匀弧形，不平展，前缘近于直，基部弱波状。鞘翅长为前胸背板长的 2 倍。

分布：浙江、中国广布；世界广布。

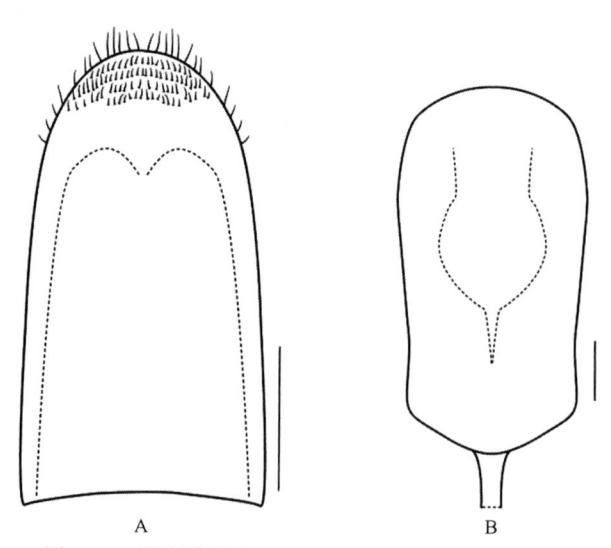

图 7-19 四纹露尾甲 *Nitidula carnaria* (Schaller, 1783)
A. 阳茎基背面观；B. 阳茎中叶背面观。比例尺：0.1 mm

129. 窝胸露尾甲属 *Omosita* Erichson, 1843

Omosita Erichson, 1843b: 298. Type species: *Silpha depressa* Linnaeus, 1758.
Scatocharis Gistel, 1856: 362. Type species: *Silpha depressa* Linnaeus, 1758.
Saprobia Ganglbauer, 1899a: 489. Type species: *Silpha colon* Linnaeus, 1758.

主要特征：身体长卵形，背腹中度隆起。上唇完整，顶端无 2 裂；上颚顶端无 2 裂。触角棒呈球状；触角沟适当深，顶端轻微收敛。前胸背板边缘平坦展开，沿后边缘变宽，后角顶端明显，基部盘区中央有 2 个明显的卵形凹陷，无侧缘毛。鞘翅深色，常具浅色斑纹，鞘翅长，边缘无缘毛；臀板外露；背部常具细小稀疏刻点，中度明显分散的柔毛。鞘翅缘折宽，到达鞘翅顶端。前胸腹板不伸长，前胸腹板突中度宽，顶端平截适当变宽。所有基节分开较宽；前足基节间距宽于胫节宽度；跗节中度膨大。

分布：古北区、新北区、澳洲区。世界已知 9 种，中国记录 4 种，浙江分布 1 种。

（303）短角露尾甲 *Omosita colon* (Linnaeus, 1758)（图 7-20；图版 XIII-4）

Silpha colon Linnaeus, 1758: 362.
Omosita colon: Eichelbaum, 1903: 60.

主要特征：体长 2.0–3.9 mm。体近椭圆形，背面稍隆起；淡至暗赤褐色，光亮，密生细毛。上颚发达，顶端急尖，近顶端具 2 齿。触角沟宽而深，平行或基部稍汇聚。触角棒大而紧凑。前胸背板中部或基部 2/5 处最宽，前缘深凹，前角向前显突，大而钝，基部波状；侧缘近弧形，宽阔平展且向上弯翘；中部基部端部各有 1 较深宽凹，近基部 2/5 两侧缘各有 1 狭纵凹。每鞘翅具 7 个淡红黄斑：基半部 6 个圆形淡色小斑，端半部 1 个红黄色大斑，斑内还有 1 暗色小圆斑。

分布：浙江、中国广布；世界广布。

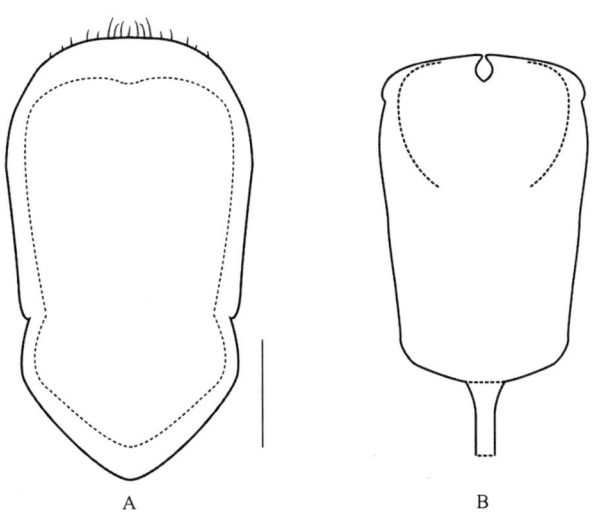

图 7-20 短角露尾甲 *Omosita colon* (Linnaeus, 1758)
A. 阳茎基背面观；B. 阳茎中叶背面观。比例尺：0.1 mm

130. 异圆露尾甲属 *Xenostrongylus* Wollaston, 1854

Xenostrongylus Wollaston, 1854: 127. Type species: *Xenostrongylus histrio* Wollaston, 1854.
Strongyllodes Kirejtshuk, 1992: 196. Type species: *Xenostrongylus variegatus* Fairmaire, 1891.

主要特征：前胸背板前缘明显凹陷；前胸背板和鞘翅具细小刻点，侧缘光滑，无尖锐的锯齿。触角棒和额等宽，触角沟汇聚。前胸腹板突窄，侧缘平行。前足胫节外顶角或多或少突出，无 2 裂，中、后足胫节稍窄于前足胫节，外顶角稍突出但不伸长，边缘具小齿。

分布：东洋区、澳洲区。世界已知 10 种，中国记录 1 种，浙江分布 1 种。

（304）油菜叶露尾甲 *Xenostrongylus variegatus* Fairmaire, 1891（图 7-21；图版 XIII-5）

Xenostrongylus variegatus Fairmaire, 1891: 192.

主要特征：体长 2.5 mm。体黑褐色，背部中度隆起，具斑纹。触角与头等宽，触角棒顶端对称。前胸背板梯形，被淡棕色刚毛，前缘微凹，后缘近似平直，顶角钝圆，后角突出。小盾片小，三角形，被有白色刚毛。鞘翅中间具"工"字形斑，中缝处有 3 黑斑，从前往后依次变大，近鞘翅侧缘有 1 个大椭圆形黑斑，端部有 1 半圆形黑斑，黑斑上被黑色刚毛，白色刚毛在鞘翅上形成双 W 形白色斑纹，鞘翅边缘具明显长缘毛。所有跗节均膨大，相等；前足基节分开较窄。臀板顶端平截，外露。

分布：浙江（丽水）、陕西、甘肃、青海、安徽、四川、云南；俄罗斯。

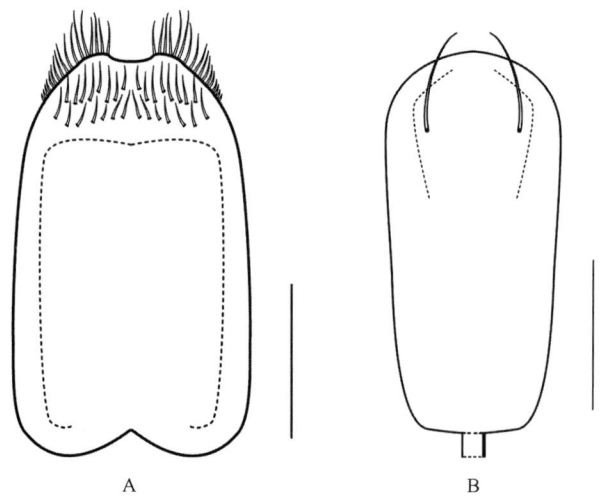

图 7-21 油菜叶露尾甲 *Xenostrongylus variegatus* Fairmaire, 1891
A. 阳茎基背面观；B. 阳茎中叶背面观。比例尺：0.1 mm

（六）隐唇露尾甲亚科 Cryptarchinae

主要特征：额的前缘有时产生于触角窝上；唇瓣与唇基融合；头顶有 1 排细小的摩擦发音区。世界已知 4 族 15 属 300 余种。浙江分布 1 属 1 种。

131. 合唇露尾甲属 *Glischrochilus* Reitter, 1873

Glischrochilus Reitter, 1873: 162. Type species: *Silpha quadripustulata* Linnaeus, 1761.

主要特征：体长卵形，扁平。前胸背板横向，前缘窄。中足胫节外缘具刺状刚毛或细小的齿；跗节相等，轻微膨大，后足跗节简单。

分布：古北区、东洋区、新北区。世界已知 33 种，浙江分布 1 种。

（305）四斑露尾甲 *Glischrochilus* (*Librodor*) *japonius japonius* (Motschulsky, 1857)（图 7-22；图版 XIII-6）

Ips japonius Motschulsky, 1857: 28.
Glischrochilus (*Librodor*) *superbus* Jelínek, 1975: 143.
Glischrochilus (*Librodor*) *japonius japonius*: Jelínek, 1975: 143.

主要特征：体长 8.0–4.0 mm，宽 3.8–6.9 mm。体椭圆形，较扁平；体表黑色具光泽，每个鞘翅各具 2 红色至黄色锯齿状斑纹；头部具稠密而明显的大刻点。前胸背板呈矩形，近中部最宽，外缘上翻；中部刻点小而稀疏，两侧刻点大而稠密且有不明显的纵条纹；前缘无饰边，后缘中央后凸，侧缘基部近平行，边缘变宽；前角尖锐，后角锐角。鞘翅具均匀的刻点和刻线，刻点行明显。

分布：浙江、山西、山东、陕西、江苏、上海、安徽、湖北、台湾、四川、贵州、云南；俄罗斯，韩国，日本，尼泊尔。

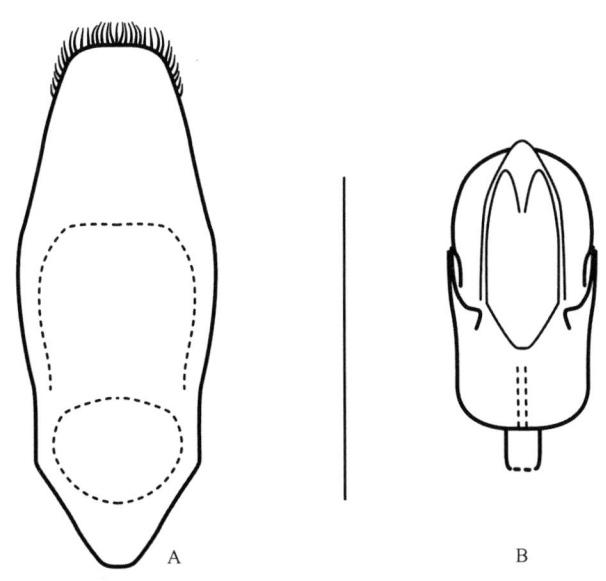

图 7-22 四斑露尾甲 *Glischrochilus* (*Librodor*) *japonius japonius* (Motschulsky, 1857)（仿 Jelínek，1975）
A. 阳茎基背面观；B. 阳茎中叶背面观。比例尺：1 mm

二十一、隐食甲科 Cryptophagidae

主要特征：体长 0.8–5.2 mm。身体两侧近平行；背面较平滑，具毛或无；有些物种的前胸背板或鞘翅具凹。头横宽，后部不突然收缩，不形成"颈"。触角 11 节，棒状部 3 节。前胸背板形状多变，中部最宽；侧缘具微齿或呈齿状，有时端部具 1 齿；盘区平滑，有时具印痕，基部前具横沟或凹坑。小盾片形状多变，表面凸出或凹陷。鞘翅有时不遮盖背板末端；翅面刻点无序，少有刻点成行。前胸腹板突扁平或凸出，两侧近平行，端部通常圆形。后胸腹板通常长于腹板第 I 节。腹部第 I 腹板明显长于第 II 腹板。足细长；腿节中部略膨大；胫节端部强烈膨大或不膨大，呈棒状；跗式 5-5-5，少数 4-4-4，部分雄性 5-4-4。

该科世界已知 2 亚科 50 余属约 1000 种，世界广布，以温带地区较为丰富，热带种类大多生活在海拔较高的地区。中国记录 2 亚科 18 属 80 余种，浙江分布 2 亚科 4 属 9 种。

分属检索表

1. 下唇须二色；腹部第IX背板的尾叉向内和向上弯曲（星隐食甲亚科 Atomariinae） ········· 星隐食甲属 *Atomaria*
- 下唇须单色；腹部第IX背板的尾叉或多或少垂直向上突（隐食甲亚科 Cryptophaginae） ········· 2
2. 前胸背板前角无胝；鞘翅有翅缝刻点列 ········· 埃隐食甲属 *Henoticus*
- 前胸背板前角扩展成胝；鞘翅仅端半部有翅缝刻点列 ········· 3
3. 跗节第IV节小于第III节；颊无齿状突 ········· 小隐食甲属 *Micrambe*
- 跗节第IV节小，但与第III节近等长；颊有齿状突 ········· 隐食甲属 *Cryptophagus*

132. 星隐食甲属 *Atomaria* Stephens, 1829

Atomaria Stephens, 1829: 83. Type species: *Atomaria linearis* Stephens, 1830.

主要特征：体近卵圆形。触角着生于颊之前、两复眼之间。前胸背板侧缘中央钝角状突出。鞘翅侧缘弧形。

分布：世界广布。世界已知 200 余种，中国记录 28 种，浙江分布 2 种。

（306）刘氏星隐食甲 *Atomaria* (*Anchicera*) *lewisi* Reitter, 1877（图版 XIII-7）

Atomaria lewisi Reitter in Putzeys, Weise, Kraatz, Reitter & Eichhoff, 1877: 112.
Atomaria herbigrada Reitter, 1896: 69.
Atomaria psallioticola Hinton, 1941: 133.

主要特征：体长 3.6–6.2 mm。体棕黄至灰褐色。唇基前缘弧凸，复眼间的额上有横脊；眼缢缩。前胸背板前角钝，后角尖锐；侧缘弧凸无黑纹，基部中段直，两侧弧凹；盘区中部隆脊，两侧凹凸不匀。小盾片半圆形。鞘翅长椭圆形，基部直，肩角直角状；两侧微弧凸，末端弧窄；翅面布不规则的云状黑褐斑，刻点沟规整，行间微突，缝肋宽隆起。

分布：浙江、黑龙江、吉林、辽宁、内蒙古、北京、天津、河北、山东、河南、陕西、宁夏、甘肃、青海、江苏、上海、安徽、湖北、福建、台湾、广东、广西、四川、贵州、云南；俄罗斯，蒙古，朝鲜，日本，吉尔吉斯斯坦，乌兹别克斯坦，塔吉克斯坦，哈萨克斯坦，克什米尔，印度，不丹，尼泊尔，印度尼西亚，伊朗，阿富汗，欧洲，世界广布。

(307) 斜斑星隐食甲 *Atomaria (Anchicera) obliqua* Johnson, 1971

Atomaria obliqua Johnson, 1971: 230.
Atomaria angellata Lyubarsky, 1995: 50.

主要特征：体长 1.3–1.5 mm。头和前胸背板红黄色；鞘翅污黄色（稻草色），盘区有 1 明显且横跨翅缝的棕黑色 V 形带。触角短，基部常分离较远，棒状部窄而不甚明显；第 I 节长略大于宽且与第 II 节约等长，第 II 节与第 V 节等长或略短，第 VI 和 VIII 节方形至略横形，第 VII 节强烈伸长，第 IX 节近方形或略横形，第 X 节弱横形。前胸背板横宽，两侧光滑圆润，无棱角。有后翅。

分布：浙江、江苏、湖北、福建、台湾、四川、云南；印度，尼泊尔，阿富汗，东洋区。

133. 隐食甲属 *Cryptophagus* Herbst, 1792

Cryptophagus Herbst, 1792: 172. Type species: *Dermestes cellaris* Scopoli, 1763.

主要特征：触角位于额侧缘下复眼前方。前胸背板侧缘常具 1 个侧中齿或 1 列缘齿。后翅发达，折叠藏于鞘翅下；或退化成小型的菜刀或匕首状，平展藏于鞘翅下，平覆在背板上或背板侧缘区上；或完全缺如。跗节简单，雌性跗式 5-5-5，前足基部 3 节细而下面细毛极少；雄性跗式 5-5-4，前足基部 3 节显著加宽而下面密生细毛。

分布：世界广布。世界已知约 200 种，中国记录 34 种，浙江分布 5 种。

分种检索表

1. 体形明显伸长，至少鞘翅具伏毛 ·· 2
- 体卵圆形或椭圆形，背面具密集短毛 ··· 3
2. 前胸背板基部 1/4 处具光面；鞘翅具黑斑；体长 1.9–2.2 mm ·· 齿胸隐食甲 *C. castanecens*
- 前胸背板基部 1/6 以上具光面；鞘翅无黑斑；体长 2.6 mm ·· 齿肩隐食甲 *C. humeridens*
3. 前胸背板基部具 2 个浅凹痕 ··· 小花隐食甲 *C. decoratus*
- 前胸背板基部无凹痕 ·· 4
4. 雄性后足跗节与胫节等长 ··· 簇束隐食甲 *C. fusciclavis*
- 雄性后足跗节短于胫节 ··· 克氏隐食甲 *C. klapperichi*

(308) 齿胸隐食甲 *Cryptophagus castanecens* Grouvelle, 1916

Cryptophagus castanecens Grouvelle, 1916: 65.
Cryptophagus bimacularis Grouvelle, 1916: 71.
Cryptophagus binotatus Grouvelle, 1916: 72.
Cryptophagus vicinus Grouvelle, 1916: 74 [doubtful assignment].
Cryptophagus heteroclitus Lyubarsky, 1997: 52.

主要特征：体长 1.9–2.2 mm。体形明显伸长，体背略凸；头部、胸部和鞘翅红棕色，每翅 1 黑斑；鞘翅略凸，翅面具伏毛。头部横宽，具密集刻点；复眼圆形，凸出。触角细长，向后超过前胸背板基部。前胸背板横阔，具密集大刻点；侧缘具饰边，中部具齿，前部直线形，略弯曲；基部 1/4 处具狭长的椭圆形光面；侧缘在侧齿和基部之间明显弯曲，基部沟狭窄。小盾片小，横宽。鞘翅短，椭圆形；翅肩角圆形，翅肩的宽度宽于前胸背板；翅面中度凸起，在小盾片后略扁平，侧边圆形；翅顶宽阔，圆形；翅面刻点比前胸背板稀疏。雄性跗式 5-5-4，雌性跗式 5-5-5。

分布：浙江、安徽、福建、云南；印度，尼泊尔，缅甸，东洋区。

（309）小花隐食甲 *Cryptophagus decoratus* Reitter, 1874

Cryptophagus decoratus Reitter, 1874: 379.
Cryptophagus elegans Grouvelle, 1919: 188.
Cryptophagus varians Grouvelle, 1919: 190.
Cryptophagus callosipennis Grouvelle, 1919: 191.
Cryptophagus longipennis Grouvelle, 1919: 196.

主要特征：体长 2.5 mm。体卵圆形，凸出，具光泽；背面具密集的短毛。触角细长，棒状。前胸背板横阔，从基部到端部逐渐变窄；前角圆钝，后角略尖；侧缘端部具齿突，中部齿状；基部具 2 个浅凹痕。鞘翅凸起，翅面中部至端部具 1 条黑色纹饰。

分布：浙江、山西、江苏、湖北、福建、台湾、香港、四川、贵州、云南；俄罗斯，日本。

（310）簇束隐食甲 *Cryptophagus fusciclavis* Bruce, 1943

Cryptophagus fusciclavis Bruce, 1943: 159.

主要特征：体长 2.2–2.5 mm。体椭圆形，背面中度凸起，具光泽；着生密集短毛；头和前胸背板棕色至黑色，前胸背板侧缘和前缘部分颜色较浅。头部横阔。触角第Ⅰ节比第Ⅱ节粗长，第Ⅲ节明显长于第Ⅳ–Ⅸ节，第Ⅸ节倒圆锥形，与第Ⅹ节等宽，末节椭圆形。前胸背板从后缘到前缘逐渐变宽；前缘近直线形，或略呈弧形；侧缘于前角后具齿；后缘呈弧形，中部隆起；前角钩形，后角略尖；盘区隆起，具密集的小刻点，基部无凹痕。鞘翅卵圆形，肩部比前胸背板宽；翅面刻点比前胸背板的大且深，略稀疏，端部刻点逐渐变浅。足细长，雄性后足跗节与胫节等长。

分布：浙江、陕西、湖北、福建、四川。

（311）齿肩隐食甲 *Cryptophagus humeridens* Bruce, 1943

Cryptophagus humeridens Bruce, 1943: 161.

主要特征：体长 2.6 mm。体长形，两侧近平行，光亮；红棕色，具半倒伏的长毛。头部明显小于前胸背板，复眼之间的距离与前胸背板前角之间的距离等宽，刻点粗密。前胸背板矩形，背面略拱，刻点粗但较头部稀疏；前缘近直，前角直；后角钝，无齿；基部 1/6 以上具光面。鞘翅短卵形，明显宽于前胸背板；肩圆，具发达的肩齿；刻点粗但较前胸背板稀疏。足强壮，比身体更明亮。

分布：浙江、福建。

（312）克氏隐食甲 *Cryptophagus klapperichi* Bruce, 1943

Cryptophagus klapperichi Bruce, 1943: 160.

主要特征：体长 2.4 mm。本种与簇束隐食甲 *C. fusciclavis* 十分相似，主要区别为：触角第Ⅸ节不呈倒圆锥形，而是圆形，且比第Ⅹ节更窄；头部和前胸背板的刻点较细小；前胸背板侧缘齿突不达后角，后角尖锐且侧向突出；雄性后足跗节短于胫节。

分布：浙江、陕西、福建。

134. 埃隐食甲属 *Henoticus* Thomson, 1868

Henoticus Thomson, 1868: 67. Type species: *Cryptophagus serratus* Gyllenhal, 1808.

主要特征：体长形，稍凸；红棕色至黑棕色，有些种类的鞘翅有斑；有直立、半直立或倒伏的柔毛。头横宽，唇基前缘直，额唇基沟缺如；复眼中等大而隆突，小眼面粗。触角细长，末节不对称。前胸背板横宽，前缘直，侧缘弯曲，基部前有明显的凹。前胸腹板突端部稍圆。鞘翅卵形，翅面有不明显刻点和半直立毛。后翅有或无。腹部第Ⅰ节腹板长，基节间突中等长且端部圆。胫节端部不变宽，有2个端距；雌性跗式5-5-5，雄性跗式5-5-4；跗节长，前3节的长度逐渐变短，第Ⅳ节小于第Ⅲ节，末节与其余节的长度之和等长。

分布：世界广布。中国及周边地区已知6种，中国记录3种，浙江分布1种。

（313）中华埃隐食甲 *Henoticus sinensis* Bruce, 1943

Henoticus sinensis Bruce, 1943: 163.

主要特征：体长2.2–2.5 mm。体长卵圆形，背部凸起；黑色，具光泽，着生密集短毛。头部具密集粗刻点；复眼圆形突出，与前胸背板前缘等宽。触角较细，暗红色，第Ⅸ、Ⅹ节黑色，向后超过前胸背板基部；第Ⅸ节倒圆锥形，长宽相等，第Ⅹ节横阔。前胸背板横阔，后缘宽于前缘；前缘直线形，侧缘弧形，具细齿；后缘弯曲，中部向后突出；前角圆钝，后角近直角；盘区中度隆起，刻点密集，近基缘处具凹痕。鞘翅基部比前胸背板宽，两侧弧形，翅顶圆形；盘区具粗刻点。腿节中等长，深红色；胫节颜色较浅。

分布：浙江、福建、台湾、广西；日本，印度，尼泊尔。

135. 小隐食甲属 *Micrambe* Thomson, 1863

Micrambe Thomson, 1863: 263. Type species: *Dermestes abietis* Paykull, 1798.

主要特征：体卵形或长形，稍凸；黄褐色、黑色或二色；有直立、半直立或倒伏的柔毛。额唇基沟缺如，复眼大而突。触角纤细，末节不对称。前胸背板前角扩张形成胝，两侧缘细齿状，两侧中部无侧齿。膜质的后翅有或无。前胸腹板突短，前足基节窝后侧开放；中胸腹板突宽于前胸腹板突；后胸腹板长于腹部第Ⅰ节腹板并具中纵线。跗节第Ⅳ节小于第Ⅲ节。

分布：古北区、东洋区、旧热带区。中国及周边地区已知12种，中国记录5种，浙江分布1种。

（314）浙江小隐食甲 *Micrambe zhejiangensis* Esser, 2017（图版XIII-8）

Micrambe zhejiangensis Esser, 2017: 389.

主要特征：体长1.9 mm。体红棕色，鞘翅中部有1不易辨识的圆黑斑，每翅端部有1小黑斑。复眼锥形。触角纤细，棒状部发达；第Ⅲ–Ⅶ节长大于宽且等长，第Ⅷ节较短但非念珠状，第Ⅸ–Ⅹ节强烈锥形，第Ⅺ节长宽相等，圆锥形。前胸背板横宽，前角处最宽，刻点发达，周缘有发达的齿；背面非常凸，向周缘倾斜；前胝强烈突出，边缘近直。鞘翅肥硕，有均匀的半直立毛，肩发达；基部刻点发达，但少于端部。后翅发达。足纤细，跗节5节，雄性后足4节；雄性前足第Ⅰ–Ⅳ跗节中等变宽。

分布：浙江（临安）。

二十二、锯谷盗科 Silvanidae

主要特征：体长 1.2–15.0 mm。体扁平，通常棕色，被短柔毛。头部和前胸背板常有凹槽或龙骨突。复眼突出。触角短，11 节，长棒状。前胸背板长方形，基部窄于鞘翅基部；侧缘齿状或具细齿，齿的宽度通常不大于长度。前足基节窝后方关闭；前、中足基节球形，后足基节横形；后胸腹板宽大。腹部可见腹板 5 节，完全被鞘翅覆盖。跗式 5-5-5，第Ⅲ跗节下侧叶状，少数雄性后足第Ⅳ跗节小。

该科世界已知 2 亚科 63 属约 500 种，分布于除南极外的所有大陆，以东半球热带地区的物种最丰富。中国记录 2 亚科 15 属约 30 种，浙江分布 2 亚科 4 属 5 种。

分属检索表

1. 触角长丝状，无明显棒状部，柄节明显拉长；前足基节窝开放或关闭 ································ 隐锯谷盗属 *Cryptamorpha*
- 触角有明显的棒状部，柄节不太拉长；前足基节窝后方关闭 ·· 2
2. 前胸背板有明显的 2 条侧纵脊和 1 条中纵脊 ·· 锯谷盗属 *Oryzaephilus*
- 前胸背板不如上述 ·· 3
3. 体卵形；第Ⅲ跗节叶状 ·· 米扁甲属 *Ahasverus*
- 体长形；第Ⅱ和Ⅲ跗节叶状 ··· 单锯谷盗属 *Monanus*

136. 米扁甲属 *Ahasverus* Gozis, 1881

Ahasverus Gozis, 1881: cxxvii. Type species: *Cryptophagus advena* Waltl, 1834.

主要特征：体卵形。触角第 X 节与第 XI 节等宽。前胸背板明显横宽，两侧缘具细小锯齿；前角钝圆或叶状、齿状，偶尔呈指状齿突，前角基部稍缩入或呈缺刻状。腹部第 I 腹板的基节间突前缘圆形。第Ⅲ跗节叶状。

分布：世界广布。古北区已知 2 种，中国记录 1 种，浙江分布 1 种。

(315) 米扁甲 *Ahasverus advena* (Waltl, 1834)（图版 XIII-9）

Cryptophagus advena Waltl, 1834: 169.
Ahasverus advena: Halstead, Löbl & Jelínek in Löbl & Smetana, 2007: 498.

主要特征：体长 1.5–2.4 mm。体长卵形，背面稍隆；黄褐色至褐色，密生黄褐色细毛，有光泽。头部近三角形；复眼圆而突，眼间距为 1 个复眼横径的 4.8–6.2 倍，小于头长之半。触角 11 节，棍棒状，棒状部 3 节。前胸背板显横，侧缘弱弧形；前角显突呈 1 钝圆形齿突，自大齿突至后角之间有大量微齿。鞘翅缘边细窄，第 I 刻点行间有 1 列毛，其他行间各有 3 列毛；末端圆，盖住腹部末端。第Ⅲ跗节明显扩展成叶状。

分布：浙江（湖州、嘉兴、杭州、金华、台州、江山、平阳）、吉林、河南、宁夏、甘肃、江苏、湖北、江西、福建、台湾、广东、广西、四川、贵州、云南；俄罗斯，日本，欧洲，北非，世界广布。

137. 隐锯谷盗属 *Cryptamorpha* Wollaston, 1854

Cryptamorpha Wollaston, 1854: 156. Type species: *Cryptamorpha musae* Wollaston, 1854.

主要特征：下唇须末节斧状；额两侧各有 2 条沟。前胸背板侧缘有齿。中胸的基节间突窄于中足基节窝。鞘翅有小盾片刻点行。第Ⅲ跗节双叶状。

分布：世界广布。世界已知约 30 种，中国记录 2 种，浙江分布 1 种。

（316）刻额锯谷盗 *Cryptamorpha sculptifrons* Reitter, 1889

Cryptamorpha sculptifrons Reitter, 1889: 320.
Cryptamorpha sculptifrons var. *opacifrons* Grouvelle, 1908: 474.

主要特征：体长 3.7–4.1 mm。体棕色，有些种类具光泽而呈棕黄色，每翅端半部有 1 多变的圆黑斑。头三角形，腹面除端半部外有无规则粗刻点，背面刻点稀疏；颊于眼后急剧收缩，除眼周缘外被短毛；复眼相对较小，略突。触角第Ⅱ节短，第Ⅸ和Ⅹ节端部变宽。前胸背板矩形，长大于宽，近中部最宽；背面刚毛中等长，腹面刚毛较短；背面除后缘附近外具稍稠密刻点；前角有一些很小的突起，后角腹面周围有凹。鞘翅长形，具半直立长毛；翅面刻点直径稍宽于刻点间距，小盾片刻点行由 7 个或 8 个刻点组成。转节内缘端角有 1 齿；前足腿节粗壮，近中部最宽；中足胫节端部 1/4 周围向内侧弯曲。

分布：浙江、云南；日本，印度，不丹。

138. 单锯谷盗属 *Monanus* Sharp, 1879

Monanus Sharp, 1879: 85. Type species: *Monanus crenatus* Sharp, 1879.

主要特征：体长形，稍扁平；棕黄色至红棕色。额唇基沟缺如，颊在眼下扁平；上颚须和下唇须末节梭形。触角 11 节，棒状部 3 节。前胸背板侧缘细齿状。前足基节或多或少相邻；中足基节几乎相邻且基节窝宽阔地开放。鞘翅有 9 列刻点，无小盾片刻点列。有后翅。腹部腹板可自由活动。雌雄跗式 5-5-5，第Ⅱ和第Ⅲ跗节叶状。

分布：世界广布。中国记录 3 种，浙江分布 1 种。

（317）T 斑锯谷盗 *Monanus concinnulus* (Walker, 1858)

Monotoma concinnulus Walker, 1858: 207.
Monanus concinnulus: Halstead, Löbl & Jelínek in Löbl & Smetana, 2007: 499.

主要特征：体长 1.6–2.5 mm。体黄色至红褐色，头和前胸背板比鞘翅稍暗，鞘翅有暗色斑。头密布具毛刻点。触角约为体长的 1/3。前胸背板方形至稍横宽，每侧约有 8 小齿，每小齿发出 1 根向前的刚毛；前角尖，稍大于侧缘的小齿，齿端有 1 指向前方和背方的刚毛。鞘翅中部有 1 条暗褐色至黑色的横带，带中央沿翅缝向后延伸至翅端，形成 T 形斑纹；有的个体沿翅缝的纵带大部消失，仅在端部和基部残留；翅面刻点行深，行和行间各有 1 列半直立毛。

分布：浙江、河北、上海、安徽、江西、福建、台湾、广东、广西、云南；日本，印度，欧洲，世界广布。

139. 锯谷盗属 *Oryzaephilus* Ganglbauer, 1899

Oryzaephilus Ganglbauer, 1899a: 584. Type species: *Silvanus surinamensis* Linnaeus, 1858.

主要特征：体长形，稍扁平，两侧近平行。触角棒状部 3 节，疏松。前胸背板有明显的 2 条侧纵脊和 1 条中纵脊，两侧缘各有 6 个大齿突。鞘翅狭长，有 9 行刻点。第Ⅲ跗节叶状，基部 3 节腹面着生较密的细毛。

分布：世界广布。古北区已知 4 种，中国记录 2 种，浙江分布 2 种。

(318) 大眼锯谷盗 *Oryzaephilus mercator* Fauvel, 1889

Oryzaephilus mercator Fauvel, 1889: 132.

主要特征：体长 2.2–3.1 mm。体扁平，通常褐色。前颊小，顶端尖，长为复眼长的 1/5–1/4；复眼大而突，向后几乎伸达头后缘。前胸背板后方窄，侧缘具边或锯齿，侧纵脊较直。后胸腹板较大。鞘翅完全覆盖腹部。前、中足基节球形，后足基节横形；跗节 5 节，第Ⅲ节叶状，少数雄性后足第Ⅳ跗节小。

分布：浙江（宁波）、山东、河南、甘肃、江苏、上海、安徽、湖北、福建、广东、广西、贵州、云南；俄罗斯，日本，沙特阿拉伯，欧洲，北非，世界广布。

(319) 锯谷盗 *Oryzaephilus surinamensis* (Linnaeus, 1758)（图版 XIII-10）

Dermestes surinamensis Linnaeus, 1758: 357.
Oryzaephilus surinamensis: Halstead, Löbl & Jelínek in Löbl & Smetana, 2007: 499.

主要特征：体长 2.5 mm。体扁长形；密布金黄色细毛。复眼圆突。触角 11 节，棍棒状，第Ⅸ、Ⅹ节宽大于长。前胸背板略长方形，背面 3 条显纵脊，中脊直，侧脊弧形；侧缘各有 6 个大锯齿。鞘翅长，两侧近平行，盖住腹部末端。雄性后足腿节下侧有 1 小齿突。

分布：浙江（嘉兴、杭州、金华、台州、文成）、河南、陕西、江苏、安徽、湖北、江西、福建、台湾、广东、香港、四川、贵州；俄罗斯，朝鲜半岛，日本，土耳其，以色列，沙特阿拉伯，欧洲，北非，世界广布。

二十三、扁谷盗科 Laemophloeidae

主要特征：体长 1.0–5.2 mm。体卵形至长形，大多数非常扁平，极少数近圆柱形；棕色或黑色，有些种类二色或有斑；有或无刚毛或鳞片。头稍微或不下垂，后部不突然收缩，枕部有或无横脊或短的中内脊，大多数横宽，极少数属的种类有喙状突起；头背面大多有亚侧纵脊或沟。唇基有 3–5 凹；复眼完整。触角长至很长或短，11 节（罕见 10 节），3 节（大多数）至 6 节形成棒状部；大多数丝状，少数念珠状。前胸背板两侧通常不延展或略延展，背面有亚侧纵脊或沟；侧脊完整。鞘翅有或无发达的肩角，有时有 1 小齿；翅面无刻点或刻点不规则，或有列或刻点行，每鞘翅有时具 3 条纵脊。腹部可见腹板 5 节。足相对细长，胫节不强烈变宽；跗式 5-5-5（雌性和少数种类的雌雄），雄性通常 5-5-4，跗节简单，通常第 I 节最短；爪简单。

该科世界已知 39 属约 475 种，世界广布。中国记录 6 属 15 种，浙江分布 1 属 3 种。

140. 隐扁谷盗属 *Cryptolestes* Ganglbauer, 1899

Leptus Thomson, 1863: 92 [HN]. Type species: *Cucujus ferrugineus* Stephens, 1831.

Cryptolestes Ganglbauer, 1899a: 606 [RN]. Type species: *Cucujus ferrugineus* Stephens, 1831.

主要特征：体细长，十分扁平。头部两侧各具 1 条亚侧纵脊，通常有后横脊相连；额唇基沟缺如，唇基两侧的角通常钝圆，不呈角状突出。触角常两性异形：雄性丝状，雌性念珠状。前胸背板两侧各具 1 条亚侧纵脊。鞘翅盖及腹部末端，每鞘翅在两侧斜坡上各具 1 条完整的隆脊，两侧脊间的中区常具 3 对纵脊，相邻两脊之间的间室 3–4 列细毛。雄性跗式 5-5-4，雌性跗式 5-5-5。

分布：世界广布。世界已知约 50 种，中国记录 6 种，浙江分布 3 种。

分种检索表

1. 每鞘翅第 I、第 II 间室各具 3 列细毛 ·· 土耳其扁谷盗 *C. turcicus*
- 每鞘翅第 I、第 II 间室各具 4 列细毛 ··· 2
2. 头部有后横脊与亚侧纵脊相连 ··· 长角扁谷盗 *C. pusillus*
- 头部无后横脊与亚侧纵脊相连 ··· 锈赤扁谷盗 *C. ferrugineus*

（320）锈赤扁谷盗 *Cryptolestes ferrugineus* (Stephens, 1831)（图版 XIII-11）

Cucujus ferrugineus Stephens, 1831: 223.

Cryptolestes ferrugineus: Wegrzynowicz in Löbl & Smetana, 2007: 503.

主要特征：体长 1.5–2.4 mm。体细长，十分扁平；赤褐色，被金黄褐色细毛，光泽强。头部亚侧纵脊 2 条，彼此独立；雄性上颚外缘有 1 大齿突。触角短念珠状，约达到体长的 1/2（♂）或 2/5（♀）。前胸背板倒梯形，基部远较前缘窄，雄性较雌性尤其明显。每鞘翅第 I、II 行间各有 4 列细毛。

分布：浙江（全省）、内蒙古、河北、山西、山东、河南、宁夏、江苏、安徽、湖北、江西、湖南、福建、台湾、广东、海南、香港、澳门、广西、四川、贵州、云南；俄罗斯，也门，阿拉伯联合酋长国，阿富汗，欧洲，新北区，旧热带区。

（321）长角扁谷盗 *Cryptolestes pusillus* (Schönherr, 1817)（图版 XIII-12）

Cucujus minutus Olivier, 1791: 243 [HN].

Cucujus pusillus Schönherr, 1817: 55.

Cryptolestes pusillus: Wegrzynowicz in Löbl & Smetana, 2007: 503.

主要特征：体长 1.4–1.9 mm。体短扁；黄褐色至赤褐色，光泽不明显。头部 2 亚侧脊与后横脊相连。雄性触角丝状，末 3 节两侧近平行；雌性念珠状，不达体长的 1/2，各小节均短小。前胸背板横长方形，宽显大于长，但雄性基部显较前缘窄。每鞘翅第 I、II 行间各有 4 列细毛。雄性第Ⅶ腹板基部宽圆形，第Ⅷ腹板基部略宽于端部，第Ⅸ腹板突起成倒 Y 字形斑。

分布：浙江（全省）、内蒙古、河南、宁夏、湖北、江西、湖南、福建、海南、澳门；日本，印度，不丹，也门，阿拉伯联合酋长国，欧洲，世界广布。

（322）土耳其扁谷盗 *Cryptolestes turcicus* (Grouvelle, 1876)（图版 XIV-1）

Laemophloeus turcicus Grouvelle, 1876: 33.

Cryptolestes turcicus: Wegrzynowicz in Löbl & Smetana, 2007: 504.

主要特征：体长 1.5–2.2 mm。体长而扁；赤褐色，光泽明显。雄性触角丝状，末 3 节两侧端部扩展；雌性念珠状，超过体长 1/2，各小节较粗长。前胸背板近正方形，基部略较前缘窄。每鞘翅第 I、II 行间各有 3 列细毛。雄性第Ⅶ腹板基部窄而平直，第Ⅷ腹板基部显宽于端部。

分布：浙江、辽宁、内蒙古、河南、宁夏、湖北、江西、湖南、福建、海南、香港、西藏；韩国，日本，伊朗，欧洲，北非，世界广布。

第八章 瓢甲总科 Coccinelloidea

主要特征：跗式 4-4-4 或 3-3-3；后足基节窝被后足宽隔达 1/3 以上；后足基节间的腹突多数平截，少数宽圆。后翅缺 1 个封闭径室，臀脉减少。阳茎收缩时侧卧，阳茎基板减少（瓢甲科除外）。幼虫跗骨前爪单生，气门环状，触角第Ⅱ节的感觉附属物与第Ⅲ节等长。

根据 Robertson 等（2015）对扁甲总科的系统发育研究，将原来隶属于扁甲总科的 9 个科独立出来成立瓢甲总科，包括瓢甲科 Coccinellidae、薪甲科 Lathridiidae、皮坚甲科 Cerylonidae、穴甲科 Bothrideridae、粒甲科 Alexiidae、盘甲科 Discolomatidae、伪瓢甲科 Endomychidae、拟球甲科 Corylophidae 和伪薪甲科 Akalyptoischiidae。浙江分布 4 科 41 属 104 种。

分科检索表

1. 跗式 3-3-3，个别雄性为 2-3-3 或 2-2-3；触角棒 2-3 节；前胸背板侧缘具细齿或宽阔平展；鞘翅扁平或隆起，具多种隆脊或凹陷 ··· **薪甲科 Latridiidae**
- 跗式 4-4-4（罕见 3-3-3） ·· 2
2. 腹部第Ⅰ可见腹板具后基线；跗节为隐 4 节，即第Ⅲ跗节隐藏于第Ⅱ节的叶瓣内 ················· **瓢甲科 Coccinellidae**
- 腹部第Ⅰ可见腹板无后基线；跗节非隐 4 节 ··· 3
3. 触角 9–11 节，端部有 1–3 个棒状节；前胸背板通常有深沟或凸起的齿槽；鞘翅行间具肋或不同程度升高 ············· ··· **穴甲科 Bothrideridae**
- 触角通常 11 节，端部 3 节膨大；前胸背板通常有明显斑纹；鞘翅背面强烈隆起或较为平坦，具瘤和（或）发达的刺 ······ ··· **伪瓢甲科 Endomychidae**

二十四、穴甲科 Bothrideridae

主要特征：体长圆形至细长，扁平；表面光滑，有细毛。头微靠胸，复眼大且外突。触角 9–11 节，末 1–3 节棒状；触角的亚触角槽发达，部分具幕骨，多数种类的前胸背板具深沟或凸起的齿槽。前胸前侧片窄长，后胸后侧片强缩，融入前侧片并隐于鞘翅和前胸前侧片下面。鞘翅行间具肋或有不同程度升高。中足基节窝关闭；后足基节半圆形至圆形；转节高度减弱并隐藏于腿节的凹内，前距不等；两性的跗式均为 4-4-4（*Annomantus* 为 3-3-3）。

该科世界已知 4 亚科 38 属 400 余种，世界广布。中国记录 1 亚科 5 属 8 种，浙江分布 1 属 1 种。

141. 绒穴甲属 *Dastarcus* Walker, 1858

Dastarcus Walker, 1858: 209. Type species: *Dastarcu sporosus* Walker, 1858.

Pathodermus Fairmaire, 1881: 79. Type species: *Pathodermus indicus* Fairmaire, 1881.

主要特征：体长 4.0–12.0 mm。体卵形至长卵形；背面有鳞片状毛。触角 11 节，棒状部 2 节，触角沟发达。前胸背板宽广，前角外突；盘区和侧缘具短而直立的鳞毛。鞘翅端部锥形，两侧缘在近端部有缺口；盘区具条纹，条纹间部分具脊。前胸腹板突宽；前、中足基节窝远远分离。前足胫节端部外侧具短齿，中、后足胫节外侧无齿；第 I–III 跗节近等长。

分布：古北区、澳洲区。世界已知 18 种，中国记录 1 种，浙江分布 1 种。

（323）花绒穴甲 *Dastarcus helophoroides* (Fairmaire, 1881)（图版 XIV-2）

Pathodermus helophoroides Fairmaire, 1881: 81.
Dastarcus helophoroides: Sharp, 1885: 59.
Dastarcus longulus Sharp, 1885: 76.

主要特征：体长 9.0–10.0 mm，宽 3.0–5.0 mm。体扁而坚硬，深褐色，背面覆盖鳞毛并形成条纹；头部和前胸背板密布小刻点；前胸背板和鞘翅有明显的纵脊或沟槽。头近三角形；复眼黑色，卵圆形，外突；唇基微隆，前缘略弯。触角短小，具光泽，11 节，端部膨大成扁球形，基节膨大。前胸背板前缘弧弯或弯曲，明显宽于后缘；侧缘圆弧形；盘区具刻点，左右两侧有对称纵沟。鞘翅基部有缺刻，翅上有 1 椭圆形深褐色斑纹；每翅 4 条纵沟，沟脊由粗刺组成；侧缘在后半部明显变窄。腹部腹板 7 节，基部 2 节愈合。足跗节 4 节；爪 1 对。

分布：浙江、吉林、辽宁、内蒙古、北京、河北、山西、山东、河南、陕西、宁夏、甘肃、江苏、安徽、湖北、台湾、广东、香港；俄罗斯（远东），朝鲜，日本。

二十五、薪甲科 Latridiidae

主要特征：体型小，体长 0.8–3.0 mm。体倒卵圆形，背面隆起或扁平，光滑或被绒毛，淡褐色至近黑色。头前伸，横宽；唇基与额在同一平面上或低于额平面；下颚须 4 节；下唇须 2–3 节；复眼大而突，近圆形，或复眼极为退化，仅由几个小眼面组成。触角 10–11 节，触角棒 2–3 节。前胸背板宽于头部，窄于鞘翅；两侧圆弧形，具细齿突，或侧缘宽阔平展；鞘翅扁平或隆起，具各种隆脊或凹陷。小盾片小，三角形。鞘翅遮盖腹部。腹部可见腹板 5–6 节。中胸后侧片不伸达中足基节窝；后足基节不突出，左右远离。跗式 3–3–3，个别雄性跗式为 2–3–3 或 2–2–3，各节长；爪简单。

该科世界已知 1100 种，中国记录 42 种，浙江分布 7 属 8 种。

分属检索表

1. 唇基低于额平面，额唇基沟深；鞘翅行间隆起成脊状，体表光滑或具极少但明显的竖立的柔毛；前足基节分离（光鞘薪甲亚科 Latridiinae）··· 2
- 唇基与额位于同一平面上，额唇基沟浅；鞘翅行间不具隆脊，体表常被明显的柔毛；前足基节相接或近于相接（毛鞘薪甲亚科 Corticariinae）··· 4
2. 转节长是宽的 4 倍··· 长转薪甲属 *Eufallia*
- 转节长最多为宽的 2 倍··· 3
3. 复眼小，少于 20 个小眼面··· 小薪甲属 *Dienerella*
- 复眼大，多于 70 个小眼面··· 缩颈薪甲属 *Cartodere*
4. 前胸腹板突在前足基节之间呈龙骨状突起··· 脊薪甲属 *Enicmus*
- 前胸腹板突在前足基节之间不呈龙骨状突起··· 5
5. 触角 10 节·· 东方薪甲属 *Migneauxia*
- 触角 11 节·· 6
6. 头部长与宽近等·· 薪甲属 *Latridius*
- 头部宽明显大于长··· 光鞘薪甲属 *Corticaria*

142. 缩颈薪甲属 *Cartodere* Thomson, 1859

Cartodere Thomson, 1859: 93. Type species: *Latridius constrictus* Gyllenhal, 1827.

主要特征：头部近三角形或梯形，长大于宽。复眼大，多于 70 个小眼面；触角短于头部和前胸背板之和；触角棒 2–3 节，明显膨大。前胸背板侧缘锯齿状，具 1 对长纵向的隆脊，几乎延伸整个前胸背板。小盾片不明显。每鞘翅具 6–8 行条状刻点列，鞘翅间隔行间具稀疏短小竖立刚毛。后胸腹板和腹节无刻点；后胸腹板侧板不可见，缝明显消失。腹部可见腹板 5 节。前足基节分开较窄，中足基节分开宽阔。

分布：古北区、东洋区。世界已知 83 种，中国记录 3 种，浙江分布 1 种。

（324）同沟缩颈薪甲 *Cartodere* (*Cartodere*) *constricta* (Gyllenhyl, 1827)（图 8-1；图版 XIV-3）

Latridius constricta Gyllenhal, 1827: 138.
Cartodere (*Cartodere*) *constricta*: Broun, 1886: 834.

主要特征：体长 1.2 mm。背部稍隆；黄褐色至暗红褐色，足和触角淡黄褐色；体表近光滑。头部有 1

较窄浅但显见的中线；唇基低于额面；颊长，两侧平行；上颚 1 狭长端齿，内缘锯齿形；复眼大而突出，与触角基部间距离稍小于复眼直径。触角 11 节，末端 2 节棒状。前胸背板端部 1/5–1/4 处最宽，长宽近相等；两侧基部 1/3 强烈内缩，基部近于直，具完整细饰边；中区近基部有 2 条中纵脊向前延伸且弱外扩，近于伸达前缘。鞘翅长为前胸背板长的 3 倍，偶数行间扁平，奇数行间弱隆。第Ⅰ腹板基节间腹突具 1 对腺窝。跗节 3–3–3 式。

分布：浙江、中国广布；俄罗斯，日本，中亚地区，巴基斯坦，印度，尼泊尔，西亚地区，欧洲，非洲。

寄主：玉米、高粱、小麦、谷子、稻、发霉的粮食、中药材、烟草、食品、陈腐稻草及席草编织品等储藏物。

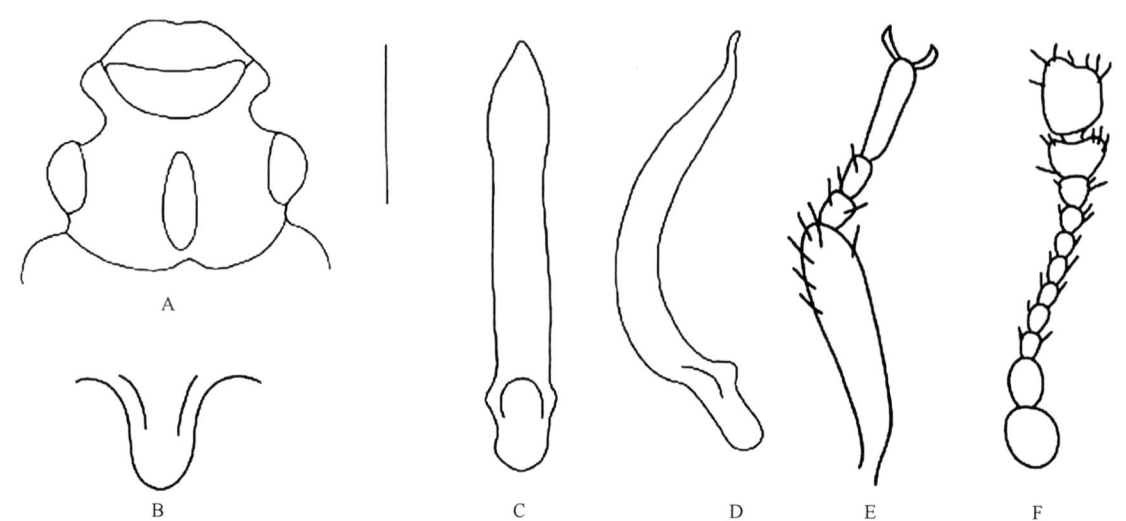

图 8-1 同沟缩颈薪甲 Cartodere (Cartodere) constricta (Gyllenhyl, 1827)（引自任玲玲，2014）
A. 头部；B. 前胸腹板突；C. 阳茎腹面观；D. 阳茎侧面观；E. 前足胫节；F. 触角。比例尺：0.05 mm

143. 光鞘薪甲属 *Corticaria* Marsham, 1802

Corticaria Marsham, 1802: 106. Type species: *Corticaria ferruginea* Marsham, 1802.

主要特征：鞘翅具连续、斜倚长柔毛。头横长，无小刻点；复眼大且突出；后颊可见，长度不超过复眼直径的 1/3；触角棒 3 节。前胸背板近心形，端部稍圆；后角稍圆，通常有突出的小齿；表面不具脊状突起，基部具圆形或横长的凹窝；侧边圆齿状，近基部的圆齿较大。鞘翅长椭圆形或近平行，每个鞘翅具 8 行刻点，近基部刻点较大，行间具单列的小孔。前胸腹板具 1 横向被柔毛小窝；后胸腹板后半部具 1 明显的中凹线。雄性 6 个可见腹板，雌性 5 个可见腹板。第Ⅴ腹板常具中凹窝或顶凹窝（雌雄则不同），第Ⅰ腹板具基节线。后足第Ⅰ跗节前侧未膨大。

分布：东洋区。世界已知 255 种，中国记录 7 种，浙江分布 1 种。

（325）歌莎光鞘薪甲 *Corticaria geisha* Johnson, 1989

Corticaria geisha Johnson, 1989: 88.

主要特征：体长 2.5–2.6 mm。全体棕红色，触角和各足的颜色较浅，眼黑色。鞘翅中后部有粗而发达的黑色横带，其后方的翅缝颜色较深；盘区有明显的皱纹。腿节棒槌状。

分布：浙江、福建；日本。

144. 小薪甲属 *Dienerella* Reitter, 1911

Dienerella Reitter, 1911: 84. Type species: *Lathridius elegans* Aubé, 1850.

主要特征：头部背面和腹面具刻纹，表面无点状区域；复眼小，少于 20 个小眼面。前胸背板无脉状突起，无点状区域。鞘翅通常椭圆形，基部具明显的突起，肩角退化，具 8 行或更少的刻点；第Ⅶ鞘翅行间在基部不具中脉。前足基节窝关闭，转节长最多为宽的 2 倍。后胸腹板和腹部第Ⅰ可见腹板在基节被 1 缝分开。

分布：古北区、东洋区。世界已知 25 种，中国记录 7 种，浙江分布 1 种。

(326) 红颈小薪甲 *Dienerella (Cartoderema) ruficollis* (Marsham, 1802)（图 8-2；图版 XIV-4）

Corticaria ruficollis Marsham, 1802: 111.
Dienerella (Cartoderema) ruficollis: Reitter, 1911: 84.

主要特征：体长 1.2 mm。背面光滑隆起；头胸部赤褐色，有光泽，鞘翅较暗。头宽大于长；额区无中纵沟；复眼小而突出；后颊明显短于复眼。触角第Ⅳ节长是宽的 2 倍，约为第Ⅲ节的 2 倍，触角棒 3 节。前胸背板近心形，中区前半部无明显凹陷，远窄于鞘翅，两侧不平展，无中沟。小盾片缺失。鞘翅长是前胸背板的 3 倍；每鞘翅具 7 行粗糙稠密的刻点；第Ⅴ、Ⅵ行间隆起，其余行间扁平。后胸腹板光滑，无深沟，具少量小刻点，在后足基节之间具横向的凹槽，末端较深。足相当短，腿节粗壮。

分布：浙江、中国广布；日本，欧洲，北美，北非，中美。

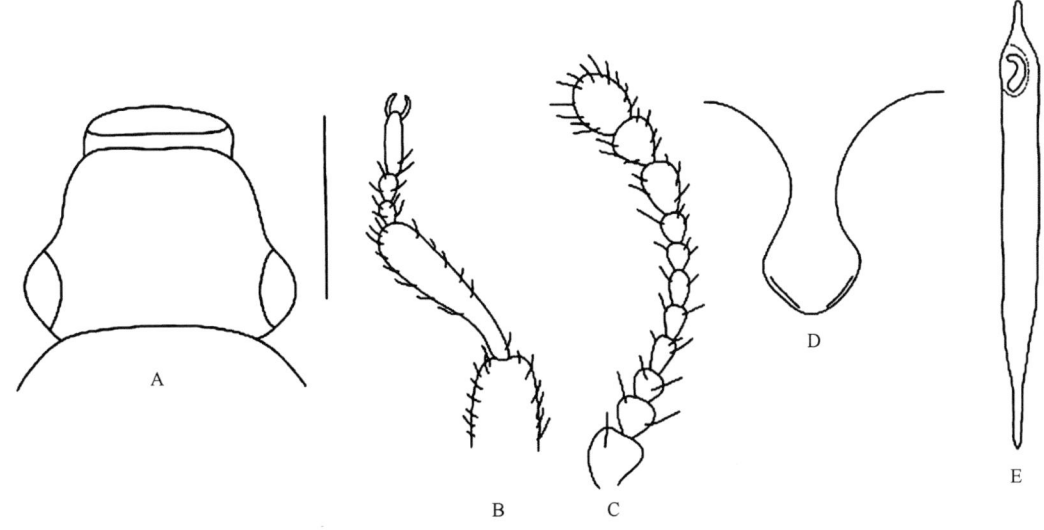

图 8-2 红颈小薪甲 *Dienerella (Cartoderema) ruficollis* (Marsham, 1802)（引自任玲玲，2014）
A. 头部；B. 前足胫节；C. 触角；D. 前胸腹板突；E. 阳茎腹面观。比例尺：0.05 mm

145. 脊薪甲属 *Enicmus* Thomson, 1859

Enicmus Thomson, 1859: 93. Type species: *Ips ransversus* Olivier, 1790.

主要特征：头部长宽相等，唇基宽，后颊侧边近平行，上颚顶端有齿。触角棒松散。前胸背板横长，中部不缢缩；腹板在中足基节之间有 2 个凸起。鞘翅宽于前胸背板，每鞘翅具 8 行刻痕，7 个行间隆起，鞘翅缘折狭窄，完全达到顶点。前胸腹板突龙骨状隆起，两侧平行；中胸腹板有 2 个凸起；后胸腹板横长，中部具刻痕，后胸腹板外缘有 1 对腺腔；后足基节中度分开。腹部长宽相等，第 I 节腹面明显长于第 II 节。足细长，腿节向顶端膨胀；胫节狭窄，有两个端距。

分布：古北区、东洋区、新北区。世界已知 59 种，中国记录 4 种，浙江分布 2 种。

（327）伊斯脊薪甲 Enicmus histrio Joy et Tomlin, 1910（图 8-3；图版 XIV-5）

Enicmus histrio Joy et Tomlin, 1910: 250.

主要特征：体长 1.2–2.0 mm。体淡红褐至黑褐色，有弱毛，光亮，近光滑。头部具 1 条中线浅而宽。触角 11 节，棒状部 3 节。前胸背板端部 1/3 处最宽，两侧稍宽展并强烈上弯，侧缘弧形；前角钝，后角近于直；中区 2 个中纵脊极短，仅位于基部或极不明显甚至无；基部 1/4–1/3 处有 1 宽深长横凹，端半部有 1 宽卵形凹。每鞘翅有 8 行刻点，行间扁平，第 VII 行间与外缘之间有 2 行刻点，行间显隆。前胸腹板突在前足基节之间明显脊状隆起；后胸腹板两侧基节窝后方各有 1 卵形大深凹，自凹刻周缘发出大量辐射状明显隆线，近伸达后半部，其间无刻点，光泽强。第 I 腹板在后足基节窝后方各有许多辐射状隆线，无刻点。

分布：浙江、中国广布；俄罗斯，蒙古，朝鲜，日本，巴基斯坦，印度，尼泊尔，西亚地区，欧洲，澳大利亚。

寄主：陈腐稻草、铺垫物及露天囤垛围席。

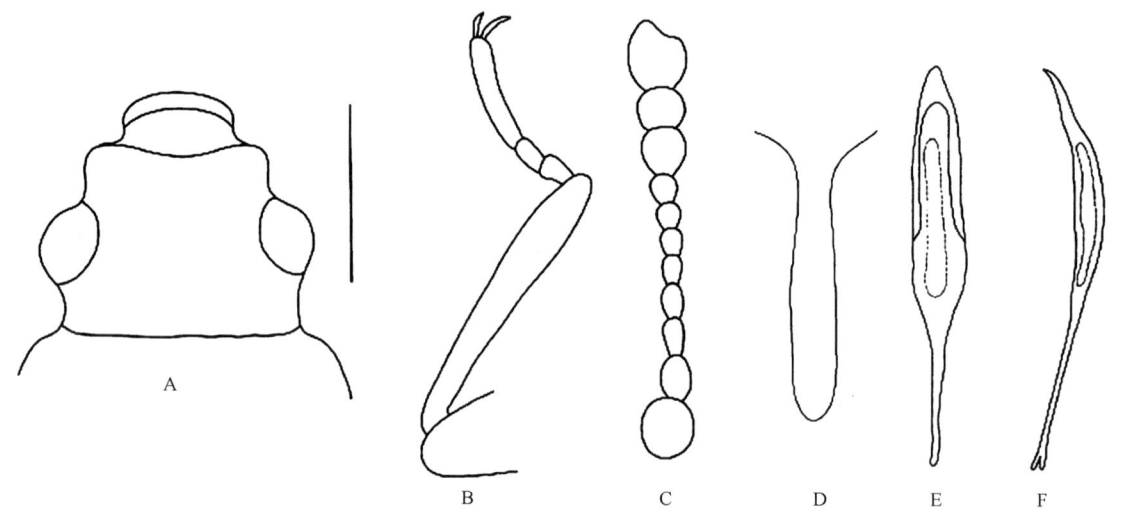

图 8-3 伊斯脊薪甲 Enicmus histrio Joy et Tomlin, 1910（引自任玲玲，2014）
A. 头部；B. 前足胫节；C. 触角；D. 前胸腹板突；E. 阳茎腹面观；F. 阳茎侧面观。比例尺：0.05 mm

（328）横脊薪甲 Enicmus transversus (Olivier, 1790)（图 8-4；图版 XIV-6）

Ips transversus Olivier, 1790: 14.
Enicmus transverses: Johnson, 2007: 638.

主要特征：体长 2.0 mm。体光滑，棕褐色至锈红色，触角黄褐色。头梯形，密布细刻点，额中部有 1 浅凹；上唇顶端明显微凹；颊发达，两侧近平行。触角 11 节，触角棒 3 节。前胸背板刻点密，两侧圆弧且边缘隆起，近基部两侧各有 1 长椭圆形凹，凹中间有 1 横沟相连。小盾片小，长椭圆形，具隆脊。鞘翅卵圆形，背面隆起，肩角圆，边缘平坦，翅端钝圆，盖过腹部；每翅 8 列刻点，基半部刻点大，端半部小，基半部刻点行间隆起，后半部略平坦，第 VII 行间显隆。雄性前足胫节近端部有 1 小齿。

分布：浙江、中国广布；俄罗斯，尼泊尔，西亚地区，欧洲。

寄主：仓库内发霉食物。

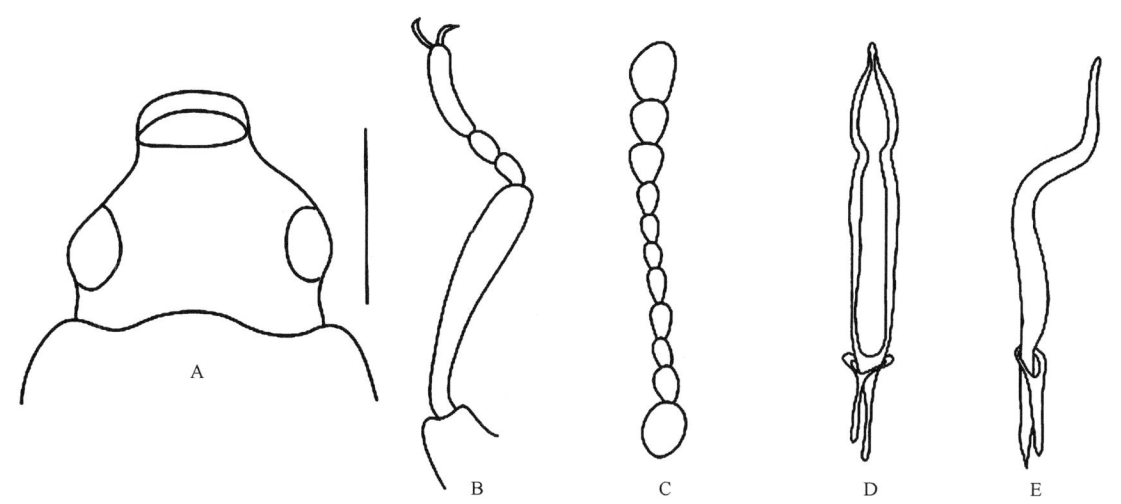

图 8-4 横脊薪甲 *Enicmus transversus* (Olivier, 1790)（引自任玲玲，2014）
A. 头部；B. 前足胫节；C. 触角；D. 阳茎腹面观；E. 阳茎侧面观。比例尺：0.05 mm

146. 长转薪甲属 *Eufallia* Muttkowski, 1910

Eufallia Muttkowski, 1910: 162. Type species: *Cartodere unieostata* Belon, 1887.

主要特征：体长，具锈质，无毛；红砖色且光滑。口上片宽于上唇和额，以 1 明显的缝线与额分开；眼很小，远离触角。触角 11 节，端部 3 节棍棒状，着生于前侧面并且向后伸达前胸的后缘，第Ⅲ–Ⅷ节纤细。前胸不比头宽，盘上无背肋，两侧近基部深缩，但无齿。鞘翅不愈合，每翅 8 条刻点沟，肩不明显。前足基节窝后方关闭，彼此明显分开；中足基节比前足更宽阔地分开。腹部可见腹板 5 个，第Ⅰ节比其他节长。转节长是宽的 4 倍；跗节 3 节，末节长于其前面 2 节之和。

分布：古北区、新北区、新热带区。世界已知 1 种，中国记录 1 种，浙江分布 1 种。

（329）狭胸长转薪甲 *Eufallia seminivea* (Motschulsky, 1866)（图版 XIV-7）

Aridius seminiveus Motschulsky, 1866: 265.
Eufallia seminivea: Feng et al., 2015: 43.

主要特征：体长 1.2–1.4 mm。头部、胸部和腹部覆盖白色蜡状分泌物。头长于宽；后颊向后收敛。前胸背板窄于头宽，向前缘缢缩，后缘与颈部等宽；盘区横基线末端较深。鞘翅长卵形，基部略宽于前胸背板，近长方形，侧缘强烈弧形；鞘翅具 9 列深粗糙刻点，第Ⅴ行间有窄肋，缘折有 1 列相似刻点。第Ⅰ腹板后方有 1 条近于直的深横凹，近于延伸到身体两侧；第Ⅴ腹板稍长于第Ⅱ–Ⅳ节。转节与第Ⅳ节腹板长度相等；腿节粗壮，胫节直，向端部渐变宽。

分布：浙江（温州）、海南、香港、四川；百慕大群岛，美洲。

147. 薪甲属 *Latridius* Herbst, 1793

Latridius Herbst, 1793: 3. Type species: *Latridius porcatus* Herbst, 1793.

主要特征：头部长与宽近等；后颊短，向后缩窄；复眼大而突出。触角 11 节，棒头 3 节。前胸背板无显著的中纵脊，常仅在基半部有 2 条短纵脊。前胸腹板突在前足基节之间不隆起达前足基节的高度。腹部第 I 腹板在后足基节间无腺窝。

分布：世界广布。世界已知 87 种，浙江分布 1 种。

（330）湿薪甲 *Latridius minutus* (Linnaeus, 1767)

Tenebrio minutus Linnaeus, 1767: 675.
Latridius minutus: Johnson, 2007: 639.

主要特征：体长 1.2–2.4 mm。体卵形，背面隆起；淡赤褐色至黑色，光滑或略有微毛。头部有 1 宽浅中线；颊为复眼直径的 1/2；复眼大而圆，与触角基部距离约为复眼直径的 2/3。触角 11 节，触角棒 3 节，第 II–IX 节长大于宽。前胸背板宽大于长，端部 1/7–1/6 处最宽，侧缘上翘，前角叶状；中区基部有 1 宽横凹，端半部有 1 卵形深凹。鞘翅长为前胸背板长的 3 倍，端部宽圆，基部与前胸背板最宽处近等宽；每翅 8 列刻点。

分布：浙江、中国广布；俄罗斯（西伯利亚），蒙古，土耳其，欧洲。

寄主：药材、面粉、稻谷、大米。

148. 东方薪甲属 *Migneauxia* Jacquelin du Val, 1859

Migneauxia Jacquelin du Val, 1859: 248. Type species: *Migneauxia serricollis* Jacquelin du Val, 1859 (= *Corticaria crassiuscula* Aubé, 1850).

主要特征：触角 10 节，触角棒 3 节。复眼发达；颏和亚颏愈合成 1 个长形骨片。

分布：古北区、东洋区、新热带区。世界已知 12 种，中国记录 1 种，浙江分布 1 种。

（331）皮东方薪甲 *Migneauxia lederi* Reitter, 1875

Migneauxia lederi Reitter, 1875: 444.

主要特征：体长 1.6 mm。体黄色至淡褐色，有光泽，密布细毛。头小，宽大于长，呈钝三角形，头宽明显小于前胸背板；额区不具中纵沟；上唇顶端深凹；每个复眼约由 34 个小眼面组成；后颊缺失。前胸背板近椭圆形，侧缘圆弧状，基部 1/3 处最宽，稍窄于鞘翅；后缘两侧各有 1 宽而浅的纵凹陷，中部具 1 宽而浅的中纵沟。盾片小，近横椭圆形。鞘翅椭圆形，中部最宽，长为前胸背板长的 4 倍，肩角突出，肩后侧缘稍膨，翅端钝圆，两翅在缝端略分离，盖过腹部；鞘翅刻点 14 列，鞘翅行间扁平略皱。后胸腹板长，为中胸腹板长度的 2.5 倍。

分布：浙江、中国广布；日本，印度，欧洲，南美洲。

二十六、伪瓢甲科 Endomychidae

主要特征：成虫体长 1.0–20.0 mm。体形以宽卵形为主，有些种类呈圆形，如圆伪瓢虫属 *Cyclotoma* 的成员；体色多为黑色、棕色、红色或黄色，鞘翅和（或）前胸背板通常有明显斑纹，一些种类具金属光泽。触角通常 11 节，端部 3 节膨大。鞘翅背面强烈隆起至较为平坦，光滑或被毛；有些种类（至少雄性）的鞘翅具瘤和（或）发达的刺，如宽伪瓢虫属 *Amphisternus*、壮伪瓢虫属 *Amphistethus* 和刺伪瓢虫属 *Spathomeles* 的一些种类。腹部可见腹板通常 5 节。跗式通常为 4-4-4，少数亚科为 3-3-3。

该科世界已知 7 亚科 87 属 1576 种（亚种），中国记录 5 亚科 32 属 164 种（亚种），浙江分布 4 属 7 种（亚种）。

分属检索表

1. 前胸背板前缘中部无摩擦发音片 ·· 球伪瓢虫属 *Bolbomorphus*
- 前胸背板前缘中部具摩擦发音片 ··· 2
2. 前胸腹板突中等宽，末端明显分裂 ·· 华伪瓢虫属 *Sinocymbachus*
- 前胸腹板突较窄，末端不明显分裂 ··· 3
3. 雌性前胸背板侧沟端部以弓形脊相连 ·· 弯伪瓢虫属 *Ancylopus*
- 两性前胸背板侧沟均分离 ·· 尹伪瓢虫属 *Indalmus*

149. 弯伪瓢虫属 *Ancylopus* Costa, 1854

Ancylopus Costa, 1854: 14. Type species: *Endomychus melanocephalus* Olivier, 1808.

主要特征：体长 4.0–6.0 mm。体伸长，两侧近平行，中度隆起，光滑具光泽；刻点中度稠密，较细，不规则排列；黄棕色到暗棕色，通常有黑色鞘翅斑。上颚顶部尖锐，无内齿；下颚须 4 节，末节延长，略长于第 III 节，圆形，顶钝；下唇须第 II 节显横宽，末节横矩形。前胸腹板突窄，几不能分离前足基节，几达前足基节后缘；中胸腹板突窄长。鞘翅略宽于前胸背板。性二型明显：雄性前、中足基节内侧 1 短齿，后足胫节内侧具细齿列；雌性前胸背板侧沟端部由 1 弯曲横沟相连。

分布：世界广布。世界已知 23 种（亚种），中国记录 3 种，浙江分布 1 种（亚种）。

（332）方斑弯伪瓢虫指名亚种 *Ancylopus phungi phungi* Pic, 1926（图 8-5；图版 XIV-8）

Ancylopus phungi Pic, 1926: 10.

主要特征：体长 4.9–5.1 mm。体长形，弱隆，具光泽；头和鞘翅黑色，鞘翅斑橘黄色。前胸背板中部之前最宽；前缘饰边较宽，两侧缘甚窄；侧缘弯曲，基部收缩；前角突出，钝，后角近直角；基沟浅。每个鞘翅有 2 个大的近方形斑，通常由 1 条细的浅色线相连。雄性中足胫节中部具齿，后足胫节向端部逐渐变宽，无齿列。雄性第 V 可见腹板后缘宽圆。雄性外生殖器中叶顶部具分支，大的分支长且较宽，顶端稍尖；小的分支短且窄，顶端尖，稍内弯。

分布：浙江（舟山）、河北、山东、安徽、湖北、江西、湖南、福建、海南、广西、西藏。

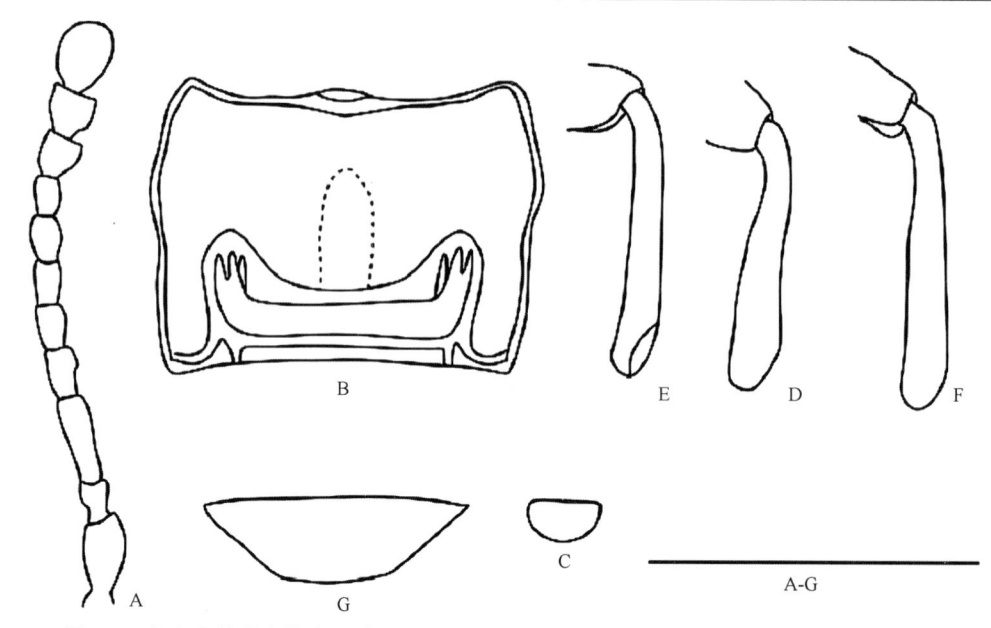

图 8-5 方斑弯伪瓢虫指名亚种 *Ancylopus phungi phungi* Pic, 1926（引自王继良，2007）
A. 触角；B. ♀前胸背板；C. 小盾片；D. ♀前足胫节；E. ♀中足胫节；F. ♀后足胫节；G. ♀肛节。比例尺：1 mm

150. 球伪瓢虫属 *Bolbomorphus* Gorham, 1887

Bolbomorphus Gorham, 1887: 647. Type species: *Bolbomorphus gibbosus* Gorham, 1887.

主要特征：体长 6.5–9.1 mm。体长卵形，强烈隆起；光滑具光泽；刻点极密，较粗糙，不规则排列；棕色到黑色，具黄色鲜明鞘翅斑。上颚宽而粗壮，具 2 个突出的端齿；下颚须第 Ⅱ、Ⅲ 节明显向端部变宽，末节延长，圆柱形，顶圆；下唇须第 Ⅱ 节略向端部变大，末节延长，圆柱形，顶弱圆。前胸腹板突甚宽，侧边平行，顶弱圆，超过前足基节；中胸腹板突显横宽。腹部第 Ⅴ 可见腹板具性二型。

分布：古北区、东洋区。世界已知 5 种，中国记录 4 种，浙江分布 1 种。

（333）六斑球伪瓢虫 *Bolbomorphus sexpunctatus* Arrow, 1920（图 8-6；图版 XIV-9）

Bolbomorphus sexpunctatus Arrow, 1920: 69.
Bolbomorphus quadriguttatus Mader, 1938: 48.

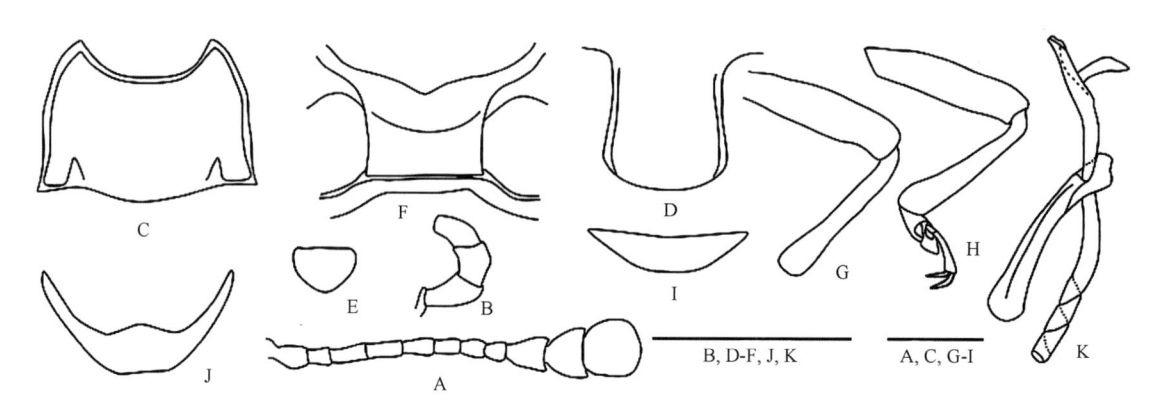

图 8-6 六斑球伪瓢虫 *Bolbomorphus sexpunctatus* Arrow, 1920（引自王继良，2007）
A. 触角；B. 下颚须；C. 前胸背板；D. 前胸腹板突；E. 小盾片；F. 中胸腹板突；G. ♀前足腿节和胫节；H. ♂前足腿节、胫节、跗节；I. 肛节；J. ♂腹部第Ⅵ节；K. ♂外生殖器。比例尺：1 mm

主要特征：体长 8.7–9.1 mm。体卵形，甚隆；黑色，具光泽，鞘翅斑黄色。前胸背板布稠密粗糙刻点，近侧缘刻点皱褶状；前缘饰边不完整，两侧饰边较宽；基部最宽；侧沟较深；前角钝突，后角尖。鞘翅基部明显宽于前胸背板基部；肩部隆突；近中部最宽；布稠密且与前胸背板大小相似但较浅的刻点；每个鞘翅具 3 个近圆形小斑，基部 2 个，端斑 1 个。腹部可见腹板第 I 节与第 II–IV 节之和等长；雄性第 V 节后缘近平截，雌性圆。

分布：浙江（庆元）、江苏、上海、江西、福建。

151. 尹伪瓢虫属 *Indalmus* Gerstaecker, 1858

Indalmus Gerstaecker, 1858: 185. Type species: *Eumorphus kirbyanus* Latreille, 1807.
Mycella Chapuis in Lacordaire & Chapuis, 1876: 104. Type species: *Mycella lineella* Chapuis, 1876.

主要特征：体长 5.5–8.0 mm。身体伸长，中度隆起；通常光滑，具光泽；刻点稀疏细小到稠密粗糙，不规则排列；体黑色或有时棕色，鞘翅总具分明的鞘翅斑。上颚宽，腹面甚凹，背面隆起，端部锐裂，形成端齿和亚端齿；下颚须末节延长，圆柱形，顶钝；下唇须第 II 节甚横宽，末节横矩形。前胸背板近于与鞘翅等宽。前胸腹板突甚窄，不延伸至前足基节之后；中胸腹板突五边形，长大于宽。胫节具性二型：雄性内缘具齿。

分布：东洋区、旧热带区。中国记录 11 种，浙江分布 1 种（亚种）。

（334）圆斑尹伪瓢虫中国亚种 *Indalmus coomani sinensis* Strohecker, 1979（图 8-7；图版 XIV-10）

Indalmus coomani sinensis Strohecker, 1979: 289.

主要特征：体长 7.4–7.5 mm。体卵形，隆突；黑色，具光泽，鞘翅斑乳白色。前胸背板近中部最宽；基沟发达且直，侧沟线形，端部稍会聚，长且深；前角钝突，后角近直角。鞘翅基部稍宽于前胸背板基部；基边近肩部具浅凹，肩隆起成顶圆的肩瘤；近中部最宽；布稠密且明显较前胸背板粗糙的刻点和微毛；每个鞘翅各具 2 个小圆斑。雄性前足胫节内侧近中部具倾斜钝齿，齿顶附毛簇；中足胫节内侧端半部 1 列小齿且端部明显内弯。雄性第 V 可见腹板后缘具较宽浅的三角形缺刻，雌性宽圆。

分布：浙江（临安）、江西、广东、广西、贵州。

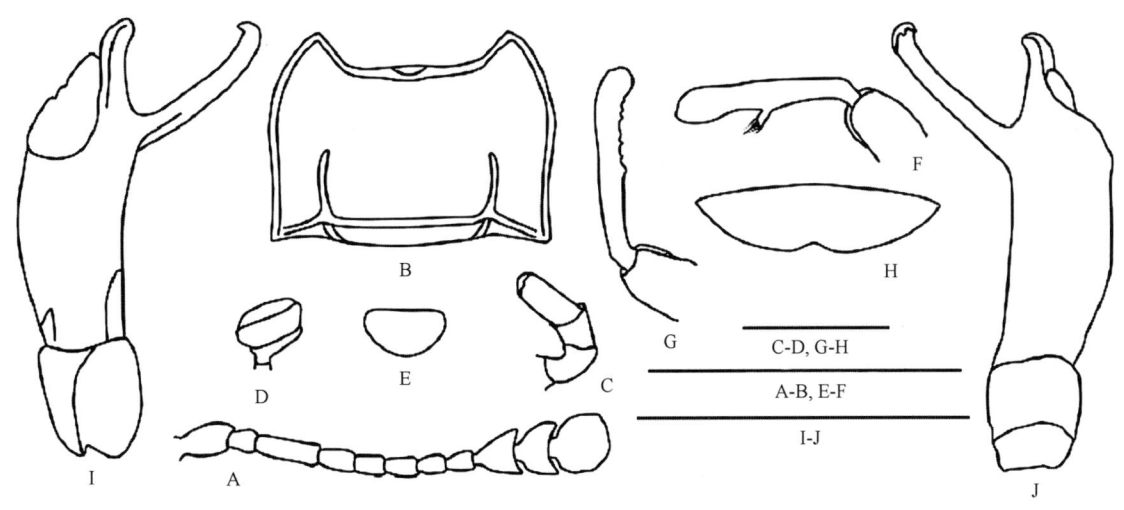

图 8-7 圆斑尹伪瓢虫中国亚种 *Indalmus coomani sinensis* Strohecker, 1979（引自王继良，2007）
A. 触角；B. 前胸背板；C. 下颚须；D. 下唇须；E. 小盾片；F. ♂前足胫节；G. ♂中足胫节；H. ♂肛节；I、J. ♂外生殖器腹、背面观。比例尺：1 mm

152. 华伪瓢虫属 *Sinocymbachus* Strohecker *et* Chûjô, 1970

Sinocymbachus Strohecker *et* Chûjô, 1970: 511. Type species: *Engonius excisipes* Strohecker, 1943.

主要特征：体长 7.5–16.2 mm。体短卵圆形到长卵圆，高度隆起，光滑具光泽；刻点较密，中度粗糙，不规则排列；棕黑色到黑色，有时具紫色或铜色光泽，通常有黄色鞘翅斑。上颚宽，腹面内凹，背面隆起，端部凿形，具亚端齿；下颚须末节延长，近圆柱形，顶钝或略平截；下唇须第Ⅰ节甚小，第Ⅱ节长大于宽，末节显著延长或有时近方形、近圆柱形。前胸腹板突中等宽，不超过前足基节，末端显著 5 个缺刻；中胸腹板突有时五边形，长宽近等，具中脊和明显的瘤突。雄性中足胫节具性二型。

分布：东洋区。中国记录 15 种，浙江分布 4 种。

分种检索表

1. 鞘翅端斑呈横带状 ··· 六斑华伪瓢虫 *S. excisipes*
- 鞘翅端斑圆形 ··· 2
2. 每鞘翅 4 斑 ··· 八斑华伪瓢虫 *S. quadrimaculatus*
- 每鞘翅 2 斑 ··· 3
3. 小盾片长宽近等；♂中足胫节近端部 1/4 处具齿 ··· 肩斑华伪瓢虫 *S. humerosus*
- 小盾片宽显大于长；♂中足胫节近端部 1/3 处具齿 ·· 双斑华伪瓢虫 *S. bimaculatus*

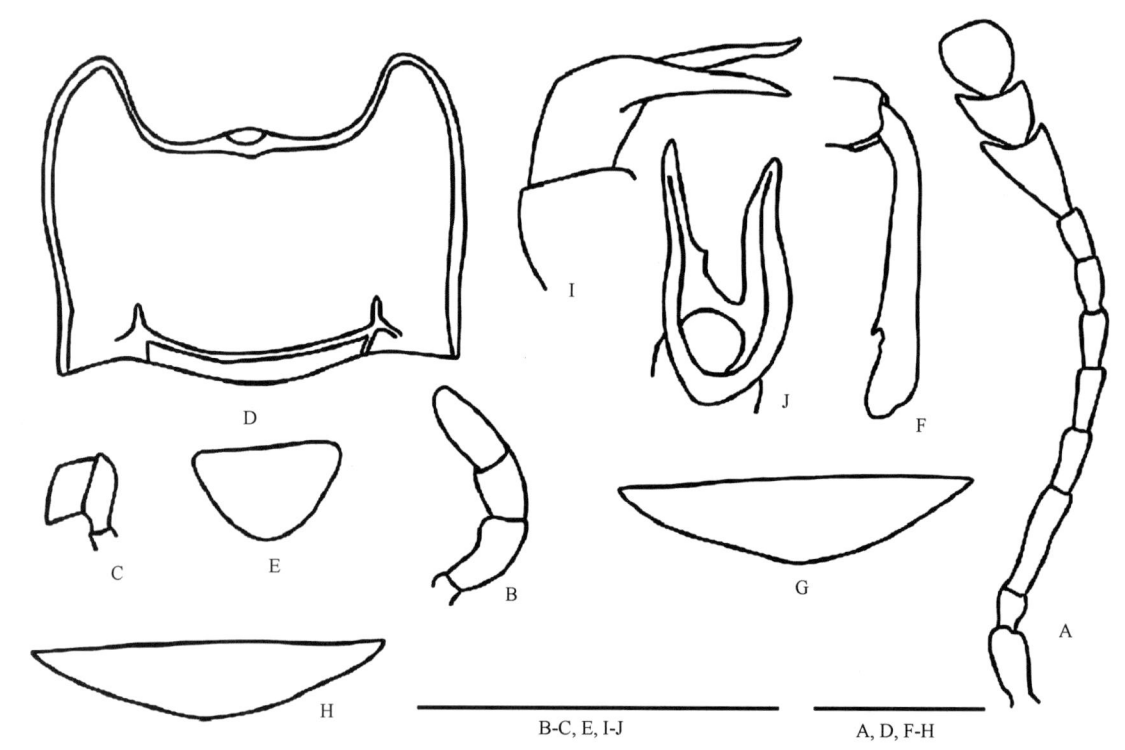

（335）双斑华伪瓢虫 *Sinocymbachus bimaculatus* (Pic, 1927)（图 8-8；图版 XIV-11）

Amphisternus bimaculatus Pic, 1927: 11.

Cymbachus bimaculatus: Strohecker, 1953: 90.

Sinocymbachus bimaculatus: Strohecker & Chûjô, 1970: 513.

图 8-8 双斑华伪瓢虫 *Sinocymbachus bimaculatus* (Pic, 1927)（引自王继良，2007）

A. 触角；B. 下颚须；C. 下唇须；D. 前胸背板；E. 小盾片；F. ♂中足胫节；G. ♀肛节；H. ♂肛节；I, J. ♂外生殖器侧面、顶侧观。比例尺：1 mm

主要特征：体长 8.0–9.7 mm。体宽卵形，甚隆，黑色或深棕色，具光泽，前胸背板前角红棕色，鞘翅斑黄色。前胸背板基部最宽；基沟发达，弧形，侧沟线形，短而浅；前角甚突，钝圆，后角尖；盘区前侧有1横向弓形凹陷。鞘翅基部宽于前胸背板基部；肩甚隆；近中部最宽；每鞘翅基部和端部各具2小圆斑。各足胫节细；雄性中足胫节端部1/3处具1倾斜小齿，与端部之间具1浅凹，凹内有1直立小齿突。腹部第II–IV节渐短，雄性第V可见腹板后缘宽圆。

分布：浙江（衢州）、湖南、福建、广东、海南、广西、四川、贵州。

(336) 六斑华伪瓢虫 *Sinocymbachus excisipes* (Strohecker, 1943)（图 8-9；图版 XV-1）

Engonius excisipes Strohecker, 1943: 383.

Cymbachus excisipes: Strohecker, 1953: 90.

Sinocymbachus excisipes: Strohecker & Chûjô, 1970: 515.

主要特征：体长 9.5–10.9 mm。体长卵形，甚隆，黑色或青铜色，具光泽，前胸背板前角红棕色，鞘翅斑黄色。前胸背板基部最宽；基沟发达，弧形；侧沟线形，较短而浅；前角甚突，钝圆，后角尖；盘区前侧有1横向弓形凹陷。鞘翅基部宽于前胸背板基部；肩甚隆；近中部最宽；密被粗糙刻点和短毛；每鞘翅具3斑，基部2个为大小相近的小圆斑，端斑横宽，大，位于中部之后，前、后缘分别有3个和2个齿突。各足胫节细。腹部第II–IV节渐短，雄性第V可见腹板后缘中部尖突。

分布：浙江（杭州）、湖北、湖南、广西、重庆、四川、贵州。

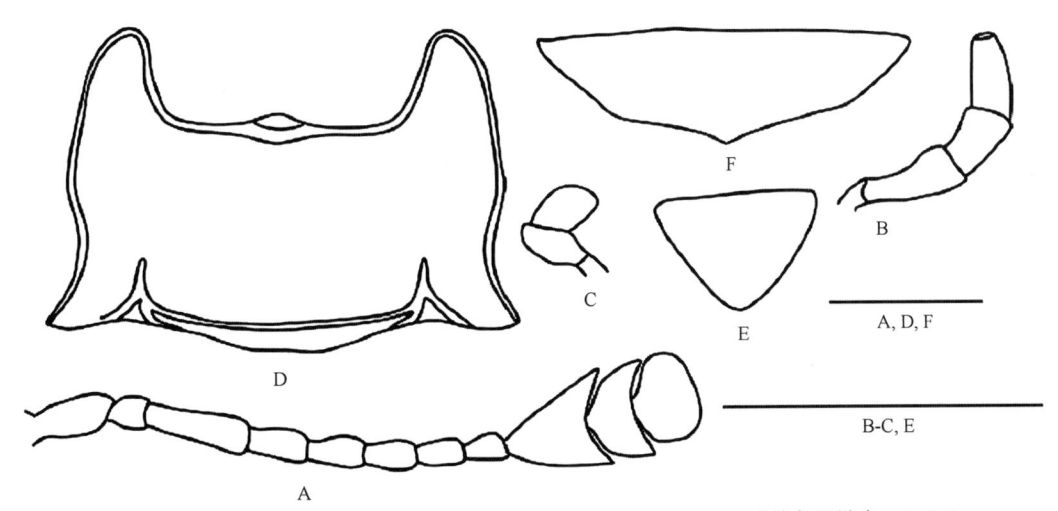

图 8-9 六斑华伪瓢虫 *Sinocymbachus excisipes* (Strohecker, 1943)（引自王继良, 2007）
A. 触角；B. 下颚须；C. 下唇须；D. 前胸背板；E. 小盾片；F. ♀肛节. 比例尺：1 mm

(337) 肩斑华伪瓢虫 *Sinocymbachus humerosus* (Mader, 1938)（图 8-10；图版 XV-2）

Cymbachus humerosus Mader, 1938: 40.

Amphisternus quadrinotatus Chûjô, 1938: 396.

Sinocymbachus humerosus: Strohecker & Chûjô, 1970: 512.

主要特征：体长 8.4–8.9 mm。体短卵形，甚隆，黑色或深棕色，具光泽；前胸背板前角红棕色，鞘翅斑黄色。前胸背板基部最宽；前缘和两侧饰边窄；基沟发达，弧形；侧沟线形，短而浅；前角甚突，钝圆，后角尖；盘区前侧有1横向弓形凹陷。鞘翅基部宽于前胸背板基部；肩甚隆；近中部最宽；每个鞘翅各具2个小圆斑，基斑与端斑等大。雄性中足胫节近端部1/4具1小斜齿，与胫节端部之间有1凹。腹部第II–IV节渐短，雄性第V可见腹板后缘中部尖圆。

分布：浙江（杭州）、江苏、江西、湖南、福建、台湾、广东、海南、广西、贵州、云南。

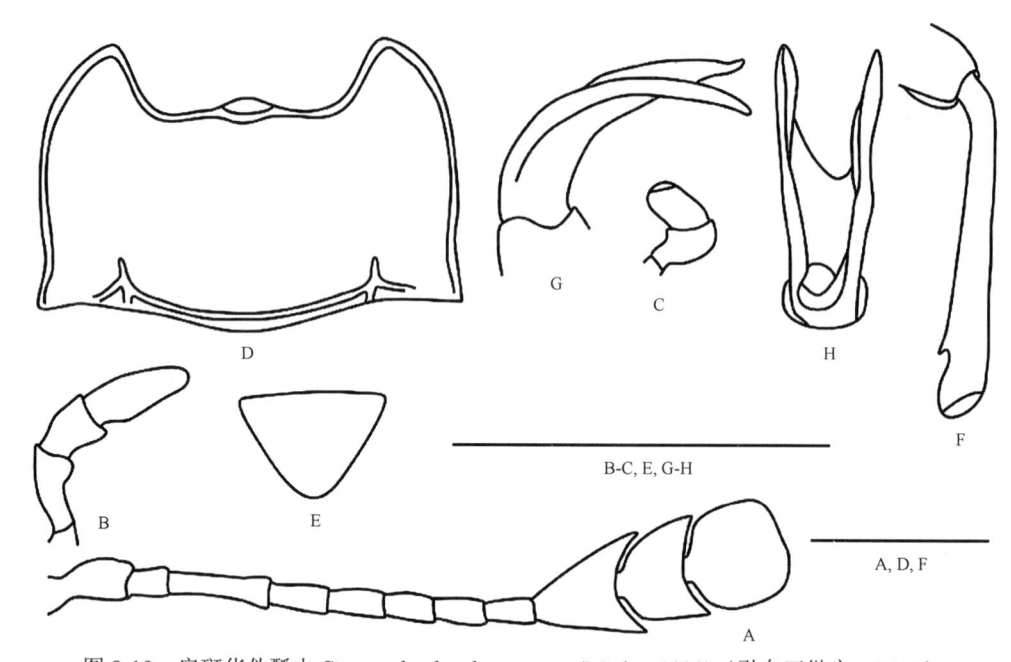

图 8-10　肩斑华伪瓢虫 *Sinocymbachus humerosus* (Mader, 1938)（引自王继良，2007）
A. 触角；B. 下颚须；C. 下唇须；D. 前胸背板；E. 小盾片；F. ♂中足胫节；G、H. ♂外生殖器侧面、顶侧观。比例尺：1 mm

（338）八斑华伪瓢虫 *Sinocymbachus quadrimaculatus* (Pic, 1927)（图 8-11；图版 XV-3）

Amphisernus maculates Pic, 1927: 11.

Cymbachus quadrimaculatus: Strohecker, 1953: 91.

Sinocymbachus quadrimaculatus: Strohecker & Chûjô, 1970: 515.

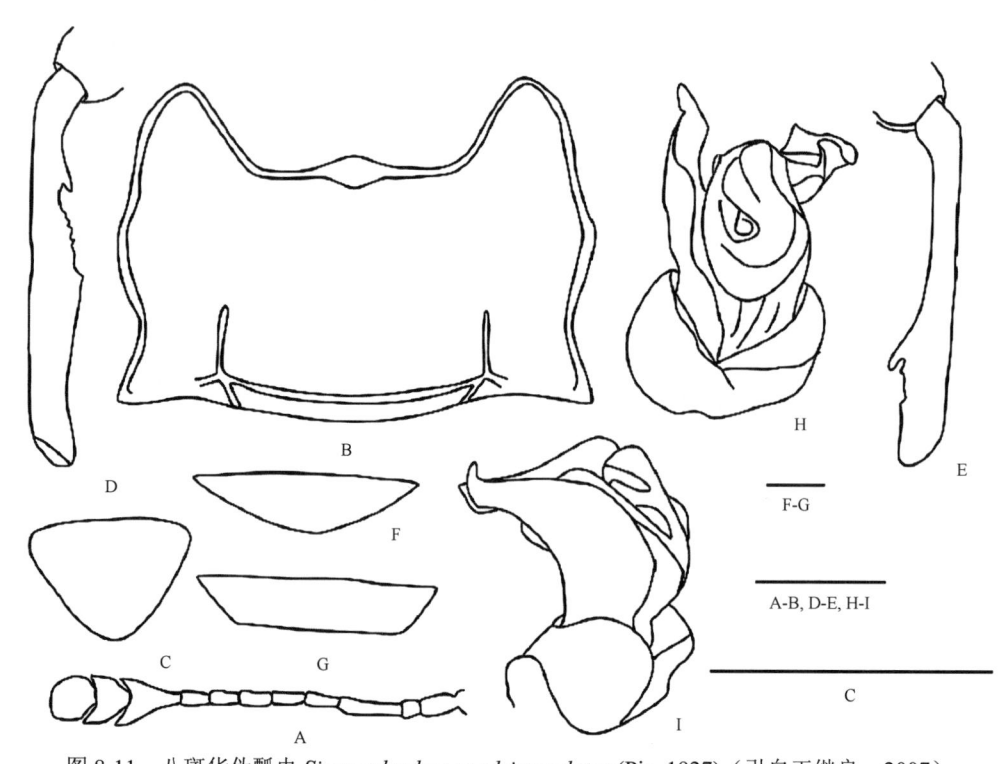

图 8-11　八斑华伪瓢虫 *Sinocymbachus quadrimaculatus* (Pic, 1927)（引自王继良，2007）
A. 触角；B. 前胸背板；C. 小盾片；D. ♂左中足胫节；E. ♂右中足胫节；F. ♀肛节；G. ♂肛节；H、I. ♂外生殖器背、侧面观。比例尺：1 mm

主要特征：体长 14.0–16.2 mm。体短卵形，甚隆，黑色，具光泽，前胸背板前角红棕色，鞘翅斑黄色。前胸背板中部最宽；基沟发达，弱弧形，侧沟线形，长而浅；前角甚突，钝圆，后角弱尖；盘区 1 纵沟，前侧有 1 横向弓形凹陷。鞘翅近中部最宽；每个鞘翅基部和端部各具 2 个小圆斑。雄性左侧中足胫节基部 1/4 处具 1 扁齿，从端部 1/3 到中部具 1 隆脊，扁齿与隆脊之间有弯曲的小脊，右中足胫节端部 1/3 处有 1 扁齿，端部 1/5 处有 1 小脊。腹部第 II–IV 节渐短，雄性第 V 可见腹板后缘横截，雌性宽圆。

分布：浙江（衢州）、湖南、福建、海南。

二十七、瓢甲科 Coccinellidae

主要特征：体小至中型，体长为 1.0–15.0 mm，体背拱起，腹面平坦，与鞘翅目其他科昆虫的外部区别主要有：可见第 I 腹板上有后基线；下颚须末节斧状；跗节隐 4 节。瓢甲科昆虫的多数种类同时具备以上 3 个特征，部分种类具有其中的 2 个特征。

该科世界已知 30 族 360 属 6000 余种，中国记录 92 属 974 种，浙江分布 13 族 29 属 88 种。

分族检索表

1. 触角着生处位于头部的腹面；唇基向前及向两侧伸展成片状，包围复眼前缘，遮盖触角基部，上唇的基部以下全部 亦被唇基所遮盖 ··· 2
- 触角着生处位于头部的背面或侧面；唇基不向两侧延伸，即使延伸亦不遮盖触角的基部 ··························· 4
2. 背面光滑，极少种类被绒毛；前胸背板后角钝圆，窄于鞘翅基缘，两者不紧密衔接 ············ **盔唇瓢虫族 Chilocorini**
- 背面密被绒毛；前胸背板后缘与鞘翅基缘同宽，两者紧密衔接 ··· 3
3. 可见腹板 6 节，第 V 节短；跗爪端节 2 节 ·· **广盾瓢虫族 Platynaspini**
- 可见腹板 5 节，第 V 节长，后缘圆弧形；跗爪端节 1 节 ·· **寡节瓢虫族 Telsimiini**
4. 触角着生处位于两复眼前缘延线之后，即偏于复眼之间而不在复眼之前；背面密被细毛；下颚须末节斧状 ··· **食植瓢虫族 Epilachnini**
- 触角着生处位于两复眼前缘延线之前，即偏于复眼之前而不在复眼之间；背面被毛或光滑 ························ 5
5. 下颚须末节锥形、长锥形、卵形或圆筒形而向末端缩小，不呈斧状；颏及亚颏向基部收窄；背面被毛或光滑；体微小至小型，少数中型 ··· 6
- 下颚须末节斧状，两侧向末端宽展或近于平行，如两侧向末端收窄，则向端部变薄而前端平截 ·················· 8
6. 前胸腹板呈正常的 T 形；后基线完整 ·· **彩瓢虫族 Plotinini**
- 前胸腹板广三角形或狭长的条状，不呈正常的 T 形；后基线不完整 ·· 7
7. 触角锤节由呈长刀状或扁平卵形的 1 节构成；足腿节宽阔、扁平，腿节全长可隐于腹面下陷及腿节之间；前胸腹板广三角形，后角钝圆，无纵隆线，前缘向前扩展能遮盖口器部分 ······································· **刀角瓢虫族 Serangiini**
- 触角锤节由 3 节构成；足腿节不宽阔，腿节全长不能隐于腹面下陷及腿节之间；前胸腹板方形，前缘不扩展也不遮盖口器部分 ··· **小艳瓢虫族 Sticholotidini**
8. 触角着生处位于两侧而偏于腹面；第 I 腹板后缘弧形后弯，因而第 II 腹板的中央甚短于两侧的长度 ·· **隐胫瓢虫族 Aspidimerini**
- 触角着生于背面或两侧，但不偏于腹面；第 I 腹板后缘平截 ··· 9
9. 体背光滑，不被细毛；下颚须末节斧状；触角 11 节 ··· 10
- 体背密被细毛；触角 11 节或少于 11 节 ··· 11
10. 前胸背板与鞘翅基缘紧密衔接，其后角近于直角；鞘翅缘折及腹面有深凹以承受中、后足腿节；胫节外缘有角状突起；触角短于头长，体周缘为匀称的卵形；小盾片较大；体小至中型 ··············· **显盾瓢虫族 Hyperaspini**
- 前胸背板与鞘翅不紧密衔接，其后角钝圆；鞘翅缘折及腹面无深凹，或仅于鞘翅缘折上有浅凹以承受腿节末端；胫节正常，外缘无角状突起；体中至大型 ··· **瓢虫族 Coccinellini**
11. 前胸背板常窄于鞘翅基缘，其后角钝圆，与鞘翅基缘不紧密相接；如前胸背板与鞘翅基缘同宽，且与鞘翅基缘紧密衔接，则前胸背板中部或近中部处最宽；体中型 ··· **短角瓢虫族 Noviini**
- 前胸背板与鞘翅基缘同宽，两者紧密衔接；前胸背板侧缘向前收窄，其最宽处近于基部；体微小至小型，少数中型 ··· 12
12. 前胸腹板前缘没有向前弧形突出，静止时口器不被前胸腹板的突出部遮盖 ······················ **小毛瓢虫族 Scymnini**
- 前胸腹板前缘向下且向前弧形突出，静止时口器大部分可隐于前胸腹板的突出部分内 ············· **食螨瓢虫族 Stethorini**

刀角瓢虫族 Serangiini Blackwelder, 1945

主要特征：触角锤节由长刀状或扁平卵形的 1 节构成；前胸腹板广三角形，后角钝圆，无纵隆线；下颚须末节长卵形；可见腹板 5 节，第 V 节长于前面 3 节之和。体小，背面有光泽，被甚稀疏的细毛或不被细毛。触角 8 节或 9 节。中胸腹板甚宽。足腿节扁平、宽阔，胫节全长可隐于腹面下陷及腿节之间；中、后足胫节外缘有角状突起或没有，跗节隐 4 节式或 3 节式。

中国记录 4 属 29 种，浙江分布 1 属 1 种。

153. 刀角瓢虫属 *Serangium* Blackburn, 1889

Serangium Blackburn, 1889: 187, 209. Type species: *Serangium mysticum* Blackburn, 1889.

主要特征：虫体周缘短卵圆形，背面明显拱起。表面有光泽，前胸背板及鞘翅上被甚稀疏的细毛或不被细毛。触角 8–9 节，第 III 节特别长，末节长刀状。前胸腹板广三角形，其后突钝圆，无纵隆线。下颚须末端呈细长的筒状，末端收窄。胫节细长，外缘无角状突起。跗节隐 4 节式。雄性外生殖器阳基的基片上有 1 外突，中叶弯扭、简单，侧叶退化或消失。

分布：世界广布。中国记录 14 种，浙江分布 1 种。

（339）刀角瓢虫 *Serangium japonicum* Chapin, 1940（图版 XV-4）

Serangium japonicum Chapin, 1940: 269.

主要特征：虫体周缘短卵圆形，背面明显拱起，鞘翅外缘向外平展。背面有光泽，被稀疏的细毛。头棕红色；前胸背板黑棕色，其外角棕红色；小盾片及鞘翅黑棕色。腹面前胸背板缘折、鞘翅缘折、前胸腹板及腹部的外缘及后面部分棕红色；中、后胸腹板及腹基部的中央部分黑棕色；足棕红色。色泽的分界不明显。

分布：浙江、陕西、上海、湖北、湖南、福建、台湾、广东、海南、广西、四川、贵州、云南；韩国，日本。

隐胫瓢虫族 Aspidimerini Weise, 1900

主要特征：可见第 I 腹板后缘弧形向后突出，第 II 腹板两侧较长而中央较短；复眼前缘被 1 带纤毛的窄带所包围。触角 9 节，少数 8 节，甚短，其中第 I、II 节特别大，其余各节组成紧密的短棒。体小至中型。前胸腹板的纵隆线有或无；纵隆线自基部向前向两侧分开，或于前面部分相互联合而形成平坦的纵隆区。腹面及缘折有明显的凹槽以承受腿节。基节及腿节宽展成扁平的椭圆形，胫节扁平，可隐于腿节之下及腹面的凹陷之中。跗节 3 节式。

世界已知 6 属 88 种，中国记录 5 属 54 种，浙江分布 1 属 1 种。

154. 隐势瓢虫属 *Cryptogonus* Mulsant, 1850

Cryptogonus Mulsant, 1850: 944. Type species: *Coccinella orbicula* Gyllenhal, 1808.

主要特征：体小至中型；虫体周缘短卵形；背面隆起，密被细毛。前胸腹板外露部分呈三角形，侧区外缘与中隆区基部相连，中隆区不高于前胸腹板其余部分；2 纵隆线在前方部分呈弧形收窄，两者相遇而连成半圆形的弧，或 2 纵隆线呈直线收窄，但不相互平行而达前缘。雄性外生殖器的弯管较细，中叶亦较狭长。

分布：东洋区。世界已知 49 种，中国记录 34 种，浙江分布 1 种。

（340）变斑隐势瓢虫 Cryptogonus orbiculus (Gyllenhal, 1808)（图版 XV-5）

Coccinella orbiculus Gyllenhal, 1808: 205.
Cryptogonus orbiculus: Mulsant, 1850: 944.

主要特征：头部雄性黄而雌性黑色。唇基、触角及口器黄褐色。鞘翅黑色，在鞘翅各有 1 黄褐色至红褐色的斑点，位于中央之后。鞘翅上的斑点变异颇大。前胸腹板黑色，但前角黄褐至棕色，中、后胸腹板黑色，腹基部黑色，腹端及外缘棕红色，足亦为棕红色。体短卵形，拱起。背部被灰黄色短毛。前胸腹板 2 隆线自基部近于平行伸出，至 2/3 处开始收窄，2 隆线相遇而连成半圆形的弧，其顶端不及前胸腹板前缘，隆线围绕区内有细而稀疏的刻点。

分布：浙江、陕西、甘肃、湖北、江西、湖南、福建、台湾、广东、海南、香港、广西、四川、贵州、云南、西藏；日本，印度，缅甸，越南，斯里兰卡，马来西亚，印度尼西亚，密克罗尼西亚，马里亚纳群岛。

盔唇瓢虫族 Chilocorini Mulsant, 1846

主要特征：背面光滑，极少被绒毛。触角 7–10 节，其着生处位于头部的腹面；唇基向前及向两侧伸展成片状，包围复眼前缘，遮盖触角基部，唇基前缘内凹；一般前胸背板后角钝圆，后角之间的距离窄于鞘翅前缘，两者不紧密衔接；鞘翅外缘常向外平展甚宽；鞘翅缘折宽阔，常伸达末端；可见腹板雄性常为 5 节，雌性常为 6 节。

世界已知 26 属超过 280 种，中国记录 10 属 43 种，浙江分布 2 属 9 种。

155. 盔唇瓢虫属 *Chilocorus* Leach, 1815

Chilocorus Leach, 1815: 116. Type species: *Coccinella cacti* Linnaeus, 1767.

主要特征：触角 7–8 节，末节明显比倒数第 II 节长；前胸背板基缘无边缘线；鞘翅外缘轻微反折，鞘翅缘折较宽，外缘明显下降；后基线不完整，抵达或近乎抵达第 I 腹板后缘，且不弯曲，并沿着后缘末端抵达侧缘；中、后足胫节无距刺；雌性受精囊末端有鸟嘴状膜质附属物。

分布：世界广布。世界已知 81 种，中国记录 20 种，浙江分布 8 种。

分种检索表

1. 鞘翅红色 ··· 2
- 鞘翅黑色而带有浅色的斑点 ·· 5
2. 鞘翅橙红或橙黄色，其周缘黑色，两色的分界明显；虫体周缘近于圆形 ·················· **细缘唇瓢虫 *C. circumdatus***
- 鞘翅枣红色，其周缘黑色，枣红色与黑色的分界不明显 ··· 3
3. 虫体周缘近于心形，末端稍收窄；体长 5.2–7.0 mm；头部、前胸背板及鞘翅周缘黑色，有时翅缝亦为黑色；雌性生殖瓣狭长，其最宽处位于中部之前 ··· **黑缘红瓢虫 *C. rubidus***
- 虫体周缘近于圆形；体长小于 5.6 mm ··· 4

4. 前胸背板黑色或深黑褐色；鞘翅外缘的黑色部分较宽；雌性生殖瓣狭长，其最宽处位于中部附近 ········ **宽缘唇瓢虫 C. rufitarsis**
- 前胸背板前部黑色，向后渐趋于枣红色；鞘翅外缘的黑色部分较窄；雌性生殖瓣较宽，近似于三角形，末端较钝 ········
  ··· **中华唇瓢虫 C. chinensis**
5. 背面的黑色部分反射出带蓝色的金属光泽 ··· **闪蓝红点唇瓢虫 C. chalybeatus**
- 背面的黑色部分不反射出蓝色的金属光泽，或反射出绿光，但不明显；体长小于 5.0 mm ························· 6
6. 鞘翅上的浅色斑点近于圆形，其宽度仅相当于鞘翅最宽处的 2/7–4/7；雄性外生殖器中叶的两侧弧形，中部最宽，其长度仅略长于最宽处的 2 倍 ·· **红点唇瓢虫 C. kuwanae**
- 鞘翅上的浅色斑点近于圆形，其宽度为鞘翅最宽处的 1/3–1/2 ··· 7
7. 雄性外生殖器中叶的基部不收窄，侧缘较平直，其长为宽的 2.7 倍，弯管端较钝 ················ **异红点唇瓢虫 C. esakii**
- 雄性外生殖器中叶的基部稍收窄，侧缘略呈弧形，其长度约为宽度的 2.5 倍，弯管端较尖 ······ **湖北红点唇瓢虫 C. hupehanus**

（341）闪蓝红点唇瓢虫 *Chilocorus chalybeatus* Gorham, 1892（图版 XV-6）

Chilocorus chalybeatus Gorham, 1892: 84.

主要特征：头部黑至黑褐色，上唇前端红棕色。前胸背板黑色，前角具红棕色细窄边缘。鞘翅基色黑色，翅上各有 1 橙红色至橙黄色的斑点，位于中部之前，斑点的周缘距鞘缝较近。背面的黑色部分带蓝色金属光泽。腹面红褐色至红棕色，足黑褐色至红棕色。虫体周缘近于圆形，端部较收窄，背面拱起。鞘翅缘折上有明显的凹陷以承受中、后足腿节末端。雄性第 V 腹板后缘平直至稍内凹，第 VI 腹板后缘中央稍内凹；雌性第 V 腹板后缘平直，第 VI 腹板广弧形后突。

分布：浙江、陕西、安徽、江西、湖南、福建、广东、广西、四川。

（342）中华唇瓢虫 *Chilocorus chinensis* Miyatake, 1970（图版 XV-7）

Chilocorus chinensis Miyatake, 1970: 322.

主要特征：头部紫红色或枣红色，前胸背板前部渐趋于黑色，近背面渐趋于枣红色。鞘翅外缘黑色，中央枣红色，向外缘渐趋于黑色，色泽分界不明显。腹面红褐色，中央及足趋近于枣红色。虫体周缘近于圆形，背面显著隆起。前胸背板两侧伸出的部分刻点较粗，在肩角内侧有 1 斜脊与基缘平行伸出，侧缘弧形，前角及肩角钝圆。鞘翅缘折上有明显的凹陷以承受腿节末端。第 V 腹板两性相似，后缘弧形伸出，第 VI 腹板仅露出细窄的后缘。

分布：浙江、河南、安徽、江西、福建、广东、海南、广西、贵州、云南。

（343）细缘唇瓢虫 *Chilocorus circumdatus* (Gyllenhal, 1808)（图版 XV-8）

Coccinella circumdatus Gyllenhal, 1808: 152.
Chilocorus circumdatus: Mulsant, 1850: 454.

主要特征：头部、前胸背板及小盾片均为橙红或橙黄色。鞘翅基色亦为橙红或橙黄色，鞘翅的外缘有分界明显的黑色或黑褐色窄缘纹。复眼灰黑色。腹面除鞘翅缘折的外缘为黑色或黑褐色外，其余部分全为黄褐色。虫体周缘近于圆形，背面中央拱起。前胸背板侧缘弧形，前角及肩角钝圆。肩角的内侧有 1 斜脊沿基缘向内侧伸出。雄性第 V 腹板后缘弧形，中央稍平截，第 VI 腹板后缘中央亦稍平截；雌性第 V 腹板后缘广弧形突出，第 VI 腹板亦广弧形突出。

分布：浙江、福建、广东、海南、香港、广西、云南；印度，斯里兰卡，印度尼西亚。

（344）异红点唇瓢虫 *Chilocorus esakii* Kamiya, 1959（图版 XV-9）

Chilocorus esakii Kamiya, 1959: 102.

主要特征：头黑色，唇基前缘红棕色。前胸背板黑色。鞘翅黑色，在中央之前各有 1 橙红色的近圆形斑点。胸部腹板黑色，中、后胸侧片至黑褐色；腹部第 I 腹板基部中央黑色，其余部分红褐色；足黑色。虫体周缘近圆形，端部稍收窄，背面拱起。前胸背板基缘弓形，侧缘与前后角连成圆弧形的外缘，侧缘的缝线自前角的外缘连至前缘，近于到达前缘的中央。雄性第 V 腹板后缘中央平截，雌性第 V 腹板后缘圆弧形外凸。

分布：浙江、辽宁、内蒙古、河北、山西、山东、河南、上海、安徽、江西、湖南、福建、广东、四川；日本。

（345）湖北红点唇瓢虫 *Chilocorus hupehanus* Miyatake, 1970（图版 XV-10）

Chilocorus hupehanus Miyatake, 1970: 329.

主要特征：头黑色，上唇前缘红褐色。前胸背板黑色。鞘翅黑色，在中央之前各有 1 橙红色的斑点，圆形或稍长形横置，距鞘缝较近而距外缘较远。胸部腹板黑色，中、后胸侧片黑褐色至黑色；腹部红褐色，但第 I 腹板基部中央黑色。足黑至黑褐色。虫体周缘近于圆形，背面拱起。前胸背板基缘弓形，侧缘弧形，前、后角钝圆。侧缘的缝线沿前角而延至前缘，但消失于前缘中央之前。雄性第 V 腹板后缘中央近于平截；雌性第 V 腹板后缘弧形外突。

分布：浙江、山东、甘肃、湖北、湖南、福建、广西、四川、贵州。

（346）红点唇瓢虫 *Chilocorus kuwanae* Silvestri, 1909（图版 XV-11）

Chilocorus kuwanae Silvestri, 1909: 126.

主要特征：头黑色，唇基前缘红棕色。前胸背板黑色。鞘翅黑色，在中央之前各有 1 橙红色的小斑，近于圆形。胸部腹板黑色，中后胸侧片黑至黑褐色；腹部各节红褐色，但第 I 节基部中央黑色，足黑色。虫体周缘近于圆形，端部稍收窄，背面拱起。前胸背板基缘弓形，侧缘弧形，前角及后角均钝圆，但前角狭于后角。雄性第 V 腹板后缘中央平截而稍内凹；雌性第 V 腹板后缘弧形外凸。

分布：浙江、黑龙江、吉林、辽宁、北京、河北、山西、山东、河南、陕西、宁夏、甘肃、江苏、上海、安徽、湖北、江西、湖南、福建、广东、香港、广西、四川、贵州、云南；朝鲜，日本，印度，意大利，美国（引入）。

（347）黑缘红瓢虫 *Chilocorus rubidus* Hope, 1831（图版 XV-12）

Chilocorus rubidus Hope, 1831: 31.

主要特征：头部、前胸背板及鞘翅周缘黑色，背面中央枣红色，枣红色与黑色之间的分界不明显。口器及触角红褐色，胸、腹部亦为红褐色，但胸部中央色泽较深，足枣红色。虫体周缘近于心形，背面显著拱起。前胸背板两侧伸出部分的刻点较粗，且有白色的短毛；前胸背板的侧缘平直，肩角及前角钝圆。鞘翅缘折宽，但无明显的凹槽。雌性和雄性第 V 腹板后缘弧形外突。跗爪基部之半有 1 宽阔的近于三角形的基齿。

分布：浙江、黑龙江、吉林、辽宁、内蒙古、北京、天津、河北、山东、河南、陕西、宁夏、甘肃、江苏、湖南、福建、海南、四川、贵州、云南、西藏；蒙古，朝鲜，日本，印度，尼泊尔，印度尼西亚，欧洲，澳大利亚。

（348）宽缘唇瓢虫 *Chilocorus rufitarsis* Motschulsky, 1853（图版 XVI-1）

Chilocorus rufitarsis Motschulsky, 1853: 50.

主要特征：头黄褐至红褐色。前胸背板黑色或深黑褐色。鞘翅黑色至深黑褐色，背面中央有 1 深红色至枣红色的大斑，两色之间的分界不明显。腹面大部分红褐色。虫体周缘近于圆形，端部稍收窄，背面明显拱起。前胸背板两侧伸出部分的刻点较粗；在肩角内侧有 1 斜脊与基缘平行伸出。鞘翅缘折上有明显的凹陷以承受腿节末端。第 V 腹板后缘雄性的稍圆弧形而雌性的近于平截；第 VI 腹板后缘雄性的广圆弧形而中央接近平截，雌性的为圆弧形。

分布：浙江、江苏、江西、湖南、福建、广东、香港、广西、四川、贵州、云南。

156. 光瓢虫属 *Xanthocorus* Miyatake, 1970

Exochomus (*Xanthocorus*) Miyatake, 1970: 312. Type species: *Exochomus* (*Xanthocorus*) *nigromarginatus* Miyatake, 1970.

主要特征：虫体圆形，体表光滑，背部适当拱起。头部适当大小，覆盖短的软毛。触角 10 节，柄节近乎对称，柄节长于梗节，宽度相似，第 III–VIII 节逐渐拉伸变宽，第 IX 节稍收窄，末节非常小且嵌入倒数第 II 节中。上颚单齿，臼叶适当发达，侧缘强烈弯曲。雄性可见腹板 6 节，雌性 5 节。后基线完整，末端抵达第 I 腹板侧线中部，呈半圆形。中、后足胫节末端有 1 对距刺。跗爪有 1 基齿。

分布：古北区、东洋区。世界已知 3 种，中国记录 3 种，浙江分布 1 种。

（349）黑缘光瓢虫 *Xanthocorus nigromarginatus* (Miyatake, 1970)（图版 XVI-2）

Exochomus (*Xanthocorus*) *nigromarginatus* Miyatake, 1970: 312.
Xanthocorus nigromarginatus: Kovář, 1997: 24.

主要特征：头部雄性黄褐色，雌性黑色。前胸背板黑色，但前缘及前角部分黄褐色（♂），或仅前缘及前角有黄褐色的窄带。鞘翅黄褐色，外缘有黑色的窄带。腹面黑褐色至黑色。前足及中足大部分为黄褐色而后足黑色（♂），或前、中、后足均为黑色。虫体周缘近于圆形，背面拱起。前胸背板侧缘圆弧形，前角明显，后角沿侧缘而顺弧形弯至基缘。后基线弧形，外缘伸向前方而远不达前缘。雄性第 V 腹板后缘弧形，中央稍平截，雌性第 V 腹板后缘弧形。

分布：浙江、江西、福建。

瓢虫族 Coccinellini Weise, 1885

主要特征：虫体长形、卵圆形或圆形，鞘翅长形、瓢形或突肩形；鞘翅上无明显的肩胛突起，其基缘在肩胛之前横平而后弯曲而形成肩角，肩角在基缘延长线之后，鞘翅外缘垂直或稍向内弯入；前胸背板与鞘翅不紧密衔接，其后角钝圆；鞘翅缘折及腹面无深凹，或仅于鞘翅缘折上有浅凹槽以承受腿节末端；胫节正常，外缘无角状突起。

世界已知 86 属 1300 种以上，中国记录 37 属 165 种，浙江分布 13 属 23 种。

分属检索表

1. 上颚末端分裂为 5–8 小齿；唇基的两前角不向前突出 ··· 2
- 上颚末端分裂为 2 小齿；唇基的两前角呈三角形突出 ··· 4
2. 鞘翅外缘不明显向外伸展，虫体拱起；雄性外生殖器的弯管有背沟，且有侧膜，如无侧膜，则端区及端前区甚长；鞘翅常为深褐色而有白斑 ··· 褐菌瓢虫属 *Vibidia*
- 鞘翅外缘明显向外伸展，虫体扁平 ·· 3
3. 下颚须末节团扇形；雄性外生殖器的弯管简单，无纵沟，中部至末端之前不肿大，弯管端弯曲、扩大或形成端区 ··· 素菌瓢虫属 *Illeis*
- 下颚须末节斧状；雄性外生殖器的弯管自中部至端部之前渐次收窄而达端区，有背沟，弯管的端区短，端前区短小或仅仅 1 小突起 ··· 黄菌瓢虫属 *Halyzia*
4. 鞘翅基缘宽度远大于前胸背板后缘，鞘翅缘折完全；触角明显长于额宽 ····················· 盘瓢虫属 *Lemnia*
- 鞘翅基缘宽度稍大于或等于前胸背板后缘，鞘翅缘折完全 ·· 5
5. 后基线完整或不完整而具分叉 ·· 6
- 后基线不完整也不分叉 ·· 11
6. 前胸腹板突狭窄，无纵隆线；中胸腹板前缘中部无凹入 ······················· 大丽瓢虫属 *Adalia*
- 前胸腹板突扁平，常具纵隆线 ··· 7
7. 弯管囊不明显 ·· 长足瓢虫属 *Hippodamia*
- 弯管囊明显 ··· 8
8. 触角短，短于或等于额宽，末节甚短小；鞘翅外缘无镶边，鞘翅缘折完全 ······· 宽柄月瓢虫属 *Cheilomenes*
- 触角不短于额宽，末节大，横截状或长圆形；鞘翅外缘有镶边 ·· 9
9. 中胸腹板前缘中央齐平 ·· 瓢虫属 *Coccinella*
- 中胸腹板前缘不齐平，中央有凹入 ··· 10
10. 足胫节有距 ··· 小巧瓢虫属 *Oenopia*
- 足胫节无距或极短 ··· 和谐瓢虫属 *Harmonia*
11. 小盾片小（小于前胸背板宽的 1/12）；鞘翅外缘无镶边；触角稍长于额宽 ····· 兼食瓢虫属 *Micraspis*
- 小盾片正常（大于前胸背板的 1/10）；鞘翅外缘有镶边；触角显著长于额宽 ··················· 12
12. 腹面深或浅红色，背面红黄色或红褐色或黑色具浅色斑点或条状纹 ············· 裸瓢虫属 *Calvia*
- 腹面完全或部分黑色，背面黄色具黑色斑纹或黑带形斑，或黑色具黄斑 ······· 龟纹瓢虫属 *Propylea*

157. 大丽瓢虫属 *Adalia* Mulsant, 1846

Adalia Mulsant, 1846: 2. Type species: *Coccinella bipunctata* Linnaeus, 1758.

主要特征：体中型，卵形；鞘翅缘折较窄，消失于第Ⅲ腹板后缘处。鞘翅相接处紧密；小盾片甚小，其宽为前胸背板的 1/12，无纵隆线；中胸腹板前缘直形；前胸背板缘折和鞘翅缘折无凹陷；第Ⅰ腹板后基线近于完整；中、后足胫节有 2 个距刺。

分布：世界广布。世界已知 7 种，中国记录 2 种，浙江分布 1 种。

（350）二星瓢虫 *Adalia bipunctata* (Linnaeus, 1758)（图版 XVI-3）

Coccinella 2-punctata Linnaeus, 1758: 364.
Adalia bipunctata: Mulsant, 1850: 58.

主要特征：体椭圆形，中度拱起。头和复眼黑色，在颜面紧靠复眼内侧有 2 半圆形黄斑，唇基黄色，触角和口器黄褐色。该种有变型，有的个体以上部分均为全黑色。前胸背板黄色，中央有 M 形黑斑，有的前胸背板全黑色。小盾片黄褐色或黑色，鞘翅黄褐色或橘红色，中央有 1 横长圆形黑斑；有的个体斑纹变异较大，鞘翅黄色，但有近网状黑纹。足、胸及腹部腹面中央大部分黑色，周缘黄褐色。后基线平直。雄性第VI腹板后缘凹入，雌性第VI腹板后缘圆突。

分布：浙江、黑龙江、吉林、辽宁、北京、河北、山西、山东、河南、陕西、宁夏、甘肃、新疆、江苏、江西、福建、四川、云南、西藏；亚洲，欧洲，非洲北部和中部，引入北美洲、大洋洲及南美洲。

158. 裸瓢虫属 *Calvia* Mulsant, 1846

Calvia Mulsant, 1846: 140. Type species: *Coccinella decemguttata* Linnaeus, 1758: 367.

主要特征：体卵形，中度或强烈拱起；前胸背板侧缘稍凸出，具镶边，缘折前部有狭窄凹陷；中胸腹板前缘明显隆起；小盾片为三角形，宽稍大于长，约为前胸背板宽度的 1/9；鞘翅侧缘向外狭窄延伸并具镶边，缘折为体宽的 1/7，消失于末端之前；后基线不完整，伸达后缘后，再伸向外侧，不分叉；中、后足胫节端有 2 个距刺，爪具近四方形的基齿。

分布：世界广布。中国记录 15 种，浙江分布 3 种。

分种检索表

1. 鞘翅栗褐色，每鞘翅具 5 浅黄色斑，呈 1-1-2-1 排列 ·· 华裸瓢虫 *C. chinensis*
- 鞘翅黄褐色，具白斑 10 以上，个别斑点有时相互联合 ·· 2
2. 前胸背板基部具 4 淡黄色斑，横列成行；鞘翅上共具 12 斑点，呈 1-2-2-1 排列 ····················· 四斑裸瓢虫 *C. muiri*
- 前胸背板具 3 白斑，有时中间斑不明显 ··· 十五星裸瓢虫 *C. quinquedecimguttata*

（351）华裸瓢虫 *Calvia chinensis* (Mulsant, 1850)（图版 XVI-4）

Sospita chinensis Mulsant, 1850: 142.
Calvia chinensis: Pang & Mao, 1980: 39.

主要特征：体长椭圆形，弧形拱起，鞘翅末端收窄，表面光滑。小盾片正三角形。鞘翅边缘具窄隆线。虫体栗褐色，具浅黄色斑纹。前胸背板肩角部分有 1 四边形浅黄色斑。鞘翅各具 5 浅黄色斑点，呈 1-1-2-1 排列。前胸腹板中央具纵隆线，向前伸至腹板中部。后基线不完整也不分叉，呈弧形向后伸出到达腹板后缘，然后以较弱的曲折部分沿后缘伸至后角处。腹面栗褐色或较浅，足栗褐色。雄虫最后腹板后缘平截；雌虫最后腹板后缘尖凸。爪不分裂，基部齿形。

分布：浙江、陕西、江苏、湖南、福建、广东、海南、广西、四川、贵州、云南。

（352）四斑裸瓢虫 *Calvia muiri* (Timberlake, 1943)（图版 XVI-5）

Eocaria muiri Timberlake, 1943: 38.
Calvia muiri: Pang & Mao, 1980: 39.

主要特征：体宽卵形，半球形拱起。头部淡黄色。前胸背板前缘和侧缘有镶边，背面黄褐色，近基缘具 4 横向排列的淡黄斑点，而且前面各自斜向分离，有时前胸背板色浅而斑不明显。鞘翅黄褐色，沿外缘及鞘缝有黄白色细纹，但鞘缝边缘的颜色稍淡。鞘翅各有 6 淡黄色斑点，呈 1-2-2-1 排列。近鞘翅肩角及顶角处还有 1 不规则淡黄色小斑，鞘翅末端也有 1 不规则的淡黄色小斑。鞘翅缘折 2/5 处内侧有凹陷。腹面边缘黄褐色，前胸后侧片黄白色，中部红褐色。

分布：浙江、河北、河南、陕西、福建、台湾、广西、四川、贵州、云南；日本。

(353) 十五星裸瓢虫 *Calvia quindecimguttata* (Fabricius, 1777) （图版 XVI-6）

Coccinella quindecimguttata Fabricius, 1777: 217.
Calvia quindecimguttata: Lewis, 1873: 54.

主要特征：体宽卵形，圆形拱起，背面光滑无毛。头部黄褐色，口器、触角红褐色。前胸背板具3白斑，在前、后角和基部中央各1，但有不同程度地扩延，形成各种连接，或基斑退化。鞘翅外缘及鞘缝具白色窄纹，并各有7白色斑点，呈2–2–2–1排列，其位置为：内线基部有1长形四边形斑靠在前缘上，外线基部肩胛前侧前缘上有1不规则形小斑；内线1/3处1斑，在中线端部1/6处具1横长方形斑。腹面外缘部分浅黄色，中部深黄色到红褐色。足深黄色。

分布：浙江、陕西、甘肃、江西、湖南、福建、台湾、广东、香港、广西、四川、贵州、云南；俄罗斯，日本，印度，欧洲。

159. 瓢虫属 *Coccinella* Linnaeus, 1758

Coccinella Linnaeus, 1758: 364. Type species: *Coccinella septempunctata* Linnaeus, 1758.

主要特征：体椭圆形，头部黑色，额部于复眼内侧各有1黄白色斑。触角长大于额宽，末节前端平截。前胸背板黑色，两前角有近方形和三角形黄斑；前胸腹板的纵隆线平行，其前端仅伸过前足基节窝前缘连线，远不达腹板前缘。鞘翅橙黄至红色，具黑色斑点或斑纹；基部在小盾片两侧各具1白色横斑；腹面黑色，后基线2分叉，主支沿第Ⅰ腹板后缘向外延伸，侧支斜伸向腹板前角；足黑色；中、后足胫节有2距，爪较细，具1基齿。

分布：世界广布。世界已知70余种，中国记录17种，浙江分布2种。

(354) 七星瓢虫 *Coccinella septempunctata* (Linnaeus, 1758) （图版 XVI-7）

Coccinella 7-punctata Linnaeus, 1758: 365.
Coccinella septempunctata: Korschefsky, 1932: 486.

主要特征：体周缘卵形，触角稍长于额宽。头黑色，额与复眼相连的边缘上各有1圆形淡黄色斑。复眼内侧凹入处各有1淡黄色刺突，触角栗褐色，唇基前缘有窄黄条。前胸背板黑色，在其前角上各有1近四边形的淡黄色斑。鞘翅红色或橙红色，两鞘翅上共有7黑斑。鞘翅基部靠小盾片两侧各1个小三角形的白斑。腹面黑色，但中胸后侧白色，足黑色。前胸腹板突窄而凹。有纵隆线，后基线分支。胫节末端有2刺距。爪具基齿。

分布：浙江、黑龙江、吉林、北京、河北、河南、陕西、新疆、福建、台湾、广东、海南、广西、四川、贵州、云南；俄罗斯，蒙古，朝鲜，日本，印度，欧洲。

(355) 狭臀瓢虫 *Coccinella transversalis* Fabricius, 1781 （图版 XVI-8）

Coccinella transversalis Fabricius, 1781: 97.
Coccinella repanda Thunberg, 1781: 18.

主要特征：体长卵圆形，头黑色，复眼黑色，在其上内侧有小型黄斑。触角栗黑色。前胸背板黑色，在其前角有近长方形黄斑。小盾片黑色。鞘翅基色为红黄色而有黑色的斑纹，鞘缝自小盾片两侧延至末端之前为黑色，在小盾片下黑色部分向两侧扩展成长圆形斑。在末端向外扩展成三角形斑，每翅各有 3 列黑色斑纹，前斑为"人"字形，中斑位于鞘翅的 2/3 处，向内与鞘翅纹连接而成横带，后斑位于鞘翅 4/5 处的外缘上，有时与鞘缝纹外伸部分相连接。

分布：浙江、福建、台湾、广东、海南、香港、广西、贵州、云南、西藏；印度，不丹，尼泊尔，孟加拉国，缅甸，越南，泰国，斯里兰卡，印度尼西亚，新几内亚，澳大利亚，新西兰。

160. 黄菌瓢虫属 *Halyzia* Mulsant, 1846

Halyzia Mulsant, 1846: 141. Type species: *Coccinella sedecimguttata* Linnaeus, 1758

主要特征：体长卵形至宽卵形，背面拱起较弱；前胸背板前缘呈浅的弧形凹入，复眼全部被前胸背板所覆盖；前胸腹板的纵隆线无或其不达前缘；中胸腹板前缘中央稍内凹；鞘翅外缘外展部较宽但不成折角；下颚须末端斧状；雄性外生殖器弯管有背沟。

分布：古北区、东洋区。世界已知 12 种，中国记录 5 种，浙江分布 1 种。

（356）梵文菌瓢虫 *Halyzia sanscrita* Mulsant, 1853（图版 XVI-9）

Halyzia sanscrita Mulsant, 1853: 152.

主要特征：头部白色或黄白色。触角、口器黄褐色。前胸背板褐色，两侧透明，具 5 白斑，1 个位于中央，呈条状，近基部斑纹大，侧面各有 2 对白斑。鞘翅黄褐色，两侧透明，鞘缝白色，每翅具 11 白斑，近鞘缝具 6 白斑，有时近翅基的 2 斑可相连；鞘翅中部有 2 个白色条斑；此外还有 3 白斑位于翅缘。腹面及足黄褐色。体宽卵形，弧形拱起。前胸腹板有纵隆线，向前伸达腹板 1/2 处。后基线不完整，向后斜伸至第 I 腹板的 1/2 处终止。

分布：浙江、河北、山西、河南、陕西、甘肃、江苏、湖南、福建、台湾、广西、四川、贵州、云南、西藏；印度（含锡金），不丹，也门。

161. 和谐瓢虫属 *Harmonia* Mulsant, 1850

Harmonia Mulsant, 1850: 108. Type species: *Coccinella marginepunctata* Schaller, 1783 (= *Harmonia quadripunctata* Pontoppidan, 1763).

主要特征：体卵形至近圆形，背面中度至高度拱起；唇基前缘平直，前侧角突出；前胸背板缘折前端无凹陷；前胸腹板突具细纵隆线；中胸腹板前缘中央稍内凹或平直。鞘翅侧缘明显向外扩展，或稍扩展；鞘翅缘折无凹陷；中、后足胫节端无距刺；第 I 腹板后基线不完整，沿后缘伸向外侧，并在外侧具 1 分支的斜线。

分布：世界广布。世界已知约 20 种，中国记录 7 种，浙江分布 4 种。

分种检索表

1. 体表黄褐色或黑色，鞘翅斑纹变化很大；鞘翅近末端（7/8）处有 1 明显的横脊 ················· 异色瓢虫 *H. axyridis*
- 鞘翅近末端（7/8）处无明显的横脊痕 ·· 2
2. 鞘翅上的斑点圆形 ··· 红肩瓢虫 *H. dimidiata*
- 鞘翅上的斑纹非圆形 ·· 3
3. 前胸背板大部分黑色，仅前缘及侧缘黄褐色；鞘翅橙黄色至黄褐色，具 4 列不整齐的横带纹及沿鞘缝的 1 条黑色纵条纹 ··· 八斑和瓢虫 *H. octomaculata*

- 前胸背板中央褐色梯形大斑，其两侧为白色或黄色斑；鞘翅褐色或深褐色，有不十分清晰的黄色斑纹 ························
·· 隐斑瓢虫 *H. yedoensis*

（357）异色瓢虫 *Harmonia axyridis* (Pallas, 1773)（图版 XVI-10）

Coccinella axyridis Pallas, 1773: 726.

Harmonia axyridis: Jacobson, 1915: 984.

主要特征：体卵圆形，突肩形拱起，但外缘向外平展部分较窄。虫体背面的色泽及斑纹变异较大。前胸背板浅色而有 1 个 M 形黑斑。鞘翅各有 9 黑斑，向深色型变异时斑点相连而成网形斑，或鞘翅黑色而各有 6、4、2 或 1 浅色斑，甚至全为黑色；向浅色型变异时鞘翅上的黑点部分消失以至全部消失，甚至鞘翅全为橙黄色。大多数鞘翅的近末端（7/8）处有 1 明显的横脊痕，这是该种鉴定的重要特征。

分布：浙江、黑龙江、吉林、内蒙古、河北、河南、湖北、江西、湖南、福建、台湾、广东、广西、四川、贵州、云南；俄罗斯，蒙古，朝鲜，日本，美国（引进）。

（358）红肩瓢虫 *Harmonia dimidiata* (Fabricius, 1781)（图版 XVI-11）

Coccinella dimidiata Fabricius, 1781: 94.

Harmonia dimidiata: Miyatake, 1965: 62.

主要特征：虫体近于圆形，呈半球形拱起，背面光滑无毛。鞘翅外缘向外平展，肩角掀起高于前胸背板后缘。全体基色为橙黄色至橘红色，前胸背板基部中线两侧各具 1 黑斑，在基部相连。鞘翅斑纹分红、黄两基色型。在红色型，黑斑融合占鞘翅面积一半以上，仅肩部红色；在黄色型，每鞘翅 7 黑斑，呈 1–3–2–1 排列。中胸腹板前缘三角形深凹入。后基线完整。腹面及足全部黑褐色至橙黄色。雄虫第 V 腹板后缘弧形内凹，雌虫第 V 腹板外突。

分布：浙江、湖南、福建、台湾、广东、香港、广西、四川、云南、西藏；日本，印度，尼泊尔，越南，印度尼西亚。

（359）八斑和瓢虫 *Harmonia octomaculata* (Fabricius, 1781)（图版 XVI-12）

Coccinella octomaculata Fabricius, 1781: 97.

Harmonia octomaculata: Mader, 1932: 215.

主要特征：体卵形，弧形拱起。头部橙黄色，触角、口器黄褐色。前胸背板中间仅 1 方形大黑斑，或是黑斑中间有条纵缝，有时候黑斑退化为 4 小黑点。鞘翅橙黄色至黄褐色，具 4 列不整齐的横带纹及沿鞘缝的 1 条黑色纵条纹。腹面中部黑色，中、后胸后侧片黄白色。足腿节黑色，胫节、跗节黄褐色，爪黑色。雄虫第 V 腹板后缘弧形内凹，第 VI 腹板后缘半圆形内凹；雌虫第 V 腹板外突，第 VI 腹板中部有纵脊，后缘弧形突出。

分布：浙江、湖北、江西、湖南、福建、台湾、广东、海南、香港、广西、四川、贵州、云南；日本，印度，斯里兰卡，菲律宾，印度尼西亚，新几内亚，密克罗尼西亚，澳大利亚。

（360）隐斑瓢虫 *Harmonia yedoensis* (Takizawa, 1917)（图版 XVII-1）

Ptychanatis yedoensis Takizawa, 1917: 220.

Harmonia yedoensis: Sasaji, 1982: 16.

主要特征：体长椭圆形，强度拱起，头部褐色至深褐色，前胸背板中央有 1 褐色梯形大斑，其两侧为白色或黄色斑。鞘翅褐色或深褐色，有不十分清晰的黄色斑纹。腹面除中胸后侧片黄色外，其余黄褐色或黑色。该种如为黑色变型者，前胸背板两侧各有 1 黄白色大斑。鞘翅各有 6 黄白斑，其排列为 2–1–2–1。后基线 2 分叉，主支斜伸至腹板后缘之前，侧支又斜伸至前角附近。雄虫第 V 腹板后缘呈弧形凹入；雌虫腹部第 V 节后缘稍凸。

分布：浙江、北京、河北、山东、河南、陕西、江西、湖南、福建、台湾、广东、香港、广西、四川、贵州、云南；朝鲜，日本，越南。

162. 长足瓢虫属 *Hippodamia* Chevrolat, 1837

Hippodamia Chevrolat in Dejean, 1837: 456. Type species: *Coccinella tredecimpunctata* Linnaeus, 1758.

主要特征：体长卵形，背面轻度或中度拱起；体色橙黄至橙红色；中、后足胫节端有 2 显著的距刺，爪具基齿，在中部分为 2 叉；后基线完整，明显或消失；弯管无弯管突，中叶端部多变。

分布：世界广布。世界已知约 35 种，中国记录 9 种，浙江分布 1 种。

(361) 十三星瓢虫 *Hippodamia tredecimpunctata* (Linnaeus, 1758)（图版 XVII-2）

Coccinella tredecimpunctata Linnaeus, 1758: 366.
Hippodamia tredecimpunctata: Mulsant, 1850: 10.

主要特征：体长形，扁平拱起。头部黑色，触角、口器黄褐色。前胸背板橙黄色，中部有 1 近梯形大黑斑，其两侧缘中央各有 1 圆形小黑斑。鞘翅橙黄色至褐黄色，两鞘翅共有 13 黑斑，其中 1 黑斑位于小盾片下方鞘缝上，其他黑斑每鞘翅各有 6，呈 1–2–1–1–1 排列。前胸腹板无纵隆线。腹面除前胸背板缘折，中、后胸后侧片黄白色和腹部 1–5 腹板外缘黄褐色外，其余为黑色。无后基线。足腿节、跗节末端和爪黑色外，其余为橙黄色。足细长，胫节 2 距。爪中部有小齿。

分布：浙江、黑龙江、吉林、辽宁、内蒙古、北京、天津、河北、山西、山东、河南、陕西、宁夏、甘肃、新疆、江苏、湖北、江西、湖南；俄罗斯，蒙古，朝鲜，日本，哈萨克斯坦，伊朗，阿富汗，欧洲，北美。

163. 素菌瓢虫属 *Illeis* Mulsant, 1850

Psyllobora (*Illeis*) Mulsant, 1850: 166. Type species: *Coccinella cincta* Fabricius, 1798.

主要特征：体稍扁平，前胸背板前缘呈浅弧形凹入，复眼可全部被前胸背板所覆盖；唇基前角突出；上颚亚端齿外缘具 1 排小齿；切齿较短，基齿下方具毛。前胸腹板突前端明显隆起，具平行的纵隆线；鞘翅缘折内缘与外缘基本水平，无缘折窝。后基线较短，靠近第 I 腹板后缘，向侧缘延伸较短。中、后足胫节各具 2 距刺；跗爪具基齿。

分布：世界广布。中国记录 5 种，浙江分布 2 种。

(362) 狭叶菌瓢虫 *Illeis confusa* Timberlake, 1943（图版 XVII-3）

Illeis confusa Timberlake, 1943: 44.
Illeis chinensis Iablokoff-Khnzorian, 1978: 182.

主要特征：体卵圆形，稍扁平。体色黄色，背面光滑无毛。头黄白色，前胸背板黄白色，在其后缘中部两侧各有 1 圆形黑斑。小盾片白色，鞘翅黄色无斑纹。腹面及足黄褐色。雄虫第Ⅵ腹板后缘中央内凹；雌虫第Ⅵ腹板后缘突出。阳基和弯管均细长。阳基中叶正面较窄，宽度与侧叶相近，在中部稍收窄。弯管末端钝圆，中央凹入。

分布：浙江、河南、江西、湖南、广东、海南、香港、广西、四川、贵州、云南、西藏；印度，尼泊尔，越南，泰国，美国。

（363）柯氏素菌瓢虫 *Illeis koebelei* Timberlake, 1943（图版 XVII-4）

Illeis koebelei Timberlake, 1943: 44.

主要特征：体卵圆形，稍扁平。体色黄色，背面光滑无毛。头黄白色，前胸背板黄白色，在其后缘中部两侧各有 1 圆形黑斑。小盾片和鞘翅黄色，鞘翅无斑纹。腹面中央黄褐色。雄虫第Ⅵ腹板后缘中央内凹；雌虫第Ⅵ腹板后缘突出。阳基和弯管均细长。阳基中叶侧面基部 1/3 处稍变厚，整体近于平直，正面仅在端部收窄。弯管端部之前直而不收窄，末端钝圆。

分布：浙江、河北、山西、陕西、江苏、安徽、湖北、江西、湖南、福建、台湾、广东、海南、广西、四川、贵州、云南；朝鲜，日本，美国（夏威夷）。

164. 盘瓢虫属 *Lemnia* Mulsant, 1850

Lemnia Mulsant, 1850: 376. Type species: *Lemnia frandulenta* Mulsant, 1850.

主要特征：体圆形，半球形拱起；复眼内突明显，宽而浅，复眼中等大小，眼间距至少为头宽之半；前胸背板后侧无沟，背板缘折前端内侧内凹；前胸腹板有 2 条纵隆线；中胸腹板前缘中央三角形内凹；鞘翅基部明显宽于前胸背板；鞘翅缘折具浅的凹陷，以接受腿节端部；后基线不完整；中、后足胫节有 2 条枚距刺；爪具 1 基齿。

分布：古北区、东洋区。中国记录 9 种，浙江分布 3 种。

分种检索表

1. 鞘翅雄虫全黄，雌虫周缘黑色 ·· 周缘盘瓢虫 *L. circumvelata*
- 每鞘翅各具 1 斑纹 ·· 2
2. 鞘翅上的斑纹宽带形 ·· 双带盘瓢虫 *L. biplagiata*
- 鞘翅上的斑纹圆形 ·· 黄斑盘瓢虫 *L. saucia*

（364）双带盘瓢虫 *Lemnia biplagiata* (Swartz, 1808)（图版 XVII-5）

Coccinella biplagiata Swartz, 1808: 196.
Lemnia biplagiata: Bielawski, 1962: 201.

主要特征：体近于圆形，呈半球形拱起。鞘翅前缘在肩胛前凹折，肩角宽阔，略向上翻，基色为黑色。头部雄性为黄色；雌性为黑色，或大部分黑色而在复眼侧有窄条黄斑。前胸背板两侧具浅色黄斑。鞘翅各有宽横带形红黄色斑横置于中央，接近鞘翅外缘，斑的前缘有 2–3 波状纹。有时候在鞘翅末端各有 1 红黄色小圆斑。腹面周缘黑色，缘折前部内半为黄色，胸部及腹部腹板中央部分黑色，侧缘黄色，中、后胸腹板后侧片黄色。足黑色，但胫节及跗节色泽较浅。

分布：浙江、吉林、湖北、江西、福建、台湾、广东、海南、香港、广西、云南、西藏；朝鲜，日本，印度，印度尼西亚。

(365) 周缘盘瓢虫 *Lemnia circumvelata* (Mulsant, 1850) （图版 XVII-6）

Coelophora circumvelata Mulsant, 1850: 388.
Lemnia circumvelata: Ren et al., 2009: 206.

主要特征：虫体圆形，半球形拱起，体背光滑无毛。雌雄异形，雄性黄褐色，腹面仅后胸腹板后半部及第 I 腹板的中部黑色。雌性头黑色，口器及触角褐色，前胸背板黑色，前缘、侧缘褐色且颇窄。小盾片黑色；鞘翅褐色，外缘黑色；腹部中央黑色，足胫节黑色。

分布：浙江、河南、陕西、台湾、广东、贵州；尼泊尔。

(366) 黄斑盘瓢虫 *Lemnia saucia* Mulsant, 1850 （图版 XVII-7）

Lemnia saucia Mulsant, 1850: 380.

主要特征：体圆形，呈半球形拱起。体基色为黑色。头部雄虫橙黄色，雌虫黑色。前胸背板在两肩角延至后缘各有 1 橙黄色大斑，有时前缘也为橙黄色。鞘翅中央在外线与中线间，形成近椭圆形而在后缘稍凹入的肾形斑。前胸腹板中央部分有 2 条平行纵隆线，从后缘向前伸出，但不达前缘。中胸腹板前缘中央呈三角形凹入。胸部腹板及腹部各节腹板中央部分黑色；足及后胸腹板外缘雄虫大部分为橙黄色，雌虫大部分为黑色。后基线弧形沿腹板后缘伸至后角处。

分布：浙江、内蒙古、山东、河南、陕西、甘肃、上海、江西、湖南、福建、台湾、广东、海南、香港、广西、四川、贵州、云南；日本，印度，尼泊尔，泰国，菲律宾。

165. 宽柄月瓢虫属 *Cheilomenes* Dejean, 1836

Cheilomenes Dejean, 1836: 435. Type species: *Coccinella lunata* Fabricius, 1775.
Menochilus Timberlake, 1943: 40. Type species: *Coccinella sexmaculata* Fabricius, 1775.

主要特征：前胸背板前缘凹入较深，呈梯形，侧缘匀称弧形，具镶边，后角钝圆形，缘折倾斜，近于无凹陷；前胸腹板中部隆起，纵隆线平行伸至基片 2/3 处；中胸腹板中部弧形凹入；小盾片三角形。鞘翅外缘向外伸但无镶边，缘折完全，极倾斜，在后足腿节外端处有凹陷；后基线不完整，2 分叉，侧支弧形弯曲；中、后足胫节各有 2 条距，爪基部有齿。

分布：世界广布。世界已知 9 种，中国记录 1 种，浙江分布 1 种。

(367) 六斑月瓢虫 *Cheilomenes sexmaculatus* (Fabricius, 1781) （图版 XVII-8）

Coccinella sexmaculata Fabricius, 1781: 96.
Cheilomenes sexmaculata: Dejean, 1837: 435.
Menochilus sexmaculatus: Timberlake, 1943: 40.

主要特征：体近圆形，背稍拱起。前胸背板黑色，唯前缘和前角及侧缘黄色，缘折大部褐色。鞘翅黑色，鞘翅共具 4 或 6 淡色斑。后基线分叉，主支斜伸至腹板后缘附近，向外伸达侧缘，后胸后侧片及其外侧的鞘翅缘折稍凹陷，以承受后足腿节端部。腹面胸腹板及腹部中央黑色，唯中、后胸后侧片及腹部周围橙黄色，足大部分橙黄色，鞘翅缘折前半部大部分橙黄色。雄虫除额部色淡外，腹面大部分黄褐色，仅中部黑褐色或黑色。

分布：浙江、黑龙江、吉林、辽宁、山东、河南、陕西、甘肃、江苏、江西、湖南、福建、台湾、广东、海南、香港、广西、四川、贵州、云南；日本，印度，泰国，柬埔寨，斯里兰卡，菲律宾，马来西亚，印度尼西亚，伊朗，阿富汗，密克罗尼西亚，新几内亚。

166. 兼食瓢虫属 *Micraspis* Chevrolat, 1837

Micraspis Chevrolat in Dejean, 1837: 435. Type species: *Coccinella striata* Fabricius, 1792.

主要特征：前胸背板侧缘弧形，其缘折内前角无凹陷，腹板突有2条平行的纵隆线或无；小盾片甚小，小于前胸背板后缘长度的1/12；鞘翅有肩胛突起，鞘翅基缘宽于前胸背板后缘，鞘翅缘折到达末端之前；第Ⅰ腹板后基线不完整，几达后缘后伸向外侧；足的胫节端无距刺，爪具基齿。

分布：世界广布。世界已知13种，中国记录8种，浙江分布1种。

(368) 稻红瓢虫 *Micraspis discolor* (Fabricius, 1798) (图版 XVII-9)

Coccinella discolor Fabricius, 1798: 77.
Micraspis discolor: Miyatake, 1965: 64.

主要特征：体卵圆形，强度拱起，末端稍窄。复眼内缘平直，凹入窄而深。虫体红至橘红色，头部、前胸背板和腹面的基色常浅于鞘翅的色泽。前胸背板沿基缘的中部有弧形黑斑或少数独立的黑斑。鞘缝黑色，鞘翅的外缘常有黑色细窄的边缘。前胸腹板有纵隆线。后基线不完整。爪完整，具基齿。腹面后胸腹板和第Ⅰ–Ⅳ腹板中央黑色，有时黑色部分向外扩展。足色与腹面相似。雄虫第Ⅴ腹板后缘呈浅的弧形内凹；雌虫第Ⅴ腹板后缘平直。

分布：浙江、陕西、江苏、上海、湖北、江西、湖南、福建、广东、海南、香港、广西、四川、贵州、云南、西藏；日本，印度，泰国，斯里兰卡，菲律宾，马来西亚，印度尼西亚，密克罗尼西亚。

167. 小巧瓢虫属 *Oenopia* Mulsant, 1850

Oenopia Mulsant, 1850: 374, 420. Type species: *Oenopia cinctella* Mulsant, 1850.

主要特征：体近圆形，背面半球形拱起，或体卵形，背面中度拱起。唇基前缘侧突间平直，有时稍内凹；两复眼之间的距离至少是眼宽的2倍；前胸背板前缘明显内凹，侧缘及前角内缘具边褶；鞘翅侧缘具完整的边褶；前胸背板缘折前端接近前胸腹板处具凹陷或无；前胸腹板突有2条纵隆线，长度不一；中胸腹板前缘内凹不强烈，但明显；后基线不完整，具1分支，有时分支不甚明显；中、后足胫节端有2个距刺，爪具基齿。

分布：世界广布。中国记录25种，浙江分布1种。

(369) 粗网巧瓢虫 *Oenopia chinensis* (Weise, 1912)

Coelophora chinensis Weise, 1912: 113.
Oenopia chinensis: Pang & Mao, 1980: 38.

主要特征：体长椭圆形，弧形拱起。头部雄性黄色，雌性黑色。前胸背板黑色，两前角各有1黄色大斑。鞘翅黑色，各具3黄色大斑，前角2长圆形斑并列，后面1卵圆形斑，位于鞘翅的端部。腹面黑色，唯前胸背板缘折大部分黄白色，鞘翅缘折前2/3为橙黄色具黑色边缘。足黑色，跗节色较淡。雄虫中后胸后侧片白色。雄虫第Ⅴ腹板后缘全线内凹，第Ⅵ腹板后缘明显深内凹。雌虫第Ⅴ腹板后缘齐平，第Ⅵ腹板后缘尖形凸出。

分布：浙江、山东、江苏、上海、湖南、福建、台湾、广东、广西、四川、贵州、云南。

168. 龟纹瓢虫属 *Propylea* Mulsant, 1846

Propylea Mulsant, 1846: 147, 152. Type species: *Coccinella quatuordecimpunctata* Linnaeus, 1758.

主要特征：前胸背板前角向前突出，侧缘有狭窄镶边，后角钝圆。前胸背板缘折前内角显著凹陷。前胸腹板纵隆线之间凹入，但雄虫较平坦。中胸腹板前缘中央呈三角形凹陷。小盾片三角形，宽显著大于长，其宽为前胸背板后缘的1/10。鞘翅基缘较前胸背板宽。鞘翅外缘有镶边，向外扩张。鞘翅缘折内部一半水平状，外部一半倾斜，内缘有脊。后基线向后延伸至第Ⅰ腹板附近再伸向侧缘。爪基部具齿。

分布：世界广布。世界已知4种，中国记录4种，浙江分布2种。

（370）龟纹瓢虫 *Propylea japonica* (Thunberg, 1781)（图版 XVII-10）

Coccinella japonica Thunberg, 1781: 12.
Propylea japonica: Lewis, 1896: 30.

主要特征：体长圆形，弧形拱起，表面光滑。体基色黄色，鞘翅有龟纹状黑色斑纹。雄虫头部前额黄色而基部在前胸背板之下黑色，前额有1三角形的黑斑，有时扩大至全头黑色。前胸背板中央有1大型黑斑，其基部与后缘相连，有时近于扩展至全前胸背板而仅留黄色的前缘及后缘。鞘翅上的黑斑常有变异：黑斑扩大相连或黑斑缩小而成独立的斑点，有时甚至黑斑消失或全部为黑色。腹面胸部雌虫全为黑色，雄虫的前、中胸黄褐色。

分布：浙江、黑龙江、吉林、辽宁、内蒙古、北京、河北、山东、河南、陕西、宁夏、甘肃、新疆、江苏、上海、湖北、江西、湖南、福建、台湾、广东、海南、广西、四川、贵州、云南；俄罗斯，日本，印度，美国。

（371）黄室龟瓢虫 *Propylea luteopustulata* (Mulsant, 1850)（图版 XVII-11）

Oenopia (Pania) luteopustulata Mulsant, 1850: 421.
Propylea luteopustulata: Vandenberg & Gordon, 1991: 30.

主要特征：体椭圆形，强度拱起。头部褐黄色。前胸背板黑色，前缘呈梯形内凹，两前角各有1黄褐色斑与前缘黄褐色带相连。鞘翅颜色和斑纹变化较大。鞘翅黑色者，每鞘翅上或具5黄斑呈2-2-1排列，或4黄斑，或前面2黄斑相连形成1条黄色横带；或前后横带相连。鞘翅黄褐色者，每鞘翅上有5黑斑呈3-2排列。足基节和腿节黑色，胫节和跗节褐色。前胸腹板有纵隆线。后基线向后斜伸，达腹板后缘并平伸至侧缘。雄虫第Ⅵ腹板中央稍内凹，雌虫后缘外突。

分布：浙江、河南、陕西、湖南、福建、台湾、广东、广西、四川、贵州、云南、西藏；印度（含锡金），不丹，尼泊尔，缅甸，泰国。

169. 褐菌瓢虫属 *Vibidia* Mulsant, 1846

Vibidia Mulsant, 1846: 147. Type species: *Coccinella duodecimguttata* Poda, 1761.

主要特征：复眼完全被前胸背板所遮盖，复眼大，小眼较大；两复眼内缘在近唇基端向两侧明显分离；

复眼间距略小于复眼直径。唇基无侧突，中间平直。触角长，末 3 节略膨大形成触角棒，触角各节刚毛浓密。前胸背板缘折无缘折窝。鞘翅缘折内缘与外缘基本水平，无缘折窝。后基线较短。足胫节无距刺。

分布：古北区、东洋区。世界已知 6 种，中国记录 5 种，浙江分布 1 种。

（372）十二斑褐菌瓢虫 *Vibidia duodecimguttata* (Poda, 1761)（图版XVII-12）

Coccinella duodecimguttata Poda, 1761: 25.
Vibidia duodecimguttata: Mulsant, 1846: 150.

主要特征：体椭圆形，半圆形拱起。头部白色，额部窄，触角基节长且膨大。前胸背板和鞘翅基色褐色，前胸背板两侧各 1 白色纵条，有时分为前角和基角两斑，或连成 1 大白斑。前胸背板较扁平，前缘略弧形内凹。鞘翅各有 6 白色斑点。前胸腹板有纵隆线，达中部后不明显。后基线向下在后缘附近平行外伸，到外缘消失。腹部腹板和足黄褐色。雄虫第Ⅴ腹板后缘呈弧形内凹，第Ⅵ节腹板后缘中央呈半圆形内凹；雌虫第Ⅴ腹板后缘平直，第Ⅵ腹板向后凸出。

分布：浙江、吉林、北京、河北、河南、陕西、甘肃、青海、上海、湖南、福建、广东、广西、四川、贵州、云南、西藏；俄罗斯，蒙古，朝鲜，日本，越南，欧洲。

食植瓢虫族 Epilachnini Mulsant, 1846

主要特征：虫体近于瓢形，周缘卵圆形、卵形或后端收窄而近似于心形，背面拱起或甚拱起；背面黄棕、棕黄或红棕色而有黑色斑点或黑色而有浅色斑点，被黄白色或灰白色细毛，在黑色部分上的细毛亦常为黑色；鞘翅外缘不向外宽展；前胸背板后角及鞘翅肩角钝圆，两者不紧密相接；有明显的后基线，后基线完整或近于完整。

世界已知 27 属 1000 种以上，中国记录 8 属 156 种，浙江分布 2 属 7 种。

170. 食植瓢虫属 *Epilachna* Chevrolat, 1837

Epilachna Chevrolat in Dejean, 1837: 436. Type species: *Coccinella borealis* Fabricius, 1775.

主要特征：触角 11 节，着生处位于两复眼前缘延线之后，即较近于两复眼之间，而不在复眼之前；上颚有 3 端齿和 2 侧齿，侧面有锯齿状小齿，无基齿；唇基不向两侧伸展，亦不向前伸展，触角及上唇的基部不被覆盖；跗爪分裂而无基齿，雌性第Ⅵ腹板中央无纵缝，雄性外生殖器中叶背面无基刃，亦无细毛。

本属种数较多，且包括形态上差异较大的类群，雄性外生殖器和雌性外生殖器也有多种形式，虽然在近年来已分出了不少属，但仍是本族中较复杂的属。

分布：世界广布。世界已知 580 种，中国记录 102 种，浙江分布 5 种。

分种检索表

1. 弯管端有 1 细长而呈螺旋形弯曲的附突 ·· 端尖食植瓢虫 *E. quadricollis*
- 弯管端无附突 ··· 2
2. 体长小于 6.0 mm ·· 中华食植瓢虫 *E. chinensis*
- 体长大于 6.0 mm ··· 3
3. 虫体近于心形，背面明显拱起；鞘翅外缘约 1/10 向上翻起；阳基中叶侧面观较平直；鞘翅上的黑斑有明显棱角 ············ 菱斑食植瓢虫 *E. insignis*
- 虫体近于圆形；鞘翅外缘不向上翻起；阳基中叶侧面观明显弯曲；鞘翅上的黑斑无棱角 ····························· 4

4. 前胸背板中央具 1 黑色圆斑；鞘翅上各具 5 黑斑，呈 2-2-1 排列；阳基中叶侧面观似刀状，正面观中叶末端收窄，顶部弧形内凹，侧叶稍短于中叶；弯管细长，基半部半圆形弯曲，末端稍细，近端部有凹迹·········· **安徽食植瓢虫 E. anhweiana**

- 鞘翅各具 6 黑斑，在浅色型中，斑点缩小，常不规则，或部分斑点消失；阳基中叶侧面观端部尖锐；弯管基半部半圆形弯曲，弯管端开口于外方，开口处之前具带毛的唇状叶 ·· **瓜茄瓢虫 E. admirabilis**

（373）瓜茄瓢虫 *Epilachna admirabilis* Crotch, 1874（图版 XVIII-1）

Epilachna admirabilis Crotch, 1874: 81.

主要特征：背面棕色至棕红色。头部无黑斑或少数有 1 黑斑；前胸背板无黑斑或有 1 黑色中斑，或中斑甚大，近于占据整个前胸背板，仅留浅色的前角；或中斑中央分离而成左右 2 斑。鞘翅上有 6 黑色斑点。虫体周缘近于心形，中部之前最宽，端部收窄。前胸背板侧缘弧形，基缘两侧内弯，后角突出。鞘翅侧缘线隆起。后基线近于完整，伸向前缘而不达前缘，其后缘达腹板的 6/7–7/8。雄性第 V 腹板后缘平截而中央稍突出；雌性第 V 腹板后缘广弧形内凹。

分布：浙江、陕西、江苏、安徽、湖北、福建、台湾、广西、四川、云南；日本，印度（含锡金），尼泊尔，孟加拉国，缅甸，越南，泰国。

（374）安徽食植瓢虫 *Epilachna anhweiana* (Dieke, 1947)（图版 XVIII-2）

Afissa anhweiana Dieke, 1947: 147.
Epilachna anhweiana: Cao, 1992: 193.

主要特征：背面棕黄色，被有短细毛。头、额与唇基愈合，上唇外露，完整。前胸背板横向，中间有 1 黑色圆斑。每翅有 5 黑色斑点，排列为 2-2-1，第 5 斑较其他斑圆且小。虫体周缘卵圆形，上颚有 3 端齿，1 侧齿。触角 11 节，末端 3 节膨大成锯齿状，第 I 节膨大，呈半球形。雄性第 V 腹板平截，第 VI 腹板向外突出；雌性第 V 腹板平截，第 VI 腹板略凹。

分布：浙江、河南、江苏、安徽、广西、云南。

（375）中华食植瓢虫 *Epilachna chinensis* (Weise, 1912)（图版 XVIII-3）

Solanophila chinensis Weise, 1912: 112.
Epilachna chinensis: Li & Cook, 1961: 74.

主要特征：前胸背板中央有 1 黑色横斑；鞘翅各有 5 黑斑，呈 2-2-1 排列，其中 1 斑在浅色型位于小盾片之后，不与鞘缝相连，在深色型中可连至鞘缝；2 斑位于肩胛上；3 斑横置，独立；5 斑稍横置，接近鞘缝及外缘。虫体周缘卵形，背面拱起。前胸背板侧缘弧形。后基线完整，匀称的圆弧形，后缘伸达腹板的 5/6，外端伸达前缘。雄性第 V 腹板后缘平截或稍内凹，第 VI 腹板后缘弧形突出；雌性第 V 腹板后缘广弧形突出，第 VI 腹板后缘亦弧形突出。

分布：浙江、陕西、安徽、福建、台湾、广东、广西、贵州、云南；日本。

（376）菱斑食植瓢虫 *Epilachna insignis* Gorham, 1892（图版 XVIII-4）

Epilachna insignis Gorham, 1892: 84.

主要特征：背面砖红色，被黄色细毛，但黑斑上的细毛亦为黑色。前胸背板上有 1 黑色中斑。鞘翅上有 7 黑色斑点。虫体近于心形，背面明显拱起，最宽处位于中部之前、肩胛之后。前胸背板侧缘弧形，后缘向两侧斜伸，后角呈钝角；鞘翅外缘约 1/10 向上翻起，两侧缘向后收窄。前胸腹板突的两侧有深色的隆线，基叶的中部甚收窄。后基线近于完整。雄性第 V 腹板后缘平截，第 VI 腹板后缘中央有缺口；雌性第 V 腹板后缘稍内弯且稍凹，第 VI 腹板后缘中央稍凹。

分布：浙江、河南、陕西、安徽、福建、广东、四川、云南。

（377）端尖食植瓢虫 Epilachna quadricollis (Dieke, 1947)（图版 XVIII-5）

Aflssa quadricollis Dieke, 1947: 134.

Epilachna quadricollis: Pang & Mao, 1979: 149.

主要特征：前胸背板中央的两侧各有 1 黑色大斑，或黑斑缩小而出现 4 横列的黑斑；鞘翅各有 5 黑色斑点，2 斑的前缘弯曲，围绕肩胛突起，1 斑独立，或与另一鞘翅上相对应的斑点构成缝斑，其他各斑均互相独立，不与外缘及鞘缝相接。虫体周缘近于卵圆形，背面拱起。后基线近于完整，其外缘近于与腹板的侧缘相平行，末端不达第 I 腹板前缘。雄性第 V 腹板后缘近于平截而中央稍内凹，第 VI 腹板中央内凹；雌性第 V 腹板后缘稍外突，第 VI 腹板后缘外突。

分布：浙江、天津、河北、山东、江苏、江西、福建、广东、广西、四川。

171. 裂臀瓢虫属 Henosepilachna Li et Cook, 1961

Henosepilachna Li *et* Cook, 1961: 35. Type species: *Coccinella sparsa* Herbst, 1786 (= *Coccinella vigintioctopunctata* Fabricius, 1775).

主要特征：触角 11 节，着生处位于两复眼前缘延线之后，即较近于两复眼之间，而不在复眼之前；唇基不向两侧伸展，亦不向前伸展，触角及上唇的基部不被覆盖；跗爪分裂而具基齿，雌性第 VI 腹板中央有纵缝；雄性外生殖器中叶背面有基刃，基刃之前有细毛。

分布：世界广布。世界已知 250 种，中国记录 24 种，浙江分布 2 种。

（378）马铃薯瓢虫 Henosepilachna vigintioctomaculata (Motschulsky, 1857)（图版 XVIII-6）

Epilachna 28-maculata Motschulsky, 1857: 40.

Henosepilachna vigintioctomaculata: Li & Cook, 1961: 48.

主要特征：前胸背板上有 7 黑斑，中间 3 斑连合成黑斑，两侧 2 斑分别连接形成黑斑，有些个体前胸背板黑色，只留浅色的前缘及外缘。鞘翅上有 6 基斑及 8 变斑。虫体周缘近于卵形或心形，背面拱起。鞘翅端角的内缘与鞘缝呈切线相连，不呈角状突出。后基线近于圆弧形，但于前弯时稍呈角状弯曲，后缘伸达第 I 腹板的 6/7–7/8 处。雄性第 V 腹板后缘稍外突，第 VI 腹板后缘有缺切；雌性第 V 腹板后缘平截，且中央近末端的 1/2 以后有 1 凹，第 VI 腹板中央纵裂。

分布：浙江、黑龙江、吉林、辽宁、河北、山西、山东、河南、陕西、甘肃、江苏、广西、四川、云南、西藏；俄罗斯，朝鲜，日本。

（379）茄二十八星瓢虫 Henosepilachna vigintioctopunctata (Fabricius, 1775)（图版 XVIII-7）

Coccinella 28-punctata Fabricius, 1775: 84.

Henosepilachna vigintioctopunctata: Li & Cook, 1961: 40.

主要特征：前胸背板上有 7 黑色斑点，在浅色型中，斑点部分消失以至全部消失，在深色型中，斑点扩大、连合以至前胸背板黑色；每鞘翅上有 6 基斑和 8 变斑，在一些个体中变斑部分消失或全部消失而仅留 6 基斑，或基斑扩大、连合而成各种斑纹。虫体周缘近于心形或卵形，背面拱起。鞘翅端角与鞘缝的连合处呈明显的角状突起。后基线近于完整。雄性第 V 腹板后缘平截或稍内凹，第 VI 腹板后缘有缺切；雌性第 V 腹板后缘平截或中央微突，第 VI 腹板中央纵裂。

分布：浙江、河北、山东、河南、陕西、江苏、安徽、江西、福建、台湾、广东、海南、香港、广西、四川、贵州、云南、西藏；日本，印度，不丹，尼泊尔，缅甸，泰国，印度尼西亚，新几内亚，澳大利亚。

显盾瓢虫族 Hyperaspini Costa, 1849

主要特征：体卵形，通常无毛。触角短于头长，9–11 节，端节小并内陷；复眼大且无缺刻，小眼面较细；下颚须末节斧状；前胸背板与鞘翅基缘紧密衔接，其后角近于直角形；鞘翅缘折及腹面通常有深凹以承受中、后足腿节的末端；胫节细长，跗节隐 4 节；小盾片通常较大；可见腹板 6 节；阳基中叶不对称，齿状，分离于基部；雌性外生殖器通常较短，呈横向，受精囊退化或缺失。

世界已知 14 属 200 种以上，中国记录 1 属 5 种，浙江分布 1 属 3 种。

172. 显盾瓢虫属 *Hyperaspis* Redtenbacher, 1843

Hyperaspis Redtenbacher, 1843: 8. Type species: *Coccinella reppensis* Herbest, 1783.

主要特征：体卵形，背面无毛。触角 10 节或 11 节，柄节长长于宽，触角窝外露；前胸背板两侧缘平直，与鞘翅基缘紧密相连，其后角近于直角；小盾片较大；鞘翅缘折及腹面有深凹以承受中、后足腿节的末端；胫节外缘有角状突起；转节凹陷以承受胫节的末端；可见腹板 6 节，后基线不完整，其外端弯向第 I 腹板外缘；阳基中叶不对称。

分布：世界广布。世界已知超过 100 种，中国记录 5 种，浙江分布 3 种。

分种检索表

1. 鞘翅全黑无任何斑纹 ··· 黑背显盾瓢虫 *H. amurernsis*
- 鞘翅上全黑且有红色或黄色圆斑 ·· 2
2. 每个鞘翅在接近鞘翅末端上有 1 橙黄色圆斑 ··· 亚洲显盾瓢虫 *H. asiatica*
- 每个鞘翅中央 2/3 处有 1 红色圆斑 ··· 中华显盾瓢虫 *H. sinensis*

（380）黑背显盾瓢虫 *Hyperaspis amurernsis* Weise, 1887（图版 XVIII-8）

Hyperaspis amurernsis Weise, 1887: 187.

主要特征：体卵圆形，强烈拱起，光滑无毛。雄性额区大部分为白色，雌性头部黑色。前胸背板黑色，雄性前胸背板侧缘有 2 白斑，不达后缘但前角有时也为白色，雌性无此斑。鞘翅黑色无斑纹，小盾片黑色。腹部黑色，足棕褐色。后基线斜伸到第 I 腹板后缘，并向前呈弧形伸至腹板中央终止。雄虫腹板第 V 节后缘和第 VI 节后缘呈弧形凹入。

分布：浙江、河南、陕西、湖北；俄罗斯。

（381）亚洲显盾瓢虫 *Hyperaspis asiatica* Lewis, 1896（图版 XVIII-9）

Hyperaspis asiatica Lewis, 1896: 33.

主要特征：体近卵圆形，中度拱起。雄虫头部额区橙黄色，雌虫黑色，触角、口器、前足黄褐色；前胸背板靠近两侧缘各有 1 橙黄色斑；雄虫紧靠前缘有 1 条窄的橙黄色纹与左右两斑相连，雌虫无此纹；鞘翅末端各有 1 斜椭圆形橙黄色斑。后基线斜伸到第 I 腹板后缘，并向前呈弧形伸至腹板中央终止。雄虫第 V 腹板后缘平直，第 VI 腹板后缘稍凹。

分布：浙江、黑龙江、吉林、辽宁、河北、山东、陕西、江苏；日本。

（382）中华显盾瓢虫 *Hyperaspis sinensis* (Crotch, 1874)（图版 XVIII-10）

Cryptogonus sinensis Crotch, 1874: 203.

Hyperaspis sinensis: Weise, 1885: 58.

主要特征：体近卵圆形，中度拱起，黑色。雄虫额区橙黄，唇基靠前缘具半月形黑斑，雌虫均为黑色。雄虫前胸背板紧靠两侧缘具橙黄色斑，雌虫为黑色。在鞘翅中央 2/3 处各有 1 红色圆斑。前胸背板缘折外侧橙黄色，腹面和足的腿节黑色，胫节和跗节棕褐色。后基线斜伸到第 I 腹板后缘，并向前呈弧形伸至腹板中央终止。雄虫腹板第 V 节后缘和第 VI 节后缘呈弧形凹入。

分布：浙江、北京、江苏、安徽、江西、福建、广东、香港、广西、四川、贵州；俄罗斯（西伯利亚），日本。

短角瓢虫族 Noviini Gangelbauer, 1899

主要特征：虫体卵圆形，拱起。触角粗短，8 节；复眼的小眼面不特别粗；前胸背板后角钝圆，狭于鞘翅基缘，两者不紧密衔接；可见腹板 6 节；跗爪端节仅有 1 节。

世界已知 1 属超过 40 种，中国记录 1 属 17 种，浙江分布 1 属 3 种。

173. 短角瓢虫属 *Novius* Mulsant, 1846

Novius Mulsant, 1846: 213. Type species: *Nomius cruentatus* Mulsant, 1846.

主要特征：虫体周缘卵形，被密毛。触角 8 节，较为粗短，着生于复眼之前，其基部并未被唇基所遮盖。唇基则在复眼之前收窄。上颚的末端尖锐，分裂为 2 个小齿，且有基齿。下颚须的末节两侧向端部变宽，且末端平截，呈斧状。前胸背板为梯形，其后角钝圆，宽度常窄于鞘翅的基部，并未与鞘翅基缘紧密衔接。前胸腹板基片甚短，外露部分呈线状的横带。足的胫节宽大，其外缘有角状突起，近末端处有纵沟承受跗节；跗节隐 4 节式，跗爪端节为 1 节。

分布：世界广布。世界已知超过 70 种，中国记录 17 种，浙江分布 3 种。

分种检索表

1. 鞘翅一色 ·· 大短角瓢虫 *N. rufopilosa*
- 鞘翅两色 ·· 2
2. 鞘缝黑色，鞘翅 1/3 处有豆荚形黑斑，2/3 处有斧形黑斑 ······························ 澳洲短角瓢虫 *N. cardinalis*
- 鞘缝红色，鞘翅各有 3 较大黑色方斑，呈 2–1 排列 ···································· 四斑短角瓢虫 *N. quadrimaculata*

（383）澳洲短角瓢虫 *Novius cardinalis* (Mulsant, 1850)（图版 XVIII-11）

Vedalia cardinalis Mulsant, 1850: 906.

Rodolia cardinalis: Korschefsky, 1931: 99.

Novius cardinalis: Pang et al., 2020: 6.

主要特征：复眼黑色，背面红色而有黑色斑纹；前胸背板后缘黑色，两侧有黑斑；小盾片黑色；鞘翅上的黑色缝斑到达末端，在小盾片之下至中部扩展成较大黑斑；肩胛内侧下方有 1 豆荚形黑斑；鞘翅 2/3 处内线上有 1 斧状黑斑，此斑伸达外缘并沿外缘与黑色缝斑的末端相连。腹面胸部及腹基部中央黑色，其余部分黄色。虫体短卵形；前胸腹板中央隆起部分短梯形，凹陷不深；后基线在第Ⅰ腹板后缘之前弯到达前缘。

分布：浙江、江苏、上海、江西、福建、台湾、广东、香港、广西、四川、云南；澳大利亚。

（384）四斑短角瓢虫 *Novius quadrimaculata* (Mader, 1939)（图版 XVIII-12）

Rodolia quadrimaculata Mader, 1939: 48.
Novius quadrimaculata: Pang et al., 2020: 20.

主要特征：头部红褐色，复眼黑色，触角、口器、小盾片红褐色。前胸背板红色，其上的 1 大型黑斑中部深凹，后与前胸背板后缘相连。鞘翅各有 3 个较大的黑色方斑，呈 2-1 排列。腹面前胸腹板红褐色，中、后胸腹板及腹部中部大部分黑色，其余部分红褐色，鞘翅缘折、足红褐色。虫体近圆形。体表密被黄白色细毛。头部和前胸背板刻点细密而浅。鞘翅上刻点较粗。前胸腹板中央凹，1 条向内斜的纵隆线向后缘伸到前缘与前缘横隆线相连。后基线完整，弧形弯曲。

分布：浙江、安徽、江西、湖南、福建、台湾、广东、海南、贵州；日本。

（385）大短角瓢虫 *Novius rufopilosa* (Mulsant, 1850)（图版 XIX-1）

Rodolia rufopilosa Mulsant, 1850: 903.
Novius rufopilosa: Pang et al., 2020: 20.

主要特征：头、前胸背板、小盾片、腹面各部和足黄红色。鞘翅樱红色。虫体近圆形，鞘翅肩角部分较宽，呈半球形拱起，密被金黄色毛。触角 8 节。上唇宽带形，前缘齐平，被有密毛。前胸背板中部最宽，后部向内倾斜，前缘凹入很深，两侧弧形，肩角钝圆，基角不明显。鞘翅缘折前宽后窄，直至末端，无深陷。前胸腹板中隆区拱起，纵隆线直达前胸腹板前缘的横隆线。后基线完整，弧形。足胫节有纵陷，其侧缘具长毛，以承受跗节。

分布：浙江、陕西、甘肃、江苏、上海、湖北、湖南、福建、广东、香港、广西、四川、贵州、西藏；印度，缅甸，越南，菲律宾，印度尼西亚。

广盾瓢虫族 Platynaspini Mulsant, 1846

主要特征：唇基向两侧伸展于复眼之前，遮盖触角基部；背面密被细毛；两性可见腹板均为 6 节；跗节隐 4 节式。

世界已知 2 属，中国记录 1 属 14 种，浙江分布 1 属 2 种。

174. 广盾瓢虫属 *Platynaspis* Redtenbacher, 1843

Platynaspis Redtenbacher, 1843: 11. Type species: *Coccinella luteorubra* Goeze, 1777.

主要特征：体小至中型，虫体周缘卵圆形至卵形。上唇被伸展的唇基所遮盖。触角 9 节，柄节与梗节较大，分界明显，且短于其余部分之半。触角端节前端近于平截。前胸背板后缘与鞘翅基缘同宽，两者紧密衔接。鞘翅缘折有凹陷，以容纳中足及后足腿节末端。

分布：古北区、东洋区。中国记录 14 种，浙江分布 2 种。

(386) 艳色广盾瓢虫 *Platynaspis lewisii* Lewis, 1873（图版 XIX-2）

Platynaspis lewisii Lewis, 1873: 56.

主要特征：头棕黄色。前胸背板黑至黑棕色。鞘翅的基缘、鞘缝及外缘均为黑色，鞘缝 1/3 处的缝斑呈弧形增宽，在各翅上还各有 2 黑色斑点，呈前后排列。鞘翅的浅色部分为红棕色，在前后 2 黑斑之间还常出现黄色的长圆形大斑，因而鞘翅上呈现出 3 种不同的色泽，有时黄斑不甚明显。鞘翅上的斑纹常有变异，有黑斑扩大而相连的，甚至鞘翅大部分为黑色的。虫体周缘近于圆形，拱起。前胸腹板的 2 纵隆线距离较宽，近于伸达前缘。后基线伸达第 I 腹板后缘。

分布：浙江、山西、山东、陕西、甘肃、江苏、上海、湖北、江西、福建、台湾、广东、海南、广西、云南；朝鲜，日本，印度，缅甸。

(387) 四斑广盾瓢虫 *Platynaspis maculosa* Weise, 1910（图版 XIX-3）

Platynaspis maculosa Weise, 1910: 48.

主要特征：头部黄色（♂）或黑色（♀）。前胸背板黑色，有黄至黄棕色的侧斑。鞘翅黄至棕红色，鞘缝黑色，鞘翅端部的外缘亦为黑色。各翅上各有 2 前后排列的黑斑；鞘翅的浅色部分如为黄色，则其外缘及与鞘翅缝斑的色泽渐近于棕红色。虫体周缘近于圆形，拱起。前胸腹板上的 2 纵隆线距离较窄，仅伸达两前足基节窝连线之前，前面部分互相接近。后基线较平直地伸向后缘，而后成曲折向前斜伸，但不达腹板前缘。中足腿节内侧有 1 明显的齿突。

分布：浙江、山西、山东、河南、陕西、甘肃、江苏、安徽、湖北、江西、福建、台湾、广东、海南、香港、广西、四川、贵州、云南；越南。

彩瓢虫族 Plotinini Miyatake, 1994

主要特征：虫体小至中等大小，中等至强烈拱起，表面光滑。唇基未向两侧强烈伸展，但到达复眼前缘处。触角 10 节；上颚发达，具基齿；下颚须末节两侧近乎平行或轻微扩大成斧状。前胸腹板正常的 T 形。可见腹板 5 节，后基线完整。中、后足胫节有距。

世界已知 8 属 28 种，中国记录 3 属 10 种，浙江分布 1 属 1 种。

175. 彩瓢虫属 *Plotina* Lewis, 1896

Plotina Lewis, 1896: 35. Type species: *Plotina versicolor* Lewis, 1896.

主要特征：体小至中等大小，广卵形，中度拱起，背面光滑。复眼小，表面粗糙，具小眼面，在触角之后内凹。唇基前缘狭窄。触角 10 节，长而粗，端部 4 节形成锤节。下颚须末节长形，端部稍宽。前胸腹板 T 形，基部的两侧之内有隆脊，两隆脊向外分开，前胸腹板的侧叶较宽。可见腹板 5 节。后基线完整，其外端到达后足基节窝的外侧。鞘翅缘折上无凹以承受腿节末端。

分布：古北区、东洋区。世界已知 7 种，中国记录 7 种，浙江分布 1 种。

(388) 多彩瓢虫 *Plotina versicolor* Lewis, 1896（图版 XIX-4）

Plotina versicolor Lewis, 1896: 35.

主要特征：头部黄褐色。前胸背板黄褐色，后半部有 1 长方形黑斑。鞘翅基色红褐色，每鞘翅前后各有 2 黄白色大斑，还各有 5 黑斑：1 斑位于肩角处；2、3 斑长形，并排排列于鞘翅中央；4、5 斑位于鞘翅 4/5 处；4 斑较大，偏于外侧，5 侧与鞘缝相连。腹面黄褐色，中、后胸颜色略深，足黄褐色。虫体卵圆形，中度拱起，光滑有光泽。触角 11 节。鞘翅缘折到达末端，无明显凹陷。前胸腹板呈 T 形，足胫节有距，隐 4 节。第 I 腹板后基线完整。

分布：浙江、安徽；日本。

小毛瓢虫族 Scymnini Costa, 1849

主要特征：体微小至小型，少数中型；虫体周缘卵形至长卵形，拱起，鞘翅的外缘不明显向外平展。触角 8–11 节，着生于头部复眼之前；下颚须末节宽展而呈斧状，或两侧近于平行而前端平截；前胸腹板基片及前胸腹板突呈正常的 T 形；复眼卵圆形，中等大小，前面无带纤毛的窄带所包围；前胸腹板前缘齐平或稍内凹，前缘中央不呈弧形向前突出；前胸腹板突长形或方形；纵隆线有或无。

世界已知 20 余属超过 1600 种，中国记录 9 属 338 种，浙江分布 2 属 31 种。

176. 基瓢虫属 *Diomus* Mulsant, 1850

Scymnus (*Diomus*) Mulsant, 1850: 951. Type species: *Coccinella thoracicus* Fabricius, 1801.

主要特征：前胸腹板的纵隆线细弱，但伸达前缘；后基线伸达且与后缘重合，末端不向前弯曲；第 I 与第 II 腹板中部紧密连接而并合在一起；跗节 3 节，跗爪端节仅 1 节。

分布：世界广布。世界已知 375 种，中国记录 4 种，浙江分布 1 种。

(389) 褐缝基瓢虫 *Diomus akonis* (Ohta, 1929)（图版 XIX-5）

Pullus akonis Ohta, 1929: 6.
Scymnus (*Pullus*) *akonis*: Korschefsky, 1931: 141.
Diomus brachysiphonius Pang *et* Huang, 1986: 59.
Diomus brunsuturalis Pang *et* Gordon, 1986: 192.
Diomus akonis: Kitano, 2010: 169.

主要特征：体长卵形，中度拱起，被淡黄白色毛。头黄色；前胸背板黄色，或在基部有黑褐色基斑，或斑纹黑色变大，仅剩前侧缘黄棕色；鞘翅黄色，基部有 1 近三角形的黑斑，伸达鞘翅 2/3 的长度；在浅色的个体中，前胸及鞘翅均为黄色；而在深色的个体中，鞘翅的黑斑扩大，达翅的侧缘，仅剩端 1/3 黄棕色；足黄色。前胸腹板的纵隆线平行伸达前缘。后基线不完整，伸达第 I 腹板的后缘，伸向外侧；后基线内刻点细，分布较均匀，第 I 腹板中部刻点较粗大。

分布：浙江、北京、陕西、新疆、福建、台湾、广东、海南、四川；越南。

177. 小毛瓢虫属 *Scymnus* Kugelann, 1794

Scymnus Kugelann, 1794: 545. Type species: *Scymnus nigrinus* Kugelann, 1794: 548.

主要特征：虫体小至微小，少数中等大小，卵圆形或长卵形，背面中度拱起，密被细毛。触角 11 节，少数 10 节。下颚须末节近斧状。前胸腹板 T 形，纵隆线明显且伸达前缘。腹部可见腹板 6 节。第 I 腹板后基线完整或不完整。跗节隐 4 节。

分布：世界广布。世界已知超过 900 种，中国记录 268 种，浙江分布 30 种。

分种检索表

1.	触角 10 节	2
-	触角 11 节	3
2.	鞘翅黑色，末端边缘黄棕色	黑背毛瓢虫 *S. (N.) babai*
-	鞘翅红褐色，鞘缝黑色	黑襟毛瓢虫 *S. (N.) hoffmanni*
3.	后基线不完整	4
-	后基线完整	7
4.	前胸背板具 1 三角形黑斑	5
-	前胸背板无三角形黑斑	6
5.	前胸背板基部黑斑较大，伸达背板前缘；弯管端具膜状附属物	长隆小毛瓢虫 *S. (S.) folchinii*
-	前胸背板基部黑斑较小，位于基部中央；弯管端具管状附属物	拳爪小毛瓢虫 *S. (S.) scapanulus*
6.	前胸背板黄色；跗爪特别长；弯管端呈钩状，具线状突起	长爪小毛瓢虫 *S. (S.) dolichonychus*
-	前胸背板红棕色；跗爪长度正常；弯管端部膨大成叶状，末端具 1 线状附属物	端丝小毛瓢虫 *S. (S.) acidotus*
7.	鞘翅全为红棕色	8
-	鞘翅黑色，末端具黄色窄边	14
8.	体长小于 2.0 mm	9
-	体长大于 2.0 mm	12
9.	弯管细长，末端尖细；体长 1.5 mm	叶形小瓢虫 *S. (P.) phylloides*
-	弯管粗短，末端膨大	10
10.	鞘翅的翅基、翅缘和鞘缝棕褐色；弯管囊外突长，内突短；体长 1.5–1.9 mm	真实小瓢虫 *S. (P.) kaguyahime*
-	鞘翅全为红棕色；弯管囊外突短，内突长	11
11.	第 V 腹板后缘具齿状突起；弯管端外侧呈开口状；体长 1.6–1.7 mm	盖端小瓢虫 *S. (P.) perdere*
-	第 V 腹板后缘无齿状突起；弯管端外弯，外侧具膜状附属物；体长 1.9 mm	临安小瓢虫 *S. (P.) linanicus*
12.	后基线围绕区呈梯形；阳基侧叶细长；体长 2.5–2.6 mm	曲管小瓢虫 *S. (P.) klinosiphonicus*
-	后基线围绕区呈弯月形；阳基侧叶宽大	13
13.	阳基侧叶明显长于中叶，末端具密集长毛；体长 2.1–2.2 mm	矛端小瓢虫 *S. (P.) lonchiatus*
-	阳基侧叶稍长于中叶，末端具稀疏长毛；体长 2.0–2.3 mm	柳端小瓢虫 *S. (P.) rhamphiatus*
14.	鞘翅具黄棕色或红色斑纹	15
-	鞘翅无斑纹，仅末端呈棕色或褐色	17
15.	鞘翅具 1 个 U 形黄棕色斑纹，近翅基处较窄，后向末端逐渐扩大	中黑小瓢虫 *S. (P.) centralis*
-	鞘翅具 1 对或 2 对黄色或红色斑纹	16
16.	鞘翅上有 2 条对黄棕色斑纹，前后排列；弯管囊呈开放式喇叭状	四斑小瓢虫 *S. (P.) quadrillum*
-	鞘翅上具 1 对橘红色的倾斜大斑；弯管囊呈闭合式管状	足印小瓢虫 *S. (P.) podoides*
17.	前胸背板黑色	18
-	前胸背板黄棕色	20

18.	弯管近端部有 2 个角状附属物；阳基中叶正面观基部至 4/5 处两侧平行	枝角小瓢虫 *S. (P.) cladocerus*
-	弯管近端部具 1 个针状附属物；阳基中叶正面观两侧不平行	19
19.	阳基中叶侧面观稍弯曲；弯管端略膨大	黑背小瓢虫 *S. (P.) kawamurai*
-	阳基中叶侧面观呈 S 形弯曲；弯管端明显膨大	后斑小瓢虫 *S. (P.) posticalis*
20.	前胸背板基部中央具黑斑	21
-	前胸背板基部中央无黑斑	22
21.	第 I 腹板中央黑色；弯管端明显膨大；体长 2.5–2.6 mm	河源小瓢虫 *S. (P.) heyuanus*
-	第 I 和第 II 腹板中央黑色；弯管端无膨大；体长 1.9–2.2 mm	束小瓢虫 *S. (P.) sodalis*
22.	阳基中叶侧面观基半部呈隆脊状突起	箭端小瓢虫 *S. (P.) oestocraerus*
-	阳基中叶侧面观基半部无隆脊状突起	23
23.	弯管近端部无线状附属物	24
-	弯管近端部具线状附属物	27
24.	弯管中部至端部 1/3 处内侧明显膨大成囊状；体长 1.7–1.8 mm	内囊小瓢虫 *S. (P.) yangi*
-	弯管中部至端部 1/3 处内侧无膨大的囊状结构	25
25.	阳基中叶明显长于侧叶；体长 1.6–1.7 mm	箭叶小瓢虫 *S. (P.) ancontophyllus*
-	阳基中叶明显短于侧叶	26
26.	鞘翅背面被稀疏短毛；阳基侧叶末端明显加厚，具稀疏短毛；体长 1.5 mm	斧端小瓢虫 *S. (P.) pelecoides*
-	鞘翅背面被密集长毛；阳基侧叶末端未加厚，具密集长毛；体长 2.3–2.7 mm	丽小瓢虫 *S. (P.) formosanus*
27.	第 V 腹板后缘具锯齿状结构；体长 2.8–2.9 mm	弯叶小瓢虫 *S. (P.) shirozui*
-	第 V 腹板后缘光滑，无锯齿状结构	28
28.	阳基中叶侧面观基部内凹，呈倒钩状；体长 2.1–2.5 mm	倒齿小瓢虫 *S. (P.) runcatus*
-	阳基中叶侧面观基部无内凹	29
29.	后基线与第 I 腹板后缘相接；体长 2.7–3.0 mm	始兴小瓢虫 *S. (P.) shixingicus*
-	后基线不与第 I 腹板后缘相接；体长 2.5–3.3 mm	日本小瓢虫 *S. (P.) japonicus*

（390）黑背毛瓢虫 *Scymnus (Neopullus) babai* Sasaji, 1971（图版 XIX-6）

Scymnus (Neopullus) babai Sasaji, 1971: 188.

主要特征：体卵圆形，背面中度拱起，被淡黄色细毛。头淡黄棕色；前胸背板黄棕色，基部有 1 三角形黑斑，或黑斑扩大，仅前侧缘棕色；鞘翅黑色，末端边缘黄棕色；腹面除前胸及腹端 2 节黄至黄棕色外，其余黑色；足黄棕色。前胸腹板的纵隆线伸达前缘，稍向前收缩。后基线完整，伸达第 I 腹板 4/5 处，围绕区内刻点较粗大而规则。弯管较粗壮，弯管囊外突短，内突长，弯管端稍弯曲，外侧有 1 短丝状附属物及 2 膜片。阳基中叶与侧叶长度相似。

分布：浙江、黑龙江、吉林、辽宁、北京、河北、山西、山东、河南、陕西、江苏、上海、安徽、湖北、湖南、福建、海南、重庆、四川、贵州、云南；朝鲜，日本。

（391）黑襟毛瓢虫 *Scymnus (Neopullus) hoffmanni* Weise, 1879（图版 XIX-7）

Scymnus hoffmanni Weise, 1879: 152.
Scymnus (Neopullus) hoffmanni: Sasaji, 1971: 178.

主要特征：体长卵形，背面稍拱起，密被黄白色细毛。头部红褐至黄褐色。触角及口器黄褐色；前胸背板暗红褐色，基部中央具 1 大型黑斑；鞘翅红褐色，鞘缝黑色；足红褐色至黑褐色。前胸腹板的纵隆线伸达前缘，纵隆线围绕区长梯形。后基线完整，伸达第 I 腹板后缘 2/3 处，后基线围绕区内刻点不规则，端部 1/3 处光滑。弯管内突长，外突短，弯管端具 1 小丝状突起。阳基的中叶基部最宽，其长度不及最宽处的 1.5 倍；侧叶短于中叶。

分布：浙江、吉林、辽宁、内蒙古、北京、河北、山东、河南、陕西、江苏、安徽、湖北、江西、湖南、福建、台湾、广东、海南、香港、广西、四川、贵州、云南、西藏；朝鲜，日本，越南。

（392）箭叶小瓢虫 *Scymnus* (*Pullus*) *ancontophyllus* Ren et Pang, 1993（图版 XIX-8）

Scymnus (*Pullus*) *ancontophyllus* Ren et Pang, 1993: 7.

主要特征：体长卵形，背面中度拱起，被黄白色细毛。头部、触角及口器黄棕色；前胸背板黄色；鞘翅黑色，末端边缘黄色；足黄色。前胸腹板的纵隆线伸达前缘，端部稍收窄；纵隆线围绕区梯形。后基线完整，伸达第Ⅰ腹板后缘；后基线围绕区内刻点细密，沿后基线内侧光滑。弯管细长，弯管囊内突长度与外突近于相等；弯管端具 1 线状突。阳基粗壮，中叶正面观近中部最宽，向端部逐渐收窄，末端钝圆；侧叶明显短于中叶。

分布：浙江、天津、河北、山西、陕西、甘肃、安徽、湖北、四川、云南。

（393）中黑小瓢虫 *Scymnus* (*Pullus*) *centralis* Kamiya, 1965（图版 XIX-9）

Scymnus (*Pullus*) *centralis* Kamiya, 1965: 81.
Scymnus (*Scymnus*) *prosericatus* Pang, 1988: 385.

主要特征：体卵圆形，背面中度拱起，被黄白色细毛。头部黄棕色；前胸背板棕色；鞘翅黄棕色，具 1 个 M 形黑斑，或黑斑消失，全体为黄棕色；前胸腹板褐色或深褐色；足黄褐色。前胸腹板的纵隆线近平行，伸达前缘。后基线完整或不完整，后基线围绕区刻点不规则，沿后基线内侧大部分光滑。弯管细长，弯管囊内突长，外突短；弯管末端具线状附属物。阳基粗壮，中叶正面观基部略收缩，1/3 处最宽，后逐渐收窄，末端尖锐；侧叶明显长于中叶。

分布：浙江、山西、河南、安徽、湖北、福建、台湾、广东、海南、广西、贵州、云南、西藏；日本，越南。

（394）枝角小瓢虫 *Scymnus* (*Pullus*) *cladocerus* Ren et Pang, 1995（图版 XIX-10）

Scymnus (*Pullus*) *cladocerus* Ren et Pang, 1995: 219.

主要特征：体长卵形，背面中度拱起，被黄白色细毛。头部红褐色；前胸背板黑色，前缘红褐色；鞘翅黑色，末端边缘红褐色；前胸腹板暗褐色，中、后胸腹板及鞘翅缘折黑色；足红褐色。前胸腹板的纵隆线伸达前缘，端半部明显收窄。后基线完整或不完整，伸达第Ⅰ腹板后缘的 4/5 处。弯管粗壮，近端部有 2 个角状附属物。阳基粗壮，中叶正面观基部至 4/5 处两侧平行，后急剧收窄，末端呈长乳状突，侧面观中叶末端向内弯曲；侧叶与中叶近于等长。

分布：浙江、江西、湖南、福建、广东、广西、贵州、云南。

（395）丽小瓢虫 *Scymnus* (*Pullus*) *formosanus* (Weise, 1923)（图版 XIX-11）

Rhyzobius formosanus Weise, 1923: 188.
Scymnus (*Pullus*) *habaciensis* Hoàng, 1982: 140.
Scymnus (*Pullus*) *formosanus*: Pang & Gordon, 1986: 173.

主要特征：体长卵形，背面中度拱起，被稠密黄白色细毛。头部黄色；前胸背板黄褐色；鞘翅黑色，末端 1/3 黄棕色；足黄色。前胸腹板的纵隆线伸达前缘，端半部稍收窄。后基线完整，伸达第Ⅰ腹板后缘 3/4 处。弯管细长，弯管囊内突较长，外突不明显；弯管端具 1 短线状附属物。阳基粗壮，中叶正面观基部略收窄，近基部最宽，向端部逐渐收窄，末端尖锐；侧叶宽大，明显长于中叶，末端具稠密长刚毛。

分布：浙江、江西、台湾、广东、海南、广西、四川、贵州、云南；越南。

（396）河源小瓢虫 Scymnus (Pullus) heyuanus Yu, 2000（图版 XIX-12）

Scymnus (Pullus) heyuanus Yu in Yu, Montgomery & Yao, 2000: 179.

主要特征：体卵圆形，背面中度拱起，被白色细毛。头部黄褐色；前胸背板黄褐色，基部中央具 1 近三角形黑斑，向前延伸至近前缘；鞘翅黑色，末端黄褐色；足黄褐色。前胸腹板的纵隆线伸达前缘，端半部略收窄。后基线完整，伸达第Ⅰ腹板后缘 3/4 处。弯管粗而长，弯管囊内突长，外突短；弯管端勺状，具 1 线状附属物。阳基粗壮，中叶正面观基半部两侧近平行，向端部逐渐收窄，末端钝圆；侧叶宽大，略短于中叶。

分布：浙江、山西、河南、陕西、宁夏、甘肃、安徽、湖北、贵州、云南。

（397）日本小瓢虫 Scymnus (Pullus) japonicus Weise, 1879（图版 XX-1）

Scymnus ferrufatus var. japonicus Weise, 1879: 151.
Scymnus (Pullus) japonicus: Sasaji, 1971: 167.

主要特征：体长圆形，背面中度拱起，被白色细毛。头部黄褐色；前胸背板黄褐色，有时基部中央具黑斑；鞘翅黑色，末端边缘红褐色；足红褐至黄褐色。前胸腹板的纵隆线伸达前缘，端部略收窄。后基线完整，伸达第Ⅰ腹板后缘 9/10 处。弯管粗而长，弯管囊内突长，外突短；弯管近端部之前外侧具 1 细长的线状附属物。阳基粗壮，中叶正面观基部稍收窄，1/3 处最宽，向端部逐渐收窄，末端尖锐。侧叶与中叶近于等长。

分布：浙江、安徽、湖北、江西、湖南、福建、广东、海南、四川、贵州、云南；日本。

（398）真实小瓢虫 Scymnus (Pullus) kaguyahime Kamiya, 1961

Scymnus (Pullus) kaguyahime Kamiya, 1961: 313.

主要特征：体长卵形，背面稍拱起，被黄白色细毛。头部红棕色；前胸背板棕色；鞘翅棕色，翅基、翅缘及鞘缝棕褐色。腹面红棕色，足黄棕色。前胸腹板的纵隆线伸达前缘，端部明显收窄；纵隆线围绕区近三角形，长是其基部宽的 2.5 倍。后基线完整，伸达第Ⅰ腹板后缘的 4/5 处。弯管粗短，弯管囊内突短，外突长；弯管端膨大，具膜质附属物。阳基粗壮，中叶正面观基部至 2/3 处两侧近平行，后急剧收窄，末端乳状突。侧叶宽大，与中叶等长。

分布：浙江、湖北、福建、台湾、西藏；日本。

（399）黑背小瓢虫 Scymnus (Pullus) kawamurai (Ohta, 1929)（图版 XX-2）

Pullus kawamurai Ohta, 1929: 8.
Scymnus (Pullus) kawamurai: Korschefsky, 1931: 129.

主要特征：体卵圆形，背面强烈拱起，被白色细毛。头部红棕色；前胸背板黑色，前角及侧缘有时红棕色；鞘翅黑色，末端边缘红棕色；腹面除前胸腹板缘折红棕色外，其余黑色；足除腿节基部黑色外，其余红棕色。前胸腹板的纵隆线伸达前缘，端部明显收窄。后基线完整，伸达第Ⅰ腹板后缘 3/4 处。弯管细长，弯管囊内突细长，外突粗短；弯管端具 1 针状附属物。阳基粗壮，中叶正面观基部收窄，近中部最宽，末端尖锐；侧叶宽大，略长于中叶。

分布：浙江、湖南、福建、广东、海南、广西、重庆、四川、贵州、云南；日本，印度。

（400）曲管小瓢虫 Scymnus (Pullus) klinosiphonicus Ren et Pang, 1995（图版 XX-3）

Scymnus (Pullus) klinosiphonicus Ren et Pang, 1995: 154.

主要特征：体长卵形，背面中度拱起，被白色细毛。头部黄色；前胸背板及鞘翅红棕色；足黄褐色。小盾片后侧方，近鞘缝处各有 2 排粗大刻点行。前胸腹板的纵隆线伸达前缘，端部稍收窄；纵隆线围绕区梯形，长是其基部宽的 2.5 倍。后基线完整，伸达第Ⅰ腹板后缘 6/7 处。弯管粗而长，弯管囊内突长，外突短；弯管端尖细且外弯，无附属物。阳基粗壮，中叶正面观基部至 2/3 处两侧近平行，向端部逐渐收窄，末端钝圆；侧叶细长，略短于中叶。

分布：浙江、贵州、云南。

（401）临安小瓢虫 Scymnus (Pullus) linanicus Yu et Pang, 1994（图版 XX-4）

Scymnus (Pullus) linanicus Yu et Pang, 1994: 475.

主要特征：体长卵形，背面中度拱起，被白色细毛。头部红褐色；前胸背板及鞘翅红棕色；足红棕色。前胸腹板的纵隆线近平行，伸达前缘。后基线完整，伸达第Ⅰ腹板后缘 6/7 处。弯管粗短，弯管囊粗壮，内突长，外突不显著；弯管端外弯，外侧具膜状附属物。阳基粗壮，中叶正面观呈三角形，基部最宽，向端部逐渐收窄，末端钝圆；侧叶略短于中叶。

分布：浙江。

（402）矛端小瓢虫 Scymnus (Pullus) lonchiatus Pang et Huang, 1985（图版 XX-5）

Scymnus (Pullus) lonchiatus Pang et Huang: 1985: 35.

主要特征：体卵圆形，背面中度拱起，被黄色细毛。头部黄色；前胸背板及鞘翅黄褐色；腹面黄褐色；足黄褐色。前胸腹板的纵隆线伸达前缘，端半部稍收窄。后基线完整，伸达第Ⅰ腹板后缘 7/8 处。弯管粗而长，弯管囊内突细长，外突粗短；弯管端部 1/4 处具膜质突起，末端弯曲且尖锐，呈矛状。阳基粗壮，中叶正面观基部最宽，向端部逐渐收窄，末端钝圆；侧叶宽大，明显长于中叶，末端具稠密长毛。

分布：浙江、河南、陕西、甘肃、安徽、湖北、江西、福建、重庆、四川、贵州、云南。

（403）箭端小瓢虫 Scymnus (Pullus) oestocraerus Pang et Huang, 1985（图版 XX-6）

Scymnus (Pullus) oestocraerus Pang et Huang, 1985: 35.

主要特征：体长卵形，背面中度拱起，被黄白色细毛。头部黄色；前胸背板黄色；鞘翅黑色，末端 1/7 黄色；足黄褐色。前胸腹板的纵隆线伸达前缘，近端部略收窄。后基线完整，伸达第Ⅰ腹板后缘 4/5 处。弯管细长，弯管囊内突长，外突短；弯管端部 1/3 处外侧具波状膜质突起，末端呈箭矢状。阳基粗壮，中叶正面观基部最宽，向端部逐渐收窄，末端钝圆；侧面观中叶基半部内侧具隆脊状突起。侧叶细长，与中叶近于等长。

分布：浙江、安徽、江西、湖南、福建、台湾、广东、海南、广西、贵州、云南、西藏；越南。

(404) 斧端小瓢虫 *Scymnus* (*Pullus*) *pelecoides* Pang et Huang, 1985（图版 XX-7）

Scymnus (*Pullus*) *pelecoides* Pang et Huang, 1985: 35.

主要特征：体长卵形，背面中度拱起，被白色细毛。头部黄褐色；前胸背板黄色；鞘翅黑色，末端黄色；足黄色。前胸腹板的纵隆线伸达前缘，端部稍收窄。后基线完整，伸达第 I 腹板后缘 2/3 处。弯管粗短，弯管囊内突短小，外突粗而长；弯管近端部具 1 斧状膜质突起。阳基粗壮，中叶正面观基部至 2/3 处两侧平行，后向端部逐渐收窄，末端尖锐；侧叶正面观呈肾形，极宽大，略长于中叶。

分布：浙江、安徽、江西、湖南、福建、广东、海南。

(405) 盖端小瓢虫 *Scymnus* (*Pullus*) *perdere* Yang, 1978（图版 XX-8）

Scymnus (*Pullus*) *perdere* Yang, 1978: 109.
Scymnus (*Pullus*) *nepenthus* Pang et Huang, 1985: 32.

主要特征：体卵圆形，背面强烈拱起，密被较长的金黄色细毛。头部红棕色；前胸背板及鞘翅红棕色。腹面红棕色，足黄褐色。前胸腹板的纵隆线伸达前缘，端部稍收窄。后基线完整，近于伸达第 I 腹板后缘，外侧斜直伸向基部。第 V 腹板后缘具锯齿状突起。弯管粗短，弯管囊内突长，外突短；弯管端外侧呈开口状。阳基粗壮，中叶正面观基部明显收窄，近基部最宽，向端部逐渐收窄，末端尖锐。侧叶明显长于中叶，末端具稠密长毛。

分布：浙江、安徽、江西、湖南、福建、台湾、广东、广西。

(406) 叶形小瓢虫 *Scymnus* (*Pullus*) *phylloides* Yu, 1995（图版 XX-9）

Scymnus (*Pullus*) *phylloides* Yu, 1995: 133.

主要特征：体卵圆形，背面中度拱起，被黄白色细毛。头部红棕色；前胸背板及鞘翅红棕色。腹面红棕色，足黄棕色。前胸腹板的纵隆线伸达前缘，端部明显收窄。后基线完整，伸达第 I 腹板后缘 3/4 处；后基线围绕区内刻点不规则，沿后基线内侧光滑。弯管细长，弯管囊内突长，外突短；弯管端尖细，无附属物。阳基粗壮，中叶正面观基部最宽，后向端部逐渐收窄，末端尖锐；侧叶中部最宽，基部及端部窄，略短于中叶。

分布：浙江、台湾、海南。

(407) 足印小瓢虫 *Scymnus* (*Pullus*) *podoides* Yu et Pang, 1992（图版 XX-10）

Scymnus (*Pullus*) *podoides* Yu et Pang, 1992a: 116.

主要特征：体卵圆形，背面中度拱起，被黄白色细毛。头部棕色；前胸背板黑色，前缘橘黄色；鞘翅黑色，末端边缘棕色，每翅具 1 橘红色的倾斜大斑，似足印。足棕色。前胸腹板的纵隆线伸达前缘，端部略收窄。后基线完整，伸达第 I 腹板后缘 5/6 处。弯管粗而长，弯管囊内突长，外突短；弯管端具 1 针状附属物。阳基粗壮，中叶正面观基部稍收窄，中部最宽，末端尖锐；侧叶略短于中叶，末端及内侧具稠密长毛。

分布：浙江、安徽、福建、台湾、广东、广西、贵州。

（408）后斑小瓢虫 *Scymnus* (*Pullus*) *posticalis* Sicard, 1912（图版 XX-11）

Scymnus posticalis Sicard, 1912: 503.
Scymnus (*Pullus*) *posticalis*: Korschefsky, 1931: 144.

主要特征：体卵圆形，背面强烈拱起，被白色细毛。头部黄褐色；前胸背板黄棕色，基部中央具 1 三角形黑斑，有时黑斑扩大，仅前侧缘棕色；鞘翅黑色，端部 1/6 黄棕色；足棕色。前胸腹板的纵隆线伸达前缘，端部稍收窄。后基线完整或不完整（外侧消失），伸达第 I 腹板后缘 4/5 处。弯管粗壮，弯管端明显膨大，具线状附属物。阳基粗壮，中叶正面观基半部两侧平行，后向端部急剧收窄，末端尖锐；侧面观中叶弯曲成 S 形。侧叶明显长于中叶，末端具稠密长毛。

分布：浙江、安徽、江西、湖南、福建、台湾、广东、海南、贵州；日本。

（409）四斑小瓢虫 *Scymnus* (*Pullus*) *quadrillum* Motschulsky, 1858（图版 XX-12）

Scymnus quadrillum Motschulsky, 1858: 120.
Scymnus (*Pullus*) *quadrillum*: Weise, 1900: 436.

主要特征：体卵圆形，背面中度拱起，密被黄白色细毛。头部黄褐色；前胸背板黑色，两前角黄褐色；鞘翅黑色，每翅各有 2 个黄斑，前后排列。腹面深褐色，足红褐色。前胸腹板的纵隆线伸达前缘，端部稍收窄。后基线完整，伸达第 I 腹板后缘 3/4 处。弯管粗壮，弯管囊呈喇叭状；弯管端部 1/3 处膨大，近末端具膜质附属物，末端钩状。阳基特别粗壮，中叶正面观基部窄，末端有 2 个角状突起。侧叶略短于中叶。

分布：浙江、江西、福建、台湾、广东、海南、香港、广西、四川；印度，尼泊尔，越南，老挝，斯里兰卡，菲律宾。

（410）柳端小瓢虫 *Scymnus* (*Pullus*) *rhamphiatus* Pang *et* Huang, 1985（图版 XXI-1）

Scymnus (*Pullus*) *rhamphiatus* Pang *et* Huang, 1985: 30.

主要特征：体卵圆形，背面中度拱起，被黄色细毛。头部黄棕色；前胸背板及鞘翅黄棕色；足黄色。前胸腹板的纵隆线伸达前缘，近端部明显收窄。后基线完整，伸达第 I 腹板后缘 4/5 处。弯管粗壮，弯管囊内突尖细，外突粗大；弯管端部 1/4 处具膜质附属物，末端弯曲，呈钩状。阳基粗壮，中叶正面观基部最宽，向端部逐渐收窄，末端钝圆；侧叶稍长于中叶，末端具稠密长毛。

分布：浙江、山西、河南、陕西、安徽、湖北、江西、湖南、福建、广西、重庆、四川、贵州。

（411）倒齿小瓢虫 *Scymnus* (*Pullus*) *runcatus* Yu *et* Pang, 1994（图版 XXI-2）

Scymnus (*Pullus*) *runcatus* Yu *et* Pang, 1994: 476.

主要特征：体卵圆形，背面中度拱起，被白色细毛。头部棕色；前胸背板红棕色，基部中央具 1 大黑斑；鞘翅黑色，末端 1/7 棕色；足黄棕色。前胸腹板的纵隆线伸达前缘，近端部稍收窄。后基线完整，伸达第 I 腹板后缘 4/5 处。弯管细长，弯管囊内突长，外突短；弯管端具 1 线状附属物，端部有 2 个膜质囊状物。阳基粗壮，中叶正面观基部 1/4 平行，后向端部急剧收窄，末端尖锐；侧面观中叶基部内凹，呈倒钩状；侧叶明显长于中叶。

分布：浙江、安徽、贵州、云南。

(412) 弯叶小瓢虫 *Scymnus* (*Pullus*) *shirozui* Kamiya, 1965（图版 XXI-3）

Scymnus (*Pullus*) *shirozui* Kamiya, 1965: 77.

主要特征：体卵圆形，背面中度拱起，被白色细毛。头部黄褐色；前胸背板褐色；鞘翅黑色，末端 1/8 黄色；足黄褐色。前胸腹板的纵隆线伸达前缘，近端部稍收窄。后基线完整，伸达第Ⅰ腹板后缘。第Ⅴ腹板后缘不内凹，具大小不等的锯齿，中部略小。弯管粗壮，弯管囊内突甚长，外突不显著；弯管端膨大，具 1 线状附属物。阳基较粗壮，中叶正面观近中部最宽，末端尖锐。侧叶与中叶等长，末端具稠密长毛。

分布：浙江、安徽、江西、湖南、福建、台湾、广东、海南、广西、贵州、云南、西藏。

(413) 始兴小瓢虫 *Scymnus* (*Pullus*) *shixingicus* Yu et Pang, 1992（图版 XXI-4）

Scymnus (*Pullus*) *shixingicus* Yu et Pang, 1992a: 118.

主要特征：体卵圆形，背面中度拱起，被白色细毛。头部黄棕色；前胸背板黄棕色；鞘翅黑色，端部 1/6 棕色；足黄棕色。前胸腹板的纵隆线伸达前缘，端部略收窄。后基线完整，与第Ⅰ腹板后缘相接。弯管粗而长，弯管囊内突长，外突短；弯管端具 1 长丝状附属物。阳基粗壮，中叶基部略窄，近基部最宽，向端部逐渐收窄，末端尖锐；侧叶与中叶近于等长。

分布：浙江、广东。

(414) 束小瓢虫 *Scymnus* (*Pullus*) *sodalis* (Weise, 1923)（图版 XXI-5）

Pullus sodalis Weise, 1923: 186.
Scymnus (*Pullus*) *sodalis*: Korschefsky, 1931: 145.

主要特征：体卵圆形，背面中度拱起，被白色细毛。头部黄褐色；前胸背板黄褐色，基部中央具 1 黑斑，有时黑斑扩大；鞘翅黑色，末端 1/10 黄褐色；足黄褐色。前胸腹板的纵隆线伸达前缘，端部稍收窄，纵隆线围绕区梯形。后基线完整，伸达第Ⅰ腹板后缘 3/4 处。弯管细长，弯管囊内突长，外突短；弯管端稍弯曲，具 1 线状附属物。阳基粗壮，中叶正面观基部最宽，向端部逐渐收窄，末端尖锐；侧叶略长于中叶。

分布：浙江、山西、河南、陕西、江苏、安徽、湖北、江西、湖南、福建、台湾、广东、海南、重庆、四川、贵州、云南、西藏；日本，印度，尼泊尔，越南。

(415) 内囊小瓢虫 *Scymnus* (*Pullus*) *yangi* Yu et Pang, 1993（图版 XXI-6）

Scymnus (*Pullus*) *bicolor* Yang, 1978: 114.
Scymnus (*Pullus*) *yangi* Yu et Pang in Yu, H. Pang & X. Pang, 1993: 479 [RN].

主要特征：体卵圆形，背面中度拱起，被白色细毛。头部黄色；前胸背板黄色；鞘翅黑色，末端 1/3 黄色。前胸腹板的纵隆线伸达前缘，端部稍收窄。后基线完整，伸达第Ⅰ腹板后缘 3/4 处。弯管粗壮，弯管囊内突长，外突短；弯管中部至端部 1/3 处内侧明显膨大成囊状。阳基粗短，中叶正面观基部最宽，向端部逐渐收窄，末端尖锐；侧叶与中叶近于等长。

分布：浙江、河南、江西、湖南、福建、台湾、广东、海南、重庆、贵州、云南、西藏；越南。

(416) 端丝小毛瓢虫 *Scymnus* (*Scymnus*) *acidotus* Pang et Huang, 1985（图版 XXI-7）

Scymnus (*Scymnus*) *acidotus* Pang et Huang, 1985: 38.

主要特征：体卵圆形，背面中度拱起，被白色细毛。头部雄性黄色，雌性黑色；前胸背板红棕色；鞘翅黑色，末端 1/4 黄棕色；足黄色。前胸腹板的纵隆线近平行，伸达前缘。后基线不完整，伸达第Ⅰ腹板后缘 4/5 处。弯管细长，弯管囊内突长，外突短；弯管端稍扩展成双叶状，末端具丝状附属物。阳基略粗壮，中叶正面观近基部最宽，末端尖锐；侧叶细长，明显长于中叶。

分布：浙江、河南、安徽、湖北、江西、湖南、福建、广东、海南、广西、贵州、云南。

(417) 长爪小毛瓢虫 *Scymnus* (*Scymnus*) *dolichonychus* Yu et Pang, 1994（图版 XXI-8）

Scymnus (*Scymnus*) *dolichonychus* Yu et Pang, 1994: 474.

主要特征：体长卵形，背面中度拱起，被白色长细毛。头部黄褐色；前胸背板黄色；鞘翅黑色，末端 1/4 黄色；足黄色，跗爪极长。小盾片后侧方、近鞘缝处各具 1 排粗大刻点行。前胸腹板的纵隆线伸达前缘，近端部略收窄。后基线不完整，伸达第Ⅰ腹板后缘 6/7 处。弯管细长，弯管囊内突长，外突短；弯管端钩状，末端具附丝。阳基稍细，中叶正面观基半部近平行，末端尖锐；侧叶略长于中叶。

分布：浙江、河南、陕西、安徽、湖北、江西、湖南、福建、四川、贵州、云南。

(418) 长隆小毛瓢虫 *Scymnus* (*Scymnus*) *folchinii* Canepari, 1979（图版 XXI-9）

Scymnus (*Pullus*) *folchinii* Canepari, 1979: 4.
Scymnus (*Scymnus*) *folchinii*: Yu, 1997: 721.

主要特征：体卵圆形，背面强烈拱起，被白色细毛。头部棕色；前胸背板棕色，基部中央具 1 三角形黑斑，或黑斑扩大仅前缘及侧缘棕色；鞘翅黑色，末端仅边缘棕色；足棕色。前胸腹板的纵隆线伸达前缘，端半部明显收窄。后基线不完整，伸达第Ⅰ腹板后缘。弯管较粗壮，弯管囊内突长，外突短，弯管端具明显的膜质钩状附属物。阳基粗壮，中叶正面观基部最宽，向端部逐渐收窄，末端钝圆；侧叶较宽，明显长于中叶。

分布：浙江、辽宁、北京、河北、山西、山东、河南、安徽、湖北、湖南、福建、重庆、四川、贵州。

(419) 拳爪小毛瓢虫 *Scymnus* (*Scymnus*) *scapanulus* Pang et Huang, 1985（图版 XXI-10）

Scymnus (*Scymnus*) *scapanulus* Pang et Huang, 1985: 39.

主要特征：体卵圆形，背面中度拱起，被白色细毛。头部黄褐色；前胸背板黄褐色，基部中央具 1 三角形黑斑；鞘翅黑色；足黄褐色。前胸腹板的纵隆线伸达前缘，近端部略收窄，纵隆线围绕区梯形。后基线不完整，伸达第Ⅰ腹板后缘 5/6 处。弯管粗壮，弯管囊内突长，外突短；弯管端呈拳爪状。阳基粗壮，中叶正面观基部最宽，向端部逐渐收窄，末端尖锐；侧叶较宽，明显长于中叶。

分布：浙江、山西、福建。

食螨瓢虫族 Stethorini Dobzhansky, 1924

主要特征：体微小；虫体周缘为匀称的卵形，前胸背板后缘与鞘翅基缘同宽，两者紧密相接；背面密被细毛，复眼中等大；上唇短于其宽的 1/2；前胸腹板前缘弧形向前突出，且弯向下方，无纵隆线，静止时口器大部分可隐于前胸腹板的突出部分之内。

世界已知 2 属 104 种，中国记录 2 属 37 种，浙江分布 2 属 4 种。

178. 刺叶食螨瓢虫属 *Parastethorus* Pang et Mao, 1975

Stethorus (*Parastethorus*) Pang et Mao, 1975: 421. Type species: *Stethorus* (*Parastethorus*) *yunnanensis* Pang & Mao, 1975.

主要特征：弯管较粗短；中叶扁平，两侧近于平行，端部呈弧形收窄；侧叶近于平行，后缘长圆形，且外缘有甚多而稠密的刺突。弯管不特别长，弯曲，端部稍外弯，弯管端的构造特殊。阳基柄甚长于中叶。

分布：世界广布。世界已知 14 种，中国记录 10 种，浙江分布 1 种。

（420）裂端食螨瓢虫 *Parastethorus dichiapiculus* Xiao, 1992

Stethorus (*Parastethorus*) *dichiapiculus* Xiao in Xiao & Li, 1992: 370.

主要特征：体背面黑色，头部、复眼黑色，口器、触角黄褐色，腹面黑色，足红褐色。虫体卵圆形，密被浅灰白色细毛。后基线完整，后缘达第 I 腹板的 3/5，成匀称而完整的弧。阳基柄较长，从正面看，中叶扁平，宽阔，后端中央有 2 小突起，侧叶短于中叶，内侧有稠密的刺突。弯管不特别长，端部分裂为两片。弯管不特别长，弯管端分裂为"人"字形的末端。

分布：浙江、安徽、湖北、广西、四川。

179. 食螨瓢虫属 *Stethorus* Weise, 1885

Scymnus (*Stethorus*) Weise, 1885: 74. Type species: *Coccinella minimus* Rossi, 1794 (= *Scymnus punctillum* Weise, 1891).
Nephopullus Brĕthes, 1925: 167. Type species: *Nephopullus darwini* Brĕthes, 1925.

主要特征：体型微小，长 0.9–1.8 mm；虫体卵圆形，背面密被细毛；前胸背板后缘与鞘翅基缘同宽，且紧密相接；前胸腹板前缘向下且向前弧形突出，无纵隆线；腹部后基线完整；雄性外生殖器阳基侧叶无刺状附属物。

分布：世界广布。世界已知 90 种，中国记录 27 种，浙江分布 3 种。

分种检索表

1. 弯管粗而短，阳基粗壮，阳基柄往往比阳基中叶长 ··· 束管食螨瓢虫 *S.* (*A.*) *chengi*
- 弯管和阳基细长，阳基柄往往比阳基中叶短 ·· 2
2. 阳基侧叶明显短于阳基中叶 ··· 黑囊食螨瓢虫 *S.* (*S.*) *aptus*
- 阳基侧叶稍长于阳基中叶 ··· 深点食螨瓢虫 *S.* (*S.*) *punctillum*

（421）束管食螨瓢虫 *Stethorus* (*Allostethorus*) *chengi* Sasaji, 1968（图版 XXI-11）

Stethorus chengi Sasaji, 1968: 4.
Stethorus (*Allostethorus*) *chengi*: Pang & Mao, 1975: 419.

主要特征：体卵圆形，两侧向后端均匀收缩。头部黑色，口器、触角及唇基前缘黄色；前胸背板、小盾片及鞘翅黑色；腹面黑色；足黄色。后基线完整，伸达第Ⅰ腹板的 1/2 处，围绕区内具 10 余个粗大刻点，大小与外围的相似。雌雄两性第Ⅵ腹板后缘均圆突。阳基短粗，基柱与阳基主体长度相似。阳基的中叶正面观中叶和基片组成 1 近三角形的整体，中叶端部圆钝；侧叶短于中叶。弯管粗、短，近端部前稍膨大后明显收窄，弯管端内具 1 骨化的针状突。

分布：浙江、陕西、安徽、湖北、江西、湖南、台湾、四川、贵州、云南。

（422）黑囊食螨瓢虫 *Stethorus (Stethorus) aptus* Kapur, 1948

Stethorus aptus Kapur, 1948: 314.

Stethorus (Stethorus) aptus: Pang & Mao, 1975: 419.

主要特征：体卵圆形，中部最宽，末端稍收窄。头部黑色，但唇基前缘红褐色，触角及口器黄色；前胸背板及鞘翅黑色；足除腿节基部黑褐色外，其余黄褐色。后基线完整，广弧形，后缘达腹板的 1/2。雄性第Ⅵ腹板后缘中央内凹，雌性第Ⅵ腹板后缘弧形外突。阳基细长，其侧叶向端部收窄，末端有 1 毛突，侧叶及其毛突的全长相当于中叶长度的 2/3。中叶从侧面看，末端尖锐而稍外弯。弯管囊全部着色，较窄。

分布：浙江、福建、台湾、广东、海南；日本。

（423）深点食螨瓢虫 *Stethorus (Stethorus) punctillum* Weise, 1891（图版 XXI-12）

Stethorus punctillum Weise, 1891: 281.

Stethorus (Stethorus) punctillum: Pang & Mao, 1975: 419.

主要特征：虫体卵圆形，匀称，中部最宽。体黑色，但口器及触角褐黄色，有时唇基亦为黄褐色；足腿节基部黑褐色，末端或端部褐黄色，胫节及跗节亦为褐黄色。后基线呈宽弧形，完整，后缘达腹板的 1/2。雄性第Ⅵ腹板后缘中央内凹，雌性第Ⅵ腹板后缘弧形外突。阳基细长，其侧叶及侧叶末端的毛突的全长接近中叶的长度。中叶细长而末端尖锐，从侧面看，自基部开始渐次内弯而端部稍外弯。弯管囊的基端不着色，弯管细长，自 1/2 处开始呈细丝状。

分布：浙江、黑龙江、辽宁、内蒙古、北京、河北、山西、山东、宁夏、新疆、湖北、福建、广西、重庆、四川、贵州。

小艳瓢虫族 Sticholotidini Weise, 1900

主要特征：触角有正常分节的锤节；唇基不向前亦不向两侧明显伸展；前胸腹板近于方形。体小至微小，少数中型；虫体周缘近于圆形至卵圆形。背面拱起，鞘翅外缘向外平展甚宽或不平展；背面光滑或被毛。触角 7–11 节。触角着生处的周围有镶边或无镶边。下颚须末节锥形，向末端收窄；或少数近于筒形而前端斜截。后翅发达或退化。可见腹板大多数种类 5 节，少数 6 节。后基线不完整。

世界已知约 36 属超过 200 种，中国记录 5 属 72 种，浙江分布 1 属 1 种。

180. 小艳瓢虫属 *Sticholotis* Crotch, 1874

Sticholotis Crotch, 1874: 200. Type species: *Sticholotis substriata* Crotch, 1874.

主要特征：虫体周缘短卵圆形，背面明显拱起。表面有光泽，前胸背板及鞘翅上被甚稀疏的细毛或不被细毛。触角 8–9 节，第Ⅲ节特别长，末节长刀状。前胸腹板广三角形，其后突钝圆，无纵隆线。下颚须末端呈细长的筒状，末端收窄。胫节细长，外缘无角状突起。跗节隐 4 节式。雄性外生殖器阳基的基片上有 1 外突，侧叶退化或消失。

分布：世界广布。世界已知 88 种，中国记录 49 种，浙江分布 1 种。

（424）刻点小艳瓢虫 *Sticholotis punctata* Crotch, 1874（图版 XXII-1）

Sticholotis punctata Crotch, 1874: 201.

主要特征：虫体近圆形，强烈拱起，光滑无毛。额区宽阔，约为头部宽的 5/8。唇基前缘轻微内凹。前胸背板表面有稀疏的较大刻点。鞘翅外缘向外轻微扩展，鞘翅刻点细致、均匀，比前胸背板上刻点稍大，沿鞘缝两侧有数个较大刻点排列成直线。鞘翅缘折宽阔，到达鞘翅末端，有两处明显凹陷分别承受中、后足腿节。第 I 腹板后基线不完整，近于到达第 I 腹板后缘。

分布：浙江、江苏、安徽、湖北、福建、贵州；日本，菲律宾，马来西亚。

寡节瓢虫族 Telsimiini Casey, 1899

主要特征：背面密被绒毛，可见腹板 5 节，跗节 3 节式。体小型，虫体周缘卵圆形。上唇不显露，被伸展的唇基所遮盖。触角短，仅 7 节；柄节及梗节愈合为 1 节，大而长卵形，其长度相当于其余部分之半。触角的其余部分构成粗短的棒状，末节锥形，甚狭于其后的 1 节。中、后足胫节近末端处有角状突起。

中国记录 1 属 11 种，浙江分布 1 属 2 种。

181. 寡节瓢虫属 *Telsimia* Casey, 1899

Telsimia Casey, 1899: 165. Type species: *Telsimia tetrastica* Casey, 1899.

主要特征：体小型，虫体周缘卵圆形。背面密被绒毛；可见腹板 5 节；跗节 3 节式。触角短，仅 7 节。中、后足胫节近末端处有角状突起。

分布：世界广布。中国记录 11 种，浙江分布 2 种。

（425）整胸寡节瓢虫 *Telsimia emarginata* Chapin, 1926（图版 XXII-2）

Telsimia emarginata Chapin, 1926: 129.

主要特征：体黑色，触角及口器栗褐色；腹面黑至黑褐色，足栗褐色，胫节色泽较浅。虫体周缘近椭圆形，中部最宽，后部较前部收窄。前胸腹板刻点粗而密，后胸腹板中缝消失或极不明显，刻点较细，密度较小，向侧缘刻点的密度增加。第 I 腹板上的刻点较疏。后基线明显，外半部与后缘近于平行，近于伸达侧缘，末端稍向上弯曲。雄性第 V 腹板端部有 1 半圆形的内凹（缺切），在内凹之前及中线的两侧有稍肿起的部分。雌性第 V 腹板后缘圆弧形。

分布：浙江、福建、广东、广西、四川。

（426）四川寡节瓢虫 *Telsimia sichuanensis* Pang *et* Mao, 1979（图版 XXII-3）

Telsimia sichuanensis Pang *et* Mao, 1979: 101.

主要特征：体黑色，触角及口器栗褐色；腹面黑至黑褐色，足栗褐色，胫节色泽较浅。体周缘近长椭圆形，匀称。胸部刻点粗而密，但后胸腹板中央的后面部分有刻点小且浅的光滑的区域，在这光滑的区域内中沟比较明显。第Ⅰ腹板中央前突部分有较胸部为浅的刻点，后基线端半部与基缘近于平行，近于伸达侧缘，在后基区内有若干细小的刻点。雄性第Ⅴ腹板后缘弧形突出，仅端部稍有平直的部分和中央有微小的缺切。雌性第Ⅴ腹板后缘呈弧形外弯。

分布：浙江、陕西、湖北、福建、广东、海南、香港、广西、四川。

第九章 拟步甲总科 Tenebrionoidea

主要特征：下颚有外叶和内叶；前足基节窝突出或不突出于基节，为异形节；后胸叉骨源于侧臂的窄柄与前腱；后翅中域脉不超过 4 条；腹部有 7 对气孔，第 I–III 腹板愈合；几乎所有两性的前足和中足跗节均为 5 节，后足跗节 4 节，偶见跗式 4-4-4 者，极少 3-4-4 或 5-5-5 者；阳茎异跗节模式。

该总科世界已知 28 科约 1260 属 3.4 万种（Gunter et al., 2014；McKenna et al., 2015），世界性分布。浙江分布 11 科 82 属 162 种。

分科检索表

1. 前胸背板具完整或近乎完整的侧脊和中纵脊 ··· 脊甲科 Ischaliidae
- 前胸背板无脊 ·· 2
2. 上颚发达，突出；触角向后超过体长之半；前胸背板侧缘具齿；体大型（32.0–80.0 mm）··············
 ··· 三栉牛科 Trictenotomidae
- 上颚不是很发达，不突出；触角向后一般不达体长之半；前胸背板侧缘多无齿；体通常小至中型 ····· 3
3. 腹部几乎总是至少 3 节背板外露，若仅有 1–2 节外露，则头部有成对的单眼或外露的第 I 背板长于鞘翅 ····
 ·· 大花蚤科 Ripiphoridae（部分）
- 腹部背板几乎总是被鞘翅完全遮盖或仅有 1 节端部外露，若 1–2 节完全外露，则头部无成对的单眼且外露的第 I 节背板远远短于鞘翅 ··· 4
4. 中足跗节伪 4 节（4 个明显的跗节和高度退化的倒数第 II 跗节）················· 木甲科 Aderidae（部分）
- 中足跗节明显 5 节 ··· 5
- 中足跗节明显 3 节（或罕见小于 3 者）··· 小蕈甲科 Mycetophagidae（部分）
- 中足跗节明显 4 节 ···17
5. 中足基节窝侧面关闭 ·· 拟步甲科 Tenebrionidae（部分）
- 中足基节窝侧面开放 ·· 6
6. 前足基前转片至少部分外露 ··· 7
- 前足基前转片完全隐藏或显然缺如 ··· 9
7. 中胸前侧片相互远离，以至于中胸腹板前缘截断 ·· 拟天牛科 Oedemeridae
- 中胸前侧片很窄地分离或邻近或在中部宽阔地相汇，以至于中胸腹板前缘尖锐或自中胸前缘分离 ····· 8
8. 头后部急剧收缩从而形成颈 ·· 芫菁科 Meloidae
- 头后部并非急剧收缩而形成很窄的颈（仅逐渐缩小）··································· 赤翅甲科 Pyrochroidae（部分）
9. 中足基节窝之间的距离长于 1 个基节窝的最短直径 ·· 花蚤科 Mordellidae
- 中足基节窝之间的距离短于 1 个基节窝的最短直径 ···10
10. 前足基节窝外侧开放 ···11
- 前足基节窝外侧关闭 ··16
11. 触角有明显的棒状部（棒状部 3 节）·· 蚁形甲科 Anthicidae（部分）
- 触角无明显的棒状部（有时逐渐棍棒状）··12
12. 中足跗节非叶状 ·· 大花蚤科 Ripiphoridae（部分）
- 中足跗节至少 1 节叶状 ···13
13. 中足第 III 跗节叶状，第 IV 跗节简单；腹部通常仅 4 节腹板，若 5 节，则前 2 节之间的缝很弱或不完整 ····
 ··· 木甲科 Aderidae（部分）

| - 中足第Ⅳ跗节叶状；腹部明显 5 节腹板 ··· 14
| 14. 头后部急剧收缩从而形成很窄的颈（有时隐藏）································· 蚁形甲科 Anthicidae（部分）
| - 头后部并非急剧收缩（有时逐渐缩窄）··· 15
| 15. 背观触角着生处被隐藏；前胸背板明显长大于宽；腹部第Ⅰ、Ⅱ节腹板愈合············ 蚁形甲科 Anthicidae（部分）
| - 背观触角着生处外露；前胸背板长不大于宽；腹部所有腹板可自由活动············ 赤翅甲科 Pyrochroidae（部分）
| 16. 背观触角着生处外露；前胸腹板突不完整，于基节之间终止；腹部所有腹板可自由活动·· 蚁形甲科 Anthicidae（部分）
| - 背观触角着生处被隐藏；前胸腹板突完整，伸至基节后方；腹部第Ⅰ-Ⅲ节腹板愈合·· 拟步甲科 Tenebrionidae（部分）
| 17. 前足基前转片至少部分外露·· 小蕈甲科 Mycetophagidae（部分）
| - 前足基前转片完全隐藏·· 18
| 18. 前足基节窝外侧开放·· 小蕈甲科 Mycetophagidae（部分）
| - 前足基节窝外侧关闭·· 拟步甲科 Tenebrionidae（部分）

二十八、小蕈甲科 Mycetophagidae

主要特征：体长 0.8–6.0 mm。体长椭圆形至卵圆形，扁平至中度凸起，体表具毛或光滑无毛。头部前口式或下口式，有的于头后部陡然收缩形成颈。触角 11 节，呈棒状。前胸背板长大于宽，中部或基部最宽；侧脊多数完整；前角不突出，后角略突出；盘区的基部有成对的凹痕。前胸腹板突侧缘近平行，或端部膨大。鞘翅长大于宽，翅面具无规则刻点，或 10–11 刻点行。腹部可见腹板 5 节，第Ⅷ腹板无气孔。胫节不扩展，端距有的呈锯齿状或梳状；雄性跗式 3–4–4，雌性跗式 4–4–4，基节与第Ⅱ、Ⅲ节之和等长。

该科世界已知 22 属约 200 种，中国记录 6 属 16 种，浙江分布 2 属 3 种。

182. 小蕈甲属 *Mycetophagus* Fabricius, 1792

Mycetophagus Fabricius, 1792b: 497. Type species: *Silpha quadrimaculata* Schaller, 1783.

主要特征：触角端部 4–6 节较粗，明显球杆状，第Ⅲ节长于第Ⅱ节。小盾片五角形。鞘翅具刻点列，列间有细小颗粒。

分布：世界广布。世界已知约 50 种，中国记录 7 种，浙江分布 1 种。

（427）波纹小蕈甲 *Mycetophagus* (*Ulolendus*) *antennatus* (Reitter, 1879)

Tritoma antennatus Reitter, 1879: 225.
Mycetophagus (*Ulolendus*) *antennatus*: Nikitsky in Löbl & Smetana, 2008: 53.

主要特征：体长 4.0–5.0 mm。体长椭圆形；褐色至暗褐色；鞘翅端部红褐色，中央前、后各 1 波状红褐斑。触角 11 节，末 7 节变粗形成棒状，第Ⅲ节长于第Ⅱ节，末节大而色淡。鞘翅刻点行浅，行内刻点粗大，行间有颗粒状小瘤突。

分布：浙江、黑龙江、吉林、辽宁、内蒙古、山西、陕西、宁夏、甘肃、青海、新疆、台湾、广西、四川、贵州、云南；俄罗斯，蒙古，朝鲜，日本。

183. 疹小蕈甲属 *Typhaea* Stephens, 1829

Typhaea Stephens, 1829b: 8. Type species: *Mycetophagus testaceus* Fabricius, 1792 (= *Derrnestes stercorea* Linnaeus, 1758).

主要特征：复眼的单眼粗糙，颗粒状。触角端部 3 节明显球杆状。前胸背板基部近直，基部刻点不明显。前胸上侧板几乎水平。鞘翅侧缘由背面不可见。

分布：世界广布。世界已知 4 种，中国记录 2 种，浙江分布 2 种。

（428）哈氏小蕈甲 *Typhaea haagi* Reitter, 1874

Typhaea haagi Reitter, 1874: 527.
Typhaea pallidula Reitter, 1874: 527.

主要特征：体长 2.2–2.4 mm。体椭圆形，两侧近平行，浅褐色至栗褐色。触角 11 节，第III节棒状，末节端部略尖。前胸背板横宽，中部最宽，后缘略直。鞘翅长是前胸背板的 3 倍，行纹浅；盘区中部行纹内的刻点浅且不明显，行间刻点更小且浅；每一行中部具 1 根近直立的粗毛，行纹内和行间着生细而短的伏毛。

分布：浙江；俄罗斯，朝鲜，韩国，日本，欧洲，东洋区，新北区，旧热带区，新热带区，澳洲区。

（429）小毛蕈甲 *Typhaea stercorea* (Linnaeus, 1758)（图版 XXII-4）

Dermestes stercorea Linnaeus, 1758: 357.
Typhaea stercorea: Nikitsky in Löbl & Smetana, 2008: 54.

主要特征：体长 2.2–3.2 mm。体椭圆形，两侧近平行，浅褐色至栗褐色。触角 11 节，第III节棒状，末节端部略尖。前胸背板横宽，基部 1/3 处最宽，后缘略直。鞘翅长是前胸背板的 3 倍，行纹浅；盘区中部行纹内的刻点浅且不明显，行间刻点更小且浅；各行中部具 1 近直立粗毛，行纹内和行间着生细而短的伏毛。

分布：浙江、辽宁、宁夏等全国大部分地区；俄罗斯，蒙古，朝鲜，韩国，日本，土库曼斯坦，吉尔吉斯斯坦，乌兹别克斯坦，塔吉克斯坦，哈萨克斯坦，巴基斯坦，不丹，尼泊尔，伊朗，伊拉克，土耳其，叙利亚，约旦，以色列，沙特阿拉伯，也门，阿拉伯联合酋长国，塞浦路斯，阿富汗，欧洲，埃及（西奈），北非，世界广布。

二十九、大花蚤科 Ripiphoridae

主要特征：体小至中型，体长 2.0–40.0 mm；体近梭形，背面略拱凸，腹面拱凸明显。体表密被平卧毛，有时形成毛斑，偶近无毛或毛直立。头大，近球形至略长，下垂；后颊收缩成颈状，后头中央常横向隆凸。触角基节窝背面可见；无额唇基沟。触角通常 11 节，偶 10 节或更少，鞭节锯齿状、栉齿状或扇状，极少丝状或棒状。前胸背板形状多变，长大于宽的 0.25–1.4 倍，通常基部最宽，约与鞘翅基部等宽，先前渐窄；前胸侧脊不完整或缺；前足基节窝外侧广开，彼此汇合或间隔极窄；中足基节窝开式。鞘翅末端远离或相接，缘折不完整或缺，部分类群雌性无鞘翅；具后翅，偶缺。足较细长，各足胫节端距数目多变，跗式 5-5-4（偶见 4-4-4），跗节简单，爪简单或叉状、锯齿状、栉齿状。腹部可见腹板 5–6 节。

该科世界已知 5 亚科 38 属 400 余种，中国记录 3 亚科 6 属 20 种（亚种），浙江分布 1 属 2 种。

184. 凸顶花蚤属 *Macrosiagon* Hentz, 1830

Macrosiagon Hentz, 1830: 462. Type species: *Mordella dimidiata* Fabricius, 1781.
Emenadia Laporte, 1840: 261. Type species: *Mordella bimaculata* Fabricius, 1787.
Siagonadia Reitter, 1910: 131. Type species: *Macrosiagon pallidipennis* Reitter, 1898.

主要特征：该属变异极大，体色多变。头顶通常显著隆凸，超过复眼背缘（黄纹凸顶花蚤 *M. vittata* 种组除外）；外颚叶和唇舌伸长（瘦凸顶花蚤 *M. gracilis* 除外）。触角通常性二型，雄性羽状，雌性栉齿状；雄性触角小枝扁平或圆柱状。前胸背板平整，中部向后延伸盖住小盾片，盘区中央无纵凹；鞘翅至少与腹部等长，顶端尖；中央 1 浅纵凹；后胸后侧片 1 折痕或无。前足胫节通常仅 1 外端距（*M. vittata* 种组具 2 端距）；后足第 II 跗节短且略扁。

分布：世界广布。世界已知约 230 种，中国记录 8 种，浙江分布 2 种。

（430）长鼻凸顶花蚤 *Macrosiagon nasuta* (Thunberg, 1784)（图版 XXII-5）

Mordella nasuta Thunberg, 1784: 66.
Macrosiagon obscuricolor Pic, 1912: 69.
Macrosiagon nasutum: Csiki, 1913: 14.
Macrosiagon iwatai Kôno, 1936: 88.
Macrosiagon discoidalis Pic, 1950b: 8.
Macrosiagon nasuta: Batelka, 2008: 76.

主要特征：雄性体长 5.0–6.0 mm，梭形。体常黑色，弱光泽，触角柄节和梗节、下颚须、下唇须和爪棕黄色，鞘翅有时棕色。头部几无刻点；额平，唇基略横凹，后头隆突钝圆，略超过复眼后缘。触角 11 节，鞭节羽状，小枝圆柱形，长于鞭节总长。前胸背板刻点大且密；鞘翅长为前胸背板的 1.5–1.8 倍，翅面平整。前足跗节圆柱形，后足第 II 跗节圆柱形；爪腹侧具 1 大齿。腹部向末端渐狭。雌性触角栉齿状，腹部末端短缩，侧观平截。

分布：浙江、江西、福建、台湾；朝鲜半岛，日本，印度（尼科巴群岛），老挝，菲律宾，印度尼西亚，加里曼丹岛。

（431）纤细凸顶花蚤 *Macrosiagon pusilla* (Gerstaecker, 1855)（图版 XXII: 6-7）

Rhipiphorus pusilla Gerstaecker, 1855: 32.
Rhipiphorus cyanivestis Marseul, 1877: 479.
Emenadia gerstaeckeri Harold, 1878: 82.
Rhipiphorus variicollis Fairmaire, 1894: 34.
Macrosiagon pusillum: Csiki, 1913: 15.
Macrosiagon acutipennis Gressitt, 1941: 528.
Macrosiagon atronitida Gressitt, 1941: 529.
Macrosiagon corporaali Pic, 1950a: 12.
Macrosiagon atriceps Pic, 1950b: 8.
Macrosiagon thibetana Pic, 1953: 15.
Macrosiagon pusilla: Batelka, 2008: 76.

主要特征：雄性体长 6.0–7.0 mm，长梭形。体常橙红色，具光泽，上唇、触角鞭节、鞘翅黑色（偶橙色），前胸背板中叶有时染黑色，各足腿节端部黑或橙红色，胫节和第 I 跗节常黑色，其余跗节基部棕色至黑色；有时体完全黑色。头部刻点小且疏；后头隆突超过复眼后缘。触角 11 节，鞭节羽状，小枝扁平，长度约为主干的 7 倍。前胸背板刻点较头部略大且密；鞘翅长为前胸背板的 2.3–2.7 倍，沿翅缝纵隆。前足第 II–IV 跗节略扁，后足第 II 跗节背侧平截。腹部向末端渐狭。雌性体长 7.5–11.0 mm，触角栉齿状，腹部末端短缩，侧观平截。

分布：浙江、辽宁、河北、湖北、湖南、福建、台湾、广东、四川、贵州、云南、西藏；俄罗斯，朝鲜半岛，日本，印度，不丹，尼泊尔，越南，老挝，泰国，斯里兰卡，菲律宾，马来西亚，印度尼西亚。

三十、花蚤科 Mordellidae

主要特征：体表光滑、身体流线型、背面驼峰状弯曲、腹部尖是该科的突出特征。体长 1.5–15.0 mm。体色多变，体表密生细毛，或具粗毛或鳞片。头大且下弯，部分缩入前胸内，与前胸背板等宽，眼后方收缩；卵形眼侧生，较发达。触角 11 节，偶 10 节，向后不超过前胸背板，端部略粗或锯齿状。前胸背板小，端部窄。鞘翅长，后端宽，不完全盖及臀板。后翅发达。腹部可见 5–6 节腹板，末节尖。后足发达，擅长跳跃；跗式 5-5-4；爪简单。

该科世界已知 2 亚科 109 属 2280 余种，世界广布。中国记录 1 亚科 30 属 155 种，浙江分布 9 属 14 种。

分属检索表

1. 后足胫节仅 1 条端脊刻，无侧脊刻；后足跗节一般无侧脊刻（花蚤族 Mordellini） ··· 2
- 后足胫节除端脊刻外，还有至少 1 个侧脊刻；后足跗节一般有侧脊刻（姬花蚤族 Mordellistenini） ························· 4
2. 雄性下颚须末节刀片状 ··· 克花蚤属 *Klapperichimorda*
- 雄性下颚须末节三角形或略三角形 ·· 3
3. 后足胫节有背脊 ·· 带花蚤属 *Glipa*
- 后足胫节无背脊 ·· 星花蚤属 *Hoshihananomia*
4. 下颚须末节雌雄异型 ·· 5
- 下颚须末节雌雄同型 ·· 7
5. 下颚须末节宽三角形，雄性有时四边形或其他形状 ·· 肖小花蚤属 *Falsomordellina*
- 雌性下颚须末节斧状 ·· 6
6. 雄性下颚须末节宽卵形 ··· 亚花蚤属 *Asiatolida*
- 雄性下颚须末节锤状 ··· 异须花蚤属 *Pseudotolida*
7. 复眼小，小眼面细 ·· 肖姬花蚤属 *Falsomordellistena*
- 复眼大，小眼面粗 ·· 8
8. 下颚须末节刀刃状 ··· 宽须花蚤属 *Glipostenoda*
- 下颚须末节斧状、斜三角形或杆状且具角 ··· 小花蚤属 *Mordellina*

185. 亚花蚤属 *Asiatolida* Shiyake, 2000

Asiatolida Shiyake, 2000: 26. Type species: *Asiatolida miyatakei* Shiyake, 2000.

主要特征：体长 2.2–3.5 mm。体深棕色至黑色。下颚须末节宽卵形（♂）或斧状（♀），雌雄倒数第 II 节不扩展；复眼卵圆形至球形，小眼面粗。触角中等长，雌雄均弱锯齿状，每节几等长且长大于宽 1.7–2 倍。前胸背板两侧近直，前角顶端宽圆，后角直且顶端窄圆。后足胫节端距不等长；后足的脊长而斜，第 III 跗节有 0–2 个脊；前、中足倒数第 II 跗节扩展，长宽几乎相等，端缘凹入以接纳末节并在背面中心与末节相连。

分布：古北区、东洋区。世界已知 2 种，中国记录 1 种，浙江分布 1 种。

（432）黑亚花蚤 *Asiatolida melana* (Fan *et* Yang, 1995)

Mordellistenoda melana Fan *et* Yang, 1995: 95.
Asiatolida melana: Shiyake, 2000: 30.

主要特征：体长 3.0–3.5 mm。体棕黑色，触角棕黄色；密被棕色短毛。复眼卵圆形，被稀疏银色毛，前端无缺刻，小眼面粗。触角基部 4 节短，第 V–XI 节长，弱锯齿状。前胸背板宽大于长，两侧略内弯，后角圆钝。小盾片宽三角形，顶角圆钝。腿节内侧无长鬃毛；胫节平直不弯曲；前、中足倒数第 II 跗节双叶状；后足胫节和跗节的脊刻数为 4 和 3、2、2；后足胫节内端距长，约为第 I 跗节 1/3 长，外端距细短，仅为内端距 1/3 长。臀锥细长，锥形，约为鞘翅 1/2 长。

分布：浙江（开化）。

186. 肖小花蚤属 *Falsomordellina* Nomura, 1966

Falsomordellina Nomura, 1966: 44. Type species: *Glipostenoda luteoloides* Nomura, 1961.

主要特征：体通常红褐色至红暗褐色，极少沥青色。下颚须末节宽三角形，雄性有时四边形或其他形状，雄性第 II 节弱扩展；复眼略大，圆形或 1/4 圆形，有时圆四边形，前缘微凹，小眼面粗且被细毛。触角 11 节，丝状；第 IV 节明显长于第 III 节；第 IV–X 节细，弱锯齿状。前胸背板宽大于长，两侧近直，后角圆。小盾片三角形，端部圆。鞘翅两侧基部 2/3 近平行，端部 1/3 处圆形变窄。后足脊刻斜向，中等长；前 4 节的倒数第 II 跗节叶状。

分布：古北区、东洋区。世界已知约 10 种，中国记录 3 种，浙江分布 2 种。

（433）黄肖小花蚤 *Falsomordellina luteoloides* (Nomura, 1961)

Mordellistena luteora Kôno, 1932: 155.
Glipostenopa luteola Nomura, 1951: 67 [HN].
Glipostenoda luteoloides Nomura, 1961: 83.
Mordellistena luteorubra Ermisch, 1965: 201.
Falsomordellina luteoloides: Nomura, 1966: 45.

主要特征：体长 3.0–4.5 mm。下颚须末节前缘长于（♂）或等于（♀）后缘；复眼大，略长方形，前缘切断状，雄性弯入。触角弱锯齿状，第 IV 节最长，约为第 III 节 2 倍长。后足胫节和跗节脊刻数为 4 和 3、2、2；后足胫节第 III 脊刻最长。

分布：浙江（开化、庆元）、福建、台湾；日本。

（434）高尾肖小花蚤 *Falsomordellina takaosana takaosana* (Kôno, 1932)

Mordellistena takaosana Kôno, 1932: 154.
Falsomordellina takaosana takaosana: Nomura, 1966: 45.

主要特征：体长 4.0–4.9 mm。下颚须末节四边形（♂）或三角形（♀），前缘稍短于后缘；复眼大，长方形，前缘切断状。触角第 IV 节最长，约为第 III 节的 2 倍长，第 V–X 节短。后足胫节和跗节脊刻数为 5 和 4、2、2；后足胫节第 IV 脊刻最长。

分布：浙江（开化）；日本。

187. 肖姬花蚤属 *Falsomordellistena* Ermisch, 1941

Falsomordellistena Ermisch, 1941: 724. Type species: *Mordellistena formosana* Pic, 1911.

主要特征：雌雄下颚须末节均三角形或斧状；复眼小，卵圆形，整个复眼具精细的眼面。前、中足倒数第II跗节深凹、叶状或端部叶状。

分布：古北区、东洋区、新北区。世界已知约 30 种，中国记录 12 种，浙江分布 2 种。

(435) 百山祖肖姬花蚤 *Falsomordellistena baishanzuna* Fan, 1995

Falsomordellistena baishanzuna Fan, 1995: 223.

主要特征：体长 3.2–3.5 mm。体棕红色，触角、下颚须及足棕黄色；密被金黄色短毛。雌雄下颚须末节均为宽刀片状，端缘长于内缘；复眼圆形，前缘无明显缺刻，小眼面细。触角基部 4 节短，第Ⅳ节略短于第Ⅲ节，第Ⅴ–Ⅹ节弱锯齿状。前胸背板宽大于长，两侧直，后角近直角。鞘翅窄长，翅端合拢。后足胫节端距 1 对，内端距为外端距 2/3 长；后足胫节脊刻数为 6–8，后足跗节脊刻数为 4、2、1 或无；胫节侧脊刻短，仅为胫节宽的 1/3 长，彼此平行；前、中足倒数第Ⅱ跗节双叶状。臀锥细长，圆锥形，端截面极小，约为鞘翅 1/2 长。

分布：浙江（庆元）。

(436) 吴氏肖姬花蚤 *Falsomordellistena wui* Fan *et* Yang, 1995

Falsomordellistena wui Fan *et* Yang, 1995: 96.

主要特征：体长 3.0 mm。体漆黑色，具金属光泽；密被棕黑色短毛，刻点小而深。下颚须末节长刀片状；额强隆，光滑，毛稀疏；复眼小，梨形，前缘无缺刻，小眼面细。触角基部 4 节短，端部各节弱锯齿状。前胸背板宽大于长，两侧平直，后角圆钝。小盾片舌形。前足腿节内侧无鬃毛，胫节直；后足胫节和跗节脊刻数为 3 和 3、2、0；后足胫节外端距细短，仅为内端距 1/4 长；前、中足倒数第Ⅱ跗节双叶状。臀锥约为鞘翅 1/2 长，基部粗壮，三棱锥形，背面中央有脊，端部圆锥形。

分布：浙江（开化、庆元）。

188. 带花蚤属 *Glipa* LeConte, 1857

Glipa LeConte, 1857: 17. Type species: *Mordella hilaris* Say, 1835.
Neoglipa Franciscolo, 1952: 332. Type species: *Glipa favareli* Pic, 1917.

主要特征：下颚须末节宽等腰三角形；复眼被毛；触角细长，第Ⅴ–Ⅹ节弱锯齿状。

分布：世界广布。世界已知约 140 种，中国记录 27 种，浙江分布 3 种。

分种检索表

1. 鞘翅完全黑色（微毛纹除外） ··· 纹带花蚤 *G. fasciata*
- 鞘翅基半部几乎完全褐色至栗色 ·· 2
2. 体长 10.0 mm 以下；尾节板几乎全部或除端部外被白色微毛 ······················· 皮氏带花蚤 *G. pici*
- 体长 10.7 mm 以上，细长；尾节板仅端半部被白色微毛 ························ 白水带花蚤 *G. shirozui*

(437) 纹带花蚤 *Glipa (Macroglipa) fasciata* Kôno, 1928

Glipa fasciata Kôno, 1928: 32.

主要特征：体长 7.0–10.0 mm。鞘翅后方和中央的斑纹不在翅缝处融合，中央和基部的斑纹之间的侧边缘无黄色毛。尾节板端部附近有灰黄色毛，顶端切断状。前足腿节大部分黄褐色。

分布：浙江（临安、开化）、湖北、江西、湖南、福建、台湾、广东、海南、广西、四川、云南；日本。

（438）皮氏带花蚤 *Glipa* (*Macroglipa*) *pici* Ermisch, 1940

Glipa pici Ermisch, 1940: 163.

主要特征：体细长，尾部楔形；体黑色。复眼长圆形，淡黄色；触角第Ⅴ–Ⅹ节锯齿状。前胸背板宽大于长，两侧弯曲，后角圆钝。鞘翅略宽于头，完全遮盖腹部；两侧平行，中缝向翅端裂开；密被金属色刚毛，呈浅黄色斑纹。中足胫节长于跗节之和；前、中足倒数第Ⅱ跗节有二叶状缺刻。

分布：浙江（临安、开化、庆元）、陕西、湖北、江西、湖南、福建、台湾、广东、海南、广西、四川、云南；日本。

（439）白水带花蚤 *Glipa* (*Macroglipa*) *shirozui* Nakane, 1949

Glipa shirozui Nakane, 1949: 39.

主要特征：体长 10.7–16.5 mm。鞘翅端部无白色毛形成的斑纹。尾节板基半部具黑色毛，端半部具白色毛，顶端钝。

分布：浙江（临安）、湖北、湖南、台湾、云南；韩国，日本。

189. 宽须花蚤属 *Glipostenoda* Ermisch, 1950

Glipostenoda Ermisch, 1950: 81. Type species: *Glipostenoda castaneicolor* Ermisch, 1950.

主要特征：雌雄下颚须末节均刀刃状；复眼大，前缘多少弯入，小眼面粗。触角第Ⅳ节与第Ⅲ节近等长，短于第Ⅴ节；第Ⅴ节以后弱锯齿状，各节长大于宽 4 倍以内。前、中足倒数第Ⅱ跗节前端弯入或二叶状或斜截；后足第Ⅱ跗节有时具脊刻。

分布：世界广布。世界已知约 45 种，中国记录 15 种，浙江分布 1 种。

（440）开化宽须花蚤 *Glipostenoda kaihuana* Fan *et* Yang, 1995

Glipostenoda kaihuana Fan *et* Yang, 1995: 98.

主要特征：体长 3.5 mm。体棕黑色，密被棕黄色短毛；触角、前足棕黄色；前胸背板棕红色，中央有 1 深色斑；鞘翅暗棕色，端部色深；腹部每节腹板端部棕红色。头部强烈金属光泽，毛稀疏；下颚须末节长刀片状；复眼小，小眼面粗，被极稀疏细短毛。触角前 4 节短，第Ⅴ–Ⅺ节长，线状，末节不长于前 1 节。前胸背板宽大于长，两侧弧形，后角圆钝。小盾片小，三角形。前足腿节内侧基部有 1 钉状刺，胫节直；后足胫节和跗节脊刻数为 5 和 4、2、0；后足胫节端距 1 对，粗壮，内端距为第Ⅰ跗节 2/3 长，是外端距的 2 倍长；前、中足倒数第Ⅱ跗节双叶状。臀锥细长，锥形，约为鞘翅 1/2 长。

分布：浙江（开化）。

190. 星花蚤属 *Hoshihananomia* Kôno, 1935

Hoshihananomia Kôno, 1935: 124. Type species: *Mordella perlata* Sulzer, 1776.
Machairorophora Franciscolo, 1943: 34. Type species: *Mordella tibialis* Broun, 1880.

主要特征：体多具斑点或斑纹。下颚须大，略三角形。前、中足倒数第 II 跗节深凹、扩大、二叶状。
分布：世界广布。世界已知 50 余种，中国记录 13 种，浙江分布 1 种。

（441）北方星花蚤 *Hoshihananomia borealis* Nomura, 1957

Hoshihananomia borealis Nomura, 1957: 40.

主要特征：该种与大六星花蚤 *H. composita* 非常相似，区别特征为：体型更大（7.5–9.0 mm）；鞘翅上的白斑更小，尤其是正好位于小盾片后侧方的第 I 个斑点小或残留，而不是钩状；鞘翅基部 1/3 的侧斑不存在或有时几乎不可见；鞘翅端部 1/4 的第 V 个斑点很少缺失。
分布：浙江、湖北、江西、台湾、海南；日本。

191. 克花蚤属 *Klapperichimorda* Ermisch, 1968

Klapperichimorda Ermisch, 1968: 279. Type species: *Klapperichimorda quadrimaculata* Ermisch, 1968.

主要特征：下颚须末节刀片状；触角线状。
分布：东洋区。世界已知 4 种，中国记录 2 种，浙江分布 1 种。

（442）黄带克花蚤 *Klapperichimorda lutevittata* Fan et Yang, 1995

Klapperichimorda lutevittata Fan et Yang, 1995: 99.

主要特征：体长 3.0–3.5 mm。体大部分棕黑色。下颚须末节刀片状；额隆起成半球形，刻点细小；复眼大，梨形，被短毛，小眼面极细。触角黄褐色，线状；基部 3 节短，锥形；第 IV 节明显长于第 III 节，与第 V 节等长。前胸背板宽大于长，刻点大而浅；端部中央强隆，两侧急剧向腹面凹入；后角近直角。小盾片宽三角形，被黄褐色毛。鞘翅外缘、端缘、近中缝处黑色，肩部、每翅中央有 1 黄褐色斑带。前足腿节内侧无长鬃毛；胫节直，中足胫节明显长于跗节；后足胫节具端刻和背脊刻，无侧脊刻；后足胫节端距 1 对，外端距不及内端距 1/4 长；前、中足倒数第 II 跗节双叶状，后足跗节无脊刻。臀锥粗壮，基半部宽扁，端半部圆锥形。
分布：浙江（开化）。

192. 小花蚤属 *Mordellina* Schilsky, 1908

Mordellina Schilsky, 1908: 137. Type species: *Mordellina gracilis* Schilsky, 1908.

主要特征：雌雄下颚须末节斧状、斜三角形或杆状且具尖（或有时圆）的角；复眼大，通常较宽，于触角后微凹，小眼面粗。前、中足倒数第 II 跗节端部横截，或非常适度的凹，既不扩大也非叶状。

分布：古北区、东洋区、新北区。世界已知约 110 种，中国记录 16 种，浙江分布 2 种。

（443）棕色小花蚤 *Mordellina* (*Mordellina*) *brunneotincta* (Marseul, 1877)

Mordellistena brunneotincta Marseul, 1877: 474.
Mordellina (*Mordellina*) *brunneotincta*: Nomura, 1966: 49.

主要特征：体长 2.2–3.0 mm。触角第Ⅳ节与第Ⅲ节近等长，第Ⅴ节以后强烈锯齿状。雌雄后足胫节均无外端距；后足胫节和跗节的脊刻数为 3 和 2、1、0。

分布：浙江（开化）；日本。

（444）古田山小花蚤 *Mordellina* (*Mordellina*) *gutianshana* Fan et Yang, 1995

Mordellina (*Mordellina*) *gutianshana* Fan et Yang, 1995: 95.

主要特征：体长 3.0 mm。体漆黑色，密被棕褐色短毛，刻点小而深；唇基、上唇及下颚须棕黄色，前胸背板及鞘翅密被棕色长毛。下颚须末节刀片状，外缘与内缘近等长；复眼大而圆，直径接近眼间距，小眼面粗，无毛。触角端部 7 节弱锯齿状。前胸背板宽大于长，两侧平直，后角圆钝。小盾片三角形，极细小。鞘翅窄长。前足腿节内侧具细长鬃毛，胫节内弯；后足胫节 1 端距，为第Ⅰ跗节 1/3 长；后足胫节和跗节的脊刻数为 3 和 2、2、0；前、中足倒数第Ⅱ跗节端部平直无缺刻。臀锥细长，锥形，约为鞘翅 1/4 长。

分布：浙江（开化）。

193. 异须花蚤属 *Pseudotolida* Ermisch, 1950

Pseudotolida Ermisch, 1950: 86. Type species: *Mordellistena ephippiata* Champion, 1891.

主要特征：下颚须末节锤状（♂）或斧状（♀）。前、中足倒数第Ⅱ跗节顶端深凹，或多或少二裂且通常强烈扩展。

分布：古北区、东洋区、新北区。世界已知 8 种，中国记录 3 种，浙江分布 1 种。

（445）中华异须花蚤 *Pseudotolida sinica* Fan et Yang, 1995

Pseudotolida sinica Fan et Yang, 1995: 96.

主要特征：体长 2.5–3.0 mm。体棕红色，鞘翅端部色略深；背面被棕色粗壮短毛，头及腹面被银黄色细短毛。复眼大，近圆形隆起，被稀疏银白色短毛，前缘微缺刻，小眼面粗。触角细长，线状，基部 4 节短，端部各节长约为宽的 3 倍，末节不长于前一节。前胸背板宽大于长，两侧圆弧形。小盾片极小，三角形。前足腿节内侧有细长鬃毛；中足胫节略长于跗节；后足胫节端距 1 对，细长，约为第Ⅰ跗节 3/4 长，内外端距几乎等长；后足胫节和跗节脊刻数为 3 和 2、2、2；前、中足倒数第Ⅱ跗节双叶状。臀锥细长，圆锥形，约为鞘翅 1/2 长。

分布：浙江（开化）。

三十一、拟步甲科 Tenebrionidae

主要特征：体长 1.2–80.0 mm。体形多变，中等到强烈隆起，偶尔强烈扁平；体表光滑，或被毛或鳞片。头后部极少急剧收缩形成颈；背观触角着生处通常被隐藏；有眼或稀见无眼，有时被眼角完全分割为上下两部分。触角 11 节，偶见 10 节，罕见 3 节或 6–9 节者。鞘翅刻点无规则，或形成刻点行或沟；通常 9 行或更少，偶见 10 行，罕见 17 行；缘折大多发达；鞘翅有时愈合。腹部几乎总是可见 5 节，前 3 节愈合；第 V、VI 和第 VI、VII 腹节之间的节间膜可见或不可见。雌雄跗式常见 5–5–4，稀见 5–4–4，偶见 4–4–4，罕见 3–3–3；跗节大多简单，有时倒数第 II 节叶状，稀见倒数第 III 节叶状且倒数第 II 节简化；跗爪通常简单，朽木甲亚科 Alleculinae 几乎都具齿。

该科世界已知 11 亚科 2300 余属约 20 000 种，世界广布，从热带到亚热带和温带、从热沙漠至冷荒原的陆地环境均有分布，湿冷气候区的种类相对较少。中国记录 8 亚科 2200 余种，浙江分布 6 亚科 52 属 108 种，其中中国新记录 1 种，浙江新记录 12 种。

分亚科检索表

1. 跗爪具栉齿 ··· 朽木甲亚科 Alleculinae
- 跗爪无栉齿 ··· 2
2. 前足跗节倒数第 II 节呈叶状 ·· 伪叶甲亚科 Lagriinae
- 前足跗节倒数第 II 节非叶状 ··· 3
3. 触角端部扩展；所有胫节扩展 ··· 菌甲亚科 Diaperinae
- 触角端部扩展或不扩展；并非所有胫节扩展 ··· 4
4. 触角无复合（星状）感器 ·· 琵甲亚科 Blaptinae
- 触角有复合（星状）感器 ·· 5
5. 触角端部 5–7 节具复合（星状）感器；前足基节窝内、外侧均关闭 ·· 树甲亚科 Stenochiinae
- 触角端部 5–6 节具复合（星状）感器；前足基节窝内侧关闭，外侧关闭或开放 ·········· 拟步甲亚科 Tenebrioninae

（一）伪叶甲亚科 Lagriinae

主要特征：体长 1.5–56.0 mm。体形中度或特别延长，长大于宽的 1.3–3.7 倍；背面凸起，腹面光滑或具毛。头前口式，上唇横宽或纵长，复眼椭圆或横向肾形，无触角沟。触角 11 节，少数 3 节或 8 节或 10 节，丝状、念珠状或齿状。前胸背板形状多变，横宽或纵长，长大于宽的 0.3–1.4 倍。前足基节窝内侧关闭；多数中足基节窝外侧开放。鞘翅长大于宽的 1–3.2 倍。后翅有或无，无翅痣。腹部可见腹板 5 节，多数第 III 节后缘有可见节间膜；防御腺有或无。跗式 5–5–4，少数 4–4–4；倒数第 II 跗节多叶状。

分族检索表

1. 无后翅 ··· 莱甲族 Laenini
- 有后翅 ··· 2
2. 前胸扁平，侧缘有齿或扩展；腹部无防御腺 ·· 高伪叶甲族 Goniaderini
- 前胸圆筒状，有或无饰边；腹部有防御腺 ·· 3
3. 触角丝状，末节伸长；前足基节特别凸；胫节无端距 ··· 伪叶甲族 Lagriini
- 触角圆柱状或念珠状，末节不伸长；前足基节不凸；胫节有端距 ·· 垫甲族 Lupropini

第九章 拟步甲总科 Tenebrionoidea 三十一、拟步甲科 Tenebrionidae · 241 ·

高伪叶甲族 Goniaderini Lacordaire, 1859

主要特征：体小型或中型，长卵形，略扁平或隆起；体表具柔毛和粗大刻点。头近圆形，上唇方形；唇基前缘直；上颚常椭圆形，颚齿叶长且不对称，上颚2齿；下颚须末节三角形；颏较小，茎节和轴节外露。复眼大，肾形。触角11节，向后伸达前胸背板基部；各节短，圆柱状或倒圆锥状；向端部渐膨大或端部3节显粗。前胸背板形状多变，侧缘圆滑或齿形或显著侧扩，盘区布无规则刻点或瘤突。中足基节窝部分闭合。鞘翅布稠密刻点，部分属的种类有瘤突。有后翅。腹部第III–V节有节间膜；无防御腺；肛侧板方形或圆形。腿节有或无齿；跗式5-5-4，倒数第II跗节呈二叶状。产卵器退化，生殖刺突指状。

该族世界广布。世界已知230余种，中国记录15种，浙江分布1属2种。

194. 艾垫甲属 *Anaedus* Blanchard, 1842

Aspisoma Duponchel *et* Chevrolat, 1841: 210. Type species: *Aspisoma fulvipenne* Duponchel *et* Chevrolat, 1841.

Anaedus Blanchard, 1842: 14. Type species: *Anaedus punctatissimus* Blanchard, 1842.

Anaedes Agassiz, 1846: 36. Unjustifed emendation of *Anaedus* Blanchard, 1842.

Aspidosoma Agassiz, 1846: 36. Unjustifed emendation of *Aspisoma* Duponchel *et* Chevrolat, 1841.

主要特征：体略扁平。复眼肾形；触角向后伸达前胸背板基部，各节略呈圆柱状，向端部逐渐膨大。前胸背板横阔，前缘显著凹，侧缘显著凸且扁，少数侧缘非如此；盘区具密集大刻点，着生密集短毛或长毛。鞘翅基部略宽于前胸背板基部；盘区具无规则的密集刻点。具后翅。腹部第III–V节之间具节间膜；无防御腺。足略短，腿节和胫节简单，近棒状；后足第I跗节长于后3节之和。

分布：世界广布。世界已知52种，中国记录10种，浙江分布2种。

（446）穆氏艾垫甲 *Anaedus mroczkowskii* Kaszab, 1968（图9-1；图版XXII-8）

Anaedus mroczkowskii Kaszab, 1968: 10.

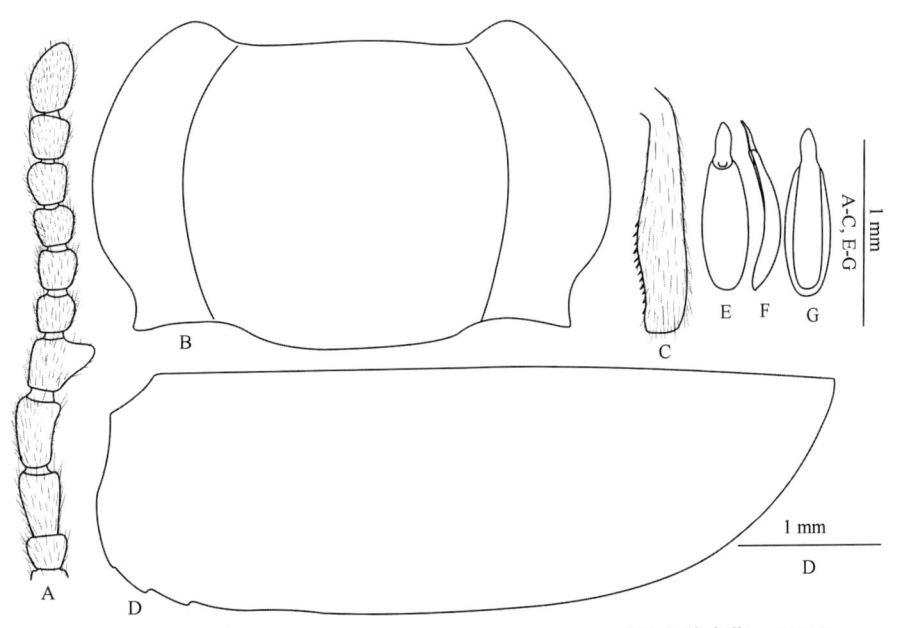

图9-1 穆氏艾垫甲 *Anaedus mroczkowskii* Kaszab, 1968（引自魏中华，2020）
A. 触角；B. 前胸背板；C. 中足胫节；D. 左鞘翅；E-G. 阳茎背、侧、腹面观

主要特征：体长 9.0–11.0 mm。体棕色至黑色，体表布稠密的不规则刻点、直立和半直立长毛。触角第IV节下侧扁平，光滑无毛；第V节具角突，下侧弧凹，光滑无毛。前胸背板横阔，宽大于长的 1.3 倍，中部最宽；前缘深弧凹，中部近直；侧缘强烈弧形，于后角前显著收窄；前角圆钝，显突；后角略尖；盘区显隆，具稠密粗刻点和直立长毛，中线凸起且光滑无刻点。前胸腹板突端部略尖。鞘翅基部 1/3 处最宽，长大于宽的 1.5 倍；基部宽于前胸背板，肩角弧形；侧缘基部 1/4 锯齿状。

分布：浙江（临安）、辽宁、河南、陕西、湖北、海南、四川、贵州、西藏。

（447）单齿艾垫甲 *Anaedus unidentasus* Wang et Ren, 2007（图 9-2；图版 XXII-9）

Anaedus unidentasus Wang et Ren, 2007: 34.

主要特征：体长 8.0–11.5 mm。体扁平，卵圆形。触角第III节与第IV节等长，是第II节长的 2.2 倍，比第V–X节略长。前胸背板横阔，宽大于长的 1.7 倍，中部最宽；前缘明显凹，中部呈直线形；侧缘于前角后 1/3 处有微齿，于端部 1/3 处明显收窄，中部至基部逐渐收缩；盘区凸出。前胸腹板和中胸腹板呈 V 形，部分具稠密的粗糙刻点。鞘翅长大于宽的 1.5 倍，比前胸背板宽；侧缘基部 1/4 部分呈锯齿状；基部于翅肩处弧形；盘区和缘折刻点与前胸背板的等大，着生稠密的直立长毛；盘区中部凸出；缘折端部具小且深的印痕。前足跗节第V节最长，中足跗节基节最长，后足基跗节长于后 3 节之和；雄性后足胫节内侧端距侧向突出。

分布：浙江（临安）、陕西、安徽、广东、广西、贵州、云南。

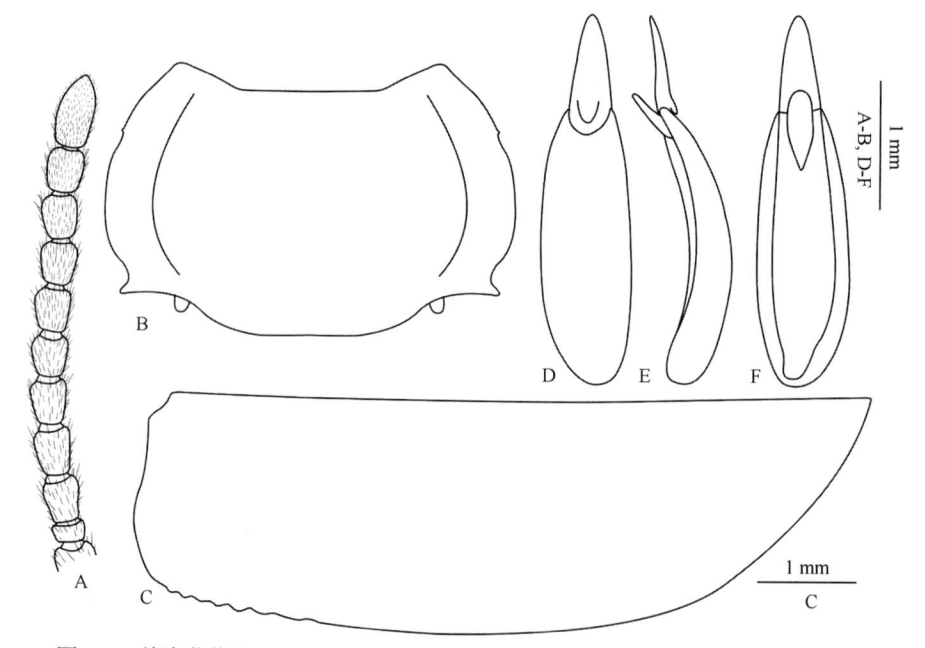

图 9-2 单齿艾垫甲 *Anaedus unidentasus* Wang et Ren, 2007（引自魏中华，2020）
A. 触角；B. 前胸背板；C. 左鞘翅；D-F. 阳茎背、侧、腹面观

莱甲族 Laenini Seidlitz, 1895

主要特征：复眼圆形或卵圆形，突出或不突出；前颊凸。触角 11 节，近丝状；第II节短小，第III节显著较长，棒状；从基节向端节渐扩，端部末节略宽或显粗。前胸腹板突于前足基节窝后骤然下降。腹部第III、IV节后缘有可见节间膜；无防御腺。鞘翅具 10 刻点行，极少数布不规则刻点；翅肩不明显，弧形，少数呈直角或前突。无后翅。

该族世界广布。世界已知 370 多种，中国记录 129 种，浙江分布 1 属 3 种。

195. 莱甲属 *Laena* Dejean, 1821

Laena Dejean, 1821: 64. Type species: *Scaurus viennensis* Sturm, 1807.
Laena Latreille, 1829: 39 [HN]. Type species: *Scaurus viennensis* Sturm, 1807.
Catalaena Reitter, 1900: 282. Type species: *Laena turkestanica* Reitter, 1897.
Psilolaena Heller, 1923: 70. Type species: *Psilolaena schusteri* Helier, 1923.
Ebertius Jedlička, 1965: 98. Type species: *Ebertius nepalensis* Jedlička, 1965.

主要特征：体长 0.2–12.0 mm。体棕色至黑色，背面高拱。上唇和唇基之间无节间膜。触角念珠状，末节最大，水滴形。前胸背板宽略大于长，呈圆形、椭圆形、心形、近方形或倒梯形等；盘区具无规则刻点，多数着生毛，少数光裸。鞘翅具 10 刻点行，行间具规则或不规则刻点，或行间无刻点；少数鞘翅的左右第Ⅶ行间扁平；缘折完整伸达翅顶。后翅退化，不能飞行。腹部第Ⅲ、Ⅳ可见腹板后缘具显著的节间膜。多数具性二型现象：雄性胫节端部内侧具钩、颗粒或刺，或中部弯曲，少数雄性前足第 I–III 跗节较宽大等。

分布：古北区、东洋区、旧热带区。世界已知 350 多种，中国记录 126 种，浙江分布 3 种。

分种检索表

1. 前胸背板侧缘无饰边 ··· 武夷山莱甲 *L. hlavaci*
- 前胸背板侧缘有饰边 ··· 2
2. 鞘翅第Ⅸ行间有 4 脐状毛孔；前胸背板刻点间距是其直径的 2–5 倍 ·································· 库氏莱甲 *L. cooteri*
- 鞘翅第Ⅸ行间无脐状毛孔；前胸背板刻点间距是其直径的 1–3 倍 ·································· 卵圆莱甲 *L. ovipennis*

（448）库氏莱甲 *Laena cooteri* Schawaller, 2008（图 9-3；图版 XXII-10）

Laena cooteri Schawaller, 2008: 391.

主要特征：体长 4.0–5.2 mm。体黑棕色。触角第Ⅲ节长是第Ⅱ节的 1.9 倍，是第Ⅳ、Ⅴ节的 1.5 倍；第Ⅳ节和第Ⅴ节相等；第Ⅵ–Ⅸ节相等，略长于第Ⅳ、Ⅴ节；第Ⅹ节略长，第Ⅺ节显著膨大，呈圆锥形。前胸背板宽大于长的 1.2 倍，中部靠前最宽；侧缘具饰边；盘区散布大刻点，刻点间距是其直径的 2–5 倍。鞘翅中部最宽；鞘翅行上刻点不连成点线，行刻点与前胸背板刻点等大；行间有不明显的小刻点行；第Ⅸ行间有 4 个脐状毛孔。所有腿节具齿，后足腿节近端部有 1 对齿。

分布：浙江（诸暨）、河南、江西。

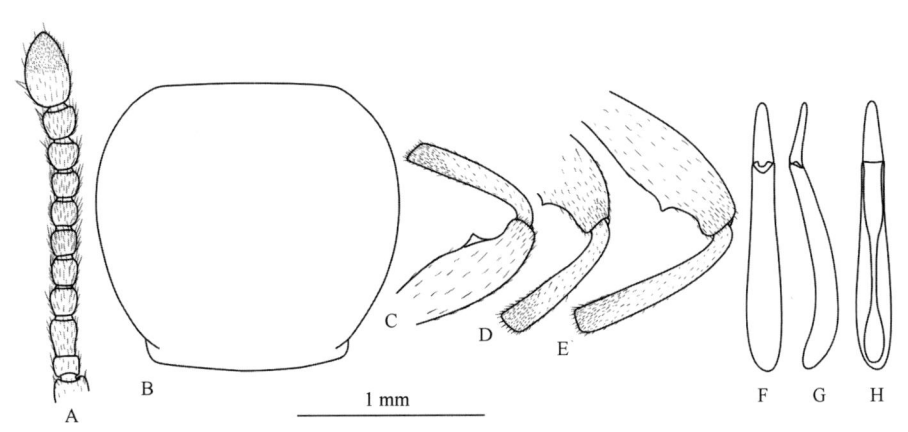

图 9-3 库氏莱甲 *Laena cooteri* Schawaller, 2008（引自魏中华，2020）
A. 触角；B. 前胸背板；C. 前足腿节和胫节腹面观；D. 中足腿节和胫节腹面观；E. 后足腿节和胫节腹面观；F-H. 阳茎背、侧、腹面观

（449）武夷山莱甲 *Laena hlavaci* Schawaller, 2008（图 9-4；图版 XXII-11）

Laena hlavaci Schawaller, 2008: 395.

主要特征：体长 5.0–6.0 mm。触角第Ⅲ节长是第Ⅱ节的 1.7 倍，是第Ⅳ节长的 1.1 倍；第Ⅴ–Ⅸ节长约相等；第Ⅹ节略长；第Ⅺ节最长，显著膨大，呈圆锥形。前胸背板略呈倒梯形，端部最宽；侧缘无饰边；盘区散布大刻点，刻点间距是其直径的 2–5 倍，多数刻点有非常短的毛，表面无凹。鞘翅行上刻点不连成点线，行刻点与前胸背板刻点等大，无毛；行间有不明显小刻点行，偶有长毛；所有行间平坦具光泽；第Ⅸ行间有 4 个脐状毛孔。所有腿节具齿；中足腿节外侧近端部具齿，后足腿节有 1 对相对长的和短的齿。

分布：浙江（安吉）、安徽、江西。

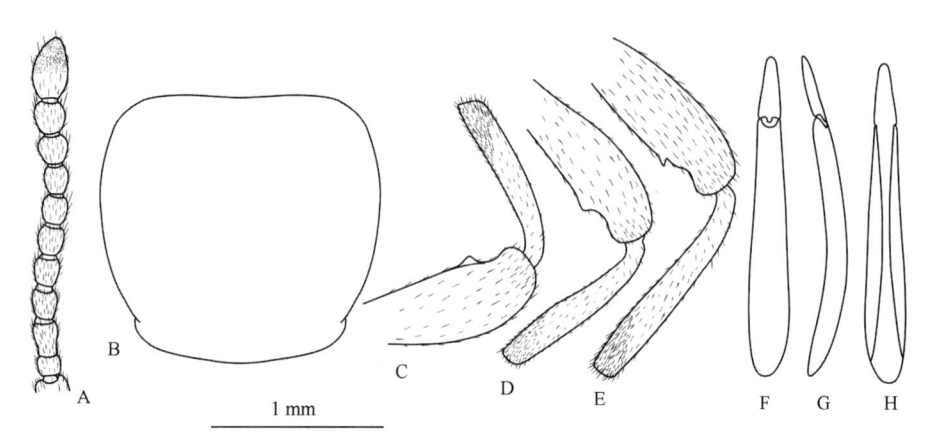

图 9-4 武夷山莱甲 *Laena hlavaci* Schawaller, 2008（引自魏中华，2020）
A. 触角；B. 前胸背板；C. 前足腿节和胫节腹面观；D. 中足腿节和胫节腹面观；E. 后足腿节和胫节腹面观；F-H. 阳茎背、侧、腹面观

（450）卵圆莱甲 *Laena ovipennis* Schuster, 1926

Laena ovipennis Schuster, 1926: 41.

主要特征：体长 5.5 mm。体浅褐色。触角较粗，向后伸达前胸背板基部；第Ⅱ节粗短，第Ⅲ节长是第Ⅱ节的 2 倍，第Ⅴ–Ⅷ节等宽，第Ⅸ、Ⅹ节呈梯形，末节卵圆形。前胸背板圆形，近中部最宽，宽略大于长；侧缘具细饰边；盘区具大刻点，刻点间距是其直径的 1–3 倍，刻点具直立长毛。鞘翅卵圆形，肩部明显宽于前胸背板基部，中部最宽；鞘翅行上刻点不连成点线，行刻点与前胸背板刻点等大，具直立长毛；行间有不明显的小刻点行，偶有长毛；所有行间平坦具光泽；第Ⅸ行间无脐状毛孔。腹部具稠密的细刻点和毛。所有腿节具小齿；所有胫节正常。

分布：浙江（安吉）。

伪叶甲族 Lagriini Latreille, 1825

主要特征：触角柄节着生于额侧突下，端节大多延长，多数种雄性更为明显。前胸大多圆筒形。鞘翅缘折向后方逐渐变窄或消失。腹面具毛丛。前足基节十分突起；跗式 5–5–4，倒数第 2 跗节双叶状。性二型大多十分明显。

该族世界已知 134 属 1900 余种，中国记录 24 属 139 种，浙江分布 10 属 17 种。

分属检索表

1. 体相对横宽，鞘翅向后方膨大；鞘翅刻点无规则分布；前胸腹板突缺失或很细小 ················ 2

- 体相对细长，鞘翅两侧近平行或收狭；鞘翅刻点排列稍有规律或明显呈刻点列；前胸腹板突抬起，将前足基节分开 ···· 6
2. 雄性触角节变形，如腹面凹陷、齿状膨大等 ··· 角伪叶甲属 *Cerogria*
- 雄性触角顶多端节变形，其他触角节常形 ··· 3
3. 前胸背板盘区或侧区坑状凹陷或隆起 ·· 4
- 前胸背板盘区或侧区无凹陷或隆起 ·· 5
4. 前胸背板两侧各具 1 肾形的坑，中央具 1 纵沟 ·· 沟伪叶甲属 *Bothynogria*
- 雌性前胸背板中央具纵向不规则刻纹，坑状下陷或隆起 ···················· 刻胸伪叶甲属 *Aulonogria*
5. 雄性触角第Ⅸ、Ⅹ节强烈横形，端节变宽并强烈延长 ························· 辛伪叶甲属 *Xenocerogria*
- 雄性触角第Ⅸ、Ⅹ节常形，端节不明显变宽，强烈延长或略延长 ····················· 伪叶甲属 *Lagria*
6. 鞘翅刻点明显呈刻点列 ·· 7
- 鞘翅刻点排列稍有规律 ·· 9
7. 鞘翅刻点小而稀疏，在浅纵沟内形成不整齐、不清晰的刻点列 ···················· 绿伪叶甲属 *Chlorophila*
- 鞘翅刻点粗大，在纵沟内形成整齐而清晰的刻点列 ·· 8
8. 前胸腹板突在基节后方纵向呈叶片状扩大 ·· 外伪叶甲属 *Exostira*
- 前胸腹板突在基节后方不呈叶片状扩大 ··· 大伪叶甲属 *Macrolagria*
9. 眼间距相对窄；前胸背板前角明显圆形 ·· 异伪叶甲属 *Anisostira*
- 眼间距宽；前胸背板前角尖锐或钝圆形 ·· 宽膜伪叶甲属 *Arthromacra*

196. 异伪叶甲属 *Anisostira* Borchmann, 1915

Anisostira Borchmann, 1915b: 296. Type species: *Anisostira varicolor* Borchmann, 1915.

主要特征：上唇多少呈心形，唇基前方直；复眼隆起，眼间距窄于复眼横径。触角细，端节延长。前胸背板隆起，大多长宽相等，稍宽于头部复眼处，前角圆形。鞘翅宽是前胸背板的 2 倍，具刻点列，刻点排列不整齐，2 列或 4 列成组，彼此通过肋分隔，有些不甚清晰。雄性腿节粗，胫节多少弯曲；雌性腿节细小，胫节缺乏性别特征。

分布：古北区、东洋区。世界已知 2 种，中国记录 2 种，浙江分布 1 种。

（451）纹翅异伪叶甲 *Anisostira rugipennis* (Lewis, 1896)（图版 XXII-12，图版 XXIII-1）

Macrolagria rugipennis Lewis, 1896: 341.

Nemostira sinuatipes Pic, 1911a: 7.

Nemostira nigripes Pic, 1911b: 190.

Nemostira abnormipes Borchmann, 1912: 10.

Nemostira cognata Borchmann, 1912: 11.

Nemostira testaceithorax var. *rufoscutellaris* Pic, 1914a: 76.

Nemostira rugipennis var. *ferriei* Pic, 1914c: 304.

Nemostira testaceithorax Pic, 1914c: 305.

Anisostira rugipennis: Borchmann, 1915b: 297.

Anisostira similaris Borchmann, 1915b: 297.

Anisostira lucidicollis Borchmann, 1915b: 298.

Anisostira varicolor Borchmann, 1915b: 298.

Anisostira abnormipes f. *abdominalis* Kôno, 1929: 33.

Anisostira abnormipes f. *flavipes* Kôno, 1929: 33.

Anisostira abnormipes f. *kikuchii* Kôno, 1929: 34.

主要特征：体长 9.5–12.0 mm。身体向后稍扩展，黑色，前胸背板和鞘翅有时黄色，具光泽。雄：头部常形，刻点大而少。触角细长，第III节长于第IV节，端节长近等于其前 4 节长度之和。前胸背板隆起，稍宽于头部复眼处；刻点大而稀疏，前后边沿可见；前缘直，后缘弯曲；前角钝圆形，两侧在后角前收缩，使得后角略突出。鞘翅具刻点列，刻点排列不整齐，2 列或 4 列成组，彼此通过肋分隔。腿节粗壮，弧形膨大；后足胫节中部稍后宽齿状突起。雌：眼间距稍宽；触角端节长近等于其前 3 节长度之和；腿节不如雄性膨大；后足胫节无齿状突起。

分布：浙江（临安）、陕西、湖北、福建、台湾、广东、广西、四川、贵州；韩国，日本。

197. 宽膜伪叶甲属 *Arthromacra* Kirby, 1837

Arthromacra Kirby, 1837: 238. Type species: *Arthromacra donacioides* Kirby, 1837.

主要特征：上唇和唇基边缘凸出，其间具宽的关节膜；复眼大多细长，眼间距显宽于复眼横径。触角细长，端节强烈延长。颈不明显。前胸背板近于长圆柱形，稍宽或不宽于头部。鞘翅基部是前胸背板基部的 2 倍宽，向后方稍扩展，横皱纹式刻点或刻点列。足稍细，腿节略呈棒状，胫节多略弯。

分布：古北区、东洋区、新北区。世界已知 47 种 4 亚种，中国记录 17 种，浙江分布 1 种。

（452）红背宽膜伪叶甲 *Arthromacra rubidorsalis* Chen et Yang, 1997（图版 XXIII: 2-3）

Arthromacra rubidorsalis Chen et Yang, 1997: 3.

主要特征：体长 8.5–9.0 mm。身体背面暗红色，触角和足暗褐色至黑色，具光泽，光滑几乎无毛。雄：下颚须长；上唇前缘中部缺刻；额唇基沟直而深；额区不平坦，刻点粗；复眼间距约为复眼横径的 2.5 倍。触角端节至少与其前 3 节之和等长（标本端节残缺）。前胸背板圆筒形，长略大于宽；刻点粗大，向两侧更密；前、后角明显突出，两侧在前角后和后角前收缩。鞘翅宽约为前胸宽的 2 倍，向后稍扩展；刻点粗而密，排列不规则的纵列；肩角明显。足无明显性别特征。雌：眼间距稍宽；触角端节长近等于其前 3 节长度之和。

分布：浙江（临安）。

198. 刻胸伪叶甲属 *Aulonogria* Borchmann, 1929

Aulonogria Borchmann, 1929: 9. Type species: *Lagria rugosa* Fabricius, 1801.

主要特征：下颚须末节宽三角形；眼间额大多有 1 明显压痕。触角向端部稍变粗，端节或稍长于第 X 节，或等于其前 2 节长度之和，末端尖削；有时第 X、XI 节有宽而浅的横凹。前胸背板基半部两侧宽阔地弧形收缩，基部背面两侧有较深的凹。鞘翅向后方明显扩大，横向皱纹相当稠密，肩角常形。雌性前胸背板盘区中央有宽而长的不规则纵向刻纹，多为 1 坑（有时隆起），坑内有纵脊或尖锐的横肋。

分布：古北区、东洋区。世界已知 11 种，中国记录 5 种，浙江分布 1 种。

（453）异色刻胸伪叶甲 *Aulonogria discolora* Chen, 2002（图版 XXIII-4）浙江新记录

Aulonogria discolora Chen, 2002: 177.

主要特征：体长 8.0–9.5 mm。体双色，背面有白色短毛，鞘翅被毛向后弯曲。雄：头与前胸背板几乎

等宽，刻点粗密，近于相接；复眼略高于眼间额，复眼横径约等于眼间距。触角端节细长，稍短于其前 3 节长度之和。前胸背板刻点甚粗密，几乎相接，极不平坦；两侧在基半部收缩，前角圆，后角略突出。鞘翅刻点最大间距为 1 个刻点直径，向两侧渐密，几乎相接，基部稍后略有浅凹，肩角隆起；背观鞘翅饰边不完整。足和腹部常形。雌：复眼横径为眼间距的 2/3；触角端节稍粗大，等于其前 2 节长度之和；前胸背板中央有宽而长的纵向深坑，坑内具尖锐隆脊。

分布：浙江（龙泉）、湖南、福建、广西、贵州。

199. 沟伪叶甲属 *Bothynogria* Borchmann, 1915

Bothynogria Borchmann, 1915a: 128. Type species: *Bothynogria calcarata* Borchmann, 1915.

主要特征：体延长，背毛通常短而稀，刻点粗，具光泽。额侧突基瘤明显膨大；复眼较大。触角细长，端节与其前 3 节长度之和相等或稍短。前胸背板有 3 个深度不一的压痕，中间的纵沟状，两侧的肾形；基部前方侧缘收缩。鞘翅两侧边近平行，刻点不规则，刻点间隔形成细小的横皱纹。胫节端部 1/2–2/3 内缘具齿；中足胫节有 1 个突出的齿或缺乏；后足胫节中部附近具 1 齿。雌性额侧突基瘤较不发达；复眼较小，眼间距较大；胫节无齿。

分布：古北区、东洋区。世界已知 7 种，中国记录 4 种，浙江分布 1 种。

（454）齿沟伪叶甲 *Bothynogria calcarata* Borchmann, 1915（图版 XXIII: 5-6）

Bothynogria calcarata Borchmann, 1915a: 129.

主要特征：体长 8.0–10.0 mm。背面有较密、后曲的短绒毛。雄：头部窄于前胸背板；额侧突基瘤几近光滑，隆起约与复眼等高；复眼大，眼间距约为复眼横径的 3/4。触角伸过鞘翅肩部，第Ⅵ–Ⅹ节腹面有纵向光裸，末节腹面凹，凹的内缘锯齿状，与其前 3 节长度之和相等。前胸背板刻点大，向边缘渐密，刻痕深而明显（个别浅）；中部稍前最宽；前、后角突出。鞘翅被后曲的短毛，刻点间横纹显著；背观鞘翅饰边仅肩部不可见。中足胫节内缘锯齿状，缺突齿；后足胫节内缘锯齿状，突齿位于胫节中部、齿列之首。雌：眼间距为复眼横径的 1.5 倍；触角第Ⅵ–Ⅹ节腹面无光裸，端节与其前 2 节长度之和相等。

分布：浙江（杭州、龙泉）、河南、湖北、江西、湖南、福建、台湾、海南、广西、重庆、四川、贵州、云南；东洋区。

200. 角伪叶甲属 *Cerogria* Borchmann, 1909

Cerogria Borchmann, 1909a: 210. Type species: *Lagria anisocera* Wiedemann, 1823.
Cerogria (*Cerogriodes*) Borchmann, 1941: 25. Type species: *Cerogria klapperichi* Borchmann, 1941.
Cerogria (*Aeschrocera*) Chen et Chou, 1996: 269. Type species: *Cerogria brunneocollis* Chen et Chou, 1996.

主要特征：下颚须末节宽三角形；额侧突基瘤多十分发达，光亮。触角中部各节常具复杂的形状（或齿状膨大，或端部凹陷等）和修饰（或有刃脊，或有纵沟等），第Ⅵ、Ⅸ节或第Ⅶ、Ⅸ节齿状膨大（有时仅第Ⅸ节齿状膨大），端节大多强烈延长，腹面常凹。前胸背板基部两侧收缩，前、后缘大多清晰。鞘翅向后多少膨大，有刻点和横皱纹。有些种胫节有性别特征，如细齿或栉齿。雌性触角简单，无复杂变形，末节亦不如雄性的延长；前胸背板往往有多变的刻纹或疤痕。

分布：古北区、东洋区、旧热带区。世界已知 73 种，中国记录 23 种，浙江分布 6 种。

分种检索表

1. ♂第 V 可见腹板中域深凹，其端缘多少凹陷 ··· 2
- ♂第 V 可见腹板简单，中域和端缘不凹陷 ·· 3
2. ♂触角第Ⅳ–Ⅶ和Ⅸ节腹面内侧有近圆形光斑，第Ⅳ–Ⅴ节腹面内侧无纵沟；第Ⅷ腹板宽三角形；中足胫节内缘有齿 ········
 ·· 普通角伪叶甲 *C. popularis*
- ♂触角第Ⅳ–Ⅶ和Ⅸ节腹面内侧无近圆形光斑，第Ⅳ–Ⅴ节腹面内侧有纵沟；第Ⅷ腹板叶状；中足胫节内缘无齿 ···········
 ·· 紫蓝角伪叶甲 *C. janthinipennis*
3. 每鞘翅中部有 1 圆形黑斑，端部 1/3 近边缘有 1 斜黑斑（有变异个体，详见种描述） ····· 四斑角伪叶甲 *C. quadrimaculata*
- 鞘翅无修饰物 ·· 4
4. ♂触角第Ⅰ节短，明显球状膨大，第Ⅸ节强烈栉齿状膨大 ·································· 刃脊角伪叶甲 *C. klapperichi*
- ♂触角第Ⅰ节甚长，不球状膨大，第Ⅸ节不呈栉齿状膨大 ··· 5
5. ♂触角第Ⅳ节内缘明显弯曲，末节等于其前 6 节长度之和 ································· 褐翅角伪叶甲 *C. castaneipennis*
- ♂触角第Ⅳ节内缘不弯曲，末节至多等于其前 5 节长度之和 ······································ 细眼角伪叶甲 *C. ommalata*

(455) 褐翅角伪叶甲 *Cerogria castaneipennis* Borchmann, 1936（图版 XXIII: 7-8）浙江新记录

Cerogria castaneipennis Borchmann, 1936: 125.

主要特征：体长 10.0–11.5 mm。体黑色，具光泽；背面有白色毛。雄：头部略窄于前胸背板；复眼大，眼间距为复眼横径的 3/4。触角第Ⅳ节内缘弯曲，长约等于第Ⅴ、Ⅵ节长度之和，第Ⅴ节内缘弯曲，第Ⅳ–Ⅶ节内缘有刃脊，第Ⅴ–Ⅶ节内缘光裸，第Ⅸ、Ⅹ节内缘稍角状突出，有小颗粒状突起，末节等于其前 6 节长度之和。前胸背板刻点较稀疏，近中部宽阔地收缩，前角圆形。鞘翅刻点向两侧甚密，基部有横浅凹。雌：眼间距宽于复眼横径；触角节常形，末节等于其前 2 节长度之和；前胸背板中央有椭圆形疤痕。

分布：浙江（天台）、四川、云南；东洋区。

(456) 紫蓝角伪叶甲 *Cerogria janthinipennis* (Fairmaire, 1886)（图版 XXIII: 9-10）

Lagria janthinipennis Fairmaire, 1886: 349.
Lagria distincticornis Heyden, 1887: 269.
Lagria antennata Borchmann, 1909b: 714.
Cerogria janthinipennis: Borchmann, 1915a: 116.

主要特征：体长 14.0–17.0 mm。体黑色，鞘翅有紫色光泽；背面被白色长直毛。雄：复眼横径为眼间距的 3/4。触角第Ⅳ–Ⅵ节端部倾斜、凹，第Ⅳ–Ⅶ节腹面内侧有纵沟槽，第Ⅶ、Ⅸ节齿状膨大，末节弯曲，等于其前 7 节长度之和。前胸背板中区刻点稀小，两侧粗密；前角圆，后角突出。鞘翅刻点向两侧更密，刻点间横纹显著。腹部第 V 可见腹板中域深凹，第Ⅷ腹板发达、叶状。后足胫节内缘有细齿。雌：眼间距为复眼横径的 2 倍；触角节常形，末节等于其前 3 节长度之和；前胸背板中央有长而宽的纵向椭圆形疤痕；后足胫节内缘无齿。

分布：浙江（临安）、河南、陕西、安徽、湖北、江西、湖南、福建、广西、四川、贵州；韩国。

(457) 刃脊角伪叶甲 *Cerogria klapperichi* Borchmann, 1941（图版 XXIII: 11-12）

Cerogria klapperichi Borchmann, 1941: 25.

主要特征：体长 9.5–11.5 mm。体褐色至黑褐色；背面有颇短而后曲的浅色毛。雄：复眼甚细长，眼

间距是复眼横径的 1.5 倍。触角第 I 节短，明显球状膨大，第III、IV节明显宽于第V、VI节，第IV–VIII节内缘有刃脊，第III–X 节均不同程度地向内扩展，第IX节最为强烈，末节简单，等于其前 2 节长度之和。前胸背板基部背面两侧有浅的横压痕，基半部收缩。鞘翅刻点间隔为 1–2 个刻点直径，粗大。前、中、后足胫节内缘有锐齿。雌：眼间距近为复眼横径的 2 倍。

分布：浙江（临安、开化）、河南、陕西、上海、安徽、湖北、江西、福建、台湾、贵州、云南。

(458) 细眼角伪叶甲 *Cerogria ommalata* Chen, 1997（图版 XXIV-1）浙江新记录

Cerogria ommalata Chen, 1997: 747.

主要特征：体长 7.0–8.9 mm。体黄色至褐色，前体较深；背面被半直立毛。雄：复眼细长，复眼横径是眼间距的 5/6。触角第IV节粗长，甚长于第V节，第IV、VI、VII节内缘有纵光裸，第VI、VII节近等长，第VIII节细长，第IX、X节向内膨大，端节边缘锋利，等于其前 5 节长度之和。前胸背板刻点粗密，基半部背面两侧有横浅凹；基半部稍后收缩。鞘翅刻点间隔为 1–2 个刻点直径，向两侧渐密。足、腹部常形。雌：眼间距为复眼横径的 4/3；触角末节略小于前 2 节长之和；前胸背板中央有 1 椭圆形纵疤痕。

分布：浙江（安吉）、河北、河南、安徽、湖北、江西、湖南、福建、台湾、广西、四川、贵州。

(459) 普通角伪叶甲 *Cerogria popularis* Borchmann, 1936（图版 XXIV: 2-3）浙江新记录

Cerogria popularis Borchmann, 1936: 121.

主要特征：体长 14.5–15.5 mm。体黑色，鞘翅有金绿色至紫铜色的光泽；背面被白色长直毛。雄：复眼细长，复眼横径为眼间距的 2/3。触角第IV–VI节端部凹，第V–VI节呈元宝形，第IV–VII、IX节腹面有近圆形光斑，第VI、VII节的光斑内侧有纵沟，第VII、IX节齿状膨大，第X节腹面凹，末节等于其前 6 节长度之和。前胸背板刻点稀小，两侧粗密，基半部背面两侧有横浅凹，中域前方两侧有小圆坑；基半部收缩。鞘翅刻点间隔 1–2 个刻点直径，两侧甚密。第V可见腹板中区凹陷，端缘浅弧凹；第VIII腹板发达、宽三角形。中、后足胫节内缘有齿。雌：额区有 U 形压痕；眼间距为复眼横径的 2 倍；触角末节等于其前 3 节长度之和；前胸背板中央有长而窄的纵疤痕。

分布：浙江（德清）、山东、河南、陕西、甘肃、湖北、福建、广西、重庆、四川、贵州、云南。

(460) 四斑角伪叶甲 *Cerogria quadrimaculata* (Hope, 1831)（图版 XXIV: 4-5）

Lagria quadrimaculata Hope, 1831: 32.
Lagria variabilis Redtenbacher, 1844: 534.
Lagria cardonii Fairmaire, 1894: 31.
Cerogria quadrimaculata: Borchmann, 1915a: 113.
Cerogria fukienensis Borchmann, 1941: 24.

主要特征：体长 7.0–10.8 mm。体色多变，前体褐色，鞘翅黄色至褐色，每鞘翅中部有 1 圆形黑斑，端部 1/3 近边缘有 1 斜黑斑；有些个体的黑斑不明显或者缺失，有些个体自中部黑斑后全部呈深色。雄：复眼前缘甚凹，眼间距等于或稍大于复眼横径。触角第IV–VII节粗壮，第IV–VIII节内缘有刃脊，第IX节端部向内侧膨大，端节腹面内缘有刃脊，等于其前 3 节长度之和。前胸背板刻点粗密，基半部背面两侧有横浅凹，中域前方有近圆形压痕。鞘翅刻点间隔为 1.5–3 个刻点直径。足、腹部常形。雌：眼间距大于复眼横径的 1.5 倍；触角末节等于其前 2 节长度之和；前胸背板中央有椭圆形的疤痕。

分布：浙江（泰顺）、甘肃、湖北、福建、广东、广西、重庆、四川、贵州、云南、西藏；巴基斯坦，印度，尼泊尔，越南，泰国。

201. 绿伪叶甲属 *Chlorophila* Semenov, 1891

Chlorophila Semenov, 1891: 374. Type species: *Lagria* (*Chlorophila*) *portschinskii* Semenov, 1891.

主要特征：体鲜绿色。头部具强烈的皱纹式刻纹；下唇须端节相当宽；下颚须端节细长小刀形；复眼细长，复眼间距甚大于复眼横径。触角细长，端节强烈延长。前胸背板几呈圆柱形，前角不圆或稍呈杯形突出。前胸腹板基节间突甚细小。鞘翅大多具非常微弱或短的刻点列。足长，腿节稍呈棍棒状；胫节稍弯曲，无刺。缺乏性别特征，雄性有 1 圆形的第Ⅵ腹板。

分布：古北区、东洋区。世界已知 7 种，中国记录 6 种，浙江分布 1 种。

(461) 波氏绿伪叶甲 *Chlorophila portschinskii* Semenov, 1891（图版 XXIV: 6-7）浙江新记录

Chlorophila portschinskii Semenov, 1891: 374.

主要特征：体长 15.1–17.1 mm。体细长；金绿色，有金属光泽。雄：头宽略大于长，背面浅凹，非常粗糙，具不规则隆突；眼间距约为复眼横径的 2.5 倍。触角节简单，端节长约等于其前 4 节长度之和。前胸背板圆柱形，宽略大于长，基部最宽；盘区布杂乱的横脊。鞘翅具模糊的浅刻点列，基部 1/3 可见清晰、密集的刻点，端部 2/3 偶有刻点。腹部腹板有刻点和棕色长毛，基部 3 节有横皱纹。足细长。雌：眼间距更宽；触角端节稍短。

分布：浙江（临安）、陕西、宁夏、甘肃、福建、四川、云南；印度。

202. 外伪叶甲属 *Exostira* Borchmann, 1925

Exostira Borchmann, 1925: 353. Type species: *Exostira sellata* Borchmann, 1925.

主要特征：身体明显延长。前胸背板大多甚长，钟形。鞘翅向后方稍膨大，向外具 10 条刻点列，大多明显伸达末端；列间多少隆凸，布具毛刻点。足粗壮，腿节强烈棍棒状，胫节多少弯曲；腿节和胫节常具强烈的性别特征；胫节具端齿。

分布：东洋区。世界已知 25 种，中国记录 3 种，浙江分布 1 种。

(462) 崇安外伪叶甲 *Exostira schroederi* Borchmann, 1936（图版 XXIV: 8-9）

Exostira schroederi Borchmann, 1936: 421.

主要特征：体长 13.0–15.0 mm。鞘翅褐黄色，具光泽；被较稀短的绒毛。雄：前胸背板明显长桶状，密布较大刻点。鞘翅除去翅缝处一段短的刻点列，向外各 10 条刻点列，列间距近等，列间无隆起，布具毛刻点。足细长，腿节棒状；后足胫节基部 1/3 有密集小齿，其余分布稀疏钝齿。雌：眼间距稍宽于雄性；触角末节稍短；后足胫节无齿。

分布：浙江（临安）、江西、福建、台湾、广东、重庆、贵州、云南；越南。

203. 伪叶甲属 *Lagria* Fabricius, 1775

Lagria Fabricius, 1775: 124. Type species: *Chrysomela hirta* Linnaeus, 1758.
Lachna Billberg, 1820: 35. Type species: *Chrysomela hirta* Linnaeus, 1758.

主要特征：头部略呈圆形；复眼前缘大多深凹陷，复眼大小和颊长随性别不同。触角简单，但形状变化大；触角节或有修饰或大小不等，末节大多甚延长。前胸背板形状各异，多圆柱形，盘区有时有隆脊、压痕、横皱折等。鞘翅形状常因性别而异，刻点排列不规则，常呈皱纹状，有些种类有轻微的纵肋、斑纹、斑点、凸纹、凹陷。胫节缺乏端距，常有性别特征（如细齿）。雌性体更粗壮，触角末节常不如雄性的延长。

分布：世界广布。世界已知 188 种，中国记录 27 种，浙江分布 3 种。

分种检索表

1. ♂复眼较小，细长，前缘深凹，眼间距等于或大于复眼横径的 1.5 倍；前胸背板较宽 ············ 黑胸伪叶甲 *L. nigricollis*
- ♂复眼大，几乎占满整个头部，前缘浅凹，眼间距至多等于复眼横径；前胸背板窄 ·· 2
2. 阳茎的阳基侧片甚发达，以至于包围阳基侧突 ·· 毛伪叶甲 *L. oharai*
- 阳茎不如上述 ··· 凸纹伪叶甲 *L. lameyi*

（463）凸纹伪叶甲 *Lagria lameyi* Fairmaire, 1893（图版 XXIV: 10-11）

Lagria lameyi Fairmaire, 1893a: 325.
Lagria geniculata Seidlitz, 1898: 339.
Lagria annulipes Pic, 1955a: 32.

主要特征：体长 9.5–12.3 mm。体色变化较大，略具光泽；密被灰白色的半直立绒毛，背面的绒毛较长。雄：头长圆形，甚窄于前胸背板；复眼细长，前缘深凹陷，眼间距约为复眼横径的 3 倍宽。触角第Ⅲ节稍长于第Ⅳ节，末节近为其前 2 节长度之和。前胸背板密布粗大刻点，基半部两侧略凹，中部稍前方最宽。鞘翅密布粗大的刻点，以及色泽较浅的凸纹。雌：眼间距更宽；前胸背板具疤痕；鞘翅更宽。

分布：浙江（临安、开化、平阳）、内蒙古、湖北、江西、湖南、福建、广西、重庆、四川、贵州；越南，马达加斯加。

（464）黑胸伪叶甲 *Lagria nigricollis* Hope, 1843（图版 XXIV-12，图版 XXV-1）

Lagria nigricollis Hope, 1843: 63.
Lagria subtilipunctala Seidlitz, 1898: 340.
Lagria picea Brancsik, 1914: 58.

主要特征：体长 6.0–8.0 mm。前体黑色，鞘翅褐色，有较强的光泽；头、前胸背板被长且直立的深色毛，鞘翅被长而半直立的黄色绒毛。雄：头窄于或等于前胸背板；复眼较小，细长，眼间距为复眼横径的 1.5 倍。触角第Ⅲ–Ⅹ节逐渐变短变粗，端节略弯曲，约等于其前 5 节长度之和或稍短。前胸背板刻点稀小，有些个体中区两侧有 1 对压痕；基半部略收缩。鞘翅细长，有不明显的纵脊线，刻点较稀疏。足纤弱，简单。雌：复眼甚小，眼后发达，眼间距为复眼横径的 3 倍；触角末节等于其前 3 节长度之和或稍短；前胸背板中央纵向有疤痕。

分布：浙江（临安）、黑龙江、吉林、辽宁、北京、河北、山西、河南、陕西、宁夏、青海、新疆、安徽、湖北、江西、湖南、福建、重庆、四川、贵州；俄罗斯，朝鲜，韩国，日本。

（465）毛伪叶甲 *Lagria oharai* Masumoto, 1988（图版 XXV: 2-3）浙江新记录

Lagria oharai Masumoto, 1988: 34.

主要特征：体长 9.5–11.5 mm。前体褐色，鞘翅黄色至黄褐色；前胸背板中线上毛更密。雄：头窄于前胸背板；复眼细长，眼间距近为复眼横径的 2 倍。触角基节粗壮，第Ⅲ–Ⅹ节逐渐变短变粗，末节等于其前 2 节长度之和。前胸背板刻点粗大，密集，基半部背面两侧有横浅凹；前、后缘清晰；前角圆，后角突出。鞘翅刻点间隔宽而呈结节状，色浅而光亮。足、腹部常形。阳茎的阳基侧片甚发达，以至于包围阳基侧突。雌：触角末节略小于其前 2 节长度之和；前胸背板中央有密毛近圆形的疤痕。

分布：浙江（龙泉）、河南、安徽、湖南、台湾、广西、贵州。

204. 大伪叶甲属 *Macrolagria* Lewis, 1895

Macrolagria Lewis, 1895: 422. Type species: *Statyra rufobrunnea* Marseul, 1876.

主要特征：复眼强隆，眼间距宽。触角长线状，向末端稍变粗。前胸背板长宽约相等，显宽于头部；基半部两侧浅缩；前角尖，后角突出。前足基节间腹突发达，圆形。鞘翅长大于前胸背板宽的 2 倍，后端稍扩展；刻点列清晰，行间稍隆起。足细小，腿节棒状，胫节略弯，端距不可见。

分布：古北区、东洋区。世界已知 5 种，中国记录 3 种，浙江分布 1 种。

（466）齿胸大伪叶甲 *Macrolagria denticollis* (Fairmaire, 1891)（图版 XXV: 4-5）

Casnonidea denticollis Fairmaire, 1891a: ccxviii.
Macrolagria denticollis: Borchmann, 1936: 335.

主要特征：体长 10.0–11.5 mm。体栗褐色，具光泽；被不甚密的绒毛。雄：头部略窄于前胸；复眼小，眼间距约为复眼横径的 2.5 倍。触角线形，末节约等于其前 2 节之和。前胸背板宽大于长，中部稍前方最宽；盘区密布粗刻点；前角角状抬起，后角较钝；基部两侧凹陷。鞘翅宽于前胸背板 2 倍，向后方略膨大；翅上刻点列清晰。雄性阳基细长，阳基侧片仅稍发达，中茎细小。

分布：浙江（临安）、湖北、福建。

205. 辛伪叶甲属 *Xenocerogria* Merkl, 2007

Xenocera Borchmann, 1936: 116. Type species: *Xenocera feai* Borchmann, 1909.
Xenocerogria Merkl, 2007: 269. Type species: *Lagriocera feai* Borchmann, 1909.

主要特征：体小型。触角粗壮，第Ⅸ、Ⅹ节强烈横形，有时锯齿状扩展，末节甚延长，大多与其前 5 节长度之和相等，腹面强烈凹陷，凹陷处边缘尖锐。前胸背板稍宽于头部，大多横形，不平坦，前、后两侧常具横浅凹。鞘翅近为前胸背板的 2 倍宽，向后方渐变宽，刻点排列横纹状。雌性触角简单，第Ⅸ、Ⅹ节较横形，末节约与其前 2 节长度之和相等；眼间距较大。

分布：东洋区。世界已知 7 种，中国记录 2 种，浙江分布 1 种。

(467) 红胸辛伪叶甲 *Xenocerogria ruficollis* (Borchmann, 1912)（图版 XXV: 6-7）

Lagriocera ruficollis Borchmann, 1912: 7.
Xenocera xanthisma Chen, 2002: 178.
Xenocerogria ruficollis: Merkl, 2007: 270.

主要特征：体长 5.0–7.0 mm。背观前胸与其余部位颜色明显不同，呈黄色，其余部位黑色或黑褐色，小盾片暗红色。雄：复眼大，前缘深凹陷，眼间距等于复眼横径。触角第Ⅲ节长于第Ⅳ节，向后逐渐变宽；第Ⅹ节明显横宽，宽为长的 2 倍；第Ⅷ–Ⅹ节腹面外侧有浅色光裸；端节最宽，略长于其前 7 节长度之和，端部 1/2 处向内弯曲，腹面凹陷向端部逐渐强烈，凹陷的边缘尖锐、清晰。前胸背板刻点浅，密集，中域两侧各有 2 个连续的浅坑；前角略呈直角，后角稍突出。鞘翅刻点密集，横皱纹较细。

分布：浙江（德清）、湖北、福建、台湾、广西、重庆、四川、贵州。

垫甲族 Lupropini Ardoin, 1958

主要特征：体被粗刻点和稀疏直立柔毛。头部不嵌入前胸（未达复眼）；颏小；额在上颚基部上方稍膨大；唇基不突出；眼大。触角 11 节，端节稍宽。鞘翅折线隆起完整，狭窄。腹部基腹突三角形。足中等大；前足基节球形；中足基转节伸出；后足基节稍分离；胫节端距小；跗节下侧被长柔毛，倒数第Ⅱ节有时浅裂。

该族世界广布。世界已知 200 余种，中国记录 19 种，浙江分布 1 属 2 种。

206. 垫甲属 *Luprops* Hope, 1833

Luprops Hope, 1833: 63. Type species: *Luprops chrysophthalmus* Hope, 1833.
Oligorus Dejean, 1833: 206. Type species: *Tagenia indica* Wiedemann, 1823.
Lyprops Hope, 1834: 101. Type species: *Lyprops chrysophthalmus* Hope, 1834.
Syggona Fåhraeus, 1870: 330. Type species: *Syggona concinna* Fåhraeus, 1870.
Syngona Rye, 1873: 293 (unjustifed emendation).
Etazeta Fairmaire, 1889b: 358. Type species: *Etazeta aeneicolor* Fairmaire, 1889.

主要特征：体强烈伸长，背面中度凸起；黑色、棕色、红色等，有或无金属光泽。复眼肾形，横向；后颊凸起，其后突然变窄。触角第Ⅲ节延长，长于第Ⅳ节；端部末节最长，略膨大。前胸背板明显窄于鞘翅基部，盘区具无规则刻点。鞘翅基部两侧近似平行，于端部前最宽；缘折在后足基节窝后突然变窄；盘区具无规则刻点。后翅发育完全。腹面具小刻点和毛；前胸腹板向后突出；腹部第Ⅲ–Ⅴ节腹板之间具节间膜。倒数第Ⅱ跗节端部明显扩大，呈叶状。

分布：世界广布。世界已知 77 种，中国记录 11 种，浙江分布 2 种。

(468) 霍氏垫甲 *Luprops horni* (Gebien, 1914)（图 9-5；图版 XXV-8）

Lyprops horni Gebien, 1914: 34.
Luprops horni: Löbl & Smetana, 2008: 119.

主要特征：体长卵圆形；浅棕色至红棕色，具光泽；背面几乎无毛。触角第Ⅱ节最短，第Ⅲ节长是第Ⅱ节的 1.8 倍，是第Ⅳ节的 1.4 倍；第Ⅺ节卵圆形，略扁平，最长且最宽。前胸背板横阔，宽大于长的 1.3 倍，中部前最宽；盘区刻点间距是直径的 1–5 倍，偶有几根长毛。前胸腹板突端部尖，略向后突出，两侧略侧向扩展。鞘翅近端部 1/3 处最宽，长大于宽的 1.8 倍；盘区刻点聚集成簇，纵向排列，刻点簇之间平滑无刻点，极少数刻点着生短伏毛；缘折完整，于后足基节窝处突然变窄，表面具稀疏细刻点，刻点明显小于盘区的刻点。

分布：浙江（舟山）、河南、陕西、福建、台湾、广西、贵州。

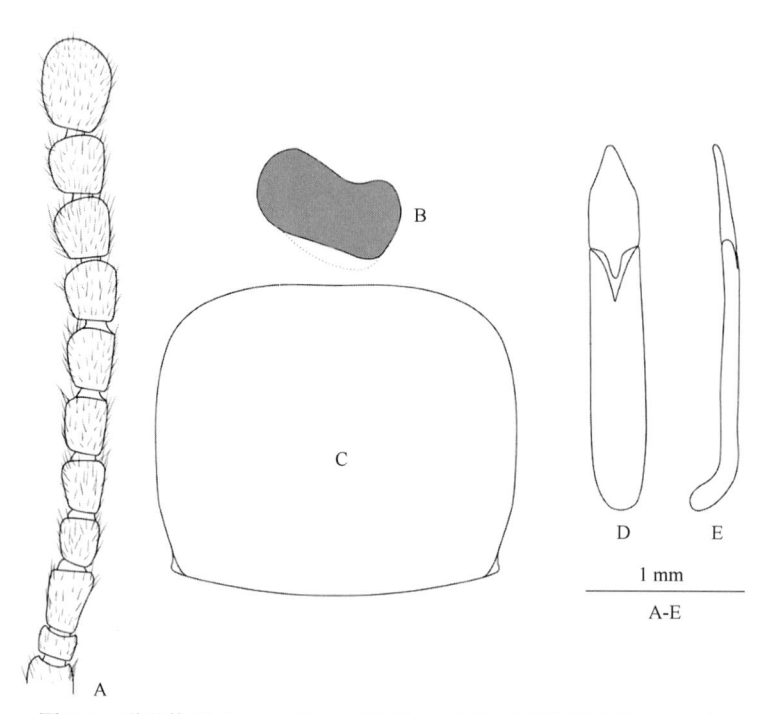

图 9-5　霍氏垫甲 *Luprops horni* (Gebien, 1914)（引自魏中华，2020）
A. 触角；B. 复眼；C. 前胸背板；D、E. 阳茎背、侧面观

（469）东方垫甲 *Luprops orientalis* (Motschulsky, 1868)（图 9-6；图版 XXV-9）

Anaedus orientalis Motschulsky, 1868: 195.
Luprops sinensis Marseul, 1876a: 126.
Luprops orientalis: Kaszab, 1983: 137.

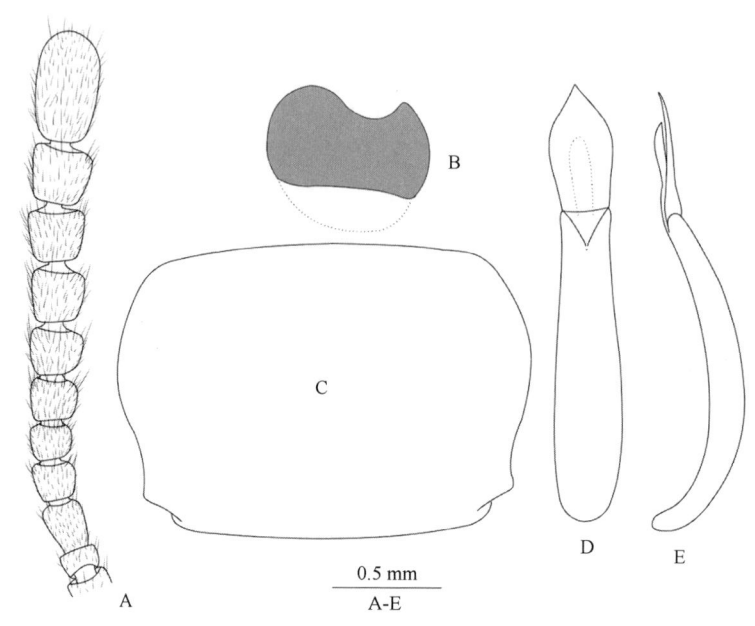

图 9-6　东方垫甲 *Luprops orientalis* (Motschulsky, 1868)（引自魏中华，2020）
A. 触角；B. 复眼；C. 前胸背板；D、E. 阳茎背、侧面观

主要特征：体长 9.0–12.0 mm，棕色至黑色。触角第 II 节最短；第III节长是第 II 节的 2 倍，长于第IV–X 节，短于末节；末节长卵圆形，略扁平。前胸背板横阔，宽大于长的 1.4 倍，中部前最宽；侧缘弧形，具细饰边，近基部处略收窄。鞘翅长卵圆形，近端部 1/3 处最宽，长大于宽的 1.6 倍；基部宽于前胸背板，翅肩背面略凸起；端部 1/3 明显弧形；缘折完整，具稠密的细刻点，着生短伏毛，于后足基节窝处向后逐渐变窄。腹部腹板具细刻点，着生短伏毛。

分布：浙江（海盐、临安、宁波、平阳）、黑龙江、吉林、辽宁、内蒙古、河北、山西、山东、河南、陕西、宁夏、甘肃、江苏、湖北、江西、福建、台湾、海南、广西、重庆、四川、云南；俄罗斯，蒙古，朝鲜，韩国，尼泊尔，不丹，中印半岛。

（二）拟步甲亚科 Tenebrioninae

主要特征：体小至大型。上唇明显横宽。前足基节窝外侧关闭或开放，内侧常被横条关闭，且后面具小凹；中足基节窝侧缘被中胸后侧片关闭。鞘翅如具条纹，则鞘翅和小盾片条纹不超过 9 条。有或无后翅。腹部第III–V可见腹板间具裸露节间膜。所有足转节异形；跗节常简单，有时叶状，但倒数第 II 节非叶状；跗爪简单。

分族检索表

1. 静止时头部下折，与前胸近垂直；上唇与唇基之间的隔膜清晰可见；触角至少端部 3 节具复合的星形感器 ··· **烁甲族 Amarygmini**
- 静止时头近水平，不下折；上唇与唇基之间的隔膜暴露在外或不可见；触角有或无复合的星形感器 ············ 2
2. 触角具大的板状感器，第III节具指状突；前足胫节外缘锯齿状；腹部第VII背部分暴露成为臀板 ········· **齿甲族 Ulomini**
- 触角无板状感器；前足胫节外缘非锯齿状；腹部第VII背板被鞘翅遮盖 ·· 3
3. 阳茎翻转；上唇近横方形；眼小而圆，不被颊切入；触角仅具简单的刚毛状感器，无复合的星形感器；第 V 腹板外缘具沟以容纳鞘翅缘折饰边；中足基节窝侧面由腹板关闭；阳茎基侧突通常长于阳茎基 ··············· **帕粉甲族 Palorini**
- 阳茎正常；其余特征不如上述综合 ··· 4
4. 触角无复合的星形感器；前胸背板侧缘在后角前略弧形内凹；中足基节窝侧面由前侧片关闭 ······· **拟步甲族 Tenebrionini**
- 触角有复合的星形感器；前胸背板侧缘从端部至基部均匀弧形弯曲；中足基节窝侧面通常由腹板关闭 ··············· 5
5. 体略呈卵圆形；眼被颊深切，但绝不被分为上下两部分；触角端部 5–6 节具复合的星形感器；前胸背板后角向后突出；中足基节窝侧面由腹板或前侧片关闭 ··· **粉甲族 Alphitobiini**
- 体长形；眼被颊深切，有时分为上下两部分；触角 7–8 节具复合的星形感器；前胸背板后角不向后突出；中足基节窝侧面由腹板关闭 ··· **拟粉甲族 Triboliini**

粉甲族 Alphitobiini Reitter, 1917

主要特征：体卵圆形，背面光裸。唇基前缘弧弯或近于直；复眼前缘中部有深缺刻。触角短，端部各节（除末节外）横形。前胸基部有 2 个缺刻。鞘翅缘折达中缝角，表面有成行的点。有后翅。前足基节间的前胸腹板突窄。中足基节窝在外侧被中、后胸腹板紧密结合的侧面限制或腹板侧面的这些部分被窄颈划分开；中足基节基转片缺或很小。腹部第III–V可见腹板间有节间膜。前足胫节外缘有 1 列硬小刺。

该族世界广布。世界已知 7 属，中国记录 2 属 4 种，浙江分布 1 属 2 种。

207. 粉甲属 *Alphitobius* Stephens, 1829

Alphitobius Stephens, 1829b: 19. Type species: *Helops picipes* Panzer, 1794 (= *Opatrurn laevigatum* Fabricius, 1781).

主要特征：颊的外缘显著宽于复眼外缘；唇基前缘弧凹。前胸背板后缘两侧弧凹且具细饰边；后角呈直角或锐角。鞘翅后部的刻点行较深，侧缘的刻点行达翅顶。前足胫节端部外角略膨大，外缘着生短刚毛。

分布：世界广布。古北区已知3种，中国记录2种，浙江分布2种。

（470）黑粉甲 *Alphitobius diaperinus* (Panzer, 1796)（图版 XXV-10）

Tenebrio diaperinus Panzer, 1796: 16.

Alphitobius diaperinus: Löbl & Smetana, 2008: 214.

主要特征：体长 5.5–7.2 mm。体扁长卵形；黑色或褐色，有油脂状光泽。唇基前缘浅凹，颊和唇基连接处浅凹，前颊显宽于眼外缘；复眼肾形，下面部分较上面部分粗。触角端部棍棒状，第V节末端内侧略突。前胸背板刻点稀小，两侧较大且清晰，基部两侧无小窝；前缘深凹，中间较直，两侧向前角钝角形突；两侧从前向后斜直地变宽，端部收缩较为强烈，后角前或中部之后最宽；基部中叶向后圆形突出，两侧浅凹，后角尖直角形。鞘翅9条刻点沟，沟的端部均凹。腹部第IV腹板很窄。前、中足胫节由基部向端部较强变宽，端部外缘圆；雄性仅中足胫节有1对弯端距，余直；雌性中足胫节端距直。

分布：浙江（嘉兴、杭州、余姚、临海、泰顺）、黑龙江、辽宁、内蒙古、天津、河北、山西、陕西、宁夏、江苏、安徽、湖北、江西、湖南、福建、台湾、广东、海南、香港、广西、四川、云南；俄罗斯，蒙古，朝鲜半岛，日本，土库曼斯坦，哈萨克斯坦，不丹，尼泊尔，伊拉克，以色列，沙特阿拉伯，巴林，也门，塞浦路斯，阿富汗，欧洲，埃及（西奈），北非，世界广布。

（471）褐粉甲 *Alphitobius laevigatus* (Fabricius, 1781)（图版 XXV-11）

Opatrum laevigatus Fabricius, 1781: 90.

Alphitobius laevigatus: Löbl & Smetana, 2008: 215.

主要特征：体长 4.5–5.0 mm。体长椭圆形；黑至黑褐色，具弱光泽。复眼被头部侧缘切分。触角第VII–XI节内侧锯齿状扩展。前胸背板密布均匀刻点，基部两侧各具1刻点小窝；前缘略窄于基部，两侧圆，中部最宽，基部缩窄较明显。鞘翅刻点密，末端刻点行浅，不呈沟状。中胸腹板在中足基节间具V形脊，布小颗粒，不光亮。前足胫节端部微弱扩展。

分布：浙江（湖州、嘉兴、杭州、余姚、金华、平阳、泰顺）、黑龙江、吉林、辽宁、内蒙古、河北、山西、山东、河南、陕西、宁夏、甘肃、江苏、安徽、湖北、江西、湖南、福建、台湾、广东、海南、广西、四川、贵州、云南；俄罗斯，朝鲜半岛，日本，哈萨克斯坦，不丹，伊拉克，沙特阿拉伯，巴林，也门，塞浦路斯，阿富汗，欧洲，北非，世界广布。

烁甲族 Amarygmini Gistel, 1848

主要特征：头下弯，静止时近于垂直，嵌入前胸几乎达到复眼中部；上颚完整；复眼大，凹缘深。触角11节，长短和粗细不等。小盾片大。鞘翅略盖及腹末。有后翅。前胸腹板短小；后胸腹板长。腹部基腹板中突宽。足细长，腿节大多无齿。

该族世界已知85属约1200种，中国记录8属78种，浙江分布3属12种。

分属检索表

1. 体卵形；前胸背板和鞘翅之间不缢缩 ··· 烁甲属 *Amarygmus*
  - 体长卵形；前胸背板和鞘翅之间缢缩 ··· 2
2. 鞘翅刻点行上的刻点粗糙、延长，有时呈窝状，第III行间基部明显驼背状隆起 ·········· 近沟烁甲属 *Eumolparamarygmus*
  - 鞘翅刻点行上的刻点不呈窝状，第III行间基部非驼背状隆起 ································· 邻烁甲属 *Plesiophthalmus*

208. 烁甲属 *Amarygmus* Dalman, 1823

Amarygmus Dalman, 1823: 60. Type species: *Chrysomela micans* Fabricius, 1794.
Dietysus Pascoe, 1866: 486. Type species: *Dietysus confusus* Pascoe, 1866.
Elixota Pascoe, 1866: 475. Type species: *Elixota cuprea* Pascoe, 1866.
Eurypera Pascoe, 1870: 106. Type species: *Eurypera cuprea* Pascoe, 1870.
Aphyllocerus Fairmaire, 1881: 248. Type species: *Aphyllocerus decipiens* Fairmaire, 1881.
Anacycus Fairmaire, 1896: 33. Type species: *Anacycus navicularis* Fairmaire, 1896.
Platolenes Gebien, 1913: 420. Type species: *Platolenes rufipes* Gebien, 1913.
Pseudamarygmus Pic, 1915: 9. Type species: *Pseudamarygmus testaceipes* Pic, 1915.
Apelina Saha, 1988: 429. Type species: *Apelina keralaensis* Saha, 1988.
Plesiamarygmus Masumoto, 1989: 314. Type species: *Dietysus ovoideus* Fairmaire, 1882.

主要特征：体卵形，某些种类延长，体色多样。上颚端部2裂，外缘具沟。触角细长，第Ⅵ–Ⅹ节略栉状。前足腿节近端部稍加粗，无齿及角状突起。

分布：东洋区、澳洲区。世界已知近900种，中国记录36种，浙江分布2种。

（472）弯背烁甲 *Amarygmus curvus* Marseul, 1876

Amarygmus curvus Marseul, 1876b: 316.

主要特征：体长8.0–8.5 mm。体长卵形；深铜绿色，前胸背板和小盾片具紫色光泽；触角、足和腹面棕褐色。头宽于前胸背板；额唇基缝中间深凹、直；唇基隆，前缘直。触角伸达鞘翅基部1/5。前胸背板宽梯形，宽是长的1.7倍；中部稍后最宽，向前强缩；端缘近直，饰边可见；前角尖直，后角圆钝；盘区刻点粗圆、深且较密。小盾片近等边三角形。鞘翅长卵形，基部最宽，侧缘近平行，翅端尖；小盾片线长达翅基部1/5；刻点行深，第Ⅰ、Ⅱ行刻点小，第Ⅲ、Ⅳ行刻点粗圆，几乎靠近，第Ⅴ–Ⅷ行刻点较稀疏，刻点线明显相连；外侧行间较平，内侧较隆起，布稀疏小刻点。足中等大小，棍棒状；雄性前足胫节较明显向端部加粗，后足胫节端部2/3加粗且微弯。

分布：浙江（安吉）、甘肃、台湾；韩国，日本。

（473）中国烁甲 *Amarygmus sinensis* Pic, 1922（图版XXV-12）

Amarygmus sinensis Pic, 1922c: 11.

主要特征：体长7.5–8.2 mm。体卵形，强烈隆起；背面深红至棕褐色，腹面棕色，前胸背板偶带蓝色光泽，鞘翅稍带绿色光泽。额窄，布清晰细小刻点；颊极小而翘；额唇基缝中间细长，成槽；眼大，眼间距窄。触角短，伸达鞘翅基部1/3。前胸背板宽短，横向均匀拱起，纵向略拱，宽约是长的2倍；基部最宽，向前圆缩；侧缘饰边细，背面观仅基半部可见；盘区布清晰细小刻点。鞘翅卵圆形，长是宽的1.3倍，是前胸背板长的3.7倍；盘区刻点行清晰，刻点稀疏，之间无细沟相连；行间平，稀疏散布清晰微小刻点。足短、较细；雄性前足跗节不变宽。

分布：浙江、福建、香港、云南。

209. 近沟烁甲属 *Eumolparamarygmus* Bremer, 2006

Eumolparamarygmus Bremer, 2006: 8. Type species: *Eumolparamarygmus nitidus* Pic, 1935.

主要特征：体长卵形。头近垂直，横宽；眼间距宽。触角端部几节加粗。前胸背板强烈隆起。鞘翅基部具成对隆凸，呈驼背状。前足腿节不具齿。

分布：东洋区。世界已知2种，中国记录1种，浙江分布1种。

（474）天目近沟烁甲 *Eumolparamarygmus jaegeri* Bremer, 2006（图版 XXVI-1）

Eumolparamarygmus jaegeri Bremer, 2006: 8.

主要特征：体长11.1 mm。体长卵形，强烈隆起；黑色，鞘翅具金属光泽。头部强烈向下折。触角细，伸达鞘翅中部。前胸背板近圆筒形，横向强烈隆起，基部最宽；端缘微凹，饰边显著；基部向后弧突；侧缘饰边显著；前角钝，后角近直；盘区布较密刻点。小盾片三角形。鞘翅基部宽于前胸背板基部，基部2/3近平行，端部1/3向后圆缩；基部1/5横扁凹；盘区第Ⅰ行刻点较小而密，第Ⅱ–Ⅲ行刻点粗大，靠近，排列不规则，靠近端部刻点稀疏，有细沟相连，第Ⅴ–Ⅷ行刻点较稀疏、不规则；行间隆起，具皱纹。

分布：浙江（泰顺）。

210. 邻烁甲属 *Plesiophthalmus* Motschulsky, 1858

Plesiophthalmus Motschulsky, 1858: 34. Type species: *Plesiophthalmus nigrocyaneus* Motschulsky, 1858.
Cyriogeton Paseoe, 1871: 356. Type species: *Cyriogeton insignis* Paseoe, 1871.
Spinamarygmus Pic, 1915: 7. Type species: *Spinamarygmus indicus* Pic, 1915.
Eumolpocyriogeton Pic, 1922d: 305. Type species: *Eumolpocyriogeton convexum* Pic, 1922.

主要特征：体长卵形，背面强烈隆起；体色多样，常具金属或丝绒状光泽，一些种类黑暗无光，罕见具毛斑者。眼大，彼此靠近。触角长丝状。前胸背板多为梯形；前缘具饰边，基部无饰边。鞘翅具刻点线或刻点列，具小盾片线；缘折完整。有后翅。足细长，前足腿节具齿（少数齿不明显）；前足胫节端部雄宽雌窄。阳茎大多为长纺锤形，侧观基侧突端部大多为锉状。

分布：古北区、东洋区。世界已知167种，中国记录54种，浙江分布9种。

分种检索表

1. 体狭长，背面较平；前胸背板基部与鞘翅基部近等宽 ··· 2
- 体宽短，背面较隆；前胸背板基部窄于鞘翅基部 ··· 3
2. 阳茎基侧突宽短 ··· 中型邻烁甲 *P. spectabilis*
- 阳茎基侧突细长 ··· 粗壮邻烁甲 *P. colossus*
3. 前足腿节无明显齿突；鞘翅小盾片之后扁凹 ··· 扁翅邻烁甲 *P. impressipennis*
- 前足腿节具明显齿突；鞘翅小盾片之后无扁凹 ··· 4
4. 体色多样，多具金属光泽或玻璃般光泽 ··· 5
- 体黑色，背面几乎无光泽 ··· 6
5. 体蓝色，具金属光泽，腿节基部黄色；翅端尖凸 ··· 蓝色邻烁甲 *P. caeruleus*
- 体黑色，微带墨绿色，具玻璃般光泽，腿节中部黄色；翅端圆 ························· 白腿邻烁甲 *P. pallidicrus*
6. 腿节中央具1宽黄带 ··· 油光邻烁甲 *P. pieli*
- 腿节全黑色 ··· 7

7. 体背面丝般光泽；头部和腹面密被白色短柔毛；鞘翅刻点行细、浅，刻点不显著 ················· 长茎邻烁甲 *P. longipes*
- 体背面暗淡无光泽；鞘翅背面密被金黄色短毛；鞘翅刻点行深，刻点显著 ································· 8
8. 前胸背板梯形，明显比鞘翅基部窄 ··· 深黑邻烁甲 *P. ater*
- 前胸背板球形或圆筒状 ··· 蒙丽邻烁甲 *P. morio*

（475）深黑邻烁甲 *Plesiophthalmus ater* Pic, 1930（图版 XXVI-2）

Plesiophthalmus ater Pic, 1930: 34.

主要特征：体长 14.0–18.0 mm。体长椭圆形，背面碳黑色，无光泽。眼小，眼间距约为眼横径的 0.7 倍。触角向后伸达鞘翅基部 1/3。前胸背板中度隆起，宽大于长的 1.4 倍，中部稍后最宽；前缘近直，饰边显著；基部向后弱突；侧缘饰边细；前角近直角，后角钝；盘区布细小带有微毛的浅刻点，两侧刻点较密；侧缘饰边背面可见。鞘翅长大于宽的 1.6 倍；盘区刻点线细，刻点细小，侧面的较深且稍大；行间微拱，具稀疏细短毛；两侧中部最宽，向基部渐窄，向端部圆缩，侧缘饰边明显。雄性肛节端部短截。前足腿节下侧端部 1/3 处具齿；雄性前足胫节内弯，端部 2/3 内侧变粗具毛。

分布：浙江（临安）、河南、湖北、江西、湖南、福建、四川、贵州、云南。

（476）蓝色邻烁甲 *Plesiophthalmus caeruleus* Pic, 1914（图版 XXVI-3）

Plesiophthalmus caeruleus Pic, 1914b: 14.

主要特征：体长 14.0–17.0 mm。体长卵形；深蓝色，具金属光泽，腿节基部近 2/3 黄褐色，端部 1/3 黑色。眼大。触角细丝状，伸达鞘翅中部。前胸背板梯形，宽大于长的 1.4 倍；基部最宽，向端部微窄缩；前缘微凹，饰边明显；侧缘饰边清晰，背面观易见；前角尖直，后角微钝；盘区密布深圆刻点。小盾片近等边三角形。鞘翅长大于宽约 1.6 倍；基部 1/3 处最高，向后陡降；两侧近基部最宽，肩部微隆；基部 3/4 近平行，向端部强烈圆缩，末端尖；侧缘饰边明显；盘区刻点线细而清晰，刻点小而密；行间微隆。腹部末节端缘平截。前足腿节端部 2/5 具锐齿；前足胫节端部 2/3 不明显加粗。

分布：浙江（缙云）、福建；越南。

（477）粗壮邻烁甲 *Plesiophthalmus colossus* Kaszab, 1957（图版 XXVI-4）

Plesiophthalmus colossus Kaszab, 1957: 59.

主要特征：体长 18.0–21.0 mm。体粗壮，长椭圆形；亮棕黑色。复眼大，彼此靠近，眼间距为眼横径的 0.2 倍。触角细，向后伸达鞘翅基部 1/3。前胸背板宽大于长的 1.5 倍，基部 1/3 处最宽，向端部强烈收缩；前缘弱弯，饰边清晰；后缘向后突出，正对小盾片处直；前、后角钝；盘区布细刻点。鞘翅长大于宽近 1.7 倍；两侧端部 1/3 处最宽，向基部逐渐收缩，向端部圆缩，饰边清晰，背面可见；刻点线清晰；行间宽，较强烈隆起，横纹错综且清晰。足细长，前足腿节下侧端部 1/3 处具齿，雄性前足胫节基部稍弯，端部 2/3 内侧变粗并具毛。

分布：浙江（临安）、华北、华中、台湾；韩国，日本。

（478）扁翅邻烁甲 *Plesiophthalmus impressipennis* (Pic, 1937)（图版 XXVI-5）

Cyriogeton impressipennis Pic, 1937: 174.
Plesiophthalmus impressipennis: Masumoto, 1990: 704.

主要特征：雄性：体长卵形；深青铜色，具金属光泽。眼小。触角细丝状，伸达鞘翅基部 1/5。前胸背板强烈隆起，宽大于长的 1.4 倍，中部最宽，向前、后圆缩；端缘宽弧凹，饰边宽显；基缘宽弧形后凸；侧缘饰边背面观几不可见；前角近直，后角微钝；盘区基部两侧 1/5 具浅斜刻痕，布较小而密的带微毛刻点。小盾片三角形，侧边圆。鞘翅背面强烈隆起，基部 1/3 处最高，小盾片后明显 V 形扁凹，长大于宽的 1.6 倍，端部近 1/3 处最宽，向基部微窄缩，向后圆缩；侧缘饰边明显，背面观几不可见；盘区刻点线内侧区域刻点常有条纹相连，前侧区刻点融合成深凹坑，后方刻点小而浅；中区行间微隆，后方行间近扁平，侧区行间横隆，稀疏散布带小短毛微刻点。肛节端缘圆，具细边。前足腿节端部近 1/3 处钝凸；前足胫节端半部内侧加粗被毛。雌性：眼较小；触角略短。

分布：浙江（临安）、福建。

（479）长茎邻烁甲 *Plesiophthalmus longipes* Pic, 1938（图版 XXVI-6）

Plesiophthalmus longipes Pic, 1938: 8.

主要特征：体长 14.0–15.0 mm。体长卵形；暗黑色，头和身体前下方密生白色短柔毛。眼大，间距窄，约是其自身横径的 1/4。触角长，向后伸达鞘翅基部近 1/3。前胸背板宽梯形，基部最宽；前缘直，饰边显著；基部向后微突；侧缘饰边细，背面可见；前角近直角，后角稍钝；盘区强烈隆起，布微小刻点，前侧区具细毛，刻点粗糙。鞘翅长大于宽的 1.5 倍，中部稍后最宽，向基部微缩，向端部圆缩；背面强烈隆起；盘区刻点线细，刻点小而圆；行间扁平，散布微小刻点，微鲨皮状；侧缘饰边细，背面可见。腹部刻点小而稠密，具显著白毛。

分布：浙江（临安）、福建、台湾、重庆、四川、贵州、云南。

（480）蒙丽邻烁甲 *Plesiophthalmus morio* Pic, 1938

Plesiophthalmus morio Pic, 1938: 8.

主要特征：体长 13.5–17.0 mm。体长椭圆形；暗黑色。额和唇基布密而粗糙的刻点；唇基缝细弧形；颊强烈翘起，外缘弧形；眼间距几乎等于其自身横径。触角伸达鞘翅基部 1/3。前胸背板宽是长的近 1.4 倍，中间稍后最宽；前缘弧凹，饰边清晰；侧缘饰边细；前角近直角，后角钝；盘区布密而粗糙的带有微毛的刻点。小盾片三角形，两侧圆。鞘翅强烈隆起，长是宽的近 1.5 倍，是前胸背板长的 3 倍；盘区刻点线细，刻点浅密，侧面的刻点较深，之间有凹刻；行间弱拱，布微小带有微毛的刻点；两侧端部 2/5 处最宽，向基部逐渐变窄，向端部圆缩（雌性向后明显扩大）；侧缘饰边细，稍平展，背面观可见。前足腿节端部 1/3 处具齿；雄性前足胫节端部近 3/5 处加粗、具毛。

分布：浙江（安吉）、江苏、湖北、湖南。

（481）白腿邻烁甲 *Plesiophthalmus pallidicrus* Fairmaire, 1889（图版 XXVI-7）

Plesiophthalmus pallidicrus Fairmaire, 1889a: 46.

主要特征：体长 13.0–15.0 mm。体长卵形，强烈隆起；背面黑色，光泽强，腿节中间大部分浅黄色。眼大，眼间距是眼横径的 0.6 倍。触角细，伸达鞘翅中部。前胸背板梯形，宽大于长的 1.6 倍，基部近 2/5 处最宽，向前近圆缩，向后微窄缩；端缘近直，饰边宽显；基缘向后微凸，正对小盾片处直；背面适度隆起；前角尖直，后角钝；盘区稀疏散布微小浅刻点。小盾片宽三角形。鞘翅长大于宽的 1.5 倍；两侧近中部最宽，向前微窄缩，向后圆缩；侧缘饰边背面可见；盘区刻点线浅、细，刻点小而密；行间近扁平，稀疏散布微小刻点和细横纹。肛节端缘显凹。足细长，前足腿节端内侧近 2/5 处具齿；前足胫节端内侧 3/5 微加粗，被毛。

分布：浙江（龙泉）、湖南、福建、台湾、广东、广西、重庆、四川、贵州；越南。

(482) 油光邻烁甲 *Plesiophthalmus pieli* Pic, 1937（图版 XXVI-8）

Plesiophthalmus pieli Pic, 1937: 175.

主要特征：体长 14.0–17.0 mm。体长卵形；暗黑色，有油脂样光泽，腿节中央具 1 宽黄带。眼哑铃形，眼间距约是其自身横径的 1/3。触角长，向后伸达鞘翅中部。前胸背板半球形隆起，宽大于长约 1.4 倍，基部最宽；前缘直，饰边显著；基部向后微突；侧缘饰边细，背面几不可见；前角钝，后角近直角；盘区鲨皮状，布微小刻点。鞘翅长大于宽的 1.4 倍；盘区刻点线细且浅，刻点非常小，向侧区变得大而稀疏；行间扁平，微鲨皮状；两侧中部稍前最宽，向端部圆缩；侧缘饰边细，背面观易见。雄性肛节端部凹。前足腿节端部 1/3 处具齿；雄性前足胫节微弯，端部 2/3 几乎直，内侧加粗具毛。

分布：浙江（临安）、福建、广东；越南。

(483) 中型邻烁甲 *Plesiophthalmus spectabilis* Harold, 1875（图版 XXVI-9）

Plesiophthalmus spectabilis Harold, 1875: 293.

主要特征：体长 15.0–20.0 mm。雄性：长椭圆形；黑色，光泽较强。眼大，眼间距约是其眼横径的 1/3。触角纤细，伸达鞘翅基部近 1/3。前胸背板梯形，宽约是长的 1.6 倍，基部 1/3 处最宽，向前圆缩，向后微窄缩；端缘近直，饰边宽显；基缘中间 1/3 处向后微圆突；侧缘饰边清晰，背面可见；前角直，后角钝；盘区密布圆刻点，近基部具 1 对斜刻痕。小盾片宽三角形。鞘翅端部近 1/3 处最宽，向前微窄缩，向后圆缩；侧缘饰边背面易见；盘区刻点行显著，刻点小而密，彼此几毗连；行间隆，布细小刻点和浅横纹。肛节端缘直截，端缘两侧具金黄色长毛。前足腿节端内侧 1/4 处具尖齿；前足胫节微内弯，端内侧近 1/2 处加粗、被密毛。雌性：眼间距较雄性略宽。

分布：浙江（临安）、辽宁、北京、天津、河北、河南、陕西、江苏、上海、湖北、湖南、台湾、重庆、四川；韩国，日本，新加坡，美国。

帕粉甲族 Palorini Matthews, 2003

主要特征：上唇发达，横方形；上颚端部 2 齿，上颚内叶缺端齿；下颚须端节近平行；复眼小而圆，不被颊切入。触角各节近圆柱形，端部 5 节通常弱棒状。前胸背板通常具侧纵沟。小盾片横形。鞘翅具 9 条刻点行及小盾片线，罕见 10 条；缘折完整，伸达翅端。有后翅。腹部第 III–V 节可见腹板间具裸露的光亮节间膜；第 V 腹板外缘具沟以容纳鞘翅缘折饰边；通常有防御腺。跗节圆柱形，布稀疏纤毛，基跗节短；跗式 5-5-4 或 4-4-4。阳茎翻转，阳茎基侧突通常长于阳茎基。

该族世界广布。世界已知 11 属，中国记录 4 属 11 种，浙江分布 1 属 3 种。

211. 帕粉甲属 *Palorus* Mulsant, 1854

Palorus Mulsant, 1854: 250. Type species: *Hypophloeus depressus* Fabricius, 1790.

主要特征：体小型，略扁至圆柱形；棕褐色至黑褐色，头、前胸背板一般较鞘翅略深。头部通常密布刻点；唇基扁平或中部弱隆，额唇基沟通常明显；眼背缘略与头平，眶上脊清晰；雄性的颊通常向前上方略突出。触角 11 节，各节紧密铰接。前胸背板略方形或梯形。鞘翅 10 条刻点行和小盾片线，行间隆脊状，肩角显著；行间刻点较细，常小于行上刻点。雄性腹部第 II 节可见腹板刻点极深。

分布：世界广布。世界已知约 40 种，中国记录 6 种，浙江分布 3 种。

分种检索表

1. 颊两侧膨大部分向后延伸并遮盖复眼端部 ·· 亚扁帕粉甲 *P. subdepressus*
- 颊两侧膨大部分不向后延伸，不遮盖复眼 ·· 2
2. 体长 1.9–2.5 mm；前胸背板密布均匀圆形小刻点 ·· 小帕粉甲 *P. cerylonoides*
- 体长 2.4–3.0 mm；前胸背板中间刻点小而稀，两侧粗大并变密 ····················· 姬帕粉甲 *P. ratzeburgii*

（484）小帕粉甲 *Palorus cerylonoides* (Pascoe, 1863)（图版 XXVI-10）

Eba cerylonoides Pascoe, 1863: 129.

Palorus cerylonoides: Löbl & Smetana, 2008: 276.

主要特征：体长 1.9–2.5 mm。体细长，扁椭圆形；黄褐色至赤褐色，具光泽。头顶明显隆起；复眼圆突，颊两侧膨大部分不向后延伸遮盖复眼。触角近棍棒状，自基部向末端逐渐膨大。前胸背板近正方形或宽略大于长，中部之前最宽；前缘较平直，侧缘近平行，由最宽处向前略弧形收缩，基部中央稍突；前角钝圆，后角近直角形；盘区微隆，密布均匀圆形小刻点。小盾片半圆形。鞘翅长卵形，基部与前胸背板基部等宽，中部之后最宽；盘区强烈隆起，刻点行清晰，行内具行纹和深圆小刻点，行间具 1 列较浅小刻点。

分布：浙江（湖州、嘉兴、杭州、慈溪、平阳、泰顺）、内蒙古、河北、山西、河南、陕西、江苏、湖北、江西、湖南、福建、台湾、广东、海南、广西、四川、贵州；日本，尼泊尔，伊朗，东洋区，旧热带区，澳洲区。

（485）姬帕粉甲 *Palorus ratzeburgii* (Wissmann, 1848)（图版 XXVI-11）

Hypophloeus ratzeburgii Wissmann, 1848: 77.

Palorus ratzeburgii: Löbl & Smetana, 2008: 276.

主要特征：体长 2.4–3.0 mm。体扁长椭圆形；赤褐色至暗褐色，具中等强度光泽。复眼较小，背观其直径约等于或小于颊长的 1/2，腹面观其间距为其直径的 5 倍以上。触角近棍棒状，自基部向末端逐渐膨大。前胸背板宽大于长，近端部最宽；前缘较平直，两侧向前突出，有时侧缘近平行，由最宽处向前斜直收缩，基部较平直；前角稍尖，后角近直角形；盘区微隆，中间刻点小而稀，刻点间距为 4–5 个刻点直径，两侧刻点粗大，刻点间距为 1–2 个刻点直径。鞘翅长卵形，中部之前最宽，近端部色深；盘区微隆，具清晰刻点行，行间扁平并具 1 行小刻点。

分布：浙江（湖州、嘉兴、杭州、宁波、余姚、金华、平阳、泰顺）、黑龙江、吉林、辽宁、内蒙古、河北、山东、河南、陕西、甘肃、江苏、湖北、江西、湖南、广西、四川、贵州、云南；俄罗斯，日本，伊拉克，土耳其，以色列，塞浦路斯，欧洲，北非，世界广布。

（486）亚扁帕粉甲 *Palorus subdepressus* (Wollaston, 1864)（图版 XXVI-12）

Hypophloeus subdepressus Wollaston, 1864: 499.

Palorus subdepressus: Löbl & Smetana, 2008: 276.

主要特征：体长 2.5–3.0 mm。体扁长椭圆形；红褐色，具光泽。复眼小，背面观复眼端部被颊两侧膨大并向后突出的部分遮盖，腹面观其间距为其直径的 2.7–4.1 倍。触角近棍棒状，末节近圆球形。前胸背板近正方形；前缘较平直，近前角凹入，侧缘近平行，近前角弧形收缩，基部较平直；前角钝角形，后角近直角形；盘区隆起，表面具稠密小刻点，两侧的小刻点较中央略稀且靠近基部有无刻点区域。小盾片扁椭圆形。鞘翅长卵形，基部与前胸背板基部近等宽，两侧较平行；盘区微隆，具清晰刻点行，行间扁平并具1行刻点，部分个体靠近翅缝的行间具2行不规则的刻点。

分布：浙江、东北、内蒙古、河北、山东、河南、陕西、江苏、安徽、江西、湖南、福建、台湾、广西、四川、贵州、云南；俄罗斯，蒙古，日本，土库曼斯坦，哈萨克斯坦，土耳其，以色列，沙特阿拉伯，也门，阿富汗，欧洲，北非，世界广布。

拟步甲族 Tenebrionini Latreille, 1802

主要特征：唇基前缘有弧形浅缺刻；复眼横卵形，其前缘微凹；颊不大，不遮盖下颚基部。鞘翅缘折达到或几乎达到翅的中缝角，其表面有成行的刻点、纵沟或皱纹。有后翅。中足基节窝达到中胸后侧片；中足基节的基转片发达。后胸长，在中、后足基节间的长度远远超过中足基节的纵径。腹部最后几节的可见腹板间有节间膜；后足基节间的第Ⅰ腹板突宽阔，两侧平行或向前收缩，通常顶圆。

该族世界广布。世界已知20属，中国记录3属5种，浙江分布1属2种。

212. 拟步甲属 *Tenebrio* Linnaeus, 1758

Tenebrio Linnaeus, 1758: 417. Type species: *Tenebrio molitor* Linnaeus, 1758.

主要特征：体扁长。唇基前缘直或弱弧凹；复眼被颊分割成上下两部分。触角第Ⅲ节最长，从基部向端部各节逐渐扩展。前胸背板具密集圆刻点。鞘翅具刻点行或沟，缘折完整，伸达翅顶。前足胫节内侧弧弯。

分布：世界广布。古北区已知11种，中国记录2种，浙江分布2种。

(487) 黄粉虫 *Tenebrio* (*Tenebrio*) *molitor* Linnaeus, 1758（图版 XXVII-1）

Tenebrio molitor Linnaeus, 1758: 417.

主要特征：体长12.0–16.0 mm。体扁平，长椭圆形；背面黑褐色，有油脂状光泽，腹面赤褐色。唇基前缘宽圆，唇基沟凹；复眼间头顶隆起，中间有短凹。前胸背板横阔，前缘浅凹；侧缘基半部平行，端半部较强收缩，具饰边；基部中央略后突，两侧在后角内侧明显缺刻，基部之前有深横沟；前角急剧前突，顶端达复眼基部，后角宽钝形后突；背面刻点稠密。小盾片阔三角形，前面刻点非常稀疏。鞘翅前缘浅凹，肩宽圆；两侧中间略收缩，尖圆；翅面有清晰纵沟和稠密刻点。足粗短，前足胫节内侧明显弯曲；后足末跗节长于第Ⅱ、Ⅲ跗节之和。

分布：浙江（全省）、黑龙江、吉林、辽宁、内蒙古、河北、山西、山东、河南、宁夏、甘肃、江苏、湖北、江西、福建、台湾、广东、海南、香港、广西、四川、云南；俄罗斯，韩国，日本，土库曼斯坦，塔吉克斯坦，欧洲，北非，新北区，旧热带区，新热带区，澳洲区。

(488) 黑粉虫 *Tenebrio* (*Tenebrio*) *obscurus* Fabricius, 1792（图版 XXVII-2）

Tenebrio obscurus Fabricius, 1792a: 111.

主要特征：体长13.5–18.5 mm。体扁长卵形；暗黑色，无光泽。前胸背板前缘浅凹；侧缘半圆形，中间最宽，向前较向后收缩强烈，后角之前略收缩；基部中叶略突，两侧微凹，具细饰边；前角稍突，顶端不达复眼基部，后角略外突；背面刻点较密。小盾片有稠密刻点，刻点与刻点之间形成网状。鞘翅长卵形，两侧平行，尖圆；背面有稠密刻点和沟，行间有分散大扁颗粒，故在行上形成显隆的脊突。

分布：浙江（湖州、嘉兴、临安、慈溪、金华、龙游、泰顺）、黑龙江、吉林、辽宁、内蒙古、河北、山西、山东、河南、陕西、宁夏、青海、新疆、江苏、上海、安徽、江西、湖南、福建、台湾、广东、海南、广西、四川、贵州；俄罗斯，韩国，日本，土库曼斯坦，乌兹别克斯坦，塔吉克斯坦，哈萨克斯坦，伊朗，伊拉克，土耳其，塞浦路斯，阿富汗，欧洲，北非，世界广布。

拟粉甲族 Triboliini Gistel, 1848

主要特征：体型较小，长形。唇基前缘有不太深的弧形缺刻或向前稍突出；颏不大，从下面不遮盖下颚基部；复眼横形并被颊划分为上下两部分，或几乎圆。触角短，渐向端部扩展或有 3–5 个球形节。中足基节窝达到中胸后侧片；中足基节基转片无或很退化；中、后足基节间的后胸明显超过中足基节的纵径。鞘翅有成行的刻点。有后翅。腹部最后几节可见腹板间有节间膜；腹部第 I 腹板向端部弧形变窄。

该族世界广布。世界已知 10 属，中国记录 4 属 10 种，浙江分布 2 属 3 种。

213. 长头谷盗属 *Latheticus* Waterhouse, 1880

Latheticus Waterhouse, 1880: 147. Type species: *Latheticus oryzae* Waterhouse, 1880.

主要特征：体瘦长，近长椭圆形；褐色或栗褐色，具弱光泽。头部宽大；复眼圆形。触角较短粗，端部 5 节膨大构成触角棒。前胸背板倒梯形。鞘翅盘区微隆，具 7 行刻点，行间无刻点。

分布：世界广布。世界已知 1 种，中国记录 1 种，浙江分布 1 种。

(489) 长头谷盗 *Latheticus oryzae* Waterhouse, 1880（图版 XXVII-3）

Latheticus oryzae Waterhouse, 1880: 148.

主要特征：体长 2.0–3.0 mm。体瘦长，近长椭圆形；黄褐色，具弱光泽。头部宽大，近正方形，基部较前胸背板略窄；复眼圆，黑色。触角较短粗，端部 5 节膨大构成触角棒，末节小而近方形。前胸背板倒梯形，近端部最宽；前缘较平直，侧缘由端部向基部弧形收缩，后缘中央向后略突出；前角钝圆，后角近直角形；盘区微隆，密布粗刻点。鞘翅长卵形，基部与前胸背板基部近等宽，两侧近平行；盘区微隆，具 7 行由小刻点构成的刻点行，行间无刻点。

分布：浙江、东北、内蒙古、河北、山西、河南、陕西、江苏、湖北、江西、台湾、广东、广西、四川；俄罗斯，蒙古，朝鲜半岛，日本，土库曼斯坦，哈萨克斯坦，伊朗，伊拉克，以色列，沙特阿拉伯，也门，欧洲，北非，世界广布。

214. 拟粉甲属 *Tribolium* MacLeay, 1825

Tribolium MacLeay, 1825: 47. Type species: *Colydium castaneum* Herbst, 1797.

主要特征：体长形。唇基前缘弧凹；复眼被颊分为上下两部分。触角各节逐渐膨大，或端部 3 节呈球形。前足基节前的前胸腹板大于基节纵径长的 1.5 倍。鞘翅表面的纵沟间具脊。

分布：世界广布。古北区已知 7 种，中国记录 4 种，浙江分布 2 种。

(490) 赤拟粉甲 *Tribolium* (*Tribolium*) *castaneum* (Herbst, 1797)（图版 XXVII-4）

Colydium castaneum Herbst, 1797: 282.

Tribolium (*Tribolium*) *castaneum*: Löbl & Smetana, 2008: 301.

主要特征：体长 2.7–3.7 mm。体扁长椭圆形；淡棕色，具光泽。头扁阔，唇基前缘直，两侧向颊扩弯；唇基沟明显。触角端部有 3 个明显球形节，第 I 节基部直并有齿突。前胸背板长方形，前缘近丁直；侧缘圆弧形，由前向后缓缩，中间之前最宽；基部中叶后突，两侧浅凹；前角略前突，略下弯；背面有稠密小刻点。鞘翅基部最宽，两侧中间略收缩；每翅 10 行清晰的刻点行，行间有成列小刻点，内侧 3 个行间无脊突，其余行间突起。雄性肛节端部无齿突。雄性前足腿节下侧基部 1/4 处有 1 卵形浅窝，其间着生许多直立金黄色毛。

分布：浙江（泰顺）、东北、北京、河北、山西、河南、宁夏、江苏、安徽、湖北、江西、湖南、福建、台湾、广东、海南、香港、广西、四川、贵州、云南；俄罗斯，蒙古，日本，土库曼斯坦，哈萨克斯坦，不丹，伊拉克，土耳其，以色列，沙特阿拉伯，也门，塞浦路斯，阿富汗，欧洲，埃及（西奈），北非，世界广布。

(491) 杂拟粉甲 *Tribolium* (*Tribolium*) *confusum* Jacquelin du Val, 1861（图版 XXVII-5）

Tribolium confusum Jacquelin du Val, 1861: 181.

主要特征：体长 3.0–4.4 mm。体扁长；棕褐色。唇基前缘直，两侧向颊近斜直；复眼前的颊角钝角状，向外较明显突出；复眼在头部下方的部分较小，分背、腹叶两部分，中间以 1 窄缝连接，约为眼横径的 3 倍；复眼内侧的额有不太尖的脊突；背面刻点细。触角第Ⅷ–Ⅺ节渐扩展，非圆球形。前胸背板长方形，前缘近于直，前角略前突；侧缘较直立，中间之前最宽；基部宽直，两侧略收缩，后角直；背面小刻点较稠密。鞘翅长卵形，两侧平行。雄性肛节端部中间 1 突起。

分布：浙江（全省）、黑龙江、吉林、辽宁、内蒙古、河北、山西、山东、河南、陕西、宁夏、新疆、江苏、安徽、湖北、江西、湖南、福建、台湾、海南、广西、四川、贵州、云南；俄罗斯，蒙古，朝鲜半岛，日本，土库曼斯坦，哈萨克斯坦，以色列，沙特阿拉伯，塞浦路斯，欧洲，埃及（西奈），北非，世界广布。

齿甲族 Ulomini Blanchard, 1845

主要特征：体长卵形，两侧近平行，微隆起。唇基上唇膜多暴露，至少中部暴露；上唇梯形；大颚末端双齿或三齿状，具短而细的切齿和大臼齿；小颚具 2 个内颚叶突，其一板状，小颚须末节斜斧状；复眼肾形，或完全无眼。触角达前胸背板基部、1/2 处或未达基部，触角节向端部逐渐横向加宽，端部几节端缘生有 1 圈板形感器和星状复合感器。前胸背板近方形，雄性盘区均匀隆起或常具前凹。鞘翅有 9 条刻点行和小盾片线，肩角齿状；缘折不到达鞘翅端部；鞘翅末端分开，露出部分臀板。后翅翅脉相对稳定。前足基节窝内侧闭合；中足基节窝被腹板关闭。前足和中足胫节扁平，外缘具齿或小刺。

该族种类在泛热带区域具有相当高的物种多样性，但新北区和古北区的西伯利亚地区却少有分布。世界已知 33 属近 350 种（亚种），主要分布在东洋区、新热带区和澳洲区。

215. 齿甲属 *Uloma* Dejean, 1821

Uloma Dejean, 1821: 67. Type species: *Tenebrio culinaris* Linnaeus, 1758.

主要特征：体中小型，背腹多扁平；棕至黑色。唇基上唇膜隐藏或仅中部暴露；上唇低于唇基所在平面；额唇基沟明显；颏形状多变，多数种类存在雌雄二型现象。触角第 V–X 节显著加宽，多少呈棒状，第

Ⅶ–Ⅹ节端部的板形感器排成完整圆环。前胸背板横宽，侧缘饰边明显，多数种类存在雌雄二型现象。鞘翅刻点行明显，背观仅基部缘折可见。前足胫节扁平，由基部向端部明显加宽，外侧具粗齿。

分布：世界广布。世界已知 200 多种，中国记录 37 种，浙江分布 6 种（亚种）。

分种检索表（♂）

1. 前胸背板无前凹 ·· 光滑齿甲 *U. polita*
- 前胸背板前凹明显 ·· 2
2. 唇舌毛区宽阔 ··· 3
- 唇舌具疏毛或无毛 ·· 4
3. 前足胫节基部内侧强凹 ·· 四突齿甲指名亚种 *U. excisa excisa*
- 前足胫节基部内侧近于直 ··· 波兹齿甲 *U. bonzica*
4. 触角第Ⅴ、Ⅶ节内侧尖突 ··· 尖角齿甲 *U. acrodonta*
- 触角正常，第Ⅴ、Ⅶ节正常 ·· 5
5. 颏上 1 对半圆形毛环 ··· 凤阳齿甲 *U. fengyangensis*
- 颏上无毛环 ··· 福建齿甲 *U. fukiensis*

（492）尖角齿甲 *Uloma acrodonta* Liu *et* Ren, 2016（图版 XXVII-6）

Uloma acrodonta Liu *et* Ren, 2016: 108.

主要特征：体长 13.0 mm。体深棕色。唇基前缘 2 微脊；颏心形，中部扁平，两侧 1 对新月形短毛环；唇舌具稀疏长毛；下颚须末节近刀状。触角达前胸背板中间，第Ⅴ和Ⅶ节端内尖突，末节半球形。前胸背板中间最宽，盘区 1 小浅凹，前缘仅两侧具饰边，侧缘饰边宽。前胸腹板突侧观圆滑，末端缓降，中部具粗横纹及 2 行短黄毛。后翅退化，仅达鞘翅长度之半。肛节端部有 1 椭圆浅凹。前足胫节向端部渐宽，2 枚端距等长，基内侧微凹，端内尖突，外侧 8–9 枚尖齿；后足第Ⅰ跗节明显长于第Ⅳ节。雌性颏近心形，无毛；触角第Ⅴ和Ⅶ节端内侧不突；前胸背板无前凹；前足胫节端内侧正常；肛节无端凹。

分布：浙江（龙泉）。

（493）波兹齿甲 *Uloma bonzica* Marseul, 1876（图版 XXVII-7）

Uloma bonzica Marseul, 1876a: 114.

主要特征：体长 10.5–11.7 mm。体棕或深棕色。颏近六边形，中部具 V 形隆起和少量横纹；唇舌具稠密短毛，毛区宽阔；下颚须末节近刀状。触角达前胸背板基部 1/3 处，末节半球状。前胸背板基部 1/3 处最宽，盘区 1 小深凹，凹两侧和后缘各 1 对小突起；前缘仅两侧具饰边，侧缘略弓弯，具宽饰边；基部两侧 1 对浅斜沟。前胸腹板突侧观圆滑，末端缓降。前足胫节端部显宽，基内侧近于直，端内尖突，2 枚端距近等长，外侧 7–8 枚尖齿；后足第Ⅰ跗节略长于第Ⅳ节。雌性前足胫节端内侧正常。

分布：浙江（龙泉）；朝鲜，韩国，日本。

（494）四突齿甲指名亚种 *Uloma excisa excisa* Gebien, 1914（图版 XXVII-8）

Uloma excisa Gebien, 1914: 24.
Uloma excisa excisa: Masumoto & Nishikawa, 1986: 26.

主要特征：体长 8.0–8.5 mm。体深棕色。颏近心形，中部具 V 形隆起，两侧具少量横纹；唇舌中部布密毛，毛区宽阔；下颚须末节近刀状。触角达前胸背板基部 2/3 处，末节半球形。前胸背板基部 2/3 处最宽，盘区 1 小浅凹，凹两侧和后缘各 1 对小突起；前缘仅两侧具窄饰边，两侧基半部近平行，向前显缩，饰边窄。前胸腹板突侧观末端圆。前足胫节端部显宽，基内侧强凹，端内尖突，2 枚端距等长，外侧 10 枚尖齿。后足第 I 跗节略长于末节。雌性前胸背板无前凹；前足胫节端内侧正常；肛节具端沟。

分布：浙江（临安）、福建、台湾、广西；韩国，日本，越南，东洋区。

（495）凤阳齿甲 *Uloma fengyangensis* Liu *et* Ren, 2016（图版 XXVII-9）

Uloma fengyangensis Liu *et* Ren, 2016: 104.

主要特征：体长 11.0 mm。体深棕色。唇基前缘微隆；颏宽心形，中部微凹具若干短毛，两侧 1 对半圆形短毛环；唇舌具稀疏长毛；下颚须末节近刀状。触角达前胸背板基部 1/3，第 V–X 节内侧平直并各 1 纵沟，第 VII–X 节显宽，近长方形，末节横卵形。前胸背板基部 1/2 处最宽，盘区 1 小深凹，凹两侧和后缘各 1 对小突起，凹后缘中部 1 浅纵沟；前缘仅两侧具饰边，侧缘弓圆，饰边窄，基部中间微突，近边缘 1 对浅斜沟。前胸腹板突侧观圆滑，末端缓降。肛节 1 深端沟。前足胫节向端部强烈变宽，2 枚端距等长，基内侧微凹，端内微突，外侧端 3/4 有 8–9 枚尖齿；后足第 I 跗节长于第 IV 节。

分布：浙江（龙泉）。

（496）福建齿甲 *Uloma fukiensis* Kaszab, 1954（图版 XXVII-10）

Uloma fukiensis Kaszab, 1954: 254.

主要特征：体长 8.6–8.8 mm。体深棕色。颏近心形，中部有 V 形隆起及少量横纹；唇舌无毛；下颚须末节近刀状。触角达前胸背板基部 2/3 处，第 V–IX 节内侧平截并具数条纵沟，末节横卵形。前胸背板中间最宽，盘区 1 小浅凹，前缘中部窄饰边中断，两侧饰边宽。前胸腹板突侧观末端圆降，近端部 1 小突起。前足胫节端部渐宽，2 枚端距等长，基内侧近于直，端内尖突，外侧 8–9 枚钝齿；后足第 I 跗节略长于第 IV 节。雌性触角第 V–IX 节内侧无沟；前胸背板无凹；前足胫节端内侧正常。

分布：浙江（临安、泰顺）、福建、台湾。

（497）光滑齿甲 *Uloma polita* (Wiedemann, 1821)（图版 XXVII-11）

Phaleria polita Wiedemann, 1821: 149.
Uloma polita: Gebien, 1912: 234.

主要特征：体长 11.5–12.5 mm。体黑色。颏心形，具 1 对新月形毛环；唇舌具稀疏长毛；下颚须末节斧状。触角达前胸背板中间，末节横卵形。前胸背板基部 2/3 处最宽，盘区无前凹，前缘仅两侧具饰边，侧缘强烈弓弯，饰边宽。前胸腹板突侧观光滑，末端垂降，光裸。前足胫节细长，向端部渐宽，端距 2 枚等长，基内侧深凹，端内微突，外侧端半部 7–8 枚尖齿；前足第 III 跗节侧面 1 叶状突，后足第 I 跗节明显长于末节。雌性颏无毛；前足胫节端内侧正常；第 III 跗节无叶状突。

分布：浙江（临安）、台湾、广西；日本，印度，不丹，尼泊尔，缅甸，越南，老挝，泰国，斯里兰卡，印度尼西亚，非洲。

（三）琵甲亚科 Blaptinae

主要特征：成虫触角无复合（星状）感器；前足基节窝内、外侧关闭；腹部第 III–V 腹板之间的节间膜可见，成对的防御腺长形（非环形）。幼虫前足扩大（适应挖掘）；第Ⅸ腹节无尾叉。

该亚科包含 7 族（Amphidorini、琵甲族 Blaptini、Dendarini、土甲族 Opatrini、扁足甲族 Pedinini、扁背甲族 Platynotini、刺甲族 Platyscelidini），世界已知 281 属约 4000 种。

琵甲族 Blaptini Leach, 1815

主要特征：体中至大型；暗淡无光泽或具虚弱光泽。颏较小，不将下颚基部完全遮盖；复眼横卵形。触角长，第Ⅷ–Ⅹ节球形，少数有 5 个球状节。中足基节窝达到中胸后侧片。中胸前侧片与鞘翅缘折的内缘宽阔地连接。鞘翅缘折达到中缝角；翅上有点状、皱纹状或颗粒状构造，有些具脊或肋。无后翅。腹部第Ⅲ–Ⅴ节腹板间有节间膜。

该族世界广布。世界已知 5 亚族 28 属 700 余种（亚种），中国记录 3 亚族 20 属约 280 种。

216. 琵甲属 *Blaps* Fabricius, 1775

Blaps Fabricius, 1775: 254. Type species: *Tenebrio mortisagus* Linnaeus, 1758.

主要特征：体通常圆形或琵琶形，中至大型。触角第Ⅷ–Ⅹ节球形。鞘翅愈合，翅面具皱纹、刻点、颗粒或完全光滑，通常无刻点行；大多数有明显的翅尾，尤以雄性明显，雌性的翅尾通常较短；缘折宽，并达到腹部末端。许多种类的雄性第Ⅰ、Ⅱ可见腹板间常有锈红色毛刷。端跗节在爪下的跗垫突起尖三角形或端部直裂或宽圆形。

分布：世界广布。世界已知约 300 种，中国记录约 80 种，浙江分布 1 种。

（498）日本琵甲 *Blaps* (*Blaps*) *japonensis* Marseul, 1879（图版 XXVII-12）

Blaps japonensis Marseul, 1879c: 99.

主要特征：体长 20.5–25.5 mm。体长卵形；暗黑色。唇基平直，侧角略伸，圆刻点在中间稀疏；额唇基沟两侧斜直；头顶平坦，粗刻点稠密，在两侧汇合。触角向后达前胸背板基部。前胸背板近方形，近端部最宽；前缘弱凹，饰边间断宽阔；侧缘近平行；基部平直，微凹，饰边不明显；前角圆钝，后角直或略锐角形；盘区稍隆起，粗刻点汇合，部分具磨光区。鞘翅基部与前胸背板基部等宽，侧缘圆弧形，中部最宽，背面可见饰边基部 1/3；盘区平坦，翅缝凹陷，具略稠密的光亮小颗粒，粒间暗淡；雄性翅尾三角形，雌性翅尾短且钝圆或不明显。雄性腹部第Ⅰ、Ⅱ可见腹板间有红色刚毛刷。

分布：浙江（湖州、临安、金华、泰顺）、辽宁、北京、河北、山西、陕西、台湾、贵州；朝鲜半岛，日本。

土甲族 Opatrini Brullé, 1832

主要特征：唇基前缘深弧凹或有角状缺刻；颏中等大小，不将下颚基部完全遮盖；下颚须端节三角形扩展，斧状或长形；复眼中部急剧变窄或完全被颊分开。触角通常向端部变粗，少数有 3–5 个不明显的球状节。中足基节窝达到中胸后侧片；中足基节有基转片。鞘翅缘折大多数不达到或少数达到中缝角。有或无后翅。腹部第Ⅲ–Ⅴ节腹板间有节间膜。两性的前足跗节狭窄，仅少数种的雄性略扩展。

该族世界广布。世界已知约 80 属 900 余种，中国记录 20 属 146 种。

分属检索表

1. 雄性前、中足第 I–III 跗节和后足第 I–II 跗节叶状 ·· 异土甲属 *Heterotarsus*
- 雄性前足跗节简单，或少数前、后足第 I–III 跗节叶状 ·· 2
2. 复眼被颊分为上下两部分；体背面有浓密长毛 ·· 毛土甲属 *Mesomorphus*
- 复眼完整；体背面有疏毛或近于光裸 ·· 3
3. 中、后足基节间的后胸明显长于中足基节纵径；鞘翅行间无瘤；后翅发达 ································ 土甲属 *Gonocephalum*
- 中、后足基节间的后胸短于中足基节纵径；鞘翅大部分行间较凸或行间有平滑的瘤；大多数无后翅 ······ 沙土甲属 *Opatrum*

217. 土甲属 *Gonocephalum* Solier, 1834

Gonocephalum Solier, 1834: 498. Type species: *Opatrum pygmaeum* Steven, 1829.

主要特征：复眼不被颊完全分为上下两部分。前胸背板基部具 2 缺刻，背面具细颗粒，颗粒着生于坑内。鞘翅沟显著或不显著，行间具细颗粒。中、后足基节间距大于基节纵径。

分布：世界广布。世界已知约 430 种，中国记录 61 种，浙江分布 10 种。

分种检索表*

1. 雄性胫节具齿 ·· 2
- 雄性胫节简单，无齿 ··· 3
2. 中足胫节内侧具 2 齿 ·· 双齿土甲 *G. coriaceum*
- 中、后足胫节内侧有若干凹齿 ·· 多刺土甲 *G. hispidulum*
3. 前足胫节端部宽度等于第 I–III 或 I–IV 跗节之和 ··· 4
- 前足胫节端部宽度等于第 I–II 跗节之和 ·· 5
4. 前胸背板密布粗网状刻点和少量光滑斑点，有 2 个明显瘤突 ·································· 网目土甲 *G. reticulatum*
- 前胸背板无粗网状刻点和瘤突 ·· 短毛土甲 *G. pseudopubens*
5. 前胸背板有 M 形瘤突 ·· 6
- 前胸背板无 M 形瘤突 ·· 7
6. 前胸背板侧缘在后角之前深凹，后角锐尖角形 ·· 亚刺土甲 *G. subspinosum*
- 前胸背板侧缘中部之前强烈扩展，后角向后尖伸 ·· 吴氏土甲 *G. wui*
7. 前胸背板侧缘在后角之前不拱弯，侧缘宽扁，两侧近中间有 2 条纵凹 ·································· 二纹土甲 *G. bilineatum*
- 前胸背板侧缘在后角之前略拱弯 ··· 8
8. 触角第 III 节长于其后面 2 节之和；前胸背板侧缘自中部向后弱、向前强圆缩，后角略直角形，侧区宽扁，盘区纵拱，粒点小而稠密，外侧粒点具微毛 ·· 污背土甲 *G. coenosum*
- 触角第 III 节不长于其后 2 节之和；前胸背板侧缘自中部向前斜直地收缩，向后急速收缩至后角之前，后角尖直角形，背面宽阔隆起，两侧有凹坑，前缘两侧各 1 大凹，基部 4 小凹 ······································ 圆颊土甲 *G. geneirotundum*

*此检索表不含三宅土甲 *G. miyakense*

（499）二纹土甲 *Gonocephalum* (*Gonocephalum*) *bilineatum* (Walker, 1858)（图版 XXVIII-1）

Opatrum bilineatum Walker, 1858: 284.
Gonocephalum bilineatum: Chatanay, 1917: 238.

主要特征：体长椭圆形；黑色，无光泽；背面有稠密粒点。唇基前缘凹，两侧弧圆；颊角向外三角形突出，向前弱弯。前胸背板前缘深凹，两侧具饰边，前角钝角形；侧缘饰边细而不明显，从前角到后角弓形弯曲；基部2弯状，仅两侧具饰边；盘区中央强拱，具皱纹至圆粒，两侧各1清晰的纵凹；侧区非常宽阔地降落，具横皱纹。鞘翅两侧近平行，背面无瘤突，行间等宽，行上刻点模糊，毛短；侧缘饰边窄，由背面可见其中前部；后面不明显弯下，刻点不发亮，无粒突和毛，仅后缘光滑和发亮。雄性腹部第Ⅰ、Ⅱ节腹板有凹坑。前足胫节弱弯，从基部向端部微变宽；后足末跗节与第Ⅰ跗节等长。

分布：浙江（临安、义乌、永康、常山、开化）、湖南、福建、广东、海南、香港、广西、四川、云南；俄罗斯，韩国，日本，印度，不丹，尼泊尔，东洋区，新北区，澳洲区。

（500）污背土甲 *Gonocephalum* (*Gonocephalum*) *coenosum* Kaszab, 1952（图版 XXVIII-2）

Gonocephalum coenosum Kaszab, 1952a: 643.

主要特征：体长 7.5–9.0 mm。体短宽；暗黑色。触角粗而短，向后超过前胸背板中部。前胸背板前缘深凹，中央宽直；侧缘最宽处位于中部；前角尖角形，后角略直角形；侧区宽扁，略弯，内侧弱降；盘区纵向较强地拱起，颗粒小而密，外侧的颗粒具很短的微毛。鞘翅两侧不平行；肩明显钝角形；侧缘饰边窄降，布小而稠密的颗粒，从背面可见其中后部；刻点行较密，中间行的刻点小而深并稠密。雄性腹部第Ⅰ、Ⅱ节腹板中间弱扁。足较短；前足胫节直，端部扩展，宽等于第Ⅰ、Ⅱ跗节之和；跗节长而细，所有跗节的末跗节短于其余节之和，跗节下侧着生长毛。

分布：浙江（临安）、新疆、江苏、湖北、福建、台湾、广东、香港、四川；韩国，日本。

（501）双齿土甲 *Gonocephalum* (*Gonocephalum*) *coriaceum* Motschulsky, 1858（图版 XXVIII-3）

Gonocephalum coriaceum Motschulsky, 1858: 34.

主要特征：体长 7.0–8.0 mm。体窄而平行；黑色，无光泽。触角向后达前胸背板中部。前胸背板前缘略凹，具饰边；侧缘弱圆，具饰边，中部最宽，在后角之前不拱弯；基部中间凹且两侧弧形凹；前角钝角形，后角尖角形伸出；背面盘区拱起，侧区下降，背面有发亮小颗粒。鞘翅被稀疏短毛，布满发亮小颗粒。雄性第Ⅰ、Ⅱ节腹板中央有1纵坑。雄性前足胫节由背面观近于平行地向端部扩宽，端部较明显变宽，约等于前2跗节长度之和；前足胫节内侧中间有明显突出的钝齿；中足胫节内侧端半部有2个尖齿，外缘有短尖刺；后足胫节内侧有几凹齿；雌性无此特征；所有跗节下侧有较长毛。

分布：浙江（临安）、内蒙古、山西、山东、河南、甘肃、福建、台湾、广东、广西、四川、贵州；俄罗斯，韩国，日本，尼泊尔。

（502）圆颊土甲 *Gonocephalum* (*Gonocephalum*) *geneirotundum* Ren, 1998（图 9-7）

Gonocephalum geneirotundum Ren, 1998: 111.

主要特征：体长 7.5–8.5 mm。体短宽；暗黑色。触角向后达前胸背板中部，端部有4个明显球状节。前胸背板前缘半圆形深凹，具饰边；侧缘中间最宽，具饰边；基部弯曲，中间直截并具饰边，两侧向后斜直地弯曲，无饰边；前角锐角形，后角尖直角形；背面宽阔地隆起，两侧有凹坑，靠近前缘两侧有2个大凹，靠近基部有4个小凹；整个背面密被杂乱的光亮粒点，中间可见模糊中线。鞘翅两侧平行；肩角钝，背面宽平，两侧陡降，每个行间扁拱，第Ⅲ、Ⅴ行较隆起，行间有黄色鳞毛，其在基部减退，在端半部较明显。前足胫节由基部向端部渐变粗；各足胫节两侧和跗节被毛。

分布：浙江（安吉）。

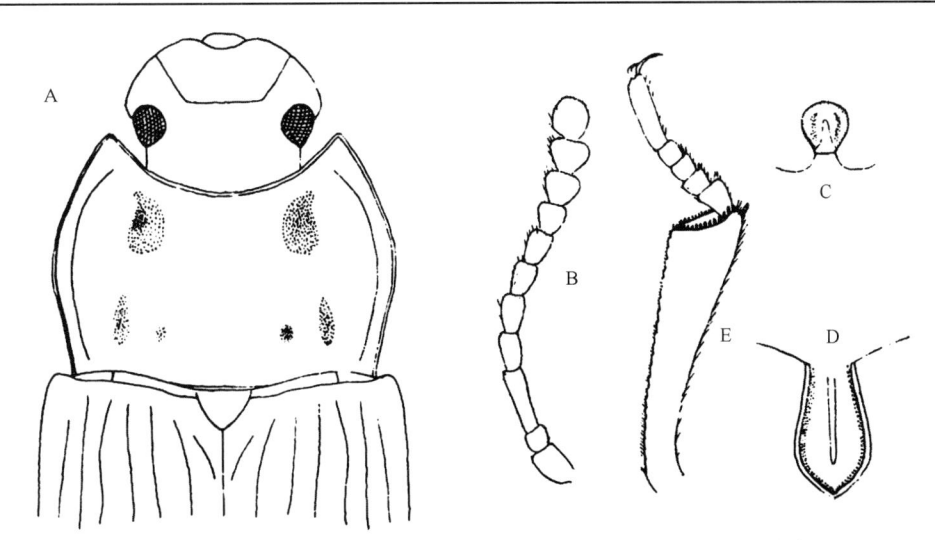

图 9-7 圆颊土甲 *Gonocephalum* (*Gonocephalum*) *geneirotundum* Ren, 1998（引自 Ren, 1998）
A. 头部、前胸背板和鞘翅基部；B. 触角；C. 颏；D. 前胸腹板突；E. 前足胫节和跗节

（503）多刺土甲 *Gonocephalum* (*Gonocephalum*) *hispidulum* Kaszab, 1952

Gonocephalum hispidulum Kaszab, 1952a: 657.

主要特征：体长 7.0–7.6 mm。体短宽；黑色。触角粗短，向后略超过前胸背板中部。前胸背板侧缘中间最宽，饰边细脊状；前角尖角形，后角直或尖角形；侧区宽扁，略弯；盘区简单拱起，中部有直立而光裸的皱纹状突起，其间有锥形具红毛小颗粒；表皮暗淡无光，布微小颗粒。鞘翅肩圆钝角形，无肩瘤；侧缘饰边窄降，由背面几乎看不到端部；刻点行较宽，行间弱拱，有细皱纹，密布小而不均匀的颗粒，颗粒上有直立硬长毛。雄性第 I、II 节腹板中央较扁，几乎无凹。雄性前足胫节端部略宽于前 2 跗节之和，下侧中部之前有 1 较明显粗齿；中足胫节前端内侧有 2 明显凹齿；后足胫节内侧在端部之前有 3 凹齿。

分布：浙江、福建、香港。

（504）三宅土甲 *Gonocephalum* (*Gonocephalum*) *miyakense* Nakane, 1963

Gonocephalum miyakense Nakane, 1963: 26.

主要特征：体长 10.9–13.0 mm。体暗褐色。前胸背板两侧宽广并强烈扁平，前角强烈向前突出。鞘翅刻点列明显并形成刻点沟；行间有大小两种颗粒，大颗粒着生向后倒伏的黄褐色短毛。后翅小，约为鞘翅长的 2/3。

分布：浙江（缙云）；日本。

（505）短毛土甲 *Gonocephalum* (*Gonocephalum*) *pseudopubens* Kaszab, 1952

Gonocephalum pseudopubens Kaszab, 1952a: 592.

主要特征：体长 10.8–13.0 mm。体扁平，宽卵形；暗黑色。触角细长，向后几乎达前胸背板基部。前胸背板横宽，最宽处约在中部，侧缘向前圆形变窄，向后直而平行；后角尖锐或直角形；两侧宽扁，无降落；盘区扁而不平，被细密皱纹和明显具细毛颗粒，毛密且相互毗邻。鞘翅两侧平行；肩角明显钝角形，无肩齿；刻点行细凹，行上刻点模糊，行间几乎隆起，具光亮的扁平密小颗粒，颗粒上带有向后倾斜的短弯毛，每个行间有 4–5 列毛。雄性腹部第 I、II 节腹板中央宽扁，略凹。前足胫节宽且明显弯，端部宽等于前 3 跗节之和；中、后足胫节相当细。

分布：浙江（舟山）、台湾、海南、香港；东洋区。

(506) 网目土甲 *Gonocephalum* (*Gonocephalum*) *reticulatum* Motschulsky, 1854（图版 XXVIII-4）

Gonocephalum reticulatum Motschulsky, 1854: 47.

主要特征：体长 4.5–7.0 mm。体锈褐至黑褐色。触角短，向后达前胸背板中部，端部 4 节明显锤状。前胸背板前缘浅凹；侧缘圆弯曲并有少量锯齿，后角之前略凹；基部中央宽弧形后突；前角宽锐角形，后角尖直角形；盘区密布粗网状刻点和少量光滑斑点，有 2 明显瘤突，侧边宽而急剧变扁。鞘翅两侧平行，刻点行细而明显，行间光亮并有 2 排不规则黄色毛列，刻点行上的毛从稀疏小圆刻点中间伸出。前足胫节外缘锯齿状，末端略突，端部与前 3 跗节长之和等宽。

分布：浙江、黑龙江、吉林、内蒙古、北京、天津、河北、山西、山东、河南、陕西、宁夏、甘肃、青海、江苏；俄罗斯，蒙古，朝鲜。

(507) 亚刺土甲 *Gonocephalum* (*Gonocephalum*) *subspinosum* (Fairmaire, 1894)（图版 XXVIII-5）

Hopatrum subspinosum Fairmaire, 1894: 19.
Gonocephalum subspinosum: Gravely, 1915: 520.

主要特征：体长 11.0–12.0 mm。体强拱；黑色，无光泽。触角第III节不长于第IV、V节之和。前胸背板前缘深凹，中间近于宽直；侧缘中后部最宽，在后角之前有 1 深切口；基部有 3 弯，两侧衬以饰边；前角宽锐角形，后角规则地斜向外伸出；盘区有深而不平坦的凹，并布直立的 M 形瘤突，其间着生扁平刻点，并向侧缘和基部变细；两侧宽扁，其内侧以凹线为界。鞘翅前面宽扁，肩较清晰；侧缘饰边由背面完全可见；背面拱起，有简单颗粒和稠密的刻点行，行较细。雄性腹部第 I、II 节腹板中央浅凹。前足胫节窄，外侧仅端部有明显棱边，前缘宽于前 2 跗节之和；后足末跗节与第 I 跗节等长。

分布：浙江（嵊泗）、陕西、甘肃、江苏、湖北、江西、湖南、福建、台湾、广东、广西、四川、贵州、云南、西藏；印度，不丹，尼泊尔，东洋区。

(508) 吴氏土甲 *Gonocephalum* (*Gonocephalum*) *wui* Ren, 1995（图 9-8；图版 XXVIII-6）

Gonocephalum wui Ren, 1995: 234.

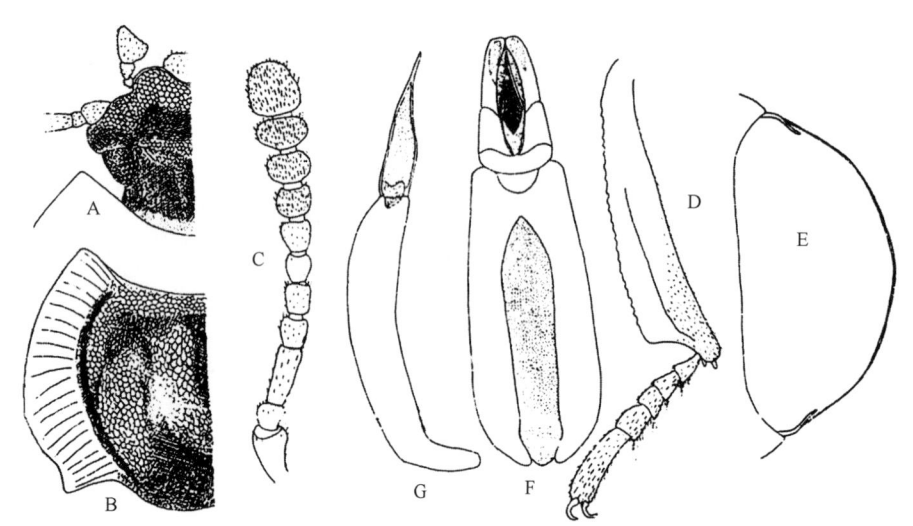

图 9-8 吴氏土甲 *Gonocephalum* (*Gonocephalum*) *wui* Ren, 1995（♂）（引自 Ren，1995）
A. 头部；B. 前胸背板；C. 触角；D. 前足胫节和跗节；E. 肛节；F、G. 阳茎背、侧面观

主要特征：体黑褐色。触角向后长达前胸背板基部。前胸背板在 2/3 处最宽；前缘深凹，两侧具饰边；侧缘由前向中部强烈弯扩并在后角之前急剧收缩；基部中段较直，在小盾片前弱凹并向后角内侧强烈弯曲，无饰边；前角突出超过复眼前缘，后角向后侧方尖角形伸出；盘区有 M 形瘤突，被网格状皱纹。鞘翅两侧较平行，中间最宽，肩宽直角形；刻点行由彼此间隔的大刻点组成，行间稍隆起，略具光泽，毛列在内侧的行间有 2 列、外侧有 3 列。前足胫节由基部向端部渐扩大，外侧细锯齿状，内侧略呈拱形且有较密的毛。

分布：浙江（临安、庆元）。

218. 异土甲属 *Heterotarsus* Latreille, 1829

Heterotarsus Latreille, 1829: 26. Type species: *Heterotarsus tenebrioides* Guérin-Méneville, 1831.

主要特征：下颚须末节斧状；复眼肾形。触角第Ⅲ节最长，端部具 4–5 个棒节。前胸背板圆盘形或横向隆起，侧缘具饰边。小盾片三角形。鞘翅具 9 条条纹；缘折宽，具锐边。跗节（除端跗节外）端部深截；前、中足第 I–Ⅲ跗节和后足第 I–Ⅱ跗节叶状加宽，下侧具毛。雄性外生殖器具基板。

分布：古北区、东洋区、旧热带区。中国记录 9 种，浙江分布 2 种。

（509）隆线异土甲 *Heterotarsus carinula* Marseul, 1876

Heterotarsus carinula Marseul, 1876a: 127.

主要特征：体长 9.0–11.6 mm。体黑色，暗淡无光泽。头部略三角形，侧缘在复眼前向前斜直收缩；唇基前缘宽 V 缺刻，两侧角直；上唇前缘微凹。前胸背板前缘弧凹较深，具饰边；侧缘在中部偏后最宽，向前缓慢收缩，向后弧弯，饰边完整；基部中间弱后突；前角尖角形突出，后角近于直角；盘区有明显的皱纹状粗刻点。鞘翅光裸无毛，所有行间明显隆起，第 I、Ⅱ行间在基部相连，第Ⅷ行间在中部之后有光滑脊突，其底部有非常小的暗粒，颗粒行中间多次出现断裂，若有平脊者，则刻纹很明显。

分布：浙江（临安）、甘肃、江苏、安徽、湖北、福建、台湾、海南、四川、贵州；俄罗斯，朝鲜，韩国，日本，东洋区。

（510）瘤翅异土甲 *Heterotarsus pustulifer* Fairmaire, 1889

Heterotarsus pustulifer Fairmaire, 1889b: 361.

主要特征：体长 9.8–11.0 mm。体黑色或褐色。头和前胸背板有粗大的皱纹状刻点。前胸背板前缘深凹，中央宽直，仅两侧具饰边；侧缘从前向后弯曲，在中间形成钝角，向前比向后收缩强烈；基部中间宽弯，对着小盾片的一段微凹，后角内侧显凹；前角尖突，后角钝三角形。鞘翅行间光裸无毛，行间有各式各样粗卵粒形成的脊突，故行间全都不等宽；侧缘从前向后弧形弯曲，中间最宽。

分布：浙江（临安）、甘肃、江苏、安徽、福建；东洋区。

219. 毛土甲属 *Mesomorphus* Miedel, 1880

Mesomorphus Miedel, 1880: 140. Type species: *Opatrum murinum* Baudi di Selve, 1876 (= *Opatrinus setosus* Mulsant *et* Rey, 1853).

主要特征：体较宽阔；背面具毛。复眼被颊完全分隔为上下两部分。鞘翅具粒点或成行刻点。有些雄性前、后足第 I–Ⅲ跗节宽，腹面着生海绵状毛。

分布：世界广布。中国记录 7 种，浙江分布 1 种。

（511）扁毛土甲 *Mesomorphus villiger* (Blanchard, 1853)（图版 XXVIII-7）

Opatrum villiger Blanchard, 1853: 154.
Mesomorphus villiger: Iwan & Löbl in Löbl & Smetana, 2008: 268.

主要特征：体长 6.5–8.0 mm。体细长，两侧略平行；黑褐色或棕色，无光泽。前颊把复眼完全分为上下两部分，复眼外侧的颊最宽；眼较大，眼眶窄，后端圆。触角向后不达前胸背板基部。前胸背板横阔，基部略前最宽；前缘浅弧凹，两侧饰边明显；侧缘宽圆弯，饰边完整；基部 2 弯状，两侧有细沟；前角钝，后角近于直；背板宽隆，圆刻点具黄色长毛。鞘翅向后略宽，刻点行细，行间近扁平，刻点小而稀疏并具黄色长毛。雄性腹部基部 2 节中央微凹，雌性腹部隆起。前足胫节向端部渐变宽，端部宽等于前 2 跗节长之和，外端齿略尖；跗节不变宽，下侧有海绵状长毛；后足第Ⅰ跗节与末跗节等长。

分布：浙江（临安）、黑龙江、辽宁、内蒙古、河北、山西、山东、河南、陕西、宁夏、江苏、安徽、湖北、湖南、福建、台湾、广东、海南、香港、广西、四川、贵州、云南；俄罗斯，韩国，日本，克什米尔，印度，尼泊尔，阿富汗，东洋区，旧热带区，澳洲区。

220. 沙土甲属 *Opatrum* Fabricius, 1775

Opatrum Fabricius, 1775: 76. Type species: *Silphsa bulosa* Linnaeus, 1761.

主要特征：复眼不被颊完全分割为上下两部分。前胸背板沿侧缘变扁，侧缘无饰边，或偶有细饰边；基部通常有 2 缺刻；表面具颗粒。中、后足基节间的后胸部分不长于中足基节的纵径。鞘翅具不显著刻点行，行间具光亮的突起，奇数行间比偶数行间凸出，行间具密集颗粒。前足胫节端部外侧具 1 齿。

分布：古北区。世界已知 43 种，中国记录 3 种，浙江分布 1 种。

（512）类沙土甲 *Opatrum (Opatrum) subaratum* Faldermann, 1835（图版 XXVIII-8）

Opatrum subaratum Faldermann, 1835: 413.

主要特征：体长 6.5–9.0 mm。体椭圆形；黑色，无光泽。触角短，向后达前胸背板中部。前胸背板中基部最宽，前缘深凹，中央宽直，两侧具饰边；侧缘基半部强圆收缩，基部略收缩；基部中央突，两侧浅凹；前角钝圆，后角直；盘区隆起，布均匀粒点，两侧扁平。鞘翅行略隆起，每行间有 5–8 瘤突，行纹较明显，行及行间布小颗粒。雄性基部 2 节中央纵凹。前足胫节端外齿窄而突出，前缘宽是前足前 4 跗节长之和，外缘无明显锯齿；后足末跗节明显长于基跗节。

分布：浙江、黑龙江、吉林、辽宁、内蒙古、河北、山西、山东、河南、陕西、宁夏、甘肃、青海、安徽、湖北、江西、湖南、台湾、广西、四川、贵州；俄罗斯，蒙古，朝鲜，韩国，日本。

（四）朽木甲亚科 Alleculinae

主要特征：体长 3.0–20.0 mm。体长卵形或卵圆形，扁拱；体色多变，通常黄色至棕色或黑色，有时颜色明亮或具金属光泽。头在眼后变窄，前口式；额布刻点；上唇突出；下颚须 4 节，端节延长或斧形；复眼大，横阔，于触角基节窝处后凹。触角线状、栉状、锯齿状或念珠状。前胸背板形状多样，具饰边，盘区布刻点。鞘翅完整，端部圆，缘折一般达到翅端；翅面刻点行明显，有时具斑。后翅一般较发达，径室较大。腹部可见腹板 5 节或 6 节。足通常细长，胫节端距明显；跗式 5-5-4，倒数第Ⅱ节有时呈叶状；

爪下侧具栉齿。

该亚科世界广布。世界已知约 3100 种（含亚种），中国记录 330 余种（含亚种），浙江分布 5 属 7 种。

朽木甲族 Alleculini Laporte, 1840

主要特征：体形多变，椭圆、狭长或向上隆起；体色多样，多见褐色、黄色、黑色等；光滑或被毛。头部横宽或窄长；上唇端部平直或中间凹；下颚须末节形状多变；复眼多呈肾形，或横宽且前缘内凹。触角类型多样，线状、栉状、锯齿状等，通常第 II 节最短。前胸背板多窄于或约与鞘翅等宽，形状多变，多为近半圆形、梯形或方形。鞘翅窄长或近弧形，刻点行多明显，行间拱起或扁平。足多窄长，部分种腿节变宽或胫节具刺；跗节有或无叶瓣；爪栉状。

该族世界广布。世界已知约 2700 种，中国记录 240 余种，浙江分布 4 属 5 种。

分属检索表

1. 倒数第 II 跗节具叶瓣 ··· 2
- 倒数第 II 跗节不具叶瓣 ··· 3
2. 体窄长形；前胸背板近方形，明显窄于鞘翅 ··· 朽木甲属 *Allecula*
- 体卵圆形；前胸背板近半圆形，基部约与鞘翅等宽 ··· 污朽木甲属 *Borboresthes*
3. 跗节简单，无叶瓣 ·· 异朽木甲属 *Isomira*
- 前、中足第III跗节与后足第 II 跗节具叶瓣 ··· 瓣朽木甲属 *Pseudohymenalia*

221. 朽木甲属 *Allecula* Fabricius, 1801

Allecula Fabricius, 1801: 21. Type species: *Cistela morio* Fabricius, 1787.

主要特征：体窄长；背面无毛或少毛，微具光泽。头部横宽；上唇及唇基宽；下颚须末节宽三角形；复眼大，前缘深凹。触角细长，总长近于或超过鞘翅之半；第 II 节最短，第III节及余节长。前胸背板近梯形，明显窄于鞘翅；两侧前半部向前渐窄，后半部近平行。鞘翅窄长，刻点行明显。足细长；倒数第 II 跗节均具叶瓣。

分布：世界广布。世界已知 500 余种，中国记录 41 种，浙江分布 1 种。

（513）科氏朽木甲 *Allecula* (*Allecula*) *klapperichi* Pic, 1955（图版 XXVIII-9）浙江新记录

Allecula (*Allecula*) *klapperichi* Pic, 1955a: 31.

主要特征：体型大，窄长；光泽明显，被黄色长毛和稀疏刻点；头后部、前胸背板、鞘翅和小盾片黑色，体腹面棕黑色，第 V 腹板深棕色；触角、下颚须第 II 节黄色，上唇及下颚须第III、IV 节浅棕色；足黄色，仅在腿节端部和胫节基部颜色稍深。复眼大，眼间距较宽，窄于单个复眼直径。触角线状，超过体长 3/4；第 II 节最短，第III节最长。前胸背板近正方形，基部明显窄于鞘翅，近前 1/3 处最宽。鞘翅两侧近平行，末端圆；缘折明显，窄且两侧平行，具大刻点和微粒；翅面刻点行明显，其上刻点大且深，行间凸。足窄长；前足胫节端部微弯，中、后足胫节直；前、中足第III、IV 跗节及后足第III跗节具叶瓣；爪具密齿。雌雄性间无较大差异。

分布：浙江（景宁、龙泉）、福建。

222. 污朽木甲属 *Borboresthes* Fairmaire, 1897

Borboresthes Fairmaire, 1897: 253. Type species: *Allecula cruralis* Marseul, 1876.

主要特征：体椭圆形或长椭圆形；背面密被毛。头部短宽；下颚须末节为宽小三角形；复眼较小，前缘深凹，眼间距宽。触角窄长，线状，长度近鞘翅之半。前胸背板近半圆形，后缘等于或略窄于鞘翅基部。鞘翅窄长或近弧形，刻点行明显。足窄长，前、中足第Ⅲ、Ⅳ跗节及后足第Ⅲ跗节具叶瓣。

分布：古北区、东洋区。世界已知 80 余种，中国记录 46 种，浙江分布 2 种。

（514）深棕污朽木甲 *Borboresthes brunneopictus* Borchmann, 1942（图版 XXVIII-10）中国新记录

Borboresthes brunneopictus Borchmann, 1942: 28.

主要特征：体长 6.0–8.0 mm。体长卵圆形；被稀疏毛和刻点；头部、前胸背板、鞘翅沿中缝、小盾片及体腹面棕色，上唇和唇基颜色稍浅，下颚须、鞘翅两侧及足棕黄色。眼小，深凹，眼间距宽，与触角第Ⅳ节近等长。触角细长，近体长之半；第Ⅱ节最短，第Ⅳ节最长。前胸背板近半圆形，基部最宽；前缘圆，后缘明显二曲。鞘翅近中部最宽，刻点行明显，其上刻点大且深，行间微凸；缘折完整，近平行。足较短，腿节粗壮，胫节窄直；前、中足第Ⅲ、Ⅳ跗节和后足第Ⅲ跗节具叶瓣；爪具密齿。

分布：浙江（临安）、湖北、重庆、云南、西藏；缅甸。

（515）费南污朽木甲 *Borboresthes fainanensis fainanensis* Pic, 1922（图版 XXVIII-11）

Borboresthes fainanensis Pic, 1922a: 102.

主要特征：体长 6.0–8.0 mm。体长卵圆形；体深棕色，下颚须、触角及足颜色稍浅；具稠密的黄色长毛和小刻点，头部和前胸背板具稠密的粗刻点。眼小，前缘深凹，眼间距宽，明显宽于单个复眼直径。触角细长，近鞘翅之半；第Ⅱ节最短，第Ⅳ节最长。前胸背板近半圆形，基部最宽；前缘圆，两侧向基部渐变宽，后缘明显二曲。鞘翅近基部最宽，刻点行明显，其上刻点粗且深；行间微凸，具稀疏小刻点；缘折明显，基部至后胸部分渐窄，后趋于平行。足窄长，腿节稍宽，胫节长直；前、中足第Ⅲ、Ⅳ跗节和后足第Ⅲ跗节具膜质叶瓣；爪具密齿。雌性体型略大于雄性。

分布：浙江（龙泉）、福建、台湾。

223. 异朽木甲属 *Isomira* Mulsant, 1856

Isomira Mulsant, 1856: 52. Type species: *Chrysomela murina* Linnaeus, 1758.

主要特征：体型较小，椭圆形；体表密被毛。头部短宽；下颚须第Ⅱ节最短，末节窄刀状；复眼大，雄性眼间距多小于单个复眼直径，雌性眼间距宽于雄性。触角粗长，线状，短于或长于鞘翅之半。前胸背板近半圆形，基部最宽，向前渐窄，侧缘外弓。鞘翅椭圆形，近中部最宽，刻点行明显或否。足较短，腿节粗壮，胫节直，跗节简单无叶瓣。

分布：世界广布。世界已知 120 余种，中国记录 13 种，浙江分布 1 种。

(516) 斯氏异朽木甲 *Isomira* (*Mucheimira*) *stoetzneri* Muche, 1981（图版 XXVIII-12）

Isomira (*Asiomira*) *stoetzneri* Muche, 1981: 157.
Isomira (*Mucheimira*) *stoetzneri*: Novák, 2016a: 178.

主要特征：体长约 7.0 mm。体长椭圆形；棕色，具稠密的黄色长毛和小刻点。复眼大，前缘深凹，眼间距窄，明显窄于单个复眼直径。触角短粗，未及鞘翅之半；第III节最短，第IV节最长。前胸背板近扁宽半圆形；前缘圆，两侧逐渐向基部变宽，后缘明显二曲；前角不明显，后角圆钝角。鞘翅近基部最宽，刻点行细且浅，不明显，其上刻点较小，刻点间距约等于单个刻点直径；行间扁平，具稀疏小刻点；缘折明显，基部至后胸部分渐窄，后趋于平行。足窄长，腿节稍宽，胫节长直，跗节窄长无膜质叶。

分布：浙江（临安）、湖北、江西、广西、四川、云南。

224. 瓣朽木甲属 *Pseudohymenalia* Novák, 2008

Pseudohymenalia Novák, 2008: 213. Type species: *Pseudohymenalia yunnanica* Novák, 2008.

主要特征：体长卵圆形；密被黄色长毛。头部窄宽；下颚须末节长三角形；复眼非常大，横宽，前缘深凹，雄性眼间距非常小，雌性稍宽。触角长，多数超过体长之半；第II、III节明显短于其他节，雄性第III节最短，雌性第II节最短，第IV-XI节微锯齿状。前胸背板近半圆形，基部最宽，向前渐窄；前缘和侧缘圆，后缘二曲。鞘翅长椭圆形，近中部最宽。足短窄，前、中足第III跗节和后足第II跗节具叶瓣。

分布：古北区、东洋区。世界已知 11 种，中国记录 7 种，浙江分布 1 种。

(517) 安氏瓣朽木甲 *Pseudohymenalia andreasi* Novák, 2016（图版 XXIX-1）

Pseudohymenalia andreasi Novák, 2016b: 195.

主要特征：体长不及 6.0 mm。体长椭圆形；密被黄色长毛；体棕色，前胸背板颜色稍深。头部短宽；上唇和唇基窄长，前缘均直；下颚须第III节最短，末节短三角形；复眼大，眼间距明显小于单眼直径。触角较短，未及鞘翅之半；第II、III节明显短于其他节，第III节最短，第IV-XI节微锯齿状。前胸背板近长半圆形，基部最宽，向前渐窄；前缘和侧缘圆，后缘二曲；前角不明显，后角圆直角。鞘翅长椭圆形，近中部最宽，刻点行不明显。足短窄，胫节直，跗节窄；前、中足第III跗节和后足第II跗节具叶瓣；爪具疏齿。

分布：浙江（临安、景宁）。

栉甲族 Cteniopodini Solier, 1835

主要特征：体大型；多黄色或红色。头部窄长；下颚须末节长刀形，约与第III节等宽；复眼小，前缘微凹。触角多为线状，与复眼隔离开；柄节上方头侧缘很窄，几乎不遮盖柄节基部，即俯视可见。腹部可见腹板 5 节或 6 节。跗节无叶瓣。

该族世界广布。世界已知 400 余种，中国记录约 90 种，浙江分布 2 种。

225. 栉甲属 *Cteniopinus* Seidlitz, 1896

Cteniopinus Seidlitz, 1896: 200. Type species: *Cistela altaica* Gebler, 1830.

主要特征：体长圆筒形；多黄色或红色；密被短伏毛。头较长，口器前伸；下颚须末节长刀形；复眼肾形，眼间距至少为眼直径的 3 倍。触角窄长，线状或弱锯齿状。前胸背板近方形，通常下凹，有 3 个弱坑；前角圆，后角近直角。鞘翅长直，刻点行类型多样，沟状或杂乱，行间弱拱。足窄长，腿节粗壮，胫节弱弯，跗节简单无叶瓣。

分布：古北区、东洋区。世界已知 60 余种，中国记录 50 余种，浙江分布 2 种。

（518）异栉甲 *Cteniopinus diversipes* Pic, 1937

Cteniopinus diversipes Pic, 1937: 173.

主要特征：体长形，微具光泽；被灰色柔毛；触角、小盾片和足黑色，前胸背板、鞘翅和腿节黄色，腿节端部稍变黑。头部长，具稠密的刻点。触角细长。胸部稍长，侧缘微弯，前部逐渐变窄；鞘翅稍窄，具稠密的褶皱和刻点。鞘翅长，侧缘微弯，后部逐渐变窄；刻点行细，行间微凹，具微刻点。足细长，前足胫节内侧微弯。

分布：浙江（德清）、华中。

（519）广西栉甲 *Cteniopinus kwanhsienensis* Borchmann, 1930（图版 XXIX-2）浙江新记录

Cteniopinus kwanhsienensis Borchmann, 1930: 159.

主要特征：体长超过 15.0 mm。体长椭圆形；被短伏毛；体黄色，触角第 I–II 节、下颚须及跗节浅棕色，触角第 III–XI 节黑色，腹部红褐色。复眼小而凸，肾形，眼间距显宽于单个复眼直径。触角线状，长达鞘翅中部；第 II 节最短。前胸背板近梯形，近前 1/3 处最宽；前缘直，后缘微二曲，侧缘外弓；前角不明显，后角微钝角。鞘翅两侧近平行；刻点行细但明显，仅近基部稍弱，其上刻点小，行间扁平；缘折明显，基部至胸部渐窄，后平行。足窄长，胫节向端部微变宽，胫节约等于或稍短于跗节之长；爪具密齿。雌性体型略宽大。

分布：浙江（临安、柯城）、东北、华北、华中、西部高原、广西、四川、贵州、西藏。

（五）菌甲亚科 Diaperinae

主要特征：体形多样，常适度或强烈隆起；头、胸部常具角突。上唇横宽；额唇基沟明显；下颚须末节纺锤形或圆柱形；复眼常被前颊深切入，有时分为上下两部分。触角 11 节，稀见 10 节，丝状、锯齿状或棒状。前胸背板常宽大于长，侧缘扁平，常具侧缘饰边。鞘翅有 9 条刻点行，并具小盾片线，缘折达翅中缝角。有后翅。腹部第 III–V 节腹板间具节间膜。前足基节窝外侧关闭，内侧亦通常关闭；后足基节宽，间距稍远；基转节异型；胫节具纵线或沟，端距短；跗节简单，腹面具稀疏细毛，跗式 5-5-4，稀见 4-4-4；爪简单。

分族检索表

1. 体近球形，背面高隆，形似瓢虫 ·· 舌甲族 Leiochrinini
- 体宽卵形或长卵形，背面扁平或隆起 ··· 2
2. 前足转节正常，非异型 ··· 舟菌甲族 Scaphidemini
- 前足转节异型 ·· 3
3. 上唇与唇基间通常具发亮的节间膜；中、后足胫节外侧有纵脊，脊上通常具细齿；后足基节横形 ········ 菌甲族 Diaperini
- 上唇与唇基间的节间膜隐藏；中、后足胫节外侧无脊；后足基节倾斜 ······························· 隐甲族 Crypticini

隐甲族 Crypticini Brullé, 1832

主要特征：体小型，长卵形，隆起。头部缩入前胸，距眼较远；颏小；下颚须端节斧状；下唇须端节扩大；额适度拱起，头部前缘圆弧形或平截；眼小，肾形并横生。触角达或不达前胸基部，端节粗扁。鞘翅缘折占据整个翅的内弯处。前胸腹板突向后伸出；中胸腹板后方隆起；后胸腹板中等长。前足基节卵圆形；后足基节相互靠近；胫节具小刺或弱齿；后足第Ⅰ跗节几乎等于其他各节长度之和。

该族世界广布。世界已知 14 属，中国记录 2 属 13 种，浙江分布 1 属 1 种。

226. 卵隐甲属 *Ellipsodes* Wollaston, 1854

Ellipsodes Wollaston, 1854: 485. Type species: *Sphaeridium glabratum* Fabricius, 1781.

主要特征：体长 3.0–4.0 mm。体椭圆形，非常凸；黑色，光亮且无毛，刻点细。唇基前缘直；上唇横宽，前缘有不发达的纤毛；下颚须末节斧状；下唇须伸长，近梭形；复眼小，横向。触角长，略超过前胸背板基部；第Ⅱ节稍短于第Ⅲ节，其余几节几乎等长；第Ⅴ节或第Ⅵ节至末节明显加宽。前胸背板横宽，基部最宽，向前缘渐窄。鞘翅基部与前胸背板基部等宽，向顶端渐尖；有明显的愈合趋势。胫节端部弱加宽，有细刺；倒数第Ⅱ跗节前面几节的长度渐短，第Ⅰ节（尤其后足）非常长。

分布：世界广布。中国记录 2 种，浙江分布 1 种。

(520) 花斑卵隐甲 *Ellipsodes* (*Anthrenopsis*) *scriptus* (Lewis, 1894)

Platydema scriptus Lewis, 1894: 396.

Ellipsodes (*Anthrenopsis*) *scriptus*: Löbl & Smetana, 2008: 305.

主要特征：体长约 3.0 mm。体卵圆形；黑褐色，弱光泽。头部前缘具 1 横凹。前胸背板横宽，基部最宽；前缘稍凹，侧缘向前弧形收缩，基部中央向后突出；前角钝圆，后角锐角形；盘区稍隆起。鞘翅长卵形，基部稍宽于前胸背板；基部最宽，侧缘向后弧形收缩，肩角钝圆；翅面具不同样式的斑纹，基半部具 2 条纵斑纹，下方 1 条 W 形黄色斑纹，端部 1/3 有倒"Ц"形橙黄色斑纹。中胸腹板 V 形弯曲。

分布：浙江、内蒙古、河北、山西、山东、河南、陕西、江苏、安徽、湖北、江西、湖南、福建、台湾、广东、广西、四川、贵州、云南；日本，印度，尼泊尔，东洋区，新北区，澳洲区。

菌甲族 Diaperini Latreille, 1802

主要特征：体宽卵形或长卵形，扁平或隆起。唇基前缘近直截，大多唇基膜外露；上颚具有互相咬合的横向沟纹，极少完全平坦或高度特化；下颚端部具细毛，无齿突；下颚须末节近圆柱形或弱三角形；复眼大而突出，前缘多凹陷。触角抱茎状，向端部逐渐变粗或端部 5–8 节明显呈棒状，端部 5–7 节多分布大型感器。鞘翅有不规则刻点，有或无刻点行；缘折宽；完全覆盖臀板。前足基节前的腹板短于基节之长；中、后足胫节外侧具 1 条密布细齿的纵脊，极少数完全平坦；胫节端距短小；跗节下侧被柔毛。

该族世界广布。世界已知 45 属，中国记录 11 属 60 种，浙江分布 4 属 5 种。

分属检索表

1. 触角向端部渐粗或近梭状 ··· 2
- 触角末端 5–8 节明显膨大成棒状或锯齿状 ··· 3

2. 中足基节窝被中、后胸腹板关闭 ··· 粉菌甲属 *Alphitophagus*
- 中足基节窝开放，并与中胸侧片相接 ··· 宽菌甲属 *Platydema*
3. 触角锯齿状 ··· 彩菌甲属 *Ceropria*
- 触角棒状 ··· 菌甲属 *Diaperis*

227. 粉菌甲属 *Alphitophagus* Stephens, 1832

Alphitophagus Stephens, 1832: 12. Type species: *Alphitophagus quadripustulatus* Stephens, 1832 (= *Diaperis bifasciatus* Say, 1824).

主要特征：颊的外侧显比复眼外缘宽；唇基外缘有不深的弧形缺刻。前胸背板后角直三角形，基部稍突起。胫节外缘被短刚毛。

分布：世界广布。古北区已知 7 种，中国记录 1 种，浙江分布 1 种。

（521）二带粉菌甲 *Alphitophagus bifasciatus* (Say, 1824)（图版 XXIX-3）

Diaperis bifasciatus Say, 1824: 268.
Alphitophagus bifasciatus: Löbl & Smetana, 2008: 307.

主要特征：体长 2.2–3.0 mm。体长卵形，扁拱；锈红色，头顶及鞘翅黑色；体背面有粉末状细毛。唇基膨大，基部 1 横沟，沟前 1 对"八"字形突起，沟后 1 对卷叶状突起将头背分成 3 条纵沟；前颊突，裂片状。前胸背板长方形，前缘浅弯；两侧向前强烈收缩，中部最宽；基部 2 弯，中叶向后突出，两侧向后角弯曲；前角宽圆，后角近于直；盘圆拱，布稠密小刻点。鞘翅卵形，中部以前最宽，缘折达到中缝角；翅面有刻点行，肩内后侧至小盾片后方各有 1 三角形红色横带，端部 1/3 处有 1 红色横带。前足胫节外缘有 1 列短刺。

分布：浙江（宁波）、吉林、辽宁、内蒙古、北京、河北、山西、山东、河南、陕西、宁夏、甘肃、新疆、江苏、湖北、江西、台湾、广东、海南、四川；朝鲜半岛，日本，土库曼斯坦，哈萨克斯坦，土耳其，叙利亚，以色列，塞浦路斯，阿富汗，欧洲，北非，世界广布。

228. 彩菌甲属 *Ceropria* Laporte *et* Brullé, 1831

Ceropria Laporte *et* Brullé, 1831: 396. Type species: *Helops indutus* Wiedemann, 1819.

主要特征：体卵形或长卵形，背部强烈隆起。上唇基部有宽膜片；下颚须末节斧状。触角多为锯齿状。前胸腹板短小。前胸腹板突纺锤形并向后垂降；中胸腹板同样短小，前半部有 V 形凹，前缘斜伸至前胸。雄性前足跗节变宽，腹面有毛刷；雄性前、中足胫节内弯或近于直，内缘中部常有缺刻，端部具齿。

分布：世界广布。世界已知约 85 种，中国记录 13 种，浙江分布 1 种。

（522）宽颈彩菌甲 *Ceropria laticollis* Fairmaire, 1903（图版 XXIX-4）

Ceropria laticollis Fairmaire, 1903: 13.

主要特征：体长 9.5–13.0 mm。体卵形；头黑色；前胸背板盘区蓝黑色，无眼斑，侧缘黄绿色，具金属光泽；小盾片红褐色或黑色；鞘翅基底金黄色，肩部和端部具小块虹彩。前颊隆起，斜切入复眼；复眼大而外突，三角形嵌入头顶。触角锯齿状。前胸背板基部最宽；前缘弧形凹陷；除后缘外均具饰边；前角钝角形，后角近直角；盘区扁拱，布粗刻点，基部两侧各有 1 斜向纵凹。鞘翅肩部微隆，中部稍后最宽；饰边背观完全可见；背面拱起，有成行刻点，无刻点沟；行间扁平，均布大量微小刻点。前足胫节直，内缘无缺刻，端部不变粗；中足胫节端半部内缘具微齿；后足胫节端部无凹坑。

分布：浙江（西湖、临安）、福建、云南；韩国，日本，印度，东洋区。

229. 菌甲属 *Diaperis* Geoffroy, 1762

Diaperis Geoffroy, 1762: 337. Type species: *Chrysomela boleti* Linnaeus, 1758.

主要特征：体短卵形，具光泽，背面强烈隆起，近半球形。头前部宽圆；下颚须近圆筒状或梭形；前颊切入复眼深；复眼大而突出，肾形。触角短小，棒状，端部 8 节向侧面扩展。前胸背板宽大于长。前胸腹板突高隆，与中胸腹板接触。鞘翅具刻点行或刻纹，具不同颜色或花纹；缘折端部短截。

分布：世界广布。世界已知约 15 种，中国记录 4 种，浙江分布 1 种。

（523）刘氏菌甲 *Diaperis lewisi lewisi* Bates, 1873（图版 XXIX-5）

Diaperis lewisi Bates, 1873: 14.
Diaperis sinensis Gebien, 1925: 155.

主要特征：体长 6.0–8.0 mm。体背面高隆，近半球形；头黑色，光亮；鞘翅底色红色，基部和中部具 2 条黑色饰带，基部黑带宽，被分为数个大小不等的黑斑，于鞘翅缝处前后贯通，翅缝黑色，端部黑带窄，前、后缘均为不规则齿状；前足腿节橘红，端黑。触角向后伸达前胸背板中部，端部 8 节形成松散棒状。前胸背板盘区扁拱；前缘平直，侧缘饰边完整；前角宽圆，后角钝圆。鞘翅刻点行上刻点圆，行间刻点小而均匀。前足胫节外缘具齿，端部内侧具稠密绒毛，大端距弯曲，约与第 I 跗节等长；前足第 I 跗节下侧尖突，后足第 I 跗节不长于第 II 节。

分布：浙江（临安）、华北、湖北、台湾、广东、香港；俄罗斯，朝鲜，韩国，日本，东洋区。

230. 宽菌甲属 *Platydema* Laporte *et* Brullé, 1831

Platydema Laporte et Brullé, 1831: 350. Type species: *Platydema dejeanii* Laporte et Brullé, 1831.

主要特征：体卵形或长卵形，背部隆起或扁平。头部半圆形，部分种类雄性具角；上唇基部有宽膜片；下颚须末节窄斧状。触角向后稍超过前胸基部，由基部向端部渐粗；第 I 节短粗，第 II 节极短，近球形，第 III 节长于其他各节，近锥形，末节卵形；其余各节宽展，多抱茎状，多少延伸，疏密程度不一。前胸背板横阔；前缘突出，两侧弧形，后缘中部向后叶状扩展；具饰边。小盾片极小，三角形或近圆形。鞘翅宽阔，卵形，微隆或扁平；有规则的纵向刻点行或刻点沟，具饰边。

分布：世界广布。世界已知约 300 种，中国记录 31 种，浙江分布 2 种。

（524）黑色宽菌甲 *Platydema fumosa fumosa* Lewis, 1894

Platydema fumosa Lewis, 1894: 395.

主要特征：体长 5.1–7.7 mm。体背面黑色，弱绢状光泽，腹面暗赤褐色；触角基部、下颚须、跗节棕色。雌雄头部弱突起，复眼间平坦。前胸背板横宽，基部最宽；盘区弱拱，刻点极微细；前缘近直，后缘中部叶状后突；前角钝，几乎不突，后角近直角形。鞘翅基部与前胸背板近等宽，刻点行浅，行内刻点非常小。

分布：浙江、湖北、福建；韩国，日本。

（525）玛氏宽菌甲 *Platydema marseuli* Lewis, 1894（图版 XXIX-6）

Platydema marseuli Lewis, 1894: 394.

主要特征：体长卵形，明显隆起。背面单一黑色，具强烈蓝绿色金属光泽，均匀分布等大的刻点；触角、足、腹面褐色。雄性额上有对称的 1 对角，向外侧稍伸展；颊切入复眼；复眼大而隆起，眼面粗糙，小眼面清晰。前胸背板相对短小，基部最宽；盘区刻点稀疏分布，基凹几乎不可见；前缘近直，后缘明显叶状后突，各边具完整窄饰边；前角钝圆，后角近直角。鞘翅两侧近平行，肩部几乎不隆起；具刻点沟，沟内刻点清晰，不达基部；行间平坦，刻点均匀；小盾片线不明显，短而刻点稀疏；无翅斑；饰边完整，达鞘翅末端。

分布：浙江（临安）、台湾、香港；日本，东洋区。

舌甲族 Leiochrinini Lewis, 1894

主要特征：体近球形，高拱，形似瓢虫；几乎所有种均有后翅。头短而没有颈部，或被前胸背板遮盖；唇基大多直或两侧角突出，或中央有 1 小角。触角较细短，无棒状节。前胸背板横宽，强烈拱起，由基部向端部收缩；后缘无饰边。小盾片发达，近三角形。鞘翅宽，缘折扁平，向后强烈收缩。前胸腹板短或较长；中胸腹板很短，后侧片不超过后足基节；后胸腹板长扁，无中沟。前足基节窝横宽，圆柱形或卵形；中、后足基节窝相距较宽；中足基节无明显的转节。腹部末 3 节腹板之间有发亮节间膜；基腹节的中突很宽且圆截。足短，腿节不或几乎不超过身体侧缘；跗节简单，或下侧为不太强的叶瓣；爪节长。

该族世界已知 11 属，主要分布于东洋区。中国记录 6 属 60 余种，浙江分布 4 属 6 种。

分属检索表

1. 触角粗长，通常自第Ⅳ节或第Ⅴ节起变长变粗，第Ⅲ节末端常窄于第Ⅳ节和第Ⅴ节，第Ⅳ节常比第Ⅴ节窄小；后足胫节外侧常具沟和脊；跗节下侧具强烈片状突 ·· 2
- 触角通常短扁，第Ⅲ节末端与第Ⅳ节等宽，第Ⅳ节与第Ⅴ节等宽；后足胫节外侧无沟和脊；跗节简单，各节下侧不向前强烈突出 ··· 3
2. 所有跗节下侧强烈片状突出，稀见弱片状突出或倒数第Ⅱ节弱片状突出 ························· 艾舌甲属 *Ades*
- 所有跗节仅倒数第Ⅲ节下侧强烈片状突出，其余不强烈突出 ··· 亮舌甲属 *Crypsis*
3. 两性头部简单，颊和唇基表面无直立的角突或尖角 ··· 斑舌甲属 *Derispia*
- 雄性唇基表面具直立角突，或颊两侧具尖弯角或扁长小角 ··· 角舌甲属 *Derispiola*

231. 艾舌甲属 *Ades* Guérin-Méneville, 1857

Ades Guérin-Méneville, 1857: 277. Type species: *Ades hemisphericus* Guérin-Méneville, 1857.
Leiochrodes Westwood, 1883: 69. Type species: *Leiochrodes discoidalis* Westwood, 1883.

主要特征：头顶通常具横沟和脊或仅有大刻点；唇基前缘直截，唇基沟无凹，唇基常喙状；眼间额完全平；颊短且强烈变窄；复眼横且平，稀见大且强烈隆起者。前胸背板横宽，梯形。鞘翅常强烈隆起，侧缘陡降，背面观仅前部可见；肩部稀见弱凸；缘折前端宽且凹，缘折内缘有明显的边；翅面多光滑，稀见无规律的刻点，或刻点规则排列。足多短，腿节未达身体侧缘，稀见超过身体侧缘者；胫节通常略弯，外侧有明显沟、脊；跗节各节下侧向前强烈片状突出，稀见弱片状突出或倒数第 II 节弱片状突出。

分布：东洋区、旧热带区。世界已知约 70 种，中国记录 13 种，浙江分布 2 种。

(526) 矛形艾舌甲 *Ades lanceolatus* (Kaszab, 1961)

Leiochrodes lanceolatus Kaszab, 1961b: 456.

Ades lanceolatus: Löbl & Smetana, 2008: 313.

主要特征：体长约 3.5 mm。体短卵形；强光泽；头、前胸背板中部、鞘翅侧缘占据鞘翅一半并延伸至鞘翅缝角的宽条带红棕色，头前部和体腹面淡棕色，触角从第 V 节起黑色，其余红棕色。头顶后有明显的沟和脊；额光滑无刻点；复眼狭小。触角第 II–IV 节细，从第 V 节起粗，端节短卵形。前胸背板宽梯形，盘区无刻点；前缘弧形内凹，后缘中间 2 弯状，侧缘后部宽，向前变窄，前角处陡降，无饰边沟；前角钝角形，后角尖角形。鞘翅中间最宽，饰边由背面均可见；盘区无刻点，有光泽。

分布：浙江、四川、云南；印度，尼泊尔。

(527) 暗色艾舌甲 *Ades nigronotatus* (Pic, 1934)

Leiochrodes nigronotatus Pic, 1934: 84.

Ades nigronotatus: Löbl & Smetana, 2008: 313.

主要特征：体长 3.6–4.7 mm。体短卵形，高拱；光滑有光泽；足、触角和前胸背板腹面深红棕色，前胸背板基部中间、鞘翅盘区中部之前 1 斑纹、后胸、腹部和触角第 V–XI 节黑色。眼间额宽，略隆起；颊短；复眼狭小。前胸背板宽，侧缘向前弱圆形收缩；前角钝圆，后角尖直角形。鞘翅布刻点行，行上刻点小且稀疏；行间平，无刻点。足短，胫节外侧有明显的沟和脊；后足胫节略弯。

分布：浙江、山西、四川、云南。

232. 亮舌甲属 *Crypsis* Waterhouse, 1877

Crypsis Waterhouse, 1877: 73. Type species: *Crypsis violaceipennis* Waterhouse, 1877.

主要特征：鞘翅有明显的金属光泽或鲨皮状，弱光泽。头部复眼处最宽；额略高拱，额唇基区窄长，多布清晰刻点，无唇基沟；复眼穿过颊强烈收缩。前胸背板自基部向前变窄；前缘深凹，侧缘具饰边，后缘 2 弯状。鞘翅由基部向后强烈弧形收缩，侧缘饰边由背面可见前部；肩圆或弱钝角形；缘折很宽且几乎无凹。足很长，腿节略超过鞘翅侧缘；胫节外侧有明显的沟和脊；前、中足第 III 跗节和后足第 II 跗节下侧强烈三角形片状突出，倒数第 II 节短。

分布：东洋区。世界已知 20 种，中国记录 9 种，浙江分布 1 种。

(528) 中华亮舌甲 *Crypsis chinensis* Kaszab, 1946（图版 XXIX-7）

Crypsis chinensis Kaszab, 1946: 196.

主要特征：体长约 5.8 mm。体卵圆形；头和前胸背板黑色，前胸背板基部两侧近后角处各有 1 橘黄色大圆斑，鞘翅具青铜色强光泽。触角第 II 节近球状。前胸背板梯形，横向隆起；前缘弧弯，后缘 2 弯状，侧缘由基部至中间 1/2 处弧弯，之后近直缩，向上卷曲的细饰边自基部至前缘两侧；前角圆尖，后角近直；盘区刻点小，刻点间鲨皮状。鞘翅高拱，基部 1/3 处最宽；侧缘饰边细，端部 1/3 由背面不可见；盘区列上刻点与列间刻点一样，刻点列几不可辨。后足胫节外侧具明显的沟、脊；各足跗节除基节、端节外各节下侧三角形片状突出，倒数第III节尤为强烈。

分布：浙江、福建、广东、广西、四川。

233. 斑舌甲属 *Derispia* Lewis, 1894

Derispia Lewis, 1894: 389. Type species: *Diaperis maculipennis* Marseul, 1876.

主要特征：头顶后方无横沟或粗糙刻点；复眼小且强烈隆起。触角较短，扁平，第II节球状。前胸背板横向强隆，纵向几乎不隆起；前缘凹，弱2弯状，后缘2弯状；前、后角均圆形；盘区完全光滑。鞘翅高拱，近圆形或短卵形，无肩突；盘区光滑，或有刻点或刻点列，列间多平；缘折前端宽凹，后端平且明显变窄，内缘有细饰边。足短，腿节未达身体侧缘；胫节多直，横截面近圆形，无沟和脊；跗节长，各节下侧不强烈突出。

分布：东洋区。世界已知约140种，中国记录29种，浙江分布2种。

（529）福建斑舌甲 *Derispia fukiensis* Kaszab, 1961

Derispia fukiensis Kaszab, 1961a: 181.

主要特征：体长约3.2 mm。体椭圆形；头和前胸背板棕色，触角从第V节起黑色，前胸背板基部色深。鞘翅刻点较大，翅缝处刻点完全可见；翅面具刻点列，列间稍隆，列间刻点稀疏，大小同列上刻点。

分布：浙江、福建、广东。

（530）多斑舌甲 *Derispia maculipennis* (Marseul, 1876)

Diaperis maculipennis Marseul, 1876a: 105.
Derispia klapperichiana Kaszab, 1954: 253.
Derispia maculipennis: Löbl & Smetana, 2008: 314.

主要特征：体长3.0–4.0 mm。体短卵形，强烈隆起；头和前胸背板黄色或橘黄色，前胸背板基部通常色深；鞘翅黄色或橘黄色，有黑色斑，侧缘黄色或橘黄色，末端黑色；足和触角黄色，末端颜色略深。头部有几不可辨的刻点。前胸背板近于光滑。鞘翅有明显的刻点列，列间中部刻点强烈；侧缘陡降，饰边仅中部可见。鞘翅斑纹如下：基部中间有1横斑，翅缝上小盾片之后和中后部各有1长斑，此2斑相互连接且与端斑连接；翅端宽，黑色，盘区有1长卵形大斑，其后有2小斑；靠近侧缘有1长且窄的斑，通常与基斑连接；鞘翅斑纹存在变形。

分布：浙江、陕西、湖南、福建、广东、广西、四川、贵州；日本。

234. 角舌甲属 *Derispiola* Kaszab, 1946

Derispiola Kaszab, 1946: 115. Type species: *Derispiola fruhstorferi* Kaszab, 1946.

主要特征：头部横宽；上唇裸露；雄性唇基中央具纵尖脊，端部具小齿；眼间额宽凹；复眼发达，强烈隆起且横宽。触角短，第II节球形，第III、IV节几乎等长，第IV–X节相似，末节近圆形。前胸背板横宽，横向强烈隆起；前缘深凹，侧缘向前强烈收缩，后缘半圆形；前角多圆钝，后角圆直。鞘翅布刻点，肩角圆钝，无肩瘤。足短；腿节未达身体侧缘；胫节短，近圆形，无沟和脊；跗节狭长，雄性前、中足第III跗节和后足第II跗节下侧略向前突出。

分布：东洋区。世界已知5种，中国记录3种，浙江分布1种。

(531) 独角舌甲 *Derispiola unicornis* Kaszab, 1946（图版 XXIX-8）

Derispiola unicornis Kaszab, 1946: 116.

主要特征：体长2.6 mm。体短卵形；黑色，弱金属光泽；鞘翅具黄色斑。唇基纵中线处具扁平凸起的脊；额凹，前端具向前的锥状凸起；眼间额宽，长于触角长的1/2。触角第II节球状，第IV节明显宽于第III节，与第V节近等宽，末节卵圆形。前胸背板梯形，横向隆起；前缘深凹，具上翘的细饰边；前角圆钝，后角尖，近直角形。鞘翅高拱，盘区密布刻点，翅面具近圆形小斑，个别无后2斑，或仅端斑消失。足黄色；各足跗节下侧除基节、端节外弱三角形片状突出，除端部2节外下侧被黄色柔毛。

分布：浙江（临安）、湖北、江西、湖南、福建、广东、广西、四川；东洋区。

舟菌甲族 Scaphidemini Reitter, 1922

主要特征：外形与菌甲族Diaperini近似，可通过以下特征予以区分：位于幕骨（头部内骨骼）后方的横向的棒缺如；前胸腹板突很短，但向两侧扩展达前足基节直径的1/3–1/2；前足基节窝内侧开放；雌性内生殖系统：肾形的精囊通过短管连接到盲管（胃盲囊）的非腺体基部并通向精囊的副腺。此外，前足基节窝的侧缘裂开、基节窝分离得更宽一点、腹部基节间突宽阔的截断也是其主要的鉴别特征。

该族世界广布。世界已知5属，中国记录3属17种，浙江分布1属1种。

235. 基菌甲属 *Basanus* Lacordaire, 1859

Basanus Lacordaire, 1859: 306. Type species: *Basanus forticornis* Lacordaire, 1859.

主要特征：体扁平；体色暗淡，多以黑色为主；鞘翅具斑纹，颜色鲜艳，斑纹形状为该属重要分种特征；头部、前胸背板和鞘翅行间布稀疏短直刚毛，腹面直刚毛较长。上唇基部有宽膜片或隐入唇基下；下唇须末节窄斧状；复眼前缘凹入较浅。触角棒状，第II节短小，第III节长，第IV–XI节宽，长度均匀。前胸背板基部有2个浅凹，饰边明显。鞘翅缝行间隆起，其余行间平坦；侧缘在端部缺失，缘折变窄。后翅完全。前胸腹板突宽；后足基节被第I腹板突宽阔分开；腹板有弱侧凹。后足第I跗节明显长于第IV节。

分布：古北区、东洋区。世界已知30种，中国记录4种，浙江分布1种。

(532) 越南基菌甲 *Basanus annamitus* Gebien, 1925

Basanus annamitus Gebien, 1925: 147.

主要特征：该种与四斑基菌甲*B. erotyloides*非常相似，可通过以下几点予以区分：略有不同且稳定的色斑；体形更圆；体长更短（6.0–7.5 mm）；雄性外生殖器略有不同。

分布：浙江（安吉、临安）、陕西、福建；不丹，东洋区。

（六）树甲亚科 Stenochiinae

主要特征：上唇横宽，与唇基间的节间膜外露或隐藏；上颚臼齿具细条纹；复眼肾形。触角端部5–7

节具复合（星状）感器。前足基节窝内、外均封闭；中足基节窝部分被中胸后侧片盖住。鞘翅具 9 条完整的刻点行，小盾片线存在或缺失。腹部第Ⅲ–Ⅴ可见腹板间的节间膜可见；具防御腺。阳茎基板位于中茎背面或侧面（旋转 60°-90°，偶尔 180°）；中茎常和阳茎鞘贴生，一般不能自由抽出。产卵器基腹片由 4 个小叶组成；基叶伸长，一般长于 2–4 叶之和。具性二型，常表现在前、后足胫节。

轴甲族 Cnodalonini Oken, 1843

主要特征：体长 5.0–45.0 mm。体形、体色多变。上唇基节膜外露或隐藏；复眼肾形，眼间距大于眼直径。触角弱锤状；端部 5–6 节具复合（星状）感器。前胸腹板突凸出，在基节后方水平；端部尖锐，嵌入深的中胸腹板窝。后翅有或无。胫节内缘被毛，尤其是接近端部；跗节腹面多平坦，具淡黄色爪垫，通常具毛。

该族世界广布。世界已知 340 属，中国记录 48 属约 300 种，浙江分布 8 属 16 种。

分属检索表

1. 腿节棒状；前胸背板圆柱形 ·· 壑轴甲属 *Hexarhopalus*
- 腿节细长，或至多弱棒状；前胸背板或多或少扁平 ·· 2
2. 上唇与唇基间的节间膜明显外露；唇基前缘平截 ·· 3
- 上唇与唇基间的节间膜常不外露；唇基前缘平截或否 ·· 5
3. 跗节非叶状 ··· 类轴甲属 *Euhemicera*
- 跗节叶状 ··· 4
4. 中、后足跗节强烈扩展 ·· 宽轴甲属 *Platycrepis*
- 中、后足跗节几乎不或虚弱扩展 ·· 泰轴甲属 *Taichius*
5. 体大型；具金属光泽及多变体色 ·· 彩轴甲属 *Falsocamaria*
- 体小型；若大型，则体黑色 ·· 6
6. 体中到大型；体色通常黑色至棕褐色 ·· 大轴甲属 *Promethis*
- 体小型；体色较鲜艳 ··· 7
7. 触角端部几节松散球状 ·· 迴轴甲属 *Plamius*
- 触角端部不明显棒状 ·· 闽轴甲属 *Foochounus*

236. 类轴甲属 *Euhemicera* Ando, 1996

Euhemicera Ando, 1996: 189. Type species: *Epilampus pulcher* Hope, 1842.

主要特征：体椭圆形；体色多样，鞘翅具彩虹色饰带、条纹或斑点。复眼肾形，具眼内沟。触角长达前胸背板基部，第Ⅲ节伸长，末端 6 节棒状。前胸背板横方形，基部最宽；前缘凹，饰边细；后缘二曲状，无饰边；前角圆，后角尖；基部有窝。鞘翅侧缘饰边由背面可见；盘区具刻点行或点条线里有刻点。腹部 5 节可见腹板中间隆起；第Ⅳ、Ⅴ节可活动。

分布：东洋区。世界已知 100 种，中国记录 21 种，浙江分布 1 种。

(533) 盖氏类轴甲 *Euhemicera gebieni* (Kaszab, 1941) （图版 XXIX-9）

Hemicera gebieni Kaszab, 1941: 61.
Hemicera fukiensis Kaszab, 1954: 258.
Euhemicera gebieni: Ando, 1996: 192.

主要特征：体长 9.0–14.0 mm。体椭圆形，粗壮，具光泽；背面红棕色或棕黑色；头和前胸背板黑色，具铜色反射光泽；鞘翅点条线和翅缝紫色，点条线上有些许绿色；鞘翅侧缘绿色，缘折紫色；触角、体腹面和足暗红棕色。触角末端 6 节弱棒状，末节椭圆形。前胸背板基部最宽；前缘浅凹，后缘中间平截；前角钝圆，后角尖锐；盘区低隆，刻点小而稀。鞘翅弱隆，端部 2/5 处最宽；点条线细，点条线上刻点密集不规则，端部渐小；行间平，具稀疏小刻点。中、后足腿节基部内侧凹陷且具毛；中、后足胫节内弯，中足弯曲强烈；跗节长而粗壮。

分布：浙江（临安）、福建、台湾、海南；东洋区。

237. 彩轴甲属 *Falsocamaria* Pic, 1917

Falsocamaria Pic, 1917: 19. Type species: *Falsocamaria obscura* Pic, 1917.
Eucamaria Gebien, 1919: 149. Type species: *Camaria spectabilis* Pascoe, 1860.

主要特征：体长椭圆形，两侧近平行；体色多变，具金属光泽；体表无毛。眼近肾形，内缘具眼沟。触角丝状，向后长达鞘翅基部（♂）或不达（♀）；端部 4 节粗扁，端节长或宽。前胸背板横宽，基部最宽；前角圆，后角近直角或尖；盘区隆起，中央常具 1 纵凹痕。鞘翅长，肩隆，端部不突出；翅面具刻点行，行间弱隆或呈脊状。足长，中足胫节端半部内缘显著变粗（♂）或不变粗（♀）并被金黄色毛。

分布：东洋区。世界已知 12 种，中国记录 8 种，浙江分布 3 种。

分种检索表

1. 触角端部 4 节棍棒状；鞘翅弱金属光泽，刻点沟间脊状 ··· **脊翅彩轴甲 *F. spectabilis***
- 触角末节棍棒状；鞘翅强金属光泽，刻点沟间略脊状或非脊状 ·· 2
2. 前胸背板前角明显圆，后角近直；鞘翅具微小的鲨皮状沟槽 ··· **沟翅彩轴甲 *F. imperialis***
- 前胸背板前角钝，后角弱角状；鞘翅无微小的鲨皮状沟槽 ··· **暗绿彩轴甲 *F. obscurovientia***

（534）沟翅彩轴甲 *Falsocamaria imperialis* (Fairmaire, 1903)（图版 XXIX-10）

Camaria imperialis Fairmaire, 1903: 18.
Falsocamaria imperialis: Masumoto, 1993: 144.

主要特征：体长 20.0–27.0 mm。头和前胸背板部分紫色；鞘翅绿色，刻点沟绿色且中间有紫色条纹，翅缝和侧缘略带紫色，肩紫色；足多色。头中部有紫色斑点，刻点少或无，中线明显；眼间距略宽于眼直径。触角第Ⅷ节端部宽，末节棍棒状。前胸背板横宽，盘区略隆，散布稀疏小刻点，中线不完整；前缘略隆升，后缘明显 2 弯且饰边强烈；前角明显圆，后角近直。鞘翅强隆，基部 1/3 处最高；肩凸，顶突；翅面具细刻点沟，沟间略凸，两侧较中间弱凸。

分布：浙江（临安、泰顺）、湖北、江西、湖南、福建、广东、广西、贵州；东洋区。

（535）暗绿彩轴甲 *Falsocamaria obscurovientia* Wang, Ren *et* Liu, 2012（图版 XXIX-11）

Falsocamaria obscurovientia Wang, Ren *et* Liu, 2012: 321.

主要特征：体长 24.0–30.0 mm。体暗绿色，具金属光泽；头和前胸背板部分紫色，中间紫红色；前胸背板边缘绿色，前、后缘中部蓝色；小盾片亮蓝绿色；足多色，腿节端部蓝紫色；鞘翅强金属光泽，腹面中等金属光泽。头部刻点粗密；眼间距略宽于眼直径。触角第Ⅷ节端部略宽，末节棍棒状。前胸背板横宽，基部最宽；前缘近直，后缘有明显双凹和强烈饰边，侧缘基部从背面几不可见；前角钝，后角弱角状；盘区略隆，中间刻点较两侧稍密，中线明显。鞘翅适度纵向隆起，肩略凸；翅面有细刻点沟，沟间略脊状。

分布：浙江（泰顺）、江西、海南。

（536）脊翅彩轴甲 *Falsocamaria spectabilis* (Pascoe, 1860)（图版 XXIX-12）

Camaria spectabilis Pascoe, 1860: 52.
Falsocamaria spectabilis: Masumoto, 1993: 144.

主要特征：体长 24.0–32.0 mm。体深绿色或古铜绿色，弱紫色光泽；头、前胸背板和足多色；前胸背板边缘紫色，中线两侧绿色；鞘翅刻点沟深绿色，间隔紫色，间隔之间有明显的铜红色条纹；腹部金绿色。触角第Ⅷ节端部略宽，端部 4 节棍棒状。前胸背板横宽，前缘近直，后缘不明显 2 弯且饰边强烈；盘区隆，中线完整，两侧密被汇合的粗大刻点，两侧刻点较中间稍密稍大。鞘翅两侧近平行，具饰边；肩不明显凸；盘区强隆，具细刻点沟和微小的鲨皮状沟槽，沟间脊状。

分布：浙江（临安、龙泉）、广西。

238. 闽轴甲属 *Foochounus* Pic, 1921

Foochounus Pic, 1921: 22. Type species: *Foochounus convexipennis* Pic, 1921.
Microcameria Ren, 1998: 108. Type species: *Microcameria pygmaea* Ren, 1998.

主要特征：上唇前缘倾斜；唇基横宽；上唇与唇基间的节间膜不可见；具眶上沟。触角短且较细，不呈显著的棒状。前胸背板横宽，明显窄于鞘翅；前、后缘中部一般无饰边，侧缘或多或少呈细圆齿状。鞘翅具刻点行，条纹有或无。前胸腹板突圆锥状；中胸腹板具深凹裂，以接纳前胸腹板突。前、中足第Ⅳ跗节明显窄于第 I–III 节。

分布：东洋区。世界已知 24 种，中国记录 9 种，浙江分布 2 种。

（537）隆背闽轴甲 *Foochounus convexipennis* Pic, 1921

Foochounus convexipennis Pic, 1921: 22.

主要特征：体长 6.0–11.5 mm。体棕黑色至黑色，背面光亮且无毛；鞘翅弱青铜色光泽。头具和前胸背板相似的不汇合刻点，刻点间光亮；复眼圆。触角末节略加宽。前胸背板端部 1/3 处最宽；侧缘不规则钝齿状，有明显窄饰边；前、后缘中间无饰边；前角钝，绝不向前突；盘区沿侧缘明显宽扁，刻点粗密。鞘翅基部明显宽于前胸背板，肩明显；9 条刻点行形成明显的沟，小盾片沟短，第 9 条沟和侧缘并排，两侧沟内刻点不明显大于中间沟内刻点；沟间略凸，刻点细且有光泽；缘折在端部前中断，端部有纵沟。胫节侧面无刺，两性均无特化特征。

分布：浙江（临安）、湖南、福建、广西、四川。

（538）小闽轴甲 *Foochounus pygmaeus* (Ren, 1998)

Microcameria pygmaeus Ren, 1998: 108.
Foochounus pygmaeus: Löbl & Smetana, 2008: 39.

主要特征：体长约 9.0 mm。体长卵形；棕黑色，头部颜色略深。复眼近肾形，强烈突出。触角达前胸背板中部，第Ⅲ节最长。前胸背板近横方形，中部之前最宽；前缘浅凹，两侧具饰边；侧缘弱波状，饰边完整；后缘两侧直并具饰边，中间后突且无饰边；前角略尖，后角直三角形；盘区强隆，中央刻点浅而稀疏，两侧大而密。鞘翅强隆，每翅 10 条沟，沟内有成列刻点；小盾片沟非常短；行间高拱，平滑。腿节棍棒状；胫节直；各足末跗节发达，约与前几节长之和等长。

分布：浙江（安吉、临安）、陕西、广西。

239. 壑轴甲属 *Hexarhopalus* Fairmaire, 1891

Hexarhopalus Fairmaire, 1891b: xix. Type species: *Hexarhopalus sculpticollis* Fairmaire, 1891.

主要特征：体背面常被细毛。前胸背板通常有强烈的刻纹（皱纹、瘤突）。鞘翅刻点行的刻点一般深且大；行间通常或多或少突起，有或无瘤突；若行间扁平，则无瘤突。

分布：东洋区。世界已知 46 种，中国记录 11 种，浙江分布 1 种。

（539）皱背壑轴甲 *Hexarhopalus* (*Hexarhopalus*) *sculpticollis* Fairmaire, 1891（图版 XXX-1）

Hexarhopalus sculpticollis Fairmaire, 1891b: xix.

主要特征：体长约 14.5 mm。体长形，弱拱；黑色，无光泽；被超微弱的柔毛，光滑且鲨皮状。额和唇基后部无刻点；额唇基沟发达且深；眼内侧的眼沟深。触角长于前胸背板 1.5 倍。前胸背板端部 1/3 处最宽，整个背面有相对稠密的规则细刻点，基部有 2 个浅凹，侧脊不发达；斜面的凹槽大而深；深 S 形的侧沟达前角，然后向前缘中部弯成圆钝角，并于前缘两侧 1/3 处终止；后缘有与斜面的凹槽相连的深沟。鞘翅两侧中部之后最宽；翅面有孔状的刻点形成刻点行。腿节棒状；胫节端部和跗节具刷状的黄褐色毛；前、中足胫节弱弯，后足胫节直。

分布：浙江（临安、磐安）、安徽。

240. 迥轴甲属 *Plamius* Fairmaire, 1896

Plamius Fairmaire, 1896: 30. Type species: *Plamius tenuestriatus* Fairmaire, 1896.

主要特征：下颚须末节三角形；复眼小而突出。触角短细。前胸背板横宽。前胸腹板宽，强烈拱形，顶端缩窄；中胸腹板宽且斜凹，基节间的腹突端部钝。鞘翅长卵形，后方稍宽。足细；跗节腹面具密毛，末节很长，约为跗节总长之半。

分布：古北区、东洋区。世界已知 304 种，中国记录 5 种，浙江分布 1 种。

（540）卡氏迥轴甲 *Plamius kaszabi* Picka, 1990

Plamius kaszabi Picka, 1990: 111.

主要特征：体长 4.7–5.8 mm。体亮黑色；鞘翅 4 暗褐斑，肩斑位于第 II 行间和翅缘之间，达翅长 2/3，前端斑卵形，其位置和宽度像肩斑。头扁平，布稠密皱状刻点；复眼强拱，外缘突。前胸背板横宽，前半部最宽；前缘直，侧缘扁阔；前角钝角形，后角直角形；盘区稀布皱状浅刻点；基部光亮，皱纹细密，刻点稀疏。鞘翅盘区具刻点行，第 IX 行不深凹，行间布光亮细微皱纹。腿节内侧端部前稍凹；胫节近直，仅端部稍弯，端部有横卧的黄色柔毛；后足第 I 跗节长于其后 2 节之和，末节短于其前 3 节之和。

分布：浙江（临安）。

241. 宽轴甲属 *Platycrepis* Lacordaire, 1859

Platycrepis Lacordaire, 1859: 418. Type species: *Platycrepis violaceus* Lacordaire, 1859.

主要特征：触角短，雄性几达鞘翅基部；末端6节向端部变宽，形成弱棒状。前胸背板横宽，近梯形；端部隆起，基部有凹，沿侧缘有沟；前缘两侧有饰边，后缘弱2弯，有时有饰边；前角钝圆，后角尖。鞘翅侧缘清晰，具刻点行；第Ⅷ点条线有时消失，第Ⅵ点条线达鞘翅基部，第Ⅶ和Ⅷ点条线达到或不达肩胛；小盾片条迹，刻点很小或不可见；肩胛膨大；缘折平或有凹。腹部第Ⅴ可见腹板外缘稍弯曲。足细长；转节时常有1长毛；胫节外缘剑形；腿节和胫节存在性二型；跗节二叶状，膨大。

分布：东洋区。世界已知21种，中国记录2种，浙江分布1种。

（541）杨氏宽轴甲 *Platycrepis yangi* Masumoto, 1986（图版XXX-2）

Platycrepis yangi Masumoto, 1986: 64.

主要特征：体长12.0–20.7 mm。体椭圆形，弱隆；头部和前胸背板暗红棕色；鞘翅和侧缘暗紫色，基部和侧缘泛绿色光泽，点条线略绿色光泽；触角和腹面暗红棕色；唇基和足红棕色。触角达鞘翅基部，末端6节向端部弱变宽。前胸背板中间最宽；前缘直，饰边细，中间间断；后缘饰边极细；侧缘向上反折，具沟和饰边；前角钝，后角直；盘区具微刻纹和细密刻点，中线无刻点，基部1对浅凹。鞘翅点条线窄而浅，第Ⅵ–Ⅷ点条线达前胸背板肩胛；点条线的刻点小而密，端部渐断；行间平，具小刻点。中、后足腿节基部内侧有毛；中、后足胫节端部内侧具密毛。雌性：触角较短；中、后足腿节基部内侧无毛。

分布：浙江（临安）、福建、台湾、广西。

242. 大轴甲属 *Promethis* Pascoe, 1869

Promethis Pascoe, 1869: 148. Type species: *Upis angulata* Erichson, 1842.

主要特征：体中至大型，长卵圆形；黑色至棕褐色；表面鳖皮状。头在眼部最宽，前颊弯圆；复眼肾形。触角短棍棒状，向后长达前胸背板前缘，甚至中部，端部6节扁阔。前胸背板近方形，后缘弯曲，饰边完整或前缘中央缺失。小盾片三角形或倒钟形。鞘翅肩瘤明显，每翅9条刻点行，行间隆起或平坦。腹部末端3腹节间有节间膜。雄性腿节多光裸，部分种类具钝刺，少数布整齐毛列；各足胫节常特化出齿或勺状深斜沟等结构，端部具黄色密毛，端距无或退化；前足胫节1/3内侧强烈弯曲，雌性则渐弯曲。

分布：古北区、东洋区、澳洲区。世界已知约150种，中国记录44种，浙江分布5种。

分种检索表

1. 头缩入前胸；前胸背板前缘凹；雄性后足胫节内侧端部之间有勺状深凹，端部之前的截面有1明显的齿或角 ················· 平行大轴甲 *P. parallela parallela*
- 头正常前伸；前胸背板前缘深凹；雄性后足胫节末端无明显而尖锐的截面 ················· 2
2. 腹部肛节端部有明显饰边，有时中央饰边短暂消失 ················· 直角大轴甲 *P. rectangula*
- 腹部肛节末端简单，明显无饰边 ················· 3
3. 前足腿节内侧从基部到中部有明显的突起物，端部有1尖状物 ················· 点条大轴甲 *P. punctatostriata*
- 前足腿节内侧顶多有1明显鼓起物，但无尖角痕迹或在中央附近有齿 ················· 4

4. 前足胫节端部 1/4 或 1/3 强烈弯曲，下侧端部之前的外缘和端部较粗地扩展 ·················· 巴氏大轴甲 *P. barbereti*
- 前足胫节简单弯曲，端部不扩展，外缘端部无明显扩展 ·················· 弯胫大轴甲 *P. valgipes valgipes*

（542）巴氏大轴甲 *Promethis barbereti* (Fairmaire, 1888)

Nyctobates barbereti Fairmaire, 1888: 27.

Promethis barbereti: Wu, 1937: 637.

主要特征：体长约 28.0 mm。体细长，两侧近平行，背面隆起；黑色，光亮。额区刻点细密；眼沟较细；唇基沟深，两侧直角；前颊仅在触角基部隆起。触角端部 6 节膨大，第Ⅵ、Ⅶ节顶端有少量斑点和短毛。前胸背板正方形，横向隆起；侧缘略拱，后缘微波状；前角圆，后角稍尖；盘区有分布不均的不等大刻点痕迹，纵中沟不明显。小盾片平滑。鞘翅细长，顶端钝，肩区圆形；刻点行明显，基部行间扁平，盘区行间横隆；翅坡之前略有皱状或圆形凹陷。中胸腹板不分叉，端部弯曲，侧缘圆形。腹部有细革状小刻点。

分布：浙江（舟山）。

（543）平行大轴甲 *Promethis parallela parallela* (Fairmaire, 1897)（图版 XXX-3）

Nyctobates parallela Fairmaire, 1897: 251.

Promethis parallela parallela: Kaszab, 1988: 95.

主要特征：体长 17.0–19.0 mm。体黑棕色，背面光亮，腹面有油脂样光泽，表面鲨皮状。复眼肾形。触角念珠状，长达前胸背板基部 1/3 处。前胸背板心形，粗饰边完整；前角圆，后角尖突；盘区隆，均布模糊小刻点，端部有"八"字形凹坑，无纵中凹，基部有倒"八"字形分散的凹坑。鞘翅刻点行内细外粗，行间由内向外变隆，行上刻点大而扁，行间小刻点消失。各足胫节内侧端部和跗节下侧被金黄色毛；前足胫节内缘具 1 明显钝齿及 1 波状弱凹；中足胫节内缘中部 1 钝齿；后足胫节端部内侧有 1 勺状沟。

分布：浙江（泰顺）、江西、福建、广东、四川、贵州、云南、西藏；东洋区。

（544）点条大轴甲 *Promethis punctatostriata* (Motschulsky, 1872)

Setenis punctatostriata Motschulsky, 1872: 29.

Promethis punctatostriata: Kaszab, 1988: 110.

主要特征：体长 20.0–30.0 mm。头部发亮，刻点稠密；眼中度扩展。前胸背板刻点较均匀。鞘翅粗鲨皮状，昏暗；刻点行很细，无纵条纹，端部行上的刻点小而浅；行间完全扁平。前足胫节内侧自中部到端部有稠密的直立毛。

分布：浙江、海南、云南；朝鲜半岛，印度，不丹，尼泊尔，东洋区。

（545）直角大轴甲 *Promethis rectangula* (Motschulsky, 1872)（图版 XXX-4）

Setenis rectangulus Motschulsky, 1872: 28.

Promethis rectangula: Kaszab, 1988: 113.

主要特征：体长 26.0 mm。唇基膜明显，唇基前缘强凹，新月形；额中央疏布浅粗刻点，周围渐密；眼褶明显，眼沟前方眼脊较高。触角向后伸达前胸背板中部，第Ⅲ节长大于宽 2 倍余，第Ⅴ–Ⅺ节膨大，末节基部宽、端部窄。前胸背板长大于宽，基部 1/4 处最宽；盘区暗淡无光，均布稠密刻点；基部有浅中凹的痕迹，两侧有小凹坑；前缘微凹，侧缘弯曲，后缘近直；前角钝圆，后角锐。鞘翅刻点行细，行间强隆，具小颗粒。腹部肛节端缘深 V 凹。各足胫节端部内侧强烈弯曲；前足胫节 1 大钝齿，中、后足胫节简单。

分布：浙江（临安、泰顺）、江西、福建、广东、海南、广西、云南；韩国，东洋区。

（546）弯胫大轴甲 *Promethis valgipes valgipes* (Marseul, 1876)（图版 XXX-5）

Nyctobates valgipes Marseul, 1876a: 117.
Promethis rectangula: Kaszab, 1988: 104.

主要特征：体长 21.0–24.0 mm。体长卵形；黑色，触角、下唇和口须栗色；背面光泽弱，腹部光泽较强。触角向后伸达前胸背板中部。前胸背板近方形，饰边完整；前角钝圆，后角直角形；背中线宽凹，两侧强烈降落，刻点浅圆而模糊。前胸腹板突端部宽圆。鞘翅中部纵向隆起，前缘突，其后扁凹；刻点行间扁平；两侧基部 3/4 近平行，饰边由背面完全可见。雄性前足胫节内侧端部强弯，中、后足胫节内侧中间具齿突；所有胫节端部被金黄色短毛，跗节下侧具毛垫。

分布：浙江（临安、泰顺）、河南、湖北、江西、湖南、福建、广东、海南、广西、贵州、云南；韩国，日本，东洋区。

243. 泰轴甲属 *Taichius* Ando, 1996

Taichius Ando, 1996: 196. Type species: *Platycrepis hemiceroides* Blair, 1929.

主要特征：头横阔；下唇须短，末节椭圆形；唇基横大，前缘直；额唇基沟细；复眼较大，肾形，横向。触角较短，末端 6 节棒状。前胸背板横宽；前缘近直或弓形前伸；两侧圆，半球形，沿侧缘有沟，基部前弯曲；后缘 2 弯，无饰边；前角钝圆，不向前伸。鞘翅隆，向后变宽；具点条线或刻点行；缘折大多平。后翅发达。前胸腹板突水平，三角形。足细长；跗节二叶状，前足跗节膨大，中足跗节稍膨大，后足跗节不膨大。

分布：东洋区。世界已知 19 种，中国记录 3 种，浙江分布 2 种。

（547）粗角泰轴甲 *Taichius forticornis* (Pic, 1922)（图版 XXX-6）

Steneucyrtus forticornis Pic, 1922b: 21.
Taichius forticornis: Ando, 1996: 197.

主要特征：体长 6.3–6.5 mm。体略葫芦形，弱隆。体深红棕色，光亮；头和前胸背板浅橄榄绿色；鞘翅浅紫色，具铜色光泽；足和触角较暗。触角不达前胸背板基部，端部 6 节横宽，末节卵圆。前胸背板方形，两侧中间和端部最宽；前缘直，饰边细，中间 1/3 间断；后缘 2 弯，饰边细；后角尖；侧缘略向上反折，具饰边和沟；盘区隆，刻点粗密。鞘翅弱隆，近端部 3/5 处最宽；点条线细浅，端部中断；第Ⅸ行间靠近端部分叉，第Ⅵ–Ⅷ点条线不达肩胛；点条线的刻点粗密；行间略隆，刻点细密，端部渐小。

分布：浙江（临安）、广西；东洋区。

（548）扁脊泰轴甲 *Taichius frater* Ando, 1998（图版 XXX-7）

Taichius frater Ando, 1998: 370.

主要特征：体长 7.7–9.3 mm。体椭圆形，弱隆。体栗棕色，光亮；头、前胸背板和小盾片深红棕色，少许钢蓝色光泽；鞘翅深红棕色，橄榄绿色光泽，缘折金属绿色光泽；触角、唇基、腹面和足红棕色。触角达鞘翅基部，端部 6 节形成细长棒状，末节卵圆形。前胸背板方形，两侧中间最宽；前缘直，饰边细，中间 1/4 间断；后缘 2 弯，饰边细；前角钝圆，后角尖；侧缘略向上反折，具饰边和较深沟；盘区隆，刻点细密。鞘翅近端部 1/3 处最宽；点条线细浅，端部渐细；第Ⅵ–Ⅷ点条线不达肩胛；点条线的刻点粗密；行间略隆，刻点粗密。肛节端部浅凹。足较短；胫节不弯曲，外缘剑状。

分布：浙江（临安）、福建。

树甲族 Stenochiini Kirby, 1837

主要特征：体长椭圆形，两侧平行但体前部常窄于后部；暗褐色到黑色，多具金属光泽。头嵌入前胸但不达复眼；唇基具膜；下颚须末节斧状；眼大，横形。触角细长，梗节不在额上，端部的节较基部的宽。后胸腹板长。鞘翅褶缘隆线完整，狭窄。一般具后翅。足长；前足基节圆；中足转节可见；后足基节狭窄地分开；胫节端距很小；跗节下侧具柔毛。

该族世界广布。世界已知 44 属 2200 余种，中国记录 4 属 111 种，浙江分布 2 属 5 种。

244. 树甲属 *Strongylium* Kirby, 1819

Strongylium Kirby, 1819: 417 [nomina protecta]. Type species: *Strongylium chalconotum* Kirby, 1819.
Crossocelis Gebien, 1914: 52. Type species: *Crossocelis clauda* Gebien, 1914.

主要特征：体形多变，多窄细而伸长，有时粗壮，多圆柱形、长纺锤形。下颚须末节斧形；复眼或远离，更多彼此靠近。触角形状多变，近丝状或近棒状，常从第Ⅵ节起变粗并有可见感觉圈。前胸背板弱隆到强烈隆起。小盾片三角形或近三角形。雄性腹部肛节多变，多简单。足细长；腿节常棒状；胫节稀见短，直或基部轻或较强地弯曲，雄性常有变化的性征；跗节细且腹面被毛。

分布：世界广布。世界已知 1400 余种，中国记录 95 种，浙江分布 4 种（亚种）。

分种检索表

1. 身体明显被毛 ··· 2
- 身体光裸无毛 ··· 3
2. 鞘翅刻点在外侧为长卵圆形；腹部肛节有近椭圆形深压痕，其底部平坦，端部宽凹 ················ 安徽树甲 *S. anhuiense*
- 鞘翅刻点在外侧常伸长成长窝状；腹部肛节具圆凹，端缘内凹 ·· 弯背树甲 *S. gibbosulum*
3. 体黑棕色；鞘翅刻点方形，每刻点两侧上缘各具 1 颗粒，奇数行间（第Ⅸ行间端部 5/9 除外）具锐棱 ·· 刀嵴树甲指名亚种 *S. cultellatum cultellatum*
- 体黑色，腿节基部 1/3 黄棕色；鞘翅刻点简单圆形，行间无锐棱 ······································ 基股树甲 *S. basifemoratum*

(549) 安徽树甲 *Strongylium anhuiense* Masumoto, 2000（图版 XXX-8）浙江新记录

Strongylium anhuiense Masumoto, 2000: 168.

主要特征：体长椭圆形，向上强拱；黑色带深紫色光泽，头、触角基部 2–3 节、前胸背板前缘和后缘、小盾片、前胸腹板、鞘翅缘折、足和腹面等带蓝色；身体被绒毛，鞘翅毛最长。头密布细刻点；唇基半圆形，唇基沟近直；额微 T 形，后部有强烈凹痕；复眼中等大小，侧向微拱。触角近丝状，向后伸达鞘翅基部 1/3。前胸背板基部最宽，侧缘饰边无；盘区每侧基部 2/5 处具横向凹痕。鞘翅背面强拱，中部稍前弱波

状。腹部肛节有近椭圆形深压痕，其底部平坦，端部具宽凹。

分布：浙江（临安）、安徽、湖北。

（550）基股树甲 *Strongylium basifemoratum* Mäklin, 1864（图版 XXX-9）浙江新记录

Strongylium basifemoratum Mäklin, 1864: 326.

主要特征：体圆筒形；漆黑色，腿节基部 2/3 棕黄色到深红棕色，腹部两侧部分黄色。头密布刻点；唇基沟不明显线状；额陡降，复眼前 1 凹痕；复眼大。触角丝状，向后伸达鞘翅基部 1/4。前胸背板圆筒形，基部宽；前角圆，后角尖并向后伸出；盘区中度隆起，刻点粗密，基部两侧各 1 浅凹。小盾片近舌形，具浅凹。鞘翅两侧近平行，端部 1/4 圆缩；盘上刻点行深，前面的细密，向外变为粗疏，向后变为浅细。腹部肛节端部具凹痕，顶端近横截。后足胫节轻微扭曲。

分布：浙江（临安、余姚、磐安、开化、庆元、龙泉、泰顺）、上海、湖北、湖南、福建、广东、广西。

（551）刀嵴树甲指名亚种 *Strongylium cultellatum cultellatum* Mäklin, 1864（图版 XXX-10）浙江新记录

Strongylium cultellatum cultellatum Mäklin, 1864: 345.

主要特征：体两侧近平行，纵向较隆起；黑棕色，触角颜色稍浅，末节浅棕色；鞘翅具丝状光泽。头密布粗糙刻点；唇基沟微弧形；额具 T 形细脊，后半部具浅凹痕；复眼非常大，极靠近。触角丝状，向后伸达鞘翅基部 1/5。前胸背板中部最宽；侧缘饰边完整，中间具侧向小突起；盘区具不规则隆起，具强烈密集的大刻点，中线处具纵凹痕，两侧近基部具弱凹。鞘翅盘区具方形刻点行，每刻点两侧上缘具 1 颗粒；奇数间区具锐棱；翅尖钝尖。腹部肛节端缘近于横截。

分布：浙江（临安、龙泉）、江西、福建、香港、广西；韩国，日本，印度，尼泊尔，越南，老挝，斯里兰卡，马来西亚，美国。

（552）弯背树甲 *Strongylium gibbosulum* Fairmaire, 1891（图版 XXX-11）浙江新记录

Strongylium gibbosulum Fairmaire, 1891a: 212.

主要特征：体强烈上拱；深蓝紫色，触角末节端部和肛节黄棕色；足具蓝色光泽，腹面弱蓝色光泽；被较稀疏柔毛，头、前胸背板毛极短，鞘翅毛长。唇基短，中央有 1 横凹痕；额窄，向前极陡降，后部具浅的宽凹痕；复眼大，膨隆。触角丝状，向后伸达鞘翅基部 2/5。前胸背板近梯形；侧缘无饰边；背面基部 1/3 处两侧各 1 圆凹痕，具无刻点中沟；盘区密布强烈刻点。鞘翅背面强拱，盘区刻点在外侧呈长窝状；行间前部由横脊相连。腹部肛节具圆凹，端缘内凹。

分布：浙江（临安、庆元、龙泉）、陕西、湖北、江西、湖南。

245. 优树甲属 *Uenostrongylium* Masumoto, 1999

Uenostrongylium Masumoto, 1999: 123. Type species: *Cryptobates laosensis* Pic, 1928.

主要特征：身体较小，长卵圆形，向上强烈隆起，前、后部身体间非常明显的缢缩。触角较细长，端部 5 节具感觉圈。前胸背板较强烈隆起；前缘具非常细的饰边，后缘具较粗饰边，侧缘饰边细嵴状；盘区仅简单隆起，密布刻点。小盾片三角形。鞘翅卵圆形，有 9 条刻点行；盾片刻点行一种极长，另一种极短；侧缘侧向突出并包住后部身体。短翅或无翅。

分布：东洋区。世界已知 4 种，中国记录 3 种，浙江分布 1 种。

（553）粗皱优树甲 *Uenostrongylium scaber* Yuan *et* Ren, 2018（图版 XXX-12）

Uenostrongylium scaber Yuan *et* Ren, 2018: 24.

主要特征：体长卵圆形，强隆；鞘翅深棕色，头和前胸背板黑棕色。头密布极粗糙刻点；唇基沟凹痕状，前部中央有 1 短横凹痕；额宽；复眼小。触角近丝状。前胸背板近筒形；背面有较明显中沟，端部 2/5 两侧有模糊的 1 对凹痕；盘区具强烈粗糙大刻点，每刻点具 1 微小短伏毛；侧缘端部 1/2 具饰边。小盾片宽三角形。鞘翅近卵形，背面强烈隆起；盾片刻点行短；盘区刻点大而深，底部圆，上缘近方，内外两侧上缘各 1 小颗粒。无后翅。腹部肛节简单，端缘平截。

分布：浙江（安吉）。

三十二、拟天牛科 Oedemeridae

主要特征：体长 5.0–28.0 mm。体细长，中等大小；纯黄色至暗褐色。头倾斜，具刻点；上颚中度粗壮，顶端 2 裂或完整；下颚须 4 节，端节形状多变，三角形至截形；下唇须 3 节，丝状；复眼突出，靠近触角着生处有凹。触角 11 节，部分雄性 12 节；丝状，稀见锯齿状。前胸背板中后部收缩，略呈心形，基部具饰边。鞘翅通常向后扩展或两边平行，端部圆；肩部突起明显。腹部可见 5–6 节。前胸腹板突尖细；前足基节窝开放，基节左右相接；前足胫节端距无或 2 枚，后足基节横形；跗式 5-5-4，倒数第 I 节或 II 节扩大；爪简单或基部具齿。

该科世界已知 3 亚科约 100 属 1500 种（亚种），分布于除南极洲以外的所有大陆。中国记录 2 亚科 24 属 126 种（亚种），浙江分布 2 属 2 种。

246. 埃拟天牛属 *Eobia* Semenov, 1894

Eobia Semenov, 1894: 455. Type species: *Asclera cinereipennis* Motschulsky, 1866.

主要特征：体中等至强烈地拱起，黄色至沥青色。雄性的 2 个上颚端部分裂，下颚须端节斧状至剪刀状；眼中等或强烈拱起，凹缘平。触角长丝状，至少达到鞘翅中部，端节略具凹缘或缢缩。前胸背板长大于宽。鞘翅两侧平行或端部略变窄，翅肋略粗，第 II 条肋仅在基部明显。臀板略超过腹部末节。腹部第 VIII 节突出物近不可见。爪简单。阳基骨化程度低，阳基侧突较平，布有绒毛，阳茎不具端齿，基表皮内突有时略呈"冠"状，支撑骨片不发达。

分布：古北区、东洋区。世界已知近 30 种，中国记录 10 种，浙江分布 1 种。

（554）中国拟天牛 *Eobia* (*Eobia*) *chinensis chinensis* (Hope, 1843)

Nacerdes chinensis Hope, 1843: 63.
Eobia (*Eobia*) *chinensis chinensis*: Švihla, 2008: 356.

主要特征：体长 5.5 mm，宽 1.3 mm。体黄色，头黑色；触角前 2 节褐色，其余节逐渐变为黄色；鞘翅和胸部为黑色。

分布：浙江。

247. 拟天牛属 *Oedemera* Olivier, 1789

Oedemera Olivier, 1789: 31. Type species: *Necydalis caerulea* Linnaeus, 1767 (= *Cantharis nobilis* Scopoli, 1763).

主要特征：体小至中型，细长；体色多样，主要是金属色。2 个上颚端部 2 裂，具小臼突；下颚须端节窄斧状或梭状；复眼拱起或相对平，浅凹陷；头在眼处与前胸背板等宽，稀见窄于前胸背板。触角丝状，向后达到鞘翅之半，端节收缩。前胸背板近心形，长大于宽，前面具 1 对洼及基部前 1 浅洼，且前面洼之前有纵脊。鞘翅向端部收缩，侧缘通常波状凹陷；肋发达，第 II 条肋缺失。肛板超过末节腹片，两者宽圆；第 VIII 腹节突出物可见。雄性后足腿节变粗，雌性正常；前足胫节具 2 枚端距；爪简单。

分布：古北区、东洋区。世界已知约 80 种，中国记录 20 种，浙江分布 1 种。

(555) 光亮拟天牛 *Oedemera (Oedemera) lucidicollis flaviventris* Fairmaire, 1891（图版 XXXI-1）

Oedemera flaviventris Fairmaire, 1891a: 219.

Oedemera (Oedemeronia) sieversi Seidlitz, 1899: 919.

Oedemera coreana Pic, 1926: 6.

Oedemera (Oedemera) lucidicollis flaviventris: Švihla, 1999: 13.

主要特征：体长 4.9–7.6 mm。体青蓝色，少有墨绿色；口器和跗节栗棕色至乌黑色，前胸背板橙色，末 2 节可见腹片或雌性腹部整个腹面橙色。头缩短；复眼中度凸起，眼处稍宽于前胸背板。触角超过鞘翅的 3/4，端节于中部之后急剧变窄；表面具很稀疏的细刻点或细纹，着生稀疏黄色软毛。前胸背板心形，长宽相等或稍宽，端部洼深；表面近于无刻点，具细皱纹。鞘翅侧缘很轻微地弓形凹陷；肋粗壮，布稀疏直立的棕色软毛，无光泽，端部具刻点，略带光泽。后足腿节中度至强烈变粗。

分布：浙江、黑龙江、河北、山东、河南、陕西、湖北、江西、湖南、福建、四川、贵州；朝鲜。

三十三、芫菁科 Meloidae

主要特征：体长 5.0–45.0 mm。成虫体小至中型；黑色、红色或绿色等。头下垂，宽过前胸背板，后头急剧缢缩；口器前口式。触角多为丝状、棒状，部分触角节呈栉（锯）齿状或念珠状，部分种类性二型明显。前胸背板窄于鞘翅基部，通常端部最窄。鞘翅柔软，完整或短缩，颜色多变。腹部可见腹板 6 节，缝完整。跗式 5-5-4；爪 2 裂，背叶下缘光滑或具齿。

该科世界已知 3 亚科 133 属近 3000 种（亚种），中国记录 2 亚科 27 属约 200 种（亚种），浙江分布 7 属 22 种（亚种），其中浙江新记录 5 种。

分属检索表

1. 前足腿节腹面端半部表面凹陷，凹陷处密生平卧软毛 ·· 2
- 前足腿节腹面端半部正常，无软毛 ·· 3
2. 跗爪背叶腹缘具 2 排齿 ·· 齿爪芫菁属 *Denierella*
- 跗爪背叶腹缘光滑无齿 ·· 豆芫菁属 *Epicauta*
3. 跗爪背叶腹缘具 2 排齿 ·· 4
- 跗爪背叶腹缘光滑 ··· 5
4. 鞘翅于端部略收狭，侧缘略呈弓形；跗爪腹叶窄，其最宽处小于背叶基部宽度之半；前胸背板通常宽大于长 ·······
 ·· 柔芫菁属 *Apalus*
- 鞘翅端部不收狭，侧缘平直；跗爪腹叶宽，其最宽处不小于背叶基部宽度之半；前胸背板通常长大于宽 ···············
 ··· 黄带芫菁属 *Zonitoschema*
5. 鞘翅短，通常不能完全覆盖腹部；无后翅 ··· 短翅芫菁属 *Meloe*
- 鞘翅正常，完全覆盖腹部；具后翅 ·· 6
6. 触角端部显著膨大；鞘翅黑色具黄色斑纹；中胸腹板前部通常具"盾片"，中胸前侧片前缘明显 1 沟 ····· 沟芫菁属 *Hycleus*
- 触角常念珠状或丝状，端部不膨大；若顶端略微膨大，则鞘翅单色；中胸腹板无"盾片"，中胸前侧片前缘无沟 ·········
 ·· 绿芫菁属 *Lytta*

248. 柔芫菁属 *Apalus* Fabricius, 1775

Apalus Fabricius, 1775: 127. Type species: *Meloe bimaculatus* Linnaeus, 1760.

Hapalus Illiger, 1801: 138 (unjustified emendation).

Criolis Mulsant, 1858: 240. Type species: *Criolis guerini* Mulsant, 1858.

Deratus Motschulsky, 1872: 51. Type species: *Meloe necydalea* Pallas, 1773.

Coriologiton Marseul, 1879a: 65. Type species: *Criolis hilaris* Marseul, 1879.

主要特征：体通常黑色，足和腹部颜色多变。复眼小，于头腹面不达上颚后缘。触角 11 节，细长，雄性向后可伸达体长之半，雌性略短。前胸背板通常宽大于长。鞘翅略短，但超过体长之半，通常可达腹部末端；侧缘端部 2/3 略呈弓形；两侧向端部略收狭，两鞘翅于端部分离，腹部倒数 3 节背板可见。后足胫节外端距显著宽于内端距。跗爪背叶腹缘具 2 排齿；腹叶窄，其最宽处窄于背叶基部宽度之半。

分布：古北区、旧热带区。世界已知 20 种，中国记录 2 种，浙江分布 1 种。

（556）大卫柔芫菁 *Apalus davidis* (Fairmaire, 1886)

Hapalus davidis Fairmaire, 1886: 352.
Apalus davidis: Borchmann, 1917: 143.

主要特征：体长约 10.0 mm。雄性体黑色，具光泽，腹部和鞘翅砖红色至红色，鞘翅近端部 1 黑圆斑。头部密布刻点，复眼间具纵隆。触角向后伸达身体中部，除第Ⅰ、Ⅱ节外暗色。前胸背板横长，前端较宽；盘区密布刻点，端半部刻点较粗糙；基半部中央具纵沟，基部具横凹。鞘翅皱褶，中部宽，端部彼此分离，末端尖。胸和足具细密刻点和皱褶。后足第Ⅰ跗节基部砖红色。雌性鞘翅更宽大，且端部分离部分较少，末端宽圆。

分布：浙江、湖北。

249. 齿爪芫菁属 *Denierella* Kaszab, 1952

Denierella Kaszab, 1952c: 81. Type species: *Cantharis incomplete* Fairmaire, 1896.

主要特征：体黑色，头红色。触角丝状，长达鞘翅中部。鞘翅长达体末端，黑色，有时在侧缘、后缘或中纵线上被白色短毛。前足腿节端半部腹面凹陷，凹内密被黄色柔毛簇；跗爪背叶腹缘具 2 排锯齿。中茎仅 1 端背钩。

分布：东洋区。世界已知 9 种，中国记录 3 种，浙江分布 1 种。

（557）埃氏齿爪芫菁 *Denierella emmerichi* (Pic, 1934)（图 9-9；图版 XXXI-2）

Epicauta emmerichi Pic, 1934: 86.
Denierella serrata Kaszab, 1952c: 88.
Epicauta apicipennis Tan, 1958: 163.
Denierella emmerichi: Batelka & Hájek, 2015: 124.

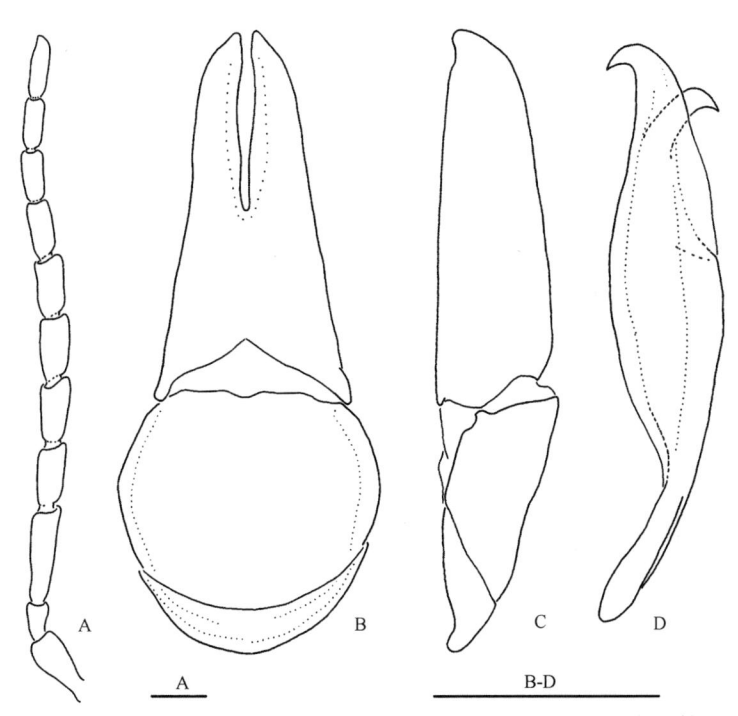

图 9-9 埃氏齿爪芫菁 *Denierella emmerichi* (Pic, 1934)（引自潘昭和任国栋，2018）
A. 触角（♂）；B. 阳茎基腹面观；C. 阳茎基侧面观；D. 中茎侧面观。比例尺：1 mm

主要特征：体长 14.0–22.0 mm。雄性体黑色，头、唇基、上唇黄红色，下颚须和触角第 I、II 节部分暗红色。前胸背板侧缘、鞘翅外缘和端缘、头和胸部腹面、各足基节、前足腿节和胫节内侧、中足和后足腿节外侧被灰色短毛；鞘翅端缘淡色毛带明显宽于外缘毛带，前足淡色毛较中足和后足密。头部疏布细小刻点。触角细长，向后伸达身体中部。前胸背板中纵沟明显。前足胫节仅 1 外端距；各足跗爪背叶腹缘具 2 排大齿。雌性触角略短，前足胫节 2 端距，第 I 跗节柱状。

分布：浙江（临安、衢州、景宁）、湖北、江西、湖南、福建、广东、海南、广西、重庆、四川、贵州。

250. 豆芫菁属 *Epicauta* Dejean, 1834

Epicauta Dejean, 1834: 224. Type species: *Meloe erythrocephalus* Pallas, 1771.

主要特征：体黑色，头红色或黑色。触角通常丝状，长达或超过鞘翅中部；少数种类的雄性触角中央数节栉齿状。鞘翅长达体末端，黑色，有时在侧缘、后缘或中纵线上被白色短毛。前足腿节端半部腹面凹陷，凹内密被黄色柔毛簇；跗爪背叶腹缘光滑无齿。中茎仅 1 端背钩。

分布：世界广布。世界已知约 380 种，中国记录 29 种，浙江分布 8 种。

分种检索表

1. 头完全红色；雄性前足胫节仅 1 内端距 ··· 2
- 头不完全红色，至少触角基瘤黑色；雄性前足胫节具 2 端距 ··· 5
2. 后胸短，其长约与中足基节的长度相等；后翅全展时至多与鞘翅等长 ················ **短翅豆芫菁 *E. aptera***
- 后胸明显长于中足基节；后翅全展时明显长于鞘翅 ··· 3
3. 触角第 IV 节长度约为第 III 节的 1/3；雄性前足胫节上侧、内侧和外侧均密被直立黑长毛 ········ **毛角豆芫菁 *E. hirticornis***
- 触角第 IV 节长度为第 III 节的 1/2–2/3；雄性前足胫节仅外侧密被黑长毛 ·· 4
4. 雄性前足第 I 跗节外侧密被长毛；触角较粗，第 V 节长约为宽的 2 倍；雄性触角第 VIII–IX 节无长毛，余节所被长毛稀疏 ·· **毛胫豆芫菁 *E. tibialis***
- 雄性前足第 I 跗节外侧无长毛；触角较细长，第 III–IV 节两侧平行，第 V 节长约为宽的 3 倍；触角第 X–XI 节无长毛，余节所被长毛较密；唇基几乎完全红色，仅端缘略黑 ······················· **红头豆芫菁 *E. ruficeps***
5. 触角第 I 节最长；雄性触角近丝状，不向一侧展宽；雄性后胸和腹部腹板中央纵凹 ········ **暗头豆芫菁 *E. obscurocephala***
- 触角第 III 节最长；雄性触角第 IV–IX 节向一侧强烈展宽，近栉齿状；雄性后胸和腹部腹板中央不纵凹 ······· 6
6. 头部红色区域面积变化较大，但除触角基部瘤之外，至少沿复眼内缘为黑色；雄性触角中央数节展宽一侧无纵沟 ·· **西北豆芫菁 *E. sibirica***
- 除触角基部瘤之外，头部完全红色；雄性触角中央数节展宽一侧具纵沟 ··· 7
7. 前胸背板两侧、后缘和中纵沟两侧，鞘翅侧缘、端缘、中缝和中纵线，以及胸部腹面和各腹节后缘被灰白色毛带 ··· **锯角豆芫菁 *E. gorhami***
- 前胸背板、鞘翅和体腹面被黑色毛，几乎无白毛 ·· **扁角豆芫菁 *E. impressicornis***

（558）短翅豆芫菁 *Epicauta aptera* Kaszab, 1952（图 9-10；图版 XXXI-3）

Epicauta aptera Kaszab, 1952b: 590.

主要特征：体长 11.0–14.0 mm。雄性体黑色，头部及唇基基部和前缘红色。体被黑毛，前足腿节内侧偶被灰白毛；下颚须、触角除末端 4 节、各足基节窝周围、前足腿节基半部下方和胫节外侧、后胸腹板和腹部近中央两侧被直立的黑长毛。触角第Ⅲ–Ⅶ节略扁，第Ⅲ节长约为第Ⅱ节的 2 倍，第Ⅳ节短于第Ⅲ节长的 1/3。前胸背板盘区具 1 非常浅的中纵线，基部具 1 三角形凹，两侧近基部 1/3 处各具 1 圆凹；后胸短，约与中足基节等长；后翅短，展开时至多与鞘翅等长。前足第Ⅰ跗节柱状；前足胫节仅 1 内端距。雌性不被长毛，触角丝状，前足胫节 2 端距。

分布：浙江（安吉、临安、余姚、舟山、浦江、磐安、江山、缙云、遂昌、云和、庆元、景宁、龙泉、泰顺）、河南、陕西、甘肃、安徽、湖北、江西、湖南、福建、广东、海南、广西、重庆、四川、贵州、云南。

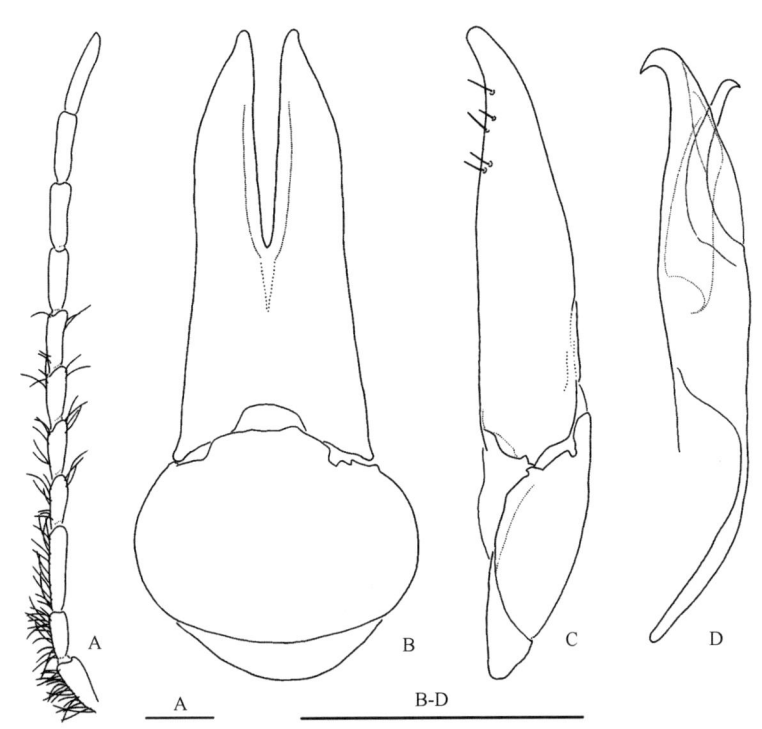

图 9-10　短翅豆芫菁 *Epicauta aptera* Kaszab, 1952（引自潘昭和任国栋，2018）
A. 触角（♂）；B. 阳茎基腹面观；C. 阳茎基侧面观；D. 中茎侧面观。比例尺：1 mm

（559）锯角豆芫菁 *Epicauta gorhami* (Marseul, 1873)（图 9-11；图版 XXXI-4）

Cantharis gorhami Marseul, 1873: 227.
Epicauta taishoensis Lewis, 1879: 464.
Epicauta gorhami: Borchmann, 1917: 75.

主要特征：体长 11.0–14.0 mm。雄性体黑色，头黄红色，唇基前缘、上唇端部中央和触角基部 3 节一侧红色。唇基和上唇两侧，下颚须，触角基部 4 节腹面，前胸背板两侧、后缘和中纵沟两侧，鞘翅侧缘、端缘、中缝和中纵纹，胸腹面和各腹节后缘至中部，各足基节、腿节外侧和胫节内侧，前足腿节和第Ⅰ跗节内侧及后足胫节上方均密被灰白毛。触角基部"瘤"黑色；触角第Ⅲ–Ⅶ节扁平，展宽一侧具纵沟。前胸背板中央 1 纵沟，基部中央明显凹陷。前足第Ⅰ跗节侧扁，斧状，胫节外侧弯曲，具 2 端距。雌性触角第Ⅲ–Ⅶ节不展宽；前足第Ⅰ跗节正常柱状，胫节平直。

分布：浙江（临安、桐庐、奉化、象山、宁海、余姚、慈溪、金华、玉环、温州）、江苏、安徽、湖北、江西、湖南、福建、台湾、广东、广西；朝鲜半岛，日本。

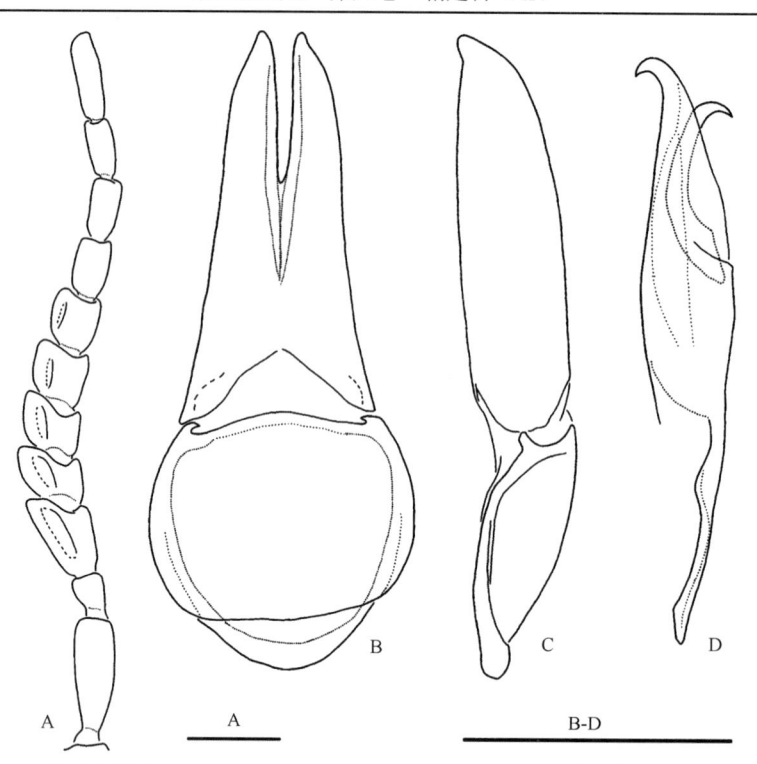

图 9-11 锯角豆芫菁 *Epicauta gorhami* (Marseul, 1873)（引自潘昭和任国栋，2018）
A. 触角（♂）；B. 阳茎基腹面观；C. 阳茎基侧面观；D. 中茎侧面观。比例尺：1 mm

（560）毛角豆芫菁 *Epicauta hirticornis* (Haag-Rutenberg, 1880)（图 9-12；图版 XXXI-5）

Lytta hirticornis Haag-Rutenberg, 1880: 79.
Epicauta hirticornis: Borchmann, 1917: 76.
Epicauta kwangsiensis Tan, 1958: 166.

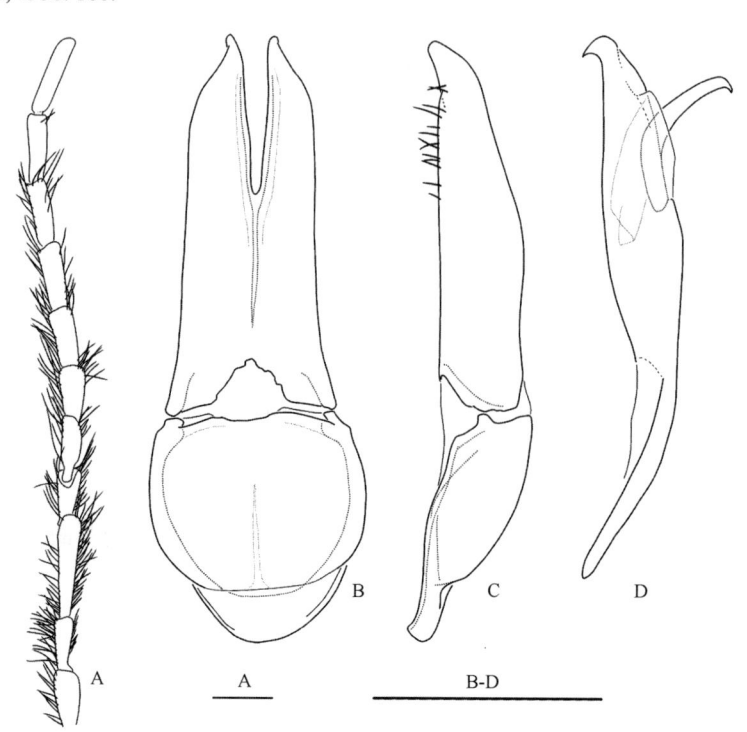

图 9-12 毛角豆芫菁 *Epicauta hirticornis* (Haag-Rutenberg, 1880)
A. 触角（♂）；B. 阳茎基腹面观；C. 阳茎基侧面观；D. 中茎侧面观。比例尺：1 mm

主要特征：体长 9.0–16.0 mm。雄性体黑色，头红色，唇基红色，中央 1 深色窄横带，上唇端部中央红色。体完全被黑毛，前足腿节、胫节偶被灰白毛；下颚须、触角除末节外、各足基节窝周围、前足腿节基半部下方、前足胫节上侧、内侧和外侧，以及后胸腹板和腹部近中央两侧密被直立黑长毛，其中腹部的较疏。触角第Ⅱ节长约为宽的 3 倍，第Ⅲ–Ⅶ节略扁，第Ⅲ节长为第Ⅱ节的 2 倍，第Ⅳ节长为第Ⅲ节的 1/3。前胸背板盘区具非常浅的中纵线，基部具 1 三角形凹；后胸明显长于中足基节；后翅展开时明显长于鞘翅。前足第Ⅰ跗节柱状；前足胫节仅 1 内端距。雌性触角、前足和体腹面不被长毛，前足胫节 2 端距。

分布：浙江（临安、新昌、诸暨、丽水、永嘉、平阳、文成、泰顺、瑞安、乐清）、河南、福建、台湾、广东、海南、广西、四川、云南、西藏；日本，印度，越南。

（561）扁角豆芫菁 *Epicauta impressicornis* (Pic, 1913)（图 9-13；图版 XXXI-6）浙江新记录

Lytta impressicornis Pic, 1913a: 163.
Epicauta impressicornis: Borchmann, 1917: 76.

主要特征：体长 9.0–14.0 mm。雄性体黑色，头黄红色，唇基前缘、上唇端部中央和触角基部 3 节一侧红色。触角基部 4 节腹面一侧，鞘翅侧缘，各足基节窝周围，前足腿节、胫节和第Ⅰ跗节内侧被灰白毛，有时前胸背板两侧、后缘和中央纵沟两侧，鞘翅端缘和中缝，各足腿节外侧基部，头和前、中胸腹面，各腹节后缘亦被有灰白毛，但前胸背板、鞘翅和腹节毛边非常窄。触角基部"瘤"黑色；触角第Ⅲ–Ⅶ节扁平，展宽一侧具纵沟，第Ⅲ节长三角形。前胸背板中央 1 纵沟，基部中央明显凹陷。前足第Ⅰ跗节侧扁，近斧状，胫节外侧弯曲，2 端距。雌性触角第Ⅲ–Ⅶ节不展宽；前足第Ⅰ跗节柱状，胫节平直。

分布：浙江（临安）、陕西、甘肃、广西、重庆、四川、贵州、云南；日本，越南，老挝。

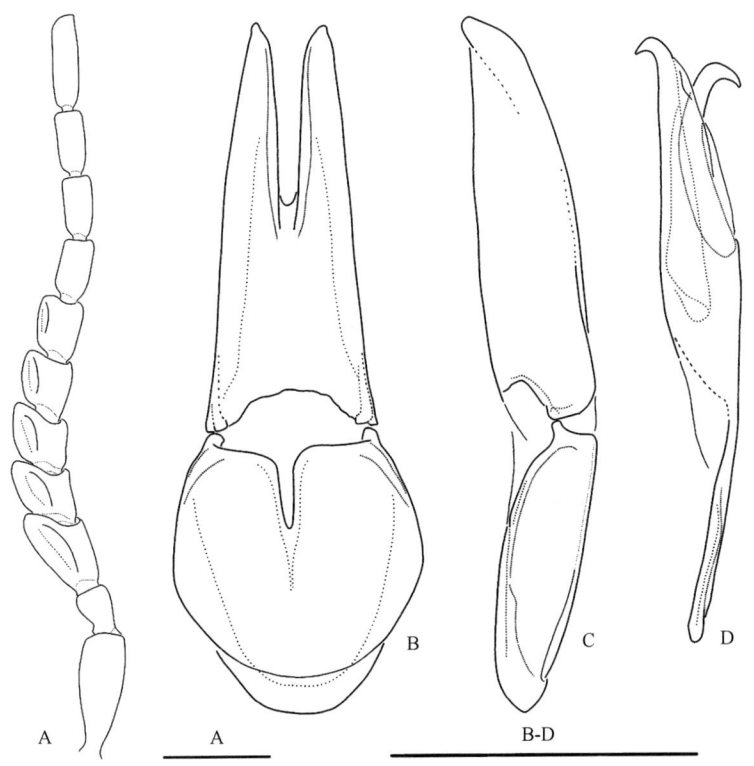

图 9-13 扁角豆芫菁 *Epicauta impressicornis* (Pic, 1913)
A. 触角（♂）；B. 阳茎基腹面观；C. 阳茎基侧面观；D. 中茎侧面观。比例尺：1 mm

（562）暗头豆芫菁 *Epicauta obscurocephala* Reitter, 1905（图 9-14；图版 XXXI-7）

Epicauta obscurocephala Reitter, 1905: 195.

Epicauta xantusi Kaszab, 1952b: 592.

主要特征：体长 11.0–14.0 mm。雄性体黑色，额中央 1 长梭形红斑，唇基前缘、上唇端部中央和触角基节一侧红色。体被黑毛，但以下部位密布白短毛：头部中纵线两侧，复眼周围，唇基，上唇，下颚须，触角基部 2 节和第Ⅲ节基部腹面，前胸背板两侧、后缘和中央纵沟两侧，鞘翅侧缘、端缘、中缝和中央纵纹，体腹面除后胸和腹部各节中央外，各足除跗节末 3 节外。触角短，第Ⅰ节最长，第Ⅱ节长大于宽 2 倍，第Ⅲ节长约为第Ⅱ节的 2 倍，第Ⅳ节长约为第Ⅲ节的 1/3。前胸背板盘区具明显中纵沟，基部中央凹陷。后胸腹板和腹部各节中央纵凹。前足第Ⅰ跗节侧扁，胫节 2 端距。雌性后胸腹板和腹部各节中央无纵凹，前足第Ⅰ跗节柱形。

分布：浙江、吉林、辽宁、内蒙古、北京、天津、河北、山西、山东、陕西、宁夏、甘肃、青海、江苏、上海、四川。

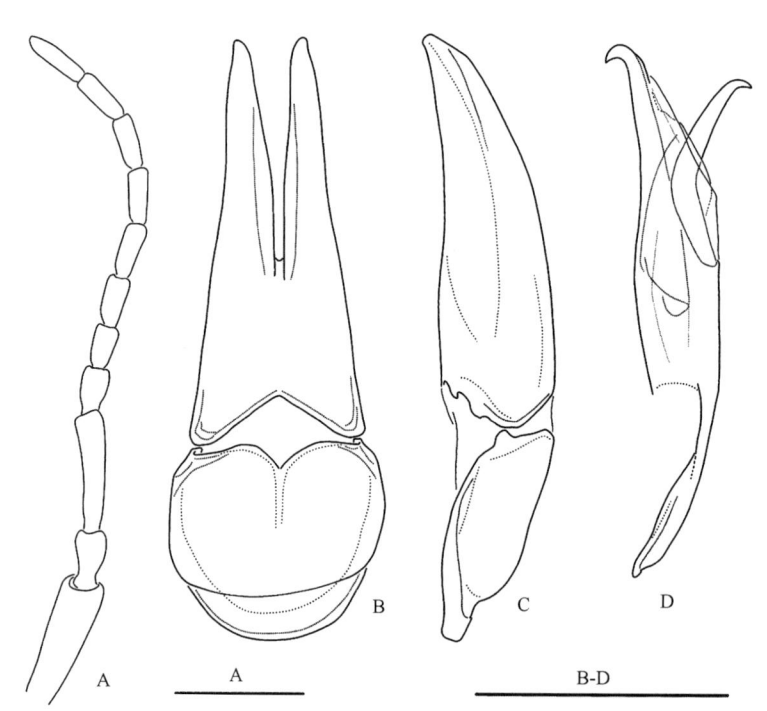

图 9-14 暗头豆芫菁 *Epicauta obscurocephala* Reitter, 1905
A. 触角（♂）；B. 阳茎基腹面观；C. 阳茎基侧面观；D. 中茎侧面观。比例尺：1 mm

（563）红头豆芫菁 *Epicauta ruficeps* (Illiger, 1800)

Lytta ruficeps Illiger, 1800: 140.

Epicauta plumicornis Laporte, 1840: 274.

Epicauta ruficeps: Cornalia, 1865: 27.

主要特征：体长 16.0–22.0 mm。雄性体黑色，头红色，唇基和上唇端部中央红色。体被黑毛，仅前足腿节、胫节内侧被棕黄色毛；下颚须、触角除末 2 节外、各足基节、前足腿节基部下方和胫节外侧、后胸腹板和腹部近中央两侧被直立黑色长毛。触角第Ⅱ节长约为宽的 3 倍，第Ⅲ、Ⅳ节端部略膨大，第Ⅲ节长约为第Ⅱ节的 2 倍，第Ⅳ节短于第Ⅲ节长的 1/3。前胸背板长宽约等，盘区 1 细中纵线，基部中央 1 三角形凹；后胸明显长于中足基节；后翅展开时明显长于鞘翅。前足第Ⅰ跗节柱状，胫节仅 1 内端距。雌性下颚须、触角、足和体腹面不被长毛；前足胫节 2 端距。

分布：浙江、安徽、湖北、江西、湖南、福建、广西、四川、贵州、云南、西藏；缅甸，马来西亚，印度尼西亚。

注：该种分布地存疑，现有记录大部分都是短翅豆芫菁 *E. aptera* 的误定。目前国内仅能确定安徽和西藏有分布。

（564）西北豆芫菁 *Epicauta sibirica* (Pallas, 1773)（图 9-15；图版 XXXI-8）

Meloe sibirica Pallas, 1773: 720.
Meloe pectinata Goeze, 1777: 701.
Lytta dubia Fabricius, 1781: 329.
Epicauta sibirica: Dejean, 1834: 225.
Lytta chinensis Laporte, 1840: 274.
Lytta badeni Haag-Rutenburg, 1880: 77.
Epicauta badeni sinica Kaszab, 1960: 256.

主要特征：体长 11.0–20.0 mm。雄性体黑色，头红色，额部至中央两侧黑色，唇基前缘和上唇端部中央红色，触角基节和下颚须各节基部暗红色。触角第 I–VI 节腹面，下颚须背面，头腹面，各足基节窝周围，前足腿节、胫节和第 I 跗节内侧，前、中足腿节外侧被灰白毛。触角第 IV–IX 节扁，向一侧展宽，第 IV 节宽为长的 1.5–4 倍，第 VI 节最宽。前胸背板中央具 1 明显纵沟，基部中央具 1 凹洼。前足第 I 跗节侧扁，基部细，端部膨阔，斧状。雌性触角略扁，第 IV–IX 节不展宽；前足第 I 跗节柱状。

分布：浙江（长兴、安吉、临安、淳安、建德、宁波、岱山、武义、义乌、东阳、永康、三门、天台、仙居、温岭、临海、玉环、开化、江山、缙云、遂昌、龙泉、温州）、黑龙江、吉林、辽宁、内蒙古、北京、河北、山西、山东、河南、陕西、宁夏、甘肃、青海、新疆、江苏、安徽、江西、台湾、广东、海南、四川、贵州、云南、西藏；俄罗斯（西伯利亚），蒙古，朝鲜半岛，日本，哈萨克斯坦。

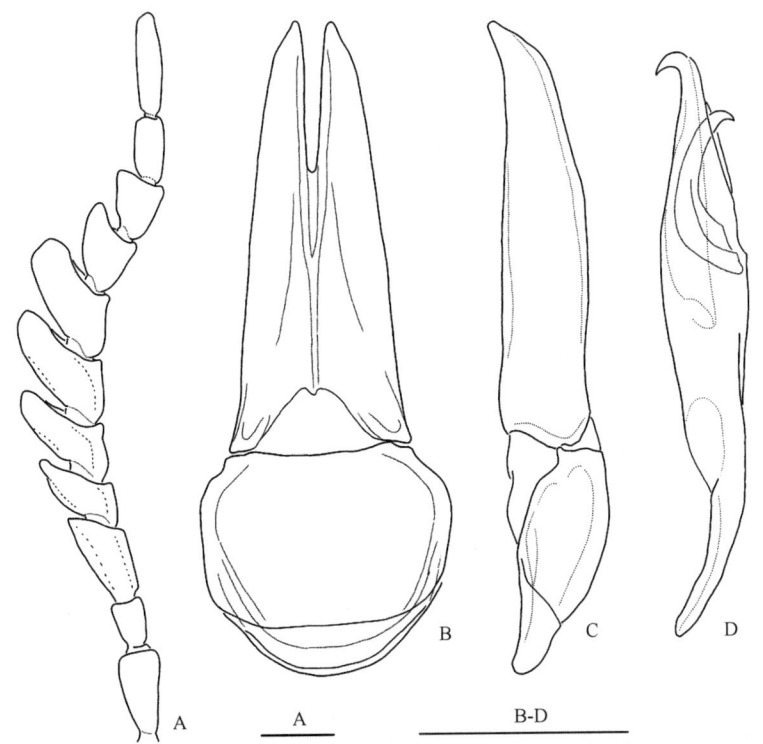

图 9-15 西北豆芫菁 *Epicauta sibirica* (Pallas, 1773)（引自潘昭和任国栋，2018）
A. 触角（♂）；B. 阳茎基腹面观；C. 阳茎基侧面观；D. 中茎侧面观。比例尺：1 mm

（565）毛胫豆芫菁 *Epicauta tibialis* (Waterhouse, 1871)（图 9-16；图版 XXXI-9）浙江新记录

Cantharis tibialis Waterhouse, 1871: 406.
Epicauta tibialis: Borchmann, 1917: 84.

主要特征：体长 9.0–18.5 mm。雄性体黑色，头红色。体被黑毛，仅前足腿节和胫节内侧被灰白毛。触角第 I–VII 节，各足基节窝周围、前足腿节下方、第 I 跗节和胫节外侧，后胸和腹部近中央两侧被直立黑长毛。头横圆，刻点较粗疏。触角向后伸达身体中部，第 II 节长大于宽的 3 倍，第 III–VII 节略扁，端部稍膨大，第 III 节长约为第 II 节的 2 倍，第 IV 节长约为第 III 节之半，第 V 节长约为宽的 2 倍。前胸背板长宽约等；刻点与头部相似；盘区中央纵线极浅，基部中央明显凹陷。前足第 I 跗节柱状，胫节仅 1 内端距。雌性与雄性相似，但触角、足和体腹面不被长毛；前足胫节 2 端距。

分布：浙江（岱山、开化）、湖南、福建、台湾、广东、海南、广西、四川、贵州；印度，尼泊尔。

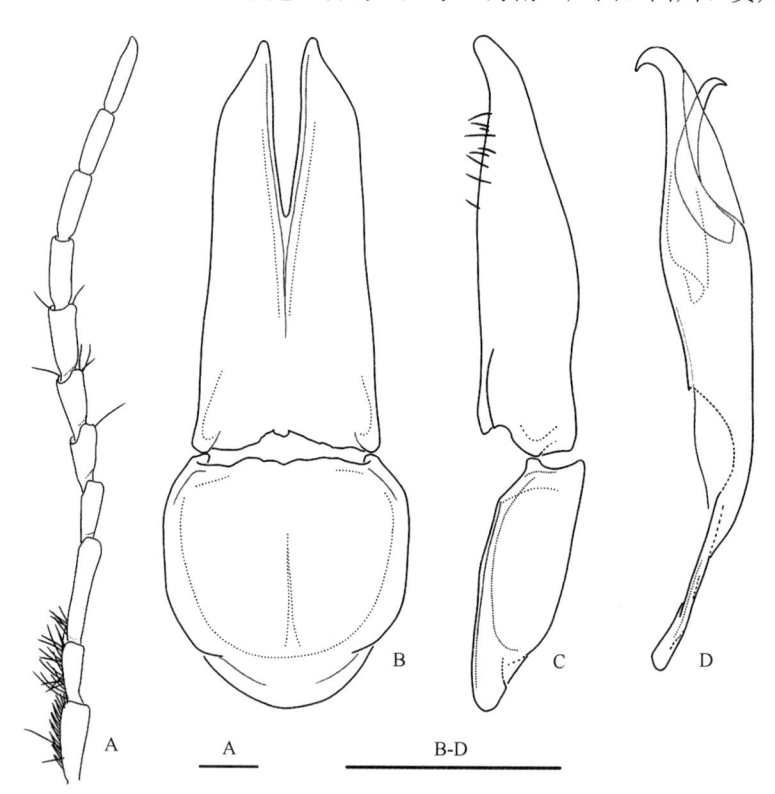

图 9-16 毛胫豆芫菁 *Epicauta tibialis* (Waterhouse, 1871)
A. 触角（♂）；B. 阳茎基腹面观；C. 阳茎基侧面观；D. 中茎侧面观。比例尺：1 mm

251. 沟芫菁属 *Hycleus* Latreille, 1817

Coryna Billberg, 1813: 73 [HN]. Type species: *Mylabris argentata* Fabricius, 1792.

Hycleus Latreille in Cuvier, 1817: 317. Type species: *Mylabris argentata* Fabricius, 1792.

Decatoma Dejean, 1821: 74 [HN]. Type species: *Meloe lunata* Pallas, 1782.

Dices Dejean, 1821: 74. Type species: *Cerocoma ocellata* Olivier, 1791.

Arithmema Chevolat in Guérin-Méneville, 1834: 35. Type species: *Meloe decemguttata* Thunberg, 1791.

Decapotoma Voigts, 1902: 177 [RN]. Type species: *Meloe lunata* Pallas, 1782 (pars).

Mylabris (*Euzonabris*) Kuzin, 1954: 357. Type species: *Meloe cichorii* Linnaeus, 1758.

Mylabris (*Sphenabris*) Kuzin, 1954: 361. Type species: *Meloe balteata* Pallas, 1782.

Mylabris (*Tigrabris*) Kuzin, 1954: 364. Type species: *Meloe atrata* Pallas, 1773.

Mylabris (*Gorrizia*) Pardo Alcaide, 1954: 61. Type species: *Mylabris duodecimpunctata* Olivier, 1811.

主要特征：体黑色，略具光泽，少数光泽明显。触角第Ⅲ节长约为第Ⅳ节的 1–1.5 倍，常短于第Ⅰ节；端部 5 节明显膨大成棒状。前胸背板具完整的中线，盘区中央 1 凹洼；中胸前侧片前缘明显具沟。跗爪背叶腹缘平滑，无小齿。鞘翅黑色具黄斑。阳基侧突端部无毛；中茎具 2 背钩。

分布：古北区、东洋区、旧热带区。世界已知约 430 种，中国记录 21 种，浙江分布 3 种（亚种）。

分种检索表

1. 鞘翅 2 条黄色横纹上杂被黄色和黑色短毛；体较小，11.0–22.0 mm ·················· 眼斑沟芫菁 *H. cichorii*
- 鞘翅 2 条黄色横纹上仅被黑短毛，无黄毛；体较大，长于 20.0 mm ·································· 2
2. 除各足跗节和前足胫节外，体被毛全部黑色；中茎 2 背钩之间无突起，阳基侧突背面无毛··············
·· 大斑沟芫菁指名亚种 *H. phaleratus phaleratus*
- 体腹面和鞘翅胁斑杂生黑色和黄色长毛；中茎 2 背钩之间 1 小突起，阳基侧突背面中央疏被黑短毛··············
·· 毛背沟芫菁 *H. dorsetiferus*

（566）眼斑沟芫菁 *Hycleus cichorii* (Linnaeus, 1758)（图 9-17；图版 XXXI-10）

Meloe cichorii Linnaeus, 1758: 419.

Hycleus cichorii: Bologna, 2008: 386.

主要特征：体长 11.0–22.0 mm。雄性体黑色，密布黑短毛，头、胸部杂被黄柔毛；鞘翅黑色具黄斑。头部腹面被毛长于背面。触角末节中间最宽，顶尖，基部收缩窄于第Ⅹ节。前胸背板长大于宽，盘区中央 1 纵沟和 1 浅椭圆形凹，近基部中央 1 三角形凹。鞘翅黑色，具 2 黄斑和 2 黄横纹，黄色部分被黄毛。各足基节、转节和腿节下侧，以及前足胫节两侧被长毛，除中、后足跗节和后足胫节外，其余各节尚密布淡色柔毛。雌性被黄毛较少，触角略短。

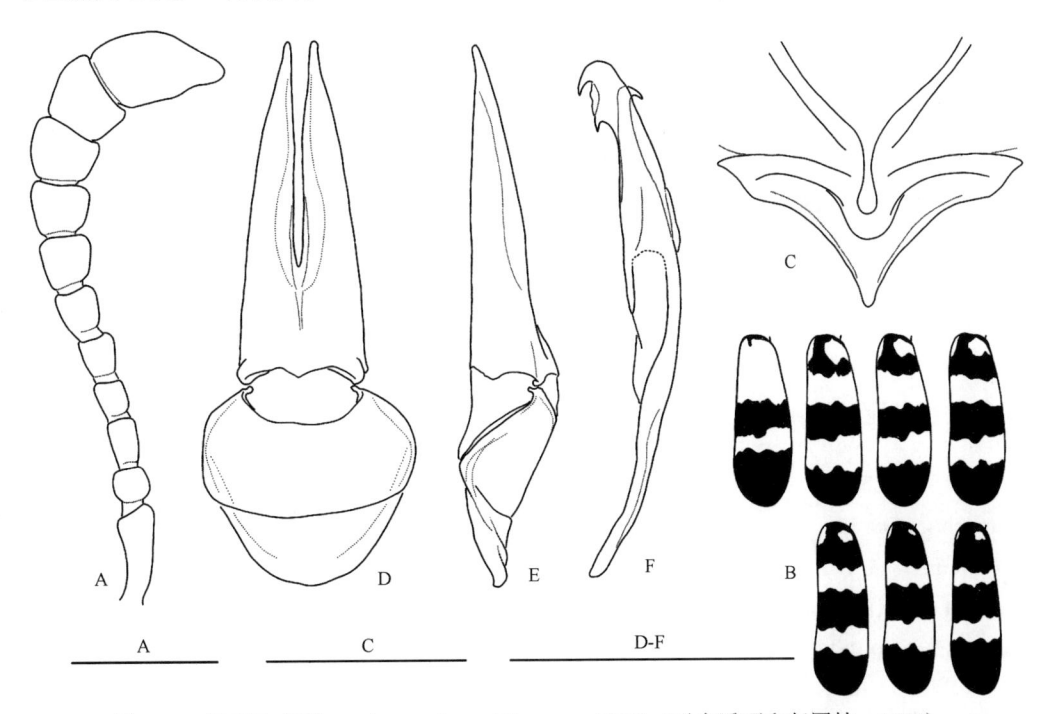

图 9-17 眼斑沟芫菁 *Hycleus cichorii* (Linnaeus, 1758)（引自潘昭和任国栋，2018）
A. 触角（♂）；B. 鞘翅斑纹；C. 中胸腹面观；D. 阳茎基腹面观；E. 阳茎基侧面观；F. 中茎侧面观。比例尺：1 mm

分布：浙江（临安、桐庐、建德、新昌、奉化、象山、宁海、余姚、慈溪、舟山、临海、开化、青田、遂昌、庆元、龙泉、永嘉、平阳、文成、泰顺、瑞安、乐清）、河南、陕西、江苏、安徽、湖北、江西、湖南、福建、台湾、广东、海南、香港、广西、四川、贵州、云南；日本，印度，尼泊尔，越南，老挝，泰国。

（567）毛背沟芫菁 *Hycleus dorsetiferus* Pan, Ren *et* Wang, 2011（图 9-18；图版 XXXI-11）

Hycleus dorsetiferus Pan, Ren *et* Wang, 2011: 185.

主要特征：体长 24.0–35.0 mm。雄性体黑色，略具光泽，密布刻点和黑毛。头部密布黑毛，腹面杂黄长毛。触角向后伸达前胸背板基部，第Ⅸ节最宽，第Ⅺ节中间最宽，向端部收狭，顶尖，基部窄于第Ⅹ节。前胸背板长约等于宽，亚前横凹不明显，盘区中央 1 椭圆形浅凹，近基部 1 三角形中凹。鞘翅黑色，具 2 黄斑和 2 黄横纹，腋斑密布黄长毛，杂黑毛。前、中足基节下侧密布黄长毛；前足跗节外侧被毛略长。雌性前、中足基节无黄毛，前足胫节和跗节无长毛，其他特征同雄性。

分布：浙江（临安）、江西、福建、海南、广西、四川、云南、西藏；印度，尼泊尔，老挝，泰国。

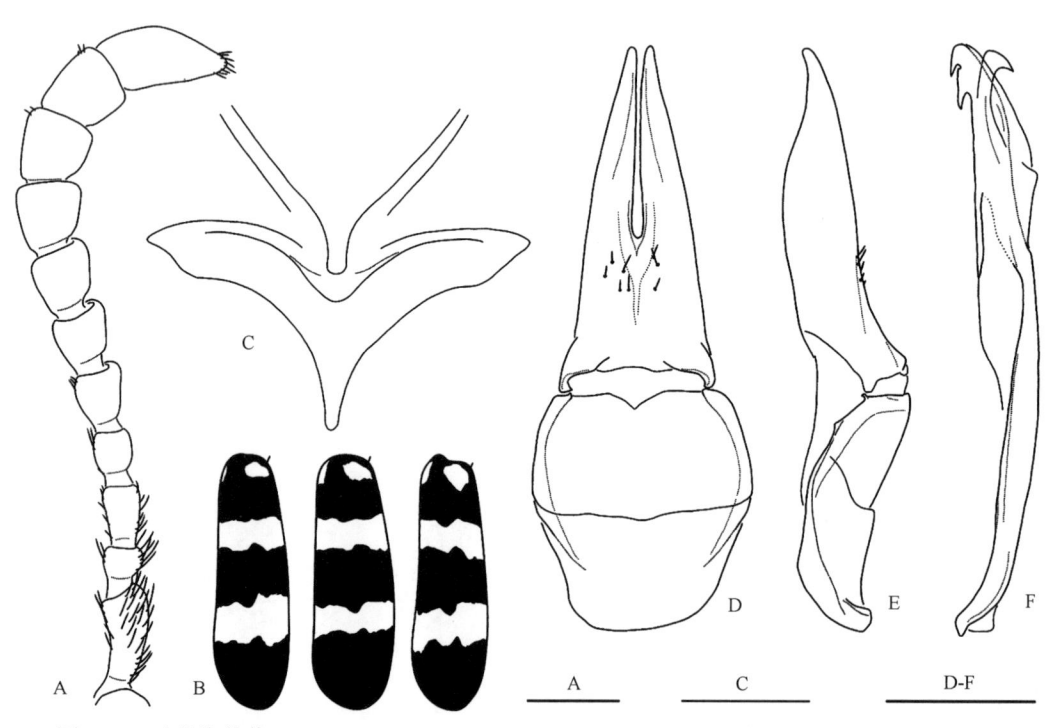

图 9-18　毛背沟芫菁 *Hycleus dorsetiferus* Pan, Ren *et* Wang, 2011（引自潘昭和任国栋，2018）
A. 触角（♂）；B. 鞘翅斑纹；C. 中胸腹面观；D. 阳茎基腹面观；E. 阳茎基侧面观；F. 中茎侧面观。比例尺：1 mm

（568）大斑沟芫菁指名亚种 *Hycleus phaleratus phaleratus* (Pallas, 1782)（图 9-19；图版 XXXI-12）

Meloe phalerata Pallas, 1782: 78.
Mylabris sidae Fabricius, 1798: 120.
Mylabris patruelis Sturm, 1843: 172.
Mylabris moquiniana Ferrer, 1859: 540.
Hycleus phaleratus phaleratus: Bologna, 2008: 387.

主要特征：体长 21.8–30.4 mm。雄性体黑色，密布黑毛，无淡色毛。额中央光滑无刻点。触角向后伸达前胸背板基部，末节中间最宽，基半部两侧近平行，顶尖，基部收缩窄于第X节。前胸背板长约等于宽，盘区中央1纵沟和1浅椭圆形凹，近基部中央1三角形凹。鞘翅黑色，基部被毛略长，具2黄斑和2黄横纹。各足基节、转节和腿节下侧，以及前足跗节和胫节下侧与外侧被毛稍长。雄性触角略短；前足跗节和胫节外侧无长毛。

分布：浙江（临安、桐庐、建德、诸暨、奉化、象山、宁海、余姚、慈溪、舟山、武义、兰溪、义乌、东阳、永康、三门、天台、仙居、温岭、临海、玉环、青田、遂昌、庆元、龙泉、永嘉、平阳、文成、泰顺、瑞安、乐清）、河南、江苏、安徽、湖北、江西、福建、台湾、广东、海南、广西、四川、贵州、云南、西藏；巴基斯坦，印度，尼泊尔，泰国，斯里兰卡，印度尼西亚。

注：该种分布地存疑，现有记录基本都是毛背沟芫菁 *H. dorsetiferus* 的误定。目前仅能确定云南、广西和湖北有分布。

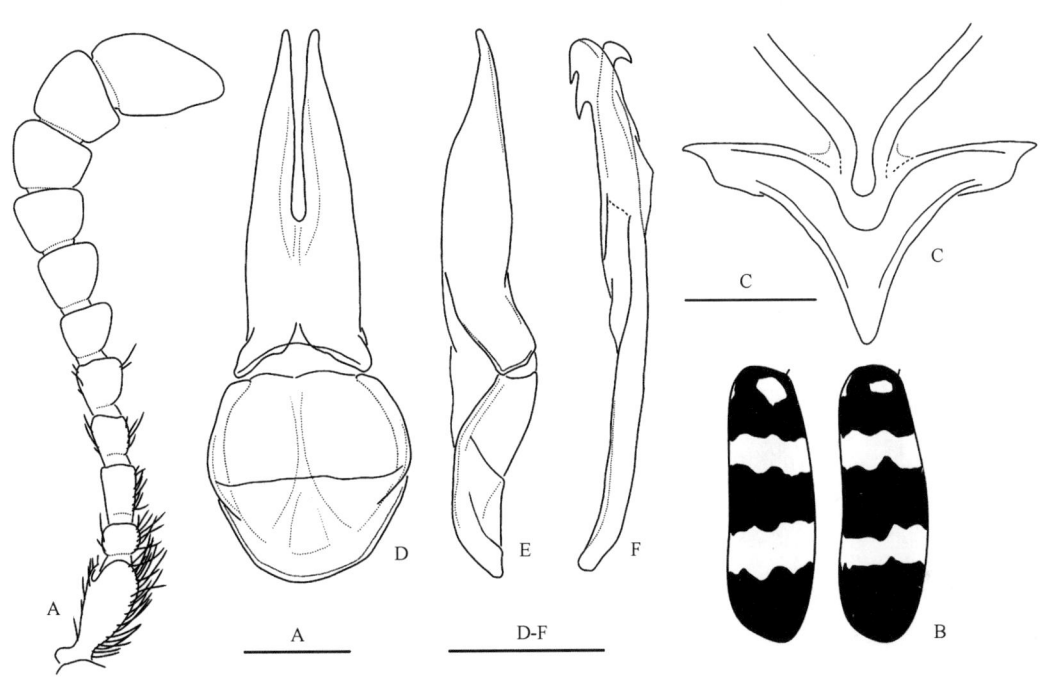

图 9-19　大斑沟芫菁指名亚种 *Hycleus phaleratus phaleratus* (Pallas, 1782)（引自潘昭和任国栋，2018）
A. 触角（♂）；B. 鞘翅斑纹；C. 中胸腹面观；D. 阳茎基腹面观；E. 阳茎基侧面观；F. 中茎侧面观。比例尺：1 mm

252. 绿芫菁属 *Lytta* Fabricius, 1775

Lytta Fabricius, 1775: 260. Type species: *Meloe vesicatorius* Linnaeus, 1758.

主要特征：体黑色或绿色。触角常念珠状或丝状，多数种类的雄性触角较长。前胸背板形状多变，多为近六边形或方形，部分近圆形。鞘翅一般完全覆盖腹部。雄性前足胫节末端1或2距，第I跗节异形；中足胫节端距2枚，偶1枚，第I跗节偶近斧状；跗爪背叶腹缘平滑无齿。中茎具2背钩。

分布：古北区、东洋区、新北区。世界已知约110种，中国记录22种，浙江分布2种。

（569）黄胸绿芫菁 *Lytta aeneiventris* Haag-Rutenberg, 1880（图9-20；图版XXXII-1）

Lytta aeneiventris Haag-Rutenberg, 1880: 75.
Lytta impressithorax Pic, 1924: 21.

主要特征：体长15.0–19.0 mm。体黑色，鞘翅黑色，略具光泽。触角棕红色；前胸背板黄色。雄性头近方形，散布刻点；额中央 1 心形凹。触角第 I 节膨大，具蓝色金属光泽，第 IV 节端部外侧扩展成三角形，外侧近端部内凹，第 V–X 节念珠状。前胸背板近圆形，宽大于长；基部中央 1 三角形凹洼，中间 1 纵凹痕；基部 1 横凹。前足胫节仅 1 内端距；中足胫节末端仅 1 外端距，细长，第 I 跗节近斧状。雌性触角第 IV 节不呈三角形；前、中足胫节 2 端距；前足和中足跗节柱状。

分布：浙江（临安）、江苏、上海、安徽、湖北、江西、湖南、福建、广东、香港。

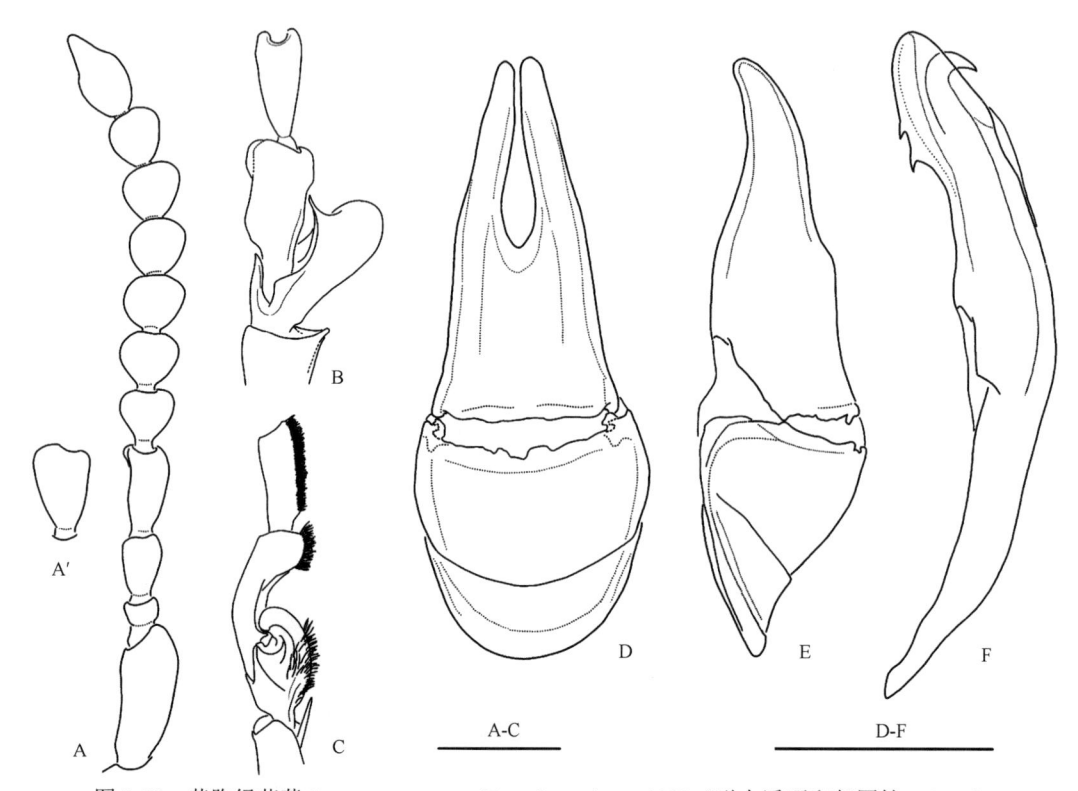

图 9-20　黄胸绿芫菁 *Lytta aeneiventris* Haag-Rutenberg, 1880（引自潘昭和任国栋，2018）
A. 触角（♂；A′. 第 IV 节侧面观）；B. 右前足第 I、II 跗节背面观（♂）；C. 左前足第 I、II 跗节内侧观（♂）；D. 阳茎基腹面观；E. 阳茎基侧面观；F. 中茎侧面观。比例尺：1 mm

（570）绿芫菁 *Lytta caraganae* (Pallas, 1798)（图 9-21；图版 XXXII-2）

Meloe caraganae Pallas, 1798: 97.
Lytta pallasi Gebler, 1829: 141.
Lytta caraganae: Heyden, 1887: 269.

主要特征：体长 10.0–25.0 mm。雄性体蓝绿色，具金属光泽。额中央 1 黄色椭圆斑。触角第 I 节膨大，第 III、IV 节近等长，第 V–X 节念珠状。前胸背板近六边形，前角突出，后角宽圆，近基部中央 1 深凹。鞘翅无斑纹。前足胫节外端距大，钩状，内端距极小，几不可见，第 I 跗节变形；中足转节 1 齿突，端距 2 枚；后足转节具瘤突。雌性前胸背板前角较圆；前足胫节末端 2 端距，外端距正常刺状；中足转节无刺突；后足转节无瘤突。

分布：浙江（安吉、临安）、吉林、辽宁、内蒙古、北京、河北、山西、山东、河南、陕西、宁夏、甘肃、青海、新疆、江苏、安徽、湖北、湖南；俄罗斯（西伯利亚、远东），蒙古，朝鲜，日本。

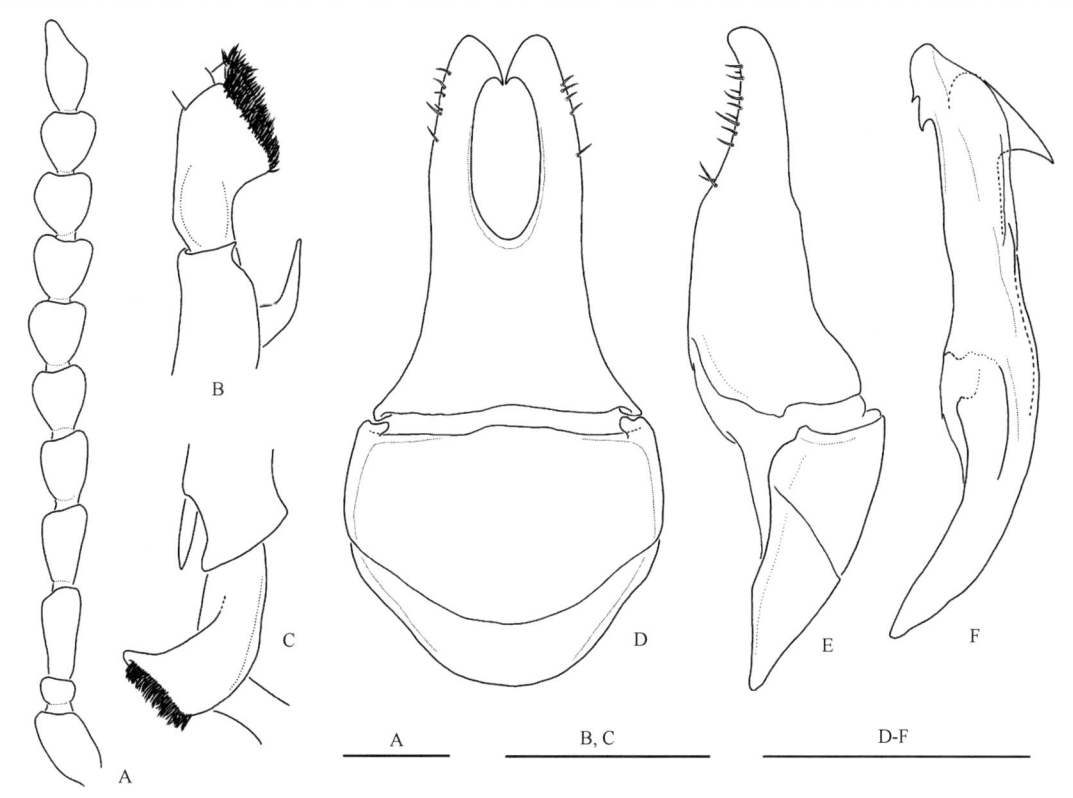

图 9-21 绿芫菁 *Lytta caraganae* (Pallas, 1798)（引自潘昭和任国栋，2018）
A. 触角（♂）；B. 前足第Ⅰ跗节、前足胫节端距（♂）；C. 中足第Ⅰ跗节、中足胫节端距（♂）；D. 阳茎基腹面观；E. 阳茎基侧面观；F. 中茎侧面观。比例尺：1 mm

253. 短翅芫菁属 *Meloe* Linnaeus, 1758

Meloe Linnaeus, 1758: 419. Type species: *Meloe proscarabaeus* Linnaeus, 1758.

主要特征：体黑色，或具蓝色光泽。头方形或三角形。触角 11 节，通常念珠状，有时雄性第Ⅴ–Ⅶ节纵向或横向扩大。前胸背板形状多变，但非肾形。鞘翅卵圆形，基部重叠，短，通常不足体长之半，腹部背板露出鞘翅超过 3 节；后翅缺失。后足胫节外端距宽于内端距，末端扩大成喇叭口状。中茎具 2 背钩。

分布：古北区、东洋区、新北区。世界已知约 152 种，中国记录 27 种，浙江分布 4 种。

分种检索表

1. 前胸背板宽显著大于长；雄性触角第Ⅴ–Ⅶ节念珠状 ·· 圆胸短翅芫菁 *M. corvinus*
- 前胸背板长略大于或约等于宽；雄性触角第Ⅴ–Ⅶ节纵向或横向扩大 ·· 2
2. 前胸背板侧缘基部 2/3 平直，盘区密布粗大刻点；雄性触角第Ⅵ节着生于第Ⅴ节外侧，且宽于第Ⅶ节 ··· 曲角短翅芫菁 *M. proscarabaeus*
- 前胸背板侧缘基部 2/3 显著弧凹，盘区刻点小且稀疏；雄性触角第Ⅵ节着生于第Ⅴ节中央，且窄于第Ⅶ节 ·············· 3
3. 前胸背板长显著大于宽；雄性触角第Ⅴ节内侧明显内凹 ·· 纤细短翅芫菁 *M. gracilior*
- 前胸背板长约等于宽；雄性触角第Ⅴ节内侧隆凸 ·· 叶裂短翅芫菁 *M. lobatus*

（571）圆胸短翅芫菁 *Meloe corvinus* Marseul, 1877

Meloe corvinus Marseul, 1877: 482.

主要特征：体长 10.0–15.5 mm。体黑色。头部近方形，密布粗大刻点；额唇基沟圆弧形。触角念珠状，

第Ⅱ节最短，第Ⅲ节最长，第Ⅳ–Ⅸ节等长，第Ⅹ节长于第Ⅸ节，末节最宽且长。前胸背板窄于头，宽大于长；侧缘弧形，后缘前凹；盘区密布粗大刻点，基部中央1近三角形横凹，凹内刻点较稀疏。阳基侧突略短于阳茎基片，中部具2淡色近椭圆形斑，中央自基部1/3处向端部分叉，侧叶长，约为侧突全长的1/5；中茎基背钩较端背钩略大，且显著大于内阳茎端钩。

分布：浙江、内蒙古、河北、河南；俄罗斯（远东），朝鲜半岛，日本。

（572）纤细短翅芫菁 *Meloe gracilior* Fairmaire, 1891（图 9-22；图版 XXXII-3）浙江新记录

Meloe gracilior Fairmaire, 1891b: xxii.

主要特征：体长 12.0–26.0 mm。体蓝黑色或黑色。头部近矩形，宽大于长，颊不突出；散布细小刻点，刻点间光滑。雄性触角第Ⅲ节端部膨大，长约为第Ⅳ节的1.5倍；第Ⅳ节短，近球形；第Ⅴ节侧观近倒梯形，内侧明显下凹；第Ⅵ节侧观宽约为长的2.5倍，着生于第Ⅴ节中央；第Ⅶ节侧观显著宽于第Ⅵ节；第Ⅷ–Ⅺ节细长，约等长于第Ⅰ–Ⅶ节；雌性触角略短，第Ⅴ–Ⅶ节不变形。前胸背板长大于宽；侧缘基部2/3弧凹，后缘中央微凹；盘区刻点较头部略大。

分布：浙江（余姚）、陕西、甘肃、湖北、福建、重庆。

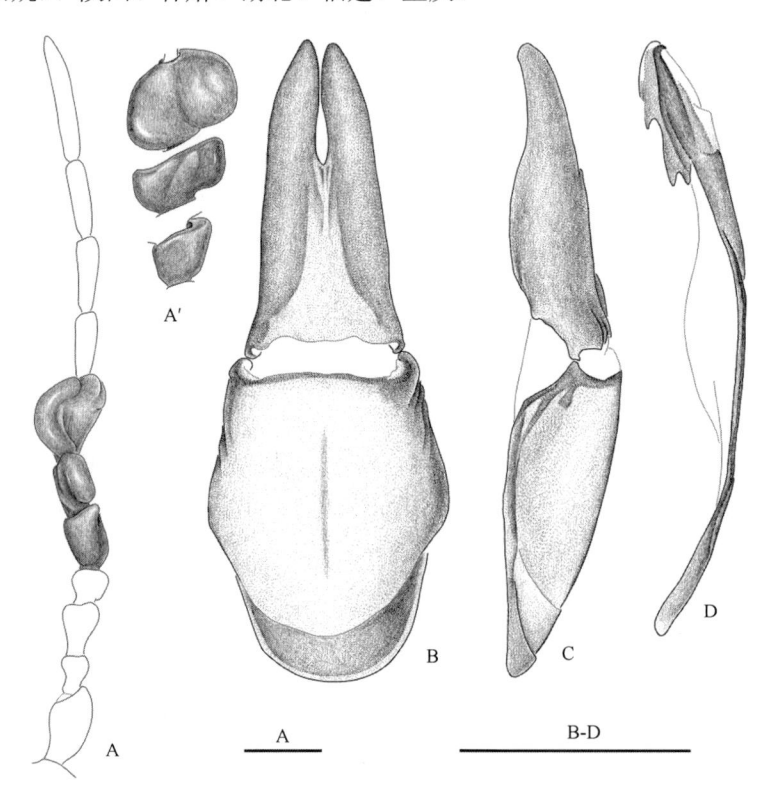

图 9-22　纤细短翅芫菁 *Meloe gracilior* Fairmaire, 1891
A. 触角背面观（♂；A′. 触角第Ⅴ–Ⅶ节外侧观）；B. 阳茎基腹面观；C. 阳茎基侧面观；D. 中茎侧面观。比例尺：1 mm

（573）叶裂短翅芫菁 *Meloe lobatus* Gebler, 1832（图 9-23；图版 XXXII-4）

Meloe lobatus Gebler, 1832: 57.
Meloe granulifera Motschulsky, 1872: 47.
Meloe patellicornis Fairmaire, 1887b: 325.
Meloe (*Proscarabaeus*) *bellus* Jakowlew, 1897: 250.

主要特征：体长 10.0–22.0 mm。体蓝黑色。头部近矩形，宽大于长，颊不突出；密布中等大小刻点。

雄性触角第Ⅲ节端部膨大，长约为第Ⅳ节的 1.3 倍；第Ⅳ节短，近球形；第Ⅴ节侧观近倒梯形，内侧微隆；第Ⅵ节侧观宽约为长的 2 倍，着生于第Ⅴ节中央；第Ⅶ节侧观明显宽于第Ⅵ节；第Ⅷ–Ⅺ节近柱形，约等长于第 I–Ⅵ节；雌性触角略短，第Ⅴ–Ⅶ节不变形。前胸背板长约等于宽；侧缘基部 2/3 弧凹，后缘中央微凹；盘区刻点较头部略大且疏。

分布：浙江（磐安）、辽宁、北京、河北、山西、山东、陕西、宁夏、江苏、安徽、湖北、江西、湖南、福建、四川、云南；俄罗斯，蒙古，朝鲜，韩国，日本。

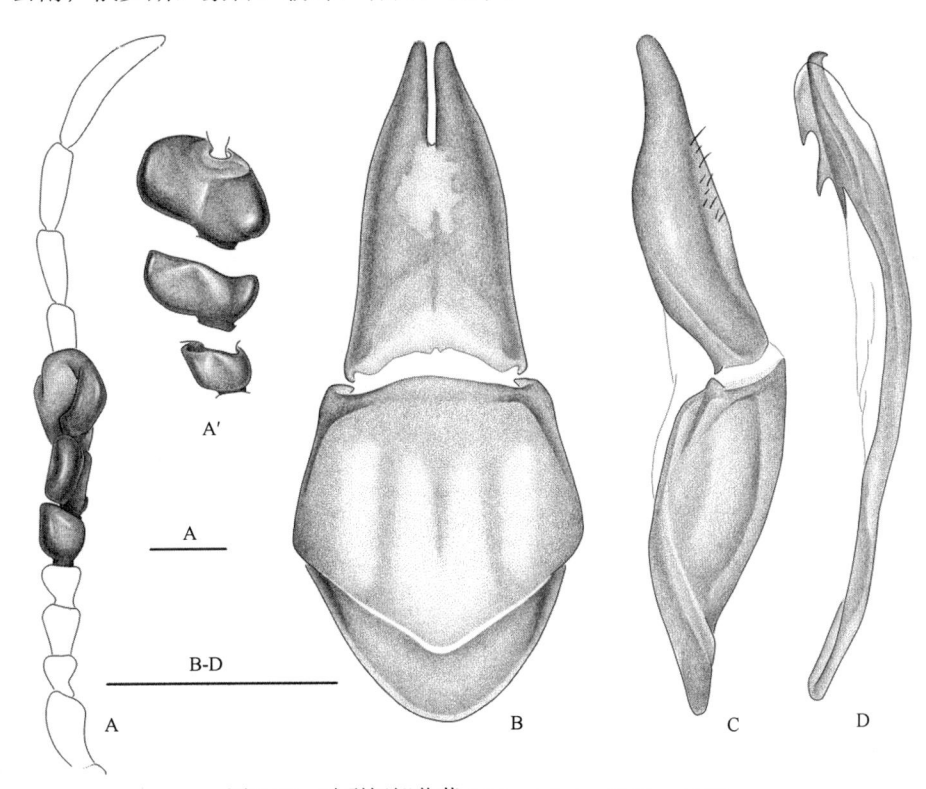

图 9-23 叶裂短翅芫菁 *Meloe lobatus* Gebler, 1832
A. 触角背面观（♂；A′. 触角第Ⅴ–Ⅶ节外侧观）；B. 阳茎基腹面观；C. 阳茎基侧面观；D. 中茎侧面观。比例尺：1 mm

（574）曲角短翅芫菁 *Meloe proscarabaeus* Linnaeus, 1758（图 9-24；图版 XXXII-5）浙江新记录

Meloe proscarabaeus Linnaeus, 1758: 419.

Meloe exaratus Faldermann in Ménétriés, 1832: 210.

Meloe megacephalus Fischer von Waldheim, 1842: 27.

Meloe (*Proscarabaeus*) *tenuipes* Jakowlew, 1897: 252.

Meloe (*Proscarabaeus*) *sapporensis* Kôno, 1936: 91.

Meloe proscarabaeus afghanistanicus Kaszab, 1953: 310.

Meloe proscarabaeus sericeorugosus Axentiev, 1987: 474.

主要特征：体长 8.0–45.0 mm。体蓝色至黑色。头部近梯形，颊略突出；通常密布粗大刻点，少数亚种刻点稀疏。雄性触角第Ⅲ节长于第Ⅳ节，第Ⅴ节端部向内侧隆凸；第Ⅵ节侧观横宽，着生于第Ⅴ节外侧；第Ⅶ节侧观近卵圆形，窄于第Ⅵ节；第Ⅷ、Ⅸ节近念珠状；雌性触角第Ⅴ–Ⅶ节不变形，仅端部略宽。前胸背板宽略大于长；侧缘基部 2/3 平直，后缘近平直；盘区刻点与头部近似，基部 1 不明显横凹；小盾片后缘较平直。前足第 I 跗节粗壮，向端部渐宽。

分布：浙江（松阳）、黑龙江、吉林、辽宁、内蒙古、河北、河南、宁夏、甘肃、青海、新疆、安徽、湖北、四川、西藏；古北区广布。

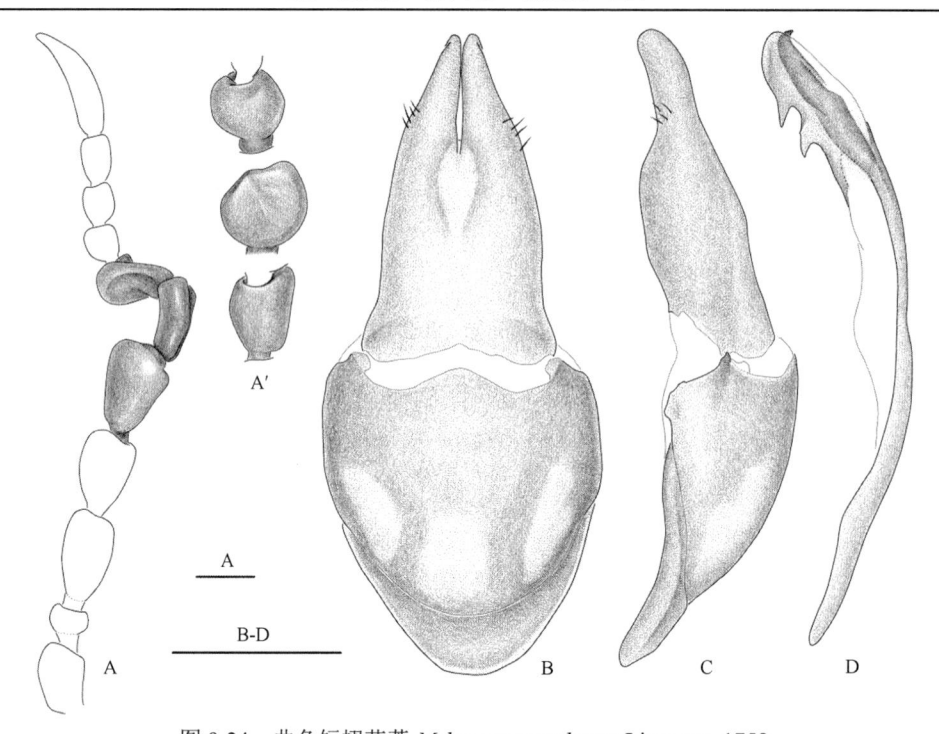

图 9-24　曲角短翅芫菁 *Meloe proscarabaeus* Linnaeus, 1758
A. 触角背面观（♂；A′. 触角第Ⅴ–Ⅶ节外侧观）；B. 阳茎基腹面观；C. 阳茎基侧面观；D. 中茎侧面观。比例尺：1 mm

254. 黄带芫菁属 *Zonitoschema* Péringuey, 1909

Zonitoides Fairmaire, 1883: 31 [HN]. Type species: *Zonitoides megalops* Fairmaire, 1883.
Zonitoschema Péringuey, 1909: 274. Type species: *Lytta coccinea* Fabricius, 1801.
Zonitopsis Wellman, 1910: 395 [RN]. Type species: *Zonitoides megalops* Fairmaire, 1883.
Stenoderistella Reitter, 1911: 395. Type species: *Stenodera pallidissima* Reitter, 1908.

主要特征：体黄色。复眼大，在头腹面几乎相接。触角丝状，11 节，长，通常超过鞘翅中部。前胸背板近钟形；鞘翅完全覆盖腹部；跗爪背叶腹缘具 2 排栉状齿；腹叶宽，其最宽处超过或约等于背叶基部宽度之半。阳基侧突几乎完全愈合；中茎无钩。

分布：世界广布。世界已知约 60 种，中国记录 9 种，浙江分布 3 种。

分种检索表

1. 鞘翅端部具黑色斑 ··· 端黑黄带芫菁 *Z. cothurnata*
 - 鞘翅完全黄色，端部无黑斑 ··· 2
2. 体长 9.0–16.0 mm；触角第Ⅱ节完全黑色 ·· 日本黄带芫菁 *Z. japonica*
 - 体长 15.0–22.0 mm；触角第Ⅱ节通常黄色，偶染黑色，但并非完全黑色 ················ 大黄带芫菁 *Z. macroxantha*

（575）端黑黄带芫菁 *Zonitoschema cothurnata* (Marseul, 1873)（图 9-25；图版 XXXII-6）浙江新记录

Zonitis cothurnata Marseul, 1873: 228.
Zonitoschema cothurnata: Miwa, 1928: 75.

主要特征：体长 9.5–13.0 mm。体黄色，但触角、鞘翅端部、各足胫节、跗节及各足腿节端部黑色，

其中触角第Ⅰ节基部黄色；通身密布棕黄色短毛。头部刻点大且密，刻点间距小于刻点直径；复眼略小，在腹面不相接。触角丝状，极长，向后伸达鞘翅末端，末节近端部略弯曲。前胸背板长约等于宽，中部最宽，基半部两侧近平行；基半部中央1浅纵沟，近端部1浅横凹；盘区刻点与头部相似。爪背叶腹缘内侧齿完整，外侧仅基半部具齿。

分布：浙江（杭州、舟山、景宁、泰顺）、台湾；朝鲜，日本。

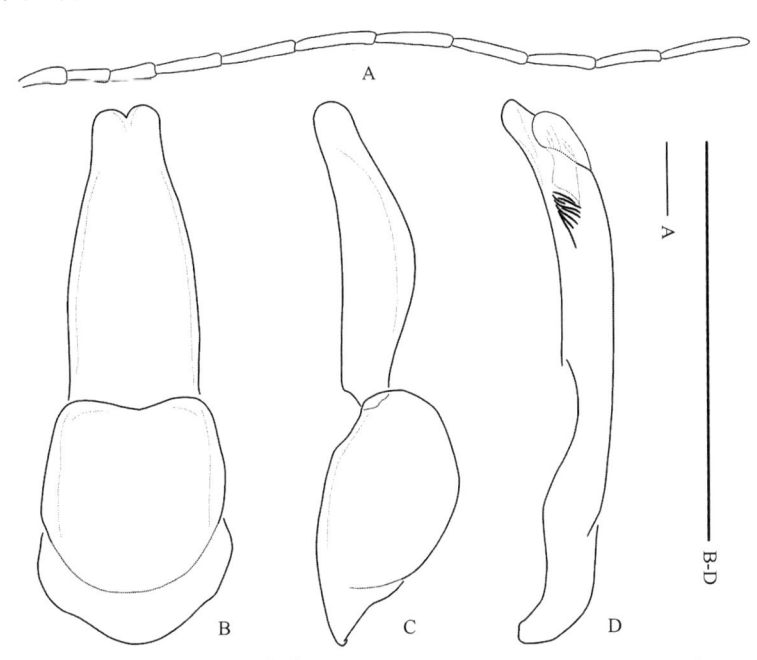

图 9-25　端黑黄带芫菁 *Zonitoschema cothurnata* (Marseul, 1873)
A. 触角（♂）；B. 阳茎基腹面观；C. 阳茎基侧面观；D. 中茎侧面观。比例尺：1 mm

（576）日本黄带芫菁 *Zonitoschema japonica* (Pic, 1910)

Zonitis pallida Fabricius, 1794: 447 [HN].

Zonitis japonica Pic, 1910: 90.

Zonitoschema japonica: Bologna, 2008: 411.

主要特征：体长 9.0–16.0 mm。体黄色，但触角第Ⅱ–Ⅺ节和各足胫节、跗节黑色，其中触角各节基部和各足胫节基部黄色；通身密布棕黄色短毛。头部刻点大且密，刻点间距小于刻点直径；复眼大。触角丝状，长，向后超过鞘翅中央，第Ⅳ节短于第Ⅱ、Ⅲ节总长，末节近端部略弯曲。前胸背板长约等于宽，基半部两侧近平行，近钟形；基半部中央1不明显纵沟；盘区中央1圆凹，近端部1不明显横凹。爪背叶腹缘内侧齿完整，外侧仅基半部具齿。

分布：浙江、甘肃、上海、台湾；朝鲜，日本。

（577）大黄带芫菁 *Zonitoschema macroxantha* (Fairmaire, 1887)（图 9-26；图版 XXXII-7）

Zonitis macroxantha Fairmaire, 1887a: 194.

Zonitoschema macroxantha: Kaszab, 1960: 262.

主要特征：体长 15.0–22.0 mm。体黄色，但触角第Ⅲ–Ⅺ节和各足胫节、跗节黑色，其中触角第Ⅱ节大部黄色，略黑色，且触角各节基部和各足胫节基部黄色；通身密布棕黄色短毛。头部刻点大且密，刻点间距小于刻点直径；复眼大，于腹面近乎相接。触角丝状，长，向后伸达腹部中央，第Ⅳ节短于第Ⅱ、Ⅲ

节总长，末节近端部略弯曲。前胸背板长约等于宽，近钟形，基半部中央 1 不明显纵沟；盘区中央 1 圆凹，近端部 1 不明显横凹，基部中央 1 浅凹。爪背叶腹缘内侧齿完整，外侧仅基半部具齿。

分布：浙江（临安、龙泉、泰顺）、陕西；菲律宾，苏门答腊。

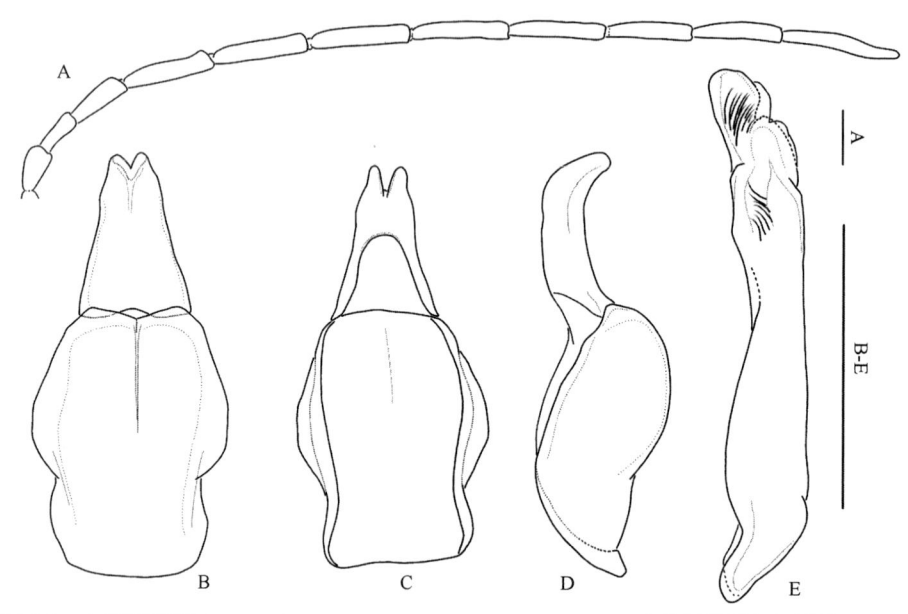

图 9-26　大黄带芫菁 *Zonitoschema macroxantha* (Fairmaire, 1887)（引自潘昭和任国栋，2018）
A. 触角（♂）；B. 阳茎基腹面观；C. 阳茎基背面观；D. 阳茎基侧面观；E. 中茎侧面观。比例尺：1 mm

三十四、三栉牛科 Trictenotomidae

主要特征：体大型，体长 32.0–80.0 mm，扁平或微凸；体表密被短毛。头前口式；复眼大，于触角窝处弯曲；额唇基缝缺；上颚发达，突出，顶端具单齿。触角 11 节，超过体长之半，末 3 节膨大成松散棒状，第IX–X节锯齿状。前胸背板横向，长宽比为 0.55–0.65，中部最宽，背面隆凸，侧缘具齿，后缘中央平截；前胸腹板突明显，宽，两侧平行，完全分隔前足基节；前足基节窝横形，外侧开式，内侧闭式。小盾片明显。鞘翅完全覆盖腹部，长宽比为 1.8–2，其长为前胸长度的 3.3–4 倍；缘折不完整，基部明显；后翅发达。足细长；跗式 5-5-4，跗节简单，圆柱形；爪无齿。腹部可见腹板 5 节，雄性第V可见腹板后缘深凹。

该科世界已知 2 属 14 种，中国记录 2 属 5 种，浙江分布 1 属 1 种。

255. 三栉牛属 *Trictenotoma* Gray, 1832

Trictenotoma Gray, 1832: 534. Type species: *Trictenotoma childreni* Gray, 1832.

主要特征：触角第 8 节末端简单，无侧突；上颚不显著上翘。前胸背板 1 对小的圆形凸起，侧缘齿突钝圆。前胸腹板突末端宽圆，后缘中央明显弧凹，与中胸腹板重叠。小盾片后缘 V 形。雄性腿节近基部具小毛垫。

分布：东洋区。世界已知 10 种，中国记录 2 种，浙江分布 1 种。

(578) 大卫三栉牛 *Trictenotoma davidi* Deyrolle, 1875（图 9-27；图版 XXXII-8）

Trictenotoma davidi Deyrolle, 1875: lx.

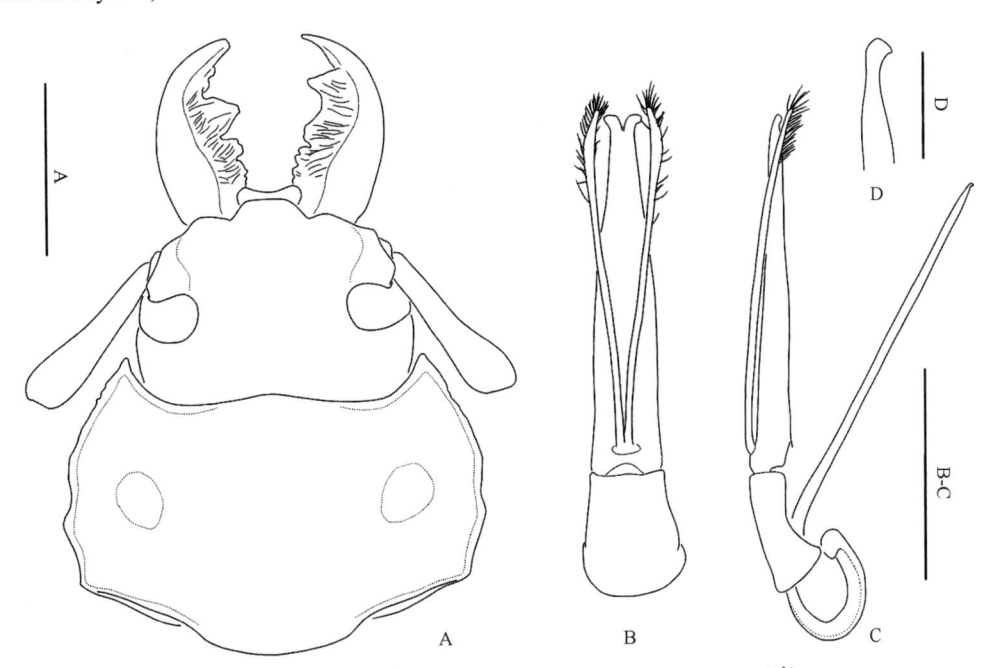

图 9-27　大卫三栉牛 *Trictenotoma davidi* Deyrolle, 1875（♂）

A. 头和前胸背板背面观；B. 阳茎腹面观；C. 阳茎侧面观；D. 中茎顶端侧面观。比例尺：5 mm（A-C），0.5 mm（D）

主要特征：体长34.0–54.0 mm，上颚长4.0–10.0 mm。雄性体黑色，头、前胸背板、小盾片基部和鞘翅背面密被金色平伏短毛，头近触角窝处无毛，且前胸背板两侧各1光滑瘤突；头腹面及各胸节腹板、腹节腹板、各足腿节密被白色平伏短毛，各足胫节疏被白色短毛，各胸节、腹节腹板中央和各足腿节背侧无毛，后胸腹板及各腹节腹板中央光滑区域呈三角形；各足腿节腹侧基部1金色毛簇。头横宽；腹面于触角之前向前扩展，呈锐角突出；上颚外缘常平滑。触角第III–X节两侧具不达顶端的纵凹。前胸背板中隆。后胸腹板向前插入中足基节之间，侧观弧形。各足胫节两侧1纵凹。第V可见腹板后缘弧凹。雌性第V可见腹板后缘无凹。

分布：浙江（临安、奉化、余姚、江山）、江西、湖南、福建、广东、海南、广西、四川、云南。

注：Hua（2002）记录 *Trictenotoma burmana* Sohn 在浙江有分布，但并未查到该种任何信息，疑是 *T. childreni* var. *birmana* Dohrn, 1882，但后者一般认为是柴尔三栉牛 *T. childreni* Gray, 1832（Gebien，1911）或姆尼三栉牛 *T. mniszechi* Deyrolle, 1875（Pollock, 2008）的异名，且此两种均无中国分布记录。故未将该种收录进本志。

三十五、赤翅甲科 Pyrochroidae

主要特征：成虫体小到中型，体长 2.0–20.0 mm。体较扁平，通常黑色，胸部红或黄色，鞘翅多为红色。头前口式，略下垂；复眼处较前胸背板略窄，并于复眼后骤缩成颈状。触角 11 节，通常丝状至锯齿状（♀）或锯齿状至栉齿状（♂）。前胸明显窄于鞘翅基部，横卵圆形，无侧脊；前足基节窝略横形，外侧开放，基节大，圆锥形；前足转节可见；跗式 5-5-4；各足倒数第 II 跗节明显短于倒数第III跗节，若长，则双叶状；爪简单或具齿；鞘翅具褶皱。腹部可见腹板 5-6 节，缝完整。

该科世界已知 5 亚科 30 属约 185 种，中国记录 2 亚科 10 属 37 种，浙江分布 1 属 1 种。

256. 伪赤翅甲属 *Pseudopyrochroa* Pic, 1906

Pseudopyrochroa Pic, 1906: 28. Type species: *Pseudopyrochroa deplanata* Pic, 1906.

Pyrochomima Pic, 1955b: 13. Type species: *Pyrochromima dentaticollis* Pic, 1955 (= *Pseudopyrochroa melanocephala* Blair, 1912).

主要特征：头部近圆形，颊不突出；雄性额中央 1 对深凹，位于复眼之间；复眼较小，窄于复眼之间距离；雄性触角较雌性细长。前胸背板两侧弧圆，无侧边；前足基节窝全开式；各足胫节端距短且简单，倒数第 II 跗节呈不显著双叶状；爪基部膨大，下侧无齿；鞘翅完整，通常完全覆盖腹部。腹部可见腹板 6 节；雄性第Ⅵ可见腹板后缘中央弧凹；阳基侧突背外侧顶端具 1 对向基部弯曲的齿。

分布：古北区、东洋区。世界已知约 66 种（亚种），中国记录 18 种，浙江分布 1 种。

（579）侧纹伪赤翅甲 *Pseudopyrochroa latevittata* Pic, 1939（图版 XXXII-9）

Pseudopyrochroa latevittata Pic, 1939: 135.

主要特征：体长约 11.0 mm。体黑色，上颚端半部橙红色；前胸背板基部 2/3 两侧各 1 向外倾斜的红色纵纹；鞘翅橙红色，中央 1 宽黑色纵纹，显著宽于鞘翅红色部分，且不抵鞘翅基部和端部。

分布：浙江（临安）。

三十六、蚁形甲科 Anthicidae

主要特征：体长 1.5–16.0 mm。体长卵形，较柔软，具伏毛。头下弯，在复眼后急剧收缩变细成颈部。触角 11 节，丝状、锯齿状或近棍棒状；上颚短而强烈弯曲，下颚须变化大。前胸背板前缘 1/3 处最宽，基半部窄，无饰边，端部具狭领片状饰边，前侧窝后缘开放，内侧闭合。足细长；中足基节窝被中胸侧板分离，基前转片明显；后足基节窝具短的领片；跗式 5-5-4，倒数第 II 跗节下方具窄叶；爪简单，具附叶。鞘翅完整，可见腹板 5 节。

该科世界已知约 8 亚科 100 属近 3500 种，中国记录 6 亚科 22 属 130 种，浙江分布 5 属 7 种。

分属检索表

1. 后足基节靠近，颈部窄；下颚须倒数第 II 节狭三角形，末节斧形 ··· 长蚁形甲属 *Macratria*
- 后足基节宽阔分开 ··· 2
2. 前胸背板具大的、向前的亚前突；后足跗节比胫节长；雄性阳茎端部常分裂 ············· 长跗蚁形甲属 *Mecynotarsus*
- 前胸背板无亚前突；阳茎端部常融合 ··· 3
3. 前胸背板端部稍扩展，向基部稍收缩；鞘翅两侧近平行 ·· 蚁形甲属 *Anthicus*
- 前胸背板长，端部强烈扩展，向基部强烈收缩 ··· 4
4. 前胸背板端部圆弧形，侧缘于基部之前稍缢缩 ·· 棒颈蚁形甲属 *Clavicomus*
- 前胸背板端部略呈球形，侧缘在基部前不缢缩，基部不扩展 ·· 欧蚁形甲属 *Omonadus*

257. 蚁形甲属 *Anthicus* Paykull, 1798

Anthicus Paykull, 1798: 253. Type species: *Meloe antherinus* Linnaeus, 1760.

主要特征：头部亚四边形至卵圆形。前胸背板前缘突出，端部 1/3 处最宽，侧缘略直，鞘翅着生显著毛。

分布：世界广布。世界已知 210 种，中国记录 18 种，浙江分布 1 种。

（580）埃蚁形甲 *Anthicus aemulus* Krekich-Strassoldo, 1914

Anthicus aemulus Krekich-Strassoldo, 1914: 11.

主要特征：体长 2.4 mm。体细长，头部黑色，其他部位浅红棕色，鞘翅 1/2 处隆起，端部颜色较浅。头部伸长，长是宽的 1.5 倍，额区光滑，前部具粗刻点。复眼圆形，凸出。触角约是体长的 1/2，第 XI 节长卵圆形，端部不尖，第 V 和 VI 节中度扩展。前胸背板具稀疏粗刻点，比头部宽得多。鞘翅长大于宽的 2 倍，两侧近平行，端部圆钝，表面具粗刻点，着生黄色毛，鞘翅缝后部隆起。足细长；腿节略粗，淡黄色，胫节基部红色；后足跗节与胫节等长。

分布：浙江、陕西。

258. 棒颈蚁形甲属 *Clavicomus* Pic, 1894

Pseudanthicus Desbroehers des Loges, 1868: 80. Type species: *Formicomus olivierii* Desbroehers des Loges, 1868.
Clavicollis Marseul, 1879b: 66 [supressed name]. Type species: *Anthicus longiceps* LaFerté-Sénectère, 1849.
Clavicomus Pic, 1894a: 70. Type species: *Anthicus longiceps* LaFerté-Sénectère, 1849.

主要特征：头卵圆或椭圆形；前胸背板纵长，侧边 1/2 处有明显的缢缩；鞘翅向后逐渐变宽，在接近端部 1/3 处最宽。

分布：古北区、东洋区、新北区。世界已知 76 种，中国记录 10 种，浙江分布 1 种。

（581）青黑棒颈蚁形甲 *Clavicomus nigrocyanellus* (Marseul, 1877)

Anthicus nigrocyanellus Marseul, 1877: 470.

Clavicomus nigrocyanellus: Chandler, Uhmann, Nardi & Telnov in Löbl & Smetana, 2008: 431.

主要特征：体长 3.2–3.8 mm。体黑色，鞘翅具蓝绿色光泽。头部刻点精细，后颊圆形。前胸背板刻点细密，两侧在中后部强烈收缩。中胸腹板内侧固定在凹槽内，侧面隆起。

分布：浙江、内蒙古、甘肃、新疆、福建、台湾、广东、云南；俄罗斯，韩国，日本。

259. 欧蚁形甲属 *Omonadus* Mulsant *et* Rey, 1866

Omonadus Mulsant *et* Rey, 1866: 104. Type species: *Meloe floralis* Linnaeus, 1758.

Trapezicollis Marseul, 1879b: 66. Type species: *Meloe floralis* Linnaeus, 1758.

Trapezicomus Pic, 1894b: 45. Type species: *Meloe floralis* Linnaeus, 1758.

Hemantus Casey, 1895: 682. Type species: *Hemantus rixator* Casey, 1895.

Trapezonotus Sahlberg, 1913: 191. Type species: *Anthicus phoenicius* Truqui, 1855.

主要特征：头胸部的毛孔间有微纹，头近方形，前胸背板长大于宽，且端部略呈球形，基部变窄，具领。前胸背板与鞘翅连接紧密，鞘翅肩部略圆，完全覆盖住腹部。

分布：古北区、东洋区。世界已知 22 种，中国记录 4 种，浙江分布 2 种。

（582）孔欧蚁形甲 *Omonadus confucii confucii* (Marseul, 1876)（图版 XXXII-10）

Anthicus confucii Marseul, 1876b: 464.

Omonadus confucii confucii: Chandler, Uhmann, Nardi & Telnov in Löbl & Smetana, 2008: 444.

Anthicus obscuripennis Pic, 1913b: 11.

主要特征：头部黑色；前胸背板褐色，鞘翅蓝黑色密布白色细毛和刻点；近翅肩及中央、翅端有紫色分布，呈横带状。腹部端部较宽；各足腿节粗壮，黑褐色，其余黄褐色。

分布：浙江、辽宁、河北、上海、台湾；俄罗斯，韩国，日本。

（583）长斑蚁形甲 *Omonadus longemaculatus* (Pic, 1938)（图版 XXXII-11）

Anthicus longemaculatus Pic, 1938: 18.

Anthicus bifenestratus Heberdey, 1938: 162.

Anthicus gardneri Heberdey, 1938: 163.

Omonadus longemaculatus: Chandler, Uhmann, Nardi & Telnov in Löbl & Smetana, 2008: 445.

主要特征：体长 2.4 mm。体狭长。头部长宽相等，复眼之前呈三角形，后部为方形；复眼小，外层灰色，内部黑色；触角短小，基部红棕色，向端部逐渐变为黑色。前胸背板长为宽的 1.2 倍，端部具领，基部略窄。鞘翅黑色，略带红棕色光泽，长为宽的 1.8 倍，具密集刻点。胫节和跗节红棕色，前足跗节短小，后足跗节各节长度依次为 1>4>2>3。

分布：浙江、河北、新疆、江苏、江西、福建；巴基斯坦，印度，尼泊尔。

260. 长蚁形甲属 *Macratria* Newman, 1838

Macratria Newman, 1838: 377. Type species: *Macratria linearis* Newman, 1838.
Macrarthrius LaFerté-Sénectère, 1849: 1 (unjustified emendation).

主要特征：本属种类体长，鞘翅几乎平行，最直接的鉴别特征为下颚须倒数第Ⅱ节呈狭长的三角形，宽大于长的4倍，末节斧形，长约为宽的2倍。

分布：古北区、东洋区。世界已知33种，中国记录8种，浙江分布1种。

（584）亮灰长蚁形甲 *Macratria griseosellata griseosellata* Fairmaire, 1893

Macratria griseosellata griseosellata Fairmaire, 1893b: 36.

主要特征：体长约6.7 mm。触角基部红棕，后3节偏黑，最后1节长度为前2节之和，长满短毛。头小；眼大，黑色。头后部与颈连接处向内凹陷。头上具少许毛和刻点。前胸背板较长，红棕色，与头部颜色一样，倒钟形，后方具领。鞘翅狭长，基部深红棕色，1/3处有1灰白横斑，基部黑色；表面具刻点行，毛不明显。前足和中足红棕色，后足黑色，胫节末端具刺突，后足跗节第Ⅰ节比后3节的总和长；前足和中足的跗节短，黄棕色。

分布：浙江、台湾、四川；日本，尼泊尔。

261. 长跗蚁形甲属 *Mecynotarsus* LaFerté-Sénectère, 1849

Mecynotarsus LaFerté-Sénectère, 1849: 1. Type species: *Notoxus rhinoceros* Fabricius, 1798 (= *Notoxus serricornis* Panzer, 1796).

主要特征：复眼的单眼之间具不呈棒状的毛。前胸背板的颈角下的凹坑退化或缺失。后足跗节比后足胫节长。

分布：古北区、东洋区。世界已知22种，中国记录6种，浙江分布2种。

（585）多彩长跗蚁形甲 *Mecynotarsus sericellus* Krekich-Strassoldo, 1931

Mecynotarsus sericellus Krekich-Strassoldo, 1931: 1.

主要特征：体长1.4–1.6 mm。体黑褐色至黑色。头中部无显著的颗粒；复眼小；触角略延长，中部各节长宽相等。前胸背板无角，侧缘弯曲，基部不宽大，中部最宽；前胸背板角突尖拱形，基部弱线形，侧缘具6–8小齿。鞘翅具4黄褐色斑点，具中度密集的刻点；翅肩显著隆起，具密集皱纹；侧缘弧形。后翅不发达。足较细，中等长。

分布：浙江、北京、河北、山西、香港；朝鲜。

（586）中华长跗蚁形甲 *Mecynotarsus sinensis* Heberdey, 1942

Mecynotarsus sinensis Heberdey, 1942: 472.

主要特征：体长1.8–2.2 mm。体红棕色，无光泽；触角、足和鞘翅浅黄棕色。头部具细小颗粒；复眼特别大。触角较长，中部各节长是宽的 2.5 倍。前胸背板长宽近似相等，侧缘显著变宽，前胸背板角突呈锥形，后缘直，侧缘突出。鞘翅背面的斑点之间体表具小刻点，较粗糙，盘区扁平；肩角前突；侧缘平行。后翅发达。足细长；后足胫节基部略弯曲。

分布：浙江、山东、陕西、福建；俄罗斯，朝鲜，韩国。

三十七、木甲科 Aderidae

主要特征：该科有时也称蚁形叶甲，外形有些像蚂蚁。体长 1.0–4.0 mm。前胸背板前面收缩，后端通常不变窄形成颈部。复眼被毛，外观颗粒状。第 I–II 腹板融合，仅部分类群的接合线可见。

该科世界已知约 50 属 1000 种，大多数为热带分布。中国记录 6 属 14 种，浙江分布 1 属 1 种。

262. 木甲属 *Aderus* Stephens, 1829

Hylophilus Berthold, 1827: 375 [HN]. Type species: *Notoxus populneus* Creutzer, 1796.

Xylophilus Latreille, 1829: 73 [HN]. Type species: *Notoxus populneus* Creutzer, 1796.

Aderus Stephens, 1829a: 255. Type species: *Lytta boleti* Marsham, 1802 (= *Notoxus populneus* Creutzer, 1796).

Phomalus Casey, 1895: 785. Type species: *Xylophilus brunnipennis* LeConte, 1875.

主要特征：头部完全露出，不被前胸背板遮盖。即使在雄性中，两侧的复眼也未能大到彼此接触。触角无分支，第 III 节等于或略长于第 II 节，明显短于第 IV 节。鞘翅具长毛和细毛，光泽暗淡。雌雄的后足腿节下侧均无毛刷。

分布：古北区、东洋区。世界已知 27 种，中国记录 5 种，浙江分布 1 种。

（587）细齿木甲 *Aderus parvidens* (Champion, 1916)

Xylophilus parvidens Champion, 1916: 42.

Aderus parvidens: Nardi, 2007: 22.

主要特征：体长 2.0 mm，宽 0.7 mm。体中等长度，发亮，柔毛短，眼黑色；布稠密细刻点，鞘翅的刻点更粗，点状。头部横宽大于前胸，在复眼后面的每侧延伸，后者相当小，高度发达。触角细长，中等长度，第 II、III 节长度不等，第 IV、V 节稍长。前胸背板四周横向隆起，前面突然变窄，基部之前具横凹。鞘翅较头部和前胸宽，中等长，表面略凸起，两侧略弧形，基后部横向扁平。足细，胫节前缘在顶点向内弯曲，内侧超出中间有 1 小三角形齿，内尖角为短尖；腿节后压缩，强烈棍棒状；后足胫节基底关节近直线形。

分布：浙江（舟山）。

三十八、脊甲科 Ischaliidae

主要特征：头具颈部，为头宽的 1/3；复眼端部（前缘）强烈凹入。前胸背板具完整或近乎完整的侧脊和中纵脊，基部在后外侧边缘和中间成角度。鞘翅粗糙，具纵向的侧脊和缘折脊。前足基节窝内、外侧开放；胫节无端距。

该科最初为赤翅甲科 Pyrochroidae 下的亚科（Blair，1920），先后被置于赤翅甲科（Lawrence，1977）、蚁形甲科 Anthicidae（Young，1985；Lawrence and Newton，1995）或拟花蚤科 Scraptiidae（Bouchard et al., 2011），后被提升为科（Nikitsky and Egorov，1992），并得到了学者的肯定（Young，2008，2011；Alekseev and Telnov，2016）和分子系统发育研究结果的支持（Batelka et al., 2016）。

该科世界已知 1 属 61 种（含 3 化石种），中国记录 1 属 15 种，浙江分布 1 属 1 种。

263. 脊甲属 *Ischalia* Pascoe, 1860

Ischalia Pascoe, 1860: 54. Type species: *Ischalia indigacea* Pascoe, 1860.

主要特征：该科仅 1 属，属征同科征。

分布：古北区、东洋区、新北区。世界已知 58 种，中国记录 15 种，浙江分布 1 种。

（588）中华脊甲 *Ischalia (Ischalia) chinensis* Young, 1976

Ischalia (Ischalia) chinensis Young, 1976: 213.

主要特征：体长 4.9–5.8 mm。体被淡黄色毛；头黄褐色，具深棕至沥青色斑纹；触角基部深棕至沥青色，向端部渐浅；前胸背板、小盾片和胸部腹板黄褐色，有淡棕至沥青色泽；鞘翅完全浅黄褐至黄褐色，翅缝边缘浅褐色；腹部黄褐色，有淡棕至沥青色泽；足黄褐至近乎沥青色。额中部有浅纵沟；下颚须末节杯状或勺状。前胸背板前缘中部弱波状，侧缘自后角稍前处向前均匀变圆；盘区有中纵脊，两侧有成对圆凹或坑。鞘翅遮盖腹部，后部略宽，顶端沿翅缝略分开；刻点粗密至近乎网状；翅缝、肩、两侧盘区和侧缘具脊，肩脊长约为两侧盘区脊的 1/3，盘区脊向内逐渐弯向翅缝脊，较远处终止。

分布：浙江（德清）、江西。

主要参考文献

曹诚一. 1992. 云南瓢虫志. 云南: 云南科技出版社, 1-242.
陈斌. 1997. 伪叶甲科. 741-753. 见: 杨星科. 长江三峡库区昆虫 (上). 重庆: 重庆出版社, 1-1847.
陈斌. 2002. 伪叶甲科. 170-180. 见: 黄邦侃. 福建昆虫志 (第六卷). 福州: 福建科学技术出版社, 1-706.
陈晓胜. 2013. 中国小毛瓢虫属系统分类研究. 华南农业大学博士学位论文, 1-350.
董赛红, 任国栋. 2018. 拟步甲科. 3-27. 见: 杨星科. 天目山动物志 (第七卷). 杭州: 浙江大学出版社, 1-304.
范襄. 1995. 鞘翅目: 花蚤科. 223-224. 见: 吴鸿. 华东百山祖昆虫. 北京: 中国林业出版社, 1-586.
范襄, 杨集昆. 1995. 鞘翅目: 花蚤科. 95-101. 见: 朱廷安. 浙江古田山昆虫和大型真菌. 杭州: 浙江科学技术出版社, 1-318.
江世宏, 王书永. 1999. 中国经济叩甲图志. 北京: 中国农业出版社, 1-195.
刘崇乐. 1963. 中国经济昆虫志 (第五册): 瓢虫科 (一). 北京: 科学出版社, 1-101.
刘梅柯. 2019. 中国访花露尾甲亚科系统分类研究 (鞘翅目: 露尾甲科). 西北农林科技大学博士学位论文, 1-328.
刘永平, 张生芳. 1988. 中国仓储品皮蠹害虫. 北京: 农业出版社, 1-170.
潘昭, 任国栋. 2018. 芫菁科. 28-36. 见: 杨星科. 天目山动物志 (第七卷). 杭州: 浙江大学出版社, 1-304.
潘昭, 任国栋, 王新谱. 2011. 中国沟芫菁属分类研究及一新种记述 (鞘翅目, 芫菁科). 动物分类学报, 36(1): 179-197.
庞雄飞. 1988. 广东小毛瓢虫四新种记述 (鞘翅目: 瓢虫科: 小毛瓢虫族). 动物分类学报, 13(4): 385-391.
庞雄飞, 黄邦侃. 1985. 福建小毛瓢虫族 (Scymnini) 12 个新种记述 (鞘翅目: 瓢虫科). 武夷科学, 5: 29-46.
庞雄飞, 黄邦侃. 1986. 小基瓢虫属 Diomus Mulsant 一新种记述. 武夷科学, 6: 59-60.
庞雄飞, 毛金龙. 1975. 叶螨的重要天敌——食螨瓢虫 (瓢虫科食螨瓢虫属 Stethorus). 昆虫学报, 18(4): 418-424.
庞雄飞, 毛金龙. 1979. 中国经济昆虫志 (第十四册): 瓢虫科 (二). 北京: 科学出版社, 1-170.
庞雄飞, 毛金龙. 1980. 我国瓢虫亚科昆虫名录 (Coccinellidae: Coccinellinae). 昆虫天敌, 2: 32-39, 47.
任国栋. 1995. 鞘翅目: 拟步甲科. 233-236. 见: 吴鸿. 华东百山祖昆虫. 北京: 中国林业出版社, 1-586.
任国栋. 1998. 鞘翅目: 拟步甲科. 108-114. 见: 吴鸿. 龙王山昆虫. 北京: 中国林业出版社, 1-404.
任玲玲. 2014. 中国薪甲科分类研究 (鞘翅目: 扁甲总科). 西北农林科技大学硕士学位论文, 1-120.
任顺祥, 庞雄飞. 1995. 湖南小毛瓢虫属三新种记述 (鞘翅目: 瓢虫科). 动物分类学报, 20(2): 219-224.
任顺祥, 王兴民, 庞虹, 彭正强, 曾涛. 2009. 中国瓢虫原色图鉴. 北京: 科学出版社, 1-336.
谭娟杰. 1958. 中国豆芫菁属记述. 昆虫学报, 8(2): 152-167.
王继良. 2007. 中国伪瓢虫科部分类群分类研究 (鞘翅目: 扁甲总科). 保定: 河北大学硕士学位论文, 1-157.
王书永. 1993. 叩甲科. 270-276. 见: 黄春梅. 龙栖山动物. 北京: 中国林业出版社, 1-1129.
魏中华. 2020. 中国伪叶甲亚科分类 (除伪叶甲族外) (鞘翅目: 拟步甲科). 保定: 河北大学博士学位论文, 1-371.
吴福桢, 高兆宁. 1978. 宁夏农业昆虫图志 (修订版). 北京: 农业出版社, 1-332.
吴福桢, 高兆宁, 郭予元. 1982. 宁夏农业昆虫图志 (第二集). 银川: 宁夏人民出版社, 1-265.
肖宁年, 李鸿兴. 1992. 鞘翅目: 瓢虫科. 368-390. 见: 黄复生. 西南武陵山地区昆虫. 北京: 科学出版社, 1-777.
杨集昆. 1995a. 鞘翅目: 扁泥甲科. 111-112. 见: 朱廷安. 浙江古田山昆虫和大型真菌. 杭州: 浙江科学技术出版社, 1-327.
杨集昆. 1995b. 鞘翅目: 扁泥甲科. 231-232. 见: 吴鸿. 华东百山祖昆虫. 北京: 中国林业出版社, 1-586.
杨集昆, 张泽华. 2002. 溪泥甲科 Elmididae. 811-824. 见: 黄邦侃. 福建昆虫志(第六卷). 福州: 福建科学技术出版社, 1-894.
虞国跃, 庞虹, 庞雄飞. 1993. 车八岭自然保护区瓢虫科昆虫记述. 467-511. 见: 徐燕千. 车八岭国家级自然保护区调查研究论文集. 广州: 广东科技出版社, 1-553.
虞国跃. 1997. 鞘翅目: 瓢虫科: 小毛瓢虫亚科. 714-730. 见: 杨星科. 长江三峡库区昆虫. 重庆: 重庆出版社, 1-1847.
虞国跃. 2010. 中国瓢虫亚科图志. 北京: 化学工业出版社, 1-180.
虞国跃, 庞雄飞. 1992a. 广东小毛瓢虫三新种记述 (鞘翅目: 瓢虫科). 昆虫分类学报, 14(2): 116-121.

虞国跃, 庞雄飞. 1992b. 中国小毛瓢虫属厘定 (鞘翅目: 瓢虫科). 华南农业大学学报, 13(4): 39-47.

虞国跃, 庞雄飞. 1994. 浙江小毛瓢虫属三新种记述 (鞘翅目: 瓢虫科). 动物分类学报, 19(4): 474-479.

张生芳, 樊新华, 高渊, 詹国辉. 2016. 储藏物甲虫. 北京: 科学出版社, 1-351.

张泽华, 苏红田, 杨集昆. 2003. 狭溪泥甲属四新种(鞘翅目: 泥甲总科, 溪泥甲科). 中国农业大学学报, 8(1): 106-108.

张泽华, 杨集昆. 1995. 鞘翅目: 溪泥甲科. 102-110. 见: 朱廷安. 浙江古田山昆虫和大型真菌. 杭州: 浙江科学技术出版社, 1-327.

张泽华, 杨集昆. 2003. 溪泥甲科狭溪泥甲属四新种(鞘翅目, 泥甲总科). 动物分类学报, 28(2): 275-281.

张泽华, 杨集昆, 李冬梅. 1995. 鞘翅目: 溪泥甲科. 229-230. 见: 吴鸿. 华东百山祖昆虫. 北京: 中国林业出版社, 1-586.

赵萌娇. 2014. 中国长鞘露尾甲亚科分类研究 (鞘翅目: 扁甲总科: 露尾甲科). 西北农林科技大学硕士学位论文, 1-108.

祝长清, 朱东明, 尹新明. 1999. 河南昆虫志 鞘翅目 (一). 郑州: 河南科学技术出版社, 1-414.

Agassiz J L R. 1846a. Fascicle XI, Coleoptera. 170. *In*: Agassiz J L R (ed), Nomenclator Zoologicus, Continens Nomina Systematica Generum Animalium tam Viventium Quam Fossilium. Secundum Ordinem Alphabeticum Disposita, Adjectis Auctoribus, Libris, in Quibus Reperiuntur, Anno Editionis, Etymologia et Familis, ad quas Pertinent, in Singulis Classibus. Soloduri: Jent & Gassmann, 900.

Agassiz J L R. 1846b. Nomenclatoris Zoologici. Index Universalis, Continens Nomina Systematica Classium, Ordinum, Familiarum et Generum Animalium Omnium, tam Viventium quam Fossilium, Secundum Ordinem Alphabeticum Unicum Disposita, Adjectis Homonymiis Plantarum, nec non Variis Adnotationibus et Emendationibus. Soloduri: Jent et Gassmann, viii + 393.

Alekseev V I, Telnov D. 2016. First fossil record of Ischaliidae Blair, 1920 (Coleoptera) from Eocene Baltic amber. Zootaxa, 4109(5): 595-599.

Alexeev A V. 1979. Novye, Ranee neizvestnye s territorii SSSR i maloizvestnye vidy zhykov-zlatok (Coleoptera, Buprestidae) vostochnoy Sibiri i Dal'nego Vostoka. 123-139. *In*: Krivolutskaya G O (ed), Zhuki Dalnego Vostoka i vostochnoi Sibirii (novye dannye po faune i sistematike). Vladivostok: Akademiya Nauk SSSR, 157.

Alexeev A V, Bílý S. 1980. Novye zlatki roda *Agrilus* Curtis (Coleoptera, Buprestidae) iz Evrazii. Entomologicheskoe Obozrenie, 59(3): 600-606. [in Russian with English summary] [English translation: 1980. New beetles of the genus *Agrilus* Curtis (Coleoptera, Buprestidae) from Eurasia. Entomological Review, 59(3): 78-83.]

Ando K. 1996. Two new genera of the tribe Cnodalonini from Southeast Asia (Coleoptera, Tenebrionidae). Japanese Journal of Systematic Entomology, 2: 189-200.

Ando K. 1998. Revision of the genus *Taichius* Ando (Coleoptera, Tenebrionidae). Japanese Journal of Systematic Entomology, 4: 349-379.

Arnett R H. 1952. A review of the Nearctic Adelocerina (Coleoptera: Elateridae, Pyrophorinae, Pyrophorini). The Wasmann Journal of Biology, 10: 103-126.

Arnett R H. 1955. Supplement and corrections to J A Hyslop's genotypes of the elaterid beetles of the world. Proceedings of the United States National Museum, 103: 599-619.

Arrow G J. 1920. A contribution to the classification of the coleopterous family Endomychidae. Transactions of the Entomological Society of London: 1-83.

Arrow G J. 1925. Coleoptera. Clavicornia. Erotylidae, Languriidae, and Endomychidae. *In*: Shipley A E, Scott H (ed), The Fauna of British India, Including Ceylon and Burma. London: Taylor and Francis, 426.

Audisio P, Cline A R, de Biase A, Antonini G, Mancini E, Trizzino M, Costantini L, Strika S, Lamanna F, Cerretti P. 2009. Preliminary re-examination of genus-level taxonomy of the pollen beetle subfamily Meligethinae (Coleoptera: Nitidulidae). Acta Entomologica Musei Nationalis Pragae, 49(2): 341-504.

Audisio P, Sabatelli S, Jelínek J. 2015. Revision of the pollen beetle genus *Meligethes* (Coleoptera: Nitidulidae). Fragmenta Entomologica, 46: 19-112.

Axentiev S I. 1987. Meloidae from the Nepal Himalayas (Insecta: Coleoptera). Courier Forschungs-Institut Senckenberg, 93: 471-476.

Ballion E. 1878. Verzeichniss der im Kreise von Kuldsha Gesammelten Käfer. Bulletin de la Société Impériale des Naturalistes de Moscou, 53: 253-389.

Batelka J. 2008. Family Ripiphoridae Gemminger & Harold, 1870. 29, 73-78. *In*: Löbl I, Smetana A (ed), Catalogue of Palaearctic Coleoptera, Volume 5. Tenebrionoidea. Stenstrup: Apollo Books, 670.

Batelka J, Hájek J. 2015. New synonyms, combinations and faunistic records in the genus *Denierella* Kaszab (Coleoptera: Meloidae). Zootaxa, 4000(1): 123-130.

Batelka J, Kundrata R, Bocak L. 2016. Position and relationships of Ripiphoridae (Coleoptera: Tenebrionoidea) inferred from ribosomal and mitochondrial molecular markers. Annales Zoologici, 66(1): 113-123.

Bates F. 1873. Notes on Heteromera, and description of new genera and species (No. 8), (No. 9). The Entomologist's Monthly Magazine, 9[1873-1874]: 14-17, 45-52.

Bates H W. 1866. On a collection of Coleoptera from "Formosa"[*], sent home by R. Swinhoe, Esq., H. B. M. Consul, Formosa. Proceedings of the Zoological Society of London, 23: 339-355.

Becker E C. 1956. Revision of the Neoarctic species of *Agriotes* (Coleoptera: Elateridae). The Canadian Entomologist, 88 (Suppl. 1): 1-101.

Becker E C. 1979. Notes on some new world and Palearctic species formerly in *Athous* Eschscholtz and *Harminius* Fairemaire with new synonymies (Coleoptera: Elateridae). The Canadian Entomologist, 111: 405-415.

Bedel L. 1869. Monographie des Erotylidens (Engides *et* Triplacides) d'Europe, du Nord de L'Afrique et de L'Asie Occidentale. L'Abeille, 5: 1-50.

Bedel L. 1918. Cinq espèces nouvelles du genre *Episcapha* Lac. (Col. Erotylidae). Bulletin de la Societe Entomologigue de France, 118-120.

Bellamy C L. 1998. Further replacement names in the family Buprestidae (Coleoptera). African Entomology, 6: 91-99.

Bellamy C L. 2004. New replacement names in Buprestidae (Coleoptera). Folia Heyrovskyana, 11: 155-158.

Belles X. 1992. *Cyphoniptus* (Coleoptera: Ptinidae) a new genus from the Tibet upland and its southeastern counterparts. Elytron (Suppl.), 5: 257-260.

Berg C. 1898. Substitucion de nombres genericos. Comunicaciones del Museo Nacional de Buenos Aires 1 [1898-1901]: 16-19.

Berthold A. 1827. Latreille's natürliche Familien des Thierreichs. Aus dem Französischen mit Anmerkungen und Zusätzen von Dr. Arnold Adolph Berthold. Weimar: Landes-Industrie-Comptoir, x + 602.

Bielawski R. 1962. Materialien zur Kenntnis der Coccinellidae (Coleoptera) III. Annales Zoologici (Warszawa), 20(10): 193-205.

Billberg G J. 1813. Monographia Mylabridum. Holmiae: Caroli Delén, 74., 7 pls.

Billberg G J. 1820. Enumeratio Insectorum in Museo Gust. Joh. Billberg. Stockholm: Typis Gadelianis, 138.

Blackburn T. 1888. Further notes on Australian Coleoptera, with descriptions of new species. Transaction and Proceedings and Report of the Royal Society of South Australia, 10: 177-287.

Blackburn T. 1889. Further notes on Australian Coleoptera, with description of new species. Transactions of the Royal Society of South Australia, 11: 187-209.

Blackburn T. 1890. Further notes on Australian Coleoptera, with descriptions of new genera and species. Transactions and Proceedings of the Royal Society of South Australia, 13: 82-93.

Blackburn T. 1891. Further notes on Australian Coleoptera, with descriptions of new genera and species. Transactions and Proceedings of the Royal Society of South Australia, 14: 292-345.

Blackburn T, Sharp D. 1885. Memoirs on the Coleoptera of the Hawaiian Islands. Scientific Transactions of the Royal Dublin Society (2), 3[1883-1887]: 119-290, pls. IV-V.

Blair K G. 1920. Notes on the coleopterous genus *Ischalia* Pascoe (fam. Pyrochroidae), with description of two new species from the Philippine Islands. Entomologists Monthly Magazine, 56: 133-135.

---

[*] 台湾是中国领土的一部分。Formosa（早期西方人对台湾岛的称呼）一般指台湾，具有殖民色彩。本书因引用历史文献不便改动，仍使用 Formosa 一词，但并不代表作者及科学出版社的政治立场。

Blanchard É. 1842. Insectes de l'Amérique Méridionale Recueillis par Alcide d'Orbigny. 11-16. *In*: Blanchard É, Brullé A (ed), Voyage dans l'Amérique Méridionale (le Brésil, la République Orientale de l'Urufuay, la République Argentine, la Patagonie, la République du Chili, la République de Bolivia, la Republique du Pérou), Exécuté Pendant les Années 1826, 1827, 1828, 1829, 1830, 1831, 1832 et 1833 par Alcide d'Orbigny. Tome sixième, 2ᵉ Partie: Insectes. Paris: P Bertrand & Strasburg, V Levrault, 222.

Blanchard É. 1853. Insectes. *In*: Hombrom J B, Jacquinot H (ed), Atlas d'Histoire Naturelle Zoologie. Voyage au Pole Sud et dans l'Oceanie sur les Corvettes l'Astrolabe et la Zelee, Execute par l'Ordre du Roi Pendant les Annee 1837-1838-1839-1840 sous le Commandement de M J Dumont-d'Urville, Capitaine de Vaisseau; Zoologie. Tome Quatrieme. Deuxieme Partie. Coleopteres et Autres Ordres. Paris: J Tastu, vii + 716., 20 pls. [plates issued in 1847].

Bo F, Qianshuang G, Kaidi Z. 2015. A newly recorded genus *Eufallia* (Coleoptera: Latridiidae) in China. Entomotaxonomia, 37(1): 43-47.

Bollow H. 1941. Zwei neue Amphicrossus-Arten und Bestimmungstabelle der pal. Arten (Col. Nitidulidae), sowie Berichtigung der Lage von Tienmuschan. Mitteilungen der Münchener Entomologischen Gesellschaft, 31: 234-238.

Bologna M A. 2008. Meloidae. 384-390. *In*: Löbl I, Smetana A (ed), Catalogue of Palaearctic Coleoptera, Volume 5. Tenebrionoidea. Stenstrup: Apollo Books, 670.

Borchmann F. 1909a. Neue asiatische und australische Lagriiden hauptsachlich aus dem Museum in Genua. Bollettino della Societa Entomologica Italiana, 41: 201-234.

Borchmann F. 1909b. Systematische und synonymische Notizen über Lagriiden und Alleculiden. Deutsche Entomologische Zeitschrift, 53: 712-714.

Borchmann F. 1912. H Sauter's Formosa-Ausbeute. Lagriidae, Alleculidae, Cantharidae (Col.). Supplementa Entomologica, 1: 6-12.

Borchmann F. 1915a. Die Lagriinae. (Unterfamilie der Lagriidae). Archiv für Naturgeschichte A, 81: 46-186.

Borchmann F. 1915b. Eine neue Gattung der Statirinae (Col.). Entomologische Mitteilungen Berlin, 4: 296-299.

Borchmann F. 1917. Pars 69: Meloidae, Cephaloidae. Berlin: W Junk, 208.

Borchmann F. 1925. Neue Heteromeren aus malayischen Gebiete. Treubia, 6: 329-354.

Borchmann F. 1929. Ueber die von Herrn J B Corporaal in Ost-Sumatra gesammelten Lagriiden, Alleculiden, Meloiden und Othniiden. Tijdschrift voor Entomologie Amsterdam, 72: 1-39.

Borchmann F. 1930. Die gattung *Cteniopinus* Seidlitz. Koleopterologische Rundschau, 15: 143-164.

Borchmann F. 1936. Coleoptera Heteromera Fam. Lagriidae. 1-561. *In*: Wytsman P (ed), Genera Insectorum Fasc 204. Brussels: Louis Desmet-Verteneuil, 561.

Borchmann F. 1941. Uber die van Hewn J Klapperich in China gesammelten Heteromeren. Entomologische Blatter, 37(1): 22-29.

Borchmann F. 1942. Entomological results from the Swedish Expedition 1934 to Burma and British India. Coleoptera: Lagriidae und Alleculidae. Gesammelt von René Malaise. Arkiv för Zoologi, 33A (9): 1-32.

Borowski J. 2007. Family Bostrichidae Latreille, 1802. 321-328. *In*: Löbl I, Smetana A (ed), Catalogue of Palaearctic Coleoptera. Volume 4. Elateroidea-Derodontoidea-Bostrichoidea-Lymexyloidea-Cleroidea-Cucujoidea. Stenstrup: Apollo Books, 935.

Borowski J, Zahradník P. 2007. Family Ptinidae Latreille, 1802. 328-362. *In*: Löbl I, Smetana A (ed), Catalogue of Palaearctic Coleoptera. Volume 4. Elateroidea-Derodontoidea-Bostrichoidea-Lymexyloidea-Cleroidea-Cucujoidea. Stenstrup: Apollo Books, 935.

Bouchard P, Bousquet Y, Davies A E, AlonsoZarazaga M A, Lawrence J F, Lyal C C, Newton A F, Reid C A M, Schmitt M, Ślipiński S A, Smith A B T. 2011. Family-group names in Coleoptera (Insecta). ZooKeys, 88: 1-972.

Bourgeois J. 1891. Dascillides et Malacodermes du Bengale Occidemtale. Bulletin ou Comptes-Rendus des Séances de la Société Entomologique de Belgique, 35: cxxxvii-cxli.

Bourgeois J. 1907. Sur quelques Malacodermes de l'Inde. Annales de la Société Entomologique de Belgique, 51: 291-293.

Bourgoin A. 1922. Diagnoses préliminaires de Buprestides [Col.] de l'Indo-Chine française. Bulletin de la Société Entomologique de France, 1922: 20-24.

Bourgoin A. 1924. Diagnoses préliminaires de Buprestides nouveaux de l'Indochine française (Col.). Bulletin de la Société Entomologique de France, 1924: 178-179.

Bourgoin A. 1925. Diagnoses préliminaires de buprestides nouveaux de l'Indochine française. Bulletin de la Société Entomologique de France, 1925: 111-112.

Brahm N J. 1790. Insektenkalender für Sammler und Oekonomen. Erster Theil, [Part Ⅰ]. Mainz: Kurfürstl. Privil. Universitätsbuchhandlung, lxlii + 128.

Brancsik C. 1914. Coleoptera nova. A Trencsen Megyei Muzeumi Egyesiilet Ertesitiije, 1914: 58-69.

Bremer H J. 2006. Revision der Gattung *Amarygmus* Dalman, 1823 und verwandter Gattungen. XXXIX. Eine neue Gattung der Amarygmini; Anmerkungen zu den Gattungen *Amarygmus* Dalman, *Hoplobrachium* Fairmaire, *Eupezoplonyx* Pic und *Eumolparamarygmus* Bremer (Col.; Tenebrionidae; Amarygmini). Acta Coleopterologica (Munich), 22(1): 5-13.

Brĕthes J. 1925. Sur une collection de coccinelides (et un Phalacridae) du British Museum. Anales del Museo Argentine de Ciencia Natural 33[1923-1925]: 145-175.

Broun T. 1886. Manual of the New Zealand Coleoptera. Part Ⅳ. Colonial Museum and Geological Survey Department. Wellington: G. Didsbury, 817-973.

Broun T. 1893. Manual of the New Zealand Coleoptera. Parts V., VI., VII. Samuel Costall, Wellington, i-xvii, 975-1504.

Bruce N. 1943. Cryptophagidae der J Klapperichschen Fukien-Ausbeute. (Kol). Mitteilungen der Münchener Entomologischen Gesellschaft, 33: 156-164, 2 pls.

Buysson H du. 1893. [Communications sur des élatérides]. Bulletin de la Societe Entomologique de France, 1893: 314-315.

Buysson H du. 1904. Élatérides nouveaux et sous-genre nouveau (Col.). Bulletin de la Societe Entomologique de France, 1904: 58-60.

Buysson H du. 1905. Sur quelques Élatérides du muséum. Bulletin du Muséum National d'Histoire Naturelle, Paris, 11: 16-18.

Calder A A. 1996. Click Beetles: Genera of the Australian Elateridae (Coleoptera). Monographs on Invertebrate Taxonomy. Vol. 2. Victoria: CSIRO Publishing, 1-400.

Candèze E C A. 1857. Monographie des Élatérides 1. Mémoires Société Royale des Sciences de Liège, 12: 1-400.

Candèze E C A. 1860. Monographie des Élatérides 3. Mémoires Société Royale des Sciences de Liège, 15: 1-512.

Candèze E C A. 1863. Monographie des Élatérides 4. Mémoires Société Royale des Sciences de Liège, 17: 1-534.

Candèze E C A. 1865. Élatérides Nouveaux Ⅰ. Mémoires Couronnés de L'Acaddémie Royale de Belgique, 17(1): 1-63.

Candèze E C A. 1873. Insectes recueillis au Japan par M. G. Lewis, pendant les années 1869-1871. Élatérides. Mémoires Société Royale des Sciences de Liège, (2)5: 1-32.

Candèze E C A. 1874. Revision de la monographie des Elaterides. Mémoires Société Royale des Sciences de Liège, (2)4: 1-218.

Candèze E C A. 1878a. Élatérides nouveaux Ⅱ. Annales de la Société Entomologique de Belgique (Bulletin), 21: 1-54.

Candèze E C A. 1878b. Relevé des Élatérides des recueillis dans Îles Ires Malaises, à la Nouvelle-Guinée et au Cap York, par M. M. G. Doria, O. Beccari et L. M. D'Albertis. Annali del Museo Civico di Storia Naturale Giacomo Doria, 12: 99-143.

Candèze E C A. 1882. Élatérides nouveaux Ⅲ. Mémoires Société Royale des Sciences de Liège, 9(2): 1-117.

Candèze E C A. 1889. Élatérides nouveaux Ⅳ. Annales de la Société Entomologique de Belgique, 33: 1-57.

Candèze E C A. 1893. Élatérides nouveaux. Cinquième fascicule. Mémoires Société Royale des Sciences de Liège, 18(2): 1-76.

Candèze E C A. 1896. Élatérides nouveaux Ⅵ. Mémoires Société Royale des Sciences de Liège, 9(2): 1-88.

Canepari C. 1979. Due nuove species di Scymnini paleartici: Nephus (Sidis) armeniacus e Scymnus (Pullus) folchinii (Coleoptera: Coccinellidae). Doriana, 5(232): 1-5.

Casey T L. 1891. Coleopterological notices. III. Annals of the New York Academy of Science, 6: 9-214.

Casey T L. 1895. Coleopterological Notices. Ⅵ. Annals of the New York Academy of Sciences, 8: 435-838.

Casey T L. 1899. Revision of the American Coccinellidae. Journal of the New York Entomological Society, 7: 71-169.

Cate C P. 2007. Elateridae Leach, 1815. 94-207. *In*: Löbl I, Smetana A (ed), Catalogue of Palaearctic Coleoptera, Volume 4: Elateroidea, Derodontoidea, Bostrichoidea, Lymexyloidea, Cleroidea, Cucujoidea. Stenstrup: Apollo Books, 935.

Champion G C. 1916. On new or little-know Xylophilidae. Transactions of the Entomological Society of London, 1916(1): 1-64, 1-11 pls.

Champion G C. 1926. Some Indian (and Tibetan) Coleoptera (20). The Entomologist's Monthly Magazine, 62: 194-210.

Chang L X, Bi W X, Ren G D. 2020. A review of the genus *Sinocymbachus* Strohecker & Chûjô with description of four new species (Coleoptera, Endomychidae). ZooKeys, 936: 77-109.

Chang L X, Ren G D. 2013. Four new species of *Indalmus* Gerstaecker, 1858 (Coleoptera: Endomychidae) from China. Annales Zoologici (Warszawa), 63(2): 357-363.

Chao Y, Lee H. 1966. A study of Chinese *Trogoderma* Berthold (Coleoptera, Dermestidae). Acta Zootaxonomia Sinensia, 3: 245-252, 2 pls.

Chapin E A. 1926. On some Coccineilidae of the tribe Telsimiini with descriptions of new species. Proceedings of Biological Society of Washington, 39: 129-134.

Chapin E A. 1927. On some Asiatic Cleridae (Col.). Proceedings of the Biological Society of Washington, 40: 19-22.

Chapin E A. 1940. New genera and species of lady-beetles related to *Serangium* Blackburn (Coleoptera: Coccinellidae). Journal of the Washington Academy of Sciences 30: 263-272.

Charpentier T de. 1825. Horae Entomologicae, adjectis tabulis novem coloratis. Wratislawiae: A. Gosohorsky, 1-255.

Chatanay J. 1917. Matériaux pour servir à l'étude de la faune entomologique de l'Indo-Chine francaise réunis par M vitalis de Salvaza. Bulletin du Muséum National d'Histoire Naturelle, Paris, 23: 229-255.

Chen B, Chou I. 1996. A new subgenus and two new species of the genus *Cerogria* Borchmann (Coleoptera: Lagriidae) from China. Entomotaxonomia, 18(4): 265-269.

Chen B, Yang X K. 1997. Three new species and key to species of the genus *Arthromacra* Kirby from China (Coleoptera: Lagriidae). Entomologia Sinica, 4(1): 1-8.

Chen X S, Huo L Z, Wang X M, Canepari C, Ren S X. 2015. The subgenus *Pullus* of *Scymnus* from China (Coleoptera: Coccinellidae). Part II. The *impexus* group. Annales Zoologici, 65(3): 295-408.

Chevrolat L A A. 1836. *In*: Dejean P F M A (ed), Catalogue des Coléoptères de la Collection de M. le Comte Dejean. Troisieme Edition Revue, Corrigee et Augmentee. Livraisons 5. Paris: Méquignon-Marvis Pere et Fils, 361-503.

Chevrolat L A A. 1874. Catalogue des Clerides de la collection de M A Chevrolat. Revue et Magasin de Zoologie Puré et Appliqué, 37: 252-331.

Chevrolat L A A. 1880. *Taneroclerus girodi* (sp. n.) Col. Bulletin de Ia Société Entomologique de France, 43: 31-32.

Chûjô M. 1938. Some additions and revisions to the Japanese Endomychidae (Coleoptera). Transactions of the Natural History Society of "Formosa", 28: 394-406.

Chûjô M. 1941. Descriptions of six new Erotylidae-beetles from "Formosa" and the Marianna islands. Mushi, 13: 84-92.

Chûjô M. 1959. Coleoptera of the Loo-choo Archipelago (I). Memoirs of the Faculty of Liberal Arts and Education, Kagawa University, part 2, (69): 1-15.

Chûjô M, Kurosawa Y. 1950. The Buprestidae of Shikoku, Japan (Coleoptera). Transactions of the Shikoku Entomological Sociey, 1(1): 1-16. [in Japanese]

Chûjô M, Lee C E. 1993. Endomychidae from Korea (Insecta, Coleoptera). Esakia, 33: 95-98.

Chûjô M, Ôhira H. 1965. Elaterid-and Dicronychid-beetles from Aomori pref., Japan, collected by Mr. Kensaku Shimoyama. Memoirs of the Faculty of Liberal Arts and Education, Kagawa University, part 2, (132): 1-32.

Cobos A. 1962. Décimo-segunda nota sobre bupréstidos neotropicales. Descripción de un nuevo género de Coroebini Bedel (Coleoptera: Buprestidae). Revue Française d'Entomologie, 29(1): 27-31.

Cobos A. 1966a. Estudios sobre Throscidae, II. (Col. Sternoxia). Eos: Revista Espanola de Entomologia, 42: 311-351.

Cobos A. 1966b. Nuevo género y especie de Agrypninae (Col. Elateridae). Annales de la Societe Entomologique de France, 2: 651-653.

Cornalia E. 1865. Sopra i caratteri microscopici offerti dalle Cantaridi e da altri Coleotteri facili a confondersi con esse, studj di Zoologia legale fatti nell'occasione del processo Galavresi. Memorie della società italiana di scienze naturali, 1(10): 1-39, 4 pls.

Corporaal J B. 1938. Revision of the Thaneroclerinae (Coleoptera: Cleridae). Bijdragen tot de Dierkunde, 27 [1939]: 347-363.

Corporaal J B. 1939. Studies on *Callimerus* and allied genera (Col.). Tijdschrift voor Entomologie, 82: 182-195.

Corporaal J B. 1950. Cleridae. *In*: Hinks W D (ed), Coleopterorum Catalogue Supplementa. Pars 23. Gravenhage: W Junk, 373.

Costa A. 1854. Coleotteri Trimeri. Famiglia degli Endomychidei-Endomychidea. 1-15 + [1]. *In*: Costa A (ed), Fauna del Regno di Napoli ossia enumerazione di tutti gli animali che abitano le diverse regioni di questo regno e le acque che le bagnano contenente la descrizione de'nuovo o poco esattamente conosciuti con figure ricavate da originali viventi e dipinte al Naturale. Coleotteri. Parte I.a. Napoli: Gaetano Sautto, xii + 364.

Costa C, Vanin S A, Casari-Chen S A. 1994. Cladistic analysis and systematics of the Tetralobini sensu Stibick, 1979 (Coleoptera, Elateridae, Pyrophorinae). Arquivos de Zoologia (São Paulo), 32(3): 111-157.

Crotch G R. 1873. A descriptive list of Erotylidae collected by Geo. Lewis, Esq., in Japan. (with Addenda to the genus *Languria* by E.W. Janson and C.O. Waterhous). The Entomologist's Monthly Magazine, 9: 184-352.

Crotch G R. 1874. A Revision of the Coleopterous Family Coccinellidae. London: E. W. Janson, 311.

Crotch G R. 1876. A revision of the Coleopterous family Erotylidae. Cistula Entomologica, 1: 359-572.

Csiki E. 1913. Coleopterorum Catalogus. Pars 54. Rhipiphoridae. Berlin: W Junk, 29.

Curtis J. 1825. British Entomology; being illustrations and descriptions of the genera of insects found in Great Britain and Ireland: containing coloured figures from nature of the most rare and beautiful species, and in many instances of the plants upon which they are found. London, Printed for the author, 2: 51-98.

Cuvier G. 1817. Le règne animal distribué d'après son organisation, pour servir de base à l'histoire naturelle des animaux et d'introduction à l'anatomie comparée. Tom III. contenant les crustacés, les arachnides et les insectes. Paris: Deterville, 660., pls. 1-2.

Czenpinski P de. 1778. Dissertatio Inauguralis Zoologico-Medica, Sistens Totius Regni Animalis Genera, in Classes et Ordines Linnaeana Methodo Digesta, Praefixa Cuilibet Classi Terminorum Explicatione, quam Annuente Inclyta Facultate Medica in Antiquissima ac Celeberrima Universitate Vindobonensi Publicae Disquisitioni Submittit. Viennae: Trautner, 16 + 122.

Dahl G. 1823. Coleoptera und Lepidoptera. Ein Systematisches Verzeichniss mit Beigesetzten Preisen der Vorrathe. Wien: Akkermann, 105.

Dalman J W. 1823. Analecta Entomologica. J P Lindh: Holmiae [= Stockholm], VII, 104. + 4 Index.

DeGeer C de. 1774. Mémoires Pour Servir à L'Histoire des Insectes. Tome IV. Stockholm: P. Hesselberg, xii + 457. + 19 pls.

DeGeer C de. 1775. Mémoires Pour Servir à l'Histoire des Insectes. Tome Cinquième. Stockholm: Pierre Hesselberg, vii + [1] + 448., 16 pls.

Dejean P F M A. 1821. Catalogue de la Collection de Coléoptères de M. le Baron Dejean. Paris: Crevot, viii + 136 + 2.

Dejean P F M A. 1833a. Catalogue des Coléoptères de la Collection de M. le Comte Dejean. Livraisons 1 & 2. Paris: Méquignon-Marvis Père et Fils, 176.

Dejean P F M A. 1833b. Catalogue des Coéoptères de la Collection de M. le Comte Dejean. Deuxième édition. 3e Livraison. Paris: Méquignon-Marvis, Father & Sons, 443.

Dejean P F M A. 1836a. Catalogue des Coléoptères de la Collection de M. le Comte Dejean. Deuxième Édition, Revue, Corrigée, et Augmentée, Lovraisons 1-4. Pairs: Méquignon-Marvis, Father & Sons, 503.

Dejean P F M A. 1836b. Die dejean'sche sammlung ist in folgenden Parcelen verkauft worden. Library of the Museum of Comparative Zoology: 137.

Dejean P F M A. 1837. Catalogue des Coléoptères de la Collection de M. le Comte Dejean. Troisieme Édition, Revue, Corrigée et Augmentée. Livraison 5. Paris: Méquignon-Marvis, Father & Sons, 385-503.

Desbrochers des Loges J. 1868. Description de deux coleopteres nouveaux des environs de Bone. Bulletin de l'Academie d'Hippone, 4: 77-80.

Descarpentries A, Villiers A. 1963. Catalogue raisonné des Buprestidae. d'Indochine. I. Agrilini, genre *Agrilus* (1re partie). Revue Française d'Entomologie, 30: 49-62.

Descarpentries A, Villiers A. 1967a. Catalogue raisonné des Buprestidae d'Indochine XIV. Coraebini (4e partie). Annales de la

Société entomologique de France, 3(2): 471-492.

Descarpentries A, Villiers A. 1967b. Catalogue raisonné des Buprestidae. d'Indochine XIV. Coraebini (4ᵉ partie). Annales de la Société entomologique de France, 3(4): 991-1008.

Deyrolle H. 1864. Description des buprestides de la malaisie recueillis par M Wallace. Annales de la Société Entomologique de Belgique, 8: 1-272, 305-312.

Deyrolle H. 1875. Tableau synoptique des espèces de tricténotomides. Bulletin de la Sociétè Entomologique de France, 1875: lix-lxi.

Deyrolle H, Fairmaire L. 1878. Descriptions de coléoptères recueillis par M l'abbé David dans la Chine centrale. Annales de la Société Entomologique de France (5), 8: 87-140.

Dieke G H. 1947. Ladybeetles of the genus *Epilachna* (*sens*, *lat.*) in Asia, Europe, and Australia. Smithsonian Miscellaneous Collections, Washington, 106(15): 1-183.

Dillwyn L W. 1829. Memoranda Relating to Coleopterous Insects, Found in the Neighbourhood of Swansea. Swansea: W. C. Murray and D. Rees, 75.

Dolin V G. 1979. A new genus and species of Elateridae of the tribe Melanotini (Coleoptera). Trudy Vsesoyuznogo Entomologicheskogo Obshchestva, 61: 71-73.

Drury D. 1773. Illustrations of Natural History. Vol. 2. London: B. White, 90.

Dufour L. 1835. Recherches anatomiques et considérations entomologiques sur les insectes coléoptères des genres *Macronique* et *Elmis*. Annales des Sciences Naturelles (Ser. 2) 3 (Zoologie): 151-174, pls. 6-7.

Duponchel P A J, Chevrolat L A A. 1841. *Arrhenoplita*; *Aspisoma*; *Atractus*. In: d'Orbigny C V D (ed), Dictionnaire Universel d'Histoire Naturelle Résumant et Complétant Tous les Faits Présentés par les Encyclopédies, les Anciens Dictionnaires Scientifiques, les Oeuvres Completes de Buffon, et les Meilleurs Traités Spéciaux sur les Diverses Branches des Sciences Naturelles; Donnant la Description des Êtres et des Divers Phénomènes de la Nature, l'Étymologie et la Définition des Noms Scientifiques, et les Principales Applications des Corps Organiques et Inorganiques, à l'Agriculture, à la Médecine, aux Arts Industriels, etc. Tome Second. Paris: C Renard, 157, 240, 312.Ermisch K. 1940. Revision der ostasiatischen *Glipa*-Arten. Entomologische Blätter, 36: 161-173.

Eichelbaum F. 1903. Die Larven von *Xylechinus pilosus* Rtzbg. und von *Hylastes cunicularius*. Er. Allg. Zeitschr. Ent., viii: 60-70.

Erichson W F. 1843a. Beitrag zur Insecten-Fauna von Angola, in besonderer Beziehung zur geographischen Verbreitung der Insecten. Arehiv fur Naturgeschichte, 9: 199-267.

Erichson W F. 1843b. Versuch einer systematischen Eintheilung der Nitidularien. Zeitsehrift fur die Entomologie, 4: 225-361.

Ermisch K. 1941. Tribus Mordellistenini (Col. Mordell.). Mitteilungen der Münchener Entomologischen Gesellschaft, 31: 710-726.

Ermisch K. 1950. Die Gattungen der Mordelliden der Welt. Entomologische Blätter, 45-46: 34-92.

Ermisch K. 1965. Synonymische und nomenklatorische Feststellungen in der Familie Mordellidae. Reichenbachia, 5: 197-201.

Ermisch K. 1968. Neue Mordellini aus der chinesischen Provinz Fukien. Reichenbachia, 10: 279-292.

Eschscholtz J F. 1829. Zoologischer Atlas, Abbildungen und Beschreibungen neuer Thierarten, wahrend des Flottcapitains v. Kotzebue zweiter Reise um die Welt, auf der Russisch-Kaiserlichen Kriegsschlupp Predpriaetie in den Jahren 1823-1826. G Reimer, Berlin: Erstes Heft, 17.

Eschscholtz J F G von. 1829. Elaterites, eintheilung derselben in gattungen. Thon's Entomologisches Archiv, 2(1): 31-35.

Eschscholtz J F G von. 1830. Nova gerera Coleopterorum faunae Europacae. Bulletin de la Société lmpériale des Naturalistes de Moscou, 2: 16-65.

Esser J. 2017. On *Micrambe* Thomson, 1863 of China (Coleoptera: Cryptophagidae). Linzer Biologische Beitrage, 49(1): 387-394.

Fabricius J C. 1775. Systema Entomologiae, Sistens Insectorum Classes, Ordines, Genera, Species, Adiectis Synonymis, Locis, Descriptionibus, Observationibus. Flensburgi et Lipsiae: Korte, xxxii + 832.

Fabricius J C. 1777. Genera Insectorum Eorumque Characteres Naturales Secundum Numerum, Figuram, Situm et Proportionem Omnium Partium oris Adjecta Mantissa Specierum Nuper Detectarum. Bartsch: Chilonii, 310.

Fabricius J C. 1781. Species Insectorum Exhibentes eom m Differentias Specificas, Synonyma Auctorum. Loca Natalia,

Metamorphosin Adiectis Observationibus, Descriptionibus. Tom Ⅰ. Hamburgi et Kilonii: C E Bohn, viii + 552.

Fabricius J C. 1787. Mantissa insectorum sistens eorum species nuper detectas adjectis characteribus genericis, differentiis specificis, emendationibus, observationibus. Tom Ⅱ. Haffuiae: Christ. Gottl. Proft, 382.

Fabricius J C. 1792a. Entomologica Systematica Emendata et Aucta. Secundum Classes, Ordines, Genera, Species Adjectis Synonimis, Locis, Observationibus, Descriptionibus. Tom Ⅰ. Pars Ⅰ. Hafniae: Christ. Gottl. Proft., xx + 330.

Fabricius J C. 1792b. Entomologica Systematica Emendata et Aucta. Secundum Classes, Ordines, Genera, Species Adjectis Synonimis, Locis, Observationibus, Descriptionibus. Tom Ⅰ. Pars Ⅱ. Hafniae: Christ. Gottl. Proft., 538.

Fabricius J C. 1794. Entomologia systematica emendata et aucta. Secundum classes, ordines, genera, species adjectis synunimis, locis, observutionibus, descriptionibus. Tom. Ⅳ. [Appendix specierum nuper detectarum: 435-462]. Hafniae: C G Proft, Fil. et Soc., [6] + 472.

Fabricius J C. 1798. Supplementum Entomologiae Systematicae. Hafhiae: Profit et Storch, [2] + 572.

Fabricius J C. 1801. Systema Eleutheratorum Secundum Ordines, Genera, Species: Adiectis Synonymis, Locis, Observationibus, Descriptionibus. Tomus II. Kiliae: Bibliopoli Academici Novi, 687.

Fahraeus O I von. 1870. Coleoptera caffrariae, annis 1838-1854 a J A Wahlberg collecta. Heteromera. Öfversigt af Kongliga Svenska Vetenskaps-Akademiens Förhandlingar, 27: 234-358.

Fairmaire L. 1878. Descriptions de coléoptères recueillis par M. l'abbé David dans la Chine centrale. Annales de la Societe Entomologique de France, (5)8: 87-140.

Fairmaire L. 1881a. Descriptions de quelques coléoptères de Syrie. Annales de la Société Entomologique de France, 1: 79-88.

Fairmaire L. 1881b. Essai sur les coléoptères des îles Viti (Fidgi). Annales de la Société Entomologique de France, 1: 243-318.

Fairmaire L. 1883. Description de coléoptères hétéromères de l'île de Saleyer. Notes from the Leyden Museum, 5: 31-40.

Fairmaire L. 1886. Description de Coléoptères de l'intérieur de la Chine. Annales de la Société Entomogique de France (6), 6: 303-356.

Fairmaire L. 1887a. Description de cinq espèces nouvelles de la famille des Cantharides. Notes from the Leyden Museum, 9: 193-196.

Fairmaire L. 1887b. Coléoptères des voyages de M. G. Révoil chez les Somâlis et dans l'intérieur du Zanguebar. Heteromera (2e Parie). Annales de la Société Entomologique de France (6), 7: 277-368, pls. 1-3.

Fairmaire L. 1887c. Coleopteres de l'interieur de la Chine. Annales de la Société entomologique de Belgique, 31: 87-136.

Fairmaire L. 1888. Coléoptères de l'intérieur de la Chine. Annales de la Société Entomologique de Belgique, 32: 7-46.

Fairmaire L. 1889a. Coléoptères de l'intérieur de la Chine (5e Partie). Annales de la Société Entomologique de France, 6(9): 5-84.

Fairmaire L. 1889b. Descriptions de coléoptères de l'Indo-Chine. Annales de la Société Entomologique de France (6), 8[1888]: 333-378.

Fairmaire L. 1891a. Coléoptères de l'intérieur de la Chine (Suite, 7e partie). Comptes-Rendus des Séances de la Société Entomologique de Belgique, 1891: clxxxvii-ccxix.

Fairmaire L. 1891b. Description de coléoptères de l'intérieur de la Chine (Suite, 6e partie). Comptes-Rendus des Séances de la Société Entomologique de Belgique, 1891: vi-xxiv.

Fairmaire L. 1892. Coleopteres d'Obock. Troisieme partie. Revue d'Entomologie, 11: 77-127.

Fairmaire L. 1893a. Coleopteres du Haut Tonkin. Annales de la Societe Entomologique de Belgique, 37: 303-325.

Fairmaire L. 1893b. Contributionsclla faune Indo-Chinoise. 11e Memoire (1). Coleopteres heteromeres. Annales de la Societe Entomologique de France, 62: 19-38.

Fairmaire L. 1894. Hétèromères du Bengale. Annales de la Société Entomologique de Belgique, 38: 16-43.

Fairmaire L. 1895. Deuxième note sur quelques coléoptères des environs de Lang-Song. Annales de la Société Entomologique de Belgique, 39: 173-190.

Fairmaire L. 1896. Hétéromères de l'Inde recueillis par M Andrewes. Annales de la Société Entomologique de Belgique, 40: 6-62.

Fairmaire L. 1897. Coléoptères de Szé-Tschouen et de Koui-Tchéou (Chine). Notes from the Leyden Museum, 19: 241-255.

Fairmaire L. 1900. Description de coléoptères nouveaux recueillis en Chine par M. de Latouche. Annales de la Société Entomologique de France, 68 [1899]: 616-649.

Fairmaire L. 1903. Descriptions de quelques hétéromères recueillis par M Fruhstorfer dans le Haut-Tonkin. Annales de la Société Entomologique de Belgique, 47: 13-20.

Fairmaire L. 1904. Descriptions de lamellicornes indo-chinois nouveaux ou peu connus. 86-90. *In*: Pavie A (ed), Mission Pavie Indo-Chine 1879-1895. Etudes Diverses III. Recherches sur l'Histoire Naturelle de l'Indo-Chine Orientale. Paris: Ernest Eroux, xxi + 549, 1 map, 26 pls.

Faldermann F. 1835. Coleopterorum ab illustrissimo Bungio in China boreali, Mongolia, et Montibus Altaicis collectorum, nec non ab ill. Turczaninoffio et Stchukino e provincia Irkutsk missorum illustrationes. Memoires de l'Academie Imperiale des Sciences de St. Petersbourg. Sixieme Serie. Sciences Mathematiques, Physiques et Naturelles, 3(1): 337-464, pls. I - V.

Fall H C. 1905. Revision of the Ptinidae of Boreal America. Transactions of the American Entomological Society, 31: 97-296.

Fall H C. 1910. Miscellaneous notes and descriptions of North American Coleoptera. Transactions of the American Entomological Society (Philadelphia), 36(190): 89-197.

Fanti F. 2019. Some taxonomical notes on Cantharidae (Coleoptera). Studies and Reports, Taxonomical Series, 15(1): 27-39.

Fauvel A. 1889. Liste des coléoptères communs à l'Europe et à l'Amérique du Nord, d'après le Catalogue de M J Hamilton avec remarques et additions. Revue d'Entomologie, 8: 92-174.

Feng B, Guo Q S, Zheng K D. 2015. A newly recorded genus *Eufallia* (Coleoptera: Latridiidae) in China. Entomotaxonomia, 37(1): 43-47.

Ferrer L. 1859. Note sur la *Mylabris moquinia*, nouvelle espèce. Revue et Magasin de Zoologie Pure et Appliquée (2), 11: 539-540.

Fischer von Waldheim G. 1842. Catalogus coleopterorum in Siberia orientali a Cel. Gregorio Silide Karelin collectorum. Moscou, 1-28.

Fisher W S. 1921. New Coleoptera from the Philippine Islands. Family Buprestidae, tribe Agrilini. Philippine Journal of Science, 18: 349-447.

Fleutiaux E. 1887. Descriptions de coleopteres nouveaux de l'Annam. Rapportes par M. Ie capitaine Delauney. Annales de la Societe Entomologique de France, 7(6): 59-68, pls. 4.

Fleutiaux E. 1894. Contributions à la faune indo-chinoise. 15e Mémoire. Première addition aux Cicindelidae et Elateridae. Annales de la Societe Entomologique de France, 63: 683-690.

Fleutiaux E. 1900. Liste des Cicindelidae, Elateridae et Eucnemidae recuellis dans le Japon central par M. le Dr. J. Harmand de 1894 à 1897. Bulletin du Muséum National d'Histoire Naturelle, Paris, 6: 356-361.

Fleutiaux E. 1902. Deuxième liste des Cicindelidae, Elateridae et Melasidae (Eucnemidae) recueillis au Japon par M. J. Harmand. Bulletin du Muséum National d'Histoire Naturelle, Paris, 8: 18-25.

Fleutiaux E. 1918. Nouvelles contributions à la faune de l'Indo-Chine Française. Annales de la Societe Entomologique de France, 87: 175-278.

Fleutiaux E. 1926. Remarques et observations sur le Catalogue des Elateridae, 1 partie, de M. S. Schenkling. (Coleopterorum Catalogus de W. Junk fascicule 80, mai 1925). Annales de la Societe Entomologique de France, 95: 91-112.

Fleutiaux E. 1927. Les Élatérides de l'Indo-Chine Française (Catalogue raisonné). Faune des Colonies Françaises, 1: 53-122.

Fleutiaux E. 1928. Les Élatérides de l'Indo-Chine Française (Catalogue raisonné). Deuxième partie. Séries B, I. Encyclopedia of Entomology, Coleoptera 3: 103-177.

Fleutiaux E. 1932. Remarques sur quelques espéces de Motschulsky (Coléopteres Élatérides). Miscellanea Entomologica, 34: 71-72.

Fleutiaux E. 1933. Les Élatérides de l'Indo-Chine Française (Cinquième partie). Annales de la Societe Entomologique de France, 102: 205-235.

Fleutiaux E. 1934. Descriptions d'élatérides nouveaux. Bulletin de la Societe Entomologique de France, 39: 178-185.

Fleutiaux E. 1936a. Schwedisch-chinesische wissenschaftliche expedition nach den nordwestlichen Provinzen Chinas unter Letitung von Dr. Sven Hedin und Prof. Sü Ping-chang. Insekten gesammelt vom schwedischen Arzt der Expedition Dr. David Hummel

1927-1930. Coleopetra, 7. Elateridae. Arkiv för Zoology, 27 A (19): 15-21.

Fleutiaux E. 1936b. Les Élatéridae de l'Indochine Française. Annales de la Societe Entomologique de France, 105: 279-300.

Fleutiaux E. 1940a. Sur la sous-famille des Tetralobitae et description d'une nouvelle espéce (Coleoptera Elateridae). Revue Française d'Entomologie, 7: 105-107.

Fleutiaux E. 1940b. Les Élatérides de l'Indo-Chine Française. Septième partie. Annales de la Societe Entomologique de France, 108 (1939): 121-148.

Fleutiaux E. 1947. Révision des Élatérides (Coléoptères) de l'Indo-Chine française. Notes d'Entomologie Chinoise, 11(8): 233-420.

Fowler W W. 1886. New genera and species of Languriidae. Transactions of the Entomological Society, 3: 303-322.

Fowler W W. 1908. Coleoptera Fam. Erotylidae subfam. Languriinae. Genera Insectorum: Fascicules, 78: 1-45.

Franciscolo M. 1943. *Machairophora*, nuovo genere della tribú dei Mordellini ed alcune note sistematiche e sinonimiche sui Mordellidae. Bollettino della Società Entomologica Italiana, 75: 33-40.

Franciscolo M. 1952. La *Neoglipa* e generi vicini della Nuova Guinea. Annali del Museo Civico di Storia Naturale di Genova, 65: 325-357.

Gahan C J. 1910. Notes of Cleridae and desriptions of some new genera and species of this family of Coleoptera. The Annals and Magazine of Natural History (8), 5: 55-76.

Gahan C J. 1914. A new genus of Coleoptera of the family Psephenidae. The Entomologist, 47: 188-189.

Ganglbauer L. 1899a. Die Kafer von Mitteleuropa. Die Kafer der osterreichisch-ungarischen Monarchie, Deutschlands, der Schweiz, sowie des franzozischen und italienischen Alpengebietes. Familienreihe Clavicornia. Sphaeritidae, Ostomidae, Byturidae, Nitidulidae, Cucujidae, Erotylidae, Phalacridae, Thurictidae, Lathridiidae, Mycetophagidae, Colydiidae, Endomychidae, Coccinellidae. Volume III. Wien: C. Gerold's Sohn, iii + 1046.

Ganglbauer L. 1899b. Ueber einige, zum Theil neue mitteleuropäische Coleopteren. Verhandlungen der Kaiserlich-Königlichen Zoologisch-Botanischen Gesellschaft in Wien, 49: 526-535.

Gebhardt A von. 1929a. Neue paläarktische Buprestiden (Coleoptera) aus China. Coleopterologisches Centralblatt, 3: 94-104.

Gebhardt A von. 1929b. Neue paläarktische Buprestiden (Coleoptera) aus China. Coleopterologisches Centralblatt, 3: 20-34.

Gebien H. 1911. Fam. Trictenotomidae. 741-742. *In*: Gebien H (ed), Colepterorum Catalogues, Volumen XVIII. Tenebrionidae, Trictenotomidae. Berlin: W Junk, 742.

Gebien H. 1912. Neue Käfer aus der familie Tenebrionidae des Museum Wiesbaden. Jahrbücher des Nassauischen Vereins für Naturkunde, 65: 232-248.

Gebien H. 1913. Die Tenebrioniden der Philippinen. The Philippine Journal of Science, Section D, 8: 373-433.

Gebien H. 1914. H Sauter's "Formosa"-Ausbeute. Tenebrionidae (Coleopt.). Archiv für Naturgeschichte A, 79(9): 1-60.

Gebien H. 1919. Monographie der südamerikanischen Camarien (Coleopt. Heterom.) nebst einer Übersicht über die indischen gattungen der Camariinen. Archiv für Naturgeschichte A, 83(3) [1917]: 25-167, 2 pls.

Gebien H. 1925. Die Tenebrioniden (Coleoptera) des Indomalayischen Gebietes, unter Beruecksichtigung der benachbarten faunen. IV. Die gattungen *Phloeopsidus*, *Dysantes*, *Basanus*, und *Diaperis*. The Philippine Journal of Science, 27(1): 131-157, 257-288, 1 pl.

Gebler F A von. 1829. Bemerkungen überdie Insekten Sibiriens,vorzüglich des Altai. [Part 3]. 1-228. *In*: Lederbour C F von (ed), Reise durch das Altai-Gebirge und die soongorische Kirgisen-Steppe. Auf Kosten der Kaiserlichen Universität Dorpat unternommen im Jahre 1826 in Begleitung der Herren D. Carl Anton Miecherund D. Alexander von Bunge K. K. Collegien Assessors. Zweiter Theil. Berlin: G. Reimer, 427.

Gebler F A von. 1832. Notice sur les coléoptères qui se trouvent dans le district des mines de Nertschinsk, dans la Sibérie orientale, avec la description de quelques espèces nouvelles. Nouveaux Mémoires de la Société des Naturalistes de Moscou, 2(8): 23-78.

Geoffroy E L. 1762. Histoire Abrégée des Insectes qui se Trouvent aux Environs de Paris; dans Laquelle ces Animaux sout Rangés Suivant un Ordre Méthodique. [1762-1763] Tome Première. Paris: Durand, xxviii + 523. + 22 pls.

Germar E F. 1839. Über die Elateriden mit häutigen Anhängen der Tarsenglieder. Zeitschrift für die Entomologie, 1(2): 193-236.

Germar E F. 1843. Bemerkungen über Elateriden. Zeitschrift für die Entomologie, 4: 43-108.

Gerstaecker A. 1855. Rhipiphoridum Coleopterorum familiae dispositio systematica. Berolini: F Nicolai, 36., 1 pl.

Gerstaecker A. 1858. Monographie der Endomychidae, einer Familie der Coleopteren. XIV + 433., 3 pls. *In*: Gerstaecker A (ed), Entomographien. Abhandlungen in Bereich der Gliederthiere, mit besonderer Benutzung der Koenigl. Entomologischen Sammlung zu Berlin. Leipzig: W. Engelmann.

Gerstmeier R, Eberle J. 2010. Revision of the Indo-Australian checkered beetle genus *Xenorthrius* Gorham, 1892 (Coleoptera, Cleridae, Clerinae). Zootaxa, 2584: 1-121.

Gerstmeier R, Kuff T L. 1992. Revision der paläarktischen Arten der Gattungen *Tillus* Olivier, 1790, *Tilloidea* Castelnau, 1832, *Falsotillus* gen. n. und *Flabelotilloidea* gen. n. (Coleoptera, Cleridae, Tillinae). Mitteilungen der Miinchener Entomologischen Gesellschaft, 82: 55-72.

Gillogly L R. 1982. New species and a key to the genus *Haptoncus* (Coleoptera: Nitidulidae). Pacific Insects, 24: 281-291.

Gimmel M L, Bocakova M, Gunter N L, Leschen R A B. 2019. Comprehensive phylogeny of the Cleroidea (Coleoptera: Cucujiformia). Systematic Entomology, 44: 527-558.

Gistel J N F X. 1834. Die Insecten-Doubletten aus der Sammlung des Herrn Grafen Rudolph von Jenison Walworth zu Regensburg, Welche Sowohl im Kauf als im Tausche Abgegeben Werden. Nummer I. Käfer. München: G. Jaquet, 35.

Gistel J N F X. 1848. Naturgeschichte des Thierreichs. Für Höhere Schulen bearbeitet durch Johannes Gistel. Mit einem Atlas von 32 Tafeln (darstellend 617 illuminirte Figuren) und mehreren dem Texte eingedruckten Xylographien. Stuttgart: Hohhmann'sche Verlags, 216.

Gistel J N F X. 1856. Die Mysterien der europaischen Insectenwelt. Ein geheimer Schliisselfiir Sammler aller Insecten-Ordnungen und Stande, behufs des Fangs, des Aufenthalts-Orts, der Wohnung, Tag- und Jahreszeit u. s. w., oder autoptische Darstellung des Insectenstaats in seinem Zusammenhange zum Bestehen des Naturhaushaltes uberhaupt und insbesondere in seinem Einjlusse auf die phanerogamische und cryptogamische Pjlanzenbevolkerung Europa's. Zum ersten Male nachjiinfundzwanzigjiihrigen eigenen Erfahrungen zusammengestellt und herausgegeben. Kempten: Tobias Dannheimer, xii + 530 + 2.

Gmelin J F. 1790. Caroli a Linné Systema Naturae per Reglia Tria Naturae, Secundum Classes, Ordines, Genera, Species, Cum Characteribus, Differentiis, Synonymis, Locis. Editio Decima Tertia, Aucta, Reformata. Tom I, Pars IV. Lipsiae: G E Beer, 1517-2224.

Goeze J A E. 1777. Entomologische Beytraege zu des Ritters Linne Zwdlften Ausgabe des Natursysterns. Erster Theil. Leipzig: Weidmanns Erben und Reich, [16] + 736.

Golbach R. 1968. *Pyrganus* nov. gen. (Col. Elat.). Acta Zoologica Lilloana, 22: 197-199.

Gorham H S. 1876. Notes on the coleopterous family Cleridae, with description of new genera and species. Cistula Entomologica, 2 [1875-1882]: 57-106.

Gorham H S. 1887a. On the classification of the Coleoptera of the subfamily Langurides. Proceedings of the Zoological Society of London, 55: 358-362.

Gorham H S. 1887b. Revision of the Japanese species of the coleopterous family Endomychidae. Proceedings of the General Meetings for Scientific Business of the Zoological Society of London, 1887: 642-653.

Gorham H S. 1889. Descriptions of new species and a new genus of Coleoptera of the family Telephoridae. Proceedings of the Zoological Society, 1889: 96-111.

Gorham H S. 1892a. Coleoptera from Central China and the Korea. The Entomologist (Supplement), London, 25(4): 81-85.

Gorham H S. 1892b. Viaggio di Leonardo Fea in Birmania e regione vicine XLVIII. Cleridae. Annali del Museo Civico di Storia Naturale di Genova, 32: 718-746.

Gorham H S. 1896. Viaggio di Leonardo Fea in Birmania e regioni vicine. LXIX. Languriidae, Erotylidae, and Endomychidae. Annali del Museo civico di storia naturale di Genova, 36: 257-302.

Gory H L, Laporte F L N de Caumont de Castelnau. 1839. Histoire Naturelle et Iconographie des Insectes Coléoptères, Publiée par Monographies Séparées. Monographie de la Tribu des Buprestides. Tome II (livraisons 25-35). Paris: P Duménil, 1-40 (genera paginated separately).

Gozis M des. 1881. Quelques rectifications synonymiques touchant différents genres et espéces de coléoptères français. Bulletin des Séances de la Société Entomologique de France, 1881: cxxvi-cxxvii, cxxxiv-cxxxv.

Gozis M P de. 1875. Catalogue des coléoptères de France et de la faune gallo-rhénane. Monluçon: Crépin-Leblond, 108.

Gozis M P de. 1886. Recherche de l'espèce typique de quelques anciens genres. Rectifications synonymiques et notes diverses. Monluçon: Herbin, 36.

Gravely F H. 1915. Zoological results of the Abor Expedition, 1911-12. XLII. Coleoptera IX: Tenebrionidae. Records of the Indian Museum, 8: 519-536.

Gray G. 1832. The class insecta arranged by the Baron Cuvier, with supplementary additions to each order by Edward Griffith, F.L.S., A.S., & C. and Edward Pidgeon, Esq. and notices of new genera and species by George Gray, Esq. London: Whittaker, Treacher, and Co., 570.

Gressitt J L. 1941. Rhipiphoridae from south China (Coleoptera). Annals of the Entomological Society of America, 34: 525-536.

Grouvelle A. 1876. [Nouvelles espèces de cucujides.] Bulletin de la Société Entomologique de France, 1876: xxxii-xxxiii.

Grouvelle A. 1905. Clavicornes nouveaux du Musee civique de Genes. Genova, Ann. Museo Civ. St. Nat., 42: 308-333.

Grouvelle A. 1908. Coléoptères de la région indienne. Rhysodidae, Trogositidae, Nitidulidae, Colydiidae, Cucujidae. (1er mémoire). Annales de la Société Entomologique de France, 77 [1908-1909]: 315-495, pls. 6-9.

Grouvelle A. 1916. Études sur les coléoptères. III - Descriptions d'espèces nouvelles de Cryptophagidae. Mémoires Entomologiques, 1: 30-79.

Grouvelle A. 1919. Études sur les coléoptères. VI. - Descriptions de genres nouveaux et d'espèces nouvelles de Cryptophagidae. Mémoires Entomologiques, 2 [1917]: 70-203.

Guérin-Méneville F E. 1834. Iconographie du règne animal de G. Cuvier, ou représentation d'après la nature de l'une des espèces les plus remarquables et souvent non encore figurées, de chaque genre d'animaux. Avec un texte descriptif mis au courant de la science. Ouvrage pouvant servir d'atlas à tous les traités de zoologie. Iconographie du règne animal de G. Cuvier. II. Planches des animaux invertébrés. Insectes. Paris: J B Bailière, 110.

Guérin-Méneville F E. 1838. Note sur le genre de Coleopteres clavicornes, nommé par Latreille Globicornis, et description d'une espéce nouvelle de ce genre. Revue Zoologique, par la Société Cuvierienne, Paris 1: 135-139.

Guérin-Méneville F E. 1844 [1829-1844]. Iconographie du Règne Animal de G. Cuvier, ou Representation d'Après Ia Nature de Vune des Espéces les plus Remarquables et Souvent non encore Figur ées, de Chaque Genre d'Animaux. Avec un Texte Descriptifmis au Couraní de Ia Science. Ouvrage Pouvant Servir d'Ailas a Fous les Traités de Zoologie. III. Texte Explicatif. Insectes. Paris: J. B. Baillière, 576. [issued in parts]

Guérin-Méneville F E. 1857. Matériaux pour une Monographie des Coléoptères du Group des Eumorphides et Plus Spécialement du Genre *Eumorphus*. 237-280. *In*: Thompson J (ed), Archives Entomologiques ou Recueil Contenant des Illustrations d'Insectes Nouveaux ou rares. Tome Premier. Paris: Société Entomologique de France, 512 + (1)., xxi pls.

Gunter N L, Levkaničová Z, Weir T H, Ślipiński A, Cameron S L, Bocak L. 2014. Towards a phylogeny of the Tenebrionoidea (Coleoptera). Molecular Phylogenetics and Evolution, 79: 305-312.

Gurjeva E L. 1972. Novye vidi shchelkunov (Coleoptera, Elateridae) fauny SSSR i sopredel'nykh stran [New species of click beetles (Coleoptera, Elateridae) from the USSR and adjacent territories]. Trudy Zoologicheskogo Instituta Akademii Nauk SSSR, 52: 299-308.

Gurjeva E L. 1973. Novaya triba zhukov-shchelkunov *Megapentini tribus* N. (Coleoptera, Elateridae) [A new tribe of click-beetles *Megapenthini tribus* N. (Coleoptera, Elateridae)]. Zoologichesky Zhurnal, 52(3): 448-451.

Gurjeva E L. 1974. Stroenie grudnogo otdela zhukov-shchelkunov (Coleoptera, Elateridae) I znachenie ego priznakov dlya sistemy semeistva [Thoracic structure of click beetles (Coleoptera, Elateridae) and the significance of the structural characters for the system of the family]. Entomologicheskoe Obozrenie, 53(1): 96-113.

Gurjeva E L. 1989. Zhuki-shchelkuni (Elateridae). Podsemeistvo Athoinae, triba Ctenicerini. [Click-beetles (Elateridae). Subfamily

Athoinae, tribe Ctenicerini]. Fauna SSSR, Novaya Seriya, No. 136, Zhestkokriliye Vol. 12(3). Leningrad: Nauka, 295.

Gyllenhal L. 1808. Synonymia Insectorum, oder: versuch einer synonymie aller bisher bekannten Insecten, nach Fabricii Systema Eleutheratorum geordnet von C. J. Schönherr. Erster Band, Eleutherata oder Käfer. Zweiter Theil. Stockholm: C F Marquard, 424.

Gyllenhal L. 1817. Elater. *In*: Schönherr C J (ed), Appendix ad C. J. Schönherr. Synonymia Insectorum, Tom. 1. Pars 3. Sistens descriptiones novarum specierum. Scaris: Officina Lewerentziana, 266.

Gyllenhal L. 1827. Insecta Suecica descripta: Classis I. Coleoptera sive Eleuterata. Tomi 1. Pars Ⅳ. Cum appendice ad partes priores. Lipsiae: F. Fleischer, viii + [2] + 761 + [I].

Haag-Rutenberg G J. 1880. Beiträge zur Kenntniss der Canthariden. Deutsche Entomologische Zeitschrift, 24: 17-90.

Hampe C. 1853. Nachtrag zum Kaferverzeichnisse Siebenburgens. Verhandlungen und Mittheilungen des Siebenbiirgischen Vereins der Naturwissenschaften zu Hermannstadt, 4: 222-224.

Harold E D E. 1875. Verzeichnis der von Herrn T. Lenz in Japan gesammelten Coleopteren. Abhandlungen vom Naturwissenschaftlichen Vereins zu Bremen, 4: 283-296.

Harold E V. 1875. Geänderte Namen. Coleopterologische Hefte, 13: 185.

Harold E V. 1878. Beiträge zur Käferfauna von Japan (Viertes Stück). Deutsche Entomologische Zeitschrift, 22: 65-88.

Harold E V. 1879. Beitrage zur Kenntniss der Languria-Arten aus Asien und Neubolland. Mittheilungen des Münchener Entomologischen Vereins, 3: 46-94.

Hayek C M F von. 1973. A reclassification of the subfamily Agrypninae (Coleoptera: Elateridae). Bulletin of the British Museum (Natural History) Entomology, 20 (Suppl.): 1-309.

Hayek C M F von. 1979. Additions and corrections to 'A reclassification of the subfamily Agrypninae (Coleoptera: Elateridae)'. Bulletin of the British Museum (Natural History) Entomology, 38(5): 183-261.

Hayek C M F von. 1990. A reclassification of the *Melanotus* group of genera (Coleoptera: Elateridae). Bulletin of the British Museum (Natural History) Entomology, 59(1): 37-115.

Heberdey R F. 1938. Neue Anthiciden aus Ostasien. Entomologisches Nachrichtenblatt, 12: 161-164.

Heberdey R F. 1942. Revision der palaarktischen Arten der Gattung *Mecynotarsus* Laf. (Coleopt. Anthicidae). Mitteilungen der Munchener Entomologischen Gesellschaft, 32: 445-486.

Heer O. 1841. Fauna Coleopterorum Helvetica. Pars 1 (3). Turici: Orelii, Fuesslini et Sociorum, 361-652.

Heller K M. 1918. Philippinische Languriinae. Wiener Entomologische Zeitung, 37: 25-33.

Heller K M. 1923. Die Coleopterenausbeute der Stötznerschen Sze-Tschwan-Expedition (1913-1915). Entomologische Blätter, 19: 61-79.

Hentz N M. 1830. Remarks on the use of the maxillae in coleopterous insects, with an account of two species of the family Telephoridae, and of three of the family Mordellidae, which ought to be type of two distinct genera. Transactions of the American Philosophical Society, Philadelphia, 2: 458-463, pl. 15.

Herbst J F W. 1792. Natursystem Aller Bekannten in- und Ausländischen Insecten, als eine Fortsetzung der von Büffonschen Naturgeschichte. Der Käfer Vierter Theil. Berlin: J Pauli, viii + 197., 12 pls.

Herbst J F W. 1793. Natursystem aller Bekannten in- und Auslandischen Insecten, als eine Fortsetzung der von Büffonschen Naturgeschichte. Der Kâferfünfter Theil. Berlin: Paulischen Buchhandlung, xvi + 392., 16 pls.

Herbst J F W. 1797. Natursystem Aller Bekannten in- und Ausländischen Insekten, als eine Fortsetzung der von Buffonschen Naturgeschichte. Der Käfer Siebenter Theil. Berlin: Geh. Commerzien-Raths Pauli, xi + 346.

Heyden L F J D von. 1887. Verzeichniss der von Herrn Otto Herz auf der chinesischen Halbinsel Korea gesammelten Coleopteren. Horae Societatis Entomologicae Rossicae, 21: 243-273.

Heyden L F J D von, Reitter E, Weise J. 1906. Catalogus Coleopterorum Europae, Caucasi et Armeniae Rossicae, Editio Secunda. Berlin: R Friedlander & Sohn, E Reitter, Revued' Entomologie, [8] + 750 columns + 750-775.

Heyden L V. 1887. Verzeichniss der von Herrn Otto Herz auf der Chinesisohen Halbinsel Korea gesammelten Coleopteren. Horae

Societatis Entomologicae Rossicae, 21: 243-273.

Hicker R. 1960. Neue Arten aus der Familie Cantharidae (Col.). Zeitschrift der Arbeitsgemeinschaft Österreichischer Entomologen, 12: 78-81.

Hinks W D. 1950. Coleopterorum Catalogue Supplementa. Pars 23. Gravenhage: W. Junk, 373.

Hinton H E. 1941. A new *Atomaria* from mushroom-beds in South Africa (Col., Cryptophagidae). Bulletin of Entomological Research, 32: 133-134.

Hinton H E. 1945. A Monograph of the Beetles Associated with Stored Products. Volume 1. London: Order of the Trustees of the British Museum, viii + 443.

Hisamatsu S. 1956. The Nitidulidae of the Amami Islands south of Kyushu, Japan (Coleoptera). Memoirs of the Ehime University, Matsuyama, 1(6): 163-169.

Hisamatsu S. 1963. *Carpophilus hemipterus* and its Allied species (Col., Nitidulidae). Entomological Review of Japan, 15: 59-62, pl. 8. [in Japanese with English summary]

Hoàng D N. 1982. Coccinellidae of Vietnam. Part Ⅰ. Hanoi: Nha Xuat ban Khoa hoc vaky thuat, 211.

Holyński R. 2003. New subgenus and five new species of Agrilinae CAST. (Coleoptera, Buprestidae) from the Indo-Pacifia and Austrilian regions. Annals of the Upper Silesian Museum in Bytom Entomology, 12: 15-27.

Hope F W. 1831. Synopsis of the New Species of Nepaul Insects in the Collection of Major General Hardwicke. 21-32. *In*: Gray J E (ed), The Zoological Miscellany. Vol. 1. London: Treuttel, Wurtz and Co., 40.

Hope F W. 1833. On the characters of several new genera and species of Coleopterous insects. Proceedings of the Zoological Society of London, 1: 61-64.

Hope F W. 1834. Characters and descriptions of several new genera and species of cleopterous insects. Transactions of the Zoological Society of London, 1: 91-112.

Hope F W. 1837. Description of various new species of insects found in Gum Animè. Transactions of the Entomological Society of London, 2: 52-57.

Hope F W. 1842. A monograph on the coleopterous family Phyllophoridae. Proceedings of the Zoological Society of London, 10: 73-79.

Hope F W. 1843. Description of the coleopterous insects sent to England by Dr. Cantor from Chusan and Canton, with observation on the entomology of China. The Annals and Magazine of Natural History, 11(6): 62-66.

Hope F W. 1845. On the entomology of China, with descriptions of the new species sent to England by Dr. Cantor from Chusan and Canton. Transactions of the Entomological Society of London, 4[1845-1847]: 4-17, 1 pl.

Hua L Z. 2002. Family Trictenotomidae. 150. *In*: Hua L Z (ed), List of Chinese Insects (Vol. Ⅱ). Guangdong: Zhongshan (San Yat-sen) University Press, 612.

Hyslop J A. 1921. Genotypes of the Elaterid beetles of the World. Proceedings U. S. National Museum, 58(2353): 621-680.

Iablokoff-Khnzorian S M. 1974. Novyy rod i vid zhestkokrylykh-shchelkunov iz Armenii (Coleoptera, Elateridae). Doklady Akademii Nauk Armyanskoj SSR, 58(1): 52-55.

Iablokoff-Khnzorian S M. 1978. Dva novykh vida zhestkokrylykh-kokcinellid iz Vostochnoy Azii (Coleoptera, Coccinellidae). Doklady Akademii Nauk Armyanskoy SSR, 67: 180-183.

Iga M. 1950. On the genus Teneroides Gahan (1910) from Japan (Coleoptera: Cleridae). Entomological Review of Japan, 5 (1): 31-34.

Illiger J C W. 1800. Vierzig neue Insekten aus der Hellwigschen Sammlung in Braunschweig. Archiv für Zoologie und Zootomie (Wiedemann), 1(2): 103-150.

Illiger J C W. 1801. Namen der Insekten-Cattungen, ihr Genitiv, ihr grammatisches Geschlecht, ihr Silbenmass, ihr Herleitung; zugleich mit den Deutschen Benennungen. Magazin für Insektenkunde, 1: 125-155.

Jäch M A, Kodada J. 2006. Elmidae. 60-61. *In*: Löbl I, Smetana A (ed), Catalogue of Palaearctic Coleoptera. Volume 3. Scarabaeoidea-Scirtoidea-Dascilloidea-Buprestoidea-Byrrhoidea. Stenstrup: Apollo Books, 690.

Jäch M A, Kodada J, Ciampor F. 2006. Elmidae. 432-440. *In*: Löbl I, Smetana A (ed), Catalogue of Palaearctic Coleoptera. Volume 3.

Scarabaeoidea-Scirtoidea-Dascilloidea-Buprestoidea-Byrrhoidea. Stenstrup: Apollo Books, 690.

Jacobson G G. 1911. Zhuki Rossii i Zapadnoy Evropy. Rukovodstvo k opredeleniyu zhukov. Vypusk 9. St-Pétersburg: A. F. Devrjen, 641-720.

Jacobson G G. 1913 [1905-1916]a. Die Käfer Rußlands und Westeuropas [Beetles of Russia and Western Europe]. St. Peterburg: A. F. Devrien, 1024. (The part dealing with the Elateridae was published in 1913).

Jacobson G G. 1913a. Zhuki Rossii i Zapadnoy Evropy. Vypusk 10. St. Petersburg: A F Devrien, [2] + 721-864, pls. 76-83.

Jacobson G G. 1913b. Zhuki Rossij i Zapadnoi Evropy II. 721-864. *In*: Devrien A F (ed), Die Kafer Russlands und Westeuropas. St. Petersburg: Life IX, 1024.

Jacobson G G. 1915. Zhuki Rossii i zapadnoy Evropy. Rukovodstvo k opredeleniu zhukov. Vypusk 11. St-Péterbourg: A F Devrjen, 865-1024.

Jacquelin du Val C. 1861. Manuel Entomologique. Genera des Coleopteres d'Europe Comprenant leur Classifiaction en Families Naturelies, la Description de tous les Genres, des Tableaux Synoptiques Destines a Faciliter l'Etude, le Catalogue de toutes les Especes de Nombreux Dessins au trait de Characteres et plus de Treize Cents Types Representant un ou Plusieurs Insectes de Chaque Genre Dessineset Peints d'Apres Nature avec le plus Grand soin par M Jules Migneaux. Tome Troisieme. Paris: A Deyrolle Deyrolle [1859-1863, 464 + 200., 100 pls.].

Jacquelin du Val C, Fairmaire L, Migneaux J. 1859-1863. Manuel Entomologique. Genera des Coléoptères d'Europe comprenant leur classification en familles naturelles, la description de tous les genres, des Tableaux synoptiques destinés à faciliter l'étude, le Catalogue de toutes les espèces, de nombreux dessins au trait de caractères. T. 3. Paris: A. Deyrolle, 1-464 + 125-200, 100 pls.

Jacquelin du Val P N C. 1859. Corylophides. 228-237; Lathridiides. 240-249; Dermestides. 253-261. *In*: Manuel Entomologique. Genera des coleopteres d'Europe comprenant leur classification en familles naturelles, la description de tous les genres, des tableaux synoptiques destines afaciliter ['etude, Ie catalogue de toutes les especes, de nombreux dessins au trait de caracteres. Tome deuxieme. Paris: A. Deyrolle, 285+ (4) + [54-122, Catalogue] + [2]., 67 pls. [issued in parts, Catalogue separately]

Jagemann E. 1943. Notulae elaterologicae (Ⅰ.- Ⅱ.). Entomologické Listy, 6: 98-102.

Jakowlew B E. 1897. Espèces nouvelles du genre *Meloë* (subg. *Proscarabaeus* Steph.) de la Sibérie orientale. Horae Societatis Entomologicae Rossicae, 31: 248-252.

Jedlička A. 1965. Neue Carabiden aus Nepal (Coleoptera). Khumbu Himall, 1: 98-107.

Jelínek J. 1975. Revision of the genus *Glischrochilus* Reitter from the Oriental region and China (Coleoptera, Nitidulidae). Acta Entomologica Bohemoslovaca, 72: 127-144.

Jelínek J. 1978. Ergebnisse der Bhutan-Expedition 1972 des Naturhistorischen Museums in Basel. Coleoptera: Fam. Nitidulidae. Entomologica Basiliensia, 3: 171-218.

Jelínek J. 1986. A new Species of *Carpophilus* from Asia Related to *C. delkeskampi* (Coleoptera, Nitidulidae). Acta Entomologica Bohemoslovaca, 83: 455-464.

Jin Z Y, Ślipiński A, Pang H. 2013. Genera of Dascillinae (Coleoptera: Dascillidae) with a review of the Asian species of *Dascillus* Latreille, *Petalon* Schonherr and *Sinocaulus* Fairmaire. Annales Zoologici, 63(4): 551-652.

Johnson C. 1971. Atomariinae (Col. Cryptophagidae) from the northern parts of the Indian sub-continent, with descriptions of seven new species. The Entomologist's Monthly Magazine, 107 [1970]: 224-232.

Johnson C. 1989. Studies on the genus *Corticaria* Marsham (Coleoptera: Latridiidae), Part 3. Entomologist's Gazette, 40: 79-90.

Johnson C. 2007. Family Latridiidae Erichson, 1842. 635-648. *In*: Löbl I, Smetana A (ed), Catalogue of Palaearctic Coleoptera. Volume 4. Elateroidea-Derodontoidea-Bostrichoidea-Lymexyloidea-Cleroidea-Cucujoidea. Stenstrup: Apollo Books, 935.

Joy N H, Tomlin J R, Ie B. 1910. *Enicmus histrio*, sp. nov.: a beetle new to Britain. The Entomologist's Monthly Magazine, 46: 250-252.

Kalík V, Ohbayashi N. 1985. *Anthrenus nipponensis*, a new dermestid beetle (Coleoptera, Dermestidae) from Japan, Korea and China. Elytra, 13: 75-79.

Kamiya H. 1959. A revision of the tribe Chilocorini of Japan and the Loochoos (Coleoptera: Coccinellidae). Kontyu, 27(2): 99-105.

Kamiya H. 1961. A revision of the tribe Scymnini from Japan and the Loochoos (Coleoptera: Coccinellidae). Part II. Genus *Scymnus* (Subgenus *Pullus*). Journal of the Faculty of Agriculture, Kyushu University, 11(3): 303-330.

Kamiya H. 1965. Tribe Scymnini (Coleoptera: Coccinellidae) from "Formosa" collected by Prof. T. Shirôzu. Special Bulletin of Lepidopterological Society of Japan, 1: 75-82.

Kano T. 1929. Four new species of buprestid beetles from Japan. Lansania (Tokyo), 1: 94-96.

Kapur A P. 1948. On the Old World species of the genus *Stethorus* Weise (Col. Cocc.). Bulletin of Entomological Research, 39: 297-320.

Kaszab Z. 1941. Tenebrioniden aus "Formosa" (Col.). Stettiner Entomologische Zeitung, 102: 51-72.

Kaszab Z. 1946. Monographie der Leioehrinen. Budapest: Ungarisches Naturwissenschaftliches Museum, 221., 1 pl.

Kaszab Z. 1952a. Die indomalaischen und ostasiatischen Arten der Gattung *Gonocephalum* Solier (Coleoptera Tenebrionidae). Entomologisehe Arbeiten aus dem Museum G. Frey, 3: 416-688.

Kaszab Z. 1952b. Die Paläarktischen und Orientalischen Arten der Meloiden-Gattung *Epicauta* Redtb. Acta Biologica Academiae Scientiarum Hungaricae, 3(4): 573-599.

Kaszab Z. 1952c. Neue Epicautinen (Col. Meloidae) aus der Orientalischen Region. Entomologische Arbeiten aus dem Museum G. Frey, 3: 79-89.

Kaszab Z. 1953. The 3rd Danish expedition to central Asia. Zoological results 11. Meloiden (Insecta) aus Afghanistan. Videnskabernas Meddelelser fra Dansk Naturhistorisk Forening i København, 115: 305-311.

Kaszab Z. 1954. Über die von Herrn J Klapperich in der chinesischen Provinz Fukien gesammelten Tenebrioniden (Coleoptera). Annales Historico-Naturales Musei Nationalis Hungarici (S. N.), 5: 248-264.

Kaszab Z. 1957. Weitere neue Tenebrioniden aus Fukien. Bonner Zoologische Beiträge, 1: 56-63.

Kaszab Z. 1960. Wissenschaftliche Ergebnisse der chinesisch-söwjetischen zoologischen Expedition nach SW. China Meloidae (Coleoptera). Annales Historico-Naturales Musei Nationalis Hungarici, 52: 255-263.

Kaszab Z. 1961a. Revision der tenebrioniden-gattung *Derispia* Lewis (Coleoptera). Acta Zoologica Academiae Scientiarum Hungarica, 7: 139-184.

Kaszab Z. 1961b. Neue arten der gattung *Leiochrodes* Westwood (Coleoptera: Tenebrionidae). Acta Zoologica Academiae Scientiarum Hungarica, 7: 433-466.

Kaszab Z. 1968. Tenebrionidae und Meloidae (Coleoptera) gesammelt vou M Mroczkowskii und A Riedel im Jahre 1965. Annales Zoologici Warszawa, 26(2): 7-14.

Kaszab Z. 1983. Synonymie indoaustralischer und neotropischer Tenebrioniden (Coleoptera). Acta Zoologica Academiae Scientiarum Hungaricae, 29(1-3): 129-138.

Kaszab Z. 1988. Katalog und Bestimmungstabelle der Gattung *Promethis* Pascoe, 1869 (Coleoptera, Tenebrionidae). Acta Zoologica Hungarica, 34(2-3): 67-170.

Kazantsev S, Brancucci M. 2007. Cantharidae. *In*: Löbl I, Smetana A (ed), Catalogue of Palaearctic Coleoptera, Vol. 4. Stenstrup: Apollo Books, 234-298.

Kerremans C. 1895. Buprestides d'Indo-Malais. Annales de la Société Entomologique de Belgique, 39: 192-224.

Kerremans C. 1900. Mémoires de la Société Entomologique de Belgique. Contribution a l'etude de la faune entomologique de Sumatra (Côte ouest-Vice-résidence de Païnan). Chasses de M J L Weyers VI. Buprestides, 7: 1-60.

Kerremans C. 1912. H Sauter's "Formosa"-Ausbeute. Buprestiden. Archiv für Naturgeschichte, 78(A)7: 203-209.

Kerremans C. 1914. Monographie des Buprestides. Tome VII. *Sphenoptera* (fin). Bruxelles: A Breuer, 320.

Kiesenwetter E A H von. 1879. Uber buprestiden vom amur. Deutsche Entomologische Zeitschrift, 23: 253-256.

Kiesenwetter H von. 1857-1863. Naturgeschichte der insecten Deutschland. Erste abtheilung. Coleoptera vierter band. Col. 4. Berlin: Nicolaische Verlagsbuchhandlung, 746. [issued in parts, 1-178 in 1857; 179-386 in 1858; 387-570 in 1860; 571-745 in 1863]

Kirby W. 1819. A century of insects, including several new genera described from his cabinet. Transactions of the Linnean Society of London, 12: 375-453.

Kirby W. 1837. The Insects. 237-238. *In*: Richardson J (ed), Fauna Boreali-Americana; or the Zoology of the Northern Parts of British America: Containing Descriptions of the Objects of Natural History Collected on the Late Northern Land Expedition, Under the Command of Captain Sir John Franklin, R N. Norwich: Josian Flechter, xxxix + 325.

Kirejtshuk A G. 1984. New taxa of Nitidulidae (Coleoptera) from the Indo-Malayan fauna. Annales HistoricoNaturales Musei Nationalis Hungarici, 76: 169-195.

Kirejtshuk A G. 1987. Novye taksony zhukov-blestyanok (Coleoptera, Nitidulidae) vostochnogo polushariya (Chast'l) *Omosita nearctica* sp. n., vikariruyushchii s palearkticheskim *O. colon* (L.) [New taxa of nitidulid beetles (Coleoptera, Nitidulidae) of eastern hemisphere (Part Ⅰ). *Omosita nearctica* sp. n., vicariant of Palaearctic *O. colon* (L.)]. Trudy Zoologicheskogo Instituta Akademii Nauk SSSR, 164: 63-94.

Kirejtshuk A G. 1990. New taxa of the Nitidulidae (Coleoptera) of the Eastern Hemisphere. Part 4. Trudy Zoologicheskogo Instituta, 211: 84-103.

Kirejtshuk A G. 1992. 59, 61. Sem. Nitidulidae - Blestyanki. 114-209; 60. Sem. Kateretidae - Kateretidy. 210-216. *In*: Ler P A (ed), Opredelitel'nasekomykh Dal'nego Vostoka SSSR v shesti tomakh. Tom Ⅲ. Zhestkokrylye, ili zhuki. Sankt-Petersburg: Nauka, 704.

Kirejtshuk A G. 2000. On orgina and early evolution of the superfamily Cucujoidea (Coleoptera, Polyphaga). Comments on the family Helotidae. The Kharkov Entomological Society Gazete, 8(1): 9-38.

Kirejtshuk A G. 2008. A current generic classification of sap beetles (Coleoptera, Nitidulidae). Zoosystematica Rossica, 17: 107-122.

Kishii T. 1958. Snappers from Kyûshû-district, Japan, collected by Prof. Takashi Shirôzu. The Entomological Review of Japan, 9(1): 27-32.

Kishii T. 1964. Elateridae of islands Awa-shima, Hegura-jima and Nanatsujima. The snappers of islands (Ⅳ). Bulletin of the Heian High School, (8): 1-38.

Kishii T. 1976. Some new forms of Elateridae in Japan (Ⅺ). Bulletin of the Heian High School, (20): 47-56.

Kishii T. 1985. Some new forms of Elateridae in Japan (ⅩⅦ). Bulletin of the Heian High School, (29): 1-30.

Kishii T. 1987. A taxonomic study of the Japanese Elateridae (Coleoptera), with the keys to the subfamilies, tribes and genera. Kyôto, Japan: Privately Published, 1-262.

Kishii T. 1990. Taiwanese Elateridae collected by Mr. M. Yagi, with the descriptions on some new taxa (Coleoptera). The Entomological Review of Japan, 45(1): 11-27.

Kishii T. 1993a. Taiwanese Elateridae collected by Mr. M. Yagi in 1991, with the description on some new taxa (Coleoptera). The Entomological Review of Japan, 48(1): 15-34.

Kishii T. 1993b. Elaterid-beetles from North Korea (Coleoptera, Elateridae). The Entomological Review of Japan, 48(2): 92.

Kishii T. 1998. Elaterid beetles of the Mie Prefecture (3). Nejirebane, (80): 1-6.

Kishii T, Jiang S H. 1994. Notes on the Chinese Elateridae Ⅰ (Col.). The Entomological Review of Japan, 49(2): 87-102.

Kishii T, Jiang S H. 1996a. Notes on the Chinese Elateridae Ⅱ (Col.). The Entomological Review of Japan, 50(2): 131-152.

Kishii T, Jiang S H. 1996b. Notes on the Chinese Elateridae Ⅲ (Col.). The Entomological Review of Japan, 51(2): 97-102.

Kishii T, Ôhira H. 1956. Snappers of Niigata-Prefecture, especially on the collection by Dr. Kintaro Baba, with the descriptions of some new forms. Akitu, 5(3): 71-84.

Kitano T. 2010. Notes on *Pullus akonis* Ohta and *Pullus tainanensis* Ohta (Coleoptera, Coccinellidae). Japanese Journal of Systematic Entomology, 16(1): 169-172.

Klug J C F. 1833. Bericht über eine auf Madagascar veranstaltete Sammlung von Insecten aus der Ordnung Coleoptera. Abhandlungen der Königlichen Akademie der Wissenschaften in Berlin, 19 [1832-1833]: 71-223, 5 pls.

Klug J C F. 1842. Versuch Einer Systematischen Bestimmung und Auseinandersetzung der Gattungen und Arten der Clerii, einer Insectenfamilie aus der Ordnung der Coleopteren. Berlin: Königliche Akademie der Wissenschaften zu Berlin, 397., 2 pls.

Kolbe H J, Prillwitz N. 1897. Coleopteren: die Käfer Deutsch-Ost-Afrikas; mit 4 Tafeln. Reimer: 1-368.

Kolibáč J. 2007. Family Trogossitidae Latreille, 1802. 364-366. *In*: Löbl I, Smetana A (ed), Catalogue of Palaearctic Coleoptera.

Volume 4. Elateroidea-Derodontoidea-Bostrichoidea-Lymexyloidea-Cleroidea-Cucujoidea. Stenstrup: Apollo Books, 935.

Kollar V. 1844. Elateridae. *In*: Kollar V, Radtenbacher L (ed), Aufzählung und Beschreibung der von Freiherrn Carl von Hügel auf seiner Reise durch Kaschmir und das Himaleyagebirge gesammelten Insekten: 393-564.

Kôno H. 1928. Die Mordelliden Japans. Transaction of Sapporo Natural History Society, 10: 31-46.

Kôno H. 1929. Die Lagriiden Japans (Col.). Insecta Matsumurana, 4: 25-35.

Kôno H. 1932. Die Mordelliden Japans. Transaction of Sapporo Natural History Society, 12: 152-160, 1 pl.

Kôno H. 1935. Die Mordelliden Japans. Transaction of Sapporo Natural History Society, 14: 123-130.

Kôno H. 1936. Neue und wenig bekannte Käfer Japans. Ⅰ. Insecta Matsumurana, 10(3): 87-98.

Kôno H. 1939. Helotidae of Japan, Korea, and "Formosa" (Coleoptera). The Philippine Journal of Sciences, 69(2): 157-160.

Korschefsky R. 1931. Coccinellidae Ⅰ. *In*: Junk W, Schenkling S (ed), Coleopterorum Catalogus Pars 118. Berlin, 1-224.

Korschefsky R. 1932. Coccinellidae Ⅱ. *In*: Junk W, Schenkling S (ed), Coleopterorum Catalogus Pars 120. Berlin, 1-659.

Kovář I. 1997. Revision of the genera *Brumus* Muls. and *Exochomus* Redtb. (Coleoptera: Coccinellidae) of the Palaearctic region. Part Ⅰ. Acta Entomologica Musei Nationalis Pragae, 44: 5-124.

Kraatz G. 1879. Neue Käfer vom Amur. Deutsche Entomologische Zeitschrift, 23: 121-144.

Kraatz G. 1894. Ergänzende bemerkungen zu Escherich's monographisher studie über *Trichodes* Herbst. Deutsche Entomologische Zeitschrift, 1894: 113-136.

Kraatz G. 1899a. Einige Bemerkungen zu Gorham's Aufsatz von 1896: Languridae in Birmania et regione vicina a Leonardo Fea collectae. Deutsche Entomologische Zeitschrift, 2: 345-352.

Kraatz G. 1899b. Verzeichnissder von Herrn Weyers in Sudwest Sumatra gesammelten Languriidae. Annales de la Société Entomologique de Belgique, 43: 218-219.

Kraus E J. 1911. Revision of the powder-post beetles of the family Lyctidae of the United States and Europe. United States Department of Agriculture Entomology. Technical Bulletin, 20: 111-138.

Krekich-Strassoldo H von. 1914. Neue Anthiciden und Mitteilungen uber die Verbreitung bekannter Anthiciden. Wiener Entomologische Zeitung, 33: 1-14.

Krekich-Strassoldo H von. 1931. Beitrage zur Kenntnis indischer Anthiciden Ⅱ. Folia Zoologia et Hydrobiologia, 3: 1-41.

Kubáň V. 1995. Palaearctic and Oriental Coraebini (Coleoptera: Buprestidae). Part II. Entomological Problems, 26(2): 93-109.

Kubáň V. 2006. Tribe Poecilonotini Jacobson, 1913. 350-352. *In*: Löbl I, Smetana A (ed), Catalogue of Palaearctic Coleoptera. Volume 3. Scarabaeoidea-Scirtoidea-Dascilloidea-Buprestoidea-Byrrhoidea. Stenstrup: Apollo Books, 690.

Kugelann J G. 1792. Verzeichniss der in einigen gegenden preussens bis jetzt entdeckten käfer-arten, nebst kurzen nachrichten von denselben. Fortsetzung. Neuestes Magazin für die Liebhaber der Entomologie, 1: 477-512.

Kugelann J G. 1794. Verzeihniss der in einigen Gegenden Preussens bis jetzt entdeckten Kaferarten, nebst kurzen Nachrichten von denselben. Neuestes Magazin for die Liebhaber der Entomologie, 1(5): 513-582.

Kurosawa Y. 1951. On a new leaf mining Buprestid beetle from Japan. Entomological Review of Japan, 5: 73-74.

Kurosawa Y. 1954. Buprestid-fauna of Eastern Asia (2). Bulletin of the National Science Museum (Tokyo), 1: 82-93.

Kurosawa Y. 1957. Buprestid-fauna of Eastern Asia (4). (Coleoptera). Bulletin of the National Science Museum (Tokyo), 3(3): 183-194.

Kurosawa Y. 1959. A revision of the leaf-mining Buprestid-beetles from Japan and the Loo-Choo Islands. Bulletin of the National Science Museum (Tokyo), 4: 202-268.

Kurosawa Y. 1963. Buprestid-fauna of Eastern Asia (5). (Coleoptera). Bulletin of the National Science Museum (Tokyo), 6: 90-111.

Kurosawa Y. 1976. Notes on the Oriental species of the Coleopterous family Buprestidae (Ⅱ). Bulletin of the National Science Museum (Tokyo) series A, Zoology, 2(2): 129-136.

Kurosawa Y. 1985. Notes on the oriental species of the Coleopterous family Buprestidae. (Ⅳ). Bulletin of the National Science Museum (Tokyo) Series A, Zoology, 11: 141-170.

Kuzin V S. 1954. K poznanyyu systemy narybnikov (Coleoptera, Meloidae, Mylabrini). Trudy Vsesoyznogo Entomologicheskogo

Obshchestva, 44: 336-379. [in Russian]

Lacordaire J T. 1857. Histoire naturelle des insectes. Genera des Coleopteres, 4. Paris: Libraire encyclopédique de Roret, 579.

Lacordaire J T. 1859. Histoire Naturelle des Insectes. Genera des Coléoptères ou Exposé Méthodique et Critique de tous les Genres Proposés Jusqu'ici dans ce ordre d'Insectes. Tome Cinquième. Paris: Librairie Encyclopédique de Roret, première partie, 1-400., seconde partie, 401-750.

Lacordaire T. 1842. Monographie des Erotyliens, famille de L'ordre des Coléptères. Paris: 1-543.

Lacordaire T, Chapuis F. 1876. Histoire Naturelle des Insectes. Genera des Coléoptères ou Exposé Méthodique et Critique de tous les Genres Proposés Jusqu'ici dans cet ordre d'Insectes. Tome 12. Paris: Roret, 424.

LaFerté-Sénectère F T de. 1849. Monographie des Anthicus et genres voisins, coleopteres heteromeres de la tribu des Trachelides (1848). Paris: De Sapia, xxii + 340.

Laporte F L N de Caumont de Castelnau. 1832. Mémoire sur cinquante espèces nouvelles ou peu connues d'insectes. Annales de la Société Entomologique de France, 1: 386-415.

Laporte F L N de Caumont de Castelnau. 1836. Études entomologiques, ou descriptions d'insectes nouveaux et observations sur la synonymie. Revue Entomologique (G. Silbermann), 4: 5-60.

Laporte F L N de Caumont de Castelnau. 1838. Études entomologiques, ou descriptions d'insectes nouveaux et observations sur la synonymie. Revue Entomologique (G Silbermann), 4 [1836]: 5-60, 1 pl.

Laporte F L N de Caumont de Castelnau. 1840. Histoire naturelle des insectes, Coléoptères. Avec une introduction renfernant l'anatomie et la physiologie de animaux articulés, par M. Brullé. Tome Premier. Paris: P. Duménil, 1324.

Laporte F L N de Caumont de Castelnau, Brullé G A. 1831. Monographie du genre *Diaperis*. Annales des Sciences Naturalles, 23: 325-410, pl. 10.

Laporte F L N de Caumont de Castelnau, Gory H L. 1836. Histoire Naturelle De Iconographie Des Insectes Coléoptères, Publiée Par Monographies séparées. Monographie de la tribu des buprestides. Tome I. Paris: P Duménil, 248.

Latreille P A. 1796. Classe Premiere Coleopteres. Précis des caractères génériques des insectes, disposés dans un ordre naturel (1797). Brive: F. Bourdeaux, 1-78.

Latreille P A. 1797. Précis des Caractères Génériques des Insectes, Disposés dans un Ordre Naturel. Brive: F Bourdeaux, xiv + 201 + [7].

Latreille P A. 1802. Histoire Aaturelle, Générale et Particulière des Crustacés et des Insectes. Ouvrage Faisant Suite aux Oeuvres de Leclerc de Buffon, et Partie du Cours Complet d'Histoire Naturelle Rédigé par C S Sonnini, Membre de Plusieurs Sociétés Savantes. Tome Troisième. Paris: F Dufart, x + 467 + [1].

Latreille P A. 1804. Histoire Naturelle, Génerale et Particuliere des Crustaces et des Insectes. Ouvrage Faisant Suite aux Oeuvres de Leclerc de Buffon, et Partie du Cours Complet d'Histoire Naturelle Rédigé par C. S. Sonnini, Membre Deplusieurs Sociétés Savantes. Tome Neuvième. Paris: F. Dufart, 400 + [16]., pls. 74-80.

Latreille P A. 1829a. Crustacés, arachnides et partie des insectes. *In*: Cuvier G C L D (ed), Le Règne animal distribué d'aprés son organisation, pour servir de base à l'histoire naturelle des animaux et d'introduction à l'anatomie comparée. Nouvelle édition, revue et augmentée. Tome IV. Paris: Déterville, 1-584.

Latreille P A. 1829b. Suite et Fin des Insectes. *In*: Cuvier G (ed), Le Règne Animal Distribué d'Après son Organisation, pour Servir de Base a l'Histoire Naturelle des Animaux et d'Introduction à l'Anatomie Comparée. Nouvelle Édition, Revue et Augmentée. Tome V. Paris: Deterville, xxii + 556.

Latreille P A. 1834. Distribution méthodique et naturelle des genres de diverse tribus d'insectes Coléoptères, de la famille des Serricornes. Annales de la Societe Entomologique de France, 3: 113-170.

Laurent L. 1967. La sous-famille Tetralobinae (Coleoptera: Elateridae). Bulletin et Annales de la Société Royale Entomologique de Belgique, 103: 83-109.

Lawrence J F, Newton A F. 1995. Families and Subfamilies of Coleoptera (with Selected Genera, Notes, References and Data on Family-group Names). 779-1006. *In*: Pakaluk J, Ślipiński S A (ed), Biology, Phylogeny and Classification of Coleoptera: Papers

Celebrating the 80th Birthday of Roy A Crowson. Warszawa: Muzeum i Instytut Zoologii PAN, x + 1092.

Lawrence J F. 1977. The family Pterogeniidae, with notes on the phylogeny of the Heteromera. The Coleopterists Bulletin, 31(1): 25-56.

Leach W E. 1815. In Brewster: Articles on Entomology. Edinburgh Encyclopaedia, 1810(9): 57-172.

LeConte J L. 1857. The Coleoptera of Kansas and eastern New Mexico. Smithsonian Contribution (to Zoology), 11: 1-58.

Lee C F. 2007. Revision of family Helotidae (Coleoptera: Cucujoidea): Ⅰ. *gemmata* group of genus *Helota*. Annals of the Entomological Society of America, 100(5): 623-639.

Lee C F, Satô M. 2006. The Helotidae of Taiwan (Coleoptera: Cucujoidea). Zoological Studies, 45(4): 529-552.

Lee C F, Votruba P. 2013. Revision of the family Helotidae (Coleoptera: Cucujoidea): Ⅶ. The *attenuata* species group of the genus *Neohelota*. Annals of the Entomological Society of America, 106(2): 152-163.

Lee M H, Lee S, Lee S. 2020. Review of the subfamily Cryptarchinae Thomson, 1859 (Coleoptera: Nitidulidae) in Korea (Part I: genus *Glischrochilus* Reitter, 1873 and *Pityophagus* Shuckard, 1839). Journal of Asia-Pacific Biodiversity, 13: 349-357.

Lefebvre A. 1835. D'un coléoptère nouveau du genre Clerus sous ses divers états. Annales de Ia Société Entomologique de France, 4: 575-585.

Lefebvre A. 1838. Nouvelles diverses. Bulletin de Ia Société Entomologique de France, 1838: 13.

Leschen R A B, Wegrzynowicz P. 1998. Generic catalogue and taxonomic status of Languriidae (Cucujoidea). Annales Zoologici (Warsaw), 48(3-4): 221-243.

Leseigneur L. 2007. Family Throscidae Laporte, 1840. 88-89. *In*: Löbl I, Smetana A (ed), Catalogue of Palaearctic Coleoptera. Volume 4: Elateroidea-Derodontoidea-Bostrichoidea-Lymexyloidea-Cleroidea-Cucujoidea. Stenstrup: Apollo Books, 935.

Lesne P. 1895. Descriptions de genres nouveaux et d'especes nouvelles de Coleopteres de la famille des Bostrychides. Annales de la Societe Entomologique de France, 64: 169-178.

Lesne P. 1899. Revision des Coleopteres de la famille des Bostrychides. 3ᵉ Memoire. Bostrychinae. Annales de la Societe Entomologique de France, 67: 438-621.

Lesne P. 1901. Revision des Coleopteres de la famille des Bostrychides. 4ᵉ Memoire. Bostrychinae sens. strict. - Ⅱ. Les *Xylopertha*. Annales de la Societe Entomologique de France, 69: 473-639.

Lesne P. 1907. Un *Lyctus* Africain nouveau. (Col.). Bulletin de la Societe Entomologique de France, 1907: 302-303.

Lesne P. 1911. Notes sur les Coleopteres terediles. 6. Un Lyctidae palearctique nouveau. Bulletin du Museum National d'Histoire Naturelle (Paris), 17: 48-50.

Lewis G. 1873. Notes on Japanese Coccinellidae. Entomologists' Monthly Magazine, 10: 54-56.

Lewis G. 1879a. Diagnoses of Elateridae of Japan. Entomologist's Monthly Magazine, 16: 155-167.

Lewis G. 1879b. On certain new species of Coleoptera from Japan. The Annals and Magazine of Natural History, 4(5): 459-467.

Lewis G. 1881. A new species of Helotidae from Japan. The Entomologist's Monthly Magazine, 17: 255-256.

Lewis G. 1883. On three new species of Japan Erotylidae, and notes of others. The Entomologist's Monthly Magazine, 20: 139.

Lewis G. 1887. A list of fifty Erotylidae from Japan, including thirty-five new species and four new genera. The Annals and Magazine of Natural History, (5) 20: 60.

Lewis G. 1892. On the Japanese Cleridae. The Annals and Magazine of Natural History (6), 10: 183-192.

Lewis G. 1893. On the Buprestidae of Japan. The Journal of the Linnaean Society of London, Zoology, 24(154): 327-338.

Lewis G. 1894a. On the Elateridae of Japan. The Annals and Magazine of Natural History, (6)13: 26-48, 182-201, 255-266, 311-320.

Lewis G. 1894b. On the Tenebrionidae of Japan. The Annals and Magazine of Natural History, (6) 13: 377-400, 465-485, pl. XIII.

Lewis G. 1895a. On the Cistelidae and other Heteromerous species of Japan. The Annals of Natural History, 15(6): 422-448.

Lewis G. 1895b. On the Dascillidae and malacoderm Coleoptera of Japan. The Annals and Magazine of Natural History, 16(6): 98-122.

Lewis G. 1896a. On new species of Coleoptera from Japan, and notices of others. The Annals and Magazine of Natural History, 17(6): 329-343.

Lewis G. 1896b. On the Coccinellidae of Japan. Annals and Magazine of Natural History, 17(6): 22-41.

Li C S, Cook E F. 1961. The *Epilachninae* of Taiwan (Col.: Coccinellidae). Pacific Insects, Honolulu, 3(1): 31-91.

Li J, Ren G D. 2007. One new species and one new record species of the genus *Amblyopus* Lacordaire from China (Coleoptera, Erotylidae). Acta Zootaxonomica Sinica, 32(3): 547-549.

Linnaeus C von. 1758. Systema Naturae per Regna Tria Naturae, Secundum Classes, Ordines, Genera, Species, cum Characteribus, Differentiis, Synonymis, Locis. Editio Decima, Reformata. Tomus Ⅰ. Holmiae: Laurenti Salvii, iv + 824 + 1.

Linnaeus C von. 1767. Systema Naturae per Regna Tria Naturae, Secundum Classes, Ordines, Genera, Species, cum Characteribus, Differentiis, Synonymis, Locis. Editio Decima Tertia, ad Editionem Duodecimam Reformatam. Tom Ⅰ, Pars Ⅱ. Holmiae: Laurentii Salvii, 533-1327 + 37.

Linnaeus C. 1758. Systema Naturae per Regna Tria Naturae, Secundum Classes, Ordines, Genera, Species, cum Characteribus, Differentiis, Synonymis, Locis. Editio Decima, Reformata. Tomus I. Holmiae: Laurenti Salvii, iv + 824 + 1.

Liu S S, Ren G D. 2016. Two new species and one newly recorded species of *Uloma* Dejean, 1821 from Zhejiang, China (Coleoptera, Tenebrionidae, Ulomini). ZooKeys, 607: 103-118.

Löbl I, Rolčík J, Kolibáč J, Gerstmeier R. 2007. Family Cleridae Latreille, 1802. 367-384. *In*: Löbl I, Smetana A (ed), Catalogue of Palaearctic Coleoptera. Volume 4. Elateroidea-Derodontoidea-Bostrichoidea-Lymexyloidea-Cleroidea-Cucujoidea. Stenstrup: Apollo Books, 935.

Löbl I, Smetana A. 2007. Catalogue of Palaearctic Coleoptera. Volume 4. Elateroidea-Derodontoidea-Bostrichoidea-Lymexyloidea-Cleroidea-Cucujoidea. Stenstrup: Apollo Books, 935.

Löbl I, Smetana A. 2008. Catalogue of Palaearctic Coleoptera. Volume 5. Tenebrionoidea. Stenstrup: Apollo Books, 670.

Lyubarsky [= Ljubarsky] G Y. 1995. Cryptophagidae and some Languriidae from palaearctic China. Russian Entomological Journal, 4: 45-53.

Lyubarsky [= Ljubarsky] G Y. 1997. Cryptophagidae and Languriidae from India (Coleoptera, Clavicornia). Entomofauna Zeitschrift für Entomologie, 18: 49-57.

MacLeay W S. 1825. Annulosa Javanica, or an attempt to illustrate the natural affinities and analogies of the insects collected in Java by Thomas Horsfield, M. D. F. L & G. S. and deposited by him in the Museum of the Honourable East-India Company. Number 1. London: Kingsbury, Parbury, and Allen, i-xii + 1-50, 1, pl.

Mader L. 1932 [1926-1934]. Evidenz der palaarktischen Coccinelliden nnd ihrer aberrationen in Wort und Bild, l-Teil, Epilachnini, Coccinellini, Halyziini und Synonychini. Zeitschrift des Vereins der Naturbeobachter und Sammler, Wien, 1926(1): 1-24; 1927(2): 25-48; 1928(3): 49-76; 1929(4): 77-124; 1930(5): 124-168; 1931(6): 169-204; 1932(7): 205-244; 1933(8): 245-288; 1934(9): 289-336.

Mader L. 1938. Neue Coleopteren aus China und Japan nebst Notizen. Entomologische Nachrichtenblatt (Troppau), 12: 40-61.

Mader L. 1939. Neue Coleopteren aus China. Entomologisches Nachrichtenblatt, 13: 41-51.

Mäklin F W. 1864. Monographie der Gattung *Strongylium* Kirby, Lacordaire und der damit Zunächst Verwandten Formen. Helsingfors: Finnländischen Wissenschaftlichen Gesellschaft, 410., 3 pls.

Marseul S A de. 1867. Description d'espèces nouvelles de buprestides et d'un Histéride du genre Carcinops. Annales de la Société Entomologique de France (4), 7: 47-56.

Marseul S A de. 1873. Coléoptères du Japon recueillis par M. Georges Lewis. Énumération des histerideset des hétéromères avec la description des espèces nouvelles. Annales de la Société Entomologique de France, (5) 3: 219-230.

Marseul S A de. 1876a. Coléoptères du Japon recueillis par M Georges Lewis. Énumération des Hétéromères avec la description des espèces nouvelles. Annales de la Société Entomologique de France, (5) 6: 93-142.

Marseul S A de. 1876b. Coléoptères du Japon recueillis par M Georges Lewis. 2ᵉ Mémoire. Énumération des Hétéromères avec la description des espèces nouvelles. 2ᵉ Partie. Annales de la Société Entomologique de France, (5) 6: 315-349, 447-464.

Marseul S A de. 1877. Coléoptères du Japon recueillis par M Georges Lewis. 2ᵉ Mémoire. Énumération des Hétéromères avec la description des espèces nouvelles. 3ᵉ et dernière partie. Annales de la Société Entomologique de France, (5) 6 [1876]: 447-486.

Marseul S A de. 1879a. Études sur les insectes d'Angola qui se trouvent au Muséum National de Lisbonne. Journal de Sciences

Mathématiques, Physiques et Naturelles, 25: 43-67.

Marseul S A de. 1879b. Monographie des Anthicides de l'Ancien-Monde. L'Abeille, Journal d'Entomologie, 17: 1-268.

Marseul S A de. 1879c. Nouvelles et faits divers de l'Abeille. Melanges (suite). L'Abeille, Journal d'Entomologie, 17: 74-76, 99-100.

Marsham T. 1802. Entomologia Britannica, Sistens Insecta Britanniae Indigena, Secundum Methodum Linnaeanam Disposita. Tomus I. Coleoptera. Londini: Wilks et Taylor, J. White, xxxi + 548.

Masumoto K. 1986. Tenebrionidae of East Asia (III). A new genus and three new species from Taiwan. Elytra, 14: 61-68.

Masumoto K. 1988. A study of the Taiwanese Lagriidae. Entomological Review of Japan, 43(1): 33-52.

Masumoto K. 1989. *Plesiophthalmus* and its allied genera (Coleoptera, Tenebrionidae, Amarygmini) (Part 4). The Japanese Journal of Entomology, 57: 295-317.

Masumoto K. 1990. *Plesiophthalmus* and its allied genera (Coleoptera, Tenebrionidae, Amarygmini) (Part 10). The Japanese Journal of Entomology, 58(4): 693-724.

Masumoto K. 1993. Larger flattened species of Camariine genera from Asia (Part 1). Japanese Journal of Entomology, 61: 137-148.

Masumoto K. 1999. Study of Asian Strongyliini (Coleoptera, Tenebrionidae) VII. Brachypterous strongyliines. Elytra, Tokyo, 27(1): 113-125.

Masumoto K. 2000. Study of Asian Strongyliini (Coleoptera, Tenebrionidae) IX. Hairy *Strongylium* species from Southeast Asia (Part 1. Species-group of *Strongylium gibbosulum*). Elytra, Tokyo, 28(1): 163-172.

Masumoto K, Nishikawa N. 1986. A revisional study of the species of the genus *Uloma* from Japan, Korea and Taiwan (Tenebrionidae, Coleoptera). Insecta Matsumurana (N. S.), 35: 17-43.

Matsumura S. 1906. Thousand insects of Japan. Vol. 3. Tokyo: Alert Society.

Matsumura S. 1910. Die schädlichen und nützlichen Insekten vom Zucherrhor Formosas. Tokyo: The Keiseisha, 1-52.

Matsumura S. 1935. Dainippon Gaichu Zusetsu, 2: 234. [in Japanese]

Matsumura S, Yokoyama K. 1928. New and hitherto unrecorded species of Dermestidae from Japan. Insecta Matsumurana, 3: 51-54.

McElrath T C, Robertson J A, Thomas M C, Osborne J, Miller K B, McHugh J V, Whiting M F. 2015. A molecular phylogenetic study of Cucujidae *s. l.* (Coleoptera: Cucujoidea). Systematic Entomology, 40: 705-718.

McKenna D D, Wild A L, Kanda K, Bellamy C L, Beutel R G, Caterino M S, Farnum C W, Hawks D C, Ivie M A, Jameson M L, Leschen R A B, Marvaldi A E, McHugh J V, Newton A F, Robertson J A, Thayer M K, Whiting M F, Lawrence J F, Ślipiński A, Maddison D R, Farrell B D. 2015. The beetle tree of life reveals that Coleoptera survived end-Permian mass extinction to diversify during the Cretaceous terrestrial revolution. Systematic Entomology, 40: 835-880.

Ménétriés E. 1832. Catalogue raisonné des objets de zoologie recueillis dans un voyageau Caucase et jusqu'aux frontières actuelles de la Perse entrepris par l'ordre de S M l'Empereur. St. Pétersbourg: Académie des Sciences St. Pétersbourg, 272.

Ménétriés E. 1849. Description des insectes recueillis par feu M. Lehman. Mémoires de l'Académie Impériale des Sciences de Saint-Pétersburg, 8(6): 1-112.

Méquignon A. 1930. Notes synonymiques sur les Elatérides (Col.) (4e Note). Bulletin de la Societe Entomologique de France, 1930: 91-96.

Merkl O. 2004. On taxonomy, nomenclature, and distribution of some palaearctic Lagriini, with description of a new species from Taiwan (Coleoptera : Tenebrionidae). Acta Zoologica Academiae Scientiarum Hungaricae, 50(4): 283-305.

Merkl O. 2007. Notes on Asian Lagriini, with description of *Cerogria gozmanyi* sp. n. (Coleoptera: Tenebrionidae). Acta Zoologica Academiae Scientiarum Hungaricae, 53(Suppl. 1): 255-272.

Merkl O. 2008. Lagriini. 113-118. *In*: Löbl I, Smetana A (ed), Catalogue of Palaearctic Coleoptera. Volume 5. Tenebrionoidea. Stenstrup: Apollo Books, 670.

Miedel J. 1880. Observations sur les *Opatrum*. Deutsche Entomologische Zeitschrift, 24: 136-140.

Miwa Y. 1928a. A study on the species of Meloidae in the Japanese Empire. Transactions of the Sapporo Natural History Society, 10: 63-78.

Miwa Y. 1928b. New and some rare species of Elateridae from the Japanese Empire. Insecta Matsumurana, 3(1): 36-51.

Miwa Y. 1929a. Elateridae of "Formosa" (Contribution to the fauna of Formosan Coleoptera). Transactions of the Natural History Society of "Formosa", 19(102): 225-246.

Miwa Y. 1929b. Elateridae of "Formosa" (II). Transactions of the Natural History Society of "Formosa", 19(105): 485-495.

Miwa Y. 1929c. On the Erotylidae of Japan, "Formosa", Corea and Saghalien. Trans. Nat. Hist. Soc. "Formosa", 19: 124.

Miwa Y. 1930a. Elateridae of "Formosa" (III). Transactions of the Natural History Society of "Formosa", 20(106): 1-12.

Miwa Y. 1930b. H. Sauter's "Formosa"-Ausbeute (Elateridae I). Wiener Entomologische Zeitung, 47(2): 91-97.

Miwa Y. 1931a. Supplementary notes on the elaterid-fauna of Loo-Choo (Coleoptera). Transactions of the Natural History Society of "Formosa", 21(116): 259-261.

Miwa Y. 1931b. Elateridae of "Formosa" (V). Transactions of the Natural History Society of "Formosa", 22(113): 72-98.

Miwa Y. 1931c. H. Sauter's "Formosa"-Ausbeute (Elateridae II). Wiener Entomologische Zeitung, 47(4): 205-208.

Miwa Y. 1934. The fauna of Elateridae in the Japanese Empire. Report Department of Agriculture Government Research Institute "Formosa", 65: 1-289.

Miwa Y, Chûjô M. 1935. Some new Buprestids from the Japanese empire. Entomological World, 3: 270-282.

Miyatake M. 1965a. Some Coccinellidae (excluding Scymnini) of "Formosa" (Coleoptera). Special Bulletin of Lepidopterological Society of Japan, 1: 50-74.

Miyatake M. 1965b. Some species of "Formosan" Cleridae, collected by Prof. T Shirôzu (Coleoptera). Special Bulletin of the Lepidopterological Society of Japan, 1: 157-166.

Miyatake M. 1970. The East-Asian Coccinellid beetles preserved in the California Academy of Sciences. Tribe Chilocorini. Memoirs of the College of Agriculture, Ehime University, 14(3): 303-340.

Montrouzier X. 1861. Essai sur la faune entomologique de la Nouvelle-Calédonie (Baladě) et des îles des Pins, Art, Lifu, ete. Coléoptères (Fin). Annales de Iα Société Entomologique de France (4), 1: 265-306.

Moscardini C, Sassi F. 1970. Nuovo genere di Cantharidae (Coleoptera Malacodermata). Bollettino della Società Entomologica Italiana, 102: 192-196.

Motschulsky V. 1853. Diagnoses de Coléoptères nouveaux, trouvés par M. M. Tatarinoff et Gasckéwitsch aux environs de Pékin. Etudes Entomologiques, 2: 44-51.

Motschulsky V. 1857. Entomologie spéciale. Insectes du Japon, 6: 25-41.

Motschulsky V. 1866. Enumeration des especes de Coleopteres rapportees de ses Voyages. 5-ème article. Bulletin de la Societe des Naturalistes de Moscou, 39(3): 225-290.

Motschulsky V de. 1845. Remarques sur la collection de coléoptères Russes de Victor de Motschulsky. 1er article. Bulletin de la Société Impériale des Naturalistes de Moscou, 18 (1-2): 3-127, 3 pls.

Motschulsky V de. 1853. Nouveautés. Études Entomologiques, 1 [1852-1853]: 77-80.

Motschulsky V de. 1854. Diagnoses de coleopteres nouveaux, trouves par MM Tatarinoff et Gaschkewitsch aux environs de Pekin. Études Entomologiques, 2: 44-51.

Motschulsky V de. 1857a. Entomologie spéciale. Insectes du Japon. Études Entomologiques, 6 [1857]: 25-41.

Motschulsky V de. 1857b. II. Entomologie speciale: Insectes des Indes Orientales. Études Entomologiques, Helsingfors, 7: 20-122.

Motschulsky V de. 1858a. II. Entomologie spéciale. Insectes des Indes orintales. Études Entomologiques, Helsingfors, 7: 20-122.

Motschulsky V de. 1858b. Entomologie speciale. Insectes du Japon. Études Entomologiques, 6 [1857]: 25-41, pls.

Motschulsky V de. 1859. Catalogue des insectes rapportés des environs du fleuve Amour, depuis la Schilka jusqu'à Nikolaëvsk. Bulletin de la Société Impériale des Naturalistes de Moscou, 32(4): 487-507.

Motschulsky V de. 1860a. Coleopteres de la Siberie orientale et en particulier des rives de l'Amour. Reisen und Forschungen im Amurlande, 2: 77-257.

Motschulsky V de. 1860b. Coléoptères Rapportés de la Sibérie Orientale et Notamment des Pays Situés sur les Bords du Fleuve Amour par MM. Schrenck, Maack, Ditmar, Voznessenski etc. 77-257 + 1 p., 6-11 pls., 1 map. In: Schrenck L (ed), Reisen und Forschungen im Amur-Lande in den Jahren 1854-1856 im Auftrage der Keisert. Akademie der Wissenschaften zu St. Peterburg

Ausgeführt und in Verbindung mit Mehreren Gelehrten Herausgegeben. Band Ⅱ. Zweite Lieferung. Coleopteren. St. Peterburg: Kaiserliche Akademie der Wissenschaften, 976.

Motschulsky V de. 1860c. Voyages et excursions entomologiques. Études Entomologiques, 8: 6-15.

Motschulsky V de. 1861. Entomologie speciale Ⅱ. Insectes du Japon, enumeres. Études Entomologiques, 9[1860]: 4-39.

Motschulsky V de. 1863. Essai d'un catalogue des insectes de l'ile Ceylan. Bulletin de la Societe Imperiale des Naturalistes de Moscou, 36(2): 421-532, 1 pls.

Motschulsky V de. 1866. Catalogue des insects recus du Japon. Bulletin de la Société Impériale des Naturalistes des Moscou, 39(1): 163-200.

Motschulsky V de. 1868. Énumération des nouvelles espèces de coléoptères rapportés de ses Voyages. 6-ième Article. Bulletin de la Société Impériale des Naturalistes de Moscou, 41(3): 170-201.

Motschulsky V de. 1872. Énumération des nouvelles espèces de coléoptères rapportés de ses voyages. Bulletin de la Société Impériale des Naturalistes de Moscou, 45(3-4): 23-55.

Mroczkowski M. 1952. Contribution to the knowledge of the Dermestidae with description of a new species and a new subspecies (Coleoptera). Annales Musei Zoologici Polonici, 15: 25-32.

Mroczkowski M. 1968. Distribution of the Dermestidae (Coleoptera) of the world with a catalogue of all known species. Annales Zoologici, 26: 15-191.

Mroczkowski M. 1975. Dermestidae, Skornikowate (Insecta: Coleoptera). Fauna Polski. Tom 4. Polska Akademia Nauk: Institut Zoologici Warszawa, 162.

Muche W H. 1981. Eine neue *Isomira*-Art (untergattung *Asiomira*) aus China (Coleoptera, Alleculidae). Reichenbachia, 19: 157-158.

Mulsant E. 1846. Histoire Naturelle des Coléoptères de France. Sulcicolles-Sécuripalpes. Paris: Maison, xxiv + 280., 1 pl.

Mulsant E. 1850. Species des Coléoptères Trimères Sécuripalpes. Annales des Sciencies Physiques & Naturelles, d'Agriculture & d'Industrie, publiées par la Société nationale d'Agriculture, etc., de Lyon, Deuxième Série, 1-1104 (part 1, 1-450; part 2, 451-1104).

Mulsant E. 1853. Supplement a la monographie des Coléoptères trimeres securipalpes. Opuscules Entomologiques, 3: 1-178.

Mulsant E. 1854. Histoire Naturelle des Coléoptères de France. Latigènes. Paris: L Maison, x + 396 + 2.

Mulsant E. 1856. Histoire Naturelle des Coléoptères de France. *Pectinipèdes*. Paris: L Maison, [6] + 96.

Mulsant E. 1858. Description d'un coléoptère nouveau de la tribu des vésicants. Annales de la Société Linnéenne de Lyon (N. S.), 8: 239-242.

Mulsant E, Godart A. 1853. Description d'un Coléoptères inédit consituant un nouveau genre les Élatérides. Opuscula Entomologica, 2: 1-194.

Mulsant E, Rey C. 1866. Histoire Naturelle des Coléoptères de France. Colligeres. Volume 17. Paris: F Savy, 4 + 188., 3 pls.

Mulsant E, Rey C. 1868. Histoire Naturelle des Coléoptères de France. Gibbicolles. Paris: Deyrolle, Naturaliste, 224 + 16., 14 pls. [reprint from Annales de la Societe Agricoles de Lyon (4), 1: 179-421, 14 pls.]

Mulsant E, Rey C. 1869. Histoire Naturelle des Coléoptères de France. Tableau des Piluliformes de France, 176 S., 2 Taf.; Paris (Deyrolle).

Murray A. 1864. Monograph of the family of Nitidulariae. Part Ⅰ. Transactions of the Linnen Society London, xxiv: 211-414.

Muttkowski R A. 1910. *Eufallia*, a new name for *Belonia* Fall (Coleoptera). Bulletin of the Wisconsin Natural History Society, 8: 161-162.

Nakane T. 1949. Descriptions of two new species of mordellid-beetles from Japan. Mushi, 20: 39-41.

Nakane T. 1963. New or little known Coleoptera from Japan and its adjacent regions, XIX. Fragmenta Coleopterologica, 6-7: 26-30.

Nakane T. 1992. Notes on some little-know beetles (Coleoptera) in Japan. 9. Kita-Kyūshū no Konchū, 39(2): 73-79.

Nakane T. 1995. The beetles collected by Drs. Keizo Kojima and Shingo Nakamura in Taiwan (Insecta, Coleoptera) 1. Miscellaneous Reports of the Hiwa Museum of Natural History, 33: 23-28.

Nakane T, Kishii T. 1955a. Entomological results from the scientific survey of the Tokara Islands. Ⅰ, Coleoptera: Elateridae.

Bulletin of the Osaka Museum of Natural History, (2): 1-8.

Nakane T, Kishii T. 1955b. Elateridae. 12-15. *In*: Nakane T (ed), Coloured Illustrations of the Insects of Japan, Coleoptera. Osaka: Hoikusha.

Nakane T, Kishii T. 1958. The Coleoptera of Yakushima Island, Elateridae. The Scientific Reports of the Saikyo University (Natural Science and Living Science), 2(A): 294-302.

Nardi G. 2007. Nomenclatorial and faunistic notes on some world Aderidae (Coleoptera). Zootaxa, 1481(1): 21-34.

Nebois A. 1967. The genera *Paracalais* gen. nov. and *Austrocalais* gen. nov. (Coleoptera, Elateridae). Proceedings of the Royal Society of Victoria, 80: 259-287.

Newman E. 1838. Entomological notes. The Entomological Magazine, 5: 372-402.

Nikitsky N B, Egorov A B. 1992. Fam. Ischaliidae, stat. n. - False Fre-Red Beetles. 497-498. *In*: Ler P A (ed), Key to the Insects of the Far Eastern USSR. Vol. 3. Coleoptera or Beetles, Part 2. St. Petersburg: Nauka.

Nomura S. 1951. Zur Kenntnis der Mordellistenini (Col. Mordellidae) aus Japan, Korea und "Formosa". Tôhô-Gakuhô, 1: 41-70.

Nomura S. 1957. Mordellid- and elmid-beetles of Yakushima. Entomological Review of Japan, 8: 40-44.

Nomura S. 1961. Some new species of Coleoptera from Japan. Tôhô-Gakuhô, 11: 70-89.

Nomura S. 1966. Mordellid-Fauna of the Loochoo Islands, with descriptions of some new forms. Entomological Review of Japan, 18: 41-53.

Nonfried A F. 1895. Coleoptera nova exotica. Berliner Entomologische Zeitschrift, 40: 279-312.

Nördlinger H. 1855. Die Kleinen Feinde der Landwirthschaft oder Abhalun der in Feld, Garten und Haus Schadlichen oder Lástigen Kerfe, Sonstigen Gliederthierchen, Wurmer, und Schnecken, mit Besonderer Beriicfaichtigung ihrer Natiirlichen Feinde und der Gegen sie Amvendbaren Schutzmittel. Stuttgart und Augsburg: J. G. Cotta, 636.

Normand H. 1949. Contribution au catalogue des Coleopteres de la Tunisie (troisieme supplementfascicules 3 et 4). Bulletin de la Société des Sciences Naturelles de Tunisie, Tunis, 2: 65-104.

Novák V. 2008. New Alleculinae from China (Coleoptera: Tenebrionidae). Vernate, 27: 207-220.

Novák V. 2016a. Review of the genus *Asiomira* (Dubrovina, 1973) stat. nov. (Coleoptera: Tenebrionidae: Alleculinae: Gonoderini). Studies and Reports, Taxonomical Series, 12(1): 177-191.

Novák V. 2016b. New species of *Pseudohymenalia* Novák, 2008 (Coleoptera: Tenebrionidae: Alleculinae: Gonoderina). Studies and Reports, Taxonomical Series, 12(1): 193-218.

Obenberger J. 1914a. *Agrili* generis specierum novarum diagnoses. Acta Societatis Entomologicae, 11: 41-52.

Obenberger J. 1914b. Beiträge zur kenntnis der Paläarktischen käferfauna. Coleopterologische Rundschau, 3: 97-115.

Obenberger J. 1914c. Beiträge zur kenntnis der Paläarktischen käferfauna. Coleopterologische Rundschau, 3: 129-142.

Obenberger J. 1916. Studien über Paläarktische Buprestiden. Ⅰ. Teil. Wiener Entomologische Zeitung, 35: 235-278.

Obenberger J. 1917a. Holarktische anthaxien. Beitrag zu einer monographie der gattung. Archiv für Naturgeschichte (A), 82(8): 1-187.

Obenberger J. 1917b. Studien über Paläarktische buprestiden. Ⅱ. Teil. Wiener Entomologische Zeitun, 36: 209-218.

Obenberger J. 1918. Revision der Paläarktischen Trachydinen (Coleoptera-Buprestidae), mit einschluss einiger beschreibungen exotischer arten. Archiv für Naturgeschichte (A), 82(11): 1-74.

Obenberger J. 1919. Buprestides nouveaux de la région Paléarctique (Col.). Bulletin de la Société Entomologique de France, 1919: 142-145.

Obenberger J. 1923. Poznámky k novým a význačným druhům palaearktických krasců. remarques sur quelques Buprestides Paléarctiques nouveaux ou intéressants. Acta Entomologica Musaei Nationalis Pragae, 1: 62-66.

Obenberger J. 1924a. Kritische studien über die buprestiden (Col.). Archiv für Naturgeschichte (A), 90(3): 1-171.

Obenberger J. 1924b. Symbolae ad specierum regionis palaearcticae buprestidarum cognitionem. Jubilejní Sborník Československé Společnosti Entomologické, 1924: 6-59.

Obenberger J. 1925. De novis buprestidarum regionis Palaearcticae speciebus Ⅴ. Časopis Československé Společnosti Entomologické,

22: 30-34.

Obenberger J. 1927. De novis Buprestidarum regionis Palaearcticae speciebus IX. Acta Societatis Enlomologicae Cechosloveniae, 24: 15-20.

Obenberger J. 1929a. Revision des especes exotiques du genre *Trachys* Fabr. du continent asiatique. Prehled exotichych druhu rodu *Trachys* Fabr. asijske pevniny. Acta Entomologica Musaei Nationalis Pragae, 7: 5-106.

Obenberger J. 1929b. Buprestidarum supplementa palaearctica IV. Časopis Československé Společnosti Entomologické, 26: 9-14.

Obenberger J. 1929c. Buprestidarum supplementa Palaearctica III. Acta Societatis Entomologicae Cechosloveniae, 25(1928): 121-127.

Obenberger J. 1930a. Buprestidarum supplementa Palaearctica VI. Časopis Československé Společnosti Entomologické, 27: 102-115.

Obenberger J. 1930b. Insecta davidiana II. Buprestidae. Časopis Československé Společnosti Entomologické, 27: 116-118.

Obenberger J. 1931. Studien über die aethiopischen Buprestiden I. Folia Zoologica et Hydrobiologica, 2: 175-201.

Obenberger J. 1934a. De generis *Coroebus* Cast. *et* Gory speciebus novis. Acta Societatis Entomologicae Cechoslovenicae, 31: 39-44.

Obenberger J. 1934b. Nový *Coroebus* zĉíny (Col. Bupr.). Acta Societatis Entomologicae Cechosloveniae, 31: 25.

Obenberger J. 1934c. Nový činský *Coroebus* (Col Bupr.). Acta Societatis Entomologicae Cechosloveniae, 31: 110.

Obenberger J. 1934d. Nový druhy rodu *Coroebus* Cast. et Gory (Col Bupr.). De generic *Coroebus* Casr. *et* Gory speciebus novis. Acta Societatis Entomologicae Cechosloveniae, 31: 39-44.

Obenberger J. 1935. De regionis palaearcticae generis *Agrili* speciebus novis (Col. Bupr.). O nových palaearktických druzích krasců z rodu *Agrilus*. Časopis Československé Společnosti Entomologické, 32: 161-171.

Obenberger J. 1937a. De novis generis *Trachys* speciebus Orientalibus (Col. Bupr.). Nové orientální druhy rodu *Trachys* (Col. Bupr.). Acta Entomologica Musaei Nationalis Pragae, 15: 35-39.

Obenberger J. 1937b. Buprestidae 6. *In*: Junk W, Schenkling S (ed), Coleopterorum Catalogus. W Junk, 's-Gravenhage, Volume 13, Paris 157: 1247-1714.

Obenberger J. 1937c. Nové druhy rodu *Trachys* z palaearktické oblasti (Col. Bupr.). De novis generis *Trachys* regionis palaearcticae speciebus (Col. Bupr.). Acta Entomologica Musaei Nationalis Pragae, 15: 42-45.

Obenberger J. 1940. Ad regionis palaearcticae Buprestidarum cognitionem additamenta. Studie o palaearktických krascích (Col. Bupr.). Sborník Národního Musea v Praze, Zoologia, 3(2B): 111-189.

Obenberger J. 1952. Monographie du genre *Lampra* Sol. (Col. Buprestidae) de la region palearctique. Acta Entomologica Musaei Nationalis Pragae, 27: 279-374.

Ôhira H. 1954. Notes on some generic names of Japanese Elateridae. New Entomologist, 3: 1-10.

Ôhira H. 1966. Notes on some Elateridae-beetles from "Formosa" I, II. Kontyû, 34(3): 215-222, 266-274.

Ôhira H. 1967a. Notes on some Elateridae-beetles from "Formosa" IV. Kontyû, 35(1): 55-59.

Ôhira H. 1967b. The Elateridae of the Ryukyu Archipelago, I (Coleoptera). Transactions of the Shikoku Entomological Society, 9(3): 95-106.

Ôhira H. 1969. The Elateridae of the Ryukyu Archipelago, VI (Coleoptera). The Bulletin of Aichi University of Education (Natural Science), 18: 89-102.

Ôhira H. 1970a. New or little-known Elateridae from Japan, XII (Coleoptera). Bulletin of the Japan Entomological Academy, 5(1): 9-13.

Ôhira H. 1970b. Elateridae in Japan (VII). Nature and Insects, 5(10): 19-24.

Ôhira H. 1971. Notes on some Elaterid-beetles from Japan (VIII). Kontyû, 39(2): 178-181.

Ôhira H. 1972. Elateridae-beetles from Taiwan in Bishop Museum. Pacific Insects, 14(1): 1-14.

Ôhira H. 1976. Miscellaneous notes on the Elateridae of Japan (VII). Nature and Insects, 11(4): 32-33.

Ôhira H. 1977. Family Elateridae (Hemirhipinae, Agrypninae, Chalcolepidinae). Check-list of Coleoptera of Japan, 11: 1-7.

Ôhira H. 1978. Notes on *Chiagosinus delauneyi fuscomarginatus* (Lewis, 1896) (Coleoptera: Elateridae). Elytra, 6(1): 1-3.

Ôhira H. 1990a. Notes on the genus *Paracalais* and its allied genera. Gekkan-Mushi, (234): 19-21.

Ôhira H. 1990b. Notes on the genus *Silesis* (Elateridae) from Japan. The Entomological Review of Japan, 45(1): 73-75.

Ôhira H. 1997. Notes on *Orthostethus sieboldi* and its allied species from Japan (Coleoptera, Elateridae). Hibakagaku, 182: 37-44.

Ôhira H. 2003. Notes on the generic position of *Anchastus*-species from Japan (Coleoptera: Elateridae, Physorhinini). Coleopterists' News, 142: 19-21.

Ohta Y. 1929a. Einige neue Helotiden- und Coccinelliden-Arten aus "Formosa". Insecta Matsumurana, 4(1-2): 66-70.

Ohta Y. 1929b. Scymninen Japans. Insecta Matsumurana, 4(1-2): 1-16.

Olivier A G. 1789. Encyclopédie méthodique, ou par ordre de matières; par une société de gens de lettres, de savans et d'artistes; précédée d'un vocabulaire universel, servant de table pour tout l'ouvrage, ornée des portraits de Mm. Diderot & d'Alembert, premiers éditeurs de l'Encyclopédie. Histoire naturelle. Insectes. Tome quatrième. Paris: Panckoucke, 331.

Olivier A G. 1790a. Entomologie, ou Histoire Naturelle des Insectes, Avec Leurs Caracteres Génériques et Spécifiques, leur Description, leur Syninymie, et leur Figure Enluminée. Coleoptéres. Tome Second. Paris: de Baudouin, No. 9. *Dermeste*. 16., No. 14. *Anthrene*. 10.

Olivier A G. 1790b. Encyclopédie Méthodique oupar ordre de Matières; par une Société de gens de Lettres, de Savans et d'Artistes; Précédée d'un Vocabulaire Üniversel, Servant de Table pour tout Vouvrage, ornée des Portraits de Mm. Diderot et d'Alembert, Premiers Éditeurs de I'Encyclopédie. Histoire Naturelle. Insectes. Tome Cinquième. Paris: C.-J. Panckoucke, 793.

Olivier A G. 1790c. Entomologie, ou Histoire Naturelle des Insectes, aves leurs Caractères Génériques et Spéciflques, leur Description, leur Synonymie, et leur Figure Enluminée. Coléoptěres. Tome Second. Paris: de Baudouin, 485., 63 pls.

Olivier A G. 1791. Encyclopédie Mètodique, ou par Ordre de Matières; par une Société de Gens de Lettres, de Savans et d'Artistes; Précédée d'un Vocabulaire Universel, Servant de Table pour tout l'Ouvrage, ornée des Portraits de Mm. Diderot et d'Alembert, Premiers Éditeurs de l'Encyclopédie. Histoire Naturelle. Insectes. Tome Sixième. Pars I. Paris: Panckoucke, 704.

Olivier A G. 1795. Entomologie, ou Histoire Naturelle des Insectes, aves leurs Caractères Génériques et Spécifiques, leur Description, leur Synonymie, et leur Figure Enluminée. Coléoptères. Tome Quatrième. Paris: de Lanneau, 519., 72 pls.

Olliff A S. 1883. Remarks on a small collection of Clavicorn Coleoptera from Borneo, with descriptions of new species. Transactions of the Entomological Society of London, 1883: 173-186.

Pallas P S. 1773. Reise durch verschiedene Provinzen des russischen Reichs. Zweyter Theil. Zweytes Buch vom Jahr 1771. St. Petersburg: Kayserliche Akademie der Wissenschaften, 371-744.

Pallas P S. 1782. Icones Insectorum praesertim Rossiae Sibiriaeque peculiarum quae collegit et descritionibus illustravit. Fasciculus secundus. Erlangae: W. Waltheri, 57-96, pls. A-F.

Pallas P S. 1798. Icones Insectorum praesertim Rossiae Sibiriaeque peculiarum quae collegit et descritionibus illustravit. Fasciculus tertius. Erlangae: W. Waltheri, 97-104, pls. G-H.

Pang H, Tang X F, Booth R, Vandenberg N, Forrester J, McHugh J, Ślipiński A. 2020. Revision of the Australian Coccinellidae (Coleoptera). Genus *Novius* Mulsant of Tribe Noviini. Annales Zoologici, 70(1): 1-24.

Pang X F, Gordon R D. 1986. The Scymnini (Coleoptera: Coccinellidae) of China. The Coleopterists Bulletin, 40(2): 157-199.

Panzer G W F. 1796. Faunae Insectorum Germanicae Initia oder Deutschlands Insecten. Heft 37. Norinbergae: Felsecker, 24. + 24 pls.

Pardo Alcaide A. 1954. Études sur les Meloidae V. Les Mylabrini du Maroc et du Sahara occidental espagnol (Col. Meloidae). Bulletin de la Société des Sciences Naturelles et Physiques du Maroc, 34: 55-88.

Parsons C T. 1969. A lathridiid beetle reported to bite man. Coleopterists Bulletin, 23(1): 15.

Pascoe F P. 1860. Notices of new or little-known genera and species of Coleoptera. Journal of Entomology, 1: 36-64, pls. 2, 3.

Pascoe F P. 1866a. List of the Colydiidae collected in the Amazons Valley by II. W. Bates, Esq., and descriptions of a new species. The Journal of Entomology, 2: 79-99.

Pascoe F P. 1866b. List of the Colydiidae collected in the Indian Islands by Alfred R. Wallace, Esq., and descriptions of new species. The Journal of Entomology, 2: 121-143.

Pascoe F P. 1866c. Notices of new or little-known genera and species of Coleoptera. Journal of Entomology (London), 2: 443-493.

Pascoe F P. 1869. Descriptions of new genera and species of Tenebrionidae from Australia and Tasmania. The Annals and Magazine of Natural History (4), 3: 132-153, pls. 11-12, 277-296.

Pascoe F P. 1870. XII. Additions to the Tenebrionidae of Australia & C. The Annals and Magazine of Natural History Including Zoology, Botany, and Geology, 5: 94-107.

Pascoe F P. 1871. Notes on Coleoptera, with descriptions of new genera and species. - Part Ⅰ. The Annals and Magazine of Natural History Including Zoology, Botany, and Geology, 8: 345-361, pl. Ⅳ.

Paykull G. 1798. Fauna Suecica. Insecta. Tomus Ⅰ. Uppsala: Joh. F. Edman, [8] + 358 + [2].

Paykull G. 1799. Fauna Svecica. Insecta. Tomus. II. Upsaliae, Joh. F. Edman, 234.

Paykull G. 1800. Fauna suecica. Insecta. Tomus Ⅲ. Upsaliae: J. F. Edman, 459.

Peng Z L. 1991. Four new species and four new records of genus *Coraebus* from China. Scientia Silvae Sinicae, 27(1): 35-40.

Peng Z L. 1998. Studies on the genus *Coraebus* Gory et Laporte in China (Col: Buprestidae) Part 1. Jewel Beetles, 6: 1-17.

Péringuey L. 1909. Descriptive Catalogue of the Coleoptera of South Africa. Family Meloidae. Transactions of the Royal Society of South Africa, 1: 165-297, 4 pls.

Pic M. 1894a. Catalogue geographique des anthicides de France, Corse, Algerie et Tunisie (Suite). Revue Scientifique du Bourbonnais et du Centre du France, 7: 69-79.

Pic M. 1894b. Catalogue géographique des anthicides de France, Corse, Algérie et Tunisie (Suite). Revue Scientifique du Bourbonnais et du Centre du France, 7: 40-49.

Pic M. 1895. A propos de variétés. L'Échange, Revue Linnéenne, 11: 87-89.

Pic M. 1899. Coleopteres europeens et exotiques nouveaux. Bulletin de la Societe Zoologique de France, 24: 24-28.

Pic M. 1906a. Contribution á l'étude des pyrochroides. L'Échange, Revue Linnéenne, 22: 28-30.

Pic M. 1906b. Noms nouveaux et diagnoses de "Cantharini" (Telephorides) européens et exotiques (Suite). L'Échange, Revue Linnéenne, 22: 89-93.

Pic M. 1908. Contribution à l'étude du genre *Pseudolichas* Farim. L'Échange, Revue Linnéenne, 24: 53-55.

Pic M. 1910. Hétéromères nouveaux du group des Zonitini. Bulletin de la Société Entomologique de France, 1910: 90-91.

Pic M. 1911a. Descriptions bréves de vingt-huit hétéromères exotiques. Mélanges Exotico-Entomologiques, 1: 5-13.

Pic M. 1911b. Coléoptères exotiques nouveaux ou peu connus (Suite). L'Echange, Revue Linnéenne, 27: 190-191.

Pic M. 1911c. Malacodermes et hétéromères nouveaux d'Afrique et d'Asie. Le Naturaliste, 32 [1910]: 271-272.

Pic M. 1912. Coléoptères exotiques nouveaux ou peu connus (Suite). L'Échange, Revue Linnéenne, 28: 68-69.

Pic M. 1913a. Coléoptères exotiques en partie nouveau (Suite). L'Échange, Revue Linnéenne, 29: 163-166.

Pic M. 1913b. Diagnoses de dascillides et cyphonides nouveaux. Dascillides et helodides. L'Échange, Revue Linnéenne, 29: 171-173.

Pic M. 1913c. Especes et varietes nouvelles appartenant cldiverses familIes. Melanges Exotico-Entomologiques, 6: 8-16.

Pic M. 1914a. Coléoptères diverses du Tonkin et de l'Indo-Chine. Mélanges Exotico-Entomologiques, 9: 2-20.

Pic M. 1914b. Coléoptères exotiques en partie nouveaux (Suite). L'Echange, Revue Linnéenne, 30: 75-76.

Pic M. 1914c. Nouveau genre, espèces et variées nouvelles de diverses familles. Mélanges Exotico-Entomologiques, 11: 2-20.

Pic M. 1914d. Nouveaux Nemostira Fairm. asiatiques. Bulletin de la Société Entomologique de France, 1914: 304-305.

Pic M. 1915. Genre nouveaux, espèces et variétés nouvelles. Mélanges Exotico-Entomologiques, 16: 2-13.

Pic M. 1916. Diagnoses abrégées diverses. Mélanges Exotico-Entomologiques, 21: 2-20.

Pic M. 1917. Descriptions abrégées diverses. Mélanges Exotico-Entomologiques, 26: 2-24.

Pic M. 1921a. Nouveautés diverses. Mélanges Exotico-Entomologiques, 34: 1-32.

Pic M. 1921b. Contribution à l'étude des Lycides. L'Échange, Revue Linnéenne, 37(404-406): 1-12.

Pic M. 1922a. Coléoptères hétéromères exotiques nouveaux. Bulletin de la Société Zoologique de France, 47: 100-103.

Pic M. 1922b. Nouveautés diverses. Mélanges Exotico-Entomologiques, 35: 1-32.

Pic M. 1922c. Sur les Hétéromères Amarygminae [Col.]. Bulletin de la Société Zoologique de France, 47: 303-306.

Pic M. 1924. Nouveautés diverses. Mélanges Exotico-Entomologiques, 41: 1-32.

Pic M. 1926a. Malacodermes exotiques. L'Échange, Revue Linnéenne, 42 [hors-texte] (424-426): 21-36.

Pic M. 1926b. Nouveautés diverses. Mélanges Exotico-Entomologiques, 45: 1-32.

Pic M. 1927a. Coléoptères de l'Indochine. Mélanges Exotico-Entomologiques, 49: 1-36.

Pic M. 1927b. Nouveautés diverses. Mélanges Exotico-Entomologiques, 48: 1-32.

Pic M. 1929a. Malacodermes exotiques (Suite). L'Échange, 45 [hors-texte] (437-438): 69-76.

Pic M. 1929b. Coléoptères exotiques en partie nouveaux (Suite). L'Échange, Revue Linnéenne, 45: 7-8.

Pic M. 1930. Nouveautés diverses. Mélanges Exotico-Entomologiques, 56: 1-36.

Pic M. 1931. Nouveautés diverses. Mélanges Exotico-Entomologiques, 57: 1-36.

Pic M. 1934. Nouveaux coléoptères de Chine. Entomologisches Nachrichtenblatt, 8: 84-87.

Pic M. 1935. Nouveautés diverses. Mélanges Exotico-Entomologiques, 66: 1-36.

Pic M. 1936. Nouveaux coléoptères de Chine. Notes d'Entomologie Chinoises, Musée Heude, 3: 15-17.

Pic M. 1937a. Malacodermes exotiques. L'Échange, Revue Linnéenne, 53 [hors-texte] (466-470): 137-148.

Pic M. 1937b. Coléoptères nouveaux de Chine. Notes d'Entomologie Chinoise, 4: 169-176.

Pic M. 1938a. Malacodermes exotiques. L'Échange, Revue Linnéenne, 54 [hors-texte] (472-474): 149-156, 157-160, 161-164.

Pic M. 1938b. Nouveautés diverses, Mutations. Mélanges Exotico-Entomologiques, 70: 1-36.

Pic M. 1939a. Deux nouveaux coléoptères de Chine. Notes d'Entomologie Chinoise, Musee Heude (Shanghai), 6: 135-136.

Pic M. 1939b. Mutations et nouveautés diverses. Mélanges Exotico-Entomologiques, 71: 1-36.

Pic M. 1940. Opuscula martialia. L'Échange, Revue Linnéenne, Numéro spécial, 1: 1-16.

Pic M. 1942. Opuscula martialia VII. L'Échange, Revue Linnéenne Numéro spécial: 1-16.

Pic M. 1943. Opuscula martialia IX. L'Échange, Revue Linnéenne Numéro spécial: 1-16.

Pic M. 1944. Coléoptères du globe (suite). L'Échange, Revue Linnéenne, 60: 2-4, 5-8, 10-12.

Pic M. 1950a. Descriptions et notes variées. Diversités Entomologiques, 7: 1-16.

Pic M. 1950b. Coléoptères du globe (Suite). L'Échange, Revue Linnéenne, 66: 5-8.

Pic M. 1953. Notes et descriptions. Diversités Entomologiques, 12: 5-16.

Pic M. 1954a. Coléoptères nouveaux de Chine. Bulletin de la Société Entomologique Mulhouse, 1954: 53-59.

Pic M. 1954b. Coléoptères nouveaux de Chine (Suite). Bulletin de la Société Entomologique Mulhouse, 1954: 61-64.

Pic M. 1955a. Coléoptères du globe (Suite). L'Échange, Revue Linnéenne, 71: 7-11.

Pic M. 1955b. Coléoptères nouveaux de Chine. Bulletin de la Société Entomologique de Mulhouse, 1955: 25-26.

Pic M. 1955c. Coléoptères nouveaux de Chine. Bulletin de la Société Entomologique de Mulhouse, 1955: 29-32.

Pic M. 1955d. Descriptions et notes. Diversités Entomologiques, 15: 9-16.

Picka J. 1990. Revision of the *Plamius quadrinotatus* species group (Coleoptera, Tenebrionidae). Annales Historico-Naturales Musei Nationalis Hungarici, 81: 109-114.

Piller M, Mitterpacher L. 1783. Iter per Posegnam Sclavoniae Provinciam Mensibus Junio, et Julio Anno MDCCXXXII Suspectum. Budae: Typis Regiae Universitatis, 147. + 16 pls.

Platia G. 2007. Contribution to the knowledge of the Agriotini of China. Genera *Agriotes* Eschscholtz, *Ectinus* Eschscholtz, *Tinecus* Fleutiaux and *Rainerus* gen. n. (Coleoptera, Elateridae, Agriotini). Boletin de la SEA, 41: 7-42.

Platia G. 2009. Descriptions of new click beetles from China and Oriental region, with new systematic and chorological notes (Coleoptera, Elateridae). Boletin de la SEA, 44: 39-52.

Platia G. 2013. Descriptions of new species of Melanotini (Coleoptera, Elatehdae, Melanotinae) from Asia, with new distribution records for other known species. Giornale Italiano di Entomologia, 13(58): 175-248.

Platia G, Cate P. 1990. Note sistematiche e sinonimiche su Elateridi paleartici (Coleoptera Elateridae). Bollettino della Società Entomologica Italiana, 122(2): 111-114.

Platia G, Gudenzi I. 1998. Note tassonomiche e faunistiche su Elateridi del vicino Oriente (Coleoptera, Elateridae) [Taxonomic and faunistic notes on click-beetles from Near-East (Coleoptera, Elateridae)]. Bollettino dell'Associazione Romana di Entomologia, 53(1-4): 49-62.

Platia G, Schimmel R. 2001. Revisione delle specie orientali (Giappone e Taiwan esclusi) del genere *Melanotus* Eschscholtz, 1829 (Coleoptera, Elateridae, Melanotinae). Museo Regionale de Scienze Naturali, Torino. Monografie, 27: 1-638.

Platia G, Schimmel R. 2007. Click beetles of Taiwan collected by the expeditions of the Hungarian Natural History Museum in thr years 1995 to 2003 (Coleoptera: Elateridae). Annales Historico-Naturales Musei Nationalis Hungarici, 99(2007): 49-91.

Poda N. 1761. Insecta Musei Graecensis, quae in ordines, genera et species juxta Systema Naturae Linnaei digessit. Graecii: Widmanstad, 127.

Pollock D A. 2008. Family Trictenotomidae Blanchard, 1845. 413. *In*: Löbl I, Smetana A (ed), Catalogue of Palaearctic Coleoptera, Vol. 5. Tenebrionoidea. Stenstrup: Apollo Books, 670.

Puetz A. 2007. On taxonomy and distribution of Chinese Byrrhidae (Coleoptera). Stuttgarter Beitraege zur Naturkunde Serie A (Biologie), 701: 1-124.

Putzeys J A A H, Weise J, Kraatz G, Reitter E, Eichhoff W. 1877. Beiträge zur Käferfauna von Japan, meist auf R Hiller's Sammlungen basirt (Erstes Stück). Deutsche Entomologische Zeitschrift, 21: 81-128.

Qiu L, Sormova E, Ruan Y Y, Kundrata R. 2018. A new species of *Dima* (Coleoptera: Elateridae: Dimini), with a checklist and identification key to the Chinese species. Annales Zoologici, 68(3): 441-450.

Rebmann O. 1956. Revision der Gattung *Meligethes* Subgenus *Odonthogethes* (Col. Nitid.) (6. Beitrag zur Kenntnis der Nitiduliden). Entomologische Blätter, 52: 42-48.

Redtenbacher L. 1843. Tetamen dispositionis generum et specierum Coleopterorum Pseudotrimeorum. Vienna: Archiducatus Austriae, 32.

Redtenbacher L. 1844. Aufzählung und Beschreibung der von Freiherr Carl von Huegel auf Seiner Reise Durch Kaschmir u. das Himalayagebirge Gesammelten Insecten. 393-564. *In*: Hugel K F von (ed), Kaschmir und das Reich der Siek Vierter Band Zweite Abtheilung. Stuttgart: Hallbergerischer Verlag, 586.

Redtenbacher L. 1867. Reise der Österreichischen Fregatte Novara um die Erde in den Jahren 1857, 1858, 1859 unter den Befehlen des Commodore B von Wüllerstorf-Urbair. Zoologischer Theil. Zweiter Band. I. Abtheilung A. 2. Coleoptera. Wien: Karl Gerold's Sohn, iv + 249., 5 pls.

Redtenbacher L. 1868. Zoologischer Theil. Zweiter Band. I. Abtheilung A. 2. Coleopteren. *In*: Reise der Öesterreichischen Fregatte Novara um die Erde in den Jahren 1857, 1858, 1859 unter den Befehlen des Commodore B. von Wullerstorf-Urbair. Zoologischer Theil. Zweiter Band: Coleopteren. 1867. Wien: Karl Gerald's Sohn, iv + 249., 5 pls.

Reichensperger A. 1913. Zur Kenntnis von Myrmekophilen aus Abessinien. Zoologische Jahrbiicher. Abteilung fir Systematik, Geographie und Biologie der Tiere, 35: 185-218, pls. 5-6.

Reitter E. 1873. Systematische Eintheilung der Nitidularien. Verhandlungen des Naturforschenden Vereins in Briinn, 12(1): 3-194.

Reitter E. 1874a. Beitrag zur Kenntniss der Japanesischen Cryptophagiden. Verhandlungen der Kaiserlich-Königlichen Zoologisch-Botanischen Gesellschaft in Wien, 24: 379-382.

Reitter E. 1874b. Beschreibungen neuer Kafer-Arten nebst synonymischen Notizen. Verhandlungen der Kaiserlich-Koniglichen Zoologisch-Botanischen Gesellschaft in Wien, 24: 509-528.

Reitter E. 1875a. Revision der europaischen Lathridiidae. Entomologische Zeitung (Stettin), 36: 410-445.

Reitter E. 1875b. Revision der Gattung *Trogosita* Oliv. (*Temnochila* Westw.). Verhandlungen des Naturforschenden Vereins in Brünn, 13: 3-44.

Reitter E. 1877. Beiträge zur Käferfauna von Japan. (Drittes Stück). Deutsche Entomologische Zeitschrift, 21: 369-383.

Reitter E. 1879a. Beitrag zur Kenntniss der Lyctidae. Verhandlungen der Kaiserlich-Koniglichen Zoologisch-Botanischen Gesellschaft in Wien, 28 [1878]: 195-199.

Reitter E. 1879b. Verzeichniss der von H Christoph in Ost-Sibirien gesammelten Clavicomier etc. Deutsche Entomologische Zeitschrift, 23: 208-226.

Reitter E. 1887. Bestimmungs-Tabellen der Europdischen Coleopteren. XVI. Heft. Enthaltend die Familien: Erotylidae und Cryptophagidae. Mödling: Edm. Reitter, 1-5.

Reitter E. 1889. Verzeichniss der Cucujiden Japans mit Beschreibungen neuer Arten. Wiener Entomologische Zeitung, 8: 313-320.

Reitter E. 1891. Vierter Beitrag zur Coleopteren-Fauna des russischen Reiches. Wiener Entomologische Zeitung, 10(7): 233-240.

Reitter E. 1894. Ein neuer Lathridius aus Ostgalizien. Wiener Entomologische Zeitung, 13: 14.

Reitter E. 1896. Dreizehnter Beitrag zur Coleopteren-Fauna von Europa und den angrenzenden Ländern. Wiener Entomologische Zeitung, 15: 64-77.

Reitter E. 1900. Weitere Beiträge zur Kenntnifs der Coleopteren-Gattung *Laena* Latr. Deutsche Entomologische Zeitschrift, 282-286.

Reitter E. 1901. Analytische uebersicht der palaearctischen gattungen und arten der Coleopteren-Familien: Byrrhidae (Anobiidae) und Cioidae. Verhandlungen des Naturforschenden Vereins in Brünn, 40: 3-64.

Reitter E. 1905a. Bestimmungs-Tabelle der Palaearciscen mit *Athous* verwandten Elateriden (Subtribus: Athouina), mit einer Uebersicht der verwandten Coleopteren-Familien: Sternoxia und mit einen Bestimmungsschliissel der Gattungen der Elateridae. Verhandlungen des. Naturforschended Vereines in Brünn, 43: 1-122.

Reitter E. 1905b. Übersicht der mir bekannten Arten der Coleopteren-Gattung *Epicauta* Redtb. aus der palaearktischen Fauna. Wiener Entomologische Zeitung, 24: 194-196.

Reitter E. 1910. *Siagonadia*, nov. subgen. Von Macrosiagon. Wiener Entomologische Zeitung, 29: 131.

Reitter E. 1911. Fauna germanica. Die käfer des Deutschen Reiches. Nach der analytischen Methode bearbeitet. III. Stuttgart: Band. K.G. Lutz, 1-436.

Ren S X, Pang X F. 1993. Two new species of *Scymnus* Kugelann from Hubei (Coleoptera: Coccinellidae). Journal of South China Agricultural University, 14(3): 6-9.

Ren S X, Pang X F. 1995. Four new species of *Scymnus* Kugelann from China. Spixiana, 18(2): 151-155.

Ritsema C. 1889. Preliminary descriptions of new species of the Coleopterous genus *Helota*, MacLeay. Notes from the Leyden Museum, 11(2): 99-111.

Ritsema C. 1905. Eight new Asiatic species of the Coleopterous genus *Helota*. Notes from the Leyden Museum, 25(3): 117-132.

Ritsema C. 1915. A systematic catalogue of the Coleopterous family Helotidae in the Leiden Museum. Zoologische Mededeelingen, 1(2): 125-139.

Robertson J A, Ślipiński A, Moulton M, Shockley F W, Giorgi A, Lord N P, McKenna D D, Tomaszewska W, Forrester J, Miller K B, Whiting M F, McHugh J V. 2015. Phylogeny and classification of Cucujoidea and the recognition of a new superfamily Coccinelloidea (Coleoptera: Cucujiformia). Systematic Entomology, 40: 745-778.

Rye E C. 1873. Insecta. Coleoptera. 222-329. *In*: Newton A (ed), The Zoological Record for 1871; Being the Volume Eighth of the Record of Zoological Literature. London: John van Voost.

Saha G N. 1988. A new genus of Amarygmini (Coleoptera: Tenebrionidae) from India. Records of the Zoological Survey of India, 85(3): 429-432.

Sahlberg J R. 1913. Coleoptera mediterranea orientalis quae in Aegypto, Palestina, Syria, Caramania collegerunt John Sahlberg et Unio Saalas. Ofversigt af Finska Vetenskaps-Societetens Forhandlingar, 55[1912-1913] A(19): 1-282.

Sánchez-Ruiz A. 1996. Catálogo bibliográfico de las especies de la familia Elateridae (Coleoptera) de la Península Ibérica e Islas Baleares. Documentos Fauna Ibérica II. Museo Nacional de Ciencias Naturales. Madrid: CSIC, 1-265.

Sasaji H. 1968. A revision of the Formosan Coccinellidae (II) tribes Stethorini, Aspidimerini and Chilocorini (Coleoptera). Etizenia, Fukui, 32: 1-24.

Sasaji H. 1971. Fauna Japonica: Coccinellidae (Insecta: Coleoptera). Tokyo: Academic Press of Japan, 340.

Sasaji H. 1982. A revision of the Formosan Coccinellidae (III), subfamily Coccinellinae (Coleoptera). Memoirs of the Faculty of Education, Fukui University, Series II (N.S.), 31(1): 1-49.

Saunders E. 1866. Catalogue of Buprestidae collected by the late M Mouhot, in Siam & C., with descriptions of new species. Transactions of the Entomological Society of London, 5(3): 297-322.

Saunders E. 1873. Descriptions of Buprestidae collected in Japan by George Lewis, Esq. Journal of Proceedings of the Linnaean Society of London, Zoology, 11: 509-523.

Say T. 1824. Descriptions of coleopterous insects collected in the late expeditions to the Rocky Mountains, performed by order of Mr. Calhoun, Secretary of War, under the command of Major Long. Journal of the Academy of Natural Sciences of Philadelphia, 3: 238-282.

Schaefer L. 1950. Les buprestides de France. Tableaux analytiques des coléoptères de la faune franco-rhénane. France, Rhénane, Belgique, Hollande, Valais, Corse. Famille LVI: Miscellanea Entomologica, Supplément, 511.

Schaller J G. 1783. Neue Insecten. Abbhandlungen der Hallischen Naturforschenden Gesellschaft, 1: 217-328.

Schaufuss L W. 1863. Beitrag zur Käfer-Fauna Spaniens (Platycerus spinifer). Sitzungs-Berichte der Naturwissenschaftlichen Gesellschaft Isis zu Dresden, 1862: 189-204.

Schaufuss L W. 1879. Diversa. Nunquam Otiosu., 3[1879-1880]: 478-480.

Schawaller W. 2008. The genus *Laena* Latreille (Coleoptera: Tenebrionidae) in China (part 2) with descriptions of 30 new species and a new identification key. Stuttgarter Beitriige zur Naturkunde Serie A (Biologie), 1: 387-411.

Schenkling S. 1916. H. Sauter's "Formosa"-Ausbeute: Cleridae II (Col.). Archiv für Naturgeschichte A, 82 [1917]: 117-118.

Schenkling S. 1925. Elateridae I. *In*: Junk W, Schenkling S (ed), Coleopterorum Catalogus, pars 80. Berlin: W. Junk, 1-263.

Schenkling S. 1927. Elateridae II. *In*: Junk W, Schenkling S (ed), Coleopterorum Catalogus, pars 88. Berlin: W. Junk, 264-636.

Schilsky J. 1908. Zoologische und Anthropologische Ergebnisse einer Forschungsreise in westlichen und zentralen Südafrika, Bd. 1, Lfg. 1, Mordellidae. Denkschriften der Medicinisch-Naturwissenschaftlichen Gesellschaft (Jena), 13: 137-138.

Schimmel R. 1993. Neue Arten sowie eine neue Gattung der Unterfamilie Diminae Candèze, 1863 aus Ostasien und dem Balkan (Coleoptera: Elateridae). Koleopterologische Rundschau, 63: 245-259.

Schimmel R. 1996. Das Monophylum Diminae Candèze, 1863 (Insecta, Coleoptera, Elateridae) [The monophylum Diminae Candèze, 1863 (Insecta: Coleoptera: Elateridae)]. Pollichia-Buch Nr. 33, Bad Dürkheim, 1-227.

Schimmel R. 1999. Die Megapenthini-Arten Süd- und Südostasiens. Erster Teil: *Procraerus*, *Ectamenogonus*, *Xanthopenthes*, *Dolinolus* n. gen., *Girardelatter* n. gen. und *Preusselatter* n. gen. (Insecta: Coleoptera, Elateridae) [The Megapenthini species of south and south east Asia. First part: *Procraerus*, *Ectamenogonus*, *Xanthopenthes*, *Dolinolus* n. gen., *Girardelater* n. gen. and *Preusselater* n. gen. (Insecta: Coleoptera, Elateridae)]. Bad Dürkheim: Pollichia-Buch Nr. 38, 1-299.

Schimmel R. 2015a. New species of the genera *Csikis*, *Limoniscus*, *Neopsephus* and *Penia* from China (Insecta: Coleoptera: Elateridae). Vernate, 24: 285-298.

Schimmel R. 2015b. Neue Arten aus der Gattung *Penia* Castelnau, 1838, aus China. 367-375. *In*: Diehl P, Imhoff A, Möller (Hrsg.) L (ed), Wissensgesellschaft Pfalz. 90 Jahre Pfälzische Gesellschaft zur Förderung der Wissenschaften. Heidelberg: Veröffentlichung der Pfälzischen Gesellschaft.

Schimmel R, Platia G. 1992. Die Arten des supraspezifischen Taxons Senodoniinae Schenkling, 1927 (Coleoptera: Elateridae). Entomologica Basiliensia, 15: 229-254.

Schimmel R, Tarnawski D. 2011. Six new species of the genus *Mulsanteus* Gozis, 1875 from China, India and Malaysia (Insecta: Coleoptera: Elateridae). Genus, 22(4): 565-577.

Schimmel R, Tarnawski D. 2015. Revision of the genus *Actenicerus* Kiesenwetter, 1858 from China (Coleoptera: Elateridae). Polish Entomological Monographs, 9: 1-101.

Schönherr C J. 1817. Synonymia Insectorum, oder: Versuch Einer Synonymie Aller Bisher Bekannten Insecten; Nach Fabricii Systema Eleutheratorum etc. Geordnet. Mit Berichtigungen und Anmerkungen, wie Auch Beschreibungen Neuer Arten und Illuminirten Kupfern. Erster Band. Eleutherata oder Käfer. Dritter Theil. Upsala: Em. Bruzelius, xi + [1] + 506.

Schuster A. 1926. Bestimmungstabelle der *Laena*-Arten aus dem Himalaya und den angrenzenden gebieten. Mit Beschreibungen neuer arten. Koleopterologische Rundschau, 12: 31-54.

Schwarz O. 1891. Revision der paläarktischen Arten der Elateriden-Gattung *Agriotes* Eschsch. Deutsche Entomologische Zeitschrift, 1891: 81-114.

Schwarz O. 1895. Ueber *Cardiophorus museulus* Er. als Vertreter einer besonderen Gattung. Deutsche Entomologische Zeitschrift, 1895: 39-40.

Schwarz O. 1898. Aenderungen der Gattungsnamen *Enoploderes* und *Craspedonotus* Schwarz. Deutsche Entomologische Zeitschrift, 1898: 4-14.

Schwarz O. 1901. *Cremnostethus* und *Metriaulacus* nov. gen. Elateridarum. Ein Beitrag zur Kentniss der Elateriden-Gattung *Melanotus*. Deutsche Entomologische Zeitschrift, 1901: 197-199.

Schwarz O. 1902a. Neue Elateriden. Stettiner Entomologischen Zeitung, 63: 194-316.

Schwarz O. 1902b. Neue Elateriden aus dem tropischen Asien, den malayischen Inseln und den Inseln der Südsee. Deutsche Entomologische Zeitschrift, 1902: 305-350.

Schwarz O. 1906. Coleoptera, Fam. Elateridae. Fascicule 46A. *In*: Wytsman P (ed), Genera Insectorum. Bruxells: P. Wytsman, 1-112.

Schwarz O. 1907. Coleoptera, Fam. Elateridae. Fascicule 46C. *In*: Wytsman P (ed), Genera Insectorum. Bruxells: P. Wytsman, 225-370.

Scopoli J A. 1777. Introductio ad historiam naturalem, sistens genera lapidum, plantarum et animalium hactenus detecta, characteribus essentialibus donata, in tribus divisa, subinde ad leges naturale. Pragae: W Gerle, 506 + [34].

Seidlitz G C M von. 1896. Alleculidae. 1-305. *In*: Erichson W F (ed), Naturgeschichte der Insecten Deutschlands. Begonnen von Dr. W F Erichson, Fortgesetzt von Prof. Dr. H Schaum, Dr. G Kraatz, H v Kiesenwetter, Julius Weise, Edm. Reitter und Dr. G Seidlitz. Erste Abtheilung Coleoptera. Fünfter Band. Zweite Hälfte. Lieferungen 1-3. Berlin: Nicolaische Verlags-Buchhandlung, 968.

Seidlitz G C M von. 1898. Lagriidae. 306-364. *In*: Erichson W F (ed), Naturgeschichte der Insecten Deutschlands. Vol. 5. Berlin: Nicolaische Verlags-Buchhandlung, 968.

Seidlitz G C M von. 1899. Oedemeridae. 681-968. *In*: Erichson W F (ed), Naturgeschichte der Insecten Deutschlands. Erste Abtheilung Coleoptera V(2). Berlin: Nicolai, 968.

Semenov A P. 1891. Diagnoses coleopterorum novorum ex Asia centrali et orientali. Horae Societatis Entomologicae Rossicae, 25: 262-382.

Semenov A P. 1894. Symbolae ad cognitionen oedemeridarum. Horae Societatis Entomologicae Rossicae, 28: 449-474.

Sharp D. 1879. On some Coleoptera from the Hawaiian Islands. Transactions of the Entomological Society of London, 1879: 77-105.

Sharp D. 1885. On the Colydiidae collected by Mr. G. Lewis in Japan. The Journal of the Linnaean Society, Zoology, 19: 58-84.

Sharp D. 1890. Nitidulidae. 265-388. *In*: Godman F D, Salvin O (ed), Biologia Centrali-Americana. Insecta, Coleoptera II. Part 1. London: Dulau and Co.

Shiyake S. 2000. Mordellidae from East Asia with description of a new species. Bulletin of the Osaka Museum of Natural History, 54: 25-30.

Shockley F W, Tomaszewska K W, Mchugh J V. 2009. An annotated checklist of the handsome fungus beetles of the World (Coleoptera: Cucujoidea: Endomychidae). Zootaxa, 1999: 1-113.

Sicard A. 1912. Notes sur quelques coccinellides de l'Inde et de Birmanie appartenant â la collection de M. Andrewes, de Londres et description d'espèces et de variétés nouvelles. Annales de la Société Entomologique de France, 81 [1912-1913]: 495-506.

Silvestri F. 1909. Nuovo Coccinellide introdutto in Italia. Rivista Coleotterologica Italiana, 7: 126-129.

Ślipiński S A. 2007. Australian Ladybird Beetles (Coleoptera: Coccinellidae). Canberra: ABRS, 286.

Ślipiński S A, Lord N P, Lawrence J F. 2010. Bothrideridae Erichson, 1845. 411-422. *In*: Beutel R G, Lawrence J F, Leschen R A B (ed), Handbook of Zoology, Coleoptera, Vol. II. Berlin: Walter de Gruyter.

Solier A J J. 1833. Essai sur les Buprestides. Annales de la Société entomologique de France, 2: 261-316.

Solier A J J. 1834. Essai d'une division des coléoptères hétéromères, et d'une monographie de la famille des collaptèrides. Annales de la Société Entomologique de France, 3: 479-636, pls. XII-XVI.

Solier A J J. 1849. Orden III. Coleopteros. 105-380, 414-511. *In*: Gay C (ed), Historia física politica de Chile. Paris: en casa del autor,

511.

Solsky S. 1875. Matériaux pour l'entomologie des provinces asiatiques de la Russie. Horae Societatis Entomolpgicae Rossicae, 11: 253-299.

Solsky S M. 1871. Coléoptères de la Sibérie orientale. Horae Societatis Entomologicae Rossicae, VIII: 232-277.

Stephens J F. 1829a. A systematic catalogue of British insects: being an attempt to arrange all the hitherto discovered indigenous insects in accordance with their natural affinities. Containing also the references to every English writer on entomology, and to the principal foreign authors. With all the published British genera to the present time. London: Baldwin & Cradock, xxxiv+ [2] + 416 + 388.

Stephens J F. 1829b. The Nomenclature of British Insects; Being a Compendious list of Such Species as are Contained in the Systematic Catalogue of the British Insects, and Forming a Guide to Their Classification, &c. &c. London: Baldwin & Craddock, (2) + 68.

Stephens J F. 1830. Illustrations of British Entomology or, a Synopsis of Indigenous Insects: Containing Their Generic and Specific Distinctions; with an Account of Their Metamorphoses, Times of Appearance, Localities, Food, and Economy, as Far as Practicable. Mandibulata. Volume III. London: Baldwin and Cradock, 447 + [1]., pls. XVI-XIX.

Stephens J F. 1831. Illustrations of British Entomology or, a Synopsis of Indigenous Insects: Containing Their Generic and Specific Distinctions; with an Account of Their Metamorphoses, Times of Appearance, Localities, Food, and Economy, as Far as Practicable. Mandibulata. Volume IV. London: Baldwin and Cradock, 413 + [1]., pls. XX-XXIII [published in parts, 1-366 in 1831; 367-413 in 1832].

Stephens J F. 1832. Illustrations of British Entomology; or, a Synopsis of Indigenous Insects: Containing Their Generic and Specific Distinctions; with an Account of Their Metamorphoses, Times of Appearance, Localities, Food, and Economy, as Far as Practicable. Mandibulata [1832-1835] Volume V. London: Baldwin and Cradock, 447. + list of illustrations, pls. XXIV-XXVII [issued in parts: 1-240, 1832; 241-304, 1833; 305-368, 1834; 369-448, 1835].

Stephens J F. 1835. Appendix. 369-448. In: Illustrations of British Entomology or, a Synopsis of Indigenous Insects: Containing Their Generic and Specific Distinctions; with an Account of Their Metamorphoses, Times of Appearance, Localities, Food, and Economy, as Far as Practicable. Mandibulata. Volume V. London: Baldwin and Cradock, 448, pls. XXIV-XXVII [published in parts, 1-240 in 1832; 241-304 in 1833; 305-368 in 1834].

Stibick J N L. 1987. Classification of the Elateridae systematic checklist of the genera. 1-52. [Hand Writing]

Strohecker H F. 1943. Some fungus beetles of the family Endomychidae in the United States National Museum, mostly from Latin America and the Philippine Islands. Proceedings of the U.S. National Museum, 93: 381-392.

Strohecker H F. 1953. Coleoptera, Endomychidae. 1-145. In: Wytsman P (ed), Genera Insectorum. Bruxelles: Louis Desmet-Verteneuil.

Strohecker H F. 1972. The genus *Ancylopus* in Asia and Europe (Coleoptera: Endomychidae). Pacific Insect, 14(4): 703-708.

Strohecker H F. 1979. The genus *Indalmus* in Asia, New Guinea and Australia, with description of a new genus, *Platindalmus* (Coleoptera: Endomychidae). Pacific Insect, 20(2-3): 279-292.

Strohecker H F, Chûjô M. 1970. *Sinocymbachus*, new gen. from the Orient (Coleoptera: Endomychidae). Pacific Insects, 12: 511-518.

Sturm J. 1843. Catalog der Käfersammlung von J. Sturm. Nürnberg: Verfasser, 386.

Suzuki W. 1999. Catalogue of the family Elateridae (Coleoptera) of Taiwan. Miscellaneous Reports of the Hiwa Museum for Natural History, (38): 1-348.

Švihla V. 1999. Revision of the subgenera *Stenaxis* and *Oedemera s. str.* of the genus *Oedemera* (Coleoptera: Oedemeridae). Folia Heyrovskyana, Supplementum, 4: 1-117.

Švihla V. 2004. New taxa of the subfamily Cantharinae (Coleoptera, Cantharidae) from southeastern Asia with notes on other species. Entomologica Basiliensia, 26: 155-238.

Švihla V. 2008a. Oedemeridae. 353-369. In: Löbl I, Smetana A (ed), Catalogue of Palaearctic Coleoptera, Volume 5. Tenebrionoidea. Stenstrup: Apollo Books, 670.

Švihla V. 2008b. Redescription of the subgenera of the genus *Themus* Motschulsky, 1858, with description of five new species (Coleoptera: Cantharidae). Veröffentlichungen des Naturkundemuseums Erfurt, 27: 183-190.

Švihla V. 2011. New taxa of the subfamily Cantharinae (Coleoptera: Cantharidae) from south-eastern Asia, with notes on other species III. Zootaxa, 2895: 1-34.

Swartz O. 1808. [new taxa]. *In*: Schönherr C J (ed), Synonyma Insectorum, oder: Versuch einer Synonymie aller bisher bekannten Insecten; nach Fabricii Systema Eleutheratorum & c. geordnet. Band Ⅰ. Eleuterata oder Kafer. Theil 2. Stockholm: C F Marquard, x + 424., 1 pl.

Takizawa M. 1917. Some new species of Coccinellidae in Japan. Ⅰ. Transactions of the Sapporo Natural History Society, 4: 220-224.

Théry A. 1895. Description de quelques Buprestides nouveaux de Ho-chan (Chine). Bulletin des Séances et Bulletin Bibliographique de la Société entomologique de France, 64: cxi-cxv.

Théry A. 1904. Buprestides récoltés par le Dr. Horn a Ceylan. Annales de la Société Entomologique de Belgique, 48: 158-167.

Théry A. 1932. Description d'un genre nouveau de buprestides (Col.). Bulletin de la Société Entomologique de France, 37: 96-97.

Théry A. 1938. Notes diverses sur les buprestides. Bulletin de la Société Entomologique de France, 43: 176-178.

Théry A. 1940. Revision des *Chrysobothris* (Col. Bup.) de Chine, actuellement connus et desciptions d'especes nouvelles. Notes d'especes. Notes d'Entomologie Chinoise, 7: 139-170.

Théry A. 1942. Coleopteres Buprestides. Paris: P Lechevalier, 223.

Thomson C G. 1859. Skandinaviens Coleoptera, synoptiskt bearbetade. Tom Ⅰ. Lund: Lundbergska Boktryckeriet, 1-290.

Thomson C G. 1863. Skandinaviens Coleoptera, Synoptisk Bearbetade. Tom Ⅴ. Lund: Lundbergska Boktryckeriet, 340.

Thomson C G. 1864. Skandinaviens Coleoptera, Synoptiskt Bearbetade. Tom Ⅵ. Lund: Tryckt uti lundbergska boktryckeriet, 385.

Thomson J. 1868 [1860-1868]. Musèe Scientifique ou Recueil d'Histoire Naturelle. Paris: J Thomson, 96., 9 pls.

Thomson J. 1879. Typi Buprestidarum Musaei Thomsoniani, Appendix 1a. Paris: E Deyrolle, 87.

Thunberg C P. 1781. Dissertatio Entomologica Novas Insectorum Species, Sistens Cujus Partem Primam. Upsaliae: J. Edman, 28., 1 pl.

Thunberg C P. 1784. Dissertatio entomologica Novas Insectorum species 3. Upsalia: Johan Edman, 53-69, 1 pl.

Timberlake P H. 1943. The Coccinellidae or ladybeetles of the Koebele Collection-Part Ⅰ. The Hawaiian Planters' Record, 47(1): 7-67.

Tomaszewska K W. 2001. A Review of the genus *Bolbomorphus* Gorham, 1887 (Coleoptera: Endomychidae). Annales Zoologici (Warszawa), 51(4): 485-496.

Tôyama M. 1985. The buprestid beetles of the subfamily Agrilinae from Japan (Coleoptera, Buprestidae). Elytra, 13: 19-47.

Tôyama M. 1987. New agriline buprestid beetles (Coleoptera, Buprestidae.) from Asia (Ⅰ). Kontyû, 55(2): 298-323.

van Dyke E C. 1923. New species of Coleoptera from California. Bulletin of the Brooklyn Entomological Society, 18: 37-53.

Vandenberg N, Gordon R D. 1991. Farewell to *Pania* Mulsant (Coleoptera; Coccinellidae); a new synonym of *Propylea* Mulsant. Coccinella, 3(2): 30-35.

Vats L K, Kashyap S L. 1992. A new genus with a description of a new species of Crepidomeninae (Coleoptera: Elateridae) from north India. Journal of Entomological Research (New Delhi), 16(4): 252-254.

Voigts H. 1902. Zur Synonymie der Meloiden-Gattung *Zonabris*. Wiener Entomologische Zeitung, 21: 177-178.

Vrydagh J M. 1960. Contribution à l'étude des Bostrychidae. 23. ~ Collection de la Section Zoologique du Musée National Hongrois à Budapest. Bulletin de l'Institut Royal des Sciences Naturelles de Belgique, 36(39): 1-32.

Walker F. 1858. Characters of some apparently undescribed Ceylon insects. The Annals and Magazine of Natural History (3) 2: 202-209, 280-286.

Walker F. 1859. Characters of some apparently undescribed Ceylon insects. The Annals and Magazine of Natural History (3), 3: 50-56, 258-265.

Waltl J. 1834. Ueber das Sammeln exotischer Insecten. Faunus. Zeitschrift für Zoologie und Vergleichende Anatomie, 1(3): 166-170.

Wang F Y, Ren G D. 2007. Four new species and a new record of *Anaedus* from China (Coleoptera: Tenebrionidae). Zootaxa, 1642:

33-41.

Wang L F, Ren G D, Liu C. 2012. Review of the Chinese species of *Falsocamaria* Pic with descriptions of two new species (Coleoptera: Tenebrionidae: Stenochiinae). Acta Zoologica Academiae Scientiarum Hungaricae, 58: 305-324.

Wang S J, Yang J K. 1992. Coleoptera: Cantharidae. *In*: Huang F S (ed), Insects of Wuling mountains area, SW China. Beijing: Science Press, 264-267.

Waterhouse C O. 1871. On some black species of *Cantharis* with red heads and filiform antennae. Transactions of the Entomological Society of London, (4) 3: 405-408.

Waterhouse C O. 1877. Descriptions of new Coleoptera from various localities. The Entomologist's Monthly Magazine, 14[1877-78]: 72-75.

Waterhouse C O. 1880. Description of new genus and species of Heteromerous Coleoptera. The Annals and Magazine of Natural History, (5) 5: 147-148.

Waterhouse C O. 1887. New genera and species of Buprestidae. The Transactions of the Entomological Society of London., 35(2): 177-184.

Weise J. 1879. Beitrage zur Kafer fauna von Japan. Deutsche Entomologische Zeitschrift, 23: 149-152.

Weise J. 1885. Coccinellidae. II. Auflage. Mit Berücksichtigung der Arten aus dem nördlichen Asien. *In*: Reitter E (ed), Bestimmungs-Tabellen der europaischen Coleopteren. II. Heft. Mödling: H. Busing, 83.

Weise J. 1887. Neue sibirische Chrysomeliden und Coccinelliden nebst Bemerkungen uber fruher beschriebene Arten. Arch. Naturg., 53(1): 164-214.

Weise J. 1891. Neue Coccinelliden. Deutsche Entomologische Zeitschrift, 35: 281-288.

Weise J. 1900. Coccinelliden aus Ceylon gesammelt von Dr. Horn. Deutsche Entomologische Zeitschrift, 44: 417-448.

Weise S. 1910. Chlysomeliden und Coccinelliden. Verhandlungen des Naturforschenden Vereins in Brünn, 48: 25-53.

Weise J. 1912. Uber His Picn und Coccinelliden. Archiv fur Naturgeschichte, 78: 101-120.

Weise J. 1923. H. Sauter's "Formosan"-Ausbeute: Coccinelliden. Archiv fur Naturgeschichte, 89(2): 182-189.

Wellman F C. 1910. The generic and subgeneric types of the Lyttidae (Meloidae s. Cantharidae auctt.) (Col.). The Canadian Entomologist, 41: 389-396.

Westwood J C. 1837. Elateridae. *In*: Drury D (ed), Illustrations of exotic Entomology, containing upwards of six hundred and fifty figures and descriptions of foreign insects, interspersed with remarks and reflections on their nature and properties. Vol. II. London: H. G. Bohn, 1-100.

Westwood J O. 1853. Descriptions of some new species of Coleoptera from China and Ceylon. Transactions of the Entomological Society of London (N.S.), 2 [1852-1853]: 232-241.

Westwood J O. 1883. Descriptions of some new exotic Coleoptera. Tijdschrift voor Entomologie, 26[1882-83]: 61-78, pl. III.

Wiedemann C R W. 1821. Neue exotische Käfer. Magazin der Entomologie, 4: 107-183.

Wiedemann C R W. 1823. Zweihundert neue Kafer von Java, Bengalen und dem Vorgebirge der Guten Hoffnug. Zoologisches Magazin (Altona), 2(1): 1-133.

Winkler J R. 1978. *Sinobaneus sedlaceki* gen. n., sp. n. (Coleoptera: Cleridae) from Tienmuschan Mountains, Oriental, not Palaearctic area of China. Acta Universitatis Carolinae-Biologica, 1975-1976 (5-6): 247-255.

Wissmann O L. 1848. Entomologische Notizen. Entomologische Zeitung (Stettin), 9: 76-80.

Wittmer W. 1938. 3. Beitrag zur Kenntnis der indo-malayischen Malacodermata (Col.). Treubia, 16(3): 301-306.

Wittmer W. 1951. Neue Cantharidae aus Herrn Joh. Klapperichs' Südchina Ausbeute (14. Beitrag zur Kenntnis der palaearktischen Malacodermata Col.). Entomologische Blätter für Biologie und Systematik der Käfer, 47: 96-103.

Wittmer W. 1954a. 20. Beitrag zur Kenntnis der palaearktischen Malacodermata (Col.). Mitteilungen der Schweizerischen Entomologischen Gesellschaft, 27(2): 109-114.

Wittmer W. 1954b. Zur Kenntnis der Cantharidae und Malachiidae der Insel "Formosa". Revue Suisse de Zoologie, 61(7): 271-282.

Wittmer W. 1956. Neue Malacodermata aus der Sammlung der California Academy of Sciences (16. Beitrag zur Kenntnis der palaearktischen Malacodermata, Col.). Mitteilungen der Schweizerischen Entomologischen Gesellschaft, 29(3): 303-313.

Wittmer W. 1972a. Beitrag zur Kenntnis der palaearktischen Cantharidae und Malachiidae (Col.). Entomologische Arbeiten aus dem Museum G. Frey, 23: 122-141.

Wittmer W. 1972b. Synonymische und systematische Notizen sowie neue Taxa in Cantharidae (Col.). Verhandlungen der Naturforschenden Gesellschaft in Basel, 82(1): 105-121.

Wittmer W. 1974. Zur Kenntnis der Gattung *Stenothemus* Bourg. (Col. Cantharidae). Mitteilungen der Schweizerischen Entomologischen Gesellschaft, 47(1-2): 49-62.

Wittmer W. 1978. Ergebnisse der Bhutan-Expedition 1972 des Naturhistorisches Museums in Basel. Coleoptera: Fam. Cantharidae (4. Teil) und Bemerkungen zu einigen Arten aus angrenzenden Gebieten. Entomologica Basiliensia, 3: 151-161.

Wittmer W. 1982a. 71. Beitrag zur Kenntnis der palaearktischen Cantharidae. Entomologica Basiliensia, 7: 340-347.

Wittmer W. 1982b. Die Arten der Gattung *Themus* Motschulsky aus der Verwandschaft von *versicolor* (Gorham) und *davidis* (Fairmaire) (Coleoptera, Cantharidae). *In*: Satô M (ed), Special Issue to the Memory of Retirement of Emeritus Professor Michio Chûjô. Nagoya: Association of the Memorial Issue of Emeritus Professor M. Chûjô, 25-30.

Wittmer W. 1983. Beitrag zur einer Revision der Gattung *Themus* Motsch. Coleoptera: Cantharidae. Entomologischen Arbeiten aus dem Museum G. Frey, 31/32: 189-239.

Wittmer W. 1984. Die Familie Cantharidae (Col.) auf Taiwan (3. Teil). Entomological Review of Japan, 39: 141-166, 6 pls.

Wittmer W. 1987. Zur Kenntnis der Gattung *Prothemus* Champion (Coleoptera: Cantharidae). Mitteilungen der Entomologischen Gesellschaft Basel, 37(2): 69-88.

Wittmer W. 1988. Zur Kenntnis der Cantharidae (Coleoptera) Chinas und der angrenzenden Länder. Entomologica Basiliensia, 12: 343-372.

Wittmer W. 1995. Zur Kenntnis Gattung *Athemus* Lewis (Col. Cantharidae). Entomologica Basiliensia, 18: 171-286.

Wittmer W. 1997a. Neue Cantharidae (Col.) aus dem indo-malaiischen und palaearktischen Faunengebiet mit Mutationen. 2. Beitrag. Entomologica Basiliensia, 20: 223-366.

Wittmer W. 1997b. Neue Cantharidae (Col.) aus China und Vietnam der Ausbeuten von Prof. Dr. Masataka Satô in den Jahren 1995 und 1996. Japanese Journal of Systematic Entomology, 3(1): 33-42.

Wittmer W, Magis N. 1978. Zur Kenntnis einiger mit *Cantharis* L. verwandter Gattungen (Coleoptera, Cantharidae). Bulletin & Annales de la Societe Royale Belge d'Entomologie, 114(4-6): 133-139.

Wollaston T V. 1854. Insecta Maderensia; Being an Account of the Insects of the Islands of the Madeiran Group. London: J van Voorst, xliv + 634, 13 pls.

Wollaston T V. 1859. Descriptions of two coleopterous insects from the north of China. The Annals and Magazine of Natural History, 4: 430-431.

Wollaston T V. 1864. Catalogue of the Coleopterous Insects of the Canaries in the Collection of the British Museum. London: Taylor and Francis, xiii + 648.

Wollaston T V. 1867. Coleoptera Hesperidum, Being an Enumeration of the Coleopterous Insects of the Cape Verde Archipelago. London: J. van Voorst, xxxix + 285., 1 map.

Wu C F. 1937. Catalogus Insectorum Sinensium (Catalogue of Chinese Insects). Volume III. Peiping: The Fan Memoriel Institute of Biology, 1312.

Yang C K. 1980. *Niptinus* nom. nov. for *Eurostus* Brown 1940 (Coleoptera: Ptinidae) nec Dallas 1851 (Hemiptera: Pentatomidae). Entomotaxonomia, 2(1): 26.

Yang C T. 1978. *Scymnus* (Subgenus *Pullus*) (Col. Cocc.) from Taiwan. Plant Protection, Bulletin (Taiwan), 20(2): 106-116.

Yang Y X, Brancucci M, Yang X K. 2009. Synonymical notes on the genus *Micropodabrus* Pic and related genera (Coleoptera, Cantharidae). Entomologica Basiliensia et Collectionis Frey, 31: 49-54.

Yang Y X, Kopetz A, Yang X K. 2013. Taxonomic and nomenclatural notes on the genera *Themus* Motschulsky and *Lycocerus* Gorham (Coleoptera, Cantharidae). Zookeys, 340: 1-19.

Yang Y X, Li L M, Yang X K. 2015. Description of four new species related to *Fissocantharis novemexcavatus* (Wittmer, 1951) (Coleoptera, Cantharidae) from China. Zootaxa, 4058(3): 362-372.

Yang Y X, Qi Y Q, Yang X K. 2018. Four new species of *Fissocantharis* Pic, 1921 (Coleoptera, Cantharidae) from China. Zookeys, 738: 97-115.

Yang Y X, Su J Y, Yang X K. 2014. Taxonomic note and description of new species of *Fissocantharis* Pic from China (Coleoptera, Cantharidae). Zookeys, 443: 45-59.

Yang Y X, Yang X K. 2014. Notes on *Lycocerus kiontochananus* (Pic, 1921) and description of two new species of *Lycocerus* Gorham from China (Coleoptera, Cantharidae). Zootaxa, 3774(6): 523-534.

Young D K. 1976. A new species of *Ischalia* from southeastern China (Coleoptera: Pyrochroidae). The Pan-Pacific Entomologist, 52: 213-215.

Young D K. 1985. Description of the larva of *Ischalia vancouverensis* Harrington (Coleoptera: Anthicidae: Ischaliinae), with observations on the systematic position of the genus. The Coleopterists Bulletin, 39: 201-206.

Young D K. 2008. Three new Asian species of *Ischalia* Pascoe, 1860 (Coleoptera: Ischaliidae), with a world checklist of subgenera and species. Pan-Pacific Entomologist, 83: 321-331.

Young D K. 2011. A new Asian subgenus and species of *Ischalia* (Coleoptera: Ischaliidae) with an assessment of subgeneric concepts, revised world checklist, and keys to the subgenera and the "blue elytra" species. Zootaxa, 2811: 53-58.

Yu G Y. 1995. The Coccinellidae (excluding Epilachinae) collected by J. Klapperich in 1977 on Taiwan. Spixiana, 18(2): 123-144.

Yu G Y, Montgomery M E, Yao D F. 2000. Lady Beetles (Coleoptera: Coccinellidae) from Chinese Hemlocks infested with the Hemlock Woolly Adegid, *Adelgestsugae* Annand (Homoptera: Adelgidae). The Coleopterists Bulletin, 54(2): 154-199.

Yuan C X, Li P, Ren G D. 2018. One new species of the genus *Uenostrongylium* (Coleoptera: Tenebrionidae) from China. Entomotaxonomia, 40(1): 23-26.

Zhou Y, Merkl O, Chen B. 2014. Notes on the genus *Xenocerogria* (Coleoptera, Tenebrionidae, Lagriini) from China. ZooKeys, 451: 93-108.

Zia Y. 1933. On the Languridae of the provinces Kweichow and Yunnan. Sinensia Nanking, 4: 15-37.

Zia Y. 1934. On some species of Languriidae of Hangchow. Sinensia Nanking, 4: 353-358.

Zia Y. 1959. New genera and species of Chinese anguriidae. Acta Entomologica Sinica, 9: 366-372.

中 名 索 引

A

阿里山尖额叩甲　56
阿里新萤甲　144
埃拟天牛属　296
埃氏齿爪芫菁　299
埃蚁形甲　320
埃隐食甲属　171
艾垫甲属　241
艾舌甲属　282
艾萤甲属　142
安徽食植瓢虫　209
安徽树甲　293
安拟叩甲属　146
安氏瓣朽木甲　277
暗彩尾露尾甲　157
暗带双脊叩甲　58
暗褐球棒皮蠹　108
暗绿彩轴甲　287
暗色艾舌甲　283
暗色槽缝叩甲　40
暗色直缝叩甲　48
暗头豆芫菁　304
暗胸梳爪叩甲　69
暗胸锥尾叩甲　53
暗足双脊叩甲　58
凹头拟齿爪花萤　85
奥郭公甲属　132
澳洲短角瓢虫　212

B

八斑和瓢虫　202
八斑华伪瓢虫　190
巴氏大轴甲　291
白腹皮蠹　107
白木菜花露尾甲　161
白水带花蚤　237
白腿邻烁甲　260
百山祖肖姬花蚤　236
斑花甲　2
斑吉丁属　14
斑叩甲属　42
斑皮蠹属　109
斑鞘灿叩甲　45
斑舌甲属　284
斑胸类筒郭公甲　133
斑胸异角花萤　95
瓣朽木甲属　277
枹桐窄吉丁　5

棒颈蚁形甲属　320
薄叩甲属　49
北方艾萤甲　143
北方星花蚤　238
扁翅邻烁甲　259
扁额叩甲属　47
扁谷盗科　175
扁脊泰轴甲　292
扁甲总科　136
扁角豆芫菁　303
扁毛土甲　274
扁泥甲科　28
变斑隐势瓢虫　194
变色平尾叩甲　55
波缝叩甲属　59
波鲁莫萤甲　144
波氏绿伪叶甲　250
波纹皮蠹　108
波纹小萤甲　230
波兹齿甲　266

C

材叩甲属　46
彩菌甲属　280
彩瓢虫属　214
彩瓢虫族　214
彩轴甲属　287
菜花露尾甲属　159
灿叩甲属　44
糙翅丽花萤　96
糙胸异花萤　83
槽缝叩甲属　38
槽缝叩甲亚科　36
草鱼塘波缝叩甲　59
侧纹伪赤翅甲　319
茶锥尾叩甲　53
掣爪泥甲科　29
齿粉蠹　113
齿粉蠹属　113
齿沟伪叶甲　247
齿甲属　265
齿甲族　265
齿肩隐食甲　170
齿胸大伪叶甲　252
齿胸叩甲亚科　44
齿胸隐食甲　169
齿爪芫菁属　299
赤翅甲科　319
赤颈尸郭公甲　131

赤毛皮蠹指名亚种 107
赤拟粉甲 265
赤足尸郭公甲 131
赤足异脊叩甲 54
崇安外伪叶甲 250
川贵梳爪叩甲 71
唇形露尾甲属 159
刺角弓背叩甲 72
刺叶食螨瓢虫属 225
粗角叩甲科 31
粗角叩甲属 31
粗角泰轴甲 292
粗孔星吉丁 7
粗拟叩甲属 147
粗体土叩甲 64
粗网巧瓢虫 206
粗皱优树甲 295
粗壮邻烁甲 259
簇束隐食甲 170
长斑蚁形甲 321
长鼻凸顶花蚤 232
长翅心跗叩甲 76
长蠹科 111
长蠹属 116
长蠹总科 103
长跗蚁形甲属 322
长角扁谷盗 176
长茎邻烁甲 260
长隆小毛瓢虫 224
长毛薄叩甲 49
长鞘露尾甲属 152
长鞘露尾甲亚科 151
长鞘梳爪叩甲 66
长特拟叩甲 149
长头谷盗 264
长头谷盗属 264
长胸叩甲属 54
长蚁形甲属 322
长爪小毛瓢虫 224
长转薪甲 183
长足瓢虫属 203

D

大斑沟芫菁指名亚种 308
大斑潜吉丁 18
大短角瓢虫 213
大谷盗 126
大谷盗属 126
大花蚤科 232
大黄带芫菁 315
大理窃蠹 121
大丽瓢虫属 198
大伪叶甲属 252
大卫柔芫菁 299
大卫三栉牛 317
大蕈甲科 140
大蕈甲亚科 140
大眼锯谷盗 174
大腋谷露尾甲 156
大轴甲属 290
大竹蠹 111
代纹吉丁 12
带花蚤属 236
单齿艾垫甲 242
单锯谷盗属 173
单叶叩甲属 41
淡缘圆胸花萤 88
刀嵴树甲指名亚种 294
刀角瓢虫 193
刀角瓢虫属 193
刀角瓢虫族 193
倒齿小瓢虫 222
稻红瓢虫 206
点条大轴甲 291
垫甲属 253
垫甲族 253
东方槽缝叩甲 40
东方垫甲 254
东方薪甲属 184
东方异花萤 83
东南溪泥甲 24
豆芫菁属 300
毒拟叩甲属 148
独角舌甲 285
杜氏真泥甲 29
端黑黄带芫菁 314
端尖食植瓢虫 210
端刻溪泥甲 25
端丝小毛瓢虫 224
短翅豆芫菁 300
短翅芫菁属 311
短沟叩甲属 60
短角叩甲属 63
短角露尾甲 165
短角瓢虫属 212
短角瓢虫族 212
短毛土甲 271
短鞘郭公甲属 130
短体锥尾叩甲 52
短叶叩甲属 63
断点纹吉丁 10
盾脊溪泥甲 26
多斑舌甲 284
多彩长跗蚁形甲 322
多彩瓢虫 215
多刺土甲 271

E

二带粉菌甲 280
二突异翅长蠹 113
二纹土甲 269
二纹蕈甲 142
二星瓢虫 198
二疣槽缝叩甲 39

F

番郭公甲属　134
梵文菌瓢虫　201
方斑弯伪瓢虫指名亚种　185
方露尾甲属　163
方胸叩甲　50
方胸叩甲属　50
访花露尾甲亚科　158
非洲粉蠹　114
费南污朽木甲　276
费氏异花萤　81
粉蠹属　113
粉甲属　255
粉甲族　255
粉菌甲属　280
凤阳齿甲　267
福建斑舌甲　284
福建灿叩甲　45
福建齿甲　267
福建刻角叩甲　59
福建狭胸花萤　85
福州梳爪叩甲　67
福周艾覃甲窄型亚种　143
斧端小瓢虫　221
斧胫唇形露尾甲　159
斧状异角花萤　95
腹突溪泥甲　27

G

盖端小瓢虫　221
盖氏类轴甲　286
柑橘弓胫吉丁　16
柑橘缘吉丁　15
柑橘窄吉丁　4
高山溪泥甲　26
高伪叶甲族　241
高尾肖小花蚤　235
歌莎光鞘薪甲　180
格瑞艾覃甲　143
格氏绵叩甲　37
根叩甲属　61
梗叩甲属　49
弓背叩甲属　72
弓胫吉丁属　16
沟翅彩轴甲　287
沟脊溪泥甲　27
沟叩头虫　74
沟伪叶甲属　247
沟胸双脊叩甲　58
沟胸蛛甲　118
沟覃甲属　141
沟芫菁属　306
钩纹皮蠹　106
构树潜吉丁　17
古田山溪泥甲　25

古田山小花蚤　239
谷盗科　126
谷蠹　116
谷蠹属　116
谷露尾甲属　154
谷露尾甲亚科　154
瓜茄瓢虫　209
寡节瓢虫属　227
寡节瓢虫族　227
挂墩丽花萤　101
怪皮蠹属　109
冠甲科　125
冠甲属　125
光滑齿甲　267
光洁猛郭公甲　134
光亮拟天牛　297
光瓢虫属　197
光鞘薪甲属　180
广盾瓢虫属　213
广盾瓢虫族　213
广西枵甲　278
龟纹瓢虫　207
龟纹瓢虫属　207
郭公甲属　129
郭公甲总科　123

H

哈氏小覃甲　231
杭州梳爪叩甲　69
郝氏纹吉丁　10
合唇露尾甲属　167
合欢窄吉丁　6
和谐瓢虫属　201
河源小瓢虫　219
褐翅角伪叶甲　248
褐粉蠹　115
褐粉甲　256
褐缝基瓢虫　215
褐菌瓢虫属　207
褐蛛甲　120
褐蛛甲属　120
壑轴甲属　289
黑斑丝角花萤　90
黑背毛瓢虫　217
黑背双脊叩甲　57
黑背显盾瓢虫　211
黑背小瓢虫　219
黑翅纹吉丁　11
黑粉虫　263
黑粉甲　256
黑环异花萤　79
黑襟毛瓢虫　217
黑毛皮蠹日本亚种　105
黑毛皮蠹指名亚种　105
黑囊食螨瓢虫　226
黑色艾覃甲　143
黑色宽菌甲　281

黑胸伪叶甲　251	黄胸绿芫菁　309
黑亚花蚤　234	黄胸圆纹吉丁　12
黑缘光瓢虫　197	黄足心跗叩甲　76
黑缘红瓢虫　196	迴轴甲属　289
黑泽潜吉丁　18	霍氏垫甲　253
黑足丽花萤　100	
黑足球胸叩甲　73	**J**
横脊薪甲　182	姬帕粉甲　262
红斑皮蠹　110	基股树甲　294
红背宽膜伪叶甲　246	基菌甲属　285
红带皮蠹　107	基瓢虫属　215
红点唇瓢虫　196	吉丁甲科　3
红肩瓢虫　202	吉丁甲总科　3
红角单叶叩甲　41	棘胸筒叩甲　55
红角新拟叩甲　147	脊翅彩轴甲　288
红角直缝叩甲三色亚种　48	脊吉丁属　6
红颈小薪甲　181	脊甲科　325
红首安拟叩甲　146	脊甲属　325
红头豆芫菁　304	脊薪甲属　181
红星槽缝叩甲　41	脊胸谷露尾甲　156
红胸辛伪叶甲　253	尖额叩甲属　56
红胸异花萤　79	尖角齿甲　266
红圆皮蠹　104	尖角新拟叩甲　147
红折宽蕈甲　145	尖鞘叩甲亚科　33
红足截额叩甲　62	尖尾槽缝叩甲　39
后斑小瓢虫　222	尖胸异角花萤　91
厚缘溪泥甲　24	尖须叩甲属　51
湖北材叩甲　46	间色毒拟叩甲　148
湖北红点唇瓢虫　196	肩斑华伪瓢虫　189
槲长蠹　117	兼食瓢虫属　206
花斑吉丁属　16	柬安拟叩甲　146
花斑卵隐甲　279	箭端小瓢虫　220
花斑皮蠹　110	箭叶小瓢虫　218
花甲科　1	江西梳角叩甲　36
花甲属　1	角吉丁属　12
花甲总科　1	角舌甲属　284
花绒穴甲　178	角伪叶甲属　247
花萤科　78	截额叩甲属　62
花蚤科　234	金缘斑吉丁　14
华丽花萤　100	堇菜花露尾甲　160
华裸瓢虫　199	堇菜潜吉丁　20
华伪瓢虫属　188	近沟烁甲属　258
黄斑奥郭公甲　132	九江圆胸花萤　86
黄斑谷露尾甲　155	九龙山灿叩甲　45
黄斑盘瓢虫　205	九圆异角花萤　93
黄翅奥郭公甲　132	桔星吉丁　7
黄带根叩甲　61	榉角吉丁　14
黄带克花蚤　238	巨四叶叩甲　43
黄带芫菁属　314	锯谷盗　174
黄方露尾甲　163	锯谷盗科　172
黄粉虫　263	锯谷盗属　174
黄肩心跗叩甲　76	锯角豆芫菁　301
黄颈菜花露尾甲　160	菌郭公甲科　127
黄菌瓢虫属　201	菌郭公甲属　127
黄室龟瓢虫　207	菌甲属　281
黄头异角花萤　93	菌甲亚科　278
黄肖小花蚤　235	菌甲族　279

K

卡氏短沟叩甲　61
卡氏迴轴甲　289
开化宽须花蚤　237
开化溪泥甲　25
柯氏丽郭公甲　129
柯氏素菌瓢虫　204
科氏蜡斑甲　137
科氏朽木甲　275
克花蚤属　238
克氏郭公甲　130
克氏隐食甲　170
刻点小艳瓢虫　227
刻额锯谷盗　173
刻角叩甲属　59
刻胸伪叶甲属　246
孔欧蚁形甲　321
叩甲科　33
叩甲亚科　50
叩甲总科　31
库氏莱甲　243
块斑潜吉丁　19
宽柄月瓢虫属　205
宽短鞘郭公甲　130
宽颈彩菌甲　280
宽胫玉蕈甲　141
宽菌甲属　281
宽膜伪叶甲属　246
宽须花蚤属　237
宽蕈甲属　145
宽缘唇瓢虫　197
宽轴甲属　290
盔唇瓢虫属　194
盔唇瓢虫族　194

L

拉瑞氏丽花萤　98
拉氏梳爪叩甲　67
蜡斑甲科　136
蜡斑甲属　136
莱甲属　243
莱甲族　242
莱氏猛叩甲　43
莱氏潜吉丁　19
蓝翅角吉丁　13
蓝绿纹吉丁　9
蓝鞘窄吉丁　5
蓝色邻烁甲　259
蓝色双脊叩甲　57
蓝色纹吉丁　9
类猛郭公甲属　133
类沙土甲　274
类筒郭公甲属　133
类轴甲属　286
梨树纹吉丁　11
里奇丽花萤　98
丽花萤属　95
丽叩甲　34
丽叩甲属　34
丽小瓢虫　218
栎粉蠹　114
栗腹梳爪叩甲　68
粒翅土叩甲　64
亮灰长蚁形甲　322
亮丽异花萤福建亚种　79
亮舌甲属　283
裂端食螨瓢虫　225
裂臀瓢虫属　210
邻烁甲属　258
邻小花甲　124
临安小瓢虫　220
鳞毛粉蠹　115
菱斑食植瓢虫　209
刘氏菌甲　281
刘氏星隐食甲　168
瘤翅异土甲　273
瘤盾叩甲属　47
柳端小瓢虫　222
柳树潜吉丁　18
六斑华伪瓢虫　189
六斑球伪瓢虫　186
六斑月瓢虫　205
隆背闽轴甲　288
隆肩尾露尾甲　157
隆线异土甲　273
隆胸谷露尾甲　155
露尾甲科　151
露尾甲属　164
露尾甲亚科　162
卵隐甲属　279
卵圆莱甲　244
伦纳新蜡斑甲　138
裸瓢虫属　199
裸蛛甲　119
裸蛛甲属　119
驴胸叩甲属　46
绿伪叶甲属　250
绿芫菁　310
绿芫菁属　309

M

马铃薯瓢虫　210
马氏丽郭公甲　129
玛氏宽菌甲　282
脉鞘梳爪叩甲　71
毛背沟芫菁　308
毛粉蠹属　115
毛郭公甲属　134
毛角豆芫菁　302
毛胫豆芫菁　306
毛皮蠹属　105
毛窃蠹属　121
毛素丸甲　22

毛土甲属　273
毛伪叶甲　252
矛端小瓢虫　220
矛形艾舌甲　283
霉纹斑叩甲　42
美艳驴胸叩甲　47
蒙丽邻烁甲　260
猛郭公甲属　133
猛叩甲属　43
迷形长胸叩甲　54
米扁甲　172
米扁甲属　172
米氏梳爪叩甲　68
绵叩甲属　37
棉露尾甲　152
棉珠叩甲　77
苗条短叶叩甲　63
闽轴甲属　288
名丽花萤瑞特氏亚种　100
名丽花萤指名亚种　98
莫覃甲属　144
莫蛛甲属　120
木甲科　324
木甲属　324
木棉梳角叩甲　35
穆氏艾垫甲　241

N

内囊小瓢虫　223
拟白腹皮蠹　107
拟步甲科　240
拟步甲属　263
拟步甲亚科　255
拟步甲总科　229
拟步甲族　263
拟齿爪花萤属　85
拟粉甲属　264
拟粉甲族　264
拟叩甲亚科　145
拟苹果纹吉丁　11
拟三角纹吉丁　10
拟天牛科　296
拟天牛属　296
拟伟梳爪叩甲　69
拟窄纹吉丁　9
宁波梳爪叩甲　68

O

欧蚁形甲属　321

P

帕粉甲属　261
帕粉甲族　261
派氏异花萤　81
派氏异角花萤　93

盘瓢虫属　204
皮东方薪甲　184
皮蠹科　103
皮蠹属　106
皮郭公甲属　132
皮氏带花蚤　237
皮氏番郭公甲　135
琵甲属　268
琵甲亚科　267
琵甲族　268
瓢虫属　200
瓢虫族　197
瓢甲科　192
瓢甲总科　177
贫脊叩甲属　37
平行大轴甲　291
平尾叩甲属　55
坡氏短角叩甲　63
普通郭公甲　129
普通角伪叶甲　249

Q

七星瓢虫　200
齐花甲　2
奇特角吉丁三角斑亚种　13
潜吉丁属　16
黔梳爪叩甲　68
茄二十八星瓢虫　210
窃蠹属　122
窃蛛甲属　119
青黑棒颈蚁形甲　321
青丽花萤　96
青铜角吉丁　13
清纹吉丁　11
清溪肖扁泥甲　28
球棒皮蠹属　108
球伪瓢虫属　186
球胸叩甲　73
球胸叩甲属　73
球胸叩甲亚科　73
曲管小瓢虫　220
曲角短翅芫菁　313
拳爪小毛瓢虫　224

R

刃脊角伪叶甲　248
日本白带圆皮蠹　104
日本黄带芫菁　315
日本脊吉丁中国亚种　7
日本琵甲　268
日本双须露尾甲　158
日本小瓢虫　219
日本蛛甲　121
日本竹长蠹　112
绒穴甲属　177
柔芫菁属　298

S

萨氏贫脊叩甲 37
萨氏梳爪叩甲 70
三斑特拟叩甲 149
三宅土甲 271
三栉牛科 317
三栉牛属 317
沙土甲属 274
沙县微叩甲 75
莎氏潜吉丁 19
筛头梳爪叩甲 67
筛胸梳爪叩甲 71
山槽缝叩甲 40
闪蓝红点唇瓢虫 195
舌甲族 282
深点食螨瓢虫 226
深黑邻烁甲 259
深棕污朽木甲 276
尸郭公甲属 130
施瓦茨梳爪叩甲 70
湿薪甲 184
十二斑褐菌瓢虫 208
十三星瓢虫 203
十五星裸瓢虫 200
食螨瓢虫属 225
食螨瓢虫族 224
食植瓢虫属 208
食植瓢虫族 208
始兴小瓢虫 223
寿梳爪叩甲 66
梳角叩甲属 35
梳爪叩甲属 65
梳爪叩甲亚科 64
束管食螨瓢虫 225
束小瓢虫 223
树甲属 293
树甲亚科 285
树甲族 293
竖毛槽缝叩甲 40
双斑华伪瓢虫 188
双齿土甲 270
双带盘瓢虫 204
双脊叩甲属 56
双瘤槽缝叩甲 39
双纹潜吉丁 18
双须露尾甲属 158
双须露尾甲亚科 158
霜斑灿叩甲 46
烁甲属 257
烁甲族 256
硕梳爪叩甲 72
丝角花萤属 88
斯氏异朽木甲 277
四斑粗拟叩甲 147
四斑短角瓢虫 213
四斑广盾瓢虫 214
四斑角伪叶甲 249
四斑露尾甲 167
四斑裸瓢虫 199
四斑小瓢虫 222
四川寡节瓢虫 227
四点新蜡斑甲 138
四黄花斑吉丁 16
四突齿甲指名亚种 266
四纹尖须叩甲 52
四纹露尾甲 164
四叶叩甲属 43
素菌瓢虫属 203
素丸甲属 21
缩颈薪甲属 179

T

T斑锯谷盗 173
台湾花萤属 90
泰轴甲属 292
特拟叩甲属 148
天目近沟烁甲 258
天目山扁额叩甲 47
天目山异花萤 81
天目特拟叩甲 150
条斑类猛郭公甲 133
同沟缩颈薪甲 179
铜色双脊叩甲 57
铜胸纹吉丁 9
筒叩甲属 55
凸顶花蚤属 232
凸纹伪叶甲 251
突顶纹吉丁 12
土耳其扁谷盗 176
土黄溪泥甲 26
土甲属 269
土甲族 268
土叩甲属 64
托里潜吉丁 19
驼蛛甲属 118

W

洼胸丽花萤 101
瓦氏菜花露尾甲 162
外伪叶甲属 250
弯背树甲 294
弯背烁甲 257
弯胫大轴甲 292
弯伪瓢虫属 185
弯叶小瓢虫 223
丸甲科 21
丸甲总科 21
网目土甲 272
微叩甲属 75
微铜珠叩甲 77
维氏露尾甲 153
伟梳爪叩甲 70
伪赤翅甲属 319

伪瓢甲科 185	小闽轴甲 288
伪叶甲属 251	小帕粉甲 262
伪叶甲亚科 240	小巧瓢虫属 206
伪叶甲族 244	小纹吉丁 10
尾露尾甲属 157	小薪属 181
温氏缘吉丁 15	小蕈甲科 230
纹翅异伪叶甲 245	小蕈甲属 230
纹带花蚤 236	小艳瓢虫属 226
纹吉丁属 8	小艳瓢虫族 226
窝胸露尾甲属 165	小隐食甲属 171
沃氏异花萤 83	小圆皮蠹 104
污背土甲 270	楔尾窄吉丁 6
污朽木甲属 276	楔形潜吉丁 17
无洼溪泥甲 25	斜斑星隐食甲 169
无序皮郭公甲 132	心盾叩甲亚科 75
吴氏土甲 272	心跗叩甲属 75
吴氏肖姬花蚤 236	辛伪叶甲属 252
五节特拟叩甲 150	新蜡斑甲属 137
武夷山莱甲 244	新拟叩甲属 146
	新蕈甲属 144
X	新叶郭公甲属 131
西北豆芫菁 305	薪甲科 179
西北蛛甲 120	薪甲属 183
溪泥甲科 23	星花蚤属 238
细齿木甲 324	星吉丁属 7
细沟蕈甲 141	星隐食甲属 168
细胫谷露尾甲 154	行体叩甲 60
细绒窄吉丁 5	行体叩甲属 60
细胸叩头虫 53	胸菜花露尾甲 161
细眼角伪叶甲 249	朽木甲属 275
细缘唇瓢虫 195	朽木甲亚科 274
狭沟溪泥甲 24	朽木甲族 275
狭臀瓢虫 200	锈赤扁谷盗 175
狭溪泥甲属 23	旋毛梳爪叩甲 69
狭胸长转薪甲 183	穴甲科 177
狭胸花萤属 85	雪纹花甲 2
狭叶菌瓢虫 203	血红圆胸花萤 88
狭异角花萤 91	
纤细短翅芫菁 312	**Y**
纤细凸顶花蚤 233	亚扁帕粉甲 262
暹逻冠甲 125	亚刺土甲 272
显盾瓢虫属 211	亚黑肖扁泥甲 28
显盾瓢虫族 211	亚花蚤属 234
线角叩甲属 74	亚洲显盾瓢虫 211
线角叩甲亚科 74	烟草甲 119
湘浙梳爪叩甲 67	眼斑沟芫菁 307
肖扁泥甲属 28	眼纹斑叩甲 42
肖姬花蚤属 235	艳色广盾瓢虫 214
肖小花蚤属 235	杨氏宽轴甲 290
小花甲科 123	药材甲 122
小花甲属 123	叶裂短翅芫菁 312
小花隐食甲 170	叶形小瓢虫 221
小花蚤属 238	伊斯脊薪甲 182
小叩甲亚科 74	蚁形甲科 320
小毛瓢虫属 216	蚁形甲属 320
小毛瓢虫族 215	异翅长蠹属 112
小毛蕈甲 231	异红点唇瓢虫 196

中名索引

异花萤属 78
异脊叩甲属 54
异角花萤属 90
异皮蠹属 108
异色刻胸伪叶甲 246
异色瓢虫 202
异土甲属 273
异伪叶甲属 245
异朽木甲属 276
异须花蚤属 239
异圆露尾甲属 166
异栉甲 278
驿动露尾甲 153
尹伪瓢虫属 187
隐斑瓢虫 202
隐扁谷盗属 175
隐唇露尾甲亚科 166
隐甲族 279
隐胫瓢虫族 193
隐锯谷盗属 173
隐食甲科 168
隐食甲属 169
隐势瓢虫属 193
优树甲属 294
油菜叶露尾甲 166
油光邻烁甲 261
玉蕈甲属 140
愈胸叩甲 35
愈胸叩甲属 34
芫菁科 298
圆斑尹伪瓢虫中国亚种 187
圆颊土甲 270
圆皮蠹属 104
圆胸短翅芫菁 311
圆胸花萤属 85
缘吉丁属 15
远东螺蛸皮蠹 109
月斑沟蕈甲 141
越北截额叩甲 62
越南基菌甲 285
越南梳角叩甲 36

Z

杂拟粉甲 265
葬真泥甲 29
窄吉丁属 4
窄纹吉丁 11
窄蕈甲属 142
浙江薄叩甲 50
浙江波缝叩甲 60
浙江梗叩甲 49
浙江小隐食甲 171
浙江窄吉丁 5

真泥甲科 29
真泥甲属 29
真实小瓢虫 219
疹小覃甲属 231
整胸寡节瓢虫 227
枝角小瓢虫 218
直缝叩甲属 48
直角大轴甲 291
直角瘤盾叩甲 48
栉甲属 277
栉甲族 277
中国粗角叩甲 31
中国拟天牛 296
中国烁甲 257
中黑小瓢虫 218
中华埃隐食 171
中华长跗蚁形甲 322
中华唇瓢虫 195
中华粉蠹 114
中华根叩甲 62
中华郭公甲 130
中华脊甲 325
中华亮舌甲 283
中华毛郭公甲 134
中华食植瓢虫 209
中华梳爪叩甲 70
中华溪泥甲 26
中华显盾瓢虫 212
中华新叶郭公甲 131
中华异须花蚤 239
中华圆胸花萤 86
中华缘吉丁 15
中型邻烁甲 261
舟菌甲族 285
周缘盘瓢虫 205
轴甲族 286
皱背壑轴甲 289
朱腹梳爪叩甲 71
朱肩丽叩甲 34
珠叩甲属 76
蛛甲科 118
蛛甲属 121
竹长蠹 112
竹长蠹属 112
竹蠹属 111
锥尾叩甲属 52
紫翅圆胸花萤 86
紫蓝角伪叶甲 248
紫罗兰窄吉丁 6
棕怪皮蠹 109
棕色小花蚤 239
足印小瓢虫 221
佐藤台湾花萤 90

学 名 索 引

A

Actenicerus　44
Actenicerus fujianensis　45
Actenicerus jiulongshanensis　45
Actenicerus maculipennis　45
Actenicerus pruinosus　46
Adalia　198
Adalia bipunctata　198
Adelocera　37
Adelocera gressitti　37
Aderidae　324
Aderus　324
Aderus parvidens　324
Ades　282
Ades lanceolatus　283
Ades nigronotatus　283
Aeoloderma　37
Aeoloderma savioi　37
Agonischius　51
Agonischius quadrilineatus　52
Agrilus　4
Agrilus auriventris　4
Agrilus chekiangensis　5
Agrilus cyaneoniger　5
Agrilus pilosovittatus　5
Agrilus plasoni　5
Agrilus pterostigma　6
Agrilus pusillesculptus　6
Agrilus subrobustus　6
Agriotes　52
Agriotes breviusculus　52
Agriotes obscuricollis　53
Agriotes sericatus　53
Agriotes subvittatus　53
Agrypninae　36
Agrypnus　38
Agrypnus acuminipennis　39
Agrypnus binodulus　39
Agrypnus bipapulatus　39
Agrypnus montanus　40
Agrypnus musculus　40
Agrypnus orientalis　40
Agrypnus setiger　40
Agrypnus tostus　41
Ahasverus　172
Ahasverus advena　172
Allecula　275
Allecula (Allecula) klapperichi　275
Alleculinae　274

Alleculini　275
Alphitobiini　255
Alphitobius　255
Alphitobius diaperinus　256
Alphitobius laevigatus　256
Alphitophagus　280
Alphitophagus bifasciatus　280
Amarygmini　256
Amarygmus　257
Amarygmus curvus　257
Amarygmus sinensis　257
Amblyopus　140
Amblyopus plantibialis　141
Amphicrossinae　158
Amphicrossus　158
Amphicrossus japonicus　158
Anadastus　146
Anadastus cambodiae　146
Anadastus ruficeps　146
Anaedus　241
Anaedus mroczkowskii　241
Anaedus unidentasus　242
Ancylopus　185
Ancylopus phungi phungi　185
Anisostira　245
Anisostira rugipennis　245
Anthicidae　320
Anthicus　320
Anthicus aemulus　320
Anthrenus　104
Anthrenus (Anthrenops) picturatus hintoni　104
Anthrenus (Anthrenus) nipponensis　104
Anthrenus (Nathrenus) verbasci　104
Apalus　298
Apalus davidis　299
Aphanobius　54
Aphanobius alaomorphus　54
Arthromacra　246
Arthromacra rubidorsalis　246
Asiatolida　234
Asiatolida melana　234
Aspidimerini　193
Atomaria　168
Atomaria (Anchicera) lewisi　168
Atomaria (Anchicera) obliqua　169
Attagenus　105
Attagenus (Attagenus) unicolor japonicus　105
Attagenus (Attagenus) unicolor unicolor　105
Aulacochilus　141
Aulacochilus luniferus　141

Aulacochilus oblongus　141
Aulonogria　246
Aulonogria discolora　246

B

Basanus　285
Basanus annamitus　285
Blaps　268
Blaps (*Blaps*) *japonensis*　268
Blaptinae　267
Blaptini　268
Bolbomorphus　186
Bolbomorphus sexpunctatus　186
Borboresthes　276
Borboresthes brunneopictus　276
Borboresthes fainanensis fainanensis　276
Bostrichidae　111
Bostrichoidea　103
Bostrychopsis　111
Bostrychopsis parallela　111
Bothrideridae　177
Bothynogria　247
Bothynogria calcarata　247
Buprestidae　3
Buprestoidea　3
Byrrhidae　21
Byrrhoidea　21
Byturidae　123
Byturus　123
Byturus affinis　124

C

Caenolanguria　146
Caenolanguria acutangula　147
Caenolanguria ruficornis　147
Callimerus koenigi　129
Callimerus maderi　129
Calvia　199
Calvia chinensis　199
Calvia muiri　199
Calvia quindecimguttata　200
Campsosternus　34
Campsosternus auratus　34
Campsosternus gemma　34
Cantharidae　78
Cardiophorinae　75
Cardiotarsus　75
Cardiotarsus humeralis　76
Cardiotarsus longipennis　76
Cardiotarsus pallidipes　76
Carpophilinae　154
Carpophilus　154
Carpophilus (*Carpophilus*) *delkeskampi*　154
Carpophilus (*Carpophilus*) *hemipterus*　155
Carpophilus (*Carpophilus*) *obsoletus*　155
Carpophilus (*Mythorax*) *dimidiatus*　156
Carpophilus (*Semocarpolus*) *marginellus*　156

Cartodere　179
Cartodere (*Cartodere*) *constricta*　179
Cephalomalthinus　90
Cephalomalthinus acuticollis　91
Cephalomalthinus angusta　91
Cephalomalthinus maculicollis　95
Cephalomalthinus novemoblonga　93
Cephalomalthinus pallidiceps　93
Cephalomalthinus pieli　93
Cephalomalthinus securiclata　95
Cerogria　247
Cerogria castaneipennis　248
Cerogria janthinipennis　248
Cerogria klapperichi　248
Cerogria ommalata　249
Cerogria popularis　249
Cerogria quadrimaculata　249
Ceropectus　34
Ceropectus messi　35
Ceropria　280
Ceropria laticollis　280
Chalcophora　6
Chalcophora japonica chinensis　7
Cheilomenes　205
Cheilomenes sexmaculatus　205
Chilocorini　194
Chilocorus　194
Chilocorus chalybeatus　195
Chilocorus chinensis　195
Chilocorus circumdatus　195
Chilocorus esakii　196
Chilocorus hupehanus　196
Chilocorus kuwanae　196
Chilocorus rubidus　196
Chilocorus rufitarsis　197
Chlorophila　250
Chlorophila portschinskii　250
Chrysobothris　7
Chrysobothris mandarina　7
Chrysobothris succedanea　7
Cidnopus　46
Cidnopus hubeiensis　46
Clavicomus　320
Clavicomus nigrocyanellus　321
Cleroidea　123
Clerus　129
Clerus dealbatus　129
Clerus klapperichi　130
Clerus sinae　130
Cnodalonini　286
Coccinella　200
Coccinella septempunctata　200
Coccinella transversalis　200
Coccinellidae　192
Coccinellini　197
Coccinelloidea　177
Conoderus　41

Conoderus crocopus 41
Coraebus 8
Coraebus acutus 9
Coraebus amabilis 9
Coraebus cavifrons 9
Coraebus cloueti 9
Coraebus diminutus 10
Coraebus ephippiatus 10
Coraebus frater 10
Coraebus hauseri 10
Coraebus hoscheki 11
Coraebus intemeratus 11
Coraebus lepidulus 11
Coraebus quadriundulatus 11
Coraebus rusticanus 11
Coraebus sauteri 12
Coraebus vicarius 12
Coraebus violaceipennis 12
Corticaria 180
Corticaria geisha 180
Corymbitodes 46
Corymbitodes gratus 47
Crypsis 283
Crypsis chinensis 283
Cryptalaus 42
Cryptalaus berus 42
Cryptalaus larvatus 42
Cryptamorpha 173
Cryptamorpha sculptifrons 173
Cryptarchinae 166
Crypticini 279
Cryptogonus 193
Cryptogonus orbiculus 194
Cryptolestes 175
Cryptolestes ferrugineus 175
Cryptolestes pusillus 176
Cryptolestes turcicus 176
Cryptophagidae 168
Cryptophagus 169
Cryptophagus castanecens 169
Cryptophagus decoratus 170
Cryptophagus fusciclavis 170
Cryptophagus humeridens 170
Cryptophagus klapperichi 170
Cteniopinus 277
Cteniopinus diversipes 278
Cteniopinus kwanhsienensis 278
Cteniopodini 277
Cucujoidea 136
Cychramus 163
Cychramus luteus 163
Cyphoniptus 118
Cyphoniptus sulcithorax 118

D

Dacne 142
Dacne picta 142

Dascillidae 1
Dascilloidea 1
Dascillus 1
Dascillus congruus 2
Dascillus maculosus 2
Dascillus nivipictus 2
Dastarcus 177
Dastarcus helophoroides 178
Dendrometrinae 44
Denierella 299
Denierella emmerichi 299
Derispia 284
Derispia fukiensis 284
Derispia maculipennis 284
Derispiola 284
Derispiola unicornis 285
Dermestes 106
Dermestes (Dermestes) ater 106
Dermestes (Dermestes) vorax 107
Dermestes (Dermestinus) frischii 107
Dermestes (Dermestinus) maculatus 107
Dermestes (Dermestinus) tessellatocollis tessellatocollis 107
Dermestes (Dermestinus) undulatus 108
Dermestidae 103
Diaperinae 278
Diaperini 279
Diaperis 281
Diaperis lewisi lewisi 281
Dienerella 181
Dienerella (Cartoderema) ruficollis 181
Dima 47
Dima tianmuensis 47
Dinoderus 112
Dinoderus (Dinoderastes) japonicus 112
Dinoderus (Dinoderus) minutus 112
Diomus 215
Diomus akonis 215

E

Ectamenogonus 54
Ectamenogonus luteipes 54
Ectinus 55
Ectinus sericeus 55
Elateridae 33
Elaterinae 50
Elateroidea 31
Ellipsodes 279
Ellipsodes (Anthrenopsis) scriptus 279
Elmidae 23
Emmepus 130
Emmepus latior 130
Endomychidae 185
Enicmus 181
Enicmus histrio 182
Enicmus transversus 182
Eobia 296
Eobia (Eobia) chinensis chinensis 296

Epicauta　300
Epicauta aptera　300
Epicauta gorhami　301
Epicauta hirticornis　302
Epicauta impressicornis　303
Epicauta obscurocephala　304
Epicauta ruficeps　304
Epicauta sibirica　305
Epicauta tibialis　306
Epilachna　208
Epilachna admirabilis　209
Epilachna anhweiana　209
Epilachna chinensis　209
Epilachna insignis　209
Epilachna quadricollis　210
Epilachnini　208
Episcapha　142
Episcapha fortunii consanguiea　143
Episcapha gorhami　143
Episcapha lugubris　143
Episcapha morawitzi　143
Epuraea　152
Epuraea (Haptoncus) luteolus　152
Epuraea (Haptoncus) motschulskyi　153
Epuraea (Micruria) wittmeri　153
Epuraeinae　151
Erotylidae　140
Erotylinae　140
Eufallia　183
Eufallia seminivea　183
Euhemicera　286
Euhemicera gebieni　286
Eulichadidae　29
Eulichas　29
Eulichas (Eulichas) dudgeoni　29
Eulichas (Eulichas) funebris　29
Eumolparamarygmus　258
Eumolparamarygmus jaegeri　258
Exostira　250
Exostira schroederi　250

F

Falsocamaria　287
Falsocamaria imperialis　287
Falsocamaria obscurovientia　287
Falsocamaria spectabilis　288
Falsomordellina　235
Falsomordellina luteoloides　235
Falsomordellina takaosana takaosana　235
Falsomordellistena　235
Falsomordellistena baishanzuna　236
Falsomordellistena wui　236
Foochounus　288
Foochounus convexipennis　288
Foochounus pygmaeus　288

G

Gamepenthes　55
Gamepenthes versipellis　55
Gibbium　119
Gibbium psylloides　119
Glipa　236
Glipa (Macroglipa) fasciata　236
Glipa (Macroglipa) pici　237
Glipa (Macroglipa) shirozui　237
Glipostenoda　237
Glipostenoda kaihuana　237
Glischrochilus　167
Glischrochilus (Librodor) japonius japonius　167
Glyphonyx　56
Glyphonyx arisanus　56
Gnathodicrus　47
Gnathodicrus perpendicularis　48
Goniaderini　241
Gonocephalum　269
Gonocephalum (Gonocephalum) bilineatum　269
Gonocephalum (Gonocephalum) coenosum　270
Gonocephalum (Gonocephalum) coriaceum　270
Gonocephalum (Gonocephalum) geneirotundum　270
Gonocephalum (Gonocephalum) hispidulum　271
Gonocephalum (Gonocephalum) miyakense　271
Gonocephalum (Gonocephalum) pseudopubens　271
Gonocephalum (Gonocephalum) reticulatum　272
Gonocephalum (Gonocephalum) subspinosum　272
Gonocephalum (Gonocephalum) wui　272

H

Habroloma　12
Habroloma eximium eupoetum　13
Habroloma lewisii　13
Habroloma nixilla　13
Habroloma subbicorne　14
Halyzia　201
Halyzia sanscrita　201
Harmonia　201
Harmonia axyridis　202
Harmonia dimidiata　202
Harmonia octomaculata　202
Harmonia yedoensis　202
Helota　136
Helota kolbei　137
Helotidae　136
Hemicrepidius　48
Hemicrepidius rufangulus tricolor　48
Hemicrepidius subopacus　48
Hemiopinae　73
Hemiops　73
Hemiops flava　73
Hemiops germari　73
Henosepilachna　210

Henosepilachna vigintioctomaculata　210
Henosepilachna vigintioctopunctata　210
Henoticus　171
Henoticus sinensis　171
Heterobostrychus　112
Heterobostrychus hamatipennis　113
Heterotarsus　273
Heterotarsus carinula　273
Heterotarsus pustulifer　273
Hexarhopalus　289
Hexarhopalus (*Hexarhopalus*) *sculpticollis*　289
Hippodamia　203
Hippodamia tredecimpunctata　203
Hoshihananomia　238
Hoshihananomia borealis　238
Hycleus　306
Hycleus cichorii　307
Hycleus dorsetiferus　308
Hycleus phaleratus phaleratus　308
Hyperaspini　211
Hyperaspis　211
Hyperaspis amurernsis　211
Hyperaspis asiatica　211
Hyperaspis sinensis　212

I

Illeis　203
Illeis confusa　203
Illeis koebelei　204
Indalmus　187
Indalmus coomani sinensis　187
Ischalia　325
Ischalia (*Ischalia*) *chinensis*　325
Ischaliidae　325
Isomira　276
Isomira (*Mucheimira*) *stoetzneri*　277

K

Klapperichimorda　238
Klapperichimorda lutevittata　238

L

Laemophloeidae　175
Laena　243
Laena cooteri　243
Laena hlavaci　244
Laena ovipennis　244
Laenini　242
Lagria　251
Lagria lameyi　251
Lagria nigricollis　251
Lagria oharai　252
Lagriinae　240
Lagriini　244
Lamiogethes　159
Lamiogethes difficilis　159

Lamprodila　14
Lamprodila (*Lamprodila*) *limbata*　14
Languriinae　145
Lasioderma　119
Lasioderma serricorne　119
Latheticus　264
Latheticus oryzae　264
Latridiidae　179
Latridius　183
Latridius minutus　184
Leiochrinini　282
Lemnia　204
Lemnia biplagiata　204
Lemnia circumvelata　205
Lemnia saucia　205
Limoniscus　49
Limoniscus zhejiangensis　49
Lophocateres　125
Lophocateres pusillus　125
Lophocateridae　125
Ludioschema　56
Ludioschema cyaneum　57
Ludioschema dorsalis　57
Ludioschema metallicum　57
Ludioschema obscuripes　58
Ludioschema sulcicollis　58
Ludioschema vittiger　58
Lupropini　253
Luprops　253
Luprops horni　253
Luprops orientalis　254
Lycocerus　78
Lycocerus atropygidialis　79
Lycocerus fairmairei　81
Lycocerus metallescens fukienensis　79
Lycocerus nigroannulatus　79
Lycocerus orientalis　83
Lycocerus pieli　81
Lycocerus rugulicollis　83
Lycocerus tienmushanus　81
Lycocerus walteri　83
Lyctoxylon　113
Lyctoxylon dentatum　113
Lyctus　113
Lyctus (*Lyctus*) *linearis*　114
Lyctus (*Lyctus*) *sinensis*　114
Lyctus (*Xylotrogus*) *africanus africanus*　114
Lyctus (*Xylotrogus*) *brunneus*　115
Lytta　309
Lytta aeneiventris　309
Lytta caraganae　310

M

Macratria　322
Macratria griseosellata griseosellata　322
Macrolagria　252
Macrolagria denticollis　252

Macrosiagon 232
Macrosiagon nasuta 232
Macrosiagon pusilla 233
Mecynotarsus 322
Mecynotarsus sericellus 322
Mecynotarsus sinensis 322
Megalodacne 144
Megalodacne bellula 144
Melanotinae 64
Melanotus 65
Melanotus (*Melanotus*) *annosus* 66
Melanotus (*Melanotus*) *excelsus* 66
Melanotus (*Melanotus*) *jucundus* 67
Melanotus (*Melanotus*) *kolthoffi* 67
Melanotus (*Melanotus*) *lameyi* 67
Melanotus (*Melanotus*) *legatus* 67
Melanotus (*Melanotus*) *marchandi* 68
Melanotus (*Melanotus*) *melli* 68
Melanotus (*Melanotus*) *mutilatus* 68
Melanotus (*Melanotus*) *nuceus* 68
Melanotus (*Melanotus*) *opaculus* 69
Melanotus (*Melanotus*) *pichoni* 69
Melanotus (*Melanotus*) *propexus* 69
Melanotus (*Melanotus*) *pseudoregalis* 69
Melanotus (*Melanotus*) *regalis* 70
Melanotus (*Melanotus*) *savioi* 70
Melanotus (*Melanotus*) *schwarzi* 70
Melanotus (*Melanotus*) *sinensis* 70
Melanotus (*Melanotus*) *venalis* 71
Melanotus (*Melanotus*) *ventralis* 71
Melanotus (*Melanotus*) *vignai* 71
Melanotus (*Spheniscosomus*) *cribricollis* 71
Melanotus (*Spheniscosomus*) *ingens* 72
Meliboeus 15
Meliboeus chinensis 15
Meliboeus mandarina 15
Meliboeus wenigi 15
Meligethes 159
Meligethes (*Meligethes*) *violaceus* 160
Meligethes (*Odonthogethes*) *flavicollis* 160
Meligethes (*Odonthogethes*) *pectoralis* 161
Meligethes (*Odonthogethes*) *shirakii* 161
Meligethes (*Odonthogethes*) *wagneri* 162
Meligethinae 158
Meloe 311
Meloe corvinus 311
Meloe gracilior 312
Meloe lobatus 312
Meloe proscarabaeus 313
Meloidae 298
Mesomorphus 273
Mesomorphus villiger 274
Mezioniptus 120
Mezioniptus impressicollis 120
Micrambe 171
Micrambe zhejiangensis 171
Micraspis 206

Micraspis discolor 206
Migneauxia lederi 184
Migneuxia 184
Minthea 115
Minthea rugicollis 115
Monanus 173
Monanus concinnulus 173
Mordellidae 234
Mordellina 238
Mordellina (*Mordellina*) *brunneotincta* 239
Mordellina (*Mordellina*) *gutianshana* 239
Mulsanteus 59
Mulsanteus fujianensis 59
Mycetophagidae 230
Mycetophagus 230
Mycetophagus (*Ulolendus*) *antennatus* 230

N

Necrobia 130
Necrobia ruficollis 131
Necrobia rufipes 131
Negastriinae 74
Neohelota 137
Neohelota cereopunctata 138
Neohelota renati 138
Neohydnus 131
Neohydnus sinensis 131
Neopsephus 59
Neopsephus caoyutangensis 59
Neopsephus zhejiangensis 60
Neotriplax 144
Neotriplax arisana 144
Nipponoelater 60
Nipponoelater sieboldi 60
Nitidula 164
Nitidula carnaria 164
Nitidulidae 151
Nitidulinae 162
Noviini 212
Novius 212
Novius cardinalis 212
Novius quadrimaculata 213
Novius rufopilosa 213

O

Oedemera 296
Oedemera (*Oedemera*) *lucidicollis flaviventris* 297
Oedemeridae 296
Oenopia 206
Oenopia chinensis 206
Omonadus 321
Omonadus confucii confucii 321
Omonadus longemaculatus 321
Omosita 165
Omosita colon 165
Opatrini 268
Opatrum 274

Opatrum (*Opatrum*) *subaratum*　274
Opilo　132
Opilo luteonotatus　132
Opilo testaceipennis　132
Orphinus　108
Orphinus (*Orphinus*) *fulvipes*　108
Oryzaephilus　174
Oryzaephilus mercator　174
Oryzaephilus surinamensis　174
Oxynopterinae　33

P

Pachylanguria　147
Pachylanguria paivai　147
Paederolanguria　148
Paederolanguria holdhausi　148
Palorini　261
Palorus　261
Palorus cerylonoides　262
Palorus ratzeburgii　262
Palorus subdepressus　262
Paracardiophorus　76
Paracardiophorus devastans　77
Paracardiophorus sequens　77
Parastethorus　225
Parastethorus dichiapiculus　225
Pectocera　35
Pectocera fortunei　35
Pectocera jiangxiana　36
Pectocera tonkinensis　36
Penia　49
Penia comosa　49
Penia zhejiangensis　50
Pieleus　132
Pieleus irregularis　132
Plamius　289
Plamius kaszabi　289
Platycrepis　290
Platycrepis yangi　290
Platydema fumosa fumosa　281
Platydema Laporte *et*　281
Platydema marseuli　282
Platynaspini　213
Platynaspis　213
Platynaspis lewisii　214
Platynaspis maculosa　214
Pleonominae　74
Pleonomus　74
Pleonomus canaliculatus　74
Plesiophthalmus　258
Plesiophthalmus ater　259
Plesiophthalmus caeruleus　259
Plesiophthalmus colossus　259
Plesiophthalmus impressipennis　259
Plesiophthalmus longipes　260
Plesiophthalmus morio　260
Plesiophthalmus pallidicrus　260

Plesiophthalmus pieli　261
Plesiophthalmus spectabilis　261
Plotina　214
Plotina versicolor　215
Plotinini　214
Podeonius　60
Podeonius castelnaui　61
Priopus　72
Priopus angulatus　72
Procraerus　61
Procraerus ligatus　61
Procraerus sinensis　62
Promethis　290
Promethis barbereti　291
Promethis parallela parallela　291
Promethis punctatostriata　291
Promethis rectangula　291
Promethis valgipes valgipes　292
Propylea　207
Propylea japonica　207
Propylea luteopustulata　207
Prothemus　85
Prothemus chinensis　86
Prothemus kiukianganus　86
Prothemus limbolarius　88
Prothemus purpureipennis　86
Prothemus sanguinosus　88
Psephenidae　28
Psephenoides　28
Psephenoides fluviatilis　28
Psephenoides subopacus　28
Pseudeurostus　120
Pseudeurostus hilleri　120
Pseudohymenalia　277
Pseudohymenalia andreasi　277
Pseudopodabrus　85
Pseudopodabrus impressiceps　85
Pseudopyrochroa　319
Pseudopyrochroa latevittata　319
Pseudotolida　239
Pseudotolida sinica　239
Ptilineurus　121
Ptilineurus marmoratus　121
Ptinidae　118
Ptinus　121
Ptinus japonicus　121
Ptosima　16
Ptosima chinensis　16
Pyrochroidae　319

Q

Quasimus　75
Quasimus shaxianensis　75

R

Rhagonycha　88
Rhagonycha (*Rhagonycha*) *nigroimpressa*　90

Rhyzopertha　116
Rhyzopertha dominica　116
Ripiphoridae　232

S

Scaphidemini　285
Scymnini　215
Scymnus　216
Scymnus (Neopullus) babai　217
Scymnus (Neopullus) hoffmanni　217
Scymnus (Pullus) ancontophyllus　218
Scymnus (Pullus) centralis　218
Scymnus (Pullus) cladocerus　218
Scymnus (Pullus) formosanus　218
Scymnus (Pullus) heyuanus　219
Scymnus (Pullus) japonicus　219
Scymnus (Pullus) kaguyahime　219
Scymnus (Pullus) kawamurai　219
Scymnus (Pullus) klinosiphonicus　220
Scymnus (Pullus) linanicus　220
Scymnus (Pullus) lonchiatus　220
Scymnus (Pullus) oestocraerus　220
Scymnus (Pullus) pelecoides　221
Scymnus (Pullus) perdere　221
Scymnus (Pullus) phylloides　221
Scymnus (Pullus) podoides　221
Scymnus (Pullus) posticalis　222
Scymnus (Pullus) quadrillum　222
Scymnus (Pullus) rhamphiatus　222
Scymnus (Pullus) runcatus　222
Scymnus (Pullus) shirozui　223
Scymnus (Pullus) shixingicus　223
Scymnus (Pullus) sodalis　223
Scymnus (Pullus) yangi　223
Scymnus (Scymnus) acidotus　224
Scymnus (Scymnus) dolichonychus　224
Scymnus (Scymnus) folchinii　224
Scymnus (Scymnus) scapanulus　224
Senodonia　50
Senodonia quadricollis　50
Serangiini　193
Serangium　193
Serangium japonicum　193
Silesis　62
Silesis florentini　62
Silesis rufipes　62
Silvanidae　172
Simplocaria　21
Simplocaria (Simplocaria) hispidula　22
Sinelater　43
Sinelater perroti　43
Sinocymbachus　188
Sinocymbachus bimaculatus　188
Sinocymbachus excisipes　189
Sinocymbachus humerosus　189
Sinocymbachus quadrimaculatus　190
Stegobium　122

Stegobium paniceum　122
Stenelmis　23
Stenelmis angustisulcata　24
Stenelmis euronotana　24
Stenelmis grossimarginata　24
Stenelmis gutianshana　25
Stenelmis indepressa　25
Stenelmis insufficiens　25
Stenelmis kaihuana　25
Stenelmis lutea　26
Stenelmis montana　26
Stenelmis scutellicarinata　26
Stenelmis sinica　26
Stenelmis sulcaticarinata　27
Stenelmis venticarinata　27
Stenochiinae　285
Stenochiini　293
Stenothemus　85
Stenothemus fukiensis　85
Stethorini　224
Stethorus　225
Stethorus (Allostethorus) chengi　225
Stethorus (Stethorus) aptus　226
Stethorus (Stethorus) punctillum　226
Sticholotidini　226
Sticholotis　226
Sticholotis punctata　227
Strongylium　293
Strongylium anhuiense　293
Strongylium basifemoratum　294
Strongylium cultellatum cultellatum　294
Strongylium gibbosulum　294

T

Taichius　292
Taichius forticornis　292
Taichius frater　292
Taiwanocantharis　90
Taiwanocantharis satoi　90
Telsimia　227
Telsimia emarginata　227
Telsimia sichuanensis　227
Telsimiini　227
Tenebrio　263
Tenebrio (Tenebrio) molitor　263
Tenebrio (Tenebrio) obscurus　263
Tenebrionidae　240
Tenebrioninae　255
Tenebrionini　263
Tenebrionoidea　229
Tenebroides　126
Tenebroides mauritanicus　126
Teneroides　133
Teneroides maculicollis　133
Tetraphala　148
Tetraphala collaris　149
Tetraphala elongata　149

Tetraphala fryi 150
Tetraphala tienmuensis 150
Tetrigus 43
Tetrigus lewisi 43
Thanerocleridae 127
Thaneroclerus 127
Thaumaglossa 108
Thaumaglossa rufocapillata 109
Themus 95
Themus (*Telephorops*) *coelestis* 96
Themus (*Telephorops*) *impressipennis* 96
Themus (*Telephorops*) *larrygrayi* 98
Themus (*Themus*) *atripes* 100
Themus (*Themus*) *foveicollis* 101
Themus (*Themus*) *kuatunensis* 101
Themus (*Themus*) *leechianus* 98
Themus (*Themus*) *nobilis nobilis* 98
Themus (*Themus*) *nobilis reitteri* 100
Themus (*Themus*) *regalis* 100
Throscidae 31
Tilloidea 133
Tilloidea notata 133
Tillus 133
Tillus nitidus 134
Tinecus 63
Tinecus agilis 63
Toxoscelus 16
Toxoscelus mandarinus 16
Trachys 16
Trachys broussonetiae 17
Trachys cuneiferus 17
Trachys dilaticeps 18
Trachys duplofasciatus 18
Trachys kurosawai 18
Trachys minutus 18
Trachys reitteri 19
Trachys saundersi 19
Trachys toringoi 19
Trachys variolaris 19
Trachys violae 20
Triboliini 264
Tribolium 264
Tribolium (*Tribolium*) *castaneum* 265
Tribolium (*Tribolium*) *confusum* 265
Trichodes 134
Trichodes sinae 134
Trictenotoma 317
Trictenotoma davidi 317
Trictenotomidae 317
Trinodes 109
Trinodes rufescens 109
Tritoma 145
Tritoma metasobrina 145

Trixagus 31
Trixagus chinensis 31
Trogoderma 109
Trogoderma variabile 110
Trogoderma varium 110
Trogossitidae 126
Typhaea 231
Typhaea haagi 231
Typhaea stercorea 231

U

Uenostrongylium 294
Uenostrongylium scaber 295
Uloma 265
Uloma acrodonta 266
Uloma bonzica 266
Uloma excisa excisa 266
Uloma fengyangensis 267
Uloma fukiensis 267
Uloma polita 267
Ulomini 265
Urophorus 157
Urophorus adumbratus 157
Urophorus humeralis 157

V

Vibidia 207
Vibidia duodecimguttata 208
Vuilletus 63
Vuilletus potanini 63

X

Xanthocorus 197
Xanthocorus nigromarginatus 197
Xanthopenthes 64
Xanthopenthes granulipennis 64
Xanthopenthes robustus 64
Xenocerogria 252
Xenocerogria ruficollis 253
Xenorthrius 134
Xenorthrius pieli 135
Xenostrongylus 166
Xenostrongylus variegatus 166
Xylopsocus 116
Xylopsocus capucinus 117

Z

Zonitoschema 314
Zonitoschema cothurnata 314
Zonitoschema japonica 315
Zonitoschema macroxantha 315

图 版

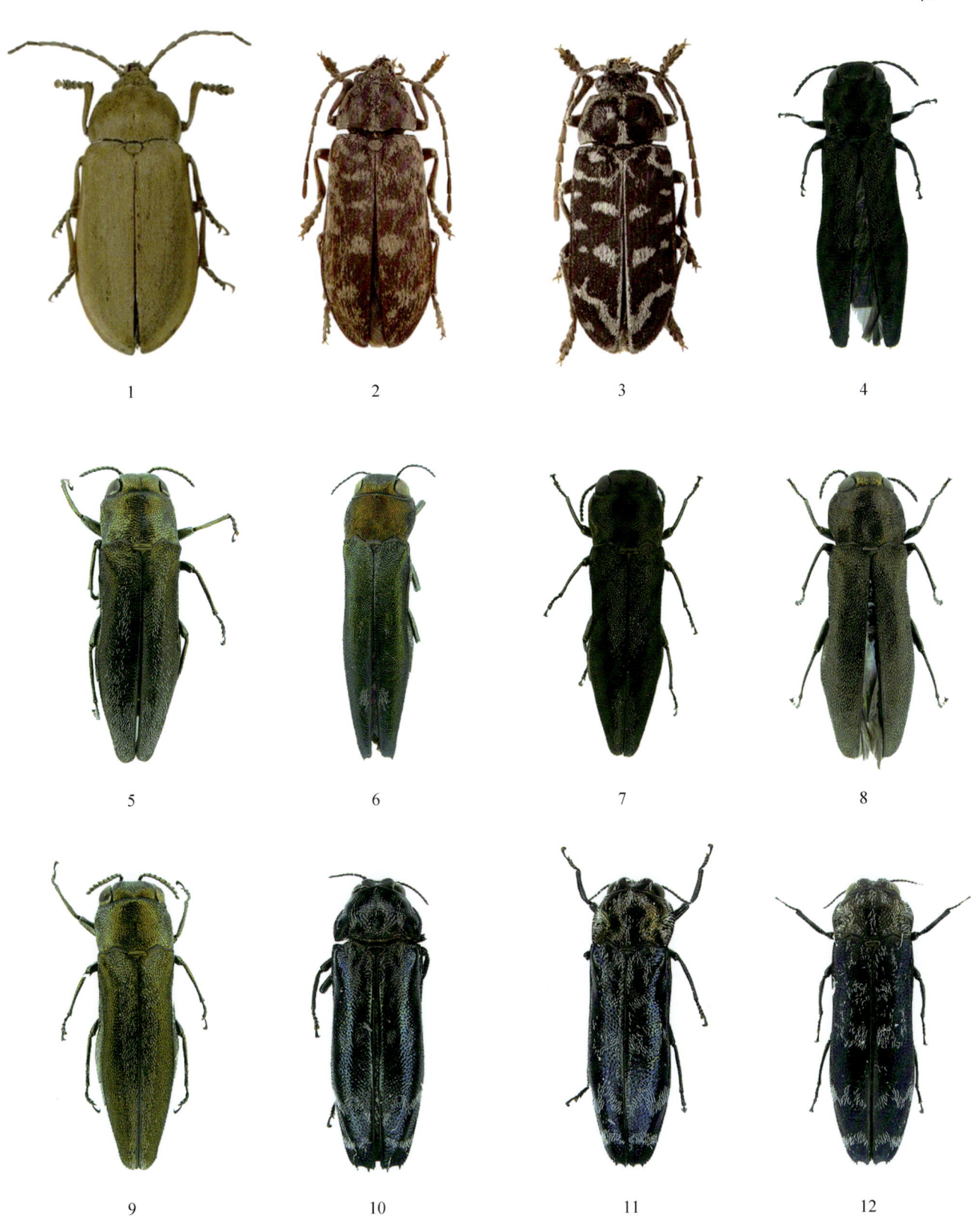

图版 Ⅰ

1. 齐花甲 *Dascillus congruus* Pascoe, 1860 (♀); 2. 斑花甲 *Dascillus maculosus* Fairmaire, 1889 (♀); 3. 雪纹花甲 *Dascillus nivipictus* (Fairmaire, 1904) (♀); 4. 浙江窄吉丁 *Agrilus chekiangensis* Gebhardt, 1929; 5. 细绒窄吉丁 *Agrilus pilosovittatus* Saunders, 1873; 6. 蓝鞘窄吉丁 *Agrilus plasoni* Obenberger, 1917; 7. 紫罗兰窄吉丁 *Agrilus pterostigma* Obenberger, 1927; 8. 楔尾窄吉丁 *Agrilus pusillesculptus* Obenberger, 1940; 9. 合欢窄吉丁 *Agrilus subrobustus* Saunders, 1873; 10. 拟窄纹吉丁 *Coraebus acutus* Thomson, 1879; 11. 小纹吉丁 *Coraebus diminutus* Gebhardt, 1929; 12. 断点纹吉丁 *Coraebus frater* Bourgoin, 1925 (1-3 引自 Jin et al., 2013)

图版 II

1. 奇特角吉丁三角斑亚种 *Habroloma eximium eupoetum* (Obenberger, 1929); 2. 蓝翅角吉丁 *Habroloma lewisii* (Saunders, 1873); 3. 构树潜吉丁 *Trachys broussonetiae* Kurosawa, 1985; 4. 楔形潜吉丁 *Trachys cuneiferus* Kurosawa, 1959; 5. 大斑潜吉丁 *Trachys dilaticeps* Gebhardt, 1929; 6. 双纹潜吉丁 *Trachys duplofasciatus* Gebhardt, 1929; 7. 柳树潜吉丁 *Trachys minutus* (Linnaeus, 1758); 8. 莱氏潜吉丁 *Trachys reitteri* Obenberger, 1930; 9. 托里潜吉丁 *Trachys toringoi* Kurosawa, 1951; 10. 块斑潜吉丁 *Trachys variolaris* Saunders, 1873; 11. 丽叩甲 *Campsosternus auratus* (Drury, 1773); 12. 朱肩丽叩甲 *Campsosternus gemma* Candèze, 1857

图版 III

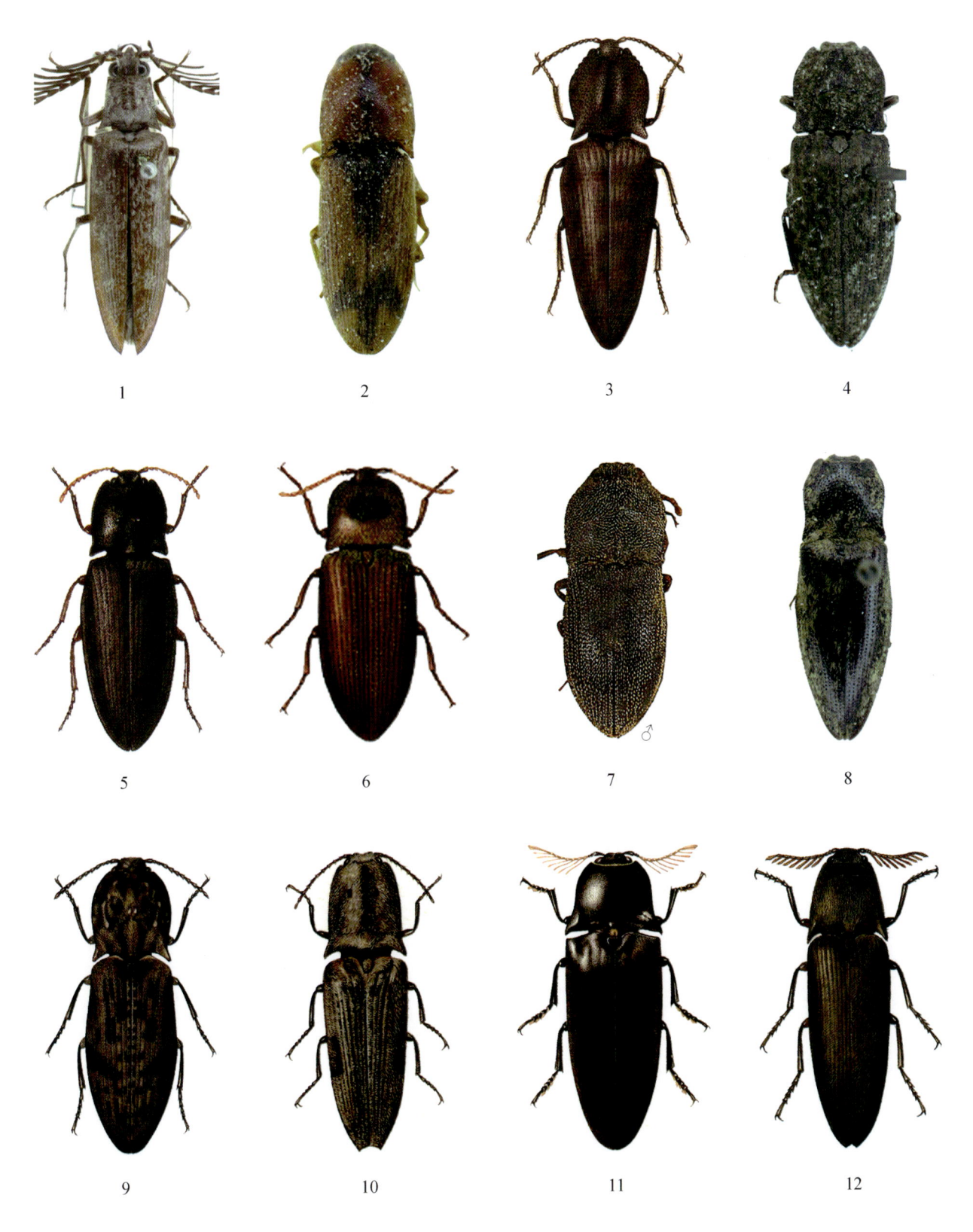

1. 木棉梳角叩甲 *Pectocera fortunei* Candèze, 1873；2. 萨氏贫脊叩甲 *Aeoloderma savioi* Fleutiaux, 1936；3. 尖尾槽缝叩甲 *Agrypnus acuminipennis* (Fairmaire, 1878)；4. 二疣槽缝叩甲 *Agrypnus binodulus* (Motschulsky, 1861)；5. 双瘤槽缝叩甲 *Agrypnus bipapulatus* (Candèze, 1865)；6. 山槽缝叩甲 *Agrypnus montanus* (Miwa, 1929)；7. 暗色槽缝叩甲 *Agrypnus musculus* (Candèze, 1857)；8. 竖毛槽缝叩甲 *Agrypnus setiger* (Bates, 1866)；9. 霉纹斑叩甲 *Cryptalaus berus* (Candèze, 1865)；10. 眼纹斑叩甲 *Cryptalaus larvatus* (Candèze, 1874)；11. 巨四叶叩甲 *Sinelater perroti* (Fleutiaux, 1940)；12. 莱氏猛叩甲 *Tetrigus lewisi* Candèze, 1873(♂)

图版 IV

1. 斑鞘灿叩甲 *Actenicerus maculipennis* (Schwarz, 1902)(♂); 2. 霜斑灿叩甲 *Actenicerus pruinosus* (Motschulsky, 1861); 3. 湖北材叩甲 *Cidnopus hubeiensis* Kishii et Jiang, 1996; 4. 美艳驴胸叩甲 *Corymbitodes gratus* (Lewis, 1894); 5. 天目山扁额叩甲 *Dima tianmuensis* Qiu et Kundrata, 2018; 6. 直角瘤盾叩甲 *Gnathodicrus perpendicularis* (Fleutiaux, 1918); 7. 红角直缝叩甲三色亚种 *Hemicrepidius rufangulus tricolor* Kishii et Jiang, 1996; 8. 暗色直缝叩甲 *Hemicrepidius subopacus* Kishii et Jiang, 1996(♂); 9. 方胸叩甲 *Senodonia quadricollis* (Laporte, 1836)(♂); 10. 短体锥尾叩甲 *Agriotes breviusculus* (Candèze, 1863); 11. 暗胸锥尾叩甲 *Agriotes obscuricollis* (Jiang, 1999); 12. 茶锥尾叩甲 *Agriotes sericatus* Schwarz, 1891

图版 V

1. 细胸叩头虫 *Agriotes subvittatus* Motschulsky, 1859；2. 迷形长胸叩甲 *Aphanobius alaomorphus* Candèze, 1863；3. 棘胸筒叩甲 *Ectinus sericeus* (Candèze, 1878)；4. 变色平尾叩甲 *Gamepenthes versipellis* (Lewis, 1894)；5. 阿里山尖额叩甲 *Glyphonyx arisanus* Miwa, 1931；6. 蓝色双脊叩甲 *Ludioschema cyaneum* (Candèze, 1863)(♂)；7. 黑背双脊叩甲 *Ludioschema dorsalis* (Candèze, 1878)；8. 铜色双脊叩甲 *Ludioschema metallicum* (Candèze, 1893)；9. 暗足双脊叩甲 *Ludioschema obscuripes* (Gyllenhal, 1817)；10. 沟胸双脊叩甲 *Ludioschema sulcicollis* (Candèze, 1878)；11. 暗带双脊叩甲 *Ludioschema vittiger* (Heyden, 1887)；12. 行体叩甲 *Nipponoelater sieboldi* (Candèze, 1873)

图版 VI

1. 卡氏短沟叩甲 *Podeonius castelnaui* (Candèze, 1878); 2. 黄带根叩甲 *Procraerus ligatus* (Candèze, 1878); 3. 红足截额叩甲 *Silesis rufipes* Candèze, 1896; 4. 粒翅土叩甲 *Xanthopenthes granulipennis* (Miwa, 1929); 5. 长鞘梳爪叩甲 *Melanotus* (*Melanotus*) *excelsus* Platia et Schimmel, 2001(♂); 6. 拉氏梳爪叩甲 *Melanotus* (*Melanotus*) *lameyi* Fleutiaux, 1918(♂); 7. 筛头梳爪叩甲 *Melanotus* (*Melanotus*) *legatus* Candèze, 1860; 8. 黔梳爪叩甲 *Melanotus* (*Melanotus*) *marchandi* Platia et Schimmel, 2001; 9. 米氏梳爪叩甲 *Melanotus* (*Melanotus*) *melli* Platia et Schimmel, 2001; 10. 栗腹梳爪叩甲 *Melanotus* (*Melanotus*) *nuceus* Candèze, 1882; 11. 旋毛梳爪叩甲 *Melanotus* (*Melanotus*) *propexus* Candèze, 1860; 12. 拟伟梳爪叩甲 *Melanotus* (*Melanotus*) *pseudoregalis* Platia et Schimmel, 2001

图版 VII

1. 伟梳爪叩甲 *Melanotus* (*Melanotus*) *regalis* Candèze, 1860(♂); 2. 脉鞘梳爪叩甲 *Melanotus* (*Melanotus*) *venalis* Candèze, 1860(♀); 3. 朱腹梳爪叩甲 *Melanotus* (*Melanotus*) *ventralis* Candèze, 1860; 4. 筛胸梳爪叩甲 *Melanotus* (*Spheniscosomus*) *cribricollis* (Faldermann, 1835); 5. 刺角弓背叩甲 *Priopus angulatus* (Candèze, 1860); 6. 球胸叩甲 *Hemiops flava* Laporte, 1836; 7. 黑足球胸叩甲 *Hemiops germari* Cate, 2007; 8. 沟叩头虫 *Pleonomus canaliculatus* (Faldermann, 1835); 9. 沙县微叩甲 *Quasimus shaxianensis* Jiang, 1999; 10. 黄肩心跗叩甲 *Cardiotarsus humeralis* Miwa, 1930; 11. 黄足心跗叩甲 *Cardiotarsus pallidipes* Miwa, 1930; 12. 棉珠叩甲 *Paracardiophorus devastans* (Matsumura, 1910)

图版 VIII

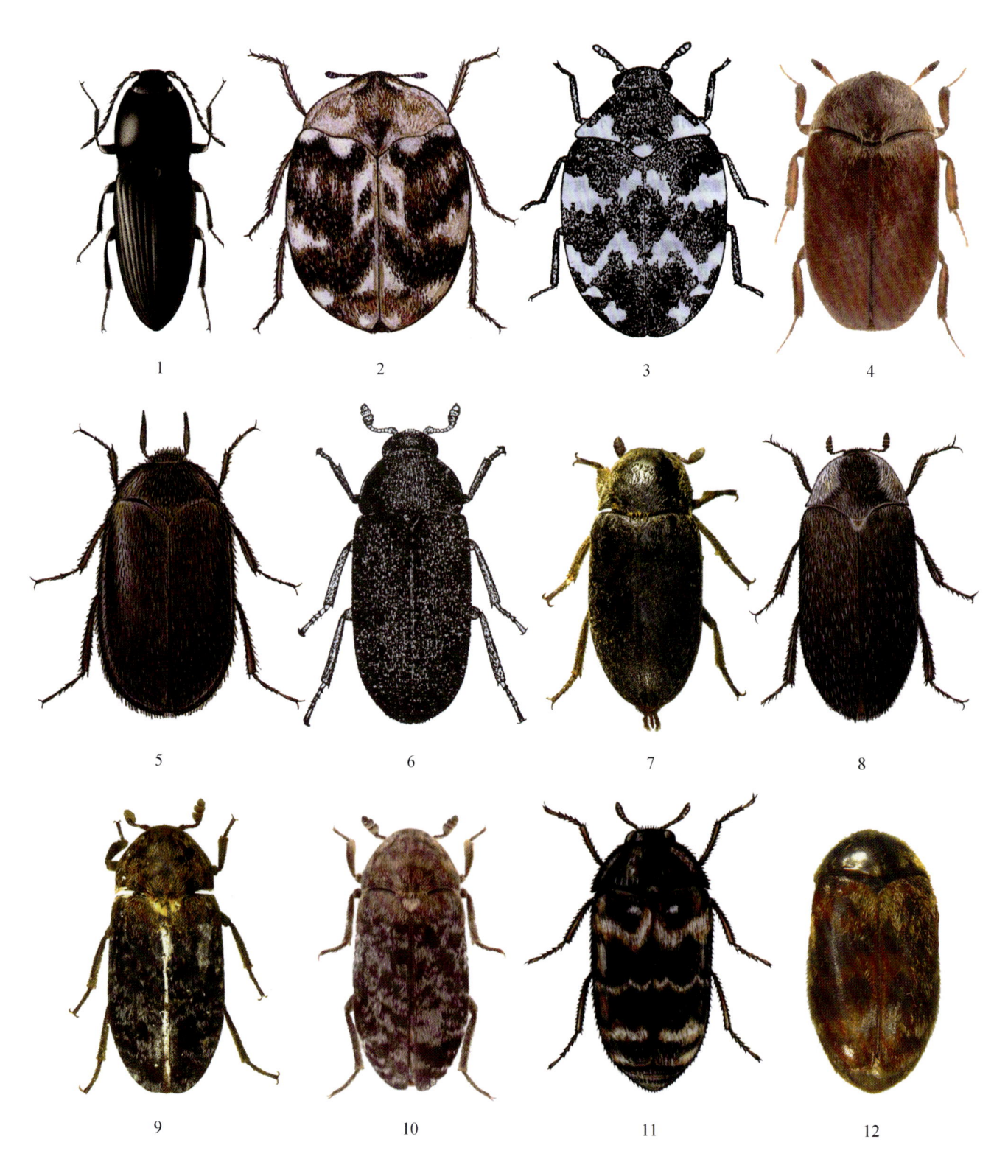

1. 微铜珠叩甲 *Paracardiophorus sequens* (Candèze, 1873); 2. 红圆皮蠹 *Anthrenus* (*Anthrenops*) *picturatus hintoni* Mroczkowski, 1952; 3. 小圆皮蠹 *Anthrenus* (*Nathrenus*) *verbasci* (Linnaeus, 1767); 4. 黑毛皮蠹日本亚种 *Attagenus* (*Attagenus*) *unicolor japonicus* Reitter, 1877; 5. 黑毛皮蠹指名亚种 *Attagenus* (*Attagenus*) *unicolor unicolor* (Brahm, 1790); 6. 钩纹皮蠹 *Dermestes* (*Dermestes*) *ater* DeGeer, 1774; 7. 拟白腹皮蠹 *Dermestes* (*Dermestinus*) *frischii* Kugelann, 1792; 8. 白腹皮蠹 *Dermestes* (*Dermestinus*) *maculatus* DeGeer, 1774; 9. 赤毛皮蠹指名亚种 *Dermestes* (*Dermestinus*) *tessellatocollis tessellatocollis* Motschulsky, 1860; 10. 波纹皮蠹 *Dermestes* (*Dermestinus*) *undulatus* Brahm, 1790; 11. 红斑皮蠹 *Trogoderma variabile* Ballion, 1878; 12. 花斑皮蠹 *Trogoderma varium* (Matsumura et Yokoyama, 1928) (2, 5, 8, 11 引自吴福桢等，1982; 3, 6 引自刘永平和张生芳，1988; 4 引自张生芳等，2016)

图版 IX

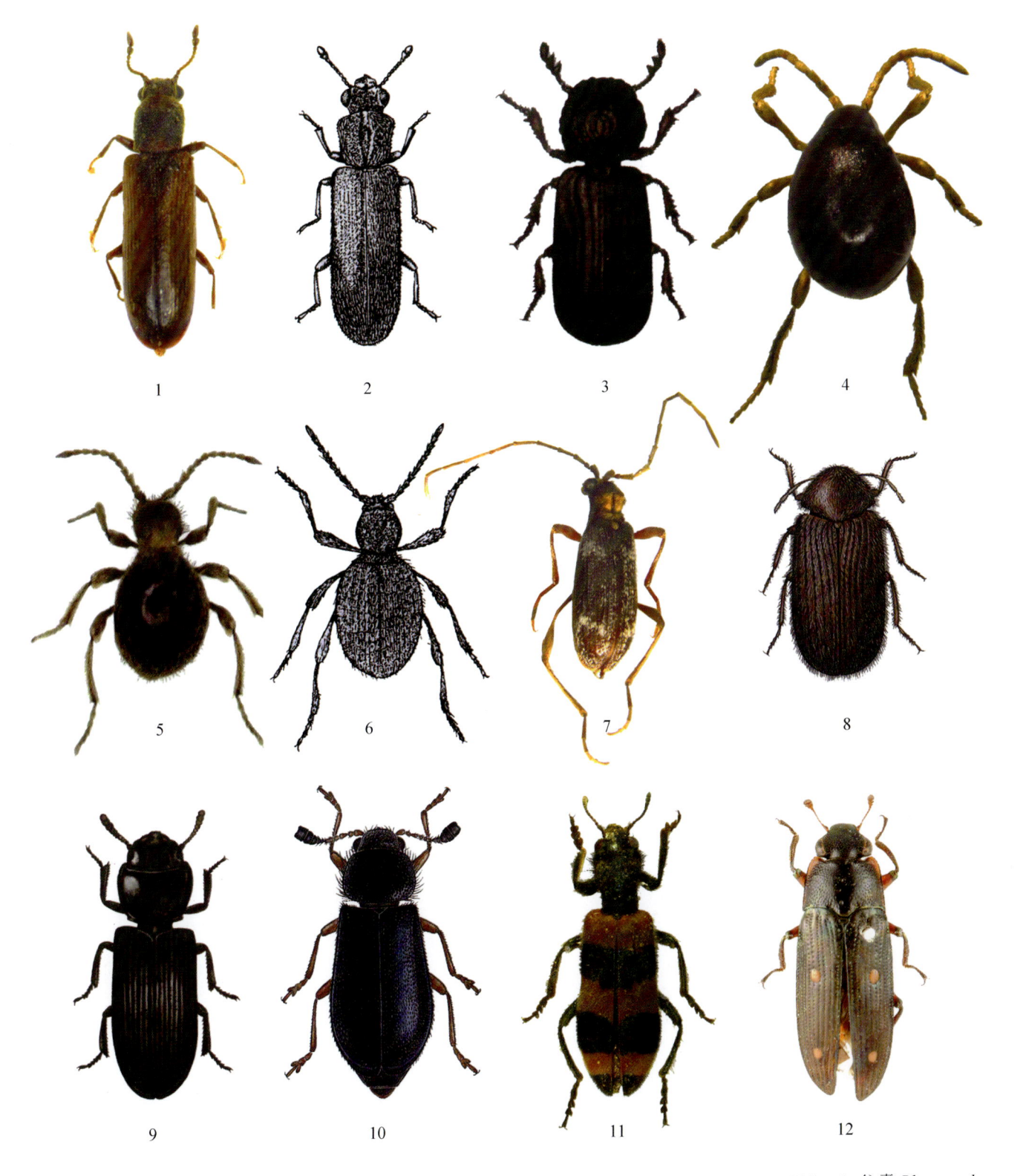

1. 中华粉蠹 *Lyctus (Lyctus) sinensis* Lesne, 1911; 2. 褐粉蠹 *Lyctus (Xylotrogus) brunneus* (Stephens, 1830); 3. 谷蠹 *Rhyzopertha dominica* (Fabricius, 1792); 4. 裸蛛甲 *Gibbium psylloides* (Czenpinski, 1778); 5. 西北蛛甲 *Mezioniptus impressicollis* Pic, 1944; 6. 褐蛛甲 *Pseudeurostus hilleri* (Reitter, 1877); 7. 日本蛛甲 *Ptinus japonicus* Reitter, 1877 (♂); 8. 药材甲 *Stegobium paniceum* (Linnaeus, 1758); 9. 大谷盗 *Tenebroides mauritanicus* (Linnaeus, 1758); 10. 赤足尸郭公甲 *Necrobia rufipes* (DeGeer, 1775); 11. 中华毛郭公甲 *Trichodes sinae* Chevrolat, 1874; 12. 四点新蜡斑甲 *Neohelota cereopunctata* (Lewis, 1881) (♀) (2 引自刘永平和张生芳, 1988; 3, 6 引自祝长清等, 1999; 5 引自张生芳等, 2016; 8, 10 引自吴福桢等, 1982; 9 引自吴福桢和高兆宁, 1978)

图版 X

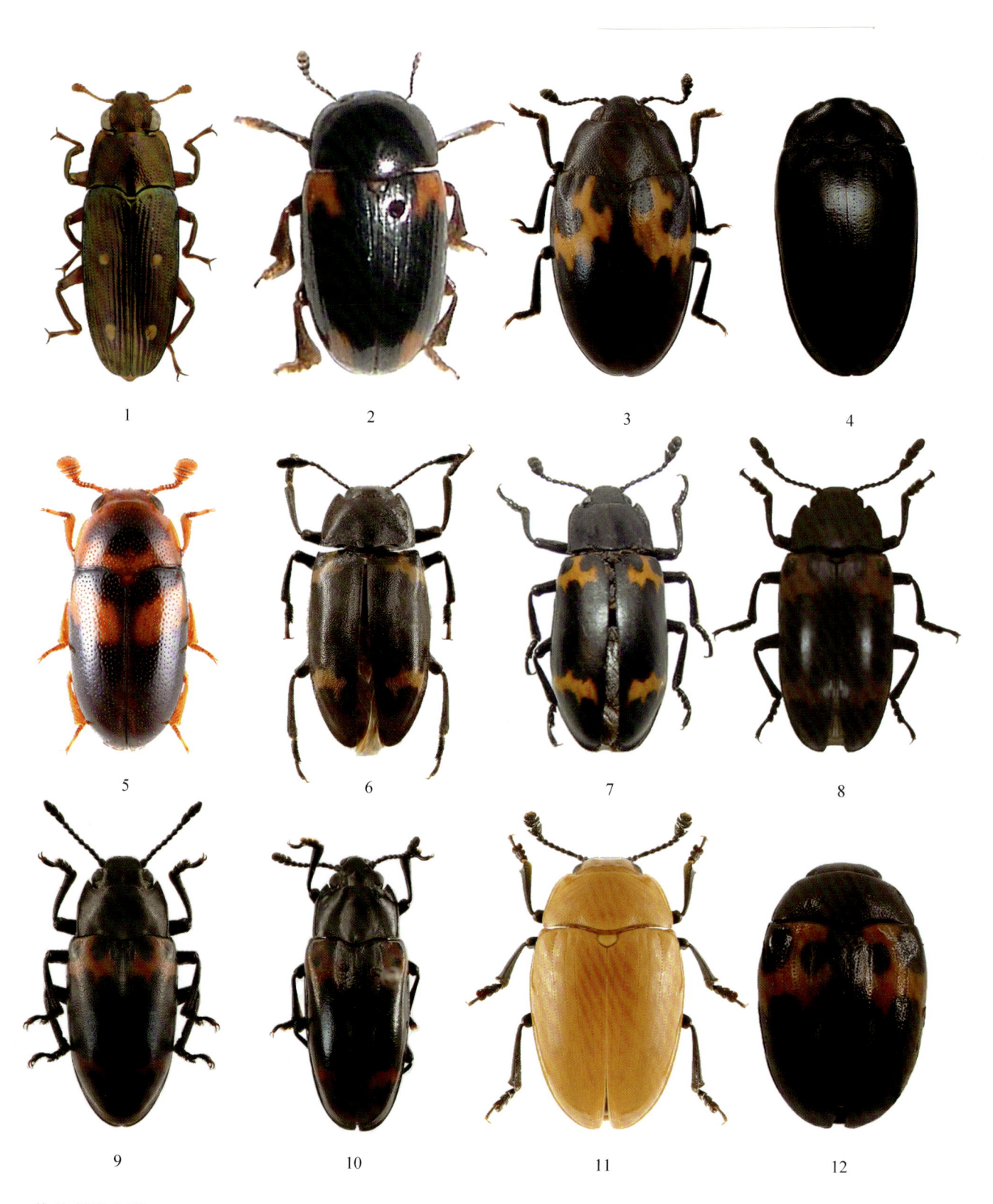

1. 伦纳新蜡斑甲 *Neohelota renati* (Ritsema, 1905) (♂); 2. 宽胫玉蕈甲 *Amblyopus plantibialis* Li et Ren, 2007; 3. 月斑沟蕈甲 *Aulacochilus luniferus* Chevrolat, 1836; 4. 细沟蕈甲 *Aulacochilus oblongus* Arrow, 1925; 5. 二纹蕈甲 *Dacne picta* Crotch, 1873; 6. 福周艾蕈甲窄型亚种 *Episcapha fortunii consanguiea* Crotch, 1876; 7. 格瑞艾蕈甲 *Episcapha gorhami* Lewis, 1879; 8. 黑色艾蕈甲 *Episcapha lugubris* Bedel, 1918; 9. 北方艾蕈甲 *Episcapha morawitzi* (Solsky, 1871); 10. 波鲁莫蕈甲 *Megalodacne bellula* Lewis, 1883; 11. 阿里新蕈甲 *Neotriplax arisana* Miwa, 1929; 12. 红折宽蕈甲 *Tritoma metasobrina* Chûjô, 1941 (1 引自 Lee and Votruba, 2013)

图版 XI

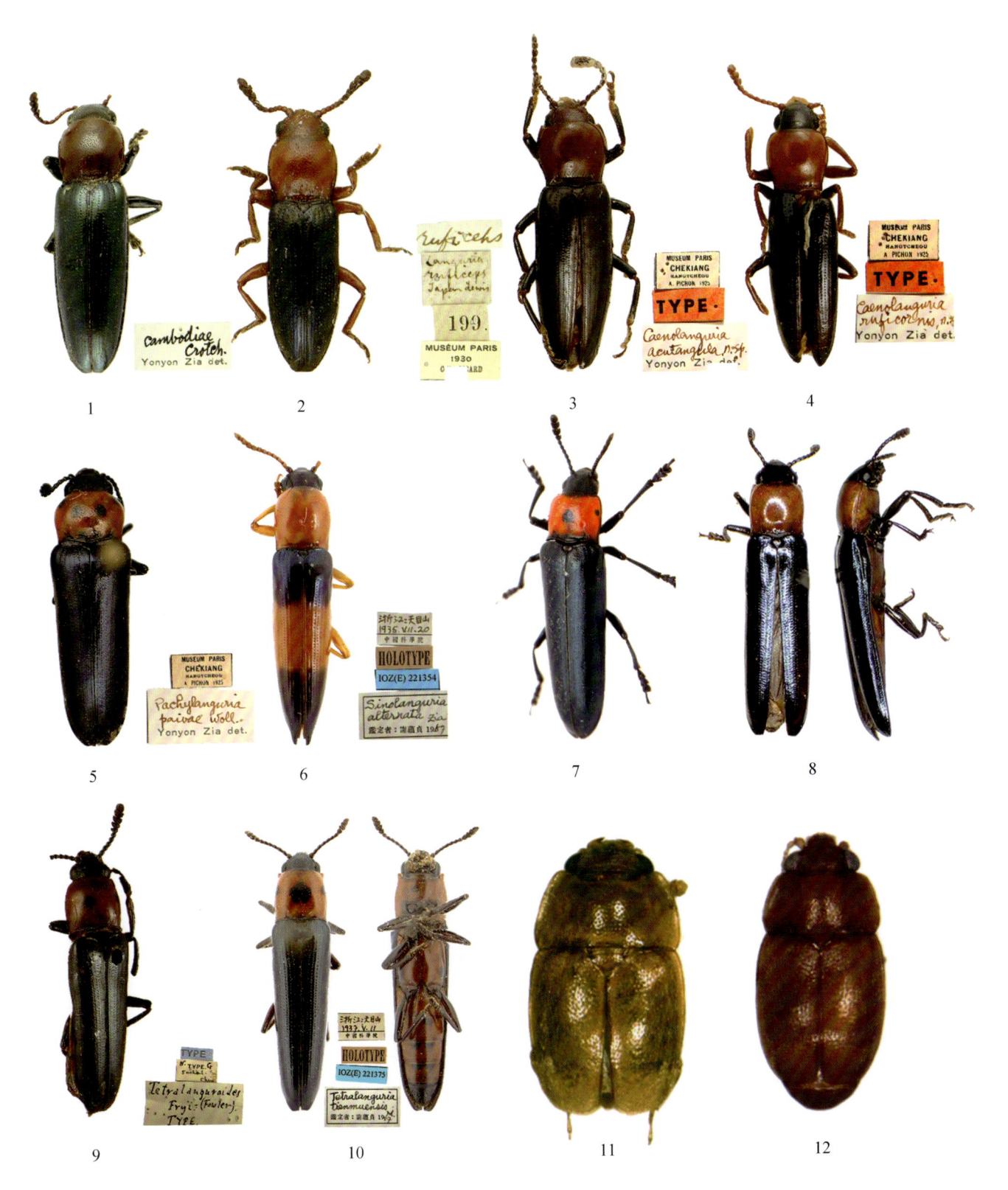

1. 柬安拟叩甲 *Anadastus cambodiae* (Crotch, 1876); 2. 红首安拟叩甲 *Anadastus ruficeps* (Crotch, 1873); 3. 尖角新拟叩甲 *Caenolanguria acutangula* Zia, 1934; 4. 红角新拟叩甲 *Caenolanguria ruficornis* Zia, 1934; 5. 四斑粗拟叩甲 *Pachylanguria paivai* (Wollaston, 1859); 6. 间色毒拟叩甲 *Paederolanguria holdhausi* Mader, 1939; 7. 三斑特拟叩甲 *Tetraphala collaris* (Crotch, 1876); 8. 长特拟叩甲 *Tetraphala elongata* (Fabricius, 1801); 9. 五节特拟叩甲 *Tetraphala fryi* (Fowler, 1886); 10. 天目特拟叩甲 *Tetraphala tienmuensis* (Zia, 1959); 11. 棉露尾甲 *Epuraea* (*Haptoncus*) *luteolus* Erichson, 1843; 12. 驿动露尾甲 *Epuraea* (*Haptoncus*) *motschulskyi* Reitter, 1873

图版 XII

1. 维氏露尾甲 *Epuraea* (*Micruria*) *wittmeri* Jelínek, 1978；2. 细胫谷露尾甲 *Carpophilus* (*Carpophilus*) *delkeskampi* Hisamatsu, 1963；3. 黄斑谷露尾甲 *Carpophilus* (*Carpophilus*) *hemipterus* (Linnaeus, 1758)；4. 隆胸谷露尾甲 *Carpophilus* (*Carpophilus*) *obsoletus* Erichson, 1843；5. 大腋谷露尾甲 *Carpophilus* (*Semocarpolus*) *marginellus* Motschulsky, 1858；6. 暗彩尾露尾甲 *Urophorus adumbratus* (Murray, 1864)；7. 隆肩尾露尾甲 *Urophorus humeralis* (Fabricius, 1798)；8. 斧胫唇形露尾甲 *Lamiogethes difficilis* (Heer, 1841)；9. 堇菜花露尾甲 *Meligethes* (*Meligethes*) *violaceus* Reitter, 1873；10. 黄颈菜花露尾甲 *Meligethes* (*Odonthogethes*) *flavicollis* Reitter, 1873；11. 胸菜花露尾甲 *Meligethes* (*Odonthogethes*) *pectoralis* Rebmann, 1956；12. 白木菜花露尾甲 *Meligethes* (*Odonthogethes*) *shirakii* Hisamatsu, 1956

图版 XIII

1. 瓦氏菜花露尾甲 *Meligethes (Odonthogethes) wagneri* Rebmann, 1956；2. 黄方露尾甲 *Cychramus luteus* (Fabricius, 1787)；3. 四纹露尾甲 *Nitidula carnaria* (Schaller, 1783)；4. 短角露尾甲 *Omosita colon* (Linnaeus, 1758)；5. 油菜叶露尾甲 *Xenostrongylus variegatus* Fairmaire, 1891；6. 四斑露尾甲 *Glischrochilus (Librodor) japonius japonius* (Motschulsky, 1857)；7. 刘氏星隐食甲 *Atomaria (Anchicera) lewisi* Reitter, 1877；8. 浙江小隐食甲 *Micrambe zhejiangensis* Esser, 2017；9. 米扁甲 *Ahasverus advena* (Waltl, 1834)；10. 锯谷盗 *Oryzaephilus surinamensis* (Linnaeus, 1758)；11. 锈赤扁谷盗 *Cryptolestes ferrugineus* (Stephens, 1831)；12. 长角扁谷盗 *Cryptolestes pusillus* (Schönherr, 1817) (6 引自 Lee et al.，2020；7, 11 引自张生芳等，2016；8 引自 Esser, 2017；9-10 引自吴福桢和高兆宁，1978)

图版 XIV

1. 土耳其扁谷盗 *Cryptolestes turcicus* (Grouvelle, 1876); 2. 花绒穴甲 *Dastarcus helophoroides* (Fairmaire, 1881); 3. 同沟缩颈薪甲 *Cartodere (Cartodere) constricta* (Gyllenhyl, 1827); 4. 红颈小薪甲 *Dienerella (Cartoderema) ruficollis* (Marsham, 1802); 5. 伊斯脊薪甲 *Enicmus histrio* Joy et Tomlin, 1910; 6. 横脊薪甲 *Enicmus transversus* (Olivier, 1790); 7. 狭胸长转薪甲 *Eufallia seminivea* (Motschulsky, 1866); 8. 方斑弯伪瓢虫指名亚种 *Ancylopus phungi phungi* Pic, 1926; 9. 六斑球伪瓢虫 *Bolbomorphus sexpunctatus* Arrow, 1920; 10. 圆斑尹伪瓢虫中国亚种 *Indalmus coomani sinensis* Strohecker, 1979; 11. 双斑华伪瓢虫 *Sinocymbachus bimaculatus* (Pic, 1927) (1 引自吴福桢和高兆宁, 1978)

图版 XV

1. 六斑华伪瓢虫 *Sinocymbachus excisipes* (Strohecker, 1943); 2. 肩斑华伪瓢虫 *Sinocymbachus humerosus* (Mader, 1938); 3. 八斑华伪瓢虫 *Sinocymbachus quadrimaculatus* (Pic, 1927); 4. 刀角瓢虫 *Serangium japonicum* Chapin, 1940; 5. 变斑隐势瓢虫 *Cryptogonus orbiculus* (Gyllenhal, 1808); 6. 闪蓝红点唇瓢虫 *Chilocorus chalybeatus* Gorham, 1892; 7. 中华唇瓢虫 *Chilocorus chinensis* Miyatake, 1970; 8. 细缘唇瓢虫 *Chilocorus circumdatus* (Gyllenhal, 1808); 9. 异红点唇瓢虫 *Chilocorus esakii* Kamiya, 1959; 10. 湖北红点唇瓢虫 *Chilocorus hupehanus* Miyatake, 1970; 11. 红点唇瓢虫 *Chilocorus kuwanae* Silvestri, 1909; 12. 黑缘红瓢虫 *Chilocorus rubidus* Hope, 1831 (4-12 引自任顺祥等，2009)

图版 XVI

1. 宽缘唇瓢虫 *Chilocorus rufitarsis* Motschulsky, 1853；2. 黑缘光瓢虫 *Xanthocorus nigromarginatus* (Miyatake, 1970)；3. 二星瓢虫 *Adalia bipunctata* (Linnaeus, 1758)；4. 华裸瓢虫 *Calvia chinensis* (Mulsant, 1850)；5. 四斑裸瓢虫 *Calvia muiri* (Timberlake, 1943)；6. 十五星裸瓢虫 *Calvia quindecimguttata* (Fabricius, 1777)；7. 七星瓢虫 *Coccinella septempunctata* (Linnaeus, 1758)；8. 狭臀瓢虫 *Coccinella transversalis* Fabricius, 1781；9. 梵文菌瓢虫 *Halyzia sanscrita* Mulsant, 1853；10. 异色瓢虫 *Harmonia axyridis* (Pallas, 1773)；11. 红肩瓢虫 *Harmonia dimidiata* (Fabricius, 1781)；12. 八斑和瓢虫 *Harmonia octomaculata* (Fabricius, 1781) (1-12 引自任顺祥等，2009)

图版 XVII

1. 隐斑瓢虫 *Harmonia yedoensis* (Takizawa, 1917); 2. 十三星瓢虫 *Hippodamia tredecimpunctata* (Linnaeus, 1758); 3. 狭叶菌瓢虫 *Illeis confusa* Timberlake, 1943; 4. 柯氏素菌瓢虫 *Illeis koebelei* Timberlake, 1943; 5. 双带盘瓢虫 *Lemnia biplagiata* (Swartz, 1808); 6. 周缘盘瓢虫 *Lemnia circumvelata* (Mulsant, 1850); 7. 黄斑盘瓢虫 *Lemnia saucia* Mulsant, 1850; 8. 六斑月瓢虫 *Cheilomenes sexmaculatus* (Fabricius, 1781); 9. 稻红瓢虫 *Micraspis discolor* (Fabricius, 1798); 10. 龟纹瓢虫 *Propylea japonica* (Thunberg, 1781); 11. 黄室龟瓢虫 *Propylea luteopustulata* (Mulsant, 1850); 12. 十二斑褐菌瓢虫 *Vibidia duodecimguttata* (Poda, 1761) (1-12 引自任顺祥等, 2009)

图版 XVIII

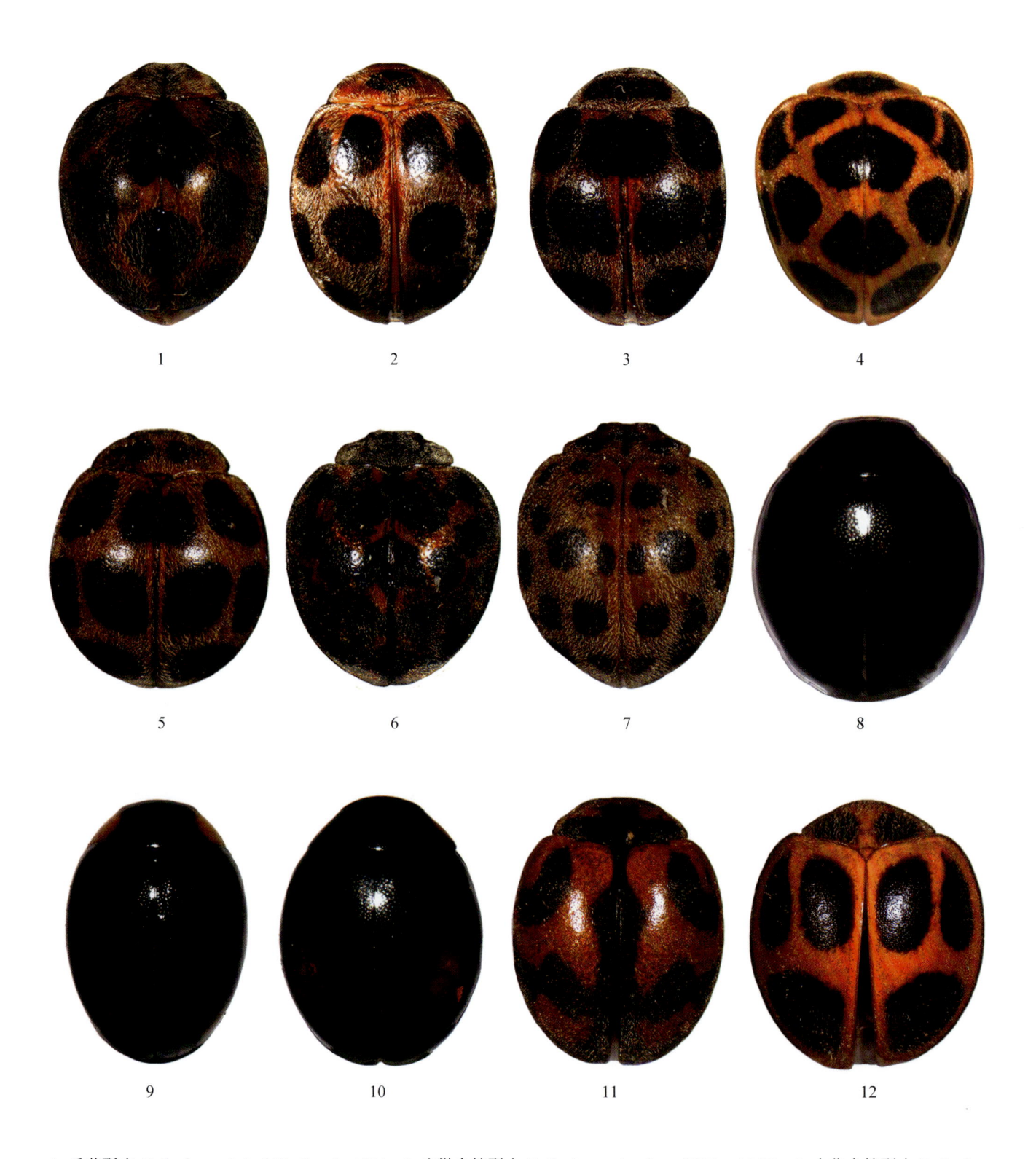

1. 瓜茄瓢虫 *Epilachna admirabilis* Crotch, 1874；2. 安徽食植瓢虫 *Epilachna anhweiana* (Dieke, 1947)；3. 中华食植瓢虫 *Epilachna chinensis* (Weise, 1912)；4. 菱斑食植瓢虫 *Epilachna insignis* Gorham, 1892；5. 端尖食植瓢虫 *Epilachna quadricollis* (Dieke, 1947)；6. 马铃薯瓢虫 *Henosepilachna vigintioctomaculata* (Motschulsky, 1857)；7. 茄二十八星瓢虫 *Henosepilachna vigintioctopunctata* (Fabricius, 1775)；8. 黑背显盾瓢虫 *Hyperaspis amurernsis* Weise, 1887；9. 亚洲显盾瓢虫 *Hyperaspis asiatica* Lewis, 1896；10. 中华显盾瓢虫 *Hyperaspis sinensis* (Crotch, 1874)；11. 澳洲短角瓢虫 *Novius cardinalis* (Mulsant, 1850)；12. 四斑短角瓢虫 *Novius quadrimaculata* (Mader, 1939) (1-12 引自任顺祥等，2009)

图版 XIX

1. 大短角瓢虫 *Novius rufopilosa* (Mulsant, 1850); 2. 艳色广盾瓢虫 *Platynaspis lewisii* Lewis, 1873; 3. 四斑广盾瓢虫 *Platynaspis maculosa* Weise, 1910; 4. 多彩瓢虫 *Plotina versicolor* Lewis, 1896; 5. 褐缝基瓢虫 *Diomus akonis* (Ohta, 1929); 6. 黑背毛瓢虫 *Scymnus* (*Neopullus*) *babai* Sasaji, 1971; 7. 黑襟毛瓢虫 *Scymnus* (*Neopullus*) *hoffmanni* Weise, 1879; 8. 箭叶小瓢虫 *Scymnus* (*Pullus*) *ancontophyllus* Ren et Pang, 1993; 9. 中黑小瓢虫 *Scymnus* (*Pullus*) *centralis* Kamiya, 1965; 10. 枝角小瓢虫 *Scymnus* (*Pullus*) *cladocerus* Ren et Pang, 1995; 11. 丽小瓢虫 *Scymnus* (*Pullus*) *formosanus* (Weise, 1923); 12. 河源小瓢虫 *Scymnus* (*Pullus*) *heyuanus* Yu, 2000 (1-7, 9, 11 引自任顺祥等, 2009; 8, 10, 12 引自陈晓胜, 2013)

图版 XX

1. 日本小瓢虫 *Scymnus* (*Pullus*) *japonicus* Weise, 1879；2. 黑背小瓢虫 *Scymnus* (*Pullus*) *kawamurai* (Ohta, 1929)；3. 曲管小瓢虫 *Scymnus* (*Pullus*) *klinosiphonicus* Ren et Pang, 1995；4. 临安小瓢虫 *Scymnus* (*Pullus*) *linanicus* Yu et Pang, 1994；5. 矛端小瓢虫 *Scymnus* (*Pullus*) *lonchiatus* Pang et Huang, 1985；6. 箭端小瓢虫 *Scymnus* (*Pullus*) *oestocraerus* Pang et Huang, 1985；7. 斧端小瓢虫 *Scymnus* (*Pullus*) *pelecoides* Pang et Huang, 1985；8. 盖端小瓢虫 *Scymnus* (*Pullus*) *perdere* Yang, 1978；9. 叶形小瓢虫 *Scymnus* (*Pullus*) *phylloides* Yu, 1995；10. 足印小瓢虫 *Scymnus* (*Pullus*) *podoides* Yu et Pang, 1992；11. 后斑小瓢虫 *Scymnus* (*Pullus*) *posticalis* Sicard, 1912；12. 四斑小瓢虫 *Scymnus* (*Pullus*) *quadrillum* Motschulsky, 1858 (1, 8, 10-11 引自任顺祥等，2009；2-7, 12 引自陈晓胜，2013；9 引自 Chen et al.，2015)

图版 XXI

1. 柳端小瓢虫 *Scymnus* (*Pullus*) *rhamphiatus* Pang et Huang, 1985；2. 倒齿小瓢虫 *Scymnus* (*Pullus*) *runcatus* Yu et Pang, 1994；3. 弯叶小瓢虫 *Scymnus* (*Pullus*) *shirozui* Kamiya, 1965；4. 始兴小瓢虫 *Scymnus* (*Pullus*) *shixingicus* Yu et Pang, 1992；5. 束小瓢虫 *Scymnus* (*Pullus*) *sodalis* (Weise, 1923)；6. 内囊小瓢虫 *Scymnus* (*Pullus*) *yangi* Yu et Pang, 1993；7. 端丝小毛瓢虫 *Scymnus* (*Scymnus*) *acidotus* Pang et Huang, 1985；8. 长爪小毛瓢虫 *Scymnus* (*Scymnus*) *dolichonychus* Yu et Pang, 1994；9. 长隆小毛瓢虫 *Scymnus* (*Scymnus*) *folchinii* Canepari, 1979；10. 拳爪小毛瓢虫 *Scymnus* (*Scymnus*) *scapanulus* Pang et Huang, 1985；11. 束管食螨瓢虫 *Stethorus* (*Allostethorus*) *chengi* Sasaji, 1968；12. 深点食螨瓢虫 *Stethorus* (*Stethorus*) *punctillum* Weise, 1891 (1, 4, 6-8 引自陈晓胜，2013；3, 5, 9-12 引自任顺祥等，2009)

图版 XXII

1. 刻点小艳瓢虫 *Sticholotis punctata* Crotch, 1874；2. 整胸寡节瓢虫 *Telsimia emarginata* Chapin, 1926；3. 四川寡节瓢虫 *Telsimia sichuanensis* Pang et Mao, 1979；4. 小毛蕈甲 *Typhaea stercorea* (Linnaeus, 1758)；5. 长鼻凸顶花蚤 *Macrosiagon nasuta* (Thunberg, 1784) (♂)；6-7. 纤细凸顶花蚤 *Macrosiagon pusilla* (Gerstaecker, 1855) (♂, ♀)；8. 穆氏艾垫甲 *Anaedus mroczkowskii* Kaszab, 1968；9. 单齿艾垫甲 *Anaedus unidentasus* Wang et Ren, 2007；10. 库氏莱甲 *Laena cooteri* Schawaller, 2008；11. 武夷山莱甲 *Laena hlavaci* Schawaller, 2008；12. 纹翅异伪叶甲 *Anisostira rugipennis* (Lewis, 1896) (♂) (1-3 引自任顺祥等，2009)

图版 XXIII

1. 纹翅异伪叶甲 *Anisostira rugipennis* (Lewis, 1896) (♀); 2-3. 红背宽膜伪叶甲 *Arthromacra rubidorsalis* Chen et Yang, 1997 (♂, ♀); 4. 异色刻胸伪叶甲 *Aulonogria discolora* Chen, 2002 (♀); 5-6. 齿沟伪叶甲 *Bothynogria calcarata* Borchmann, 1915 (♂, ♀); 7-8. 褐翅角伪叶甲 *Cerogria castaneipennis* Borchmann, 1936 (♂, ♀); 9-10. 紫蓝角伪叶甲 *Cerogria janthinipennis* (Fairmaire, 1886) (♂, ♀); 11-12. 刃脊角伪叶甲 *Cerogria klapperichi* Borchmann, 1941 (♂, ♀)

图版 XXIV

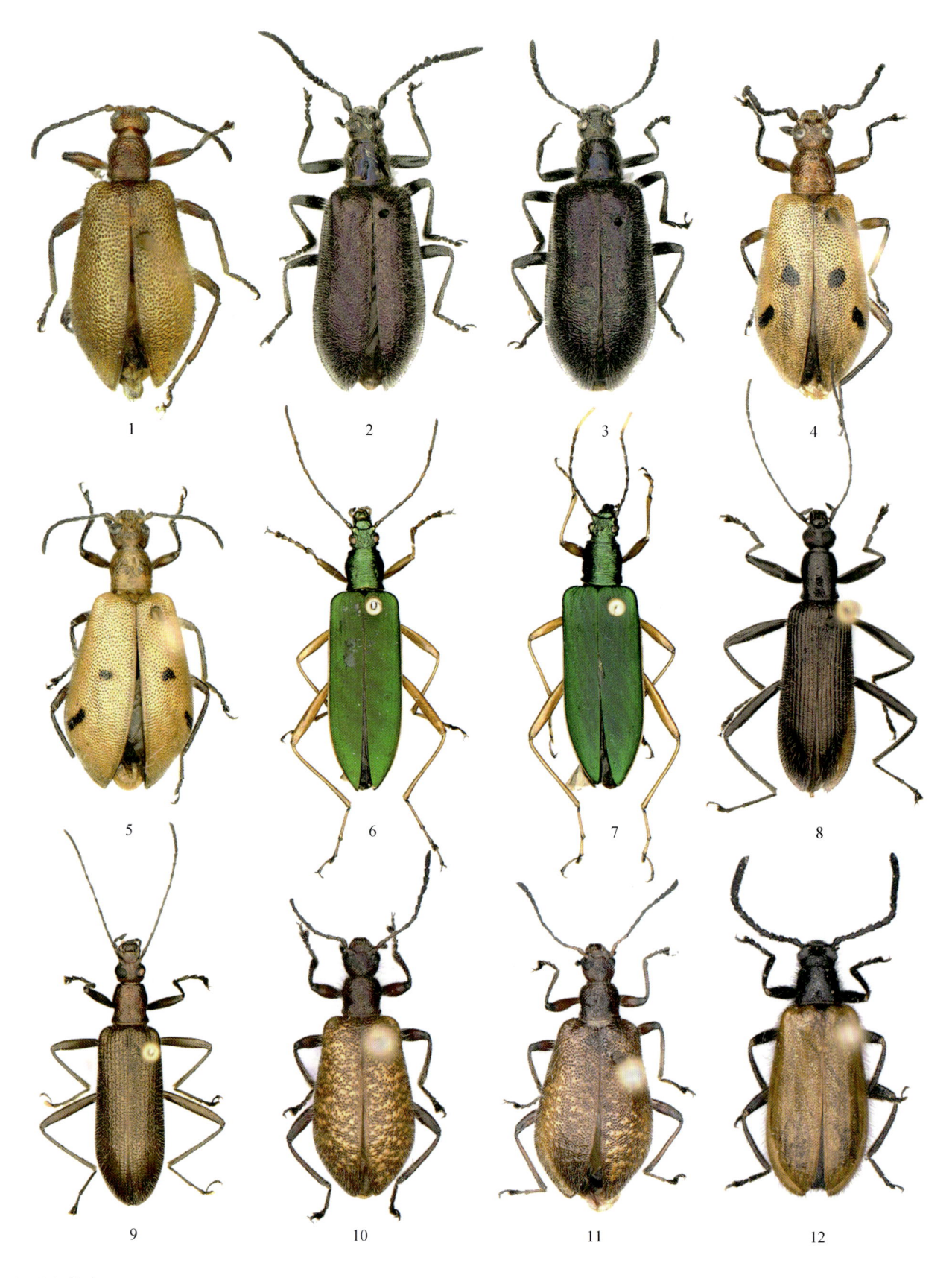

1. 细眼角伪叶甲 *Cerogria ommalata* Chen, 1997 (♀); 2-3. 普通角伪叶甲 *Cerogria popularis* Borchmann, 1936 (♂, ♀); 4-5. 四斑角伪叶甲 *Cerogria quadrimaculata* (Hope, 1831) (♂, ♀); 6-7. 波氏绿伪叶甲 *Chlorophila portschinskii* Semenov, 1891 (♂, ♀); 8-9. 崇安外伪叶甲 *Exostira schroederi* Borchmann, 1936 (♂, ♀); 10-11. 凸纹伪叶甲 *Lagria lameyi* Fairmaire, 1893 (♂, ♀); 12. 黑胸伪叶甲 *Lagria nigricollis* Hope, 1843 (♂)

图版 XXV

1. 黑胸伪叶甲 *Lagria nigricollis* Hope, 1843 (♀); 2-3. 毛伪叶甲 *Lagria oharai* Masumoto, 1988 (♂, ♀); 4-5. 齿胸大伪叶甲 *Macrolagria denticollis* (Fairmaire, 1891) (♂, ♀); 6-7. 红胸辛伪叶甲 *Xenocerogria ruficollis* (Borchmann, 1912) (♂, ♀); 8. 霍氏垫甲 *Luprops horni* (Gebien, 1914); 9. 东方垫甲 *Luprops orientalis* (Motschulsky, 1868); 10. 黑粉甲 *Alphitobius diaperinus* (Panzer, 1796); 11. 褐粉甲 *Alphitobius laevigatus* (Fabricius, 1781); 12. 中国烁甲 *Amarygmus sinensis* Pic, 1922 (6-7 引自 Zhou et al., 2014)

图版 XXVI

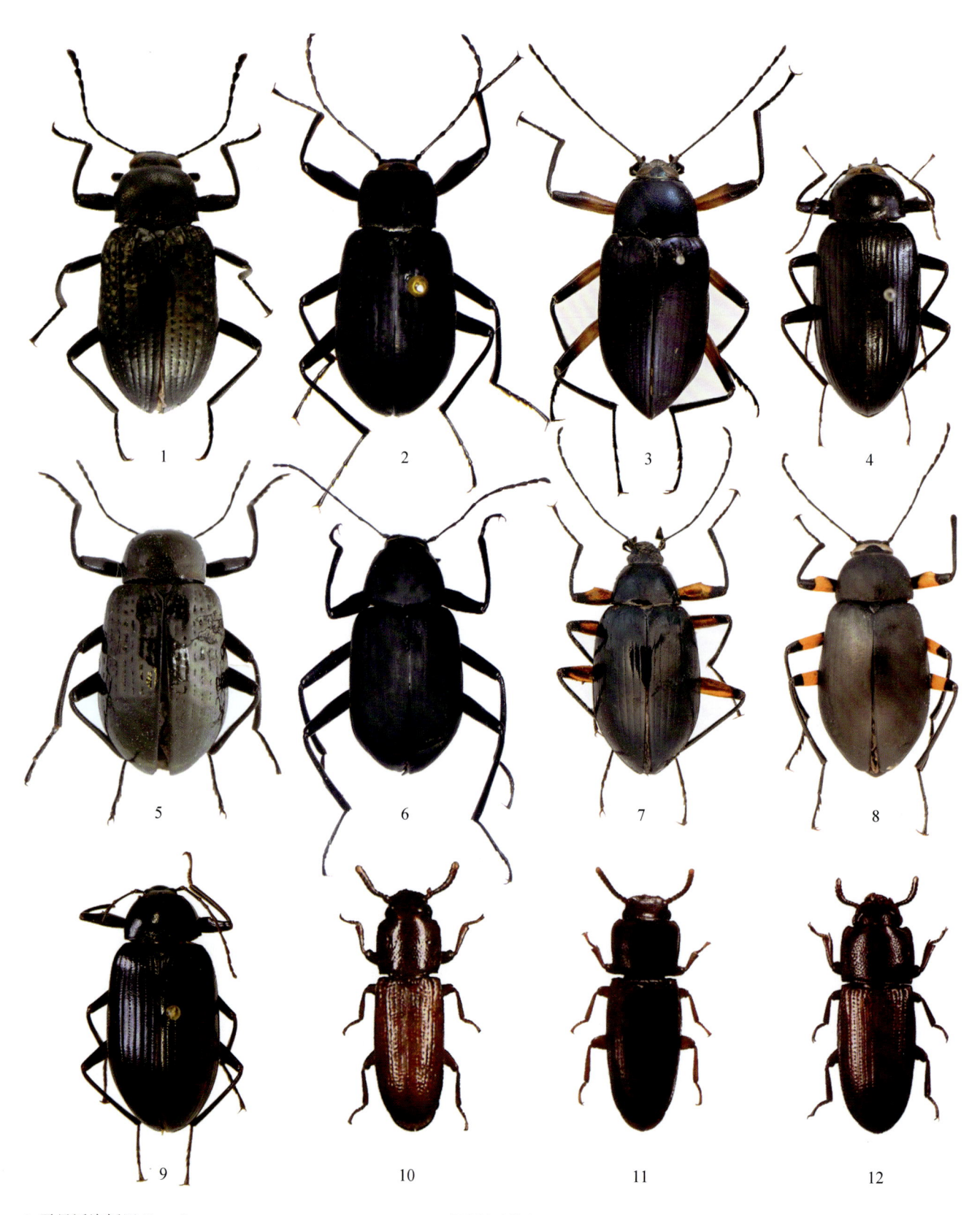

1. 天目近沟烁甲 *Eumolparamarygmus jaegeri* Bremer, 2006；2. 深黑邻烁甲 *Plesiophthalmus ater* Pic, 1930；3. 蓝色邻烁甲 *Plesiophthalmus caeruleus* Pic, 1914；4. 粗壮邻烁甲 *Plesiophthalmus colossus* Kaszab, 1957；5. 扁翅邻烁甲 *Plesiophthalmus impressipennis* (Pic, 1937)；6. 长茎邻烁甲 *Plesiophthalmus longipes* Pic, 1938；7. 白腿邻烁甲 *Plesiophthalmus pallidicrus* Fairmaire, 1889；8. 油光邻烁甲 *Plesiophthalmus pieli* Pic, 1937；9. 中型邻烁甲 *Plesiophthalmus spectabilis* Harold, 1875；10. 小帕粉甲 *Palorus cerylonoides* (Pascoe, 1863)；11. 姬帕粉甲 *Palorus ratzeburgii* (Wissmann, 1848)；12. 亚扁帕粉甲 *Palorus subdepressus* (Wollaston, 1864) (10-12 引自张生芳等，2016)

图版 XXVII

1. 黄粉虫 *Tenebrio* (*Tenebrio*) *molitor* Linnaeus, 1758；2. 黑粉虫 *Tenebrio* (*Tenebrio*) *obscurus* Fabricius, 1792；3. 长头谷盗 *Latheticus oryzae* Waterhouse, 1880；4. 赤拟粉甲 *Tribolium* (*Tribolium*) *castaneum* (Herbst, 1797)；5. 杂拟粉甲 *Tribolium* (*Tribolium*) *confusum* Jacquelin du Val, 1861；6. 尖角齿甲 *Uloma acrodonta* Liu et Ren, 2016；7. 波兹齿甲 *Uloma bonzica* Marseul, 1876；8. 四突齿甲指名亚种 *Uloma excisa excisa* Gebien, 1914；9. 凤阳齿甲 *Uloma fengyangensis* Liu et Ren, 2016；10. 福建齿甲 *Uloma fukiensis* Kaszab, 1954；11. 光滑齿甲 *Uloma polita* (Wiedemann, 1821)；12. 日本琵甲 *Blaps* (*Blaps*) *japonensis* Marseul, 1879 (3 引自张生芳等, 2016)

图版 XXVIII

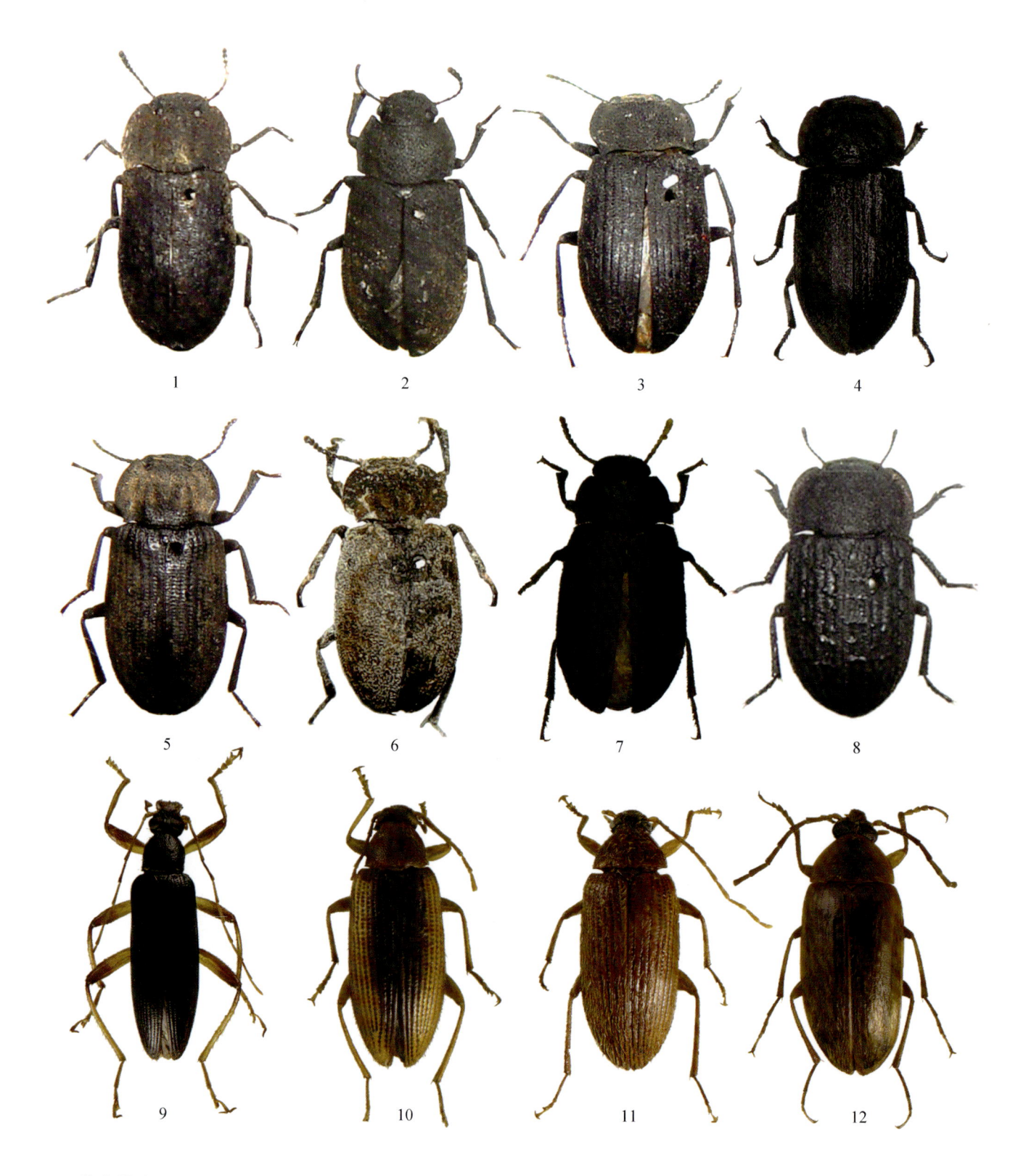

1. 二纹土甲 *Gonocephalum* (*Gonocephalum*) *bilineatum* (Walker, 1858); 2. 污背土甲 *Gonocephalum* (*Gonocephalum*) *coenosum* Kaszab, 1952; 3. 双齿土甲 *Gonocephalum* (*Gonocephalum*) *coriaceum* Motschulsky, 1858; 4. 网目土甲 *Gonocephalum* (*Gonocephalum*) *reticulatum* Motschulsky, 1854; 5. 亚刺土甲 *Gonocephalum* (*Gonocephalum*) *subspinosum* (Fairmaire, 1894); 6. 吴氏土甲 *Gonocephalum* (*Gonocephalum*) *wui* Ren, 1995; 7. 扁毛土甲 *Mesomorphus villiger* (Blanchard, 1853); 8. 类沙土甲 *Opatrum* (*Opatrum*) *subaratum* Faldermann, 1835; 9. 科氏朽木甲 *Allecula* (*Allecula*) *klapperichi* Pic, 1955; 10. 深棕污朽木甲 *Borboresthes brunneopictus* Borchmann, 1942; 11. 费南污朽木甲 *Borboresthes fainanensis fainanensis* Pic, 1922; 12. 斯氏异朽木甲 *Isomira* (*Mucheimira*) *stoetzneri* Muche, 1981

图版 XXIX

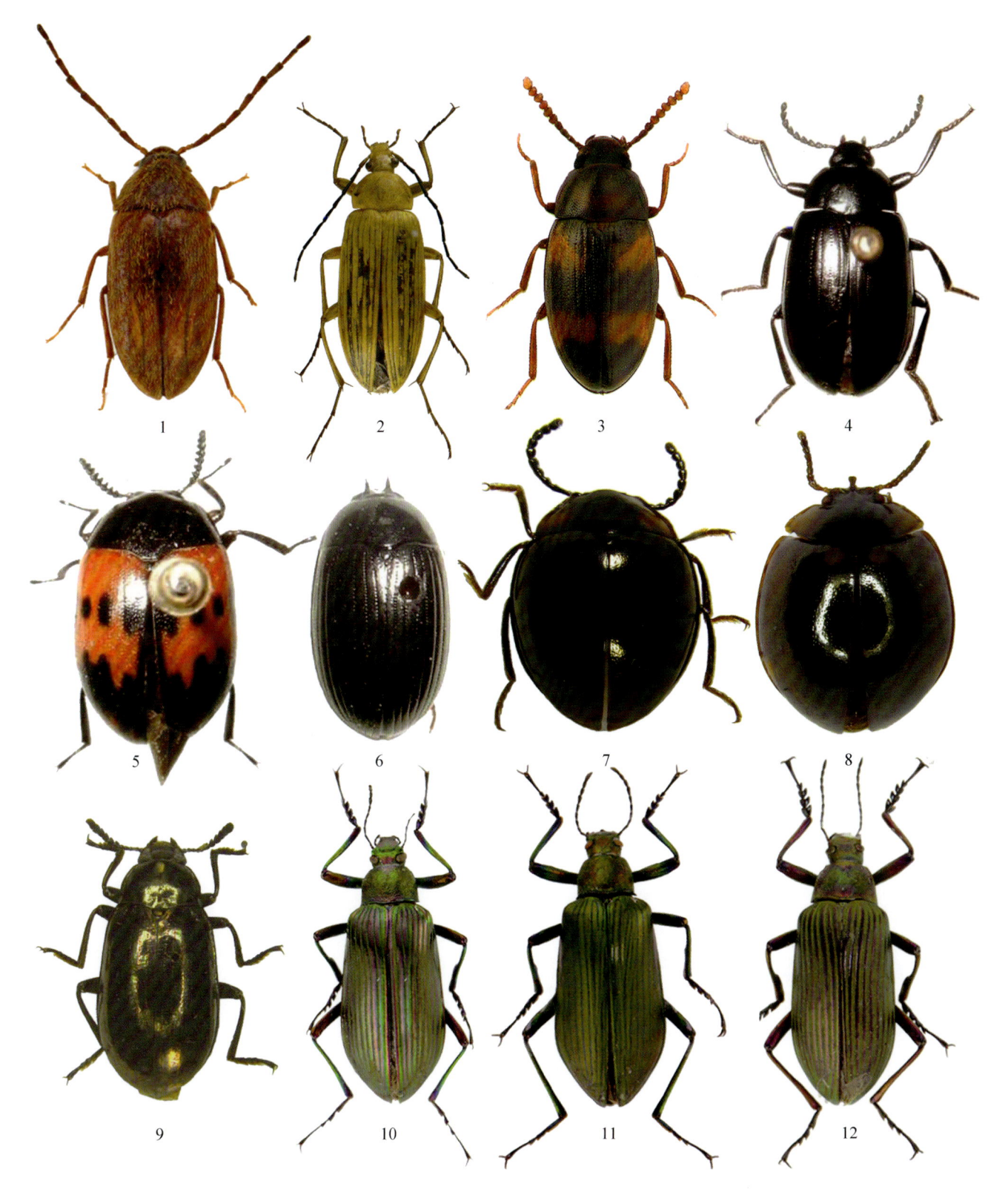

1. 安氏瓣朽木甲 *Pseudohymenalia andreasi* Novák, 2016；2. 广西栉甲 *Cteniopinus kwanhsienensis* Borchmann, 1930；3. 二带粉菌甲 *Alphitophagus bifasciatus* (Say, 1824)；4. 宽颈彩菌甲 *Ceropria laticollis* Fairmaire, 1903；5. 刘氏菌甲 *Diaperis lewisi lewisi* Bates, 1873；6. 玛氏宽菌甲 *Platydema marseuli* Lewis, 1894；7. 中华亮舌甲 *Crypsis chinensis* Kaszab, 1946；8. 独角舌甲 *Derispiola unicornis* Kaszab, 1946；9. 盖氏类轴甲 *Euhemicera gebieni* (Kaszab, 1941)；10. 沟翅彩轴甲 *Falsocamaria imperialis* (Fairmaire, 1903)；11. 暗绿彩轴甲 *Falsocamaria obscurovientia* Wang, Ren et Liu, 2012；12. 脊翅彩轴甲 *Falsocamaria spectabilis* (Pascoe, 1860) (10-12 引自 Wang et al., 2012)

图版 XXX

1. 皱背壑轴甲 *Hexarhopalus* (*Hexarhopalus*) *sculpticollis* Fairmaire, 1891; 2. 杨氏宽轴甲 *Platycrepis yangi* Masumoto, 1986; 3. 平行大轴甲 *Promethis parallela parallela* (Fairmaire, 1897); 4. 直角大轴甲 *Promethis rectangula* (Motschulsky, 1872); 5. 弯胫大轴甲 *Promethis valgipes valgipes* (Marseul, 1876); 6. 粗角泰轴甲 *Taichius forticornis* (Pic, 1922); 7. 扁脊泰轴甲 *Taichius frater* Ando, 1998; 8. 安徽树甲 *Strongylium anhuiense* Masumoto, 2000; 9. 基股树甲 *Strongylium basifemoratum* Mäklin, 1864; 10. 刀嵴树甲指名亚种 *Strongylium cultellatum cultellatum* Mäklin, 1864; 11. 弯背树甲 *Strongylium gibbosulum* Fairmaire, 1891; 12. 粗皱优树甲 *Uenostrongylium scaber* Yuan et Ren, 2018 (6-7 引自 Ando, 1998)

图版 XXXI

1. 光亮拟天牛 *Oedemera (Oedemera) lucidicollis flaviventris* Fairmaire, 1891；2. 埃氏齿爪芫菁 *Denierella emmerichi* (Pic, 1934) (♂)；3. 短翅豆芫菁 *Epicauta aptera* Kaszab, 1952 (♂)；4. 锯角豆芫菁 *Epicauta gorhami* (Marseul, 1873) (♂)；5. 毛角豆芫菁 *Epicauta hirticornis* (Haag-Rutenberg, 1880) (♂)；6. 扁角豆芫菁 *Epicauta impressicornis* (Pic, 1913) (♂)；7. 暗头豆芫菁 *Epicauta obscurocephala* Reitter, 1905 (♂)；8. 西北豆芫菁 *Epicauta sibirica* (Pallas, 1773) (♂)；9. 毛胫豆芫菁 *Epicauta tibialis* (Waterhouse, 1871) (♂)；10. 眼斑沟芫菁 *Hycleus cichorii* (Linnaeus, 1758) (♂)；11. 毛背沟芫菁 *Hycleus dorsetiferus* Pan, Ren *et* Wang, 2011 (♂)；12. 大斑沟芫菁指名亚种 *Hycleus phaleratus phaleratus* (Pallas, 1782) (♂)

图版 XXXII

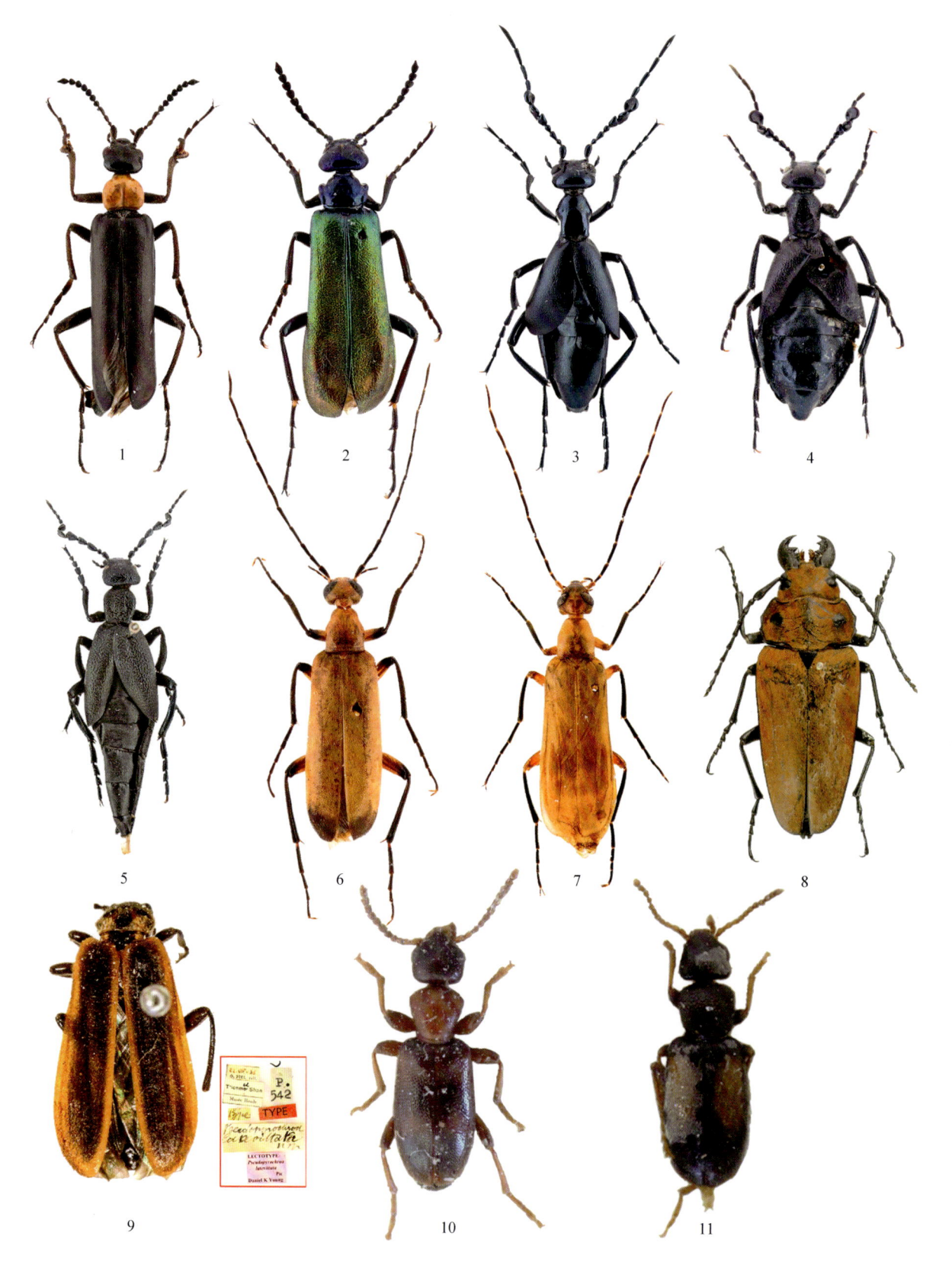

1. 黄胸绿芫菁 *Lytta aeneiventris* Haag-Rutenberg, 1880 (♂); 2. 绿芫菁 *Lytta caraganae* (Pallas, 1798) (♂); 3. 纤细短翅芫菁 *Meloe gracilior* Fairmaire, 1891 (♂); 4. 叶裂短翅芫菁 *Meloe lobatus* Gebler, 1832 (♂); 5. 曲角短翅芫菁 *Meloe proscarabaeus* Linnaeus, 1758 (♂); 6. 端黑黄带芫菁 *Zonitoschema cothurnata* (Marseul, 1873) (♂); 7. 大黄带芫菁 *Zonitoschema macroxantha* (Fairmaire, 1887) (♂); 8. 大卫三栉牛 *Trictenotoma davidi* Deyrolle, 1875 (♂); 9. 侧纹伪赤翅甲 *Pseudopyrochroa latevittata* Pic, 1939 (选模, ♀); 10. 孔欧蚁形甲 *Omonadus confucii confucii* (Marseul, 1876); 11. 长斑蚁形甲 *Omonadus longemaculatus* (Pic, 1938)